光盘内容为书中实例所需的素材文件、近200分钟的视频教学以及超赠送近200分钟的Windows操作系统视频教学，让您的学习如同看电一样轻松、快捷

中文版 Office 2010 完全学习手册

Word 2010、Excel 2010、PowerPoint 2010、Access、OneNote、Outlook、Publish

焦点科技　编著

全面解读

28章近**500**个知识点、技术难点以及高级应用技巧的讲解，全面涵盖Office七大办公应用软件

操作技巧

通过近**180**个技能操作将各项命令与功能融入实际操作中，全方位剖析Office软件的基础知识

专业实用

充分展现Office 2010的图文编辑、数据处理、幻灯片制作、数据库管理、电子邮件、笔记以及出版物制作**7**大功能，全面提高综合办公应用全技能

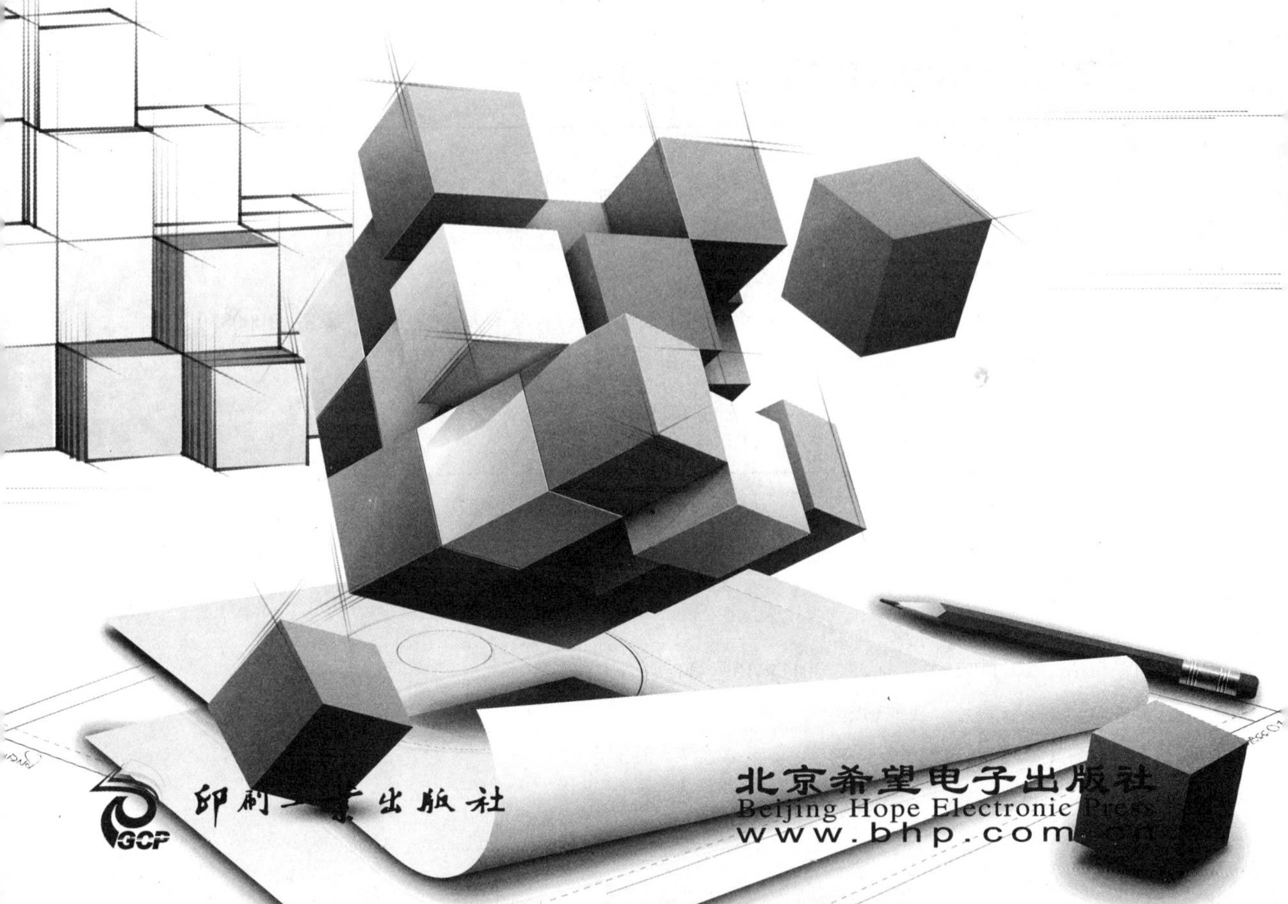

印刷工业出版社

北京希望电子出版社
Beijing Hope Electronic Press
www.bhp.com.cn

内容简介

这是一本专门为计划在短时间内掌握电脑办公软件的人员编写的教程。

全书由28章组成，详细、系统地介绍了目前最为流行的电脑办公软件Office 2010的主要组成部分，包括Word 2010、Excel 2010、PowerPoint 2010、Access、OneNote、Outlook、Publish等组件的功能和应用，并通过大量实例，将基础知识与实际应用相结合，方便读者尽快掌握书中内容。

本书内容翔实、结构清晰、知识完整全面，讲解通俗易懂，不但适合Office软件初学者，也适合低版本Office软件用户，是文秘办公、财务会计、市场营销、文化出版等各行业办公人员学习的有力助手。

本书配套光盘内容为部分内容的教学视频和素材文件。

图书在版编目（CIP）数据

中文版Office 2010完全学习手册/焦点科技编著. --北京 : 印刷工业出版社, 2011.9
ISBN 978-7-5142-0290-8
I.中…II.①焦…III. ①办公自动化－应用软件，Office 2010－教材 IV. ①TP317.1

中国版本图书馆CIP数据核字(2011)第182941号

中文版Office 2010完全学习手册

编　　著：焦点科技
责任编辑：艾　迪　刘俊杰　　　责任校对：小　亚
责任印制：瑞富峪　　　　　　　责任设计：付　巍
出版发行：印刷工业出版社（北京市翠微路2号　邮编：100036）
　　　　　北京希望电子出版社（北京市海淀区上地三街9号嘉华大厦C座610　邮编：100085）
网　　址：www.bhp.com.cn
经　　销：各地新华书店
印　　刷：北京瑞富峪印务有限公司

开　　本：787mm×1092mm　1/16
字　　数：702千字
印　　张：30.5
印　　数：1～3000
印　　次：2011年10月第1版　2011年10月第1次印刷
定　　价：58.00元　（配1张DVD光盘）
I S B N ：978-7-5142-0290-8

前　言

Office 2010是微软推出的新一代办公软件，也是目前市场上广受欢迎的办公软件。Office 2010 简体中文专业版包括Word、Excel、PowerPoint、Access、Outlook、OneNote、Publisher等组件，是目前国内用户最多的版本，本书就是基于这个版本而编写的，全面而详细地介绍了上述所有Office组件的应用，并且提供了众多的心得经验和操作技巧，可以为用户彻底掌握Office办公应用软件的使用方法，提供有力的帮助。

新版本的Office 2010功能更加强大，用户可以通过图文编辑方式，使自己的文档、图表和数据、演示文稿等更加直观，具有逻辑说服力及形式美观；通过多个组件的无缝衔接，也可以使用户的协作效率极大提高。利用Word、Excel、PowerPoint和Access中的现成模板，用户可以充分表现自己的创意，设计出文本和数据丰富的视觉效果，并且实现完善的数据管理编辑功能，使自己的办公作业更加方便快捷、轻松高效。

在Office 2010专业版组件中，Word 2010属于图文编辑工具，它可以用来创建和编辑具有专业外观的文档，如信函、论文、报告和小册子；Excel 2010属于数据处理程序，它可以用来执行计算、分析信息以及将电子表格中的数据图表化；PowerPoint 2010属于幻灯片制作程序，它可以用来创建和编辑演示文稿，实现幻灯片的播放和自动展示；Access 2010属于数据库管理系统，它可以用来创建数据库和程序来跟踪与管理信息；Outlook 2010属于电子邮件客户端，它可以用来发送和接收电子邮件、管理日程、联系人和任务，以及记录活动等；OneNote 2010属于笔记程序，它可以用来搜集、组织、查找和共享用户的笔记和信息；Publisher 2010属于出版物制作程序，它可以用来创建新闻稿和小册子等专业品质出版物及营销素材。

本书共有28章和3个附录。其中包括第1章Office 2010的安装和设置、第2章Office 2010办公应用基础操作；第3章~第7章详细介绍了Word 2010文字、图形、表格、版式和自动化项目等的应用和处理技巧；第8章~第12章详细介绍了Excel 2010数据输入、公式与函数应用、数据分析、图表和数据透视表设计以及工作表打印等功能；第13章~第16章，详细介绍了PowerPoint 2010演示文稿创建和编辑、多媒体内容和幻灯片版式设计、演示文稿的发布和放映等操作技巧；第17章~第19章，详细介绍了Access 2010数据库的基础知识、Access表、查询、窗体和报表等的创建和使用技巧等；第20章~第22章，分别介绍了Outlook 2010、OneNote 2010和Publisher 2010的功能和应用；第23章~第28章，分别介绍了Office 2010办公应用常见的Word、Excel和PowerPoint组件高级应用技巧，并且以比较浅显的方式介绍了VBA的应用方法，使读者能真正掌握Office 2010的深层次应用。附录1~3包括Word查找和替换中的特殊字符、Excel函数速查表、Office 2010快捷键等。

本书配套光盘中提供了部分内容的教学视频和素材文件，可帮助读者彻底掌握本书内容，熟悉Office 2010的基础操作。

参与本书编著的人员有：桂清利、张爽、黄刚、徐丽莎、陈立、崔淼、邓志远、杜芳、范晓玲、付宁、于丽丽、郭聪、郝婷、郭健、计国丽、李立敏、刘淑红、宋颖、王剑、王艳、黄正、李飞飞、李峰、李坤伟、吴晴、徐双巍。

书中难免有疏漏之处，敬请读者批评指正。如果在学习过程中遇到困难可以联系我们，我们的电子邮箱是jiatuwenhua@163.com，QQ：1449355296。

编著者

目 录

第1章 Office 2010的安装和设置

第2章 Office 2010办公应用基础操作

第3章 Word文字处理

第4章 Word图形图像编辑

第5章 Word表格设计

第6章 添加和设置自动化项目

第7章 Word页面版式设置

第8章 在Excel 2010中输入数据

第9章 Excel公式与函数应用

第10章 Excel数据分析

第11章 Excel图表和数据透视表

第12章 Excel工作簿安全设置和打印输出

第13章 PowerPoint演示文稿的创建和编辑

第14章 在PowerPoint演示文稿中添加多媒体内容

第15章 PowerPoint母版和版式设计

第16章 PowerPoint演示文稿的放映与发布

第17章 Access数据库基础知识

第18章 创建Access表

第19章 建立并使用查询、窗体和报表

第20章 使用Outlook收发和管理电子邮件

第21章 使用OneNote组织信息

第22章 使用Publisher设计出版物

第23章 Word高级应用技巧

第24章　Excel高级应用技巧

第25章　PowerPoint高级应用技巧

第26章　在Office组件之间共享数据

第27章 从零开始学习VBA

第28章 在Office 2010中应用VBA

第1章 Office 2010的安装和设置

本章内容如下：

- 了解 Office 2010
- 安装和卸载 Office 2010
- 设置Office 2010操作环境

1.1 了解 Office 2010

Office 2010是由美国微软公司推出的著名办公自动化软件，其中包括用于处理不同办公事务的应用程序组件。例如，使用Word 2010可以编辑各类文稿、书籍并设计其排版；使用Excel 2010可以对各类销售、财务等数据进行计算、分析和处理；使用PowerPoint 2010可以制作图文并茂的演讲幻灯片，并可以搭配生动的多媒体效果为讲稿增光添彩；使用Access 2010可以创建数据库和设计数据表，为网络应用构建后台数据库支持。此外，Office 2010办公组件还包括Outlook、OneNote和Publisher等，其中Outlook可以收发邮件，OneNote可以组织信息，Publisher可以设计出版物，它们都可以作为用户重要的办公工具。

1.1.1 Office 2010的功能和特点

如果以前一直使用的是Office 2003版本，那么在打开Office 2010之后，可能会发现在操作界面上有些不适应，因为这两个版本的Office界面差别较大；而如果以前使用的是Office 2007，那么将会非常容易地过渡到Office 2010，因为这两个版本的Office在界面上是极其相似的。无论之前使用的是哪个版本的Office，都可以花费少量时间快速熟悉Office 2010直观的操作界面，而Office 2010所带来的易用、实用以及强大的功能将会让人很快喜欢上它。下面介绍Office 2010有哪些精彩而实用的功能。

1.取代Office按钮的【文件】面板

在Office 2007的应用程序窗口的左上角提供了一个Office按钮，单击该按钮，可以执行与文档有关的操作，包括新建、打开、保存、关闭、打印、发送、发布等。在Office 2010中，将Office按钮改为【文件】按钮，单击该按钮，将打开如图1-1所示的【文件】面板，微软官方将其称为“BackStage”。在这个面板中，可以执行与文档有关的各种操作，而且在执行某些操作时可以看到一个相关的文档视图，图1-1所示为打印视图，从中可以看到文档当前页面的打印预览效果。

对Office应用程序的设置也将在【文件】面板中完成，只需要单击【选项】命令，然后在打开的对话框中进行各项设置即可。

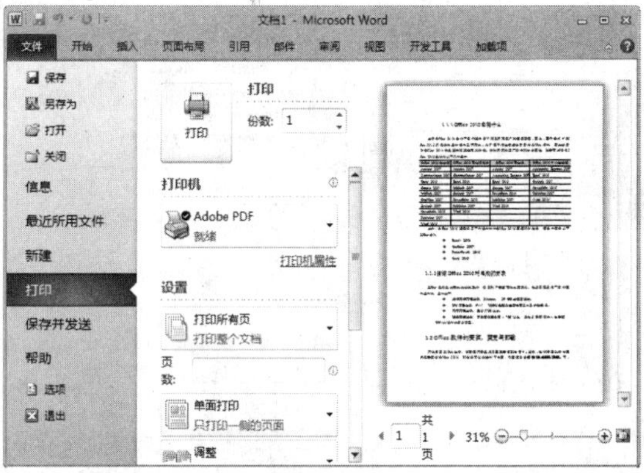

图1-1

2. 可以灵活定制的功能区

Office 2010允许用户随意指定功能区和快速访问工具栏中的命令，而且可以很容易地在功能区中添加新的选项卡和组，并在其中添加命令，这使用户在自定义适合自己的操作环境时变得轻松自如。在Office 2007中，如果想添加新的选项卡，则只能通过特殊方法才能实现。图1-2所示为在功能区中新增了一个名为【我的工具箱】的选项卡，并在该选项卡中自定义了三个组，每个组中都被添加了不同数量的命令按钮。

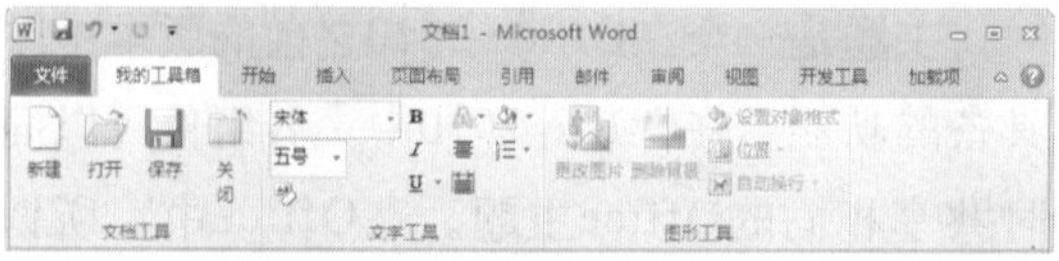

图1-2

3. 快速格式设置工具

对于Office 2010而言，当需要设置内容的格式时，用户的操作会变得比以前更加方便。例如，在Excel 2010中，当进入单元格编辑状态并选择一些内容后，将光标移动到选区附近，界面中会自动显示出一个工具栏，这就是Office 2010中新增的格式设置功能，即浮动工具栏，如图1-3所示。

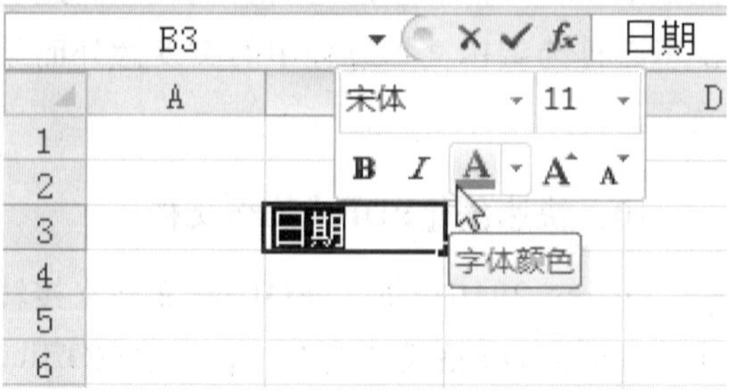

图1-3

4. 实时显示预览效果

Office 2010更好地体现了“所见即所得”的编辑方式。例如，它提供了一种被称为“实时预览”的功能，可以在进行某种操作时，只要将鼠标指向设置项，就可以直接看到选择该项后的设置结果。

如图1-4所示，图片被选中之后，只要将鼠标移动到某种图片样式上，就可以直接预览其效果，如果觉得显示的预览结果比较满意，则可以直接选择该项，否则可以将鼠标指向其他设置项继续观察预览结果，直到满意为止。由此可见，“实时预览”功能可极大地提高用户的工作效率。

图1-4

5. 新的智能粘贴选项

对于粘贴功能来说，Office之前的版本都大同小异；但是在Office 2010中有很大改进，因为粘贴变得更加易于使用。当复制了一段带有字体和段落格式的文字后，右击要粘贴到的目标位置，即可发现在弹出的快捷菜单中【粘贴选项】命令下方有几个图标，如图1-5所示，这些图标会根据复制的源对象来自动调整各自的功能，而且具有不同的粘贴效果。例如，当复制了一段带有格式的文字时，可以从【粘贴选项】中选择是带格式粘贴，还是只粘贴内容而放弃格式。

图1-5

6. 好用的图形处理功能

Office 2010在图形图像处理方面有一项很贴心的改进，那就是提供了屏幕截图功能，使用该功能可以截取当前未最小化的程序窗口或特定的区域，然后将截取后的图片插入到当前文档中，这项功能十分实用。另外，Office 2010还提供了自动去除图片背景的功能，可以将图片中所需的部分提取出来，并且去除其他无用的背景。

7．方便快捷的图示工具

Office 2010新增的SmartArt图形功能可以让用户快速创建专业而美观的图示，且只需简单的几步操作即可完成，为制作精美的图示提供了很大帮助。图1-6所示就是Office 2010的SmartArt图形功能，使用它可以方便快捷地创建出各种不同的图形。

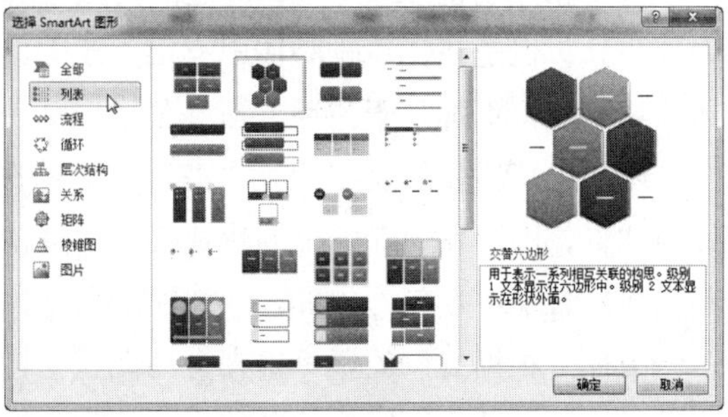

图1-6

另外，在Office 2010中，可以利用现有资源快速创建SmartArt图示。例如，可以从选中图片中快速创建SmartArt图示，并为图片添加说明文字，如图1-7所示。

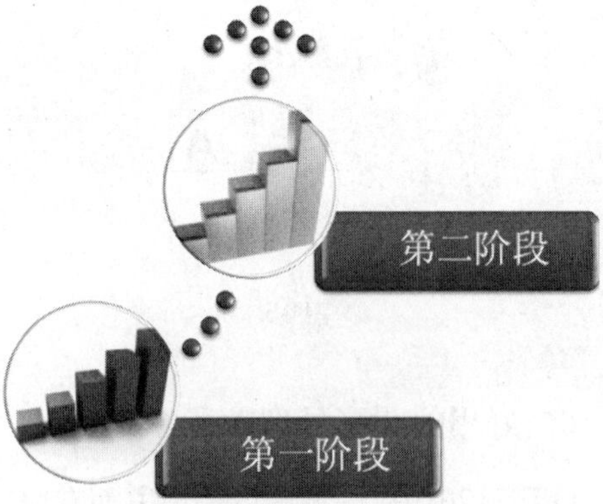

图1-7

8．Office文档主题

主题是一个在Office 2010之前的版本中就具备的功能。在Office 2010中，各组件可以同时共享相同的Office主题。在Office中，所谓“主题”其实就是一组预定义的颜色、字体、线条和填充效果，可应用于整个文档或特定项目（如图表、表格等）。除了使用Office的预置主题外，用户也可以自定义主题，这样就可以创建出极具个性化的主题。

9．强大的Office文档恢复功能

Office 2010加强了文档的恢复能力，即使在用户从未保存过文档的情况下关闭了文档，也仍然可以恢复这些未保存的文档，这在早期Office版本中是无法实现的。因此现在不必再为编辑文档过程中的突发意外而烦恼了。

10．快速创建PDF或XPS文档

Office 2010提供了将Office文档直接转换为PDF或XPS格式的功能，省去了在Office 2007中需要安装插件的麻烦，如果经常需要进行这种转换，那么将Office版本升级到2010即可。

11．在线编辑Office文档

使用Office Web Apps可以在线免费创建、编辑、存储和共享文档，在桌面或通过浏览器使用Office应用程序来访问文档。换句话说，可以在任意位置存储文档并与他人共享。即Office Web Apps允许使用浏览器（Internet Explorer、Firefox等）与他人轻松共享和协作处理单个文档。Office Web Apps将Word、Excel和PowerPoint功能引入了用户浏览器，并可以非常灵活、方便地创建和编辑文档。

1.1.2 Office 2010的安装需求

Office虽然是应用非常广泛的一款优秀的办公软件，但是对于安装该软件的计算机来说，也需要具备一定的硬件条件。

- 操作系统：Windows XP SP3、Windows Vista SP1、Windows 7、Windows Server 2003 R2、Windows Server 2008、Windows Server 2008 R2。
- CPU：PIII 500MBHz处理器或其他同等水平的处理器。
- 内存：不低于256MB。
- 硬盘：可用空间至少在1.5GB以上，具体占用空间大小由安装Office组件的多少决定。

由以上硬件要求可以看出，如果之前计算机中安装过Office 2007，那么无须升级硬件就可以直接安装Office 2010。

1.2 安装和卸载 Office 2010

在开始学习使用Office之前，首要任务就是将其正确安装到计算机中。如果计算机中已经安装了Office 2010，则可以跳过本节内容的学习。

1.2.1 安装Office 2010

安装Office 2010时可以选择升级安装或自定义安装。如果当前计算机中已经装有早期的Office版本，则可以直接将其升级为Office 2010。但是如果希望在不同的情况下使用多个Office版本，那么就需要使用自定义安装了。其具体操作如下。

1. 将Office 2010的安装光盘放入光驱中，系统将自动运行安装程序并打开安装向导，如图1-8所示。在文本框中输入产品序列号，然后单击【继续】按钮。
2. 进入如图1-9所示的【选择所需的安装】界面中，单击【自定义】按钮，使多版本Office程序共存。

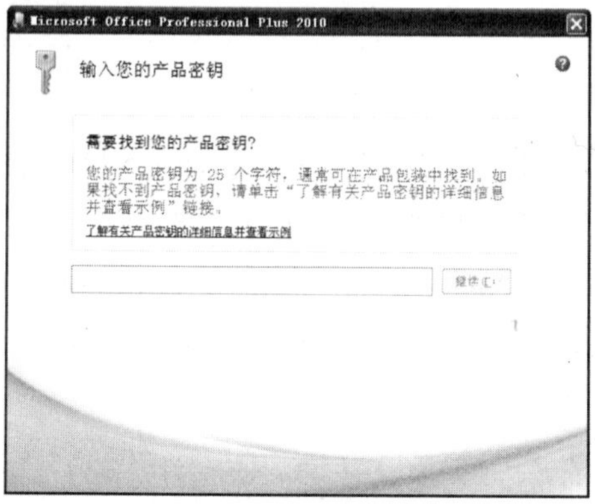

图1-8

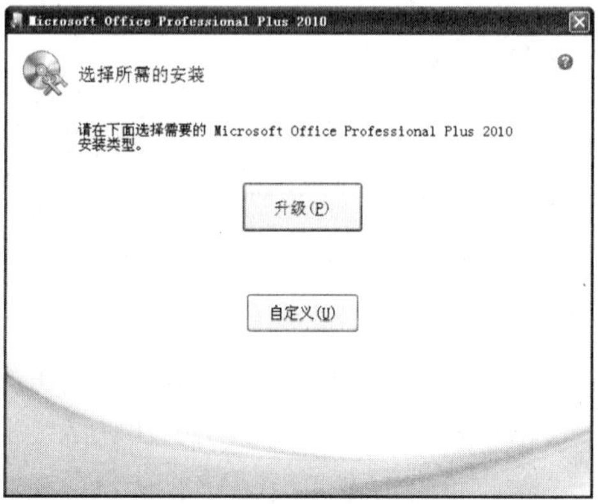

图1-9

3 进入如图1-10所示的界面，在【升级】选项卡中选中【保留所有早期版本】单选按钮，保留当前计算机中已存在的Office版本。

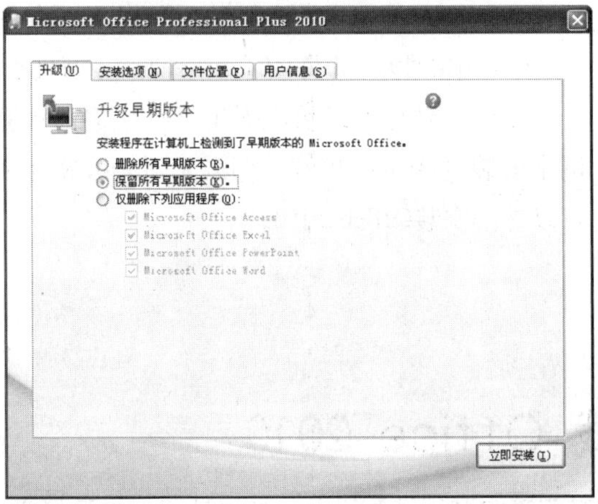

图1-10

4 切换到【安装选项】选项卡，默认显示是安装所有Office组件。如果不想安装某个组件，可以单击该组件对应的黑色下三角按钮，在弹出的菜单中选择【不可用】命令，如图1-11所示。单击组件前的“+”号，可以进行更详细的选择。

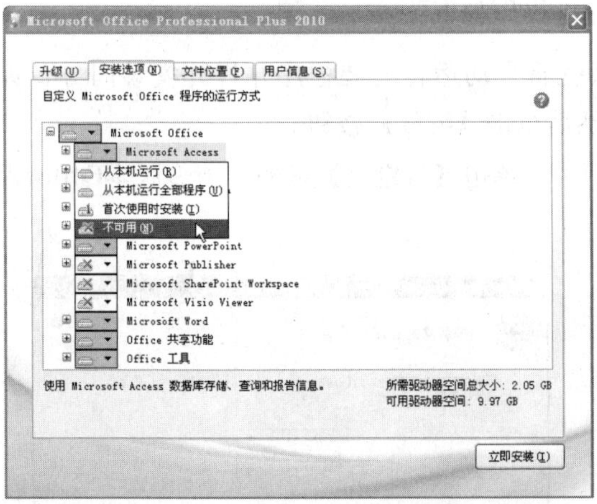

图1-11

5 切换到【文件位置】选项卡，在文本框中可以重新输入Office 2010的安装位置，也可以单击【浏览】按钮选择安装位置，如图1-12所示。

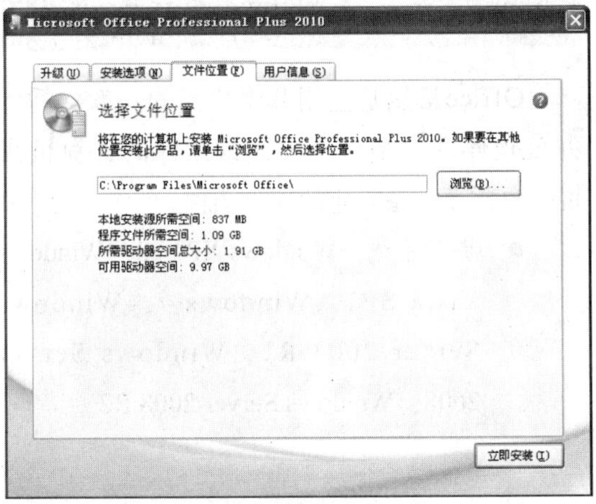

图1-12

6 切换到【用户信息】选项卡，在该选项卡中可以输入用户的个人信息，包括【全名】、【缩写】和【公司/组织】等内容，如图1-13所示，然后单击【立即安装】按钮，开始安装Office 2010。

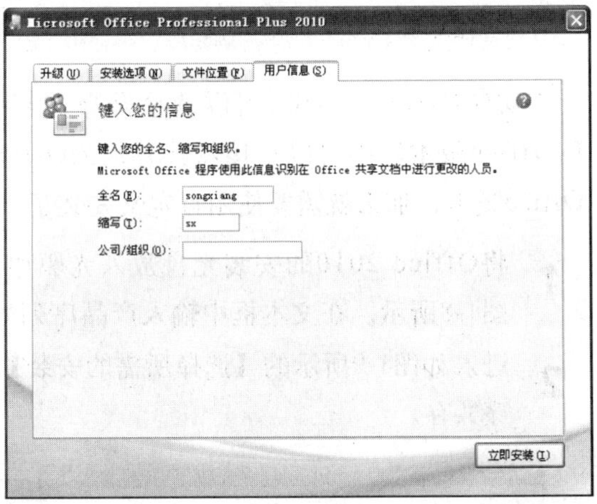

图1-13

7 系统开始安装选择好的Office 2010组件，并将其安装到计算机中指定的位置。安装结束，在进入的界面中单击【关闭】按钮，即可完成Office 2010的安装。

1.2.2 增删Office 2010组件

如果在初始安装Office 2010时未选择全部

安装Office 2010，那么Office 2010的某些组件或功能将无法正常使用，这时可以根据需要来添加未安装的Office功能。其具体操作如下。

1 单击桌面左下角的【开始】按钮，在弹出的菜单中选择【控制面板】命令。

2 打开【控制面板】窗口，单击【程序】图标。

3 单击【程序和功能】分类中的【卸载程序】，然后双击【Microsoft Office Professional Plus 2010】选项，如图1-14所示。

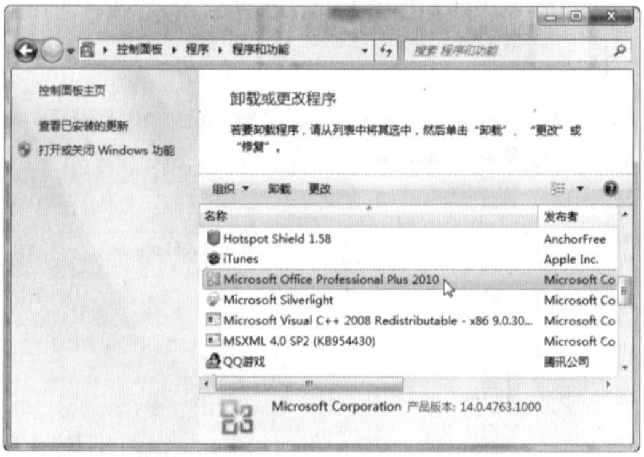

图1-14

4 打开如图1-15所示的【Microsoft Office Professional Plus 2010】对话框，选中【添加或删除功能】单选按钮，然后单击【继续】按钮。

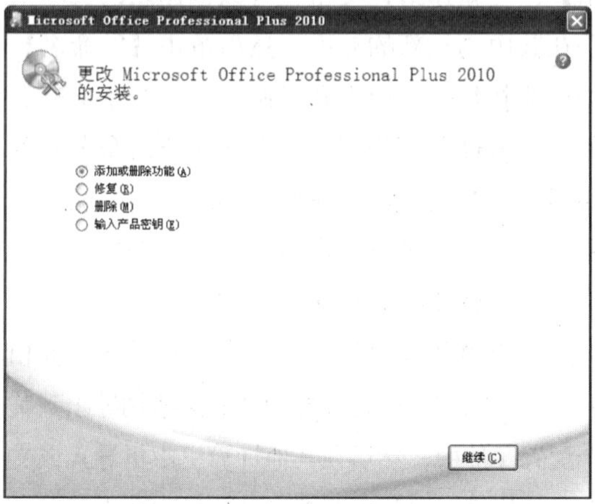

图1-15

5 在进入的界面中，从列表中选择要添加的功能或是要删除的功能，然后单击【继续】按钮，即可添加或删除相应的Office组件。

1.2.3 卸载Office 2010

如果不再使用Office 2010应用程序，那么可以将其从计算机中卸载，这样可以节省大量系统分区中的空间。卸载Office 2010的具体操作如下。

1 按照上一节的操作，打开【控制面板】窗口，单击【切换到经典视图】链接，然后双击【添加或删除程序】图标。

2 打开【添加或删除程序】对话框，在列表中选择【Microsoft Office Professional Plus 2010】选项，然后单击【更改】按钮。

3 打开【Microsoft Office Professional Plus 2010】对话框，选中【删除】单选按钮，然后单击【继续】按钮，即可让系统自动删除Office 2010应用程序。

提示：由于Office 2010发布了多个版本用于满足不同用户的使用需要，因此，每个版本中Office 2010所包含的具体组件是不同的。针对不同的用户群体和办公用途，微软官方将Office 2010划分为Office 2010家庭和学生版、Office 2010小型企业版和Office 2010专业版等。其中，Office家庭和学生版只包括Word 2010、Excel 2010、PowerPoint 2010和OneNote 2010 这4种软件，小型企业版在家庭版的基础上增加了Outlook 2010 软件，而专业版则在小型企业版的基础上增加了Access 2010和Publisher 2010这两个软件。本书将介绍专业版Office 2010版全部软件的使用方法。

1.3 设置Office 2010操作环境

在使用Office 2010之前，有必要对其操作环境进行一些设置，这些设置将帮助更好地应用Office 2010，从而提高工作效率。

1.3.1 设置功能区

在Office 2010中，使用功能区代替了Office 2003的菜单栏，这样将使操作更加直观而简洁，避免用户陷入层层菜单操作的困境中。为了扩大文档编辑区域的范围，可以将功能区设置为隐藏或显示状态，图1-16所示为隐藏后的功能区。

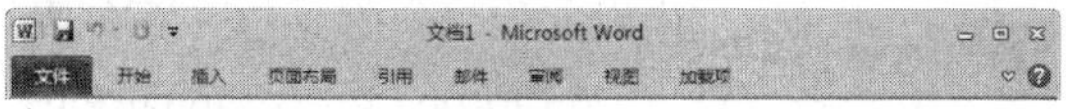

图1-16

双击Office功能区标签即可隐藏或显示功能区。除此之外，也可以通过以下方法设置功能区。

- 右击功能区或快速访问工具栏，在弹出的快捷菜单中选择【功能区最小化】命令。
- 单击功能区右上角【帮助】按钮❓左侧的按钮。
- 按Ctrl+F1组合键。

在Office 2010中对功能区最大的改进就是用户可以自由地定制功能区中所包含的内容。例如，可以在现有选项卡中添加新的组和命令，或者创建新的选项卡，然后在其中定制完全符合自己需要的常用命令并进行分组。

以Word 2010为例，右击功能区中的选项卡标签，在弹出的快捷菜单中选择【自定义功能区】命令。打开如图1-17所示的【Word选项】对话框，并自动切换到自定义功能区的界面。左侧列表框中显示了可以添加的命令选项，通过该列表框上方的下拉列表可以筛选出可用的命令类型；而右侧的列表框则显示了当前功能区中包含的所有选项卡、组和命令，这些内容都可以由用户来决定是否出现在功能区中。

图1-17

通过单击右侧列表框下方的【新建选项卡】、【新建组】按钮，可以创建新的选项卡并在其中创建新的分组，然后单击【重命名】按钮为新建的选项卡和组命名一个有意义的名称，再通过在左侧列表框中选择所需命令并单击【添加】按钮，将所选命令添加到右侧的列表框中，最后可以单击对话框右侧的▲或▼按钮，调整各选项卡或组的排列顺序。

如果希望其他计算机中的功能区结构都相同，则可以将当前设置好的功能区结构导出到某个配置文件中，然后在其他计算机中再导入该文件，这样就可以快速在多台计算机中获得完全一致的操作界面。单击【导入/导出】按钮，然后根据需要选择导入或导出操作，再选择要导入的文件或选择要保存导出文件的位置即可。

下面通过上述讲解来完成一个实际的功能区定制示例，这里仍以Word 2010为例。在本例中，希望创建一个名为“我的工具箱”的选项卡，将该选项卡置于【开始】选项卡之前，然后在该选项卡中添加三个组，组名分别为“文档工具”、“文本工具”和“图形工具”，在每个组中再添加一些常用命令。要完成上述功能区的定制，具体操作如下。

1 打开【Word选项】对话框，并切换到【自定义功能区】界面。

2 单击【新建选项卡】按钮，默认情况下会在【开始】下方添加一个新的选项卡和一个组，如图1-18所示。

图1-18

3 选择新建的选项卡并单击【重命名】按钮，在弹出的对话框中将其重命名为“我的工具箱”，如图1-19所示。

图1-19

4 使用同样的方法，将默认的组重命名为“文档工具”。

5 选择【我的工具箱】，单击两次【新建组】按钮，再添加两个新组，并将它们重命名为“文本工具”和“图形工具”。

6 选择【我的工具箱】，并单击右侧的▲按钮，将其移动到【开始】之前，如图1-20所示。

图1-20

下面需要将所需命令从左侧列表框中添加到右侧列表框的自定义组中，具体操作如下。

7 单击右侧列表框中要添加命令的组，如【文本工具】。

8 在左侧的【从下列位置选择命令】下拉列表中选择【主选项卡】命令。

9 在下方列表框中展开【开始】选项卡中的【字体】组，选择要添加的命令，如【字体】。

10 单击【添加】按钮，将左侧的【字体】命令添加到右侧的【文本工具】组中，如图1-21所示。如果添加有误，则可以选中添加项，然后单击【删除】按钮将其删除。

图1-21

11 按照相同的方法，重复步骤7～步骤10中的操作，向右侧列表框中的自定义组中添加所需的命令，全部完成后单击【确定】按钮，关闭【Word选项】对话框。返回应用程序窗口后，将看到自定义的选项卡及其包含的组和命令，如图1-22所示。

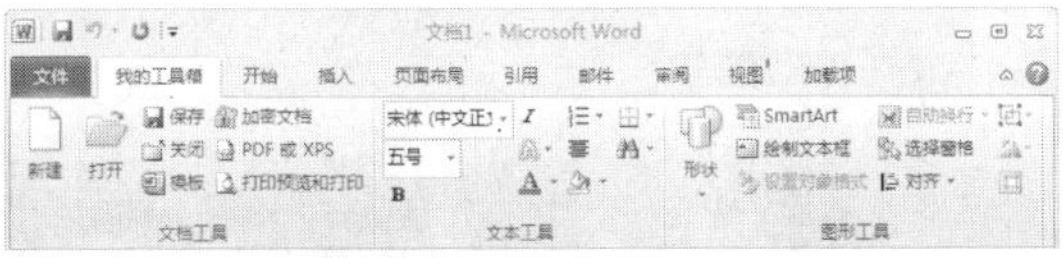

图1-22

1.3.2 自定义快速访问工具栏

Office早期版本中的工具栏在Office 2010中也不复存在，取而代之的是功能区上方的快速访问工具栏。其实它与Office早期版本的工具栏类似，上面也有很多用于执行不同命令的按钮，只不过它不能在应用程序窗口中被任意摆放。

通常可以对快速访问工具栏进行两种操作：一是改变它的位置；二是向快速访问工具栏中的添加按钮。改变位置操作简单，右击快速访问工具栏，然后在弹出的快捷菜单中选择【在功能区下方显示】命令。当然，如果当前的快速访问工具栏位于功能区的下方，那么右键快捷菜单中的命令则会显示为【在功能区上方显示】。如果希望将命令添加到快速访问工具栏以便快速执行某些常用操作，则可以使用以下两种方式。

- 添加存在于功能区中的命令。
- 添加功能区中没有的命令。

要将存在于功能区中的命令添加到快速访问工具栏中是非常容易的。只需右击功能区中要添加的命令，在弹出的快捷菜单中选择【添加到快速访问工具栏】命令即可。如果要添加的命令没有出现在功能区中，则需要使用类似于自定义功能区的方式来添加这些命令。

右击快速访问工具栏并在弹出的快捷菜单中选择【自定义快速访问工具栏】命令，打开如图1-23所示的自定义界面，与自定义功能区类似，都是在左侧列表框中选择好命令，然后单击【添加】按钮将所选命令添加到右侧。通过【从下列位置选择命令】下拉列表选择要添加的命令所属的分类，以便找到所需命令，完成后单击【确定】按钮。

图1-23

在应用程序窗口中，可以通过右击快速访问工具栏中的按钮，然后在弹出的快捷菜单中选择【从快速访问工具栏删除】命令来删除当前所选按钮。

1.3.3 禁用浮动工具栏

浮动工具栏是Office 2007中的新功能，而在Office 2010中仍然保留了该功能。如果不希望在每次选中文本内容时都自动弹出浮动工具栏，则可以考虑禁用它。这里以Excel 2010为例，具体操作如下。

1 单击Excel 2010应用程序窗口左上角的【文件】按钮，并在【文件】面板中选择【选项】命令。

2 打开【Excel选项】对话框，选择左侧列表中的【常规】选项，然后在右侧取消选中【选择时显示浮动工具栏】复选框，如图1-24所示。

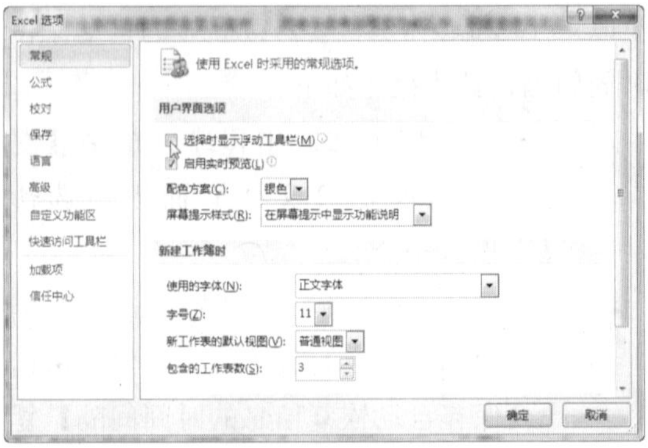

图1-24

3 单击【确定】按钮，关闭【Excel选项】对话框。

1.3.4 隐藏屏幕提示信息

Office 2010提供了一项比较人性化的功能，就是当鼠标指向某个按钮时，会弹出一个浮动菜单，其中显示了对该按钮功能的提示信息，如图1-25所示。

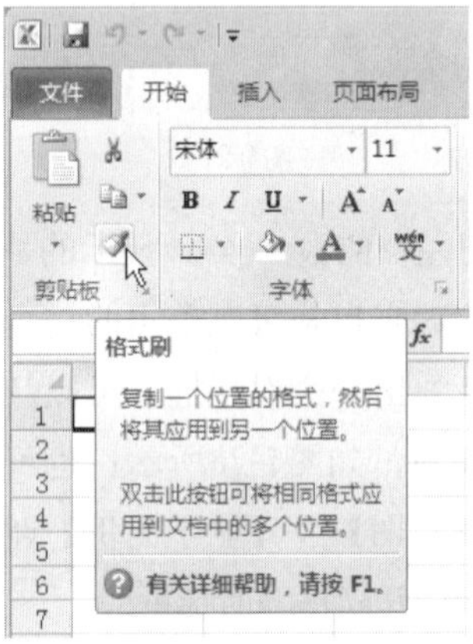

图1-25

如果已经对Office应用程序的各项功能比较熟悉，不再需要显示这些提示信息，则可以将此功能关闭。以Excel 2010为例，具体操作如下。

1 启动Excel 2010应用程序，单击【文件】按钮并在【文件】面板中选择【选项】命令，打开【Excel选项】对话框。

2 选择左侧列表中的【常规】选项，在右侧的【屏幕提示样式】下拉列表中选择【不显示屏幕提示】选项，然后单击【确定】按钮。

1.3.5 调整界面颜色

在Office 2010中，可以根据个人喜好从三种预置的界面颜色中选择任意一种。以Excel 2010为例，具体操作如下。

1 启动Excel 2010应用程序，单击【文件】按钮并在【文件】面板中选择【选项】命令。

2 打开【Excel选项】对话框，选择左侧列表中的【常规】选项，在右侧的【配色方案】下拉列表中选择一种界面颜色，如蓝色、银色、黑色等。

3 单击【确定】按钮，将改变应用程序的界面颜色。

1.3.6 修改文档打开与保存的位置

默认情况下，当启动一个Office程序并执行打开文件的操作时，都将自动定位到默认的打开文件的位置，具体如下。

- Windows XP操作系统：C:\Documents and Settings\当前登录用户名\My Documents。
- Windows 7操作系统：C:\Users\当前登录用户名\Documents。

如果常用的Office文档位于其他固定的文件夹中，则可以修改以上默认文件夹的位置。这里以Word 2010为例，具体操作如下。

1 启动Word 2010应用程序，单击【文件】按钮并在【文件】面板中选择

【选项】命令。

2 打开【Word选项】对话框，选择左侧列表中的【保存】命令，在右侧单击【默认文件位置】右侧的【浏览】按钮。

3 打开【修改位置】对话框，利用导航按钮选择要作为默认位置的文件夹，单击【确定】按钮。返回【Word选项】对话框，在【默认文件位置】文本框中可以看到新选择的文件夹的路径，如图1-26所示，然后单击【确定】按钮，完成设置。

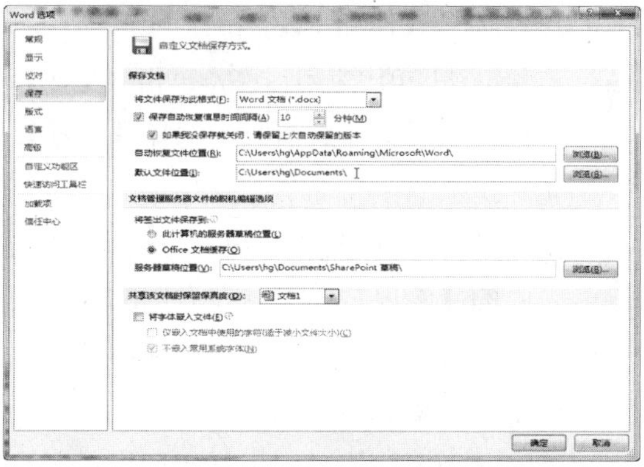

图1-26

Office 2010的文档格式在Office 2003以及更早版本中默认是无法打开的。因此，如果希望使用Office 2010编辑后的文档可以通用于Office的各个版本，可以通过设置Office文档的默认保存格式来解决。方法如下：打开图1-26所示的对话框，在【将文件保存为此格式】下拉列表中选择名为【Word 97-2003文档（*.doc）】的文档类型即可。

1.3.7 指定自动保存的时间间隔

Office应用程序提供了一种程序在意外关闭时的补救措施，即默认情况下每隔10分钟Office应用程序会自动保存当前打开文件的一个临时备份。当出现诸如突然停电、计算机意外死机等突发情况时，可以使用临时备份文件来恢复出现问题之前的文档数据。这里以Word 2010为例，要修改默认的自动保存时间间隔，具体操作如下。

1 启动Word 2010应用程序，单击【文件】按钮并在【文件】面板中选择【选项】命令。

2 打开【Word选项】对话框，选择左侧列表中的【保存】选项，在右侧确保选中【保存自动恢复信息的时间间隔】复选框，然后在其右侧的文本框中输入希望的时间间隔，单击【确定】按钮完成设置。

1.3.8 调整文档的显示比例

在Office 2010中，可以通过两种方法来调整窗口的显示比例。使用状态栏右侧的显示比例控件，如图1-27所示。拖动滑块可任意调整显示比例，而单击或按钮则可以按10%递减或递增来改变显示比例。

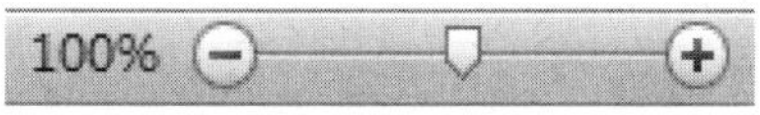

图1-27

按钮左侧的数字100%显示的是当前的显示比例，此数字也是可以单击的一个按钮。单击该按钮会弹出一个对话框，可以从中选择显示比例的选项，如图1-28所示；也可以使用功能区中的【视图】⇨【显示比例】⇨【显示比例】按钮，打开同样的对话框。

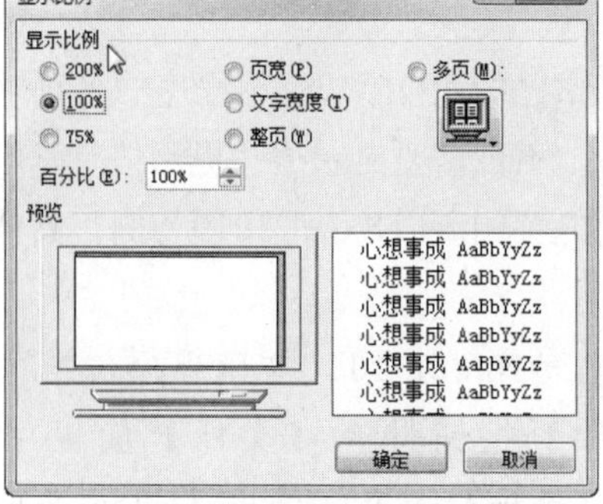

图1-28

1.3.9 设置最近使用过的文档

在Office早期版本中，当选择菜单栏中的【文件】命令时，会弹出一个菜单，在菜单底部会列出最近打开过的几个文件的路径和名称。Office 2010仍然保留了这项便捷功能，而且对该功能进行了增强，因为它不但可以列出最近打开过的文档，而且还可以显示这些文档所在的文件夹。单击【文件】按钮并在【文件】面板中选择【最近所用文件】命令，可以在右侧的面板中看到最近打开的文档及其文件夹，如图1-29所示。

图1-29

随着打开不同文档数量的增加，在【最近所用文件】面板中只能显示最近打开的一定数量的文档。如果希望某些文档常驻于【最近所用文件】面板中，可以单击文件名右侧的 按钮，这样就可以将相应的文档名称锁定在【最近所用文件】面板中，此时该按钮变为 ，单击 则会解锁；也可以通过右键快捷菜单来完成该操作，右击要锁定或解锁的文件名称，在弹出的快捷菜单中选择【固定至列表】（或【清除已取消固定的文档】）命令即可，如图1-30所示。

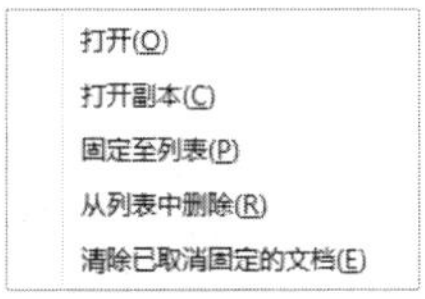

图1-30

默认情况下，Office 2010应用程序可以在【最近所用文件】面板中显示不同名的25个已打开过的文档名称，用户也可以根据实际情况自定义该数量。这里以Word 2010为例，具体操作如下。

1 启动Word 2010应用程序，单击【文件】按钮并在【文件】面板中选择【选项】命令。

2 打开【Word选项】对话框，选择左侧列表中的【高级】选项，在右侧修改【显示此数目的“最近使用的文档”】中的数值，如图1-31所示，单击【确定】按钮完成设置。

图1-31

提示：如果希望快速清除【最近所用文件】面板中的所有打开文件记录，可以将图1-39中的【显示此数目的“最近使用的文档”】数值设置为“0”，单击【确定】按钮，然后再重新设置该数值即可。

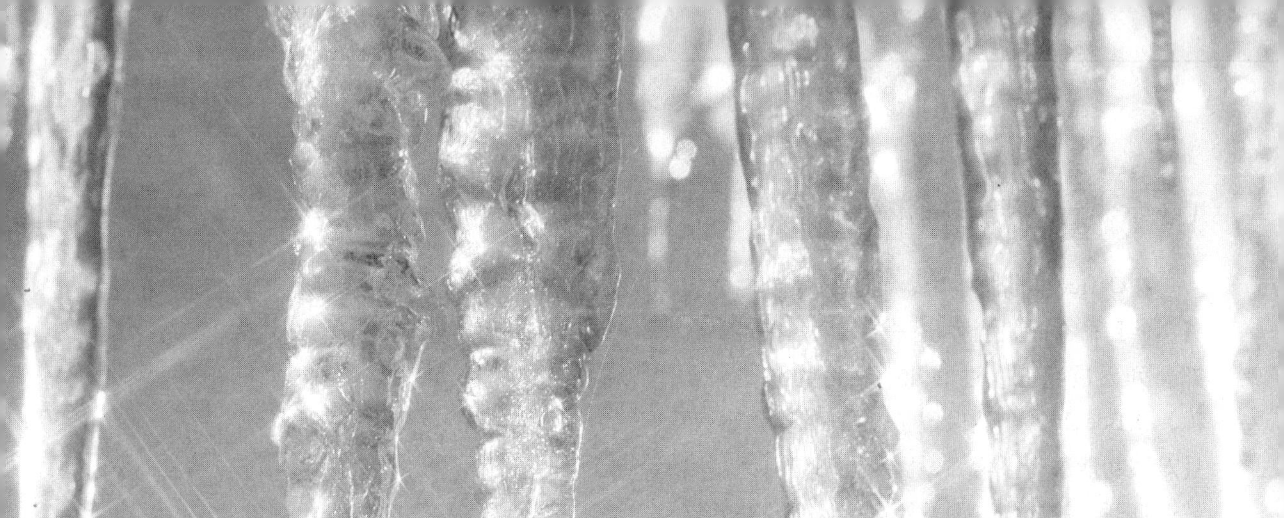

第2章

Office 2010 办公应用基础操作

本章内容如下：

了解和创建Office文档

了解和创建Excel工作表

了解和创建PowerPoint演示文稿

2.1 了解和创建Office文档

一般常说的Office办公应用主要是指Word、Excel和PowerPoint这3个软件的使用。所谓的“Office文档”也主要指使用这3个软件所产生的文件。本节将对这三种Office组件在文档级别上的操作进行整体介绍。

2.1.1 Office文档的格式

Office 2010继续使用Office 2007中引入的基于XML的文档格式。在默认情况下，使用Office 2010创建的文档，其扩展名在早期的Office版本的扩展名后面多了一个字母“x”或“m”，其中“x”表示不包含宏的XML文档，而“m”则表示包含宏的XML文档。例如，使用Excel 2010创建一个新的工作簿并进行保存后，该工作簿默认的文档扩展名是“xlsx”，而不是“xls”。如果创建一个包含宏的工作簿，那么保存工作簿后的文档扩展名是“xlsm”而不是“xls”。XML类型的文档具有以下几个优势。

1. 文件量小

Open XML格式使用zip压缩技术来存储文档。自动压缩文档可以减少存储文档所需的磁盘空间，最多可使文档体积减小75%。无需安装特殊的压缩工具，即可在Office 2010中对XML格式的文档进行自动压缩和解压缩，这些工作在关闭与打开文档时就自动完成了。

2. 受损文档容易恢复

文档结构以模块形式进行组织，从而使文档中的不同数据组件彼此独立，即使文档中的某个组件损坏，也可以打开文档。

3. 安全性高

XML文档具有更高的安全性，可以在保存文档时，通过文档检查器检测文档中是否包含个人身份信息或业务敏感信息，如果有则可以将这些信息删除。

表2-1、表2-2和表2-3分别列出了Word 2010、Excel 2010和PowerPoint 2010所包含的文档类型及其扩展名。

表2-1 Word 2010文档类型与扩展名

文档类型	扩展名
文档	.docx
包含宏的文档	.docm
文档模板	.dotx
包含宏的文档模板	.dotm

表2-2 Excel 2010文档类型与扩展名

文档类型	扩展名
工作簿	.xlsx
包含宏的工作簿	.xlsm
工作簿模板	.xltx
包含宏的工作簿模板	.xltm
非XML二进制工作簿	.xlsb
包含宏的加载项	.xlam

表2-3 PowerPoint 2010文档类型与扩展名

文 档 类 型	扩 展 名
演示文稿	.pptx
包含宏的演示文稿	.pptm
演示文稿模板	.potx
包含宏的演示文稿模板	.potm
包含宏的加载项	.ppam
播放	.ppsx
包含宏的播放	.ppsm
幻灯片	.sldx
包含宏的幻灯片	.sldm

如果需要将一个文档在不同计算机的不同Office版本之间打开并编辑，那么就会涉及Office版本兼容性的问题。如果是在Office 2010中打开早期Office版本所创建的文档，正确打开后，在应用程序窗口的标题栏中会出现“兼容模式”字样。但如果是在早期Office版本中打开由Office 2010所创建的文档，则需要到微软官方网站下载文件类型转换器。为了确保转换器正常工作，必须先将Office早期版本更新到下面列出的Service Pack之一。

- Office 2000的用户需要更新到Office 2000 Service Pack 3。
- Office XP的用户需要更新到Office XP Service Pack 3。
- Office 2003的用户需要更新到Office 2003 Service Pack 1。

2.1.2 受保护视图模式介绍

受保护视图模式是Office 2010中的一个新增功能，它是在打开可能包含病毒或其他任何不安全因素的文档前的一种保护性措施。为了尽可能保护计算机的安全，存在安全隐患的文档都会在受保护的视图中打开，此时大多数编辑功能被禁用，用户可以检查文档中的内容，以便降低可能发生的风险。

默认情况下，来自Internet源的文档会在受保护视图中打开，此时功能区下方的消息栏中会显示一条警告信息，如图2-1所示，同时还会显示用于启用编辑的选项，用户可以根据实际情况选择是否允许编辑该文档。另外，用户也可以自定义设置哪些来源及类型的文档在受保护视图中打开。

图2-1

下面几种情况下的文档都会自动在受保护视图中打开。

- 该文档是从某个Internet位置中打开。
- 文档的接收方式为Outlook 2010附件，而且当前计算机策略已将发送者定义为不安全。
- 文档从不安全的位置打开，如IE浏览器的“Internet临时文件”文件夹。
- 文档被“文件阻止”功能阻止。

可以在受保护视图中手工打开某个特定文档。单击Office应用程序左上角的【文件】按钮，在弹出的面板中选择【打开】命令。在【打开】对话框中选择要打开的文档，然后单击【打开】按钮右侧的下拉按钮，在弹出的菜单中选择【在受保护的视图中打开】命令，即可将所选文档在受保护视图中打开。

如果需要编辑文档中的内容并要保存和打印，那么就必须退出受保护视图。在功能区下方出现警告信息时单击【启用编辑】按钮，或者单击【文件】按钮并在【文件】面板中选择【信息】命令，打开如图2-2所示的面板，然后单击【启用编辑】按钮。

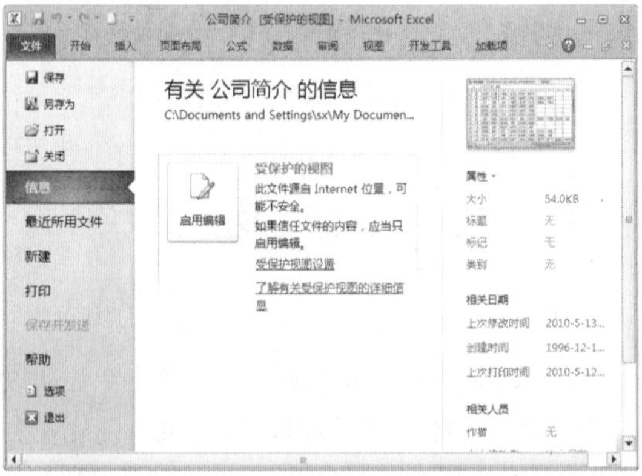

图2-2

单击图2-2中【启用编辑】按钮右侧的【受保护视图设置】，可以打开如图2-3所示的受保护视图设置界面。可以根据需要更改这些设置，即对特定类型的内容启用或禁用受保护视图。

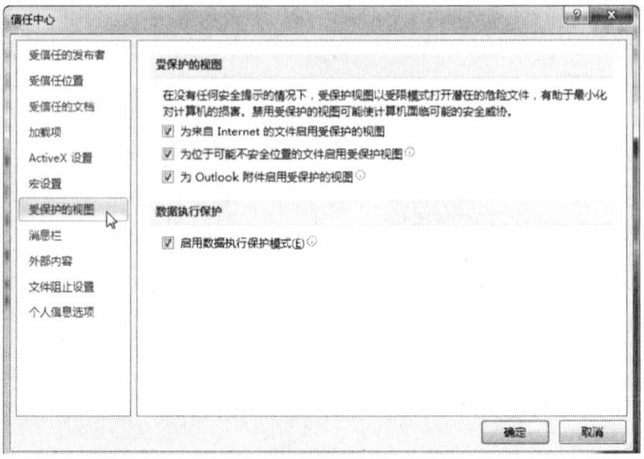

图2-3

还可以使用下面的方法打开图2-3所示的受保护视图设置界面。

1 单击【文件】按钮并在弹出的【面板】中选择【选项】命令。

2 打开【xx选项】对话框，其中“xx”表示应用程序的名称，如Excel等。

3 选择左侧列表中的【信任中心】，然后单击右侧的【信任中心设置】按钮。

4 打开【信任中心】对话框，选择左侧列表中的【受保护的视图】，在右侧即可看到图2-3所示的设置界面。

2.1.3 新建文档

对Word、Excel和PowerPoint来说，在第一次使用时，都会先启动组件对应的应用程序。程序启动后将自动建立一个空白文档。例如，如果启动Word 2010，那么就会创建一个空白的Word文档；如果启动的是Excel 2010，那么就会创建一个空白的Excel工作簿；如果启动的是PowerPoint 2010，则会创建一个空白的演示文稿。

当然，用户可以自己重新创建新的文档。Word、Excel和PowerPoint都是支持新建文档操作的，而且操作方法类似。要创建新的Office文档，具体操作如下。

1 单击Office应用程序窗口左上角的【文件】按钮，在弹出的【文件】面板中选择【新建】命令。

2 展开【新建】面板，在此可以选择新建文档的方式，如图2-4所示，可以新建一个空白文档，或者使用模板创建新文档。

3 例如，选择【样本模板】。此时会进入图2-5所示的界面，选择一种详细的文档模板，在右侧可以看到该模板的缩略图。如果觉得合适，可以单击【创建】按钮以此模板创建新文档。

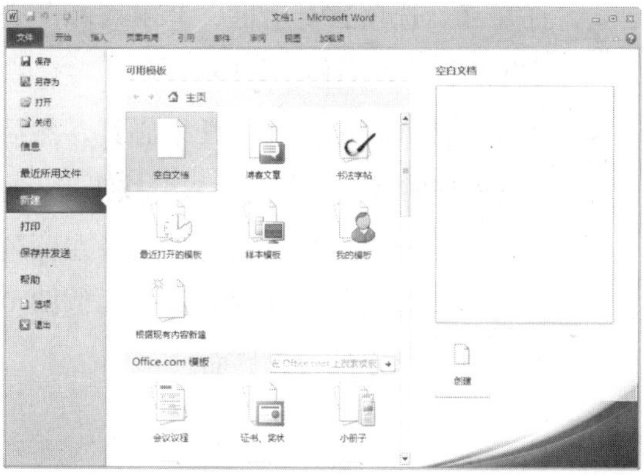

图2-4

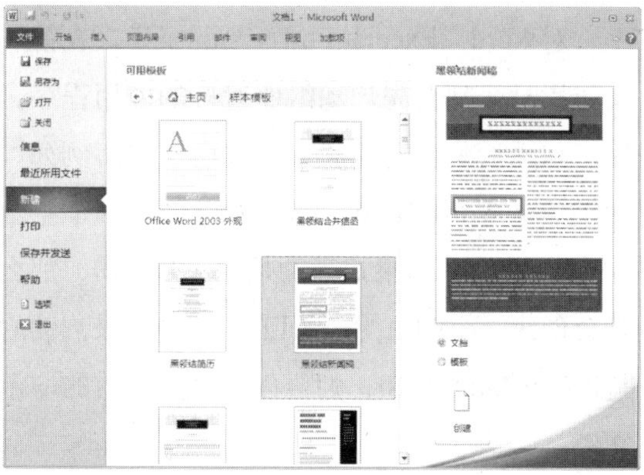

图2-5

提示：按Ctrl+N组合键，可以快速新建一个空白文档。

2.1.4 打开文档

无论Word、Excel还是PowerPoint，它们在打开文档的操作上都是类似的。例如，要打开Excel工作簿，则可以单击Excel应用程序窗口左上角的【文件】按钮，然后在弹出的【文件】面板中选择【打开】命令。此时会弹出一个对话框，如图2-6所示，从中选择要打开的文档，然后单击【打开】按钮即可，也可直接双击文档将其打开。

提示：按Ctrl+O组合键可以快速选择打开文档。

图2-6

2.1.5 保存文档

保存Office文档的操作也是基本相同的。例如，要保存Excel工作簿，可以单击快速访问工具栏中的【保存】按钮；或者单击【文件】按钮，在出现的【文件】面板中选择【保存】命令进行保存。无论使用上面哪种方法，如果文档从未保存过，都会弹出一个【另存为】对话框，如图2-7所示，提示用户输入文档保存的名称和位置，输入完成后单击【保存】按钮，即可将文档保存到计算机中。

图2-7

提示：按Ctrl+S组合键可以快速保存文档。

在Office中还有一种被称为“另存为”的保存方式。这种保存方式通常用于下列情况。

- 不希望破坏原有文档，但是又需要在原有文档的基础上进行修改，然后存为一份新文档。
- 希望复制一份完全相同的文档，即获得一个文档的副本。

要执行另存为操作，只需单击【文件】按钮，然后在弹出的【文件】面板中选择【另存为】命令，之后的操作与保存操作类似。

2.1.6 关闭文档

同样，关闭Office文档的操作方法在多个Office组件中也是类似的。只需单击【文件】按钮，然后在弹出的【文件】面板中选择【关闭】命令即可关闭当前文档。如果在关闭文档前对文档进行了修改，但是又未进行保存，那么在关闭文档时就会弹出如图2-8所示的对话框（以Word为例），询问用户是否保存。

图2-8

单击【保存】按钮保存当前文档并关闭；单击【不保存】按钮不保存文档并关闭；单击【取消】按钮不保存也不关闭文档。

提示：按Ctrl+F4或Ctrl+W组合键都可以快速关闭文档。按Alt+F4组合键可以关闭程序窗口。

2.1.7 转换Office文档的格式

如果是使用Office 2010应用程序打开Office早期版本所创建的文档，那么将会在Office 2010应用程序窗口的标题栏中显示“［兼容模式］”字样，如图2-9所示。

图2-9

在这种情况下，文档可以被正常显示和编辑，但是无法使用Office 2010提供的一些新功能。为此，可以将Office早期版本的文档格式转换为Office 2010文档格式，对于Word、Excel和PowerPoint来说操作都是相同的。只需单击【文件】按钮，然后在弹出的【文件】面板中单击【信息】⇨【转换】按钮，如图2-10所示（以Word 2010为例）。

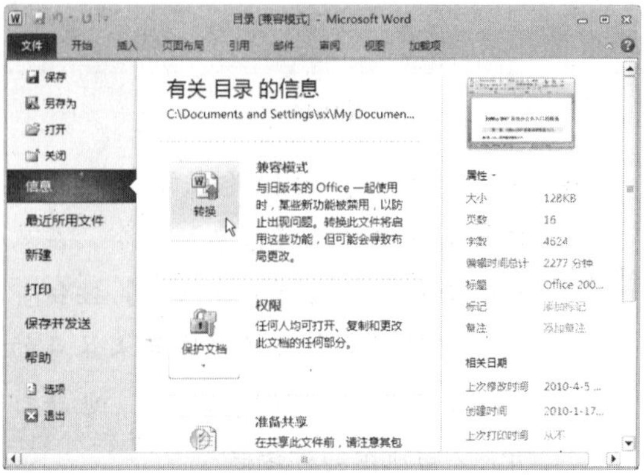

图2-10

2.1.8 恢复没有保存的文档

Office 2010提供了对未保存的文档进行恢复的功能。这里所说的“未保存的文档”是指新建一个文档，输入一些内容，然后将其不保存而直接关闭。在Office 2010中可以恢复这类文档，这里以Word 2010为例进行介绍（在Excel 2010和PowerPoint 2010中也提供了类似的功能）。新建一个文档并在其中输入一些内容，当在不保存的状态下将该文档关闭后，可以使用Word 2010的新功能来恢复该文档。具体有以下两种方法。

- 单击【文件】按钮并在弹出的【文件】面板中选择【最近所用文件】命令，单击展开面板底部的【恢复未保存的文档】按钮，将打开如图2-11所示的对话框，从中选择要恢复的文件并单击【打开】按钮即可。

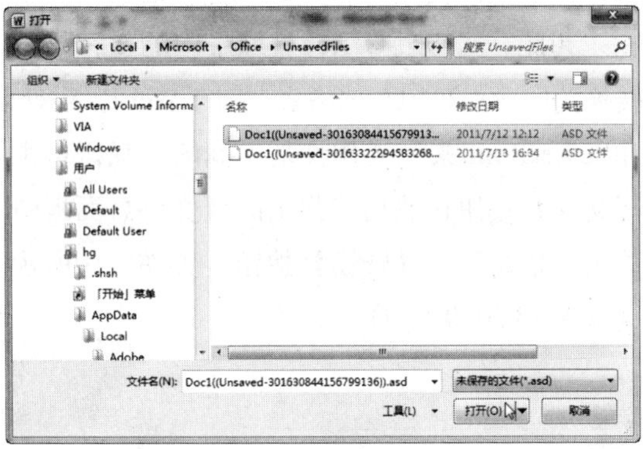

图2-11

- 单击【文件】按钮并在弹出的【文件】面板中选择【信息】命令，在展开的面板中单击【管理版本】按钮并在弹出的菜单中选择【恢复未保存的文档】命令，如图2-12所示，也将打开图2-11所示的对话框。

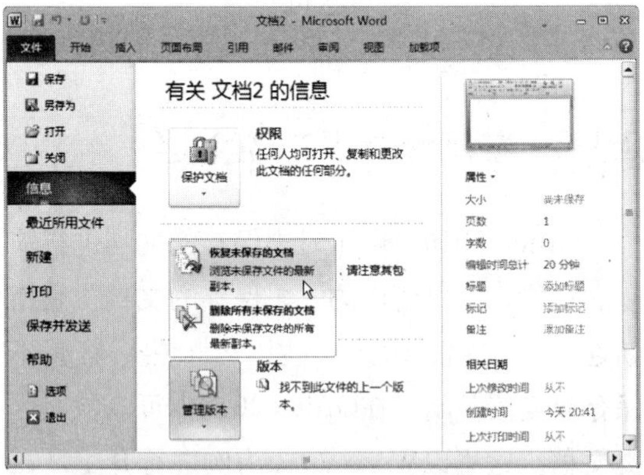

图2-12

可恢复的未保存过的文档位于以下路径中。

- Windows XP操作系统：C:\Documents and Settings\当前登录用户名\Local Settings\Application Data\Microsoft\OFFICE\UnsavedFiles。
- Windows 7/Windows Vista操作系统：C:\Users\当前登录用户名\AppData\Local\Microsoft\Office\UnsavedFiles。

2.1.9 在线查看与编辑文档

使用Office Web Apps功能可以将文档保存到网络中，然后在网上查看和编辑文档。对于个人用户来说，如果已经拥有了Windows Live ID，则可以将文档保存到与Windows Live ID对应的SkyDrive网络存储空间中。个人用户使用Office Web Apps功能非常简单，以Word 2010为例，具体操作如下。

1 在编辑好文档后，单击【文件】按钮并在弹出的【文件】面板中选择【保存并发送】⇨【保存到Web】命令，将在右侧面板中出现如图2-13所示的界面。

图2-13

2 单击【登录】按钮，弹出如图2-14所示的对话框，输入已经注册好的Windows Live ID账号及密码。

图2-14

3 单击【确定】按钮，出现如图2-15所示的界面，选择要将文档保存到的网络位置中的文件夹，然后单击【另存为】按钮。

图2-15

4 打开如图2-16所示的对话框，设置保存的文件名称及保存类型。

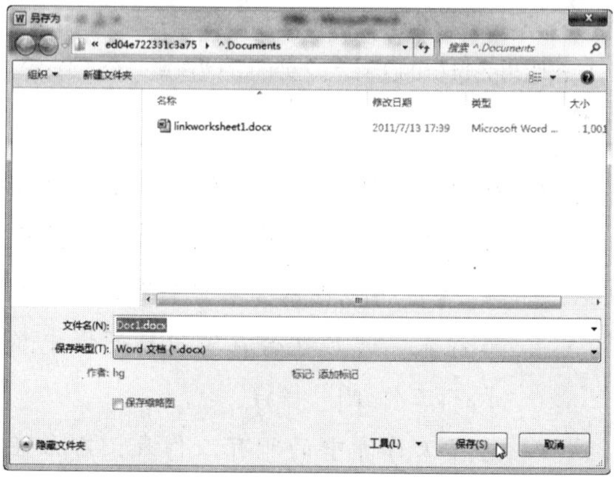

图2-16

5 单击【保存】按钮，即可将指定文档保存到SkyDrive中。在启用Office Web Apps后，会在任务栏右侧看到图标。双击该图标，可以打开【Microsoft Office上载中心】窗口，其中显示了当前正在保存的文档进度，如图2-17所示。

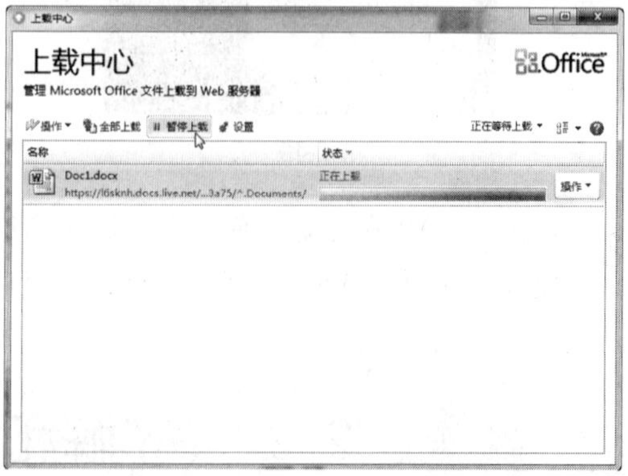

图2-17

6 在SkyDrive上保存好文档后，通过浏览器进入SkyDrive时可以看到指定文件夹中的文档，如图2-18所示。

图2-18

7 单击要操作的文档，进入如图2-19所示的界面，选择要查看或编辑的文档，然后单击上方的【在Word中打开】或【在浏览器中编辑】按钮。

图2-19

8 在浏览器中编辑文档有些不方便，所以建议单击【在Word中打开】按钮，返回Word 2010中查看或编辑文档，如图2-20所示。

图2-20

2.2 了解和创建Excel工作表

Excel 2010是制表编辑和图形化显示数据的首选办公工具。在使用Excel之前，需要区分两个基本概念：工作簿和工作表。每一个Excel工作簿默认都包含三个工作表。各种数据是被输入到工作表中的，而工作簿则只是一个组织工作表的容器。本节将介绍Excel工作簿中工作表的相关操作。

2.2.1 选择和区分工作表

在输入数据之前，需要确认和选择工作表。在不同的工作表中输入数据时，都需要从当前工作表切换到其他工作表，这时就需要执行选择操作。选择工作表的操作分为以下四种。

- 选择一个工作表：单击要选择的工作表标签，即可选择该工作表。
- 选择多个连续的工作表：单击要选择的多个连续工作表中的第一个，然后按住Shift键的同时单击最后一个工作表，这样即可选择包含第一个工作表和最后一个工作表在内的连续多个工作表。此时可以看到在Excel窗口标题栏中显示“[工作组]”字样，如图2-21所示。

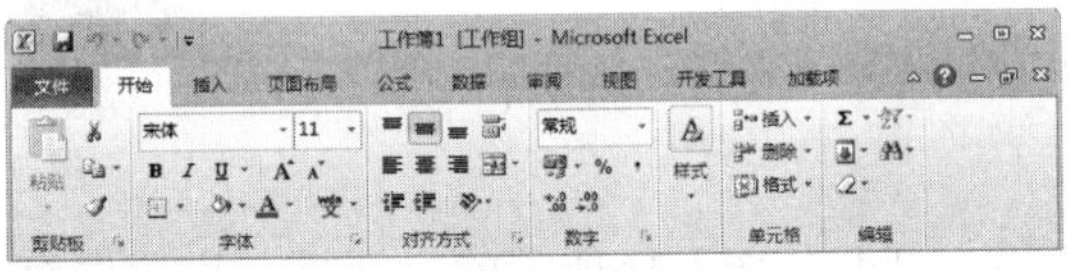

图2-21

提示：要想解除多个工作表的选择状态，只需单击除最先选择的工作表之外的其他任意一个工作表即可。

- 选择多个不连续的工作表：单击要选择的工作表中的第一个工作表，然后按住Ctrl键，再依次单击要选择的其他工作表，此时也会在窗口标题栏中显示“[工作组]”字样。
- 选择工作簿中的所有工作表：右击任意一个工作表标签，在弹出的快捷菜单中选择【选定全部工作表】命令。

2.2.2 新建和插入Excel工作表

在Excel 2010中，为新建工作表提供了一个专用按钮——【插入工作表】按钮。单击该按钮，即可在最后一个工作表之后创建一个新工作表。此外，还可以使用以下三种方法创建工作表。

- 右击任意一个工作表标签，在弹出的快捷菜单中选择【插入】命令，打开如图2-22所示的【插入】对话框，选择【常用】选项卡中的【工作表】并单击【确定】按钮，这样即可在右击的工作表左侧创建一个工作表。

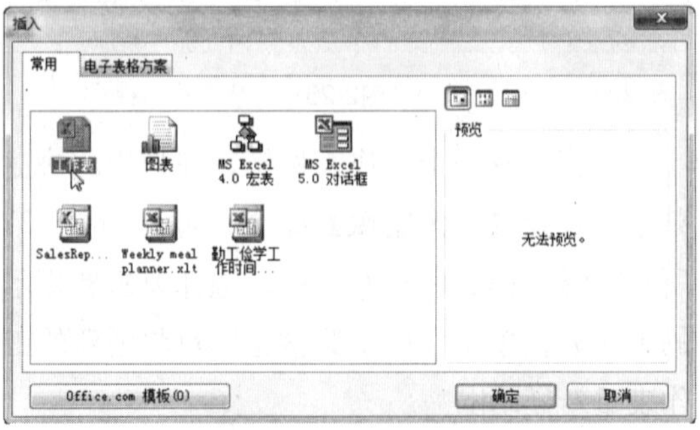

图2-22

- 单击功能区中的【开始】➪【单元格】➪【插入】按钮，在弹出的菜单中选择【插入工作表】命令。
- 按Shift+F11或Alt+Shift+F1组合键。

2.2.3 移动和复制工作表

有时可能需要调整工作簿中各工作表之间的位置，这就需要对工作表进行移动。移动工作表的具体操作如下。

1 单击要移动的工作表标签。

2 按住鼠标左键的同时拖动工作表标签。在拖动过程中会显示一个黑色三角，它的位置就是工作表当前要移动到的位置，如图2-23所示。

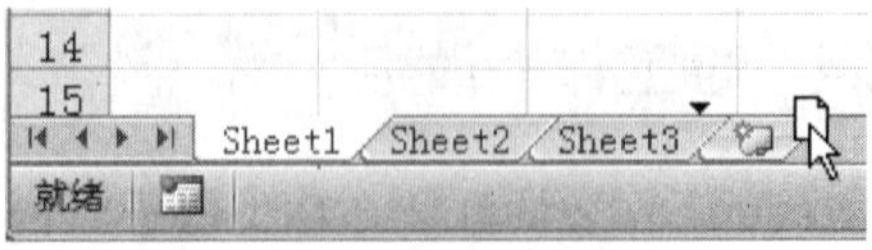

图2-23

3 根据黑色三角的指示，决定工作表要移动到哪个位置，确定后释放鼠标左键即可。

使用与移动工作表类似的方法可以复制工作表，只需在开始拖动工作表标签之前先按住Ctrl键，然后再拖动工作表标签，即可对工作表进行复制。

上面介绍的方法适用于工作簿中工作表的数量不是很多的情况。一旦工作簿中包含几十甚至上百个工作表，此时再通过拖动的方法进行移动或复制，就不是一件容易的事了，这时可以使用另外一种方法。具体操作如下。

1 右击要移动或复制的工作表标签，在弹出的快捷菜单中选择【移动或复制】命令。

2 打开如图2-24所示的【移动或复制工作表】对话框，在此对话框中可以决定是移动工作表还是复制工作表，关键就在于是否选中了【建立副本】复选框。如果选中了该复选框，将复制工作表，否则将移动工作表。

图2-24

提示：在复制一个工作表后，新复制出的工作表会以“原工作表名称+序号”来命名。例如，假设对名为“Sheet1”的工作表进行了复制，那么新复制出的工作表名称为“Sheet1(2)”。

2.2.4 给工作表改名

Excel工作表的默认名称类似于Sheet1、Sheet2、Sheet3，无法起到标识工作表内容的作用。因此，为了可以快速获悉每个工作表的用途，可以为工作表设置一个有意义的名称。一般使用以下两种方法重命名工作表。

- 双击工作表标签，进入如图2-25所示的编辑状态，输入新的名称，然后按Enter键确认。

图2-25

- 右击工作表标签，在弹出的快捷菜单中选择【重命名】命令，修改名称后按Enter键确认。

提示：工作表的名称最多可包含31个字符，可以包含空格，但不能含有冒号、问号、星号、斜线（/）和反斜线（\）。

2.2.5 删除工作表

对于多余的工作表，可以将其从工作簿中删除，以免给工作表之间的切换带来不便。一般使用以下两种方法删除工作表。

- 右击要删除的工作表标签，在弹出的快捷菜单中选择【删除】命令。
- 单击要删除的工作表标签，然后单击功能区中的【开始】⇨【单元格】⇨【删除】按钮，之后在弹出的菜单中选择【删除工作表】命令。

提示：Excel无法恢复已删除的工作表。换句话说，如果将某个工作表删除，将无法使用Ctrl+Z组合键撤销此操作。

2.2.6 显示或隐藏工作表

如果有某些数据不希望让其他人看到，则可以将包含这类数据的工作表隐藏起来，到需要编辑时再显示出来。隐藏工作表的方法很简单，右击要隐藏的工作表标签，在弹出的快捷菜单中选择【隐藏】命令即可。

提示：Excel不会隐藏工作簿中的所有工作表。如果事先选择了所有工作表并执行了上述操作，那么将会收到如图2-26所示的提示信息。

图2-26

右击任意一个工作表标签，在弹出的快捷菜单中选择【取消隐藏】命令，打开如图2-27所示的【取消隐藏】对话框。选择要重新显示的工作表，单击【确定】按钮即可将隐藏的工作表重新显示出来。

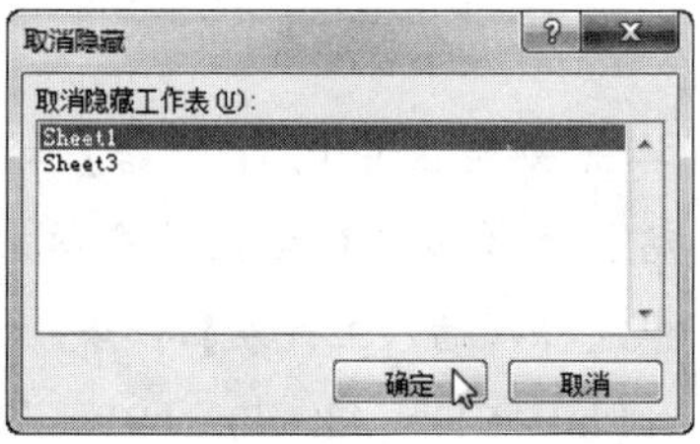

图2-27

2.2.7 拆分工作表视图

用户可能希望在一个工作表中对比两个不同区域中的数据，那么可以使用Excel的拆分功能，将一个工作表拆分成两个或四个部分，只需单击功能区中的【视图】⇨【窗口】⇨【拆分】按钮即可。拆分出的部分的数量是由拆分前鼠标在工作表中的位置来决定的。

例如，如果鼠标位于工作表的第1行或A列，那么拆分后工作表将被分为两个部分。如果鼠标位于其他位置，则会将工作表拆分为四个部分，如图2-28所示。拖动拆分后的边框可以调整拆分窗格的面积。单击功能区中的【视图】⇨【窗口】⇨【拆分】按钮，可以删除所有拆分窗格并使工作表恢复到初始状态。

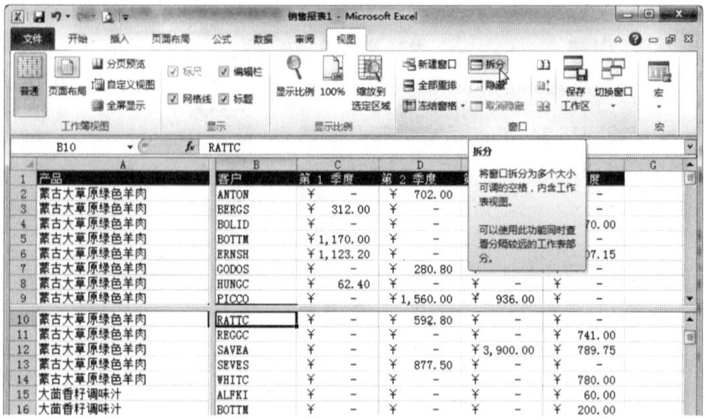

图2-28

提示：除了使用功能区中的命令对工作表进行拆分外，还可以通过拖动Excel窗口垂直滚动条顶端▭和水平滚动条右端▯的滑块来拆分工作表。只要将鼠标指向这两个标记，当出现双向箭头时进行拖动，即可对工作表进行拆分。

2.2.8 冻结工作表的行或列

在实际工作中，很多工作表都包含几十行、上百行或更多数据。通常在表格的第一行都会有一行标题，用于表示表格每一列数据的作用。但是当向下滚动工作表超过一屏时，表格第一行的标题就看不到了，这样面对包含众多数据列的表格就会感到茫然，因为很难记住每一列数据的作用。

针对这个问题，Excel提供了冻结功能。如果表格的标题位于工作表的第一行或第一列，那么可以直接单击功能区中的【视图】⇨【窗口】⇨【冻结窗格】⇨【冻结首行】或【冻结首列】按钮，Excel会自动将第一行或第一列的内容锁定，即使滚动到工作表的任意位置，也会始终显示第一行或第一列的内容，如图2-29所示。

图2-29

如果希望同时冻结第一行和第一列，那么可以单击单元格B2，然后单击功能区中的【视图】⇨【窗口】⇨【冻结窗格】按钮，在弹出的菜单中选择【冻结拆分窗格】命令，如图2-30所示。

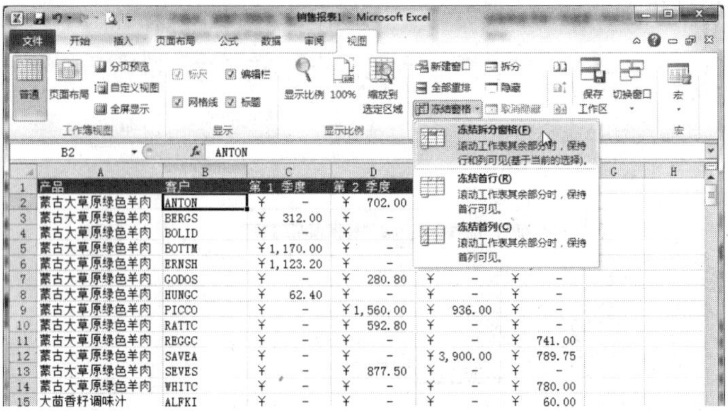

图2-30

2.2.9 给工作表添加背景图片

如果希望为枯燥的工作表添加一幅背景图来进行装饰，也是很容易实现的。单击功能区中的【页面布局】⇨【页面设置】⇨【背景】按钮，打开【工作表背景】对话框。选择一幅图片后单击【插入】按钮，即可将所选图片作为背景插入到工作表中。单击【页面布局】⇨【页面设置】⇨【删除背景】按钮，将删除背景图片，如图2-31所示。

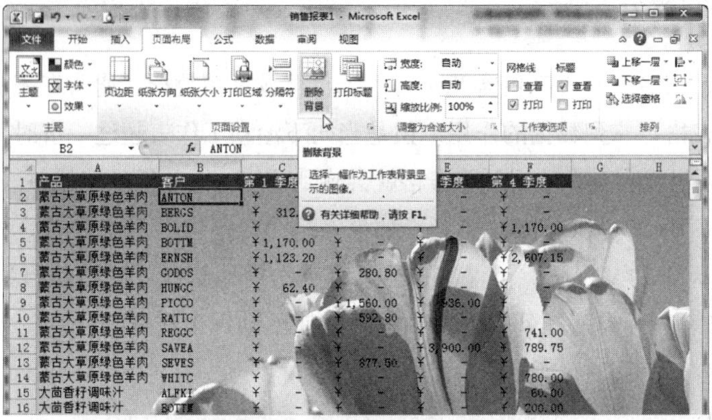

图2-31

提示：图2-31是将工作表网格线隐藏后的效果。隐藏网格线的方法是：取消选中功能区中的【视图】⇨【显示】⇨【网格线】复选框；或者在【页面布局】⇨【工作表选项】⇨【网格线】中取消选中【查看】复选框。

2.2.10 改变工作表标签的颜色

有时将工作表标签的颜色改变为另一种，也许会有一些新鲜感，而且可能会更加易于辨识不同的工作表，或者体现某些工作表的重要性。右击工作表标签并在弹出的快捷菜单中选择【工作表标签颜色】命令，然后在颜色列表中选择一种颜色，如图2-32所示。

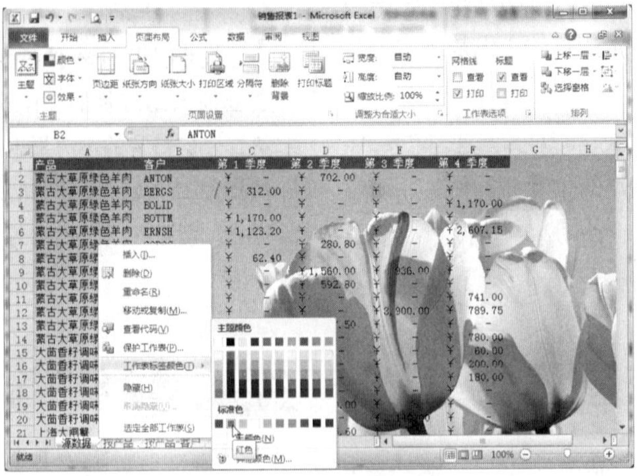

图2-32

2.2.11 设置默认工作表数量

在Excel 2010中，新建的工作簿默认会包含三个工作表，这个数量可以根据使用需要进行调整。例如，如果希望创建一个包含12个月份的月销售明细表，可以在新建工作簿时直接生成12个工作表，然后编辑其中的数据。要修改新建工作簿时所包含的工作表数量，具体操作如下。

1 单击Excel 2010窗口左上角的【文件】按钮，在弹出的【文件】面板中选择【选项】命令，打开【Excel选项】对话框。

2 选择左侧列表中的【常规】选项，修改右侧的【包含的工作表数】微调框中的数字，这个数字就是新建工作簿时要包含的工作表数量，如图2-33所示。

3 设置好后单击【确定】按钮，关闭【Excel选项】对话框。

图2-33

2.3 了解和创建PowerPoint演示文稿

PowerPoint演示文稿其实就是电子形式的演讲稿，它里面包含多张幻灯片，在幻灯片中可以插入文字、图片和多媒体内容等。本节将介绍PowerPoint演示文稿中幻灯片的相关操作。

2.3.1 新建幻灯片

启动PowerPoint 2010后会自动创建一个演示文稿，其中默认包含一张幻灯片。但是通常一个演示文稿中不会仅仅只有一张幻灯片，用户还会继续创建其他幻灯片。创建幻灯片最主要的工作就是要确定新幻灯片创建的位置。例如，原演示文稿中包含两张幻灯片，如图2-34所示。

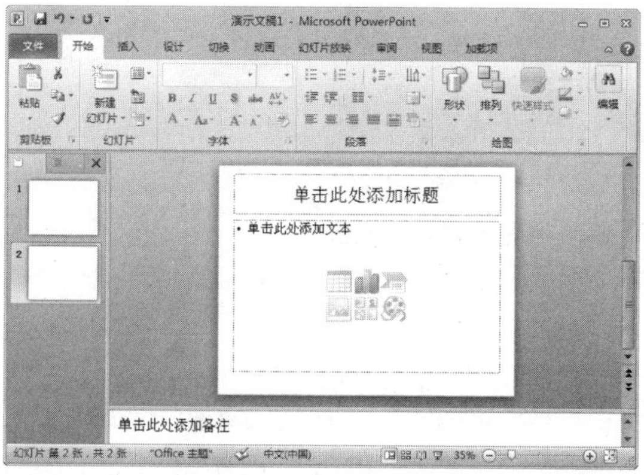

图2-34

如果希望在第1、2两张幻灯片之间插入一张幻灯片，那么可以进行以下操作。

1 在PowerPoint窗口中，单击左侧幻灯片列表中的第一张幻灯片，或者单击第一张与第二张幻灯片之间的空白处，可以看到一条闪烁的黑色线条，如图2-35所示。

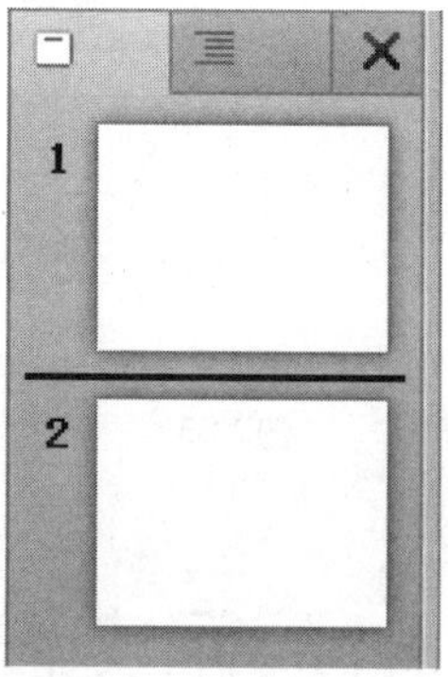

图2-35

2 单击功能区中的【开始】⇨【幻灯片】⇨【新建幻灯片】按钮，在弹出的菜单中选择要新建的幻灯片版式，即可创建一张新幻灯片。

> 提示：另外一种确定插入位置的方法是单击要插入幻灯片的上一张幻灯片。例如，要在第二张幻灯片的下方插入一张幻灯片，那么应先选择第二张幻灯片，然后再执行插入幻灯片的操作，即可在所选的幻灯片的下方插入一张新幻灯片。

2.3.2 选择幻灯片

在Excel中输入数据之前，需要先指定一个工作表。同理，在PowerPoint演示文稿中编辑内容之前，也需要先选择相应的幻灯片。根据选择幻灯片方式的不同，将其具体分为以下四种。

- 选择一张幻灯片：单击左侧窗格中【幻灯片】选项卡中的幻灯片，即可选中该幻灯片。
- 选择多张连续幻灯片：单击要选择的多张幻灯片中的第一张幻灯片，然后在按住Shift键的同时再单击最后一张幻灯片。
- 选择多张不连续幻灯片：单击要选择的多张幻灯片中的第一张幻灯片，然后按住Ctrl键的同时依次单击要选择的其他幻灯片。
- 选择全部幻灯片：单击【大纲/幻灯片】窗格中【幻灯片】选项卡中的任意一张幻灯片，然后按Ctrl+A组合键。

> 提示：如果PowerPoint窗口左侧的【大纲/幻灯片】窗格不见了，可以拖动PowerPoint窗口左侧的边界，将【大纲/幻灯片】窗格重新显示出来，如图2-36所示。

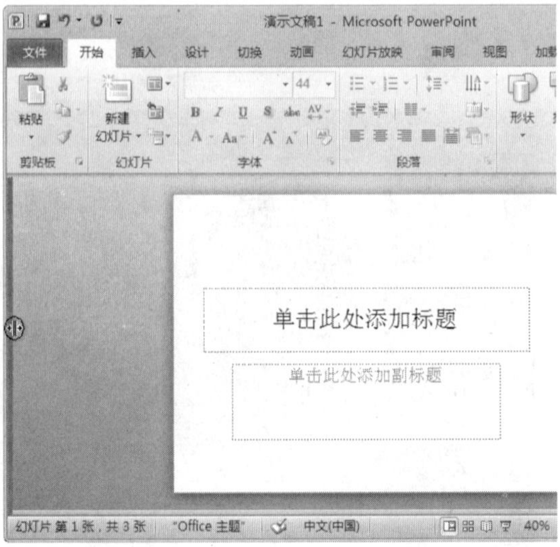

图2-36

2.3.3 修改幻灯片的版式

在PowerPoint中，有一种被称为“版式”的元素，不同版式决定了幻灯片内可以插入的对象以及位置安排。例如，在新建演示文稿时，将自动创建一张版式为“标题幻灯片”的幻灯片，其中包含两个标题占位符，可以在标题占位符中输入文字。

在创建幻灯片时，是为幻灯片选择版式的第一次机会。图2-37所示为新建幻灯片时选择版式的列表，它位于功能区中的【开始】⇨【幻灯片】⇨【新建幻灯片】中（【新建幻灯片】按钮是一个组合按钮）。

也可以根据需要随时改变幻灯片的版式，使其具有不同的结构。要修改某张幻灯片的版式，只需在【大纲/幻灯片】窗格中右击幻灯片并在弹出的快捷菜单中选择【版式】命令，此时会打开一个列表，从中可以选择所需的版式，打开的列表与上图类似，只是不包含上图下方的三个命令。

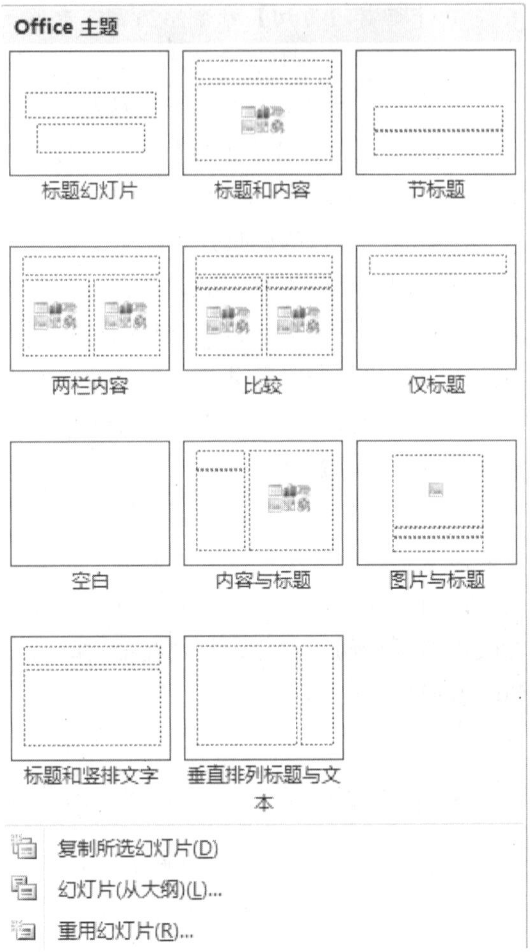

图2-37

2.3.4 移动和复制幻灯片

演示文稿在默认情况下是一张接着一张放映的，因此，在制作幻灯片时就要将多张幻灯片之间的顺序排列好。如果在编辑的过程中需要调整幻灯片的位置，那么可以使用以下两种方法灵活移动幻灯片。

- 拖动法：单击幻灯片并按住鼠标左键，将其拖动到其他幻灯片的上方或下方，可以移动该幻灯片。
- 剪切法：右击要移动的幻灯片（将其命名为“A”），在弹出的快捷菜单中选择【剪切】命令。然后右击另一张幻灯片（将其命名为“B”）并在弹出的快捷菜单中选择【粘贴选项】中的【使用目标主题】命令，则可将幻灯片A移动到幻灯片B的下方。

如果准备创建的幻灯片与演示文稿中现有的某张幻灯片的内容类似，那么可以直接复制该张幻灯片，然后再修改复制后幻灯片中的内容，这样可以显著提高制作效率。右击要复制的幻灯片，在弹出的快捷菜单中选择【复制幻灯片】命令，在该幻灯片的下方将复制出一个幻灯片副本；也可以使用【复制】命令，然后手工选择要复制到的位置；还可以通过拖动的方法来复制幻灯片，操作方式类似于移动幻灯片，只是在拖动时按住Ctrl键即可。

2.3.5 为幻灯片分节

为了更好地组织不同类型的幻灯片，PowerPoint 2010提供了为幻灯片分节的功能。利用节功能，可以将幻灯片按类别分成多个逻辑组，可以只查看某一组的幻灯片，也可以让所有组的幻灯片都显示出来。如果不再需要节，则可以将节删除而保留其中包含的幻灯片，也可以将节连同其中包含的幻灯片一起删除，这样通常可以快速删除指定的一组连续的幻灯片。

1. 创建节

右击要作为一个节开始的第一张幻灯片，在弹出的快捷菜单中选择【新增节】命令，在幻灯片的上方将添加一个名为“无标题节”的新节的分隔标记。如果当前右击的幻灯片并非是演示文稿中的第一张幻灯片，那么会同时创建两个节，其中一个节将位于演示文稿的第一张幻灯片的上方，如图2-38所示。

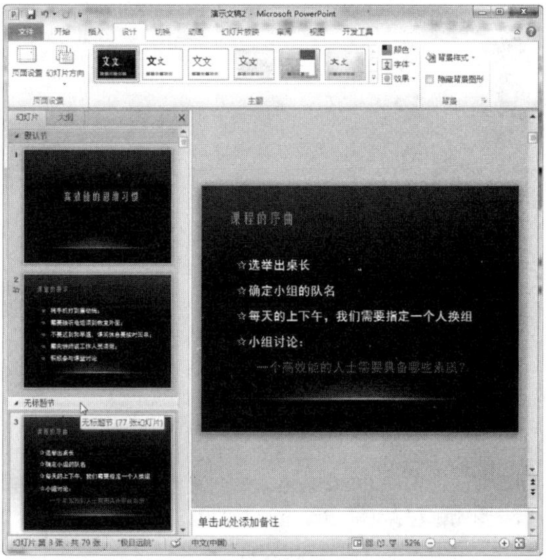

图2-38

为了让节可以表达出确切的含义，需要修改节的名称。右击节分隔标记，在弹出的快捷菜单中选择【重命名节】命令，打开如图2-39所示的【重命名节】对话框，在其中的文本框中输入节的名称。单击【重命名】按钮，在弹出的对话框中完成节名称的修改。

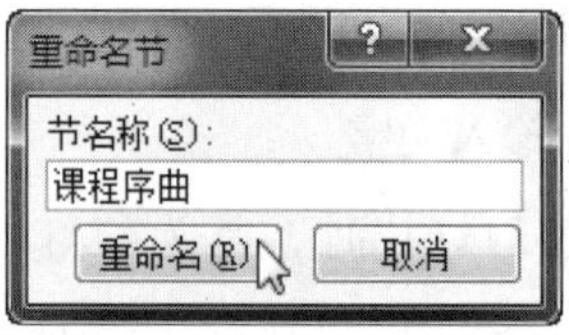

图2-39

2. 操作节

创建好节后，可以调整节的位置，或者将节外部的幻灯片添加到节内部，这些操作只需通过拖动鼠标即可快速完成。例如，如果需要将节外部的幻灯片添加到节内，可以直接按住鼠标左键将该幻灯片拖动到节范围内，也可以使用相同的方法拖动节分隔标记来移动整节的内容。

浏览不同节内的幻灯片，使用幻灯片浏览视图会取得更好的效果。单击PowerPoint窗口底部状态栏中的【幻灯片浏览】按钮，进入如图2-40所示的幻灯片浏览视图窗口。

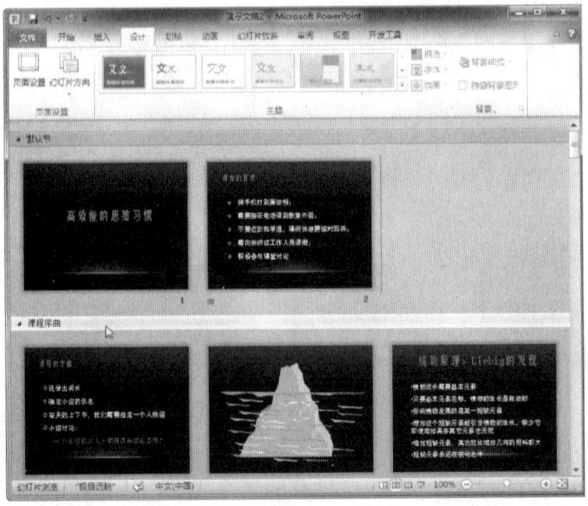

图2-40

可以通过单击节分隔标记左侧的黑色按钮来折叠或展开节中的幻灯片。图2-41所示是在图2-40的基础上将【默认节】折叠起来查看【课程序曲】节中的幻灯片。

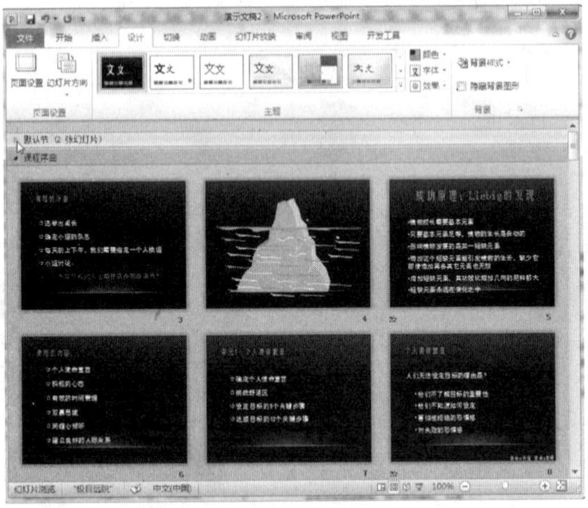

图2-41

3．删除节

对于不再需要的节，可以将其删除。如果节下包含的幻灯片也不再有用，那么可以同时删除节及其所属的幻灯片。右击节分隔标记，弹出如图2-42所示的快捷菜单，可以根据需要进行选择。

图2-42

2.3.6 删除幻灯片

对于演示文稿中不再需要的幻灯片，应该将其及时删除，以免给编辑与放映幻灯片带来不必要的麻烦。删除幻灯片的方法有以下几种。

- 选择要删除的一张或多张幻灯片，然后按Delete键。
- 右击要删除的一张或多张幻灯片，在弹出的快捷菜单中选择【删除幻灯片】命令。
- 右击要删除的幻灯片，在弹出的快捷菜单中选择【剪切】命令，也可以达到删除的效果。

第3章

Word文字处理

本章内容如下：

- 输入各种类型的文本
- 选择文本和段落
- 编辑文本
- 设置文本和段落格式
- 使用Word样式与模板
- 添加文本的批注和修订信息
- 文本编辑高级技巧

3.1 输入各种类型的文本

在Word 2010中，英文字符、中文汉字、常用符号等都可以使用键盘进行输入。而对于一些特殊符号，可以借助Word 2010内置的功能来输入。

3.1.1 输入中、英文内容

在Word文档中输入中文汉字和英文字符是非常容易的事。输入英文就很简单了，直接按键盘上对应的字母键即可；而输入中文则需要在Word文档中切换到中文输入法状态，如果是从英文输入法切换到默认的中文输入法，那么只需按Ctrl+空格组合键即可；如果是希望在多个不同的输入法之间进行切换，可以按Ctrl+Shift组合键。

在文档中输入内容之前，首先需要了解一点，Word如何知道用户要将内容输入到文档中的哪个位置呢？如果用户现在启动了Word并打开了一个新文档，那么可以看到在文档中有一个黑色的竖线，如图3-1所示，它的位置就是文字内容要输入到文档中的位置。通俗地讲，这条黑线在哪儿，内容就被输入到哪儿。通常可以将这条黑线称为“插入点”，本教程后面的内容都会使用这一名称来进行介绍。

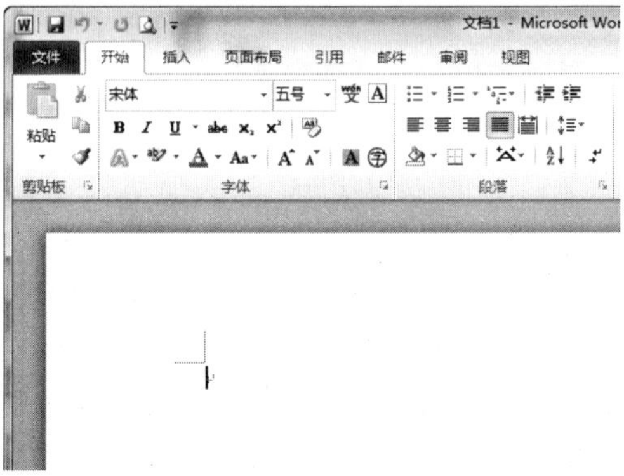

图3-1

在输入文字的过程中，插入点会随着文字的输入而自动向右移动，图3-2所示为两个不同输入状态下的插入点位置。

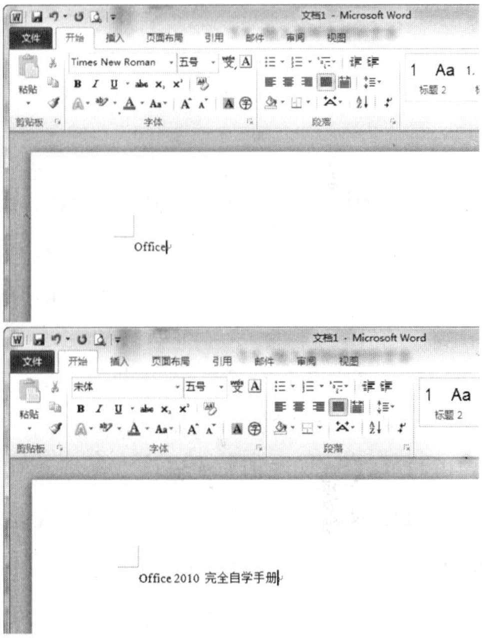

图3-2

当输入到一行的结尾时，如果继续输入文字，Word会自动将内容转到下一行并继续显示。此时，这些内容被认为是属于同一个段落，如图3-3所示。

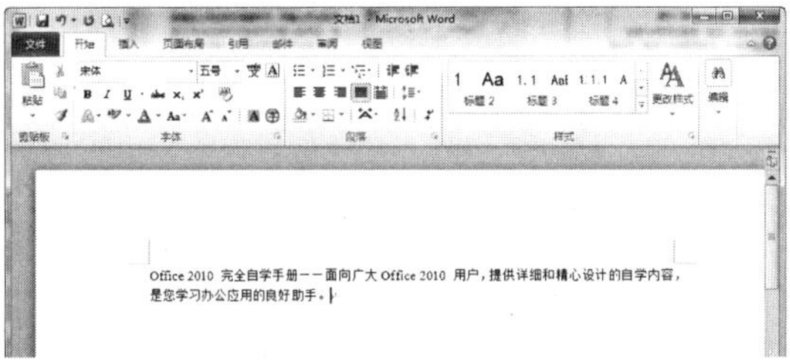

图3-3

如果希望强制将不同的内容分在不同的段落中，那么可以在要作为段落分界的位置按Enter键。图3-4所示演示了两个段落的效果，可以看到第2行开始的内容属于第2个段落。

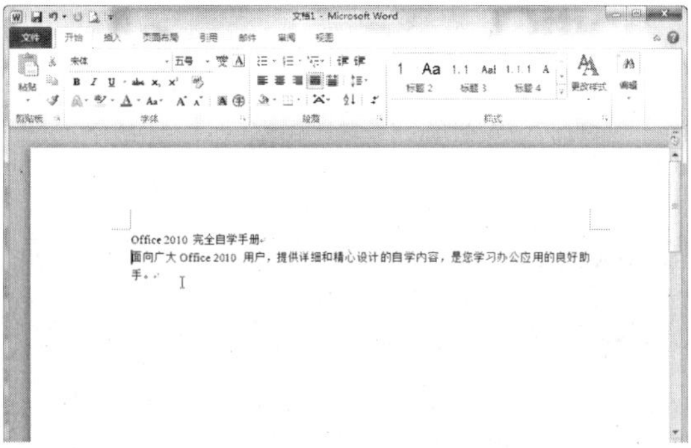

图3-4

在图3-4中可以看到↵标记，该标记是段落标记，表示一个段落的终止，也预示着下一行将是一个新段落的开始。可以使用下面的方法在文档中显示该标记，即单击功能区中的【开始】⇨【段落】⇨【显示/隐藏编辑标记】按钮。如果单击该按钮后未显示段落标记，那么可以打开【Word选项】对话框，选择左侧列表中的【显示】选项，然后选中右侧的【段落标记】复选框，如图3-5所示。可以使用同样的方法选择在文档中显示其他类型的编辑标记，如空格、制表符等。

图3-5

3.1.2 输入符号

利用键盘可以轻松地输入平时常用的标点符号，包括逗号、顿号、句号、叹号、问号、省略号、括号、书名号等各类符号。在输入这些符号时，通常都要切换到中文输入法状态下，然后配合Shift键及其他键来输入。例如，要输入省略号，可以在中文输入状态下按Shift+6组合键；要输入顿号，可以按Shift+\组合键（“\”键位于主键盘区的BackSpace和等号键“=”之间）。

即使要输入常用标点符号以外的其他符号，Word也完全可以胜任。当然，现在的中文输入法程序都自带符号输入功能，但是由于本教程是介绍Office的书籍，因此，这里只介绍如何在Word中输入各种符号的方法。单击功能区中的【插入】⇨【符号】⇨【符号】按钮，在弹出的菜单中选择【其他符号】命令，打开如图3-6所示的【符号】对话框。在这个对话框中输入符号的诀窍是在【符号】选项卡的【字体】和【子集】下拉列表中选择不同的组合，然后在下方列表框中继续选择不同的符号。

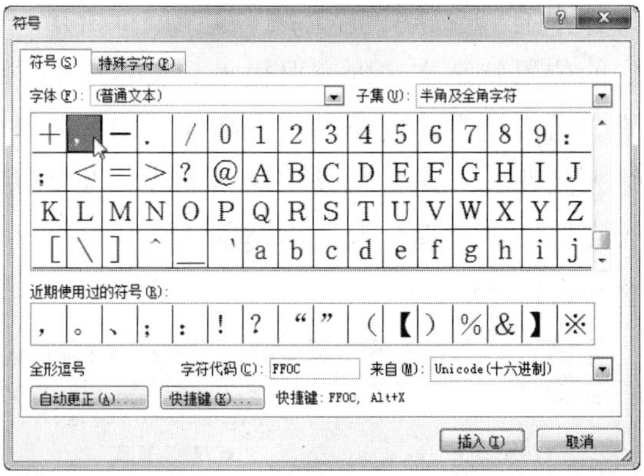

图3-6

提示：为了便于快速输入某些常用的特殊符号，可以单击图3-6中的【快捷键】按钮，然后在打开的对话框中输入快捷键组合，其中还会要求用户选择快捷键的保存位置，可以将其保存到当前文档或打开的模板中。

3.1.3 输入公式

与以往Office版本不同，在Office 2010中除了可以使用公式编辑器来输入公式外，还可以使用新增的插入公式功能区来输入和编辑公式。这里重点介绍使用功能区来输入公式的方法，而早期输入公式的方法请读者参考Office 2003类的教学书籍。例如，这里想要输入如图3-7所示的公式，具体操作如下。

$$\sqrt{\frac{n\Sigma x^2-(\Sigma x)^2}{n(n-1)}}$$

图3-7

1 将插入点定位到要输入公式的位置，单击功能区中的【插入】⇨【符号】⇨【公式】按钮，在弹出的菜单中选择【插入新公式】命令。

2 在文档中自动插入了一个用于输入公式的编辑器，同时激活功能区中的【设计】选项卡，在该选项卡中显示了可用的公式编辑工具，如图3-8所示。

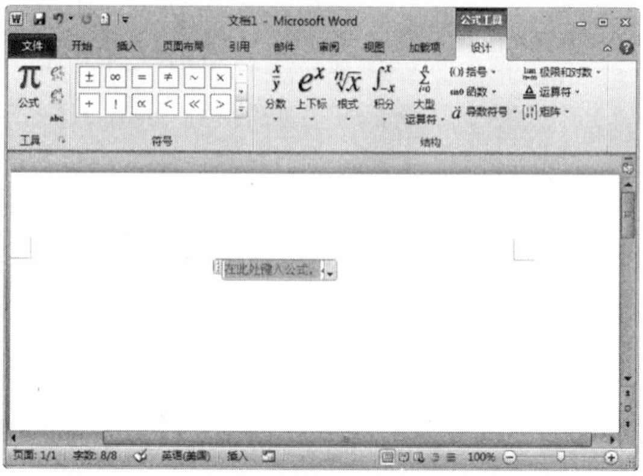

图3-8

3 这里需要先输入一个根式，可单击【结构】组中的【根式】按钮，并从打开的列表中选择如图3-9所示的根式。

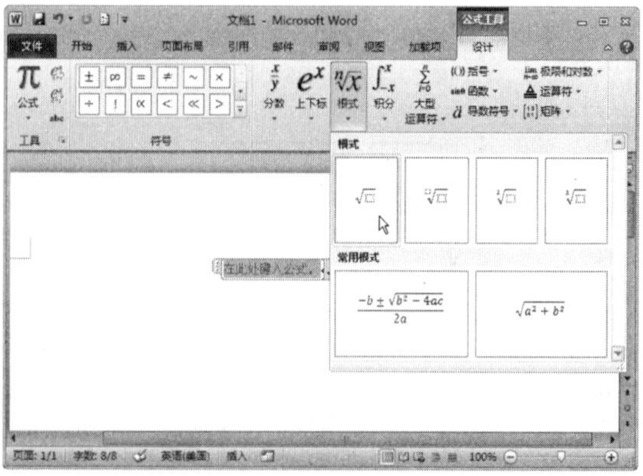

图3-9

4 此时将在公式编辑框中插入一个根式符号，然后按一次左方向键，将插入点移动到根式中，如图3-10所示。

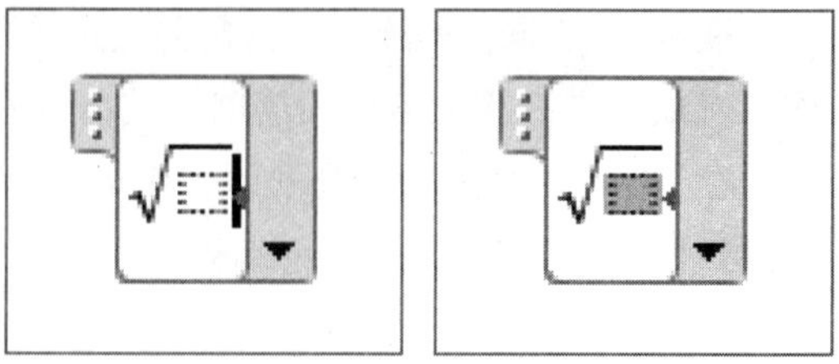

图3-10

5 单击【结构】组中的【分数】按钮，并从打开的列表中选择第一个分数类型，即“分数（竖式）”，即可在根式中插入一个分数线，如图3-11所示。

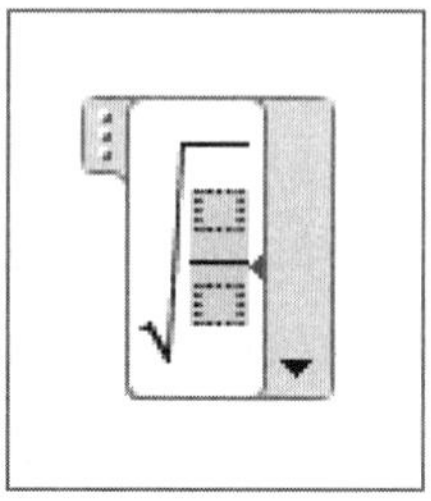

图3-11

6 按一次左方向键，将插入点定位到分母中，然后输入分母的内容。再按一次上方向键，将插入点定位到分子中，然后输入分子的内容，其间可能需要插入求和以及上标符号。输入好后单击外面区域，完成公式的设置，如图3-12所示。

$$\sqrt{\frac{n\Sigma x^2-(\Sigma x)^2}{n(n-1)}}$$

图3-12

7 最后单击公式输入框左上角的全选按钮，然后单击功能区中的【开始】⇨【字体】⇨【倾斜】按钮，为公式设置斜体即可，如图3-13所示。

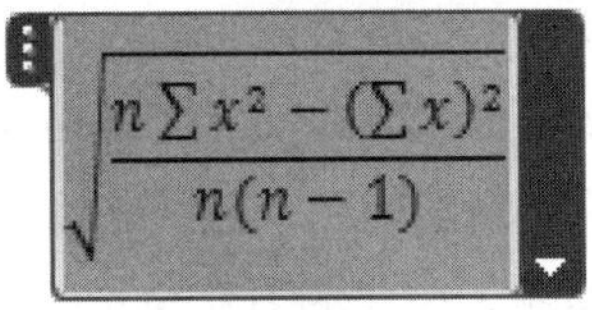

图3-13

3.2 选择文本和段落

在Word的很多操作中，都需要先选择要操作的对象，然后才能对选择的内容进行各种操作。例如，在删除文字或段落时，就需要先选择要删除的内容，然后才能执行删除操作；又如，在为文字和段落设置样式时，如果是为段落设置样式，只需将鼠标定位到段落内即可；而如果是为文字设置样式，就必须先选择文字。本节将介绍选择文字与段落的多种方法。

3.2.1 使用鼠标选择文本

最简单直观地选择文本的方法就是利用鼠标，通常可以使用以下几种方法。

1．选择字、词、句

- 可以通过拖动鼠标选择字、词、句，当然，也可以选择整行或段落文档的所有内容。拖动的方法很简单。首先将插入点定位到待选择内容第一个字符的左侧，然后按住鼠标左键并向右和向下拖动（如果包含多行的话），当到达待选择内容结尾时释放鼠标左键即可。
- 如果要选择一个词，可以单击要选择词组的第一个字的左侧，双击即可选择该词。

2．选择一行或多行

- 选择一行：将插入点移动到要选择行的左侧，当鼠标变为形状时单击，即可选择鼠标右侧的行，如图3-14中的阴影部分所示。
- 选择多行：首先选择一行，然后按住鼠标左键向上或向下拖动，即可选择多行。

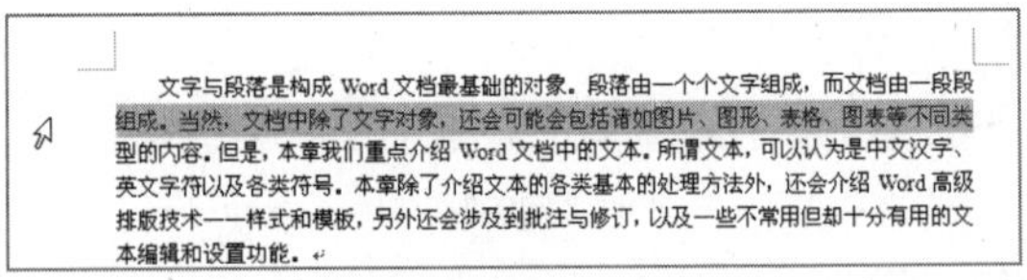
文字与段落是构成 Word 文档最基础的对象。段落由一个个文字组成，而文档由一段段组成。当然，文档中除了文字对象，还会可能会包括诸如图片、图形、表格、图表等不同类型的内容。但是，本章我们重点介绍 Word 文档中的文本。所谓文本，可以认为是中文汉字、英文字符以及各类符号。本章除了介绍文本的各类基本的处理方法外，还会介绍 Word 高级排版技术——样式和模板，另外还会涉及到批注与修订，以及一些不常用但却十分有用的文本编辑和设置功能。

图3-14

3．选择一段或多段

- 选择一段：将插入点移动到要选择行的左侧，当鼠标变为形状时双击，即可选择鼠标右侧的整段内容，如图3-15中的阴影部分所示。

- 选择多段：首先选择一段，然后按住鼠标左键向上或向下拖动，即可选择多段；也可以先通过选择一行，然后扩展到选择多个段落。

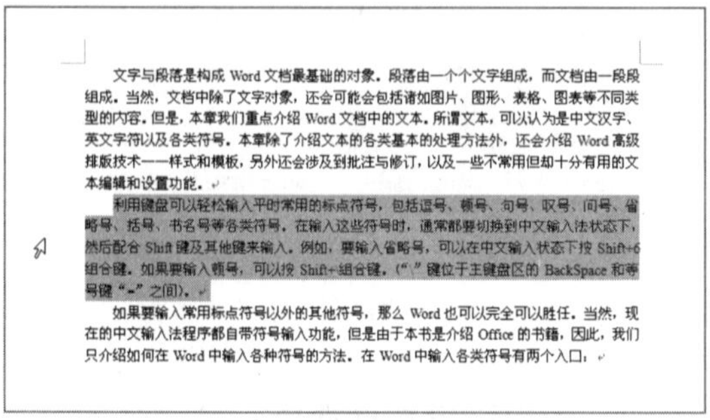
文字与段落是构成 Word 文档最基础的对象。段落由一个个文字组成，而文档由一段段组成。当然，文档中除了文字对象，还会可能会包括诸如图片、图形、表格、图表等不同类型的内容。但是，本章我们重点介绍 Word 文档中的文本。所谓文本，可以认为是中文汉字、英文字符以及各类符号。本章除了介绍文本的各类基本的处理方法外，还会介绍 Word 高级排版技术——样式和模板，另外还会涉及到批注与修订，以及一些不常用但却十分有用的文本编辑和设置功能。

利用键盘可以轻松输入平时常用的标点符号，包括逗号、顿号、句号、叹号、问号、省略号、括号、书名号等各类符号。在输入这些符号时，通常都要切换到中文输入法状态下，然后配合 Shift 键及其他键来输入。例如，要输入省略号，可以在中文输入状态下按 Shift+6 组合键。如果要输入顿号，可以按 Shift+\组合键。（“\”键位于主键盘区的 BackSpace 和等号键“=”之间）。

如果要输入常用标点符号以外的其他符号，那么 Word 也可以完全可以胜任。当然，现在的中文输入法程序都自带符号输入功能，但是由于本书是介绍 Office 的书籍，因此，我们只介绍如何在 Word 中输入各种符号的方法。在 Word 中输入各类符号有两个入口：

图3-15

4. 选择所有内容

将插入点移动到文档内某行的左侧，当鼠标变为⬀形状时单击三次，即可选择文档中的所有内容，如图3-16中的阴影部分所示。

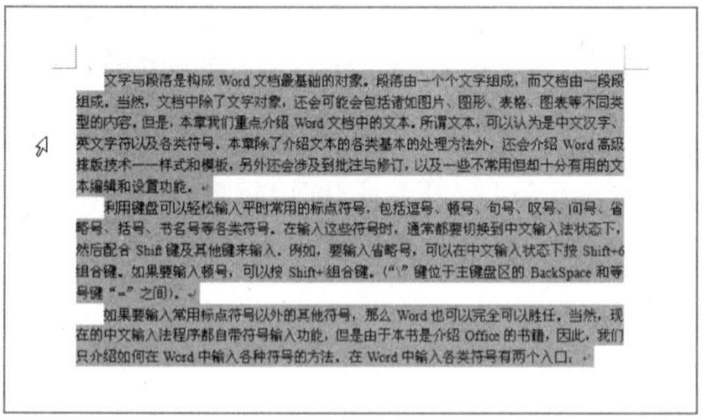
文字与段落是构成 Word 文档最基础的对象。段落由一个个文字组成，而文档由一段段组成。当然，文档中除了文字对象，还会可能会包括诸如图片、图形、表格、图表等不同类型的内容。但是，本章我们重点介绍 Word 文档中的文本。所谓文本，可以认为是中文汉字、英文字符以及各类符号。本章除了介绍文本的各类基本的处理方法外，还会介绍 Word 高级排版技术——样式和模板，另外还会涉及到批注与修订，以及一些不常用但却十分有用的文本编辑和设置功能。

利用键盘可以轻松输入平时常用的标点符号，包括逗号、顿号、句号、叹号、问号、省略号、括号、书名号等各类符号。在输入这些符号时，通常都要切换到中文输入法状态下，然后配合 Shift 键及其他键来输入。例如，要输入省略号，可以在中文输入状态下按 Shift+6 组合键。如果要输入顿号，可以按 Shift+\组合键。（“\”键位于主键盘区的 BackSpace 和等号键“=”之间）。

如果要输入常用标点符号以外的其他符号，那么 Word 也可以完全可以胜任。当然，现在的中文输入法程序都自带符号输入功能，但是由于本书是介绍 Office 的书籍，因此，我们只介绍如何在 Word 中输入各种符号的方法。在 Word 中输入各类符号有两个入口：

图3-16

3.2.2 使用键盘选择文本

除了使用鼠标选择内容外，还可以使用键盘选择内容，通常使用以下几种方法。

1. 使用Shift键选择

可以使用键盘来选择连续的内容。例如，在当前插入点位置按住Shift键，然后按方向键，即可选择从当前插入点到指定位置之间的内容。

如果希望选择从当前插入点位置到插入点所在的行首或行尾之间的内容，那么可以按住Shift键，然后按Home键或End键。

> 提示：有时在复制一个段落时，如果使用鼠标进行选择，会同时选择段落结尾的段落标记，这样段落在粘贴时会附带段落格式。但是有时用户只希望复制段落内容而不包含格式，此时可以这样来处理：首先选择整个段落（包含段落标记），然后按住Shift键再按一次左方向键。

2. 选择所有内容

使用键盘来选择文档的所有内容是最方便、快捷的，无论插入点位于文档内的什么位置，只需按Ctrl+A组合键即可。

3.2.3 配合使用鼠标和键盘

对于大范围的选择，可以借助鼠标与键盘的配合来进行操作，这样通常能达到很好的效果。

1. 选择一句

在选择一个句子时，可以在按住Ctrl键的同时，单击要选择的句子中的位置，这样即可快速选择该句。这种方法比使用鼠标拖动要方便得多，因为它不需要人为地去观察句子开始和结尾的位置，Word会自动在两个句号之间进行定位。

2. 使用Shift键选择指定的大范围区域

如果要选择文档内某个指定大范围的区域，使用鼠标拖动即可做到，但是定位时可能不够准确，不是选择多了，就是选择少了，而且对于范围很大的区域，使用鼠标拖动选择会比较费时。这时可以使用鼠标并配合Shift键来进行选择，既快速又准确，操作也很简单，具体如下。

1 在待选择区域的起始处选择少许内容。如可以选择一个词、一个字或不定数量的文字。

2 滚动鼠标滚轮定位到待选择区域的结尾位置，然后按住Shift键的同时单击结尾处最后一个字符的右侧即可。

3. 使用Ctrl键选择不连续区域

如果希望选择多处不连续的内容，那么可以使用Ctrl键并配合拖动鼠标来完成，效果如图3-17中的阴影部分所示。

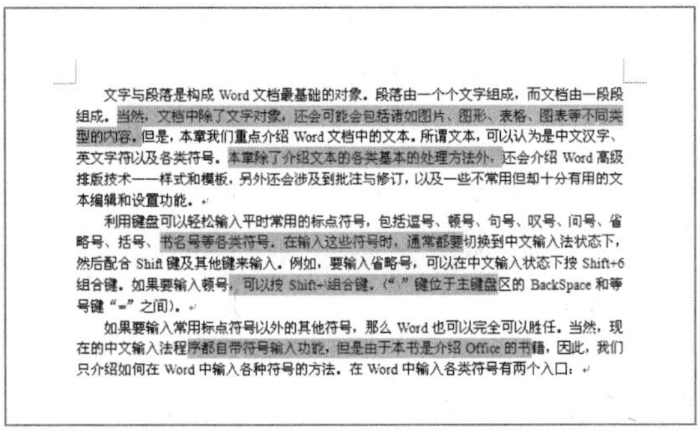

文字与段落是构成 Word 文档最基础的对象。段落由一个个文字组成，而文档由一段段组成。当然，文档中除了文字对象，还会可能会包括诸如图片、图形、表格、图表等不同类型的内容。但是，本章我们重点介绍 Word 文档中的文本。所谓文本，可以认为是中文汉字、英文字符以及各类符号。本章除了介绍文本的各类基本的处理方法外，还会介绍 Word 高级排版技术——样式和模板，另外还会涉及到批注与修订，以及一些不常用但却十分有用的文本编辑和设置功能。

利用键盘可以轻松输入平时常用的标点符号，包括逗号、顿号、句号、叹号、问号、省略号、括号、书名号等各类符号。在输入这些符号时，通常都要切换到中文输入法状态下，然后配合 Shift 键及其他键来输入。例如，要输入省略号，可以在中文输入状态下按 Shift+6 组合键。如果要输入顿号，可以按 Shift+\ 组合键。（“\”键位于主键盘区的 BackSpace 和等号键“=”之间）。

如果要输入常用标点符号以外的其他符号，那么 Word 也可以完全可以胜任。当然，现在的中文输入法程序都自带符号输入功能，但是由于本书是介绍 Office 的书籍，因此，我们只介绍如何在 Word 中输入各种符号的方法。在 Word 中输入各类符号有两个入口：

图3-17

4. 使用Alt键纵向选择文本内容

一般的选择都是横向进行的，即只有选择了一行后，才能选择下一行。然而，在Word中也可以纵向选择文本内容。只需按住Alt键，然后拖动鼠标进行选择即可，效果如图3-18中的阴影部分所示。

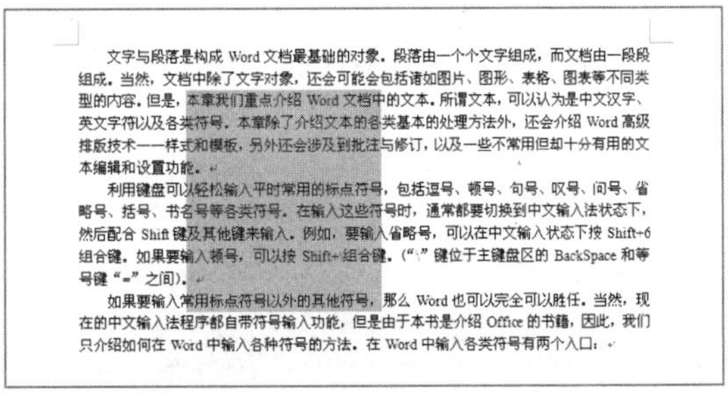

文字与段落是构成 Word 文档最基础的对象。段落由一个个文字组成，而文档由一段段组成。当然，文档中除了文字对象，还会可能会包括诸如图片、图形、表格、图表等不同类型的内容。但是，本章我们重点介绍 Word 文档中的文本。所谓文本，可以认为是中文汉字、英文字符以及各类符号。本章除了介绍文本的各类基本的处理方法外，还会介绍 Word 高级排版技术——样式和模板，另外还会涉及到批注与修订，以及一些不常用但却十分有用的文本编辑和设置功能。

利用键盘可以轻松输入平时常用的标点符号，包括逗号、顿号、句号、叹号、问号、省略号、括号、书名号等各类符号。在输入这些符号时，通常都要切换到中文输入法状态下，然后配合 Shift 键及其他键来输入。例如，要输入省略号，可以在中文输入状态下按 Shift+6 组合键。如果要输入顿号，可以按 Shift+\ 组合键。（“\”键位于主键盘区的 BackSpace 和等号键“=”之间）。

如果要输入常用标点符号以外的其他符号，那么 Word 也可以完全可以胜任。当然，现在的中文输入法程序都自带符号输入功能，但是由于本书是介绍 Office 的书籍，因此，我们只介绍如何在 Word 中输入各种符号的方法。在 Word 中输入各类符号有两个入口：

图3-18

5. 使用F8键扩展选择

Word还提供了另一个选择文本的方式——按F8键。首先单击待选择文本区域的起始处，然后根据需要，可以进行以下操作。

- 按1次F8键，再单击待选择区域的结尾处，将自动选中两次单击所包围的区域。
- 按2次F8键，选择插入点位置所在的单词。
- 按3次F8键，选择插入点位置所在的句子。
- 按4次F8键，选择插入点位置所在的段落。
- 按5次F8键，选择文档所有内容。
- 按Esc键，退出扩展选择模式。

3.3 编辑文本

在输入文字的过程中，不可能保证一次性输入正确，很有可能在输入时需要对已经输入的内容进行修改、删除，或者在某个位置插入新的内容；也有可能需要重复输入相同内容，或者调整已有内容的位置。以上各种操作，在Word文档中都可以轻松完成。

3.3.1 插入和修改文本

插入文本是指在已经输入到文档中的内容的某个位置添加新内容。修改文本是指对已有内容进行编辑，例如，可能需要修正错别字，或者对内容不恰当的地方进行改正。删除文本是指将文档中没用的内容从文档中移除、去掉，使其不再出现在文档中。

插入文本的方法很简单，只需单击待插入文本的位置，或者使用键盘上的方向键将插入点移动到目标位置，然后输入所需内容即可。修改文本的方法相当于“选择”和“插入”操作的结合。首先使用鼠标或键盘选择要修改的内容，然后输入新内容，这样新内容会直接覆盖旧内容。删除内容的方法也很简单，先选择要删除的内容，然后按Delete键即可。

另外，在修改内容和删除内容时，还可以使用BackSpace键和Delete键。每按一次BackSpace键，会删除插入点左侧的一个字符；每按一次Delete键，会删除插入点右侧的一个字符。

提示：在编辑文档时很有可能在毫无察觉的情况下按Insert键，那么在以后输入新内容时，会自动删除插入点右侧的内容。出现此问题的原因是由于按Insert键而导致Word处于“改写”状态，可以在图3-19所示的Word窗口底部的状态栏中看到。可以使用Insert键在“改写”与“插入”状态之间进行切换，也可以单击状态栏中的【改写】/【插入】字样来切换。

图3-19

3.3.2 移动和复制文本

有时可能需要调整已有内容在文档中的位置，或者需要重复输入某些内容。此时可以使用Word的移动和复制功能来解决。移动内容是指将文档中的内容从一个位置转移到另一个位置，原位置内容消失。复制内容则是在将原位置内容转移到新位置后，原位置内容仍然保留。

移动内容很简单，先选择要移动的内容，然后将鼠标移动到选区处，当鼠标变为形状时单击并按住鼠标左键，将内容拖动到目标位置，如图3-20所示，再释放鼠标左键即可。复制内容与移动内容类似，只是在拖动前按住Ctrl键。

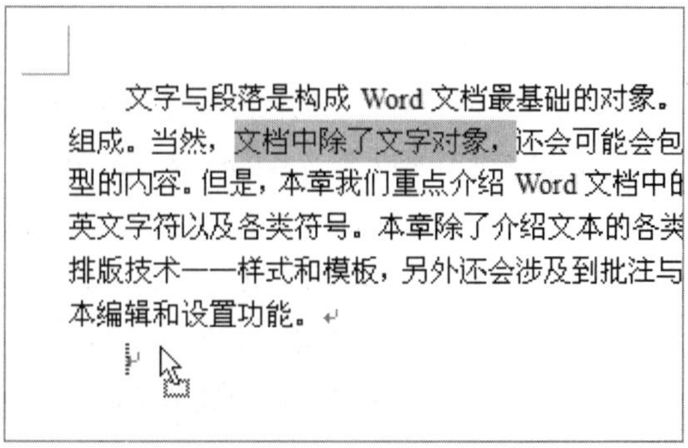

图3-20

对于目标位置与原位置相距较远的情况，使用拖动的方法来移动和复制就显得很不方便了。这时可以使用剪切、复制和粘贴命令来完成，具体操作如下。

- 通过命令进行移动：右击待移动区域，并在弹出的快捷菜单中选择【剪切】命令，然后右击目标位置并在弹出的快捷菜单中选择【粘贴选项】中的一种粘贴方式。
- 通过命令进行复制：右击待移动区域并在弹出的快捷菜单中选择【复制】命令，然后右击目标位置并在弹出的快捷菜单中选择【粘贴选项】中的一种粘贴方式。

另外，还可以通过单击功能区中的【开始】⇨【剪贴板】⇨【剪切】/【复制】/【粘贴】按钮进行文本的移动和复制。以上操作还可以使用Ctrl+X、Ctrl+C和Ctrl+V组合键代替。按Ctrl+X组合键执行剪切操作，按Ctrl+C组合键执行复制操作，按Ctrl+V组合键执行粘贴操作。

3.3.3 查找和替换文本

在Word中，查找和替换功能可能比用户想象的要强大得多。也许用户平时在使用查找替换时只是进行简单的文字替换，其实它具有非常强大的查找和替换功能。Word 2010增强了查找功能，使用户在文档中查找不同类型的内容时更加方便。

单击功能区中的【开始】⇨【编辑】⇨【查找】按钮，在Word窗口左侧打开导航窗格。在窗口顶部的搜索框中输入要查找的内容，Word将自动在文档中查找与用户输入相匹配的内容，并以黄色进行突出标记，如图3-21所示，在导航窗格中可以通过单击▲和▼按钮依次定位找到的匹配内容。在搜索框下方的列表框中显示了每一个包含匹配内容的上下文，方便用户找到指定位置处的匹配内容。

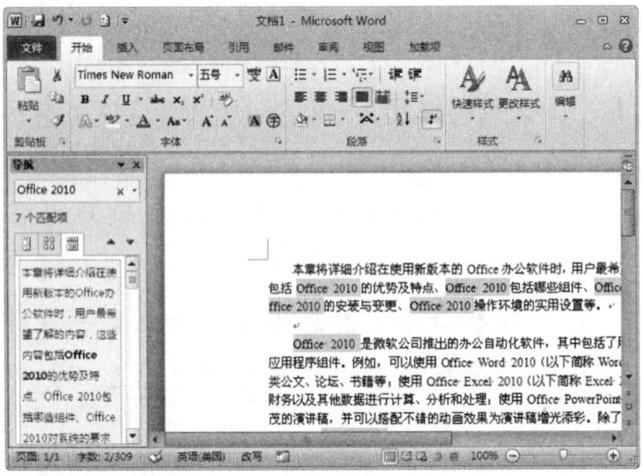

图3-21

单击搜索框右侧的 Office 2010 × 按钮删除当前正在搜索的内容，然后可以输入新的搜索内容；或者单击 🔍 按钮从弹出的下拉列表中选择Word预置的内容类型，包括图形、表格、公式、脚注和尾注、批注等。如果希望使用高级查找和替换功能，则需要在【查找和替换】对话框中进行操作。下面将详细介绍使用【查找和替换】对话框的方法。

1. 查找内容

例如，要查找文档中的"Office"一词，具体操作如下。

1 单击功能区中的【开始】⇨【编辑】⇨【查找】⇨【高级查找】按钮，打开【查找和替换】对话框。

2 在【查找内容】下拉列表框中输入"Office"，然后单击【查找下一处】按钮。Word自动从当前插入点开始向文档结尾的方向查找"Office"一词，并选中第一个查找到的结果，如图3-22中的阴影部分所示。

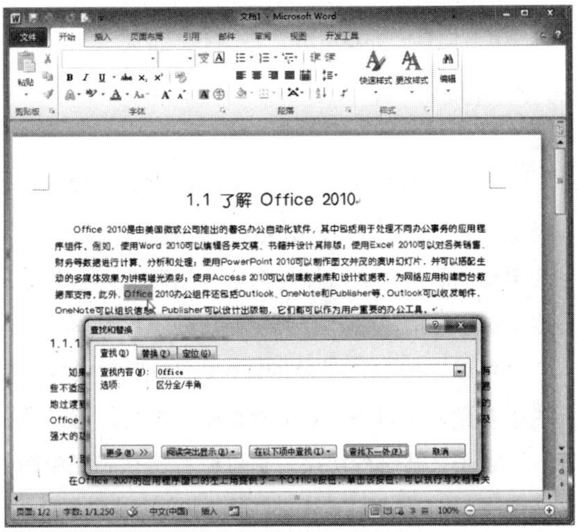

图3-22

3 再次单击【查找下一处】按钮，将继续向文档的结尾方向查找"Office"一词，并选中下一个找到的结果。

4 如果希望显示文档中所有"Office"一词，可以单击【阅读突出显示】按钮并在弹出的菜单中选择【全部突出显示】命令，结果如图3-23所示，这种突出显示的效果与在导航窗格中的查找结果的显示方式相同。

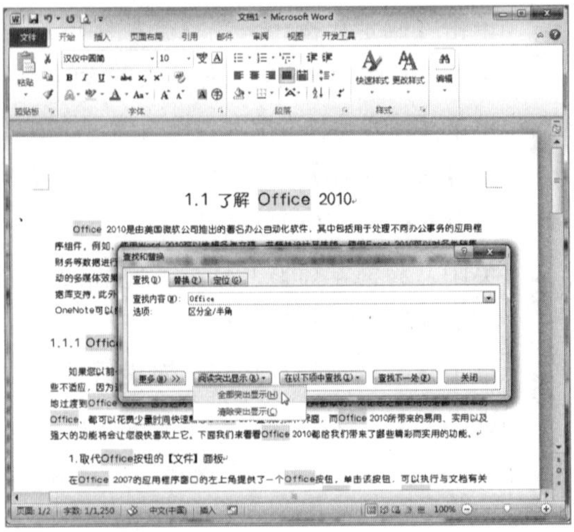

图3-23

提示：由于在显示所有匹配结果时，默认是以黄色背景高亮显示这些匹配内容的。因此，图3-27中的黑白印刷效果就不是很明显了。要取消全部突出显示，则单击【阅读突出显示】按钮并在弹出的菜单中选择【清除突出显示】命令即可。

对于英文字符来说，默认情况下是不区分大小写查找的。例如，在查找“Office”时，“OFFICE”、“OFFice”、“oFFICE”等也同样会被找到。如果希望按照大小写进行查找，可以单击【查找和替换】对话框中的【更多】按钮，然后选中【区分大小写】复选框，如图3-24所示。此时可以看到在【查找内容】下拉列表框下方显示了当前为查找内容设置的多个选项情况。

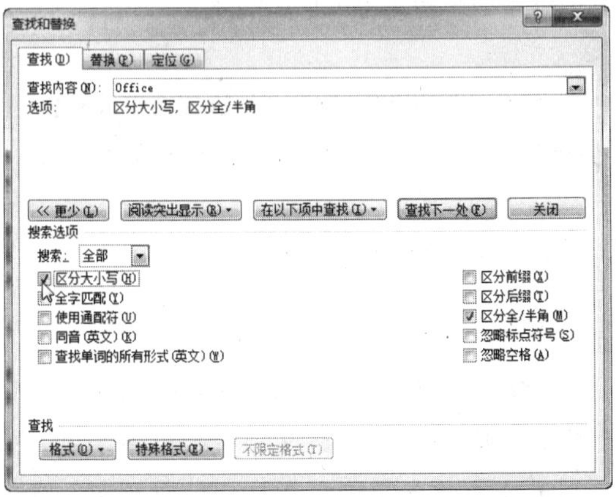

图3-24

除了区分大小写查找外，还可以同时使用其他搜索选项，如查找具有指定格式的内容或是一些特殊符号，这时可以使用【格式】和【特殊格式】按钮来完成。例如，要查找所有字体为隶书、字号为二号的内容，具体操作如下。

1 打开【查找和替换】对话框，单击【更多】按钮展开该对话框。

2 单击【查找】选项卡【查找内容】下拉列表框，将插入点定位到该文本框中。

3 单击对话框底部的【格式】按钮，在弹出的菜单中选择【字体】命令。

4 打开【查找字体】对话框，将【中文字体】设置为【幼圆】，将【字号】设置为【二号】，如图3-25所示。

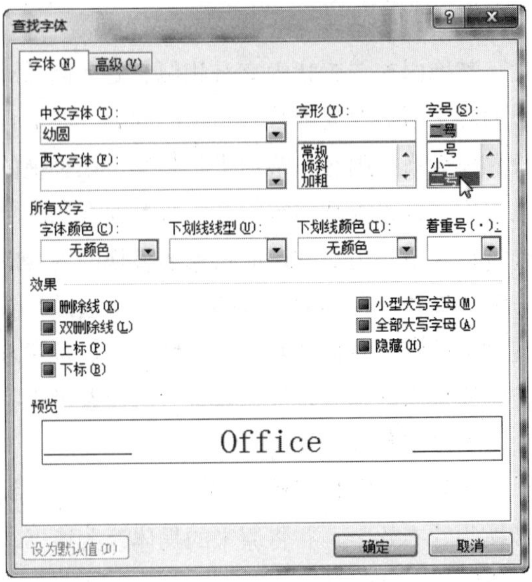

图3-25

5 单击【确定】按钮，返回【查找和替换】对话框的【查找】选项卡，在【查找内容】下拉列表框下方会显示出上一步设置的字体格式的详细信息，如图3-26所示。

6 最后，单击【查找下一处】按钮即可查找到符合所设置的字体格式的文字内容。

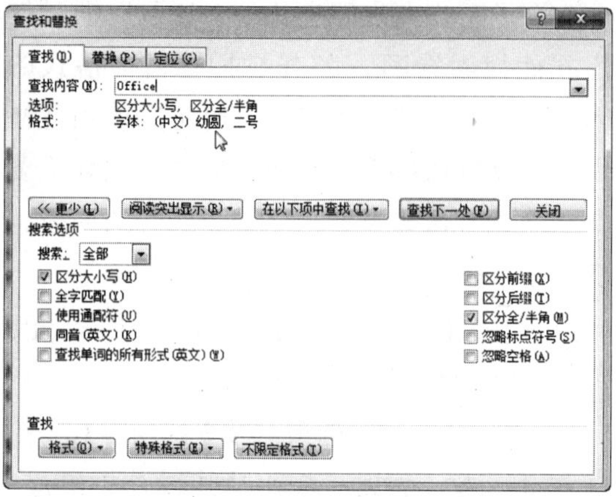

图3-26

提示：如果需要重新设置查找内容的格式，可以单击【查找和替换】对话框底部的【不限定格式】按钮清除之前设置的所有格式。

2．替换内容

替换内容与查找内容有相似之处，因为替换内容之前需要先查找到指定的内容，然后再设置要替换的内容，最后进行替换。在替换的过程中，设置查找内容的方法与前面介绍的单纯进行查找是类似的，而设置要替换的内容的方法与设置查找的内容也基本相同，通过设置搜索选项以及【格式】与【特殊格式】按钮来控制要替换内容的特征，设置方法请参考查找内容的设置方法。

例如，可以将文档内的所有“快捷”一词替换为“高效”，并将原来的黑体改为隶书，字体颜色由黑色变为红色，具体操作如下。

1 打开【查找和替换】对话框，切换到【替换】选项卡，分别在【查找内容】和【替换为】下拉列表框中输入“快捷”和“高效”。

2 单击【查找内容】下拉列表框内部，然后单击【格式】按钮并在弹出的菜单中选择【字体】命令，打开【查找字体】对话框，将中文字体设置为【黑体】，字号为【三号】。

3 单击【确定】按钮关闭【查找字体】对话框，完成查找内容字体格式的设置。

4 单击【替换为】下拉列表框内部，然后打开【替换字体】对话框，将字体设置为【隶书】，字体颜色设置为【红色】。

5 关闭【替换字体】对话框，完成设置后的最终效果如图3-27所示。

6 单击【全部替换】按钮，对设置的内容进行全文档替换。

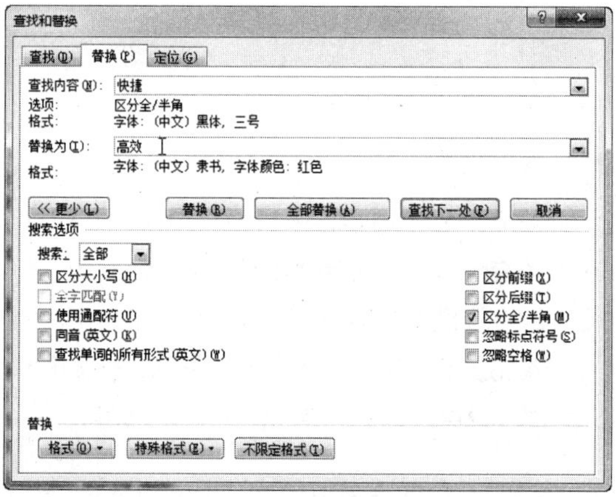

图3-27

3.3.4 高级查找和替换

为了使查找和替换操作变得更加灵活、适应性更强，需要使用通配符进行查找和替换。这里只介绍几个常见的示例并对查找原理进行说明，关于使用通配符进行查找和替换时可以使用的特殊字符，请参考本书后面的附录。

提示：本节介绍的示例都需要选中【查找和替换】对话框中的【使用通配符】复选框。

1．批量删除手工编号

例如，在一个合同中有开头为“第1条”、“第2条”这种编号形式的条款，但是可能由于合同的内容太多，在文档中有很多条款，那么手工为这些条款编号会是一件麻烦事，尤其在后期需要对条款的位置进行调整时，会更烦琐。如果文档中已经手工输入了这些编号，那么可以通过查找和替换一次性将它们删除，然后统一为这些段落设置自动编号。查找和替换的方法如下，效果如图3-28所示。

设置【查找内容】为“第[0-9]{1,2}条”，【替换为】留空。其中，“[0-9]”表示数字0~9；“{1,2}”表示数字出现的次数，即出现1~2次的数字。也就是说，“[0-9]”、“{1,2}”表示0~99之间的任意数字。

图3-28

2. 批量设置样式

如果文档中的各标题没有设置样式，或者有些设置了而有些没有设置，那么可以通过批量替换的方法来为那些未设置样式的标题自动设置样式。例如，在文档中一共包含三种标题，类似于下面的形式。

一级标题：第1章……

二级标题：1.1……

三级标题：1.1.1……

现在需要对类似这种结构的标题设置样式，为了加快操作速度，可以通过查找和替换批量完成，而无须手工为一个个标题设置样式。

- 一级标题的设置方法如下。

  【查找内容】：第[0-9]{1,2}章

  【替换为】：留空，但将样式设置为【标题1】

- 二级标题的设置方法如下。

  【查找内容】：[0-9]{1,2}.[0-9]{1,2}

  【替换为】：留空，但将样式设置为【标题2】

- 三级标题的设置方法如下。

  【查找内容】：[0-9]{1,2}.[0-9]{1,2}.[0-9]{1,2}

  【替换为】：留空，但将样式设置为【标题3】

由于一级标题要查找的内容的形式类似于“第1章”、“第2章”，也就是说，“第”和“章”是固定的，而只有中间的数字会变化。因此，查找“第”和“章”，然后在这两个字之间输入[0-9]{1,2}，其中[0-9]表示0~9之间的任意一个数字，而{1,2}表示0~9之间的任意一个数字出现一次或两次，这是因为文档中除了1~9章外，还可能会出现第10章、第11章这种形式；而二级标题和三级标题的查找内容与一级标题的设置原理是相同的，只不过根据文档内二级和三级标题的格式，将其修改为“[0-9]{1,2}.[0-9]{1,2}”和“[0-9]{1,2}.[0-9]{1,2}.[0-9]{1,2}”的形式即可。

3. 批量设置千分位分隔符

很多朋友都会遇到希望将文档中的金额变为千分位的形式。例如，对于1 568元，希望在文档中显示为“1,568元”。手工将文档中的所有数字修改一遍固然可以，但是这种完全手工的操作效率很低。因此，可以考虑使用Word的查找和替换来批量完成，具体方法如下。

设置【查找内容】为“([0-9]{1})([0-9]{3})”，设置【替换为】为“\1,\2”。其中，“([0-9]{1})”和“([0-9]{3})”表示两个表达式，每个表达式查找一个三位数。“\1,\2”表示在第一和第二个表达式之间添加一个千分位分隔符“,”。需要注意的是，对于四位数的数字，有可能查找到的是年份。为了将表示年份的数字排除在外，可以在【查找内容】中输入“([0-9])([0-9]{3}[!年])”，它表示查找结尾不是年的四位数字，如将“2010年”这样的数字排除在外。

提示：如果文档中的数字不止4位数，那么必须从位数最多的数字开始替换，否则会发生错误。

3.4 设置文本和段落格式

设置文本和段落格式，是对Word文档进行其他高级排版的基础。文本格式应用于选定的文本，而段落格式则应用于整个段落。所以，在设置文本格式之前，需要先选择文本，而设置段落格式时，只要将光标停放在段落中即可。

3.4.1 给文本应用字体格式

字体格式是指字体的形状、大小、颜色等。Word可以非常灵活地设置文本的字体格式。下面的示例将为当前选中文本设置一个多样性的字体格式，具体操作如下。

1 选择要设置字体格式的文本。

2 在功能区中的【开始】⇨【字体】组中为文本选择所需的字体格式，可以设置文本的字体、字号、字体颜色、加粗、下画线、设置上下标、转换大小写等，如图3-29所示。

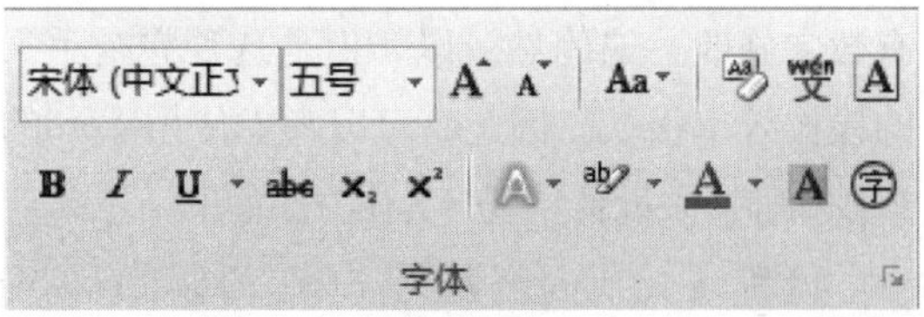

图3-29

3 图3-30所示为对选定文本应用了“汉仪中圆简”字体、“一号”大小等格式后的效果。

图3-30

像字体、字号这类的字体格式需要从下拉列表中进行选择，而加粗、下画线这类格式则需要单击【字体】组中的按钮，并且这些按钮属于开关按钮，即可以通过不断单击来打开或关闭加粗、下画线之类的设置。

对于像上一个示例需要对同一段文字设置多种字体格式的情况，还可以在【字体】对话框中进行集中处理。选中要设置的内容，右击选区并在弹出的快捷菜单中选择【字体】命令（或按Ctrl+D组合键），打开如图3-31所示的【字体】对话框。该对话框整合了大多数字体格式的选项，并在底部的【预览】框中显示了当前正在设置的文本的字体格式效果。

图3-31 【字体】对话框

在任何一个新建的文档中，Word默认的字体格式都是宋体+五号字。如果平时在编辑文档时都需要使用小五号字，可以在【字体】对话框中调整好自己所需的设置，然后单击对话框底部的【设为默认值】按钮，使新设置的字体格式成为Word的默认字体格式。也就是说，此后新建文档的默认字体格式都是在单击【默认】按钮之前设置的字体格式。另外，还可以单击【文字效果】按钮，在图3-32所示的【设置文本效果格式】对话框中设置选中文本的字体效果。通过选择对话框左侧的分类即可进入分类设置界面，然后对每类设置进行细微调整。

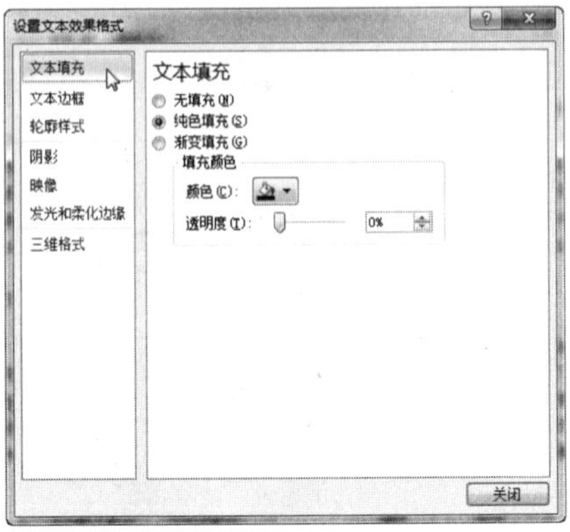

图3-32

3.4.2 突出显示选定的文本

在编辑文档内容时，对于很多暂时不能确定的内容，可以为它们添加醒目的标记，这样在日后可以很容易发现这些内容并进行修改或补充。例如，在图3-33所示的文档中，对第二个段落的内容进行了突出标记，这样以后可以很容易地找到它们的位置。

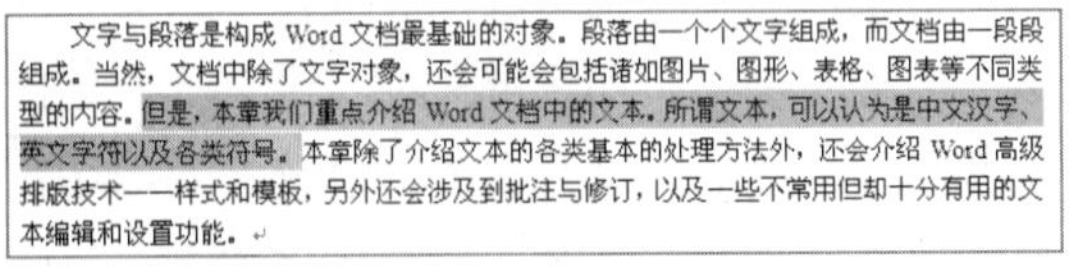
文字与段落是构成 Word 文档最基础的对象。段落由一个个文字组成，而文档由一段段组成。当然，文档中除了文字对象，还会可能会包括诸如图片、图形、表格、图表等不同类型的内容。但是，本章我们重点介绍 Word 文档中的文本。所谓文本，可以认为是中文汉字、英文字符以及各类符号。本章除了介绍文本的各类基本的处理方法外，还会介绍 Word 高级排版技术——样式和模板，另外还会涉及到批注与修订，以及一些不常用但却十分有用的文本编辑和设置功能。↵

图3-33

可以通过单击功能区中的【开始】⇨【字体】⇨【以不同颜色突出显示文本】按钮右侧的下拉按钮来改变突出显示标记的颜色。如果要清除已标记的颜色，则需要选择被标记的内容，然后单击功能区中的【开始】⇨【字体】⇨【以不同颜色突出显示文本】按钮。

3.4.3 给文字添加艺术字效果

Word 2010增强了文字的格式设置功能，可以为普通文本设置艺术字效果，这在早期的Word版本中是无法完成的。在Word 2010中为普通文本设置艺术字效果的操作很简单，先选择要设置的文字，然后单击功能区中的【开始】⇨【字体】⇨【文本效果】按钮，在打开的列表中选择一种艺术字样式即可，如图3-34所示。另外，还可以使用艺术字效果列表中的【轮廓】、【阴影】、【映像】和【发光】等参数来自定义所选文字的效果。

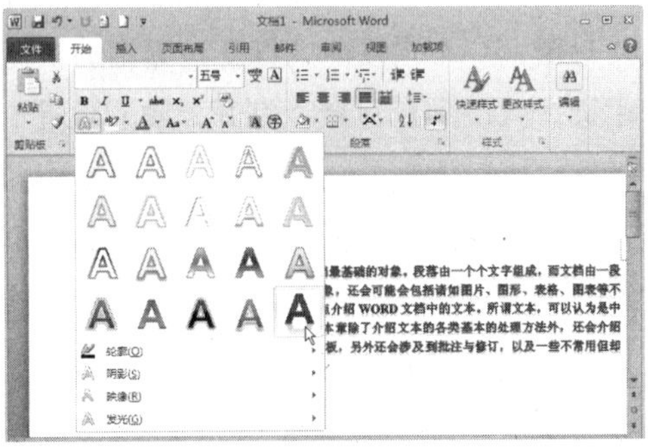

图3-34

3.4.4 给段落应用基本格式

段落格式与字体格式有所不同，字体格式仅限于选中的内容，而段落格式在设置时不需要选择整段内容，而只需单击段落内部，然后设置格式，即可对整个段落有效。如果要设置多个段落的格式，那么就需要在设置前先选择这些段落，然后再进行设置。段落的基本格式通常包括段落对齐方式、段落缩进方式、段间距、行间距等。

单击某个段落的内部，可以在功能区的【开始】⇨【段落】组中为插入点所在的段落设置段落格式，如图3-35所示，只需花费少许时间就可以熟悉这些命令。

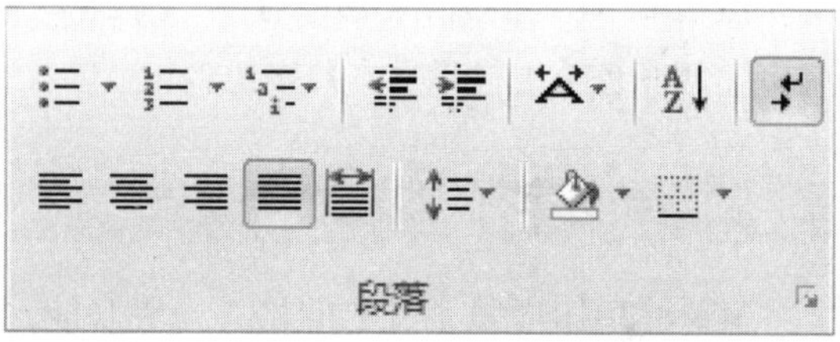

图3-35

例如，下面的示例为文档中的段落同时设置了首行缩进和行间距，如图3-36所示。

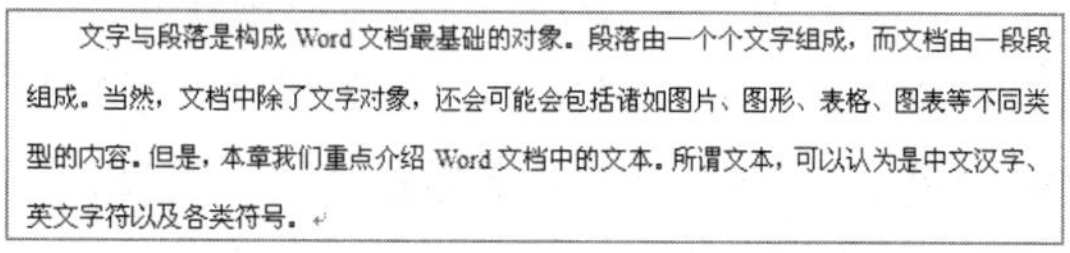
文字与段落是构成 Word 文档最基础的对象。段落由一个个文字组成，而文档由一段段组成。当然，文档中除了文字对象，还会可能会包括诸如图片、图形、表格、图表等不同类型的内容。但是，本章我们重点介绍 Word 文档中的文本。所谓文本，可以认为是中文汉字、英文字符以及各类符号。↵

图3-36

与设置字体格式类似，如果需要对段落格式进行综合设置，那么最好的方法是使用【段落】对话框。右击段落内部，在弹出的快捷菜单中选择【段落】命令，打开如图3-37所示的对话框。该对话框整合了大多数段落格式的选项，并在底部的【预览】框中显示了当前正在设置的段落的格式效果。

下面对【段落】对话框中的一些选项进行简要说明。如图3-37所示。

- 对齐方式：用于设置段落的对齐规则，包括左对齐、右对齐、居中对齐、两端对齐、分散对齐。
- 大纲级别：用于设置内容是否出现在文档结构图以及是否可作为目录被提取出来。
- 缩进（左侧、右侧）：设置段落左侧向右或右侧向左移动的位置。
- 特殊格式：包括首行缩进和悬挂缩进两种，首行缩进控制段落第一行的缩进位置，悬挂缩进控制段落除第一行外的其他行的缩进位置。
- 间距（段前、段后）：设置当前段落与上一段和下一段之间的距离。
- 行距：设置段落内部每一行之间的距离。

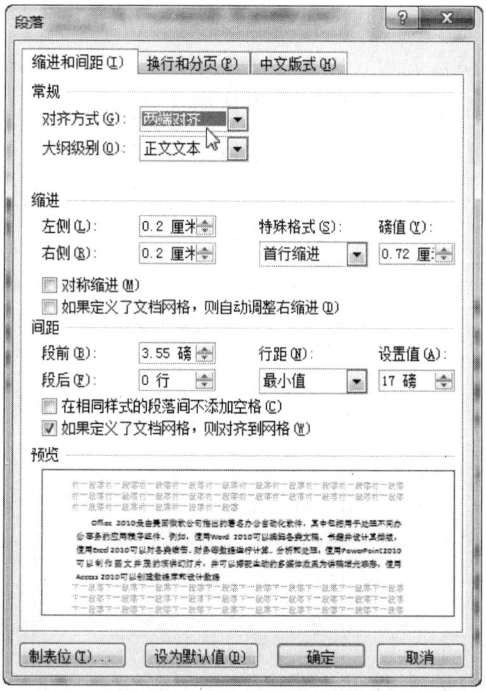

图3-37

提示：也可以像设置字体格式那样，在设置好段落格式后，通过单击【设为默认值】按钮为文档创建默认的段落格式。

3.4.5 添加边框和底纹

可以通过为段落设置边框和底纹的方式，使文档内的某些重点内容更醒目突出。段落边框是指在段落边界添加线条，可以起到很好的分隔作用；而段落底纹则是指为段落添加背景色，即文字在上，颜色位于文字下方，可以起到很好地突出段落的效果。

无论是设置边框还是底纹，在设置前都需要先选择要设置的段落内容，可以是整段内容，也可以是段落中的部分内容。功能区【开始】⇨【段落】组中第二行最右侧的按钮上的图标表示当单击该按钮时将设置的边框类型。可以通过单击该按钮右侧的下拉按钮，在打开的列表中选择其他预置的边框类型，如图3-38所示，该按钮左侧的按钮用于设置段落的底纹效果。

图3-38

可以通过选择【边框和底纹】命令，来自定义段落的边框和底纹，这里主要介绍自定义的方法。选择【边框和底纹】命令，打开如图3-39所示的【边框和底纹】对话框，在【边框】选项卡中，可以在【设置】列表中选择预置的边框方案；在【样式】列表框中选择边框的线形；在【颜色】和【宽度】下拉列表中为边框线设置颜色和粗细。通过单击【预览】区中的四个按钮，或直接单击预览图中灰色区域的四个边界，为段落添加或删除边框，右侧的【预览】区中显示的效果就是当前段落添加边框的实际效果。

图3-39

提示：可以单击【选项】按钮，在打开的对话框中控制边框线与段落文字之间的距离。

切换到【底纹】选项卡，可以为选中段落设置填充背景色或图案，设置的效果仍然可以在右侧的【预览】区中显示出来。下面的示例演示了为段落设置边框的方法。该示例将为选中段落设置一个1.5磅粗细的双线形边框，并为整个段落添加一个灰色底纹，具体操作如下。

1 选择要设置的段落（包括段落结尾的段落标记“↵”），打开【边框和底纹】对话框，然后进行如下设置，如图3-40所示。

- 在【样式】列表框中选择双线形。
- 在【宽度】下拉列表中选择【1.5磅】。

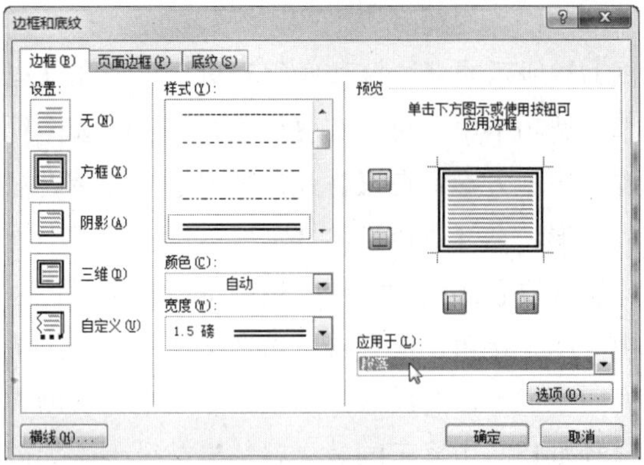

图3-40

2 切换到【底纹】选项卡，在【填充】下拉列表中选择灰色的填充色，如图3-41所示。

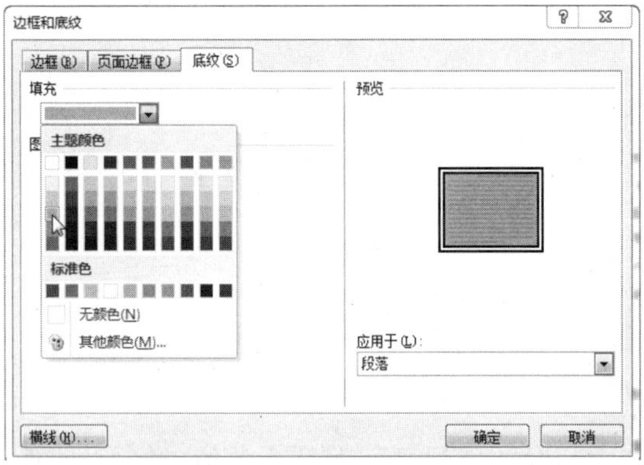

图3-41

3 单击【确定】按钮，为选中段落设置边框和底纹的效果如图3-42所示。

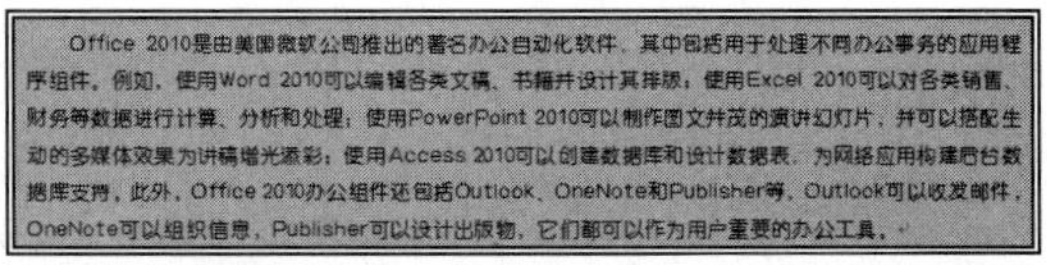

Office 2010是由美国微软公司推出的著名办公自动化软件，其中包括用于处理不同办公事务的应用程序组件。例如，使用Word 2010可以编辑各类文稿、书籍并设计其排版；使用Excel 2010可以对各类销售、财务等数据进行计算、分析和处理；使用PowerPoint 2010可以制作图文并茂的演讲幻灯片，并可以搭配生动的多媒体效果为讲稿增光添彩；使用Access 2010可以创建数据库和设计数据表，为网络应用构建后台数据库支持。此外，Office 2010办公组件还包括Outlook、OneNote和Publisher等，Outlook可以收发邮件，OneNote可以组织信息，Publisher可以设计出版物，它们都可以作为用户重要的办公工具。

图3-42

3.4.6 创建自动编号段落

自动编号在文档排版中也会被经常用到，因为它是自动的，所以用户无需为编号顺序操作，无论设置了自动编号的段落位于何处，Word都会为这些段落自动整理编号顺序。选择要设置自动编号的多个段落，然后单击功能区中的【开始】➪【段落】➪【编号】按钮，将为选中内容设置默认格式的自动编号，如图3-43所示。

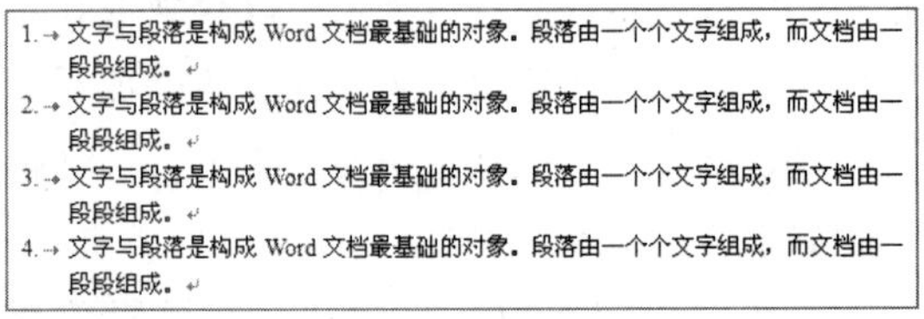

1. 文字与段落是构成Word文档最基础的对象。段落由一个个文字组成，而文档由一段段组成。
2. 文字与段落是构成Word文档最基础的对象。段落由一个个文字组成，而文档由一段段组成。
3. 文字与段落是构成Word文档最基础的对象。段落由一个个文字组成，而文档由一段段组成。
4. 文字与段落是构成Word文档最基础的对象。段落由一个个文字组成，而文档由一段段组成。

图3-43

由上图可以看出，设置自动编号的每一个段落的长度如果超出一行，那么下一行将自动左缩进显示。右击设置了自动编号的段落，在弹出的快捷菜单中选择【编号】命令，然后在其子菜单中可以更改编号的格式，如图3-44所示。

图3-44

如果在右键快捷菜单中选择了【定义新编

号格式】命令，则可以打开如图3-45所示的对话框，利用它可以创建新的编号格式。

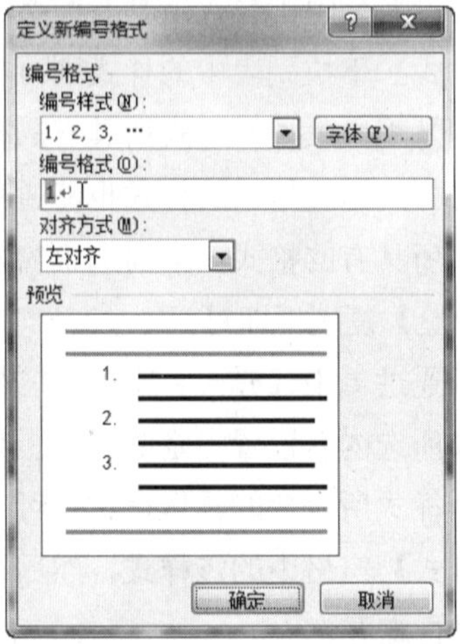

图3-45

由于编号是自动排序的，而有时又希望后面段落中的编号可以从头开始，或者设置为某个不连续的值。此时可以右击文档中设置了自动编号的编号位置，在弹出的快捷菜单中选择如图3-46所示的两个命令，让编号继续上一个编号编排或由用户指定编号值。

当选择【设置编号值】命令时，将打开如图3-47所示的对话框，可以在【值设置为】微调框中指定一个编号数字，这样当前段落即可以这个数字开始编号。

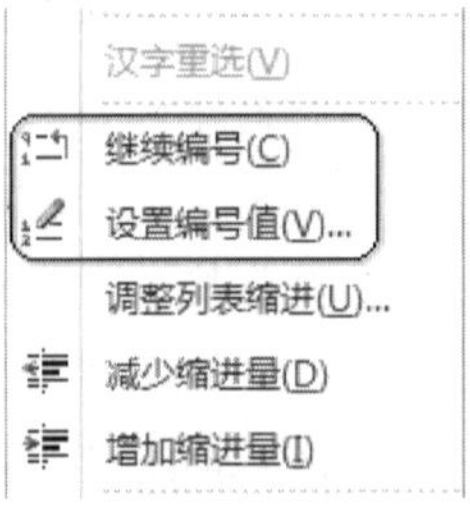

图3-46

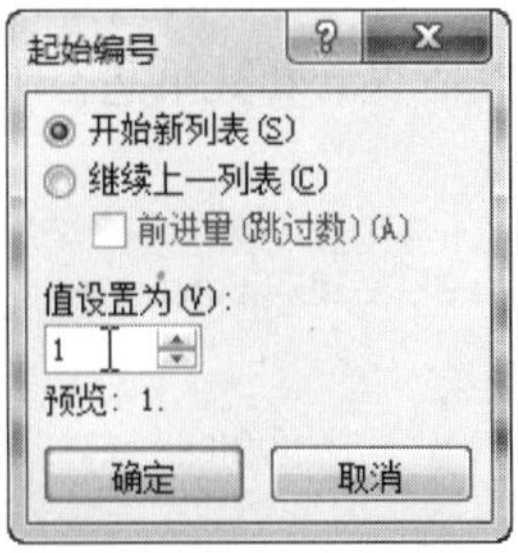

图3-47

除了自动编号外，Word中还包含另一种类似编号的格式——项目符号。只不过项目符号没有顺序而言，只是提供了一种易于辨认的形状符号，可以通过单击功能区中的【开始】⇨【段落】⇨【项目符号】按钮访问项目编号，其设置方法与自动编号类似，这里不再赘述。

3.5 使用Word样式与模板

如果用户经常编写文档，那么单独设置文本和段落格式的操作方法显然效率较低。想要提高Word文档编排质量和操作效率，可以使用样式和模板。

3.5.1 Word样式介绍

简单来说，样式是一种包含了多种基本格式的混合体。这些基本格式是指字体格式、段落格式、编号格式等。在创建一个样式之前，首先应该考虑这个样式用在何处，希望包含哪些格式。

按样式类别划分，Word 2010包含五种样式，即字符、段落、链接段落和字符、表格、列表。可以很容易从样式类别名称中了解到不同类别样式的作用。字符类样式用于设置文字格式，段落类样式用于设置段落格式，链接段落和字符类样式可以同时设置字符或段落格式，表格类样式只用于表格，列表类样式则用于自动编号和项目符号。

例如，如果要设置某个段落的格式，那么可以单击该段落内部，然后在【开始】⇨【样式】下拉列表中选择一种所需的样式，这个列表中的样式是Word预置的样式，如图3-48所示。可以利用Word 2010的实时预览功能浏览每个样式，以便查看其效果是否满意，然后再做最后的选择。

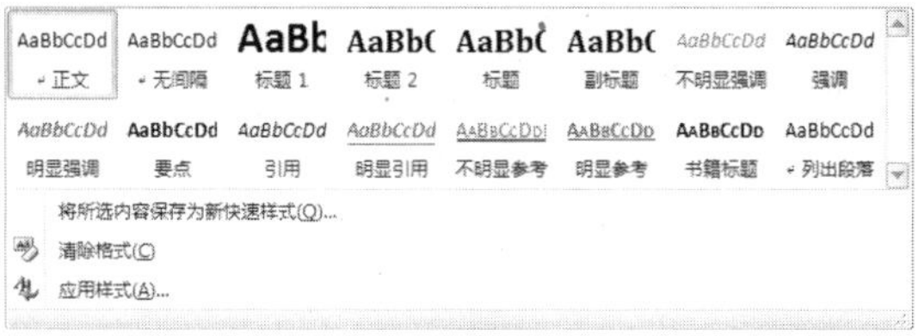

图3-48

也可以使用【样式】窗格来为指定内容快速设置样式。单击【开始】⇨【样式】组中的对话框启动器，打开如图3-49所示的【样式】窗格。

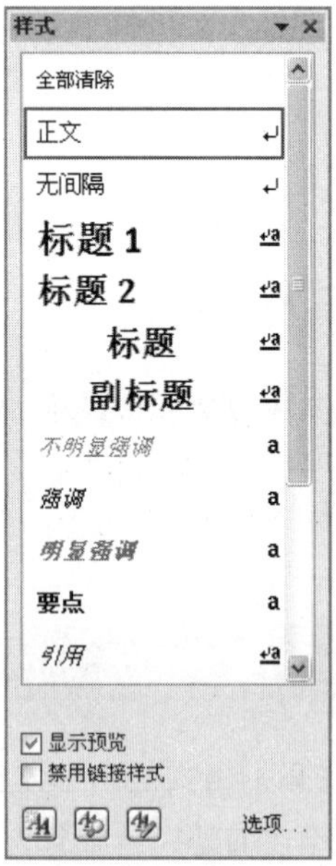

图3-49

该窗格中列出的样式与【样式】下拉列表中的样式相同，唯一区别是，样式窗格中的样式名称没有反映出样式所具有的格式外观，而在【样式】下拉列表中的样式则可以通过样式名称的外观大致了解样式所具有的格式。如果希望【样式】窗格中的样式也能通过名称反映出样式所具有的格式，只需选中窗格底部的【显示预览】复选框即可。

可以通过单击【样式】窗格中的样式名称来为当前所选内容设置指定的样式。如果希望查看某个样式所包含的具体格式，可以将鼠标指向【样式】窗格中的该样式，然后在弹出的信息中进行查看。

3.5.2 新建和修改样式

通常情况下，Word提供的默认样式无法满足实际的使用需要，这时有两种方法：一种是修改Word提供的内置样式，另一种是创建新的样式。

1. 在现有样式上修改

可以直接修改Word内置样式的格式，以便使其符合用户的使用需要。下面是修改一个样式的通用方法。

1. 使用上一节介绍的方法打开【样式】窗格，右击要修改的样式名称，在弹出的快捷菜单中选择【修改】命令。
2. 打开如图3-50所示的【修改样式】对话框，可以修改样式的名称、后续段落样式的类型、字体格式、段落格式等。
3. 如果单击【格式】按钮，还可以在弹出的【格式】菜单中修改更多的附加格式，如图3-51所示。图中列出的很多格式类型都是前面介绍过的，因此，创建样式其实就是将多个基本格式组合到一起的一种复合型格式。

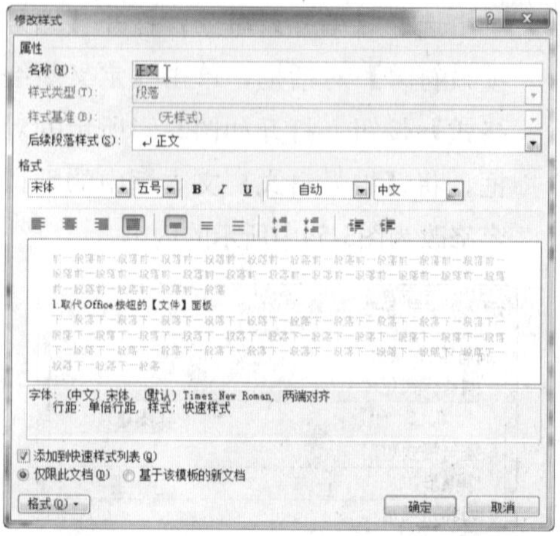

图3-50

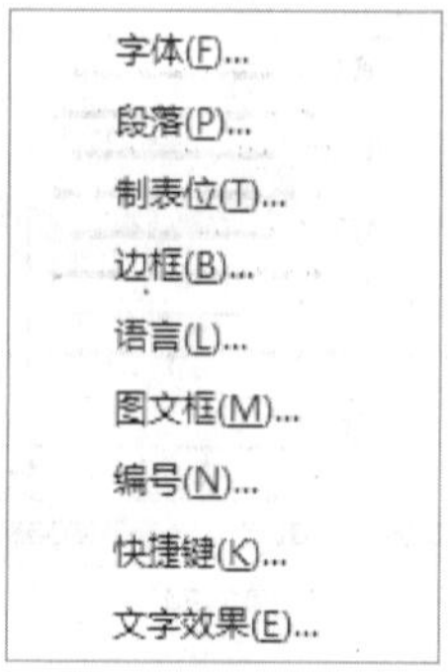

图3-51

4 设置好附加格式后，返回【修改样式】对话框。在对话框的底部设置要将修改后的样式保存到哪个位置。选中【仅限此文档】单选按钮，则只保存在当前文档中；如果选中【基于该模板的新文档】单选按钮，则将当前样式的修改结果保存到文档所套用的模板中。

5 最后单击【确定】按钮，完成对样式的修改工作。

提示：对于Word内置的样式，即使修改了名称，在关闭【修改样式】对话框后，该样式的名称仍然会显示其原始名称外加修改后的名称。如果希望只显示自己设置的名称而不显示其原始名称，则可以单击【样式】窗格底部的【选项】按钮，在打开的对话框中选中【存在替换名称时隐藏内置名称】复选框。单击【确定】按钮后，即只显示内置样式的新名称，而不会显示其之前的名称了，如图3-52所示。

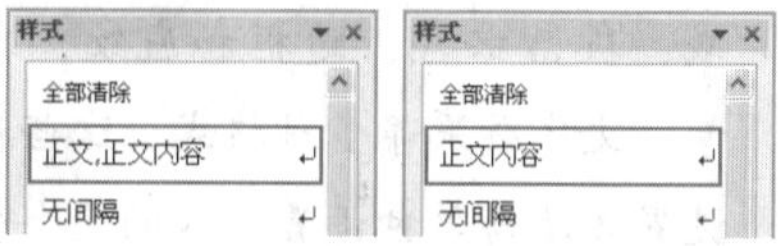

图3-52

2. 新建样式

除了修改现有样式外，也可以创建新样式。单击【样式】窗格底部的【新建样式】按钮，打开【根据格式设置创建新样式】对话框，如图3-53所示。该对话框类似于前面介绍的【修改样式】对话框。在创建样式时，主要将参数设置分为以下三个部分。

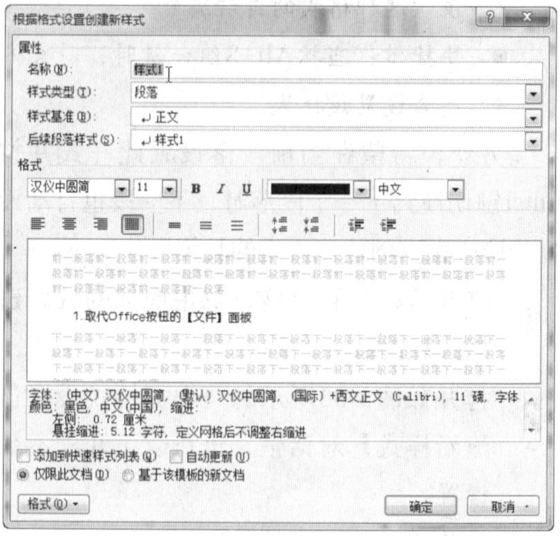

图3-53

- 属性：该部分用于设置新样式的基本信息，包括名称、样式类型、样式中格式的来源（样式基准）以及样式之后的下一段落自动指定为何种样式（后续段落样式）。
- 格式：该部分用于设置样式的字体和段落的基本格式，包括字体、字号、颜色、对齐方式、行距、缩进等。

- 附加格式：该部分需要单击对话框底部的【格式】按钮并从弹出的菜单中选择一种类型来进行设置。这里是对样式在格式上的扩充，可以全面设置字体格式、段落格式、边框和底纹、自动编号、文字效果等多种格式，这些格式的设置方法与单独设置文本的某个格式的方法是相同的，还可以为样式设置快捷键以加快使用样式的速度。

下面的示例演示了在当前文档中创建一个新样式的具体步骤。该示例将创建一个名为“操作步骤”的新样式，它具有以下几种格式。

- 字体格式：楷体、五号、蓝色。
- 段落格式：设置段前、段后均为0.2行。
- 编号：设置形如“第1步”、“第2步”这种格式的自动编号。
- 快捷键：当按Alt+S组合键时，对文本内容设置该样式。

另外，希望在当前段落设置此样式并按Enter键切换到下一个段落时，下一段也自动设置为该样式。创建该样式的具体操作如下。

1 打开【样式】窗格，单击底部的【新建样式】按钮。

2 打开如图3-53所示的【根据格式设置创建新样式】对话框，进行以下几项参数设置。

- 将【名称】修改为“操作步骤”。
- 将【样式类型】设置为【段落】。
- 将【样式基准】设置为【无样式】。
- 将【后续段落样式】设置为【操作步骤】。
- 在【字体】下拉列表中选择【楷体_GB2312】，在【字体颜色】下拉列表中选择蓝色。

3 单击底部的【格式】按钮并在弹出的菜单中选择【编号】命令，打开【编号和项目符号】对话框，单击【定义新编号格式】按钮，打开如图3-54所示的对话框，将【编号格式】文本框中的默认内容修改为图3-54中所示的内容。

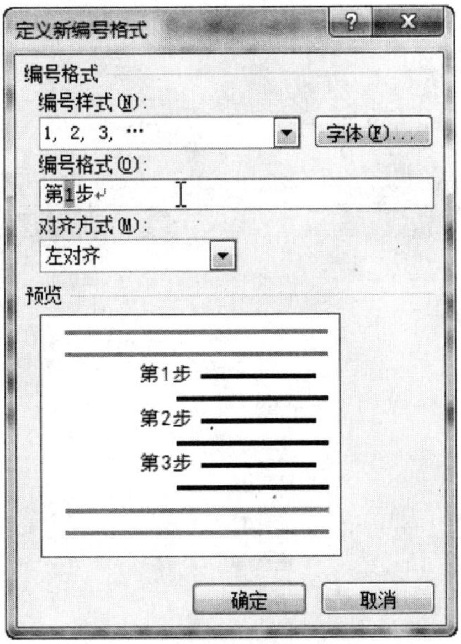

图3-54

4 单击两次【确定】按钮，再单击对话框底部的【格式】按钮，在弹出的菜单中选择【段落】命令，打开如图3-55所示的【段落】对话框，将【左侧】设置为【0字符】，将【悬挂缩进】设置为【4字符】，再将【段前】和【段后】设置为【0.2行】。

5 单击【格式】按钮并在弹出的菜单中选择【快捷键】命令，打开如图3-56所示的【自定义键盘】对话框。单击【请按新快捷键】文本框，然后按住Alt+S组合键，再单击【指定】按钮将此快捷键添加到左侧的【当前快捷键】列表框中，并将【将更改保存在】设置为当前文档名称（如“文档1”）。

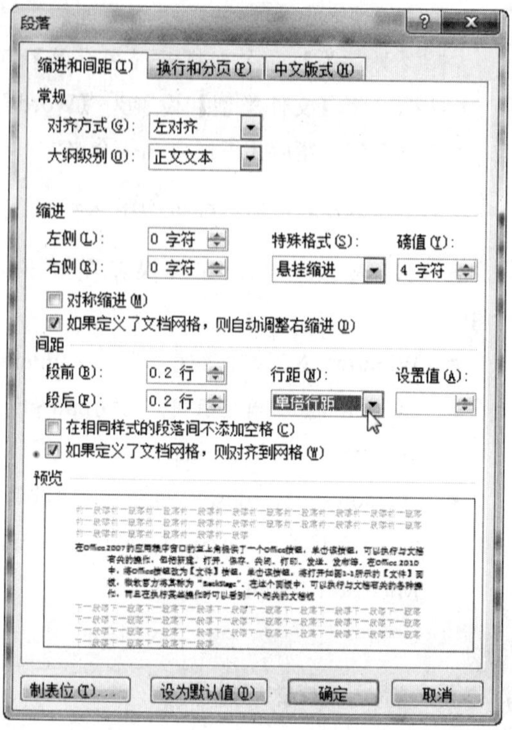

图3-55

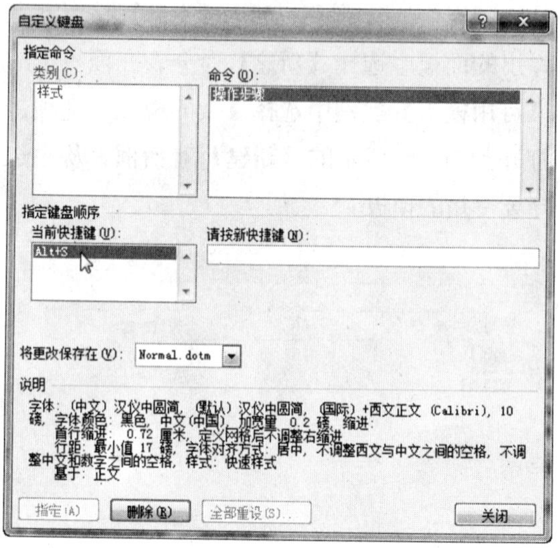

图3-56

6 单击【关闭】按钮，然后单击【确定】按钮，完成新样式的创建。在【样式】窗格中显示出新建的样式，如图3-57所示。

这样以后就可以在文档中使用该样式，图3-58所示为设置该样式后的效果。

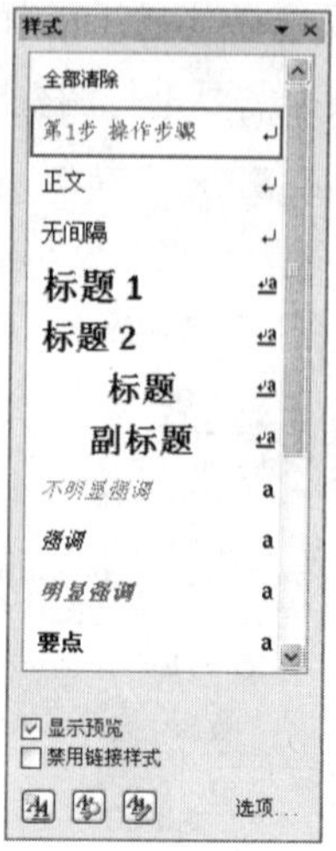

图3-57

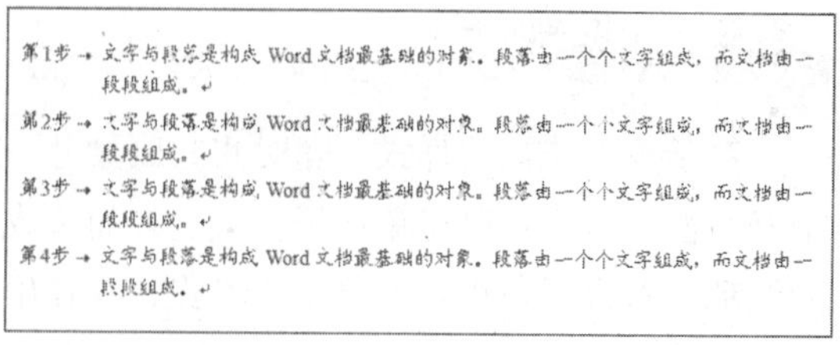

图3-58

提示：在为样式选择【样式基准】时要特别注意，因为一旦将新建样式以某个样式为起点开始创建格式，那么当修改这个基准样式的格式时，新建样式的格式也会随之变化，这样通常会导致更多的混乱。因此，最好在新建样式时将【样式基准】设置为【无样式】。

3.5.3 改变样式列表的显示方式

当新建一个Word文档时，在【样式】窗格中只显示了一些常见的默认样式，而大多数样式并未显示出来。如果需要查找并使用某个未出现在【样式】窗格中的样式，可以按照如下操作进行。

1 打开【样式】窗格，单击窗格底部的【选项】按钮。

2 打开如图3-59所示的【样式窗格选项】对话框，在该对话框上方的两个下拉列表中可以选择要显示的样式类型及显示方式，根据需要进行调整即可。

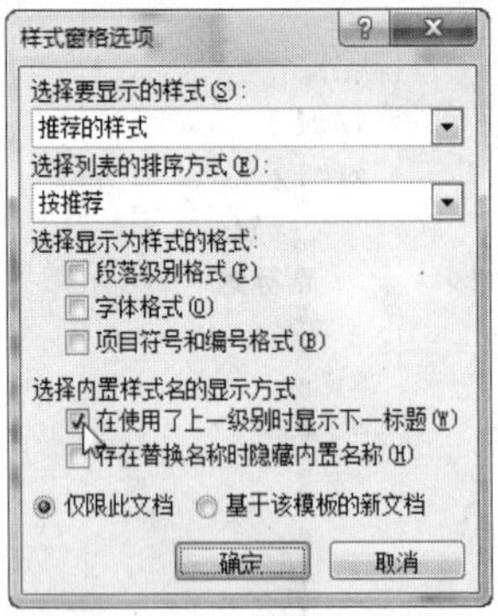

图3-59

3.5.4 删除样式

对于不再使用的样式，随时将其删除是一个好习惯，这样可以避免由于样式过多而造成的混乱。右击【样式】窗格中的样式，在弹出的快捷菜单中选择【删除xx】命令即可，其中“xx”表示要删除的样式名称。注意：用户无法删除Word的内置样式。

3.5.5 创建Word文档模板

模板也是一种Word文档，但其通常包含了特定的页面设置、样式等内容，以供用户以其为基准，批量创建大量具有相同规格的文档。Word提供了大量的模板，用户可以在新建文档时直接使用它们。当然，用户也可以将自己设计好的文档保存为模板，这样可以定制符合自己实际需求的模板。下面的示例演示了创建一个模板的过程。

1 新建一个文档，设置好所需的页面格式，包括纸张大小和方向、页边距、页眉和页脚的尺寸等。

2 使用前面介绍的方法，在该文档中创建所需的一个或多个样式。可能的话，可以为常用样式设置一个快捷键。

3 单击【文件】按钮并在弹出的面板中选择【另存为】命令，打开【另存为】对话框，将【文件类型】设置为【Word文档模板】，然后为模板命名一个名字。

4 单击【保存】按钮，即可创建模板。

默认情况下，Word模板保存在以下路径中。

- Windows XP操作系统：C:\Documents and Settings\当前登录用户名\Application Data\Microsoft\Templates。
- Windows 7/Windows Vista：C:\Users\当前登录用户名\AppData\Roaming\Microsoft\Templates。

3.5.6 通过模板创建文档

有了模板，就可以使用它来批量创建大量相同规格的文档了。单击【文件】按钮并在弹出的面板中选择【新建】命令，在面板中的【可用模板】类别中选择【我的模板】选项，打开如图3-60所示的【新建】对话框，从中选择要使用的模板。

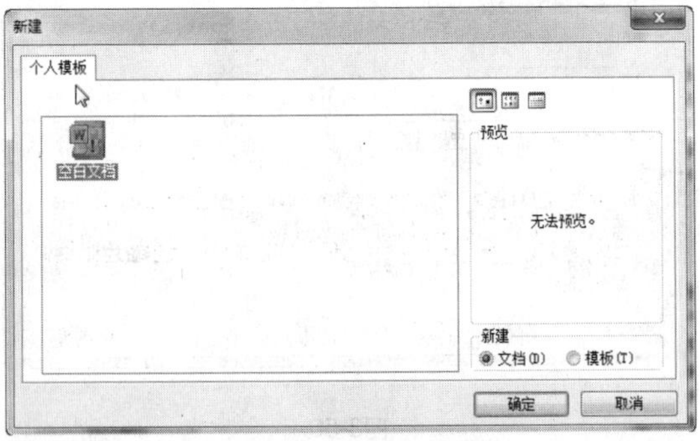

图3-60

提示：在图3-60中的对话框内的空白处右击，在弹出的快捷菜单中选择【打开】命令，可以快速打开并保存模板的文件夹。

单击【确定】按钮，即可创建与所选模板具有完全相同格式的新文档。可以查看新建文档的页面设置以及【样式】窗格中的样式，这些内容都将与模板文档相同。

3.5.7 共享模板中的样式

如果在当前文档中想要使用其他文档或模板中的某个样式，那么可以设置让同一个样式在多个文档或模板中共享，具体操作如下。

1 在当前文档中打开【样式】窗格，单击底部的【管理样式】按钮。

2 打开【管理样式】对话框，单击底部的【导入/导出】按钮，打开如图3-61所示的【管理器】对话框。左侧显示了当前文档中包含的样式以及文档名称，右侧显示了当前文档套用的模板名称及其中包含的样式。

3 通过单击【关闭文件】按钮可以关闭当前打开的文档或模板，然后再单击【打开文件】按钮打开包含要使用样式的文档或模板，在列表框中选择要复制的样式并单击【复制】按钮，这样就可以将样式从一个文档或模板复制到另一个文档或模板中，如图3-62所示。

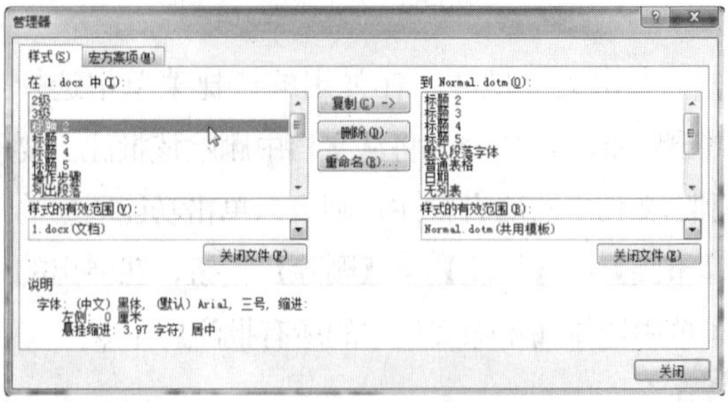

图3-61

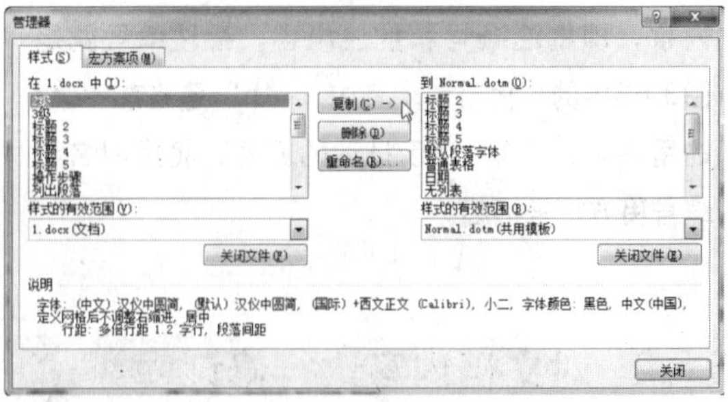

图3-62

4 完成复制操作后单击【关闭】按钮，如果出现提示信息，则需要单击【保存】按钮保存所做的修改。

3.6 添加文本的批注和修订信息

当一份文档需要多人共同完成时，Word中的批注和修订功能将非常有用。使用批注功能可以对他人提交的文档中的内容添加说明性文字，如关于内容的修改意见；而使用修订功能则可以直接对文档内容进行修正，但修正的同时仍然保留之前的内容，这样可以便于对修改前后的内容进行比较。

3.6.1 添加文本批注

使用下面的步骤可以在文档中添加一个批注。

1 选择要添加批注的内容。

2 单击功能区中的【审阅】⇨【批注】⇨【新建批注】按钮，然后在文档右侧的红色方框中输入批注的内容，如图3-63所示，这样就完成了批注的添加。

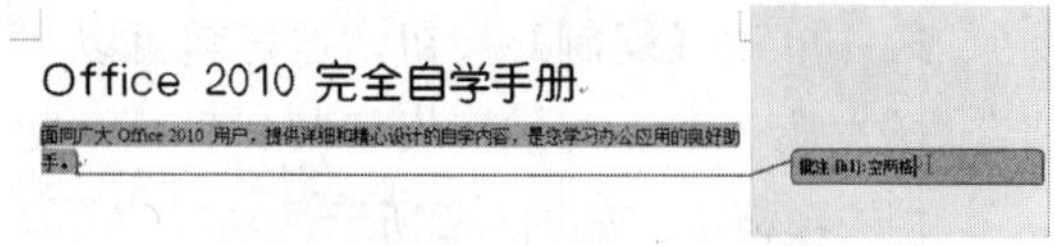

图3-63 添加批注

右击某个批注，在弹出的快捷菜单中选择【删除批注】命令，将从文档中删除该批注。要删除文档中的所有批注，则可以单击功能区中的【审阅】⇨【批注】⇨【删除】按钮，在弹出的菜单中选择【删除文档中的所有批注】命令。

提示：文档中的每一个批注都包含两部分内容，即批注编号和批注内容。批注编号就是图3-63中的“[h1]”。其中，“h”是当前Word的用户名，“1”表示批注的编号，将用户名和编号用方括号括起。

3.6.2 对文档内容进行修订

对文档内容修订的关键是启用修订模式，在此之后对文档进行的所有修改都将被Word记录下来。单击功能区中的【审阅】⇨【修订】⇨【修订】按钮，即可进入修订模式。之后可以像编辑普通文档一样，对文档内容进行随意修改，每一次修改都将显示出特有的修订标记，如图3-64所示。

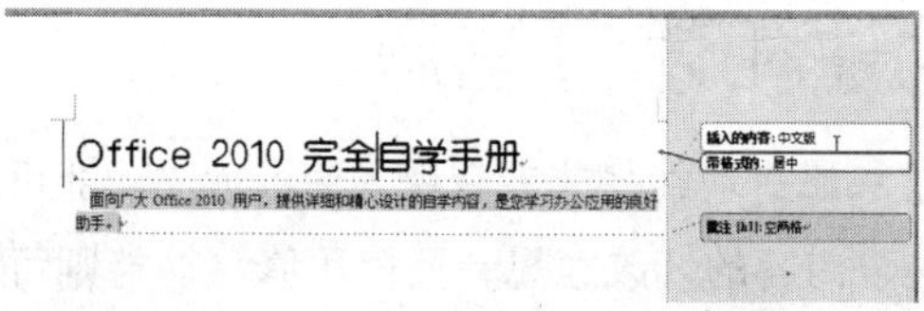

图3-64 修订文档中的内容

在图3-64中，对文档进行了以下几项修改。

- 在“Office 2010完全自学手册”文字前面插入了文字“中文版”。
- 设置了该段落对齐格式为“居中”。

右击某个修订，在弹出的快捷菜单中可以通过选择【接受格式更改】或【拒绝格式更改】命令确定或否定对文档内容的修改。要接受或拒绝文档内的所有修改，则需要在功能区中的【审阅】⇨【更改】组中单击【接受】或【拒绝】按钮，在弹出的菜单中选择【接受对文档的所有修订】或【拒绝对文档的所有修订】命令。

3.6.3 设置批注与修订

还可以对批注和修订的外观进行自定义设置。例如，可以单击功能区中的【审阅】⇨【修订】⇨【修订】按钮并在弹出的菜单中选择【更改用户名】命令，在打开的对话框中的【缩写】中修改批注中显示的用户名缩写。

如果希望便于区分批注和修订，则可以将其设置为不同的颜色。单击功能区中的【审阅】⇨【修订】⇨【修订】按钮并在弹出的菜单中选择【修订选项】命令，打开如图3-65所示的【修订选项】对话框。在该对话框中可以调整批注和修订的外观。

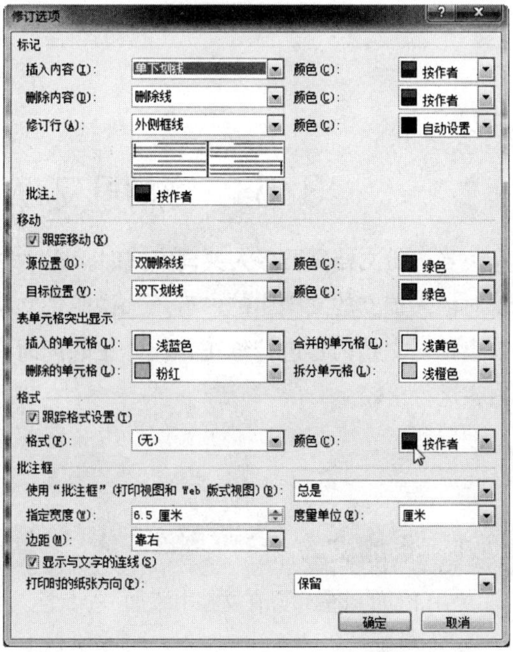

图3-65

3.7 文本编辑高级技巧

在编辑文本时，可能会遇到一些难以解决的问题，例如英文字符对齐、段落位置控制、制表符位置设置和多级编号等，这些问题虽然看起来不难，但是如果没有找到解决方法，还是很容易让人困扰的。本节将介绍这些文本编辑方面的高级技巧。

3.7.1 处理英文字符对齐问题

很多人都遇到过类似于图3-66所示的问题，在一行的结尾处由于空间不够，因此，英文字符直接转到下一行显示，而这一行的文字间距则被强行拉大，看上去很不美观。

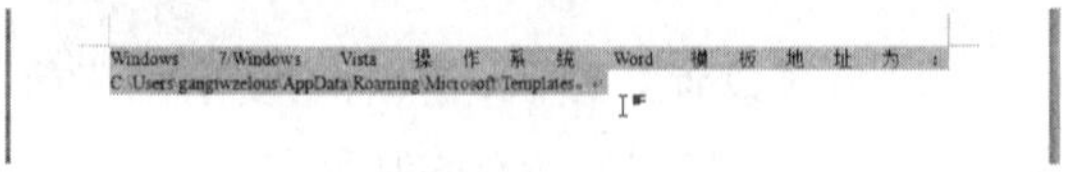

图3-66

对于这类情况，可以右击该段落内部，在弹出的菜单中选择【段落】命令，打开【段落】对话框。切换到【中文版式】选项卡，选中【允许西文在单词中间换行】复选框，单击两次【确定】按钮即可解决该问题，如图3-67所示。

图3-67

3.7.2 调整段落的换行和分页

对于一个段落分布在两个页面的情况，可以通过设置来灵活控制段落的位置。打开该段落所属的【段落】对话框，切换到【换行和分页】选项卡，在如图3-68所示的【分页】选项组中可以根据需要选择不同的选项，从而控制段落的位置。

- 【孤行控制】：用于确保整个段落始终出现在同一个页面，而不会出现段落第一行或最后一行与段落其他行分开的情况。
- 【与下段同页】：应用了该设置的段落始终与其下一个段落在同一个页面中。
- 【段中不分页】：应用了该设置的段落始终位于同一个页面。
- 【段前分页】：应用了该设置的段落会自动显示在一个新页面的顶部。换句话说，【段前分页】功能与分页符类似，将在应用了该设置的段落之前分页。

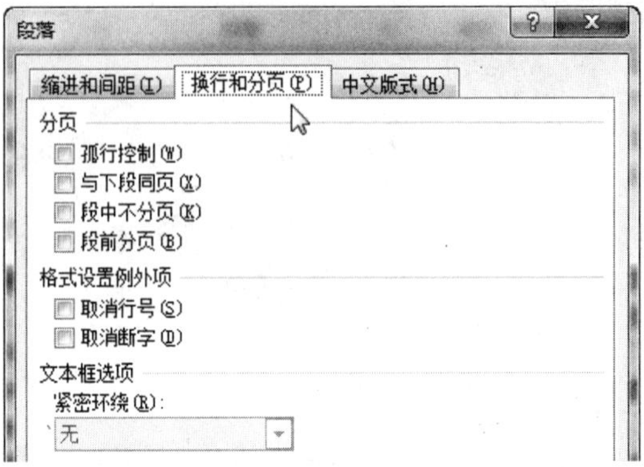

图3-68

3.7.3 设置制表位

制表位是指按Tab键后插入点移动后与移

动前之间的距离，而每次插入点以后其所在的位置则称为“制表符”。可以在不创建表格的情况下利用制表位对齐文字。在Word 2010中可以使用以下两种方法设置制表位。

- 在Word窗口的标尺中通过单击鼠标左键来任意指定制表符的位置。
- 在【制表位】对话框中进行精确设置。

根据对齐方式，Word包含以下几种制表符：左对齐、居中对齐、右对齐、小数点对齐、竖线对齐。默认情况下每次按Tab键，插入点将向右移动两个字符的距离。

打开【段落】对话框，在任意一个选项卡中单击【制表位】按钮，打开如图3-69所示的【制表位】对话框，在【默认制表位】中显示了Word默认的制表位位置，可以直接修改该数值，从而改变按住Tab键时插入点移动的距离。

图3-69

也可以根据实际需要自定义制表位。流程如下。

1 在【制表位位置】文本框中输入制表位的距离。

2 在【对齐方式】和【前导符】组中选择在制表位位置的文字的对齐方式以及两个制表符之间的连接字符样式，如图3-70所示。

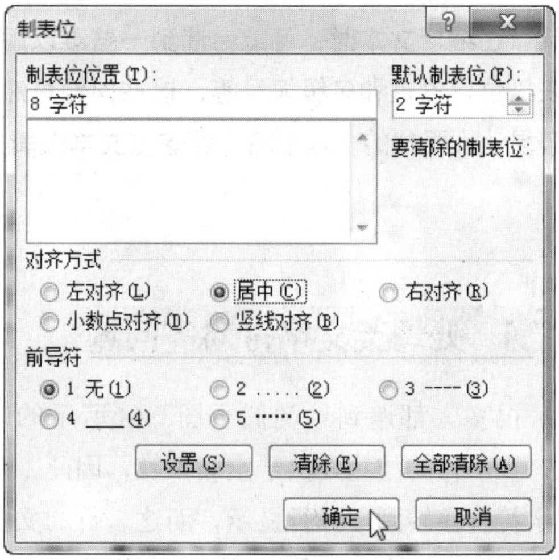

图3-70

3 单击【设置】按钮，然后重复前两步操作，直到设置好所有的制表位。

4 单击【确定】按钮，然后在文档中对设置的制表位进行测试。每输入一个内容后按一次Tab键，然后观察每次新内容的位置是否与预期的相同，如图3-71所示。

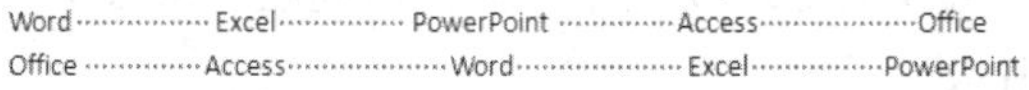

图3-71

通过单击【制表位】对话框中的【清除】按钮，可删除当前选择的制表位。如果要删除所有自定义制表位，则需要单击【全部清除】按钮；也可以在Word窗口中将标尺显示出来，然后拖动标尺上的小黑点来删除制表位。选中功能区中的【视图】⇨【显示】⇨【标尺】复选框，将在文档窗口中显示标尺。

3.7.4 创建多级自动编号

多级编号随处可见，正如本书目录一样，每章标题都由类似于“第1章”的形式开始，每章下面又分为多个节，由类似于“1.1”的形式开始，而每一节下面又分为多个小节，由类似于“1.1.1”的形式开始。类似于这种结构的编号都属于多级编号，但是否可以自动编号则取决于文档制作者。

多级编号完全可以使用手工输入来完成，但是如果各章位置需要调整，那么相关章节的编号势必也要被全部更改。因此，为了提高工作效率，对于体系较为复杂的多级编号，应该尽可能让其自动排序。在Word 2010中可以很方便地设置类似上述介绍的多级编号。

下面的示例将创建一个书籍中通用的多级编号格式，形式如下。

第1章

1.1

1.1.1

……

1.2

1.2.1

……

第2章

2.1

2.1.1

……

2.2

2.2.1

……

创建具有上述格式的多级自动编号的具体操作如下。

1 新建一个文档，单击功能区中的【开始】⇨【段落】⇨【多级列表】按钮，在弹出的菜单中选择【定义新的多级列表】命令。

2 打开【定义新多级列表】对话框，单击左下角的【更多】按钮，显示出如图3-72所示的对话框。选择左侧数字列表中的【1】，然后在右侧的【将级别链接到样式】下拉列表中选择要为哪个样式使用第1级自动编号，这里选择【标题1】选项。

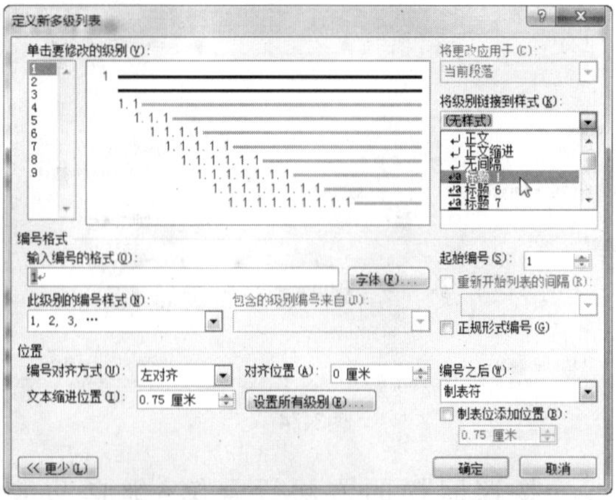

图3-72

3 在【输入编号的格式】文本框中输入以后在文档中使用该编号时显示的外观，这里输入“第1章”。但是只需在“1”的两侧分别输入“第”和“章”即可，如图3-73所示，如果手工输入“1”则编号将无法自动更新。

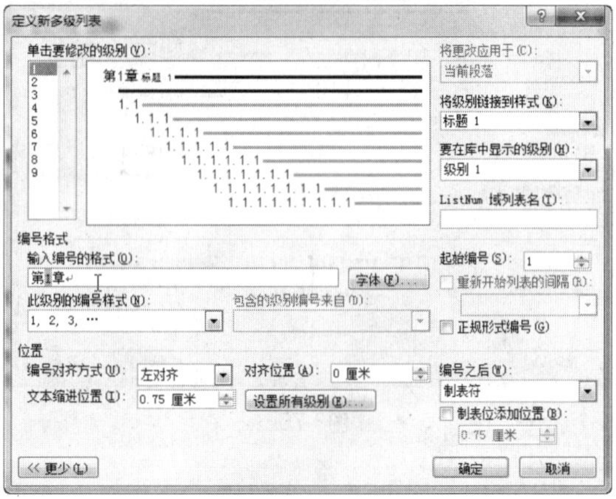

图3-73

4 继续设置第2级和第3级编号样式。在对话框上方的数字列表中单击【2】，然后在【将级别链接到样式】下拉列表中选择【标题2】选项，在【要在库中显示的级别】下拉列表中选择【级别2】选项，如图3-74所示。

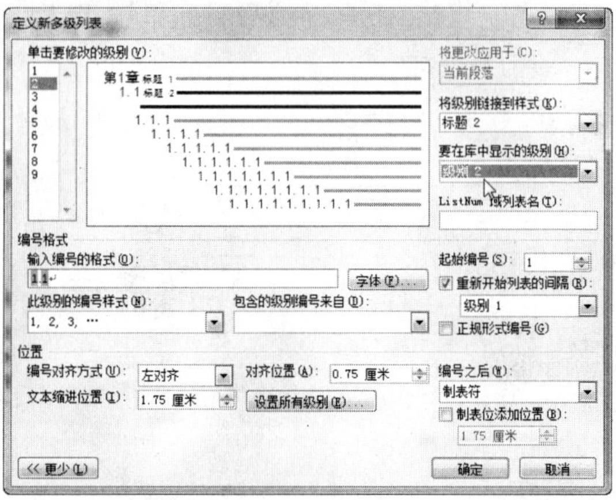

图3-74

5 按照同样的方法设置第3级自动编号，在对话框上方的数字列表中单击【3】，然后在【将级别链接到样式】下拉列表中选择【标题3】选项，在【要在库中显示的级别】下拉列表中选择【级别3】选项，如图3-75所示。

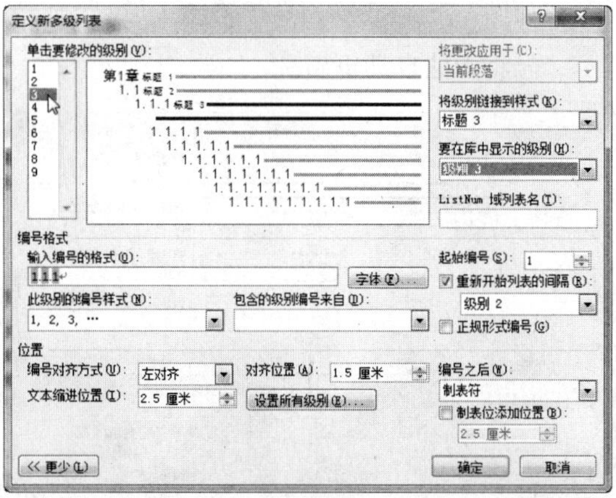

图3-75

6 单击【确定】按钮，创建了一个具有三个级别的多级自动编号，然后就可以为文档中的内容设置多级编号了。分别为不同级别的内容设置不同级别的编号样式即可，结果类似于图3-76所示。

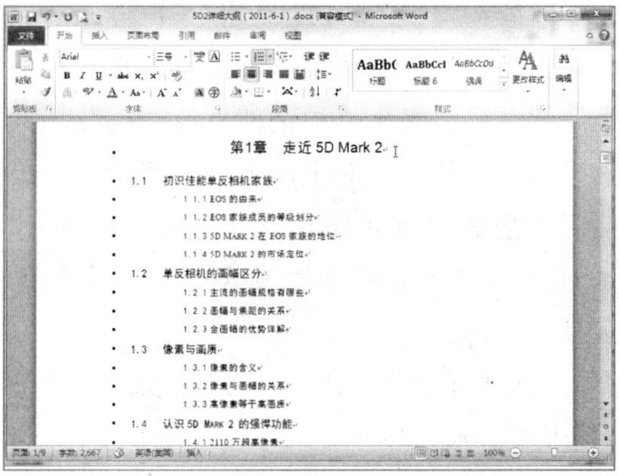

图3-76

第4章

Word图形图像编辑

本章内容如下：

- 在Word文档中添加和编辑图片
- 在Word文档中添加图形
- 同时处理图形和图像
- 创建和编辑SmartArt图示
- 添加和修改文本框
- 添加特效艺术字

4.1 在Word文档中添加和编辑图片

图片是编写文档时最重要的素材之一，它不但可以美化文档的外观，而且可以采用图形化的方式，增强文档的可读性和说服力。Word 2010加强了对图片的处理能力，并提供了很多图片特效，可以轻松将文档中的图片制作成像经过专业软件处理过的图片效果。本节将介绍如何利用Word 2010提供的图片工具来添加和编辑图片。

4.1.1 在文档中插入图片

只有将图片添加到文档后，才能利用Word提供的各种图片处理工具来设置图片。单击文档中要放置图片的位置，然后单击功能区中的【插入】⇨【插图】⇨【图片】按钮，打开如图4-1所示的【插入图片】对话框。

图4-1

提示：如果单击【插入】按钮右侧的下拉按钮，则会弹出一个菜单，在其中可以选择图片的插入方式。【链接到文件】方式并没有真正将图片插入到文档中，而只是在文档中记录了图片在计算机中的路径。当以链接方式插入图片时，文档保存后的体积相对来说会比较小。

选择要插入的图片，然后单击【插入】按钮，将所选图片插入到文档中，如图4-2所示。

提示：右击图片并在弹出的快捷菜单中选择【更改图片】命令，可以通过选择新的图片来替换当前图片，并且新图片的位置和大小与原图片完全相同。

图4-2

4.1.2 获取屏幕截图

在Word 2010中加强了对图片的处理功能，其中一个非常实用的功能就是可以截取系统中未最小化的窗口，然后将截取后的图片自动插入到当前Word文档中。该功能和QQ截屏功能类似，在Excel 2010和PowerPoint 2010中也可以使用。单击功能区中的【插入】⇨【插图】⇨【屏幕截图】按钮，在弹出的列表中可以看到当前所有未最小化的窗口，如图4-3所示。单击要截取的窗口，即可将该窗口截图插入到截图前的活动文档中。

如果希望截取屏幕中任意区域的内容，则可以单击图4-3中的【屏幕剪辑】按钮，屏幕将变为灰白色，此时可以通过拖动鼠标绘制要截取的区域，然后即可将拖动过的区域作为图片插入到文档中。

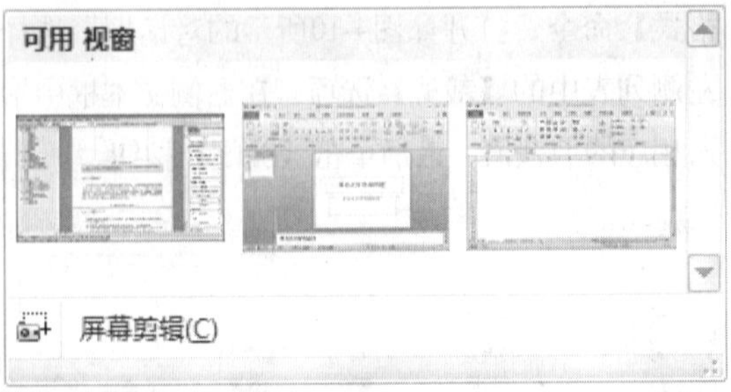

图4-3

提示：如果在进入屏幕剪辑状态后又不想截图，则可以按Esc键退出该状态。

4.1.3 调整图片大小

如果插入到文档中的图片大小不符合要求，那么需要对其进行调整。通常可以使用以下三种方法设置图片的尺寸。

- 拖动法：单击图片后直接拖动图片四周的控制点，可以随意缩放图片。
- 使用功能区中的选项：单击图片激活功能区中的【格式】选项卡，在【大小】组中可以修改【高度】和【宽度】中的数值以调整图片的大小，如图4-4所示。

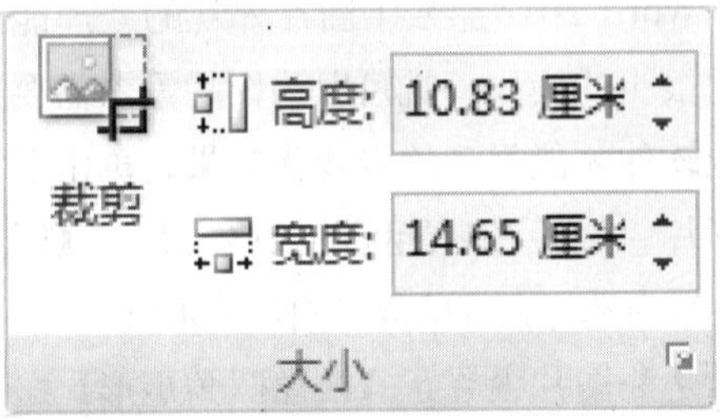

图4-4

- 使用【布局】对话框：右击图片并在弹出的快捷菜单中选择【大小和位置】命令，打开如图4-5所示的【布局】对话框。在该对话框中可以指定图片的实际大小，或输入一个相对于原图片大小的比例值。

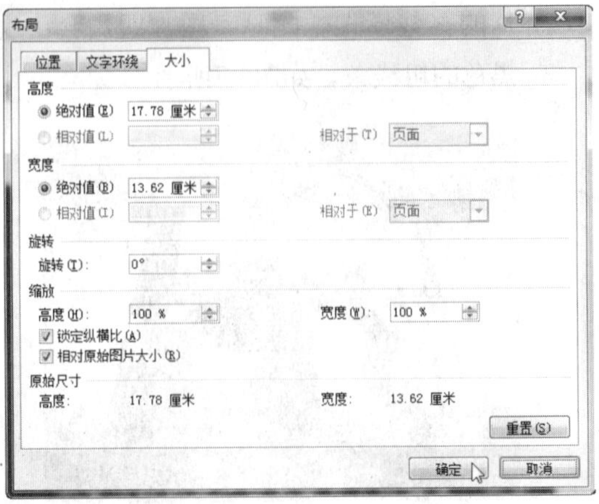

图4-5

提示：如果希望在调整图片大小时始终保持图片的宽度与高度比例以避免图片变形，那么应在调整前选中【锁定纵横比】复选框。

4.1.4 剪裁图片

剪裁图片是一个非常有用的功能，因为它们可以将插入到文档中的图片的多余部分去掉，并突出图片中重要部分的显示。例如，如果希望在文档中只保留图片中的一只企鹅，而去掉其他内容，则可以按以下步骤操作。

1 单击图4-6所示的图片，激活功能区中的【格式】选项卡。

图4-6

2 单击【格式】选项卡中的【裁剪】按钮，鼠标变为形状，表示当前进入图片的剪裁模式。此时，图片四周会出现黑色的粗线条，如图4-7所示。

图4-7

3 将鼠标置于想要剪裁的位置的黑线上，当鼠标形状有所变化时，按住鼠标左键进行拖动，拖动经过的区域都会被剪裁掉，如图4-8所示。

图4-8

4 将图片其他方向上的多余部分都剪裁掉以后，效果如图4-9所示。

图4-9

如果需要对图片进行非常精确的剪裁，可以右击图片并在弹出的快捷菜单中选择【设置图片格式】命令，打开如图4-10所示的对话框。选择左侧列表中的【裁剪】选项，在右侧文本框中输入相应的剪裁值，最后单击【关闭】按钮。

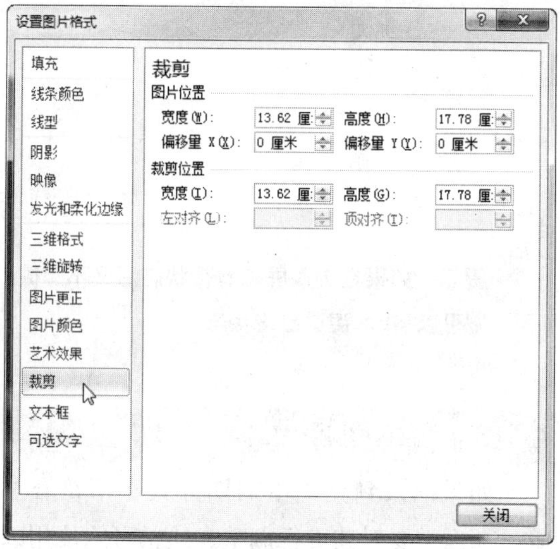

图4-10

Word 2010增强了对图片的裁剪功能，除了使用鼠标拖动来进行图片的任意裁剪外，还可以将图片裁剪为某一种形状或者是按预置的某种比例进行快速裁剪，而只需使用【裁剪为形状】或【纵横比】命令即可。

4.1.5 给图片应用艺术效果

Word 2010加强了图片外观的处理能力。只需很少的操作，就可以为图片设置需要通过专业软件才能得到的专业化效果。单击要设置的图片，然后在功能区的【格式】⇨【图片样式】组中选择预置的大量图片艺术效果，图4-11所示是为图片设置了【映像圆角矩形】之后的效果。

除了直接为图片设置预置的艺术效果外，还可以配合【调整】组中的选项来调整图片的亮度、对比度、颜色等不同参数，从而实现对图片外观的多样化设置。如果希望集中设置图片的各种格式，可以单击功能区的【格式】⇨【图片样式】组中的对话框启动器，在打开的

【设置图片格式】对话框中对图片进行完全的自定义设置。

图4-11

4.1.6 删除图片背景

为了快速从图片中获得有用的内容，Word 2010提供了又一个非常实用的图片处理工具——删除背景。选择文档中要去除背景的一张图片，然后单击功能区中的【格式】➪【调整】➪【删除背景】按钮，进入图片编辑状态。推动矩形边框四周的控制点，以便选中最终要保留的图片区域，如图4-12所示。

图4-12

完成图片区域的选定后，单击功能区中的【背景清除】➪【关闭】➪【保留更改】按钮，或直接单击图片区域外，即可去除图片背景并保留矩形定义的部分，如图4-13所示。

图4-13

提示：在很多操作中，按Esc键可以放弃当前操作或关闭对话框而不应用其中的设置。但是在删除背景的操作中，即使按Esc键，Word仍可以为图片删除背景。如果希望不删除图片背景并返回图片原始状态，则需要单击功能区中的【背景清除】➪【关闭】➪【放弃所有更改】按钮。

通常只需调整矩形框来定义要保留的图片部分，即可得到想要的结果。但是如果希望更灵活地控制要去除背景而保留下来的图片区域，可能需要使用以下几个工具，在进入图片去除背景的状态下执行这些操作。

- 单击功能区中的【背景消除】➪【优化】➪【标记要保留的区域】按钮，指定额外的要保留下来的图片区域。
- 单击功能区中的【背景消除】➪【优化】➪【标记要删除的区域】按钮，指定额外的要删除的图片区域。
- 单击功能区中的【背景消除】➪【优化】➪【删除标记】按钮，可以删除以上两种操作中标记的区域。

4.1.7 对图片进行压缩处理

在前面介绍图片的剪裁时，虽然经过剪裁后只能看到图片剩余的部分，但是从根本上说，被剪裁掉的部分仍然存在于文档中，只是被使用某种特殊的手段将其隐藏起来而已。因此，这些被隐藏起来的内容仍然会占据文档的容量，可以通过其他方法将存在于文档中的这些残余部分彻底删除掉。

选择文档中的任意一张图片，然后单击功能区中的【格式】⇨【调整】⇨【压缩图片】按钮，打开如图4-14所示的【压缩图片】对话框。选中【删除图片的剪裁区域】复选框，单击【确定】按钮后即可删除文档中存留的图片的剪裁区域了。

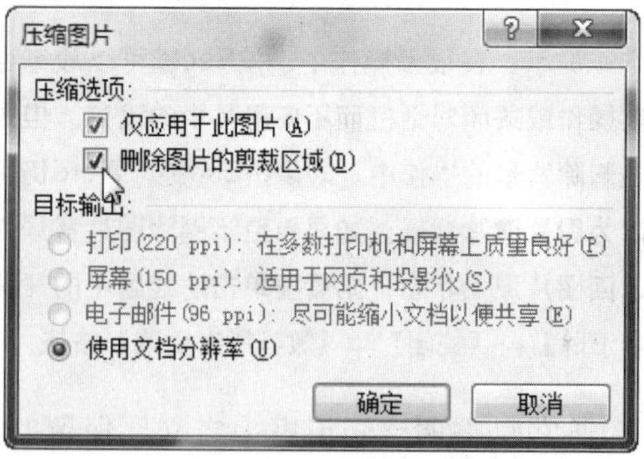

图4-14

4.1.8 设置图文混排方式

一篇Word文档中通常会有图片，这样就会涉及图片和文字的混合排版问题。首先需要了解一个概念：图片在文档中的存在方式分为两类，即嵌入式和浮动式。默认情况下，在文档中插入的图片均属于嵌入式，但可以随时在嵌入式和浮动式之间进行转换。

嵌入式图片与文字类似，它只能在文档的每一行中被移动和存放，而不能随意在文档中被移动。浮动式图片则可以在文档中被随意摆放，不受限制。可以将浮动式图片覆盖在文字的上方，或者置于文字的下方作为背景。

右击文档中的嵌入式图片，在弹出的快捷菜单中选择【自动换行】命令，然后在其子菜单中更改图片与文字的环绕方式，如图4-15所示。

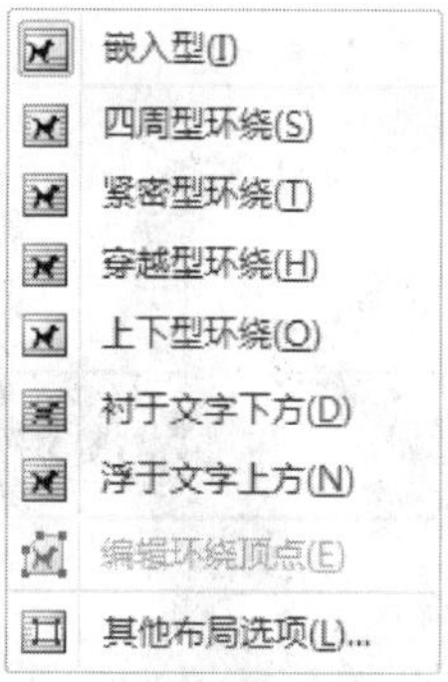

图4-15

提示：如果希望每次向文档中插入的图片为非嵌入式的，那么可以对Word进行设置。方法如下：打开【Word选项】对话框，选择左侧列表中的【高级】选项，在右侧的【将图片插入/粘贴为】下拉列表中修改插入图片时的默认环绕方式即可，如图4-16所示。

图4-16

当图片和文字共同存于文档中时，如果将图片转换为非嵌入式中的一种，那么将会在图片附近的段落左侧显示一个定位标记⚓，该标记说明当前图片的位置所依赖的段落。例如，在图4-17中，图片被设置为四周型，而⚓标记位于第一段左侧则说明在移动第一段落的位置时，图片会自动随之移动；而移动第二段落的位置时，图片不会移动。

图4-17

用户可以通过拖动定位标记来改变图片所依赖的段落。图4-18所示为将图4-17中的定位标记拖动到第二个段落的左侧。此后，在移动第二个段落时，图片将随之移动。

图4-18

Word 2010为图片提供了在文档中定位的预设位置。选中图片后单击功能区中的【格式】⇨【排列】⇨【位置】按钮，在打开的列表中可以选择一种位置方式，通过缩略图来了解各选项的作用，如图4-19所示。

图4-19

4.2 在Word文档中添加图形

需要指出的是，图形和图像并不是一个可以等同的概念。“图形”多指矢量形状（例如手绘箭头），而“图像”则多指位图图像（例如照片），它们在处理方面有本质的区别。使用Word 2010可以绘制各种矢量图形，方便在文档中使用。

4.2.1 选择和绘制矢量图形

图形和图片不同。默认情况下，在Word文档中绘制的图形均为非嵌入式的，即所有图形可以随意在文档中移动。单击功能区中的【插入】⇨【插图】⇨【形状】按钮，即可在打开的列表中选择所需的图形，如图4-20所示。Word按类别对图形进行了分组，这样可以便于用户快速找到所需使用的图形。

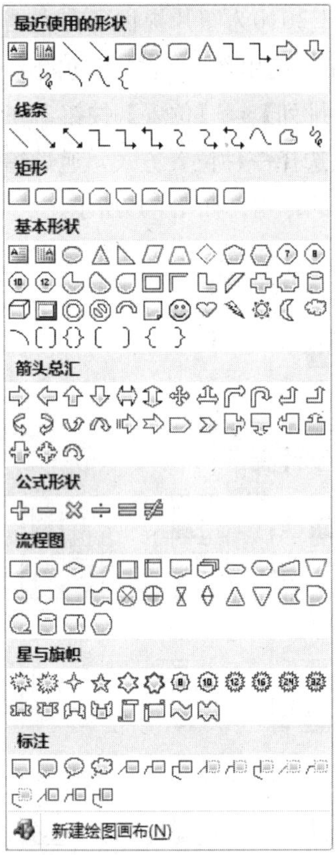

图4-20

选择一个图形，然后在文档中按住鼠标左键进行拖动，即可绘制出一个指定大小的图形。如果需要多次重复绘制同一个图形，那么可以在图4-20的列表中右击要使用的图形，在弹出的快捷菜单中选择【锁定绘图模式】命令，然后在文档中进行绘制。当要绘制其他图形时，只需按Esc键即可。

4.2.2 修改图形的外观

单击文档中绘制好的图形，激活功能区中的【格式】选项卡，可以使用该选项卡【形状样式】下拉列表中的选项快速设置图形的外观，也可以使用【形状填充】、【形状轮廓】、【形状效果】按钮自定义图形的外观。图4-21所示为使用预置的形状样式加上一点立体效果而得到的新图形。

图4-21

如果有必要，也可以将图形转换为嵌入式类型。单击图形，然后单击功能区中的【格式】⇨【排列】⇨【自动换行】按钮，在弹出的菜单中选择【嵌入型】命令即可完成转换。

4.2.3 使用画布整合多个图形

使用绘图画布可以将多个不同的图形组织到一起，这样在移动绘图画布时，其中的图形将随之一起移动，而且图形之间的位置关系不会发生任何变化。下面的步骤中介绍了使用绘图画布的通用方法。

1. 单击要插入绘图画布的位置。
2. 单击功能区中的【插入】⇨【插图】⇨【形状】按钮，在打开的列表中选择【新建绘图画布】选项，在插入点位置插入一个绘图画布，如图4-22所示。

图4-22

单击绘图画布，然后使用前面介绍的操作方法在绘图画布中插入图片或绘制图形，这样这些图形对象都位于绘图画布中了。图4-23所示为在绘图画布中插入了两个图片并绘制了一个图形的效果。

图4-23

由图4-23可以看到，两个图片和一个图形并未完全占用绘图画布的整个空间，绘图画布中有很大的空白区域，这样的排版效果显然是不合适的。此时可以右击绘图画布的任意一个边框，在弹出的快捷菜单中选择【调整】命令，使绘图画布的边框紧紧围绕住内部图形对象上、左、右三个方向上的最大边界，如图4-24所示，而下边界则需要用户手动拖动绘图画布边框上的控制点进行调整。

图4-24

如果将绘图画布的文字环绕方式调整为非嵌入式的，那么当在文档中移动绘图画布时，其中各个对象的相对位置是不会发生改变的，这也正是使用绘图画布的优势所在。

4.3 同时处理图形和图像

前面介绍过，在Word 2010中，图形和图像并不是一个相同的概念，但是它们仍然有一些相似的操作，甚至可以层叠或组合在一起，产生更加丰富的变化。

4.3.1 图形和图像相同的操作

分别选择文档中的图像和图形，将激活【格式】选项卡。该选项卡用于设置图像或图形的格式。下面总结了图像与图形相类似的操作。

- 可以设置大小。
- 可以更改形状。
- 可以设置边框效果。
- 可以设置特殊效果。
- 可以设置文字环绕方式。
- 可以设置旋转角度。
- 可以设置对齐方式。
- 可以设置层叠位置。
- 可以设置在文档中的位置。

4.3.2 图形和图像不同的操作

下面总结了图形与图像不同的操作。

- 可以对图像进行色彩方面的调整，而对图形则不可以。
- 图像有压缩功能，而图形没有。
- 可以直接更改当前图像，而图形只能在删除后重新绘制。
- 可以为图像设置图像样式，而只能为图形设置形状样式。

- 可以为图形设置填充色，但对图像不能。
- 可以在图形中添加文字，但在图像中不能。

4.3.3 图形和图像混合操作

由于文档中很可能存在大量图像或图形，因此，势必会遇到同时操作多个图像或图形的情况。对多个图像或图形的操作一般包括层叠、组合、对齐、分布等。下面以图形为例进行介绍。

提示：只有将图像设置为非嵌入式时，才能像图形一样进行类似的操作。

1．层叠

当文档中包含多个图形时，如果这些图形相距很近，那么有可能彼此之间会互相遮挡覆盖，下层的图形有可能就不能被完全显示出来。此时可以调整各图形之间的层次关系。右击要调整层次的图形，在弹出的快捷菜单中选择【置于顶层】命令，即可将该图形调整到所有图形的最上面，而选择【置于底层】命令则可以将图形移动到所有图形的最下面，效果如图4-25所示。如果希望仅调整一层，则可以选择【上移一层】或【下移一层】命令。

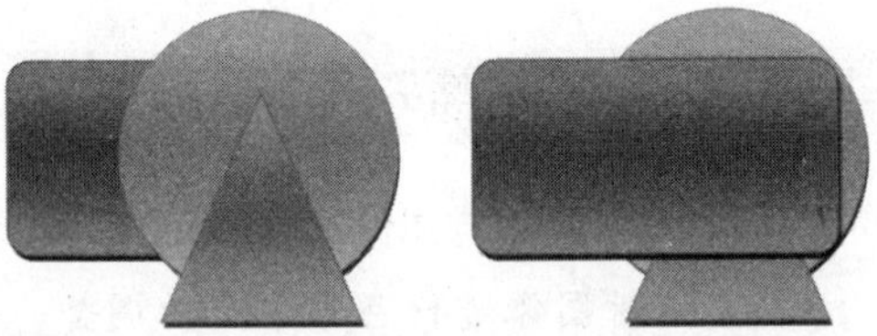

图4-25

提示：如果要调整的图形位于最底层且无法被看到，则可以通过选择窗格来进行选择。在以往的Word版本中，提供了选择多个对象的功能，而且在使用该功能之前需要通过设置将其添加到工具栏或功能区中，而在Word 2010的功能区中直接就可以找到类似的选择工具。单击功能区中的【开始】⇨【编辑】⇨【选择】按钮并在弹出的菜单中选择【选择窗格】命令，打开如图4-26所示的窗格，通过单击选择单个对象，或者按住Ctrl键依次单击选择多个对象。通过该方法可以选择在操作界面中位于底层的图形，而且可以通过单击【全部显示】或【全部隐藏】按钮，显示或隐藏文档内的所有图形。

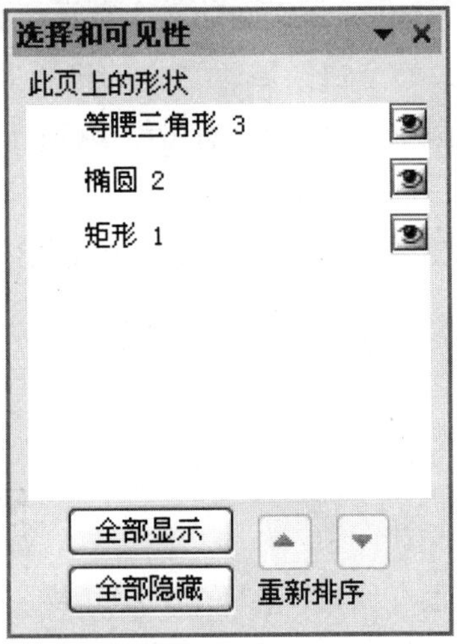

图4-26

2．组合

如果使用几个图形共组绘制了一个图形，并且这个图形对各形状有严格的位置要求，那么最好的方法是将这些图形组合在一起。这样无论以后是移动这些图形还是复制这些图形，都不会将其分散，也便于对其进行整体操作。

单击功能区中的【开始】⇨【编辑】⇨【选择】按钮，在弹出的菜单中选择【选择对象】命令。在文档中通过拖动鼠标框选要组合的多个图形，当选中所有图形后，单击功能区中的【格式】⇨【排列】⇨【组合】按钮并在弹出的菜单中选择【组合】命令，即可将所选的多个图形组合为一个整体图形，如图4-27所示。

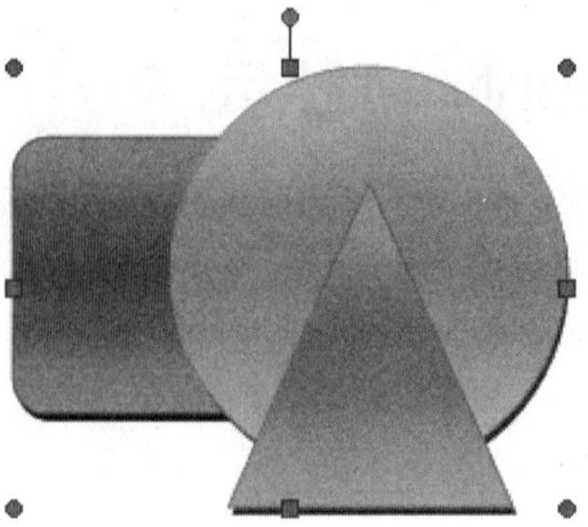

图4-27

3．对齐

尤其在使用形状绘制复杂图形时，为了快速排列多个图形，对齐功能是最常用的操作之一。首先选择要进行对齐设置的多个图形，然后单击功能区中的【格式】⇨【排列】⇨【对齐】按钮，弹出如图4-28所示的菜单，从中可以选择图形的对齐方式。

图4-28

下面的示例说明了对齐功能的用法。图4-29所示为插入的四条直线，现在希望它们居中对齐。首先选择这四条直线，然后选择图4-28中的【左右居中】命令即可。

图4-29

提示：默认情况下，对齐操作是以所选对象为参照的。如果选择对齐菜单中的【对齐页面】命令，那么所有对齐操作都将以页面为参考。例如，如果此时选择【左右居中】命令，则所有的图形将居于文档的中间。

4．分布

有时由于手工插入的图形的位置不准确，而导致多个图形之间的间距不等，此时可以使用分布功能快速设置等间距。选择要调整的多个图形，然后单击功能区中的【格式】⇨【排列】⇨【对齐】按钮，在弹出的菜单中选择【横向分布】或【纵向分布】命令进行调整即可。

4.4 创建和编辑SmartArt图示

Office 2007中已经引入了SmartArt图示功能，而在Office 2010中对SmartArt功能进行了增强，新增了更多的图示模板，而且可以由文档中的图片直接创建为图示。使用SmartArt功能可以快速创建出专业而美观的图示化效果，而且对于创建好的图示还可以使用现有的编辑功能进行一些简单的处理，从而使图示更具专业水平。

4.4.1 在文档中插入SmartArt图示

可以使用下面的方法在文档中创建一个SmartArt图示。

1. 单击文档中要放置SmartArt图示的位置。
2. 单击功能区中的【插入】⇨【插图】⇨【SmartArt】按钮，打开【选择SmartArt图形】对话框。
3. 在左侧列表中选择SmartArt图示的大类，在中间列表中选择指定大类中的某个子类型，在右侧对当前所选的子类型图示进行说明，如图4-30所示。

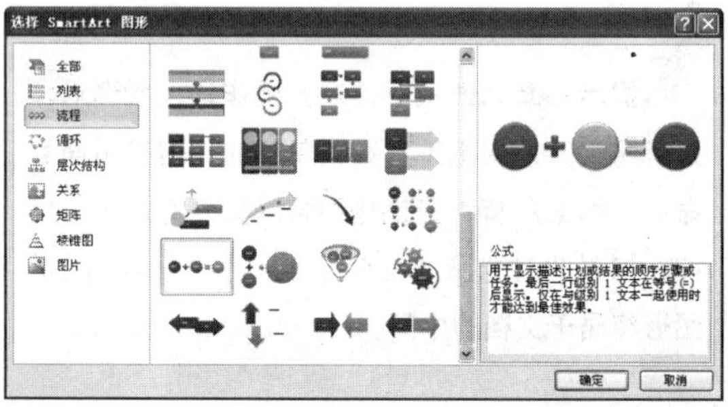

图4-30

4. 单击【确定】按钮，在插入点的位置创建上一步选择的SmartArt图示，如图4-31所示。

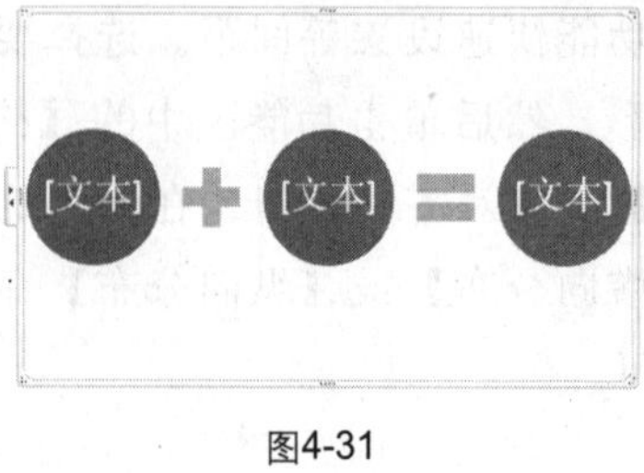

图4-31

4.4.2 修改图示布局结构

通常都需要对默认创建的SmartArt图示的结构进行调整，如添加一些附加的形状来补充默认图示的不足。调整SmartArt图示的结构主要分为以下几类。

- 为SmartArt图示选择新的布局：单击SmartArt图示将其选中，然后在功能区中的【设计】⇨【布局】下拉列表中为SmartArt图示选择新的布局，如图4-32所示。

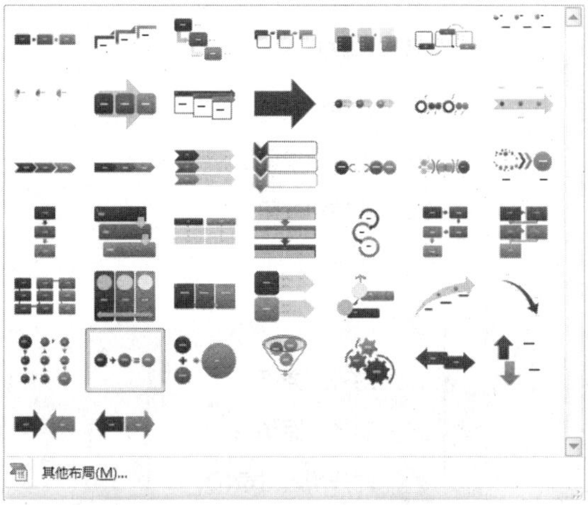

图4-32

- 更改现有形状的等级：SmartArt图示的某些类型的内部形状有级别之分，如层次结构图。单击要改变等级的形状，然后单击功能区中的【设计】⇨【创建图形】⇨【升级】按钮或【降级】按钮，即可升级或降级所选择的形状。

- 添加新的形状：通常新创建的SmartArt图示中默认包含的形状个数都无法满足使用需求，因此，需要向SmartArt图示中继续添加新的形状。首先选择SmartArt图示中的一个形状，然后单击功能区中的【设计】⇨【创建图形】⇨【添加形状】按钮，在弹出的菜单中选择形状添加的位置，即可添加新形状，如图4-33所示。

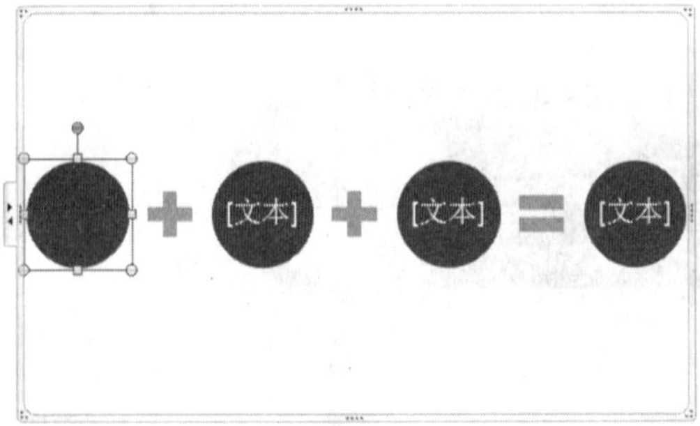

图4-33

4.4.3 在图示中输入文本内容

可以直接在SmartArt图示的形状中输入文字，也可以利用文本窗格来输入文字。单击功能区中的【设计】⇨【创建图形】⇨【文本窗格】按钮打开文本窗格，它显示在SmartArt图示的左侧。【文本窗格】按钮是一个开关按钮，可以通过单击该按钮在打开或关闭该窗格之间进行切换。

提示：打开与关闭文本窗格还可以使用以下两种方法。第一，单击SmartArt图示左侧边框中间带有箭头的位置；第二，右击SmartArt图形内部空白处并在弹出的快捷菜单中选择【显示文本窗格】或【隐藏文本窗格】命令。

打开文本窗格后，单击要输入内容的文本框，然后在其中输入所需的内容。输入的同时将在右侧相应的图形元素中显示相应的内容，如图4-34所示，输入好后按方向键接着输入其他形状中的内容。

提示：如果在文本窗格中按Tab键，则将降低鼠标所在文本框对应形状的级别，而按Shift+Tab组合键则会提升鼠标所在文本框对应形状的级别。

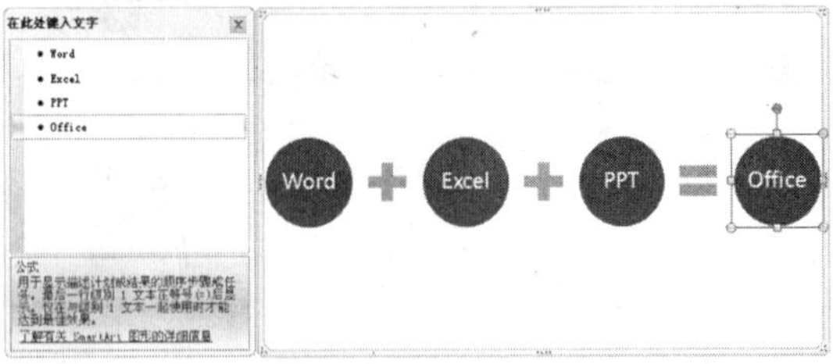

图4-34

4.4.4 修改图示的外观

可以根据需要对SmartArt图示的外观进行设置。Word提供了对SmartArt图示进行整体设置的美化方案，也可以允许用户自定义SmartArt图示的格式。单击SmartArt图示将其选中，激活功能区中的【设计】和【格式】选项卡。可以在【设计】选项卡中为SmartArt图示选择整体外观的设计方案，在【格式】选项卡中对SmartArt图示进行自定义设置。

图4-35所示为在功能区中的【设计】⇨【SmartArt样式】下拉列表中选择【优雅】选项，以及在【设计】⇨【更改颜色】下拉列表中选择【彩色-强调文字颜色】选项后的效果。

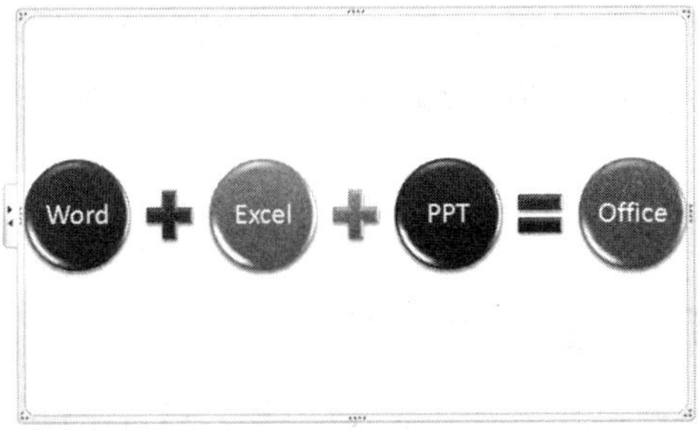

图4-35

4.4.5 将文档中的图片创建为图示

可以将文档中的现有图片制作为SmartArt图示，方法很简单，即选择文档中的一个嵌入式图片，然后单击功能区中的【格式】⇨【图片样式】⇨【图片版式】按钮，在打开的列表中选择一个SmartArt布局，如图4-36所示。

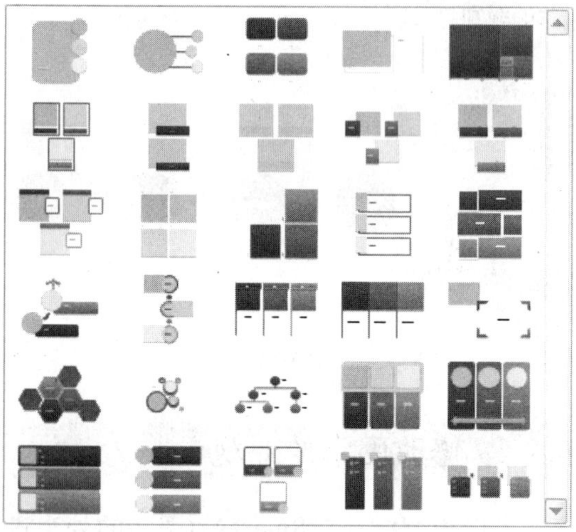

图4-36

选择好布局后只需修改图示中的文字即可，如图4-37所示。

对于文档内的非嵌入式图片，则可以同时选择多个图片并一次性为它们创建SmartArt图示。图4-38所示为在同时选择两个图片后所创建的SmartArt图示。

图4-37

图4-38

4.5 添加和修改文本框

文本框的很多操作与图形十分相似，因此，本节只介绍文本框的一些特有功能。当然，这些功能利用图形也可以实现，这是因为图形可以被转换为文本框。方法是只需右击图形并在弹出的快捷菜单中选择【添加文字】命令，即可在图形中输入文字，同时图形也具有了文本框的功能。

4.5.1 插入文本框

可以在文档中插入文本框，然后在其中输入所需的文字，再将文本框移动到文档中的任何位置。文本框既可用于输入文字，又具有图形的功能，所以当需要灵活定位文字的位置时，使用文本框是比较好的方法。

单击功能区中的【插入】⇨【文本】⇨【文本框】按钮，在弹出的菜单中选择【绘制文本框】命令，然后在文档中拖动鼠标绘制一个文本框并输入所需内容，如图4-39所示。

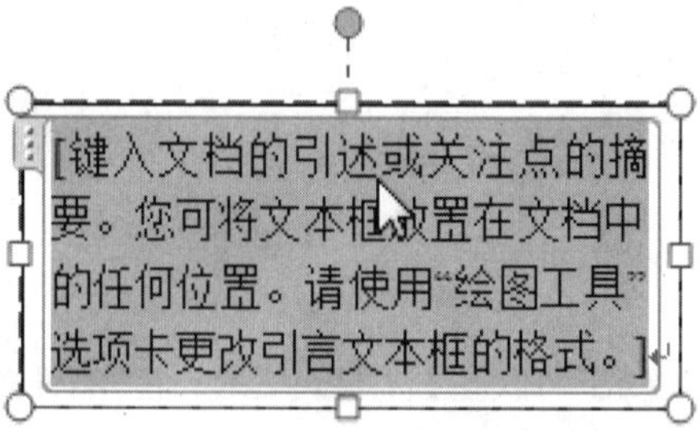

图4-39

提示：从图4-39中可以看出，文本框顶部有一个绿色的旋转钮，通过在该旋转钮上拖动鼠标可以改变文本框的角度，这是Word 2010中新增的实用功能，而在早期的Word版本中则很难旋转文本框的角度。

如果要设置输入到文档中的文字的字体格式，通常要先选择这些文字，然后再为它们设置字体格式。但对于文本框来说，不需要选择内容就可以直接设置其中的字体格式。单击文本框的边框，然后使用设置普通文字格式的方法来进行设置即可。例如，可以为文本框设置字体和字号，效果如图4-40所示。

图4-40

由图4-40可以看出，由于增大了字体，而文本框尺寸无法容纳所有文字内容，因此某些内容无法被完全显示出来。下一节介绍的技巧将使文本框大小随其中的文字进行缩放，以解决上面遇到的这个问题。

4.5.2 设置文本框属性

通过对文本框进行一些简单的设置，可以在调整文本框内文字大小的同时，让文本框自动随之缩放，使文本框内的文字始终可以正常显示出来。

要实现这样的功能，可按以下步骤操作。

1 右击文本框边框，在弹出的快捷菜单中选择【设置形状格式】命令，打开【设置形状格式】对话框。

2 选择左侧列表中的【文本框】选项，在右侧选中【根据文字调整形状大小】复选框，并取消选中【形状中的文字自动换行】复选框，如图4-41所示。

3 单击【确定】按钮，改变文本框内的文字大小，可以观察其效果。

图4-41

提示：选中该对话框中的【不旋转文本】复选框，可以在旋转文本框时禁止旋转其中包含的文本。

4.6 添加特效艺术字

艺术字也可以看作是一种图片或图形，在Word早期版本中，默认情况下创建的艺术字类似于图片，属于嵌入式类型。而在Word 2010中创建的艺术字则属于非嵌入式的，从而可以将艺术字置于文档内的任何位置上。

4.6.1 在文档中插入艺术字

下面给出了在文档中创建艺术字的常规步骤。

1 单击要放置艺术字的位置，然后单击功能区中的【插入】⇨【文本】⇨【艺术字】按钮，在弹出的列表中选择一种艺术字样式，如图4-42所示。

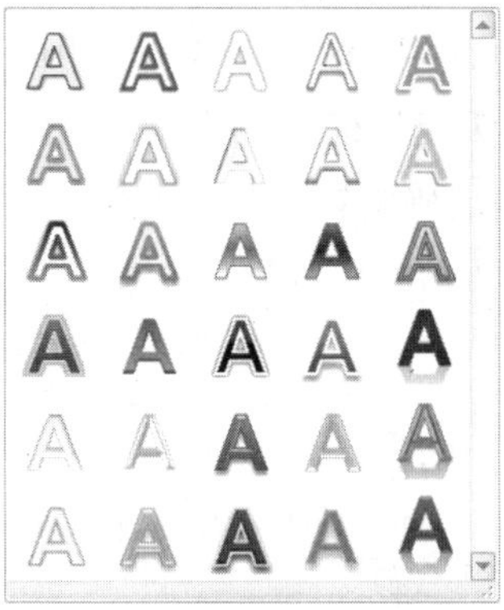

图4-42

2 选择艺术字样式后，将在插入点位置插入一个文本框，其中自动输入了默认的文字，并体现了与所选艺术字样式对应的效果，如图4-43所示。

图4-43

3 按Delete键删除默认文字，然后输入所需的内容，如图4-44所示。

图4-44

提示：可以直接将文档中已经存在的普通文本创建为艺术字，首先选择要创建为艺术字的内容；其次单击功能区中的【插入】⇨【文本】⇨【艺术字】按钮，在弹出的菜单中选择一种艺术字样式即可。

4.6.2 修改艺术字

可以修改文档中现有的艺术字的内容，只需右击该艺术字，在弹出的快捷菜单中选择【编辑文字】命令，然后在打开的【编辑艺术字文字】对话框中进行修改即可。单击艺术字后，将激活功能区中的【格式】选项卡，可以在【艺术字样式】组的下拉列表中改变艺术字的样式类型。

艺术字的大多数设置与图形类似，然而艺术字也有其自己特有的格式设置选项，在【格式】⇨【文字】组中包含了这些选项，如图4-45所示。可以通过这些选项对艺术字的文字、距离以及对齐方式等进行调整，此处不再赘述。

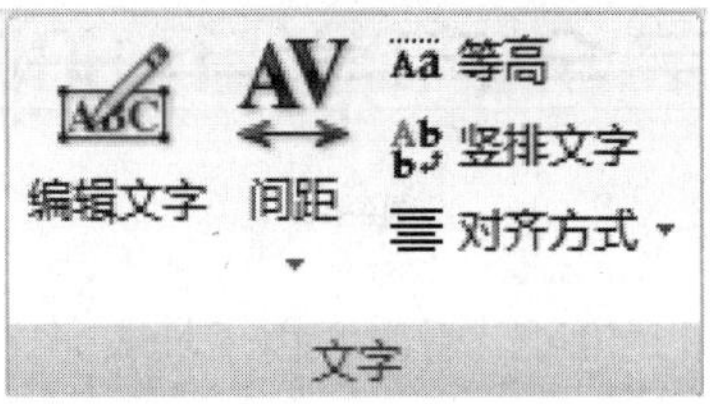

图4-45

第5章

Word表格设计

本章内容如下：

- 创建和编辑表格
- 设计表格的外观
- 表格数据操作
- 使表格中的数据图形化
- 表格的高级排版技巧

5.1 创建和编辑表格

表格是文字排版的常用工具。本节将介绍在Word中创建表格的方法、对表格元素的各种设置以及在表格中输入文字的方法。

5.1.1 在文档中插入表格

在Word中可以使用多种方法来创建表格，单击功能区中的【插入】⇨【表格】⇨【表格】按钮，打开如图5-1所示的列表，其中显示了创建表格的不同方法。

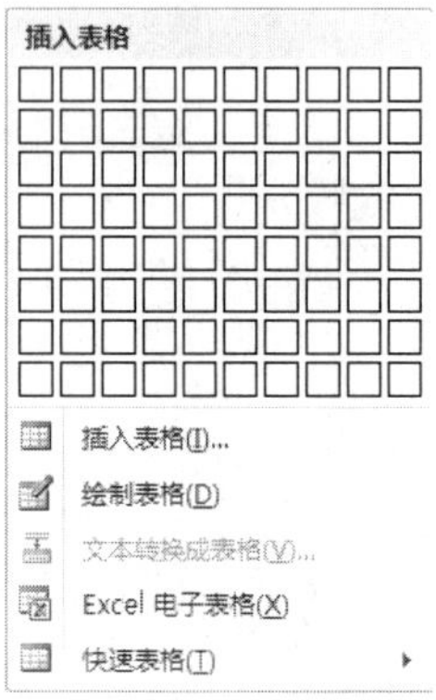

图5-1

可以在【插入表格】下方的方框中通过拖动鼠标左键来选择要创建表格的行数和列数，拖动时鼠标当前经过的行列数会动态地显示在上方，如图5-2所示，但是使用这种方法只能创建最大8行10列的表格。

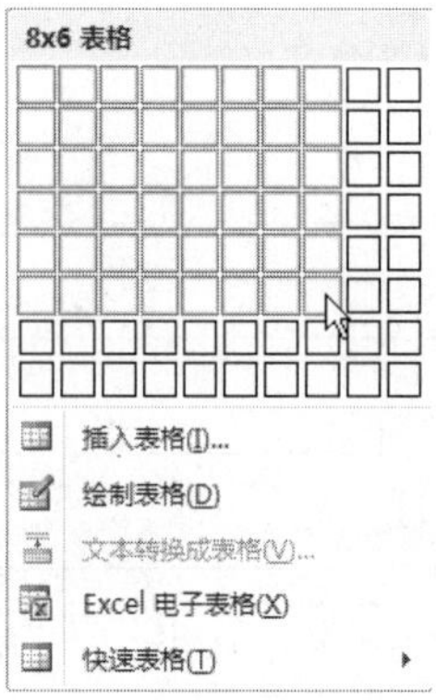

图5-2

【绘制表格】、【Excel电子表格】和【快速表格】这三种方法各有所长。使用【绘制表格】方法可以随意在文档中手工绘制表格的边框线，也可以随时擦除已绘制的边框线；使用【Excel电子表格】方法则是在Word文档中插入一个嵌入式的Excel工作表对象，双击该对象可以进入Excel编辑环境来输入表格数据，当退出Excel编辑环境后，则又返回Word文档环境；而使用【快速表格】方法可以利用Word内置的表格样式快速创建具有一定格式和内容的表格，直接对数据进行某些修改即可投入使用。

这里主要介绍的是【插入表格】这种方法。当选择【插入表格】命令时，将打开如图5-3所示的【插入表格】对话框。可以在【列数】和【行数】微调框中指定要创建的表格所包含的列数和行数，单击【确定】按钮即可创建指定大小的表格。

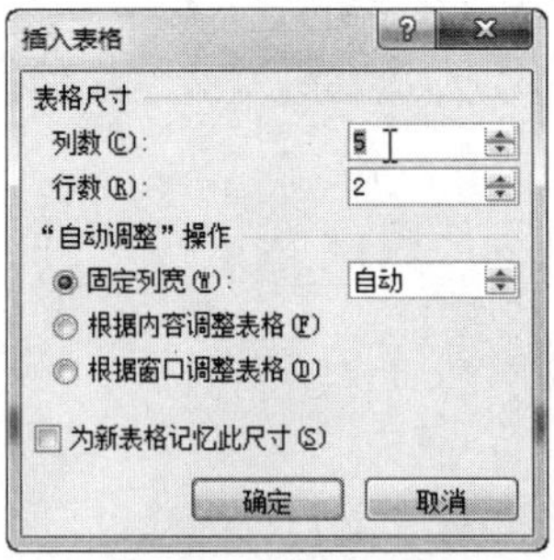

图5-3

【插入表格】对话框中的以下选项在创建表格时也是非常有用的。

- 【固定列宽】：选中该单选按钮所创建

出的表格的列宽将以“厘米”为单位。

- 【根据内容调整表格】：选中该单选按钮所创建出的表格大小将根据其中包含内容的多少而自动缩放。因此，刚创建的表格会非常小，因为表格内不包含任何内容。
- 【根据窗口调整表格】：选中该单选按钮所创建出的表格的列宽将与当前文档的版心相等。当调整文档页边距时，表格的宽度会随之改变。
- 【为新表格记忆此尺寸】：如果每次创建的表格都具有相同的行列数，那么可以选中该复选框，让Word记住用户的设置。在以后打开【插入表格】对话框创建表格时，将使用相同的设置，用户只需直接单击【确定】按钮即可。

5.1.2 选择表格对象

要操作表格内的行、列或单元格，通常需要先选中这些对象。因此，熟练掌握表格元素的选择方法是很有必要的。

1. 选择整个表格

要删除表格内的所有内容而只保留表格，或删除整个表格，或为整个表格设置一种统一性的格式，都需要先选中整个表格。将鼠标移动到表格上方，稍后会在表格的左上角看到⊞标记，单击该标记即可选择整个表格，如图5-4所示。

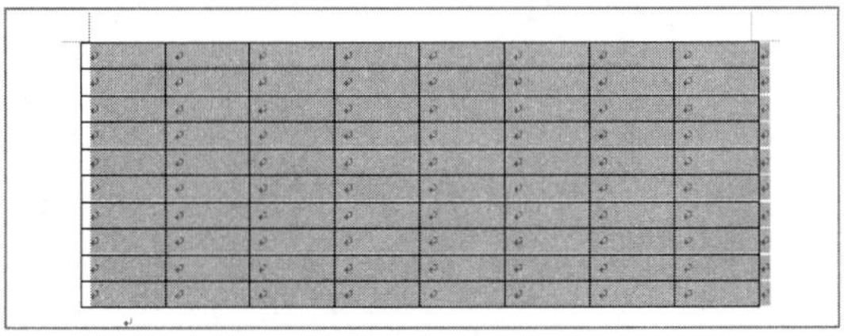

图5-4

2. 选择行

行的选择分为以下几种情况，效果如图5-5所示。

- 选择一行：将鼠标置于选定栏中，当鼠标变为↗形状时单击，可选中与鼠标在同一水平位置的一行。
- 选择连续行：将鼠标置于选定栏中，当鼠标变为↗时按住鼠标左键向下或向上拖动，可选中多个连续的行。
- 选择不连续行：将鼠标置于选定栏中，当鼠标变为↗形状时按住Ctrl键，然后单击多个行的左侧，可选中单击过的多个不连续的行。

提示：上面所说的选定栏就是页面左边居中的空白位置。

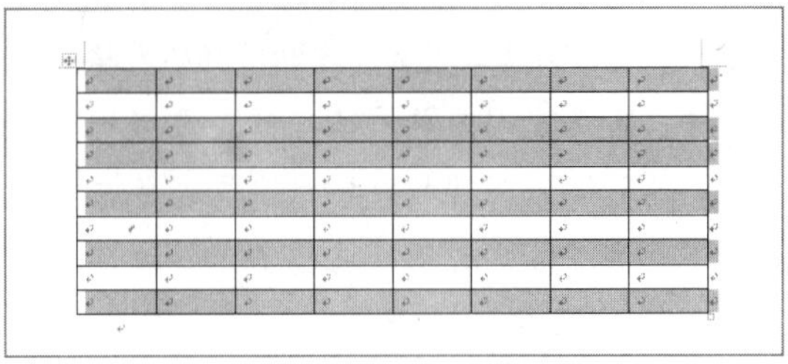

图5-5

3. 选择列

与选择行类似，列的选择也分为以下几种情况，效果如图5-6所示。

- 选择一列：将鼠标置于某列的上方，当鼠标变为⬇形状时单击，可选中鼠标下方对应的一列。
- 选择连续列：将鼠标置于某列的上方，当鼠标变为⬇形状时按住鼠标左键向左或向右拖动，可选中多个连续的列。
- 选择不连续列：将鼠标置于某列的上方，当鼠标变为⬇形状时按住Ctrl键，然后单击多个列的上方，可选中多个不连续的列。

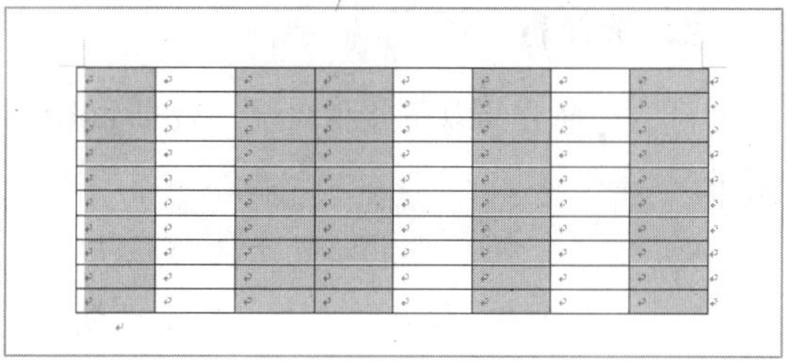

图5-6

4. 选择单元格

选择单元格也分为选择一个单元格，选择连续或不连续的多个单元格等几种情况。各种情况的选择方法如下，效果如图5-7所示。

- 选择一个单元格：将鼠标置于单元格内的左边缘，当鼠标变为↗形状时单击，可选中该单元格。
- 选择连续单元格：单击某个单元格，然后按住鼠标左键并向上、下、左、右拖动，将选中鼠标经过的所有单元格。
- 选择不连续单元格：首先选择一个单元格，然后按住Ctrl键依次单击其他单元格，这样将选择多个不连续的单元格。

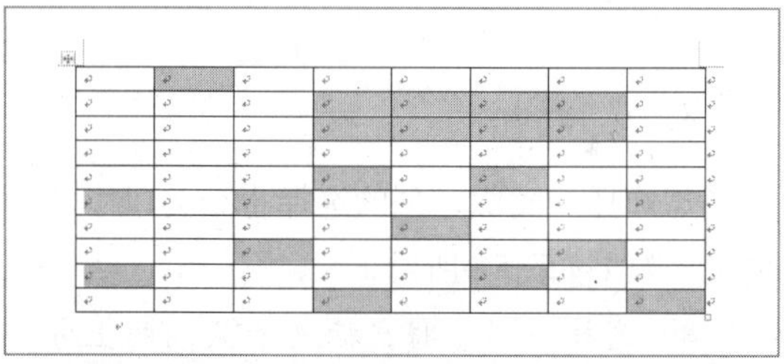

图5-7

5.1.3 编辑表格对象

最常用的表格元素的编辑方法是行和列的添加/删除以及单元格的合并与拆分。

1. 添加与删除行和列

在编辑表格时，使用最多的操作之一就是添加新行/列或删除行/列。添加新行/列通常是为了在已有数据中的某个位置插入一些数据，而删除行/列就是将无用的行删除。由于添加与删除行和列的操作都是类似的，因此这里以行为例介绍其操作方法。

- 右击某行中任意一个单元格，在弹出的快捷菜单中选择【插入】命令，然后选择要插入行的位置，分为“在上方插入行”和“在下方插入行”两种。根据所选项的不同，将在当前单元格的上方或下方添加一个新行。
- 单击某行结尾处的表格外侧，按Enter键将在该行下方插入一个新行。
- 单击表格右下角的单元格，按Tab键；或单击表格右下角单元格的外侧后按Enter键，都将在表格底部添加一个新行。
- 右击表格内的一个单元格，在弹出的快捷菜单中选择【插入】命令，然后在其子菜单中选择以当前单元格位置为基准的操作，包括如图5-8所示的几个操作。

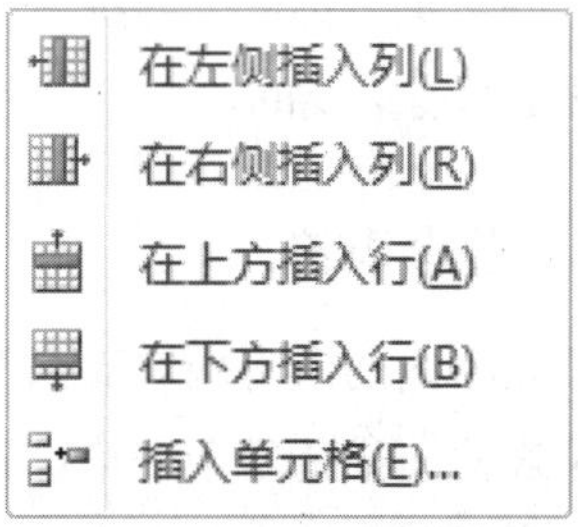

图5-8

删除行的方法：首先选择要删除的一行或多个连续行，然后右击选区并在弹出的快捷菜单中选择【删除行】命令，可将所有选中行删除。

> 提示：对于删除行、列或表格来说，可以通过右键快捷菜单中的【剪切】命令来达到删除的效果。

2．合并与拆分单元格

在Word表格中，有很多情况需要将一些单元格合并起来，成为一个面积较大的单元格。例如，在制作类似信息登记表时，对于照片所在的位置就需要将多个单元格合并到一起，以提供较大的空间。图5-9所示为某表格中的合并单元格，表格第一行和最后一行整行进行了合并。

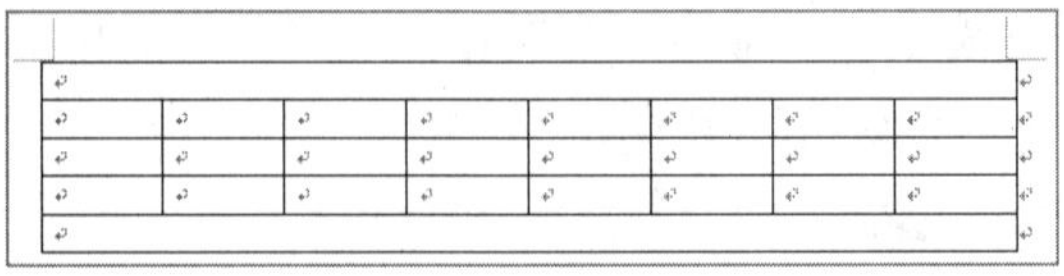

图5-9

如果要合并整行中的单元格，只需选择该行，然后右击选区并在弹出的快捷菜单中选择【合并单元格】命令；如果要合并的是一个单元格区域，则需要先择这些单元格区域，然后按照前面的方法进行操作即可。

与合并单元格相反，可以将一个单元格按照指定的行、列数进行拆分。右击要拆分的单元格的内部，在弹出的快捷菜单中选择【拆分单元格】命令，然后在图5-10所示的对话框中输入拆分后的行数或列数，单击【确定】按钮即可将单元格拆分为指定的列数和行数，如图5-10所示。

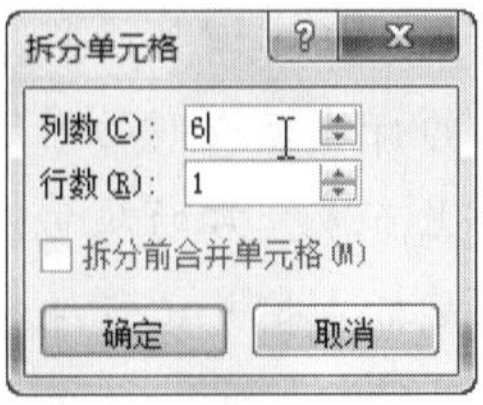

图5-10

5.1.4 在表格中输入文本

在表格中输入文字时，只需牢记下面的规则即可。

- 输入前必须先将插入点定位到用户想要输入内容的单元格中，定位的方法可以使用鼠标单击，也可以使用方向键进行定位。
- 在单元格中输入内容后，可以按Tab键将插入点移动到同行右侧的单元格中，按Shift+Tab组合键将插入点移动到同行左侧的单元格中。
- 当移动到一行的最后一个单元格时，按Tab键将插入点移动到下一行的第一个单元格中。
- 在单元格中可以编辑输入的内容，与在文档中编辑内容的方法类似。可以使用BackSpace和Delete键删除文字，也可以使用Enter键在单元格内换行输入。

5.2 设计表格的外观

本节介绍的表格外观既包括纯美化式的表格外观设计，如设置边框和底纹、设置表样式；也包括对表格内数据显示方式的调整，如设置行高/列宽、设置文本对齐方式、设置文字方向、设置多页表格标题行等。

5.2.1 改变表格的行列尺寸

在创建表格时，表格的各行与各列使用其默认的尺寸，当然也可以后期自定义行高和列宽。可以使用以下几种方法。

- 拖动鼠标任意调整：将鼠标指向要调整行的行边框或列的列边框，当鼠标变为上下或左右的双向箭头形状时，按住鼠标左键并进行拖动，即可调整行高或列宽，如图5-11所示。

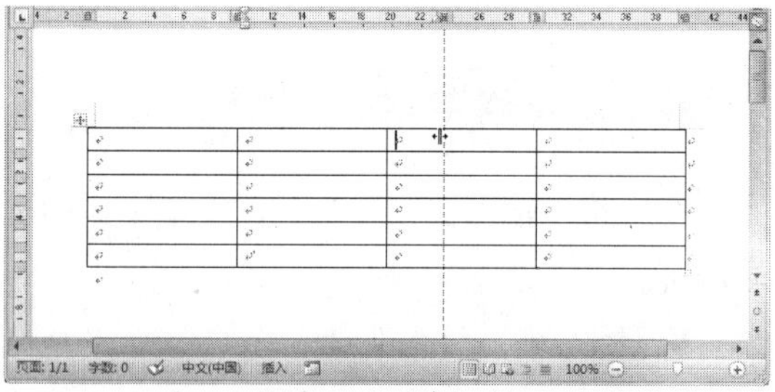

图5-11

- 精确调整：单击要调整的行或列中的任意一个单元格，然后在功能区中的【布局】⇨【单元格大小】组中修改【高度】和【宽度】值，如图5-12所示。

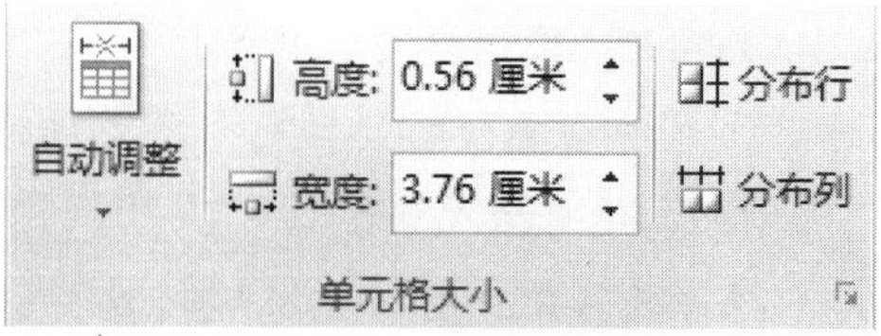

图5-12

- 平均分布行和列：如果希望让多个行或列的尺寸可以均匀分布，那么可以先选中这些行或列，然后右击选区并在弹出的快捷菜单中选择【平均分布各行】或【平均分布各列】命令，这样可以快速让选区中的所有行或列具有相同的行高或列宽。

5.2.2 设置单元格对齐方式

单元格文本对齐方式在设置表格内文字格式时经常会被用到。当在一个表格中输入文字后，默认的文字对齐方式如图5-13所示。

Word 表格	Word 表格	Word 表格	Word 表格
Word 表格	Word 表格	Word 表格	Word 表格
Word 表格	Word 表格	Word 表格	Word 表格
Word 表格	Word 表格	Word 表格	Word 表格
Word 表格	Word 表格	Word 表格	Word 表格
Word 表格	Word 表格	Word 表格	Word 表格

图5-13

很多情况下都需要让表格首行内的文字在单元格内居中，这时可以先选择表格的第一行，然后右击选区并在弹出的快捷菜单中选择【单元格对齐方式】命令，在弹出的图标列表中选择第一排第二个图标，即【靠上居中对齐】，如图5-14所示。

Word 表格	Word 表格	Word 表格	Word 表格
Word 表格	Word 表格	Word 表格	Word 表格
Word 表格	Word 表格	Word 表格	Word 表格
Word 表格	Word 表格	Word 表格	Word 表格
Word 表格	Word 表格	Word 表格	Word 表格
Word 表格	Word 表格	Word 表格	Word 表格

图5-14

提示：在图5-14中的图标列表变为透明状。这是Word 2010的一项人性化设计，它是为了让用户可以实时预览到菜单/列表后面的内容，因此将右键快捷菜单/列表暂时隐藏起来。

经过设置后，表格的外观将如图5-15所示，表格第一行文字居中对齐。

Word 表格	Word 表格	Word 表格	Word 表格
Word 表格	Word 表格	Word 表格	Word 表格
Word 表格	Word 表格	Word 表格	Word 表格
Word 表格	Word 表格	Word 表格	Word 表格
Word 表格	Word 表格	Word 表格	Word 表格
Word 表格	Word 表格	Word 表格	Word 表格

图5-15

Word提供了九种文字在单元格内的对齐方式，通过上面介绍的右键图标列表可以查看并设置它们，其中每个图标都示意了不同对齐方式的效果，也可以在功能区中的【布局】⇨

【对齐方式】组中进行设置，如图5-16所示。

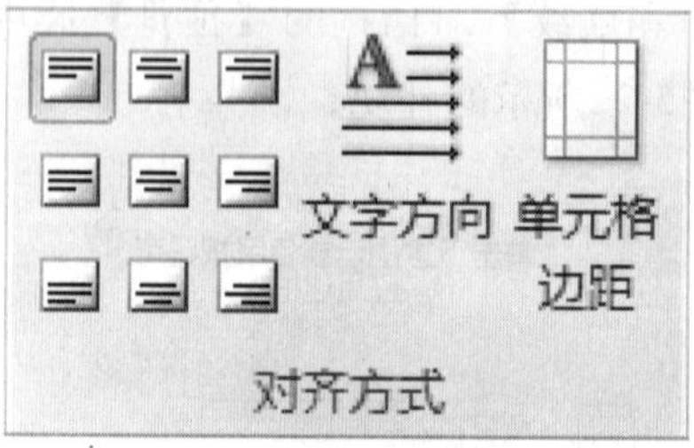

图5-16

提示：对于单元格内的文字，无论是在水平方向还是垂直方向上，都包含了三种不同的对齐方式。对于水平方向来说，包括左对齐、居中和右对齐；对于垂直方向来说，包括靠上、居中和靠下。将水平方向和垂直方向组合到一起共有九种对齐方式。

5.2.3 设置表格内的文字方向

可以对表格内的文字设置文字方向，图5-17所示的文字就是通过单击功能区中的【布局】⇨【对齐方式】⇨【文字方向】按钮得到的。

个人简历			

图5-17

专用于表格的文字方向功能局限性较大，只能将文字从水平方向调整为垂直方向。如果希望文字有更多方向可选，则可以单击功能区中的【页面布局】⇨【页面设置】⇨【文字方向】按钮，在弹出的菜单中提供了多种文字方向的选项，如图5-18所示。

当改变了文字的方向后，在设置单元格内文字的对齐方式时，选项也将发生变化，如图5-19所示。

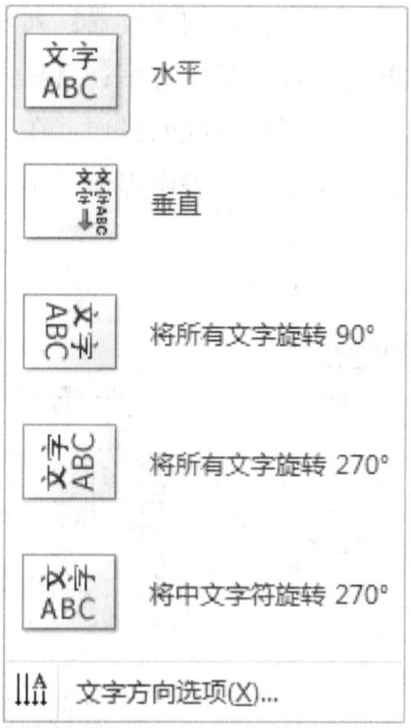

图5-18

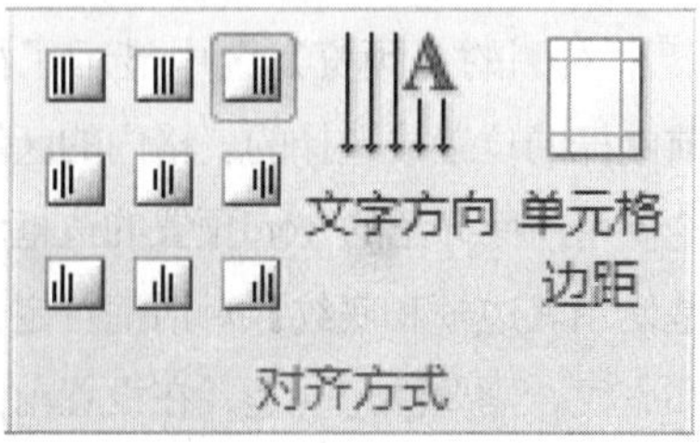

图5-19

5.2.4 给表格添加边框和底纹

默认创建的表格具有粗细相等的边框线，而且表格背景与文档同色，即表格是没有背景颜色的。为了制作各类满足不同要求的表格，或者为了实现一些特殊效果，用户可以自定义表格的边框样式和背景色（底纹）。在功能区中包含了Word预置的表格边框和底纹设置选项，它们位于功能区中的【设计】⇨【表格样式】组中，通过单击【边框】和【底纹】按钮可以找到这些选项。

除了预置的边框和底纹外，用户还可以使用【边框和底纹】对话框来进行自定义设置。右击表格并在弹出的快捷菜单中选择【边框和底纹】命令，即可打开【边框和底纹】对话框，如图5-20所示。左侧【设置】列表中的选项为预置的边框设计整体方案；【样式】列表框中的选项提供了边框线的线形；在【颜色】和【宽度】两个下拉列表中提供了可用的边框线的颜色和粗细选项。

图5-20

对话框右侧的【预览】区中显示了打开该对话框前鼠标的位置或选择的表格内的区域的外观。无论使用前面介绍的Word预置的边框和底纹选项还是使用【边框和底纹】对话框自定义表格的边框和底纹，需要注意的是，在设置前鼠标所选择的单元格或单元格区域非常重要，因为这将对最终的设置范围起到决定性的作用。

例如，如果在打开【边框和底纹】对话框之前选择了整个表格，那么打开的【边框和底纹】对话框的【预览】区中将显示如图5-21所示的外观。

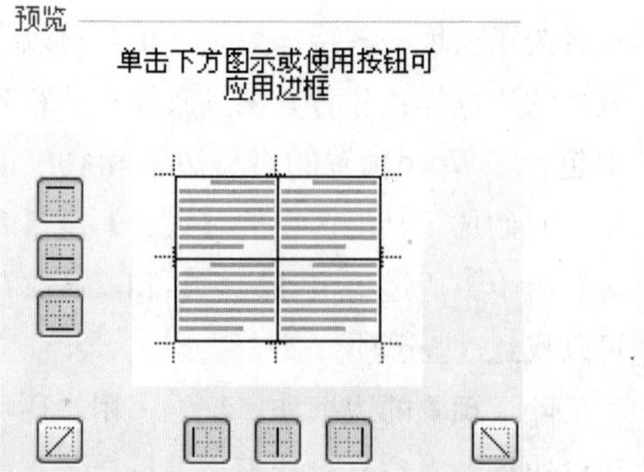

图5-21

如果在打开【边框和底纹】对话框之前选择了表格内的某一行单元格，那么打开的【边框和底纹】对话框的【预览】区中将显示如图5-22所示的外观。

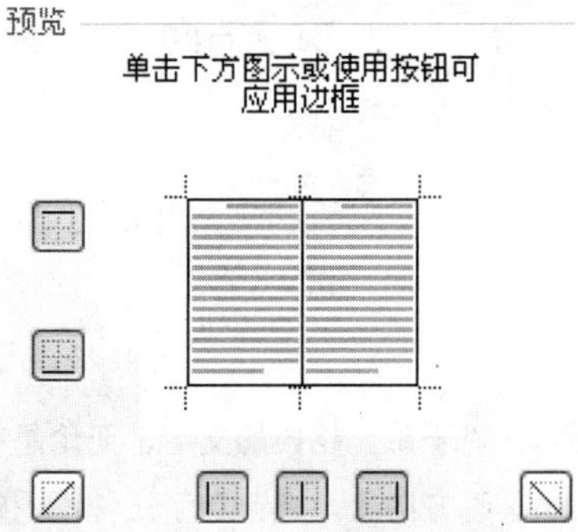

图5-22

如果在打开【边框和底纹】对话框之前什么也不选，只单击表格内的某个单元格，那么打开的【边框和底纹】对话框的【预览】区中的显示效果将和选择整个表格后的效果相同。

根据设置前选择表格内的不同区域，在设置后将会得到不同的结果。另外，在【预览】区中包含了八个小按钮，单击这些按钮可以完成添加或删除边框的操作；也可以通过直接单击【预览】区表格边框示意图中不同位置的线条来添加或删除表格边框线。

表格底纹的设置与边框设置的方法类似。切换到如图5-23所示的【底纹】选项卡后，可以通过【填充】和【图案】两个下拉列表为表格内的选中区域设置填充色或图案。

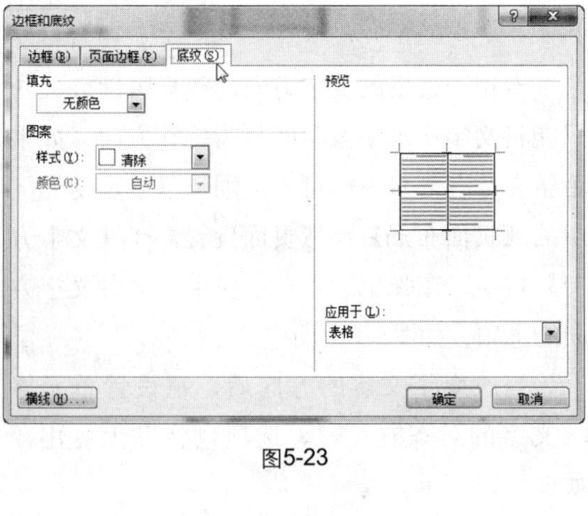

图5-23

下面的示例演示了如何使用【边框和底纹】对话框来设置表格的边框线和底纹效果。在本例中将表格的外部边框加粗为1.5磅，而将内部边框线变为虚线形式，然后为表格第一行设置15%灰度的填充色。具体操作如下。

1 选择整个表格，然后打开【边框和底纹】对话框。

2 在【预览】区中删除边框示意图中的四个外部边框，如图5-24所示。

图5-24

3 在【宽度】下拉列表中选择【1.5磅】，然后在【预览】区中为表格重新添加外部边框，如图5-25所示。

图5-25

4 在【样式】列表中选择一种虚线线型，然后单击【预览】区中的内部边框，将虚线线型应用到表格内部边框中，如图5-26所示。

5 单击【确定】按钮，完成表格的边框设置，如图5-27所示。

6 选择表格的第一行，再次打开【边框和底纹】对话框，切换到【底纹】选项卡，然后在【填充】下拉列表中选择【白色，背景1，深色15%】，如图5-28所示。

图5-26

Word 表格	Word 表格	Word 表格	Word 表格
Word 表格	Word 表格	Word 表格	Word 表格
Word 表格	Word 表格	Word 表格	Word 表格
Word 表格	Word 表格	Word 表格	Word 表格
Word 表格	Word 表格	Word 表格	Word 表格
Word 表格	Word 表格	Word 表格	Word 表格

图5-27

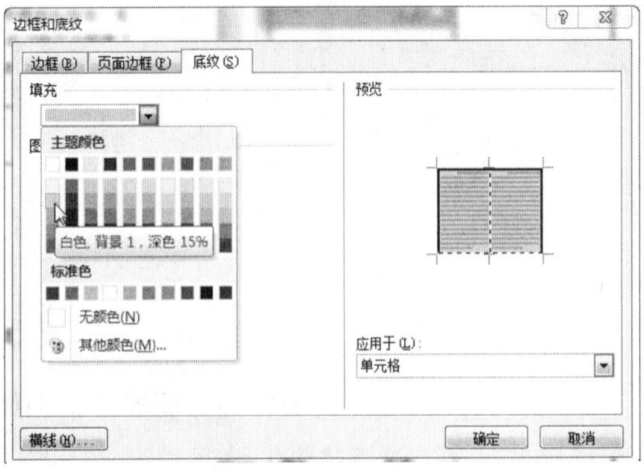

图5-28

7 单击【确定】按钮，得到如图5-29所示的效果。

Word 表格	Word 表格	Word 表格	Word 表格
Word 表格	Word 表格	Word 表格	Word 表格
Word 表格	Word 表格	Word 表格	Word 表格
Word 表格	Word 表格	Word 表格	Word 表格
Word 表格	Word 表格	Word 表格	Word 表格
Word 表格	Word 表格	Word 表格	Word 表格

图5-29

5.2.5 应用表格样式

如果想对表格的外观进行自定义设置，还可以使用Word提供的表格样式快速美化表格。方法是将鼠标定位到表格内部，然后在功能区中的【设计】⇨【表格样式】下拉列表中看到如图5-30所示的表格样式列表。

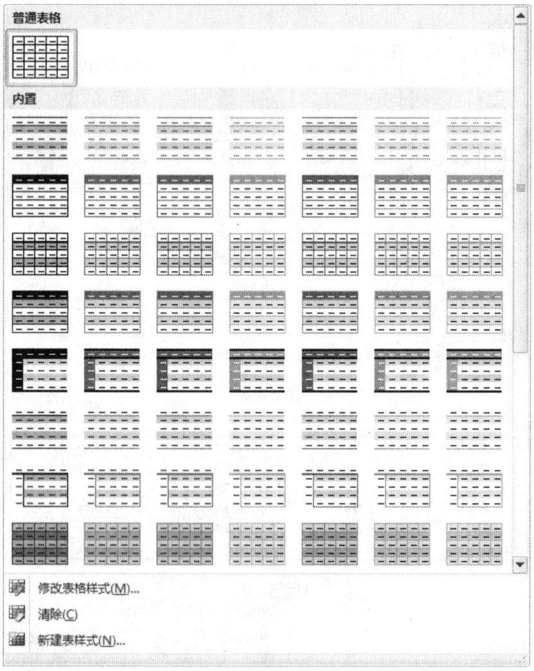

图5-30

提示：在选择某种表格样式之前，如果已经对表格进行了一些格式设置，那么在使用表格样式后，可能会改变表格之前所设置的格式。如果希望在设置表格样式时仍保留表格之前的格式，则需要右击表格样式并在弹出的快捷菜单中选择【应用并保持格式】命令，如图5-31所示。

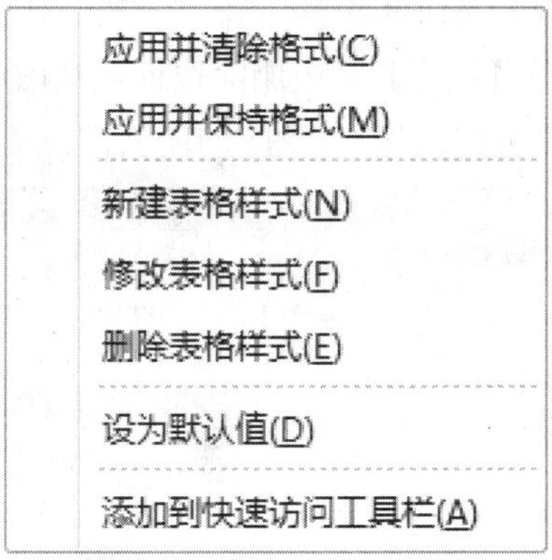

图5-31

为表格设置表格样式后，可以在功能区中的【设计】⇨【表格样式选项】组中对表格进行一些调整。选择【表格样式】下拉列表中的【清除】命令，将删除当前表格中所设置的表格样式；还可以选择【修改表格样式】或【新建表格样式】命令修改现有表格样式或新建一个表格样式。

5.3 表格数据操作

Word 2010支持对表格的数据操作，例如对表格数据进行排序和计算等。使用这些功能可以快速整理和统计表格内的数据。

5.3.1 对表格内的数据排序

排序分为升序排序和降序排序两种，Word可以对列方向上的数据进行排序，但不能对行方向上的数据进行排序。要启用排序功能，需要单击功能区中的【布局】⇨【数据】⇨【排序】按钮，打开【排序】对话框，设置好排序选项后单击【确定】按钮，即可完成排序操作。Word中的排序分为以下三种。

> 提示：还可以通过另一方式打开【排序】对话框，即单击【开始】⇨【段落】⇨【排序】按钮。

1．同时对表格中的所有数据排序

单击表格内任意一个单元格，然后打开【排序】对话框，为了更好地识别【主要关键字】中要作为排序依据的列，通常要选中【有标题行】单选按钮，如图5-32所示，然后从【主要关键字】下拉列表中选择要作为排序依据的列标题，在右侧选择排序类型，最后单击【确定】按钮，即可以所选列为排序基准，对整个表格数据进行排序。

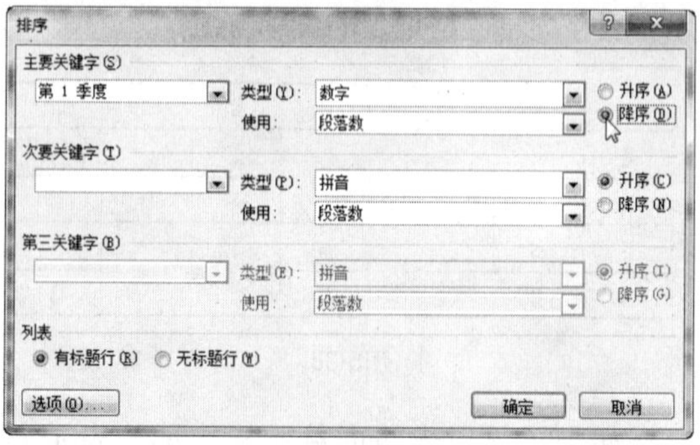

图5-32

2．对单列数据排序

前面介绍的排序对表格内的所有内容都有效。例如，在图5-33所示的表格中，如果对编号列进行了降序排列，那么将同时对每个编号所在的整行数据的位置进行调整。

编号	姓名	性别	学历	部门	工龄	工资
1	秦明	男	中专	财务部	6	4220
2	秦磊	男	专科	技术部	13	2811
3	冯慧	女	专科	销售部	6	1102
4	尤娟	男	职高	客服部	1	2234
5	朱京	女	本科	财务部	8	1799
6	沈美	女	专科	客服部	15	4144
7	褚梅	男	专科	信息部	2	4838
8	蒋达	女	中专	信息部	12	2122
9	杨京	男	本科	财务部	8	1015
10	王蕾	女	本科	信息部	16	3274

编号	姓名	性别	学历	部门	工龄	工资
10	王蕾	女	本科	信息部	16	3274
9	杨京	男	本科	财务部	8	1015
8	蒋达	女	中专	信息部	12	2122
7	褚梅	男	专科	信息部	2	4838
6	沈美	女	专科	客服部	15	4144
5	朱京	女	本科	财务部	8	1799
4	尤娟	男	职高	客服部	1	2234
3	冯慧	女	专科	销售部	6	1102
2	秦磊	男	专科	技术部	13	2811
1	秦明	男	中专	财务部	6	4220

图5-33

如果只想改变编号列的数字顺序，而其他列数据的位置保持不变，那么可以使用单列排序功能。进行单列排序有两个关键点，即选择要排序的列，然后指定仅按列排序。下面的示例仍使用前面的表格数据，仅对表格编号列中的数字排序，而其他列的位置在排序后保持不变。选择表格第一列除文字“编号”以外的其他单元格，然后打开【排序】对话框。单击【选项】按钮，在弹出的【排序选项】对话框中选中【仅对列排序】复选框，如图5-34所示，然后对排序选项进行其他设置，最后单击【确定】按钮，即可只对编号列排序，而其他列保持不变。

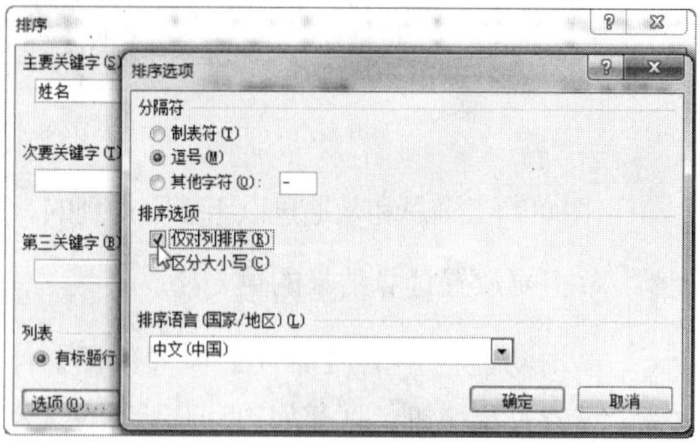

图5-34

3．对多列数据排序

如果需要按照多个条件对表格进行排序，可以使用多列排序。多列排序的关键是在排序中指定多个关键字，Word会按照关键字的顺序依次对数据进行排序。图5-35所示的是一个多列排序的示例，它首先按照员工的工资来升序排列，然后在此基础上再按照员工的工龄升序排列。

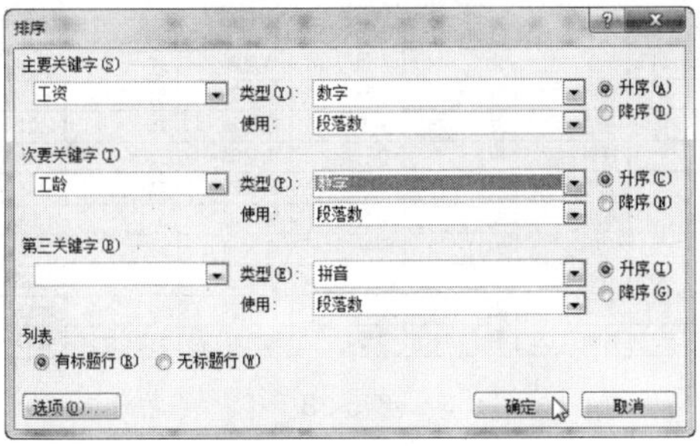

图5-35

5.3.2 对表格内的数据执行计算

Word可以完成对表格内数据进行计算的工作。下面的示例使用Word功能自动计算出了表格中所有员工的工资总和，如图5-36所示的灰色数字部分。

编号	姓名	性别	学历	部门	工龄	工资
1	秦明	男	中专	财务部	6	4220
2	秦磊	男	专科	技术部	13	2811
3	冯慧	女	专科	销售部	6	1102
4	尤娟	男	职高	客服部	1	2234
5	朱京	女	本科	财务部	8	1799
6	沈美	女	专科	客服部	15	4144
7	褚梅	男	专科	信息部	2	4838
8	蒋达	女	中专	信息部	12	2122
9	杨京	男	本科	财务部	8	1015
10	王蕾	女	本科	信息部	16	3274
						27559

图5-36

上图中的工资总和是通过以下步骤得到的。

1 单击要放置计算结果的单元格。

2 单击功能区中的【布局】⇨【数据】⇨【公式】按钮，打开如图5-37所示的【公式】对话框，在【公式】文本框中自动输入了求和公式。其中，“SUM”是一个求和函数，“ABOVE”是SUM函数的参数，表示公式所在单元格上方的所有单元格。

3 单击【确定】按钮，即可得到求和结果。

还可以修改【公式】文本框中的函数名称。【粘贴函数】下拉列表中提供了很多可用的函数。在选择一个函数的同时会自动输入一对圆括号，在括号中可以指定要进行计算的单元格区域。

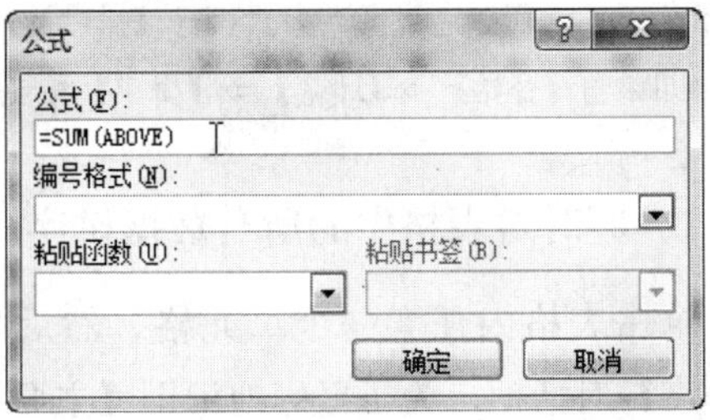

图5-37

Word表格中的每个单元格都有一个单元格地址（与Excel工作表中的单元格地址类似）。表格左上角的单元格地址为A1，因为这个单元格位于第一行第一列中，其中列以26个英文字母表示，而行以自然序数表示。图5-38所示显示了表格中单元格地址的表示方法。

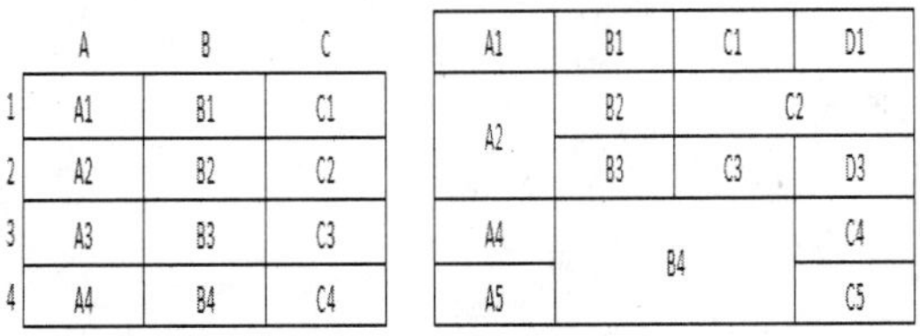

图5-38

如果了解了表格内单元格地址的表示方法，那么就可以计算表格内任意位置的数据。例如，对于前面那个计算工资总和的示例，可以只计算后五个员工的工资总和，并显示两位小数。打开【公式】对话框，重新编辑公式，将公式修改为如图5-39文本框中所示的形式，然后在【编号格式】下拉列表中选择【0.00】数字格式。

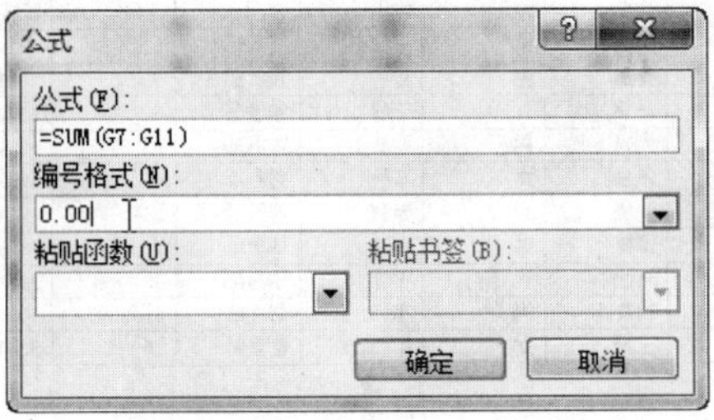

图5-39

提示：如果要计算的单元格是一个连续的区域，可以使用冒号将起始和终止单元格连接起来表示。否则，只能在公式中每个单元格之间添加一个逗号。

5.4 使表格中的数据图形化

为了使表格数据更加直观，可以通过Word图表功能使表格数据图形化，从而更好地观察和分析数据的规律。

下面的示例将为前面示例中的工资表创建一个图表，具体操作如下。

1 将插入点定位到要放置图表的位置。

2 单击功能区中的【插入】⇨【插图】⇨【图表】按钮，打开如图5-40所示的【插入图表】对话框。在左侧列表中选择图表的大类，确定大类后在右侧选择该类别下的图表子类型。

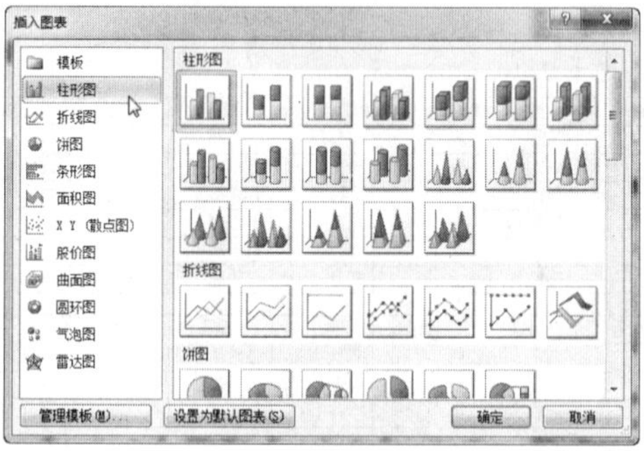

图5-40

3 单击【确定】按钮，在文档中创建一个默认的图表，同时启动Excel 2010应用程序，在Excel工作表中显示出默认的数据，且Word文档中的图表也是使用这些默认的数据创建的，如图5-41所示。

4 复制Word文档中要作为图表的数据。例如，本例中只希望将员工的姓名和工资绘制到图表中，那么需要分别复制姓名列和工资列，并将其粘贴到Excel工作表中，如图5-42所示。

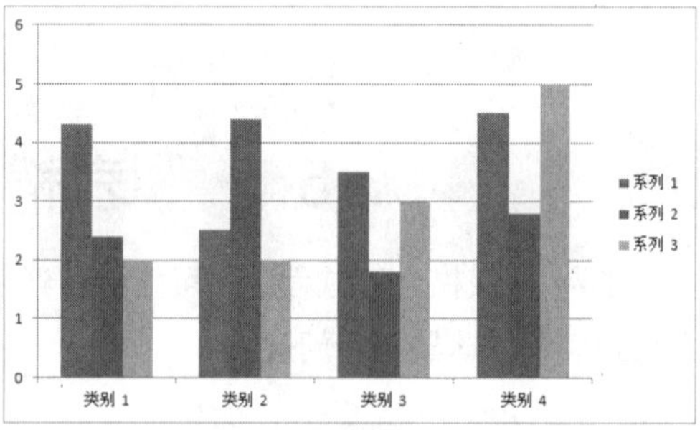

图5-41

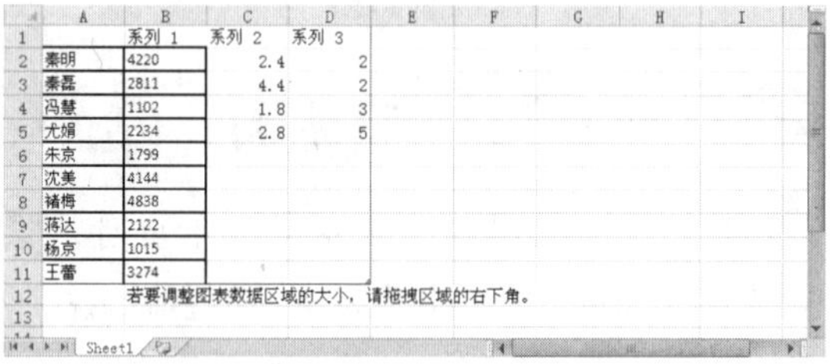

图5-42

5 为防止多余的数据出现在图表中，需要在Excel工作表中通过拖动蓝色边框线右下角的蓝色标记来缩小有效的数据区域。同时，Word文档中的图表也将随之变化，如图5-43所示。

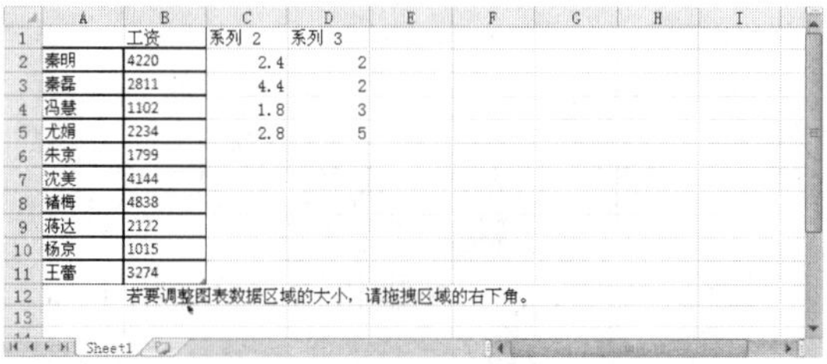

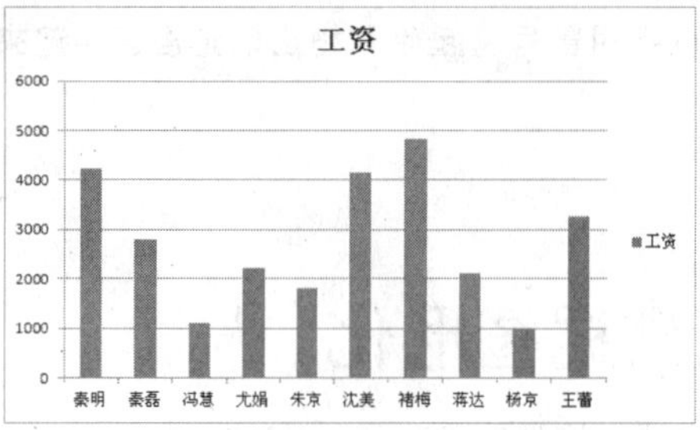

图5-43

6 最后，对表格进行一些美化处理。单击文档中的图表，激活功能区中的【设计】、【布局】、【格式】选项卡，这三个选项卡专门用于对图表进行各种设置，效果如图5-44所示。

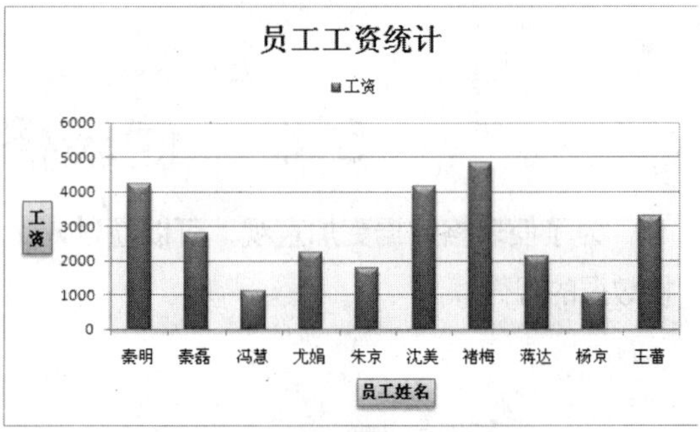

图5-44

5.5 表格的高级排版技巧

在Word表格设计过程中，可能会遇到诸如表格跨页、单元格宽度容易变化等问题，本节将介绍如何解决这些实际问题。

5.5.1 设置多页表格标题行

当一个表格横跨十几页或数十页时，除了第一页外的其他页中的表格都不会显示标题行。也就是说，这样的结果将导致用户无法明确表格每一列数据所代表的含义。为了解决这个问题，可以单击第一页表格标题行内的任意一个单元格，然后单击功能区中的【布局】⇨【数据】⇨【重复标题行】按钮，Word将自动在每页表格的第一行添加标题，类似于图5-45所示的效果。

编号	姓名	性别	学历	部门	工龄	工资
1	秦明	男	中专	财务部	6	4220
2	秦磊	男	专科	技术部	13	2811
3	冯慧	女	专科	销售部	6	1102
4	尤娟	男	职高	客服部	1	2234
5	朱京	女	本科	财务部	8	1799
6	沈美	女	专科	客服部	15	4144

编号	姓名	性别	学历	部门	工龄	工资
43	沈娟	男	本科	信息部	10	2775
44	吴辉	女	中专	人力部	7	4127
45	陈娟	男	专科	技术部	8	3211
46	朱淼	女	中专	技术部	20	2920
47	秦雯	女	专科	销售部	12	2054
48	冯淼	女	专科	财务部	6	4764

编号	姓名	性别	学历	部门	工龄	工资
85	冯亮	男	专科	客服部	6	2036
86	尤京	男	硕士	工程部	7	3955
87	韩达	女	中专	技术部	16	3968
88	杨美	女	硕士	工程部	11	3954
89	蒋亮	女	中专	客服部	16	4464
90	杨磊	女	中专	客服部	12	1016

图5-45

5.5.2 锁定表格单元格的尺寸

默认情况下，当在表格内的单元格中插入一个图片时，效果通常类似于图5-46。根据图片的尺寸，单元格会被挤压，这通常不是理想的效果。

品牌	数量	图片
阿斯顿马丁	5	
帕加尼	5	
阿斯达	3	

图5-46

为了在插入图片后，使单元格的宽度不会被挤压，则需要对表格进行设置。右击表格内部，在弹出的快捷菜单中选择【表格属性】命令，打开【表格属性】对话框。在【表格】选项卡中单击【选项】按钮，打开如图5-47所示的对话框，取消选中【自动重调尺寸以适应内容】复选框。

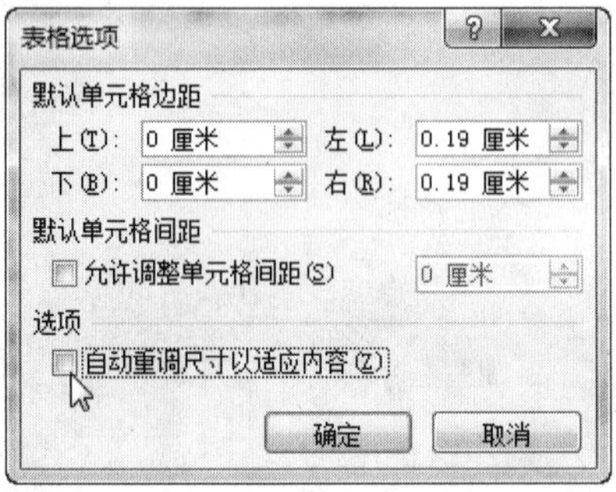

图5-47

单击两次【确定】按钮，关闭所有打开的对话框。此后在表格中再插入图片时，图片将会在单元格尺寸范围内自动缩放，如图5-48所示。

品牌	数量	图片
阿斯顿马丁	5	
帕加尼	5	
阿斯达	3	

图5-48

5.5.3 转换表格和文本

可以将表格转换为普通文本，方法是单击表格内部，然后单击功能区中的【布局】⇨【数据】⇨【转换为文本】按钮，打开如图5-49所示的对话框，选择希望在转换为文本后文字之间想要使用的分隔符类型，然后单击【确定】按钮进行转换。

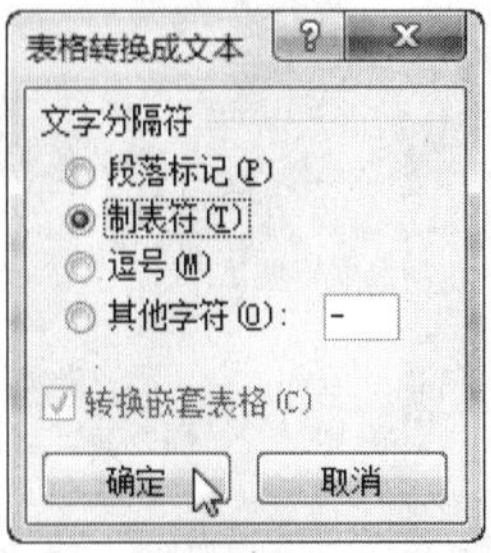

图5-49

同理，也可以将带有分隔符号的文本转换为带有边框线的表格。选择要转换的文本，然后单击功能区中的【插入】⇨【表格】⇨【表格】按钮，在弹出的菜单中选择【文本转换成表格】命令，打开如图5-50所示的对话框。

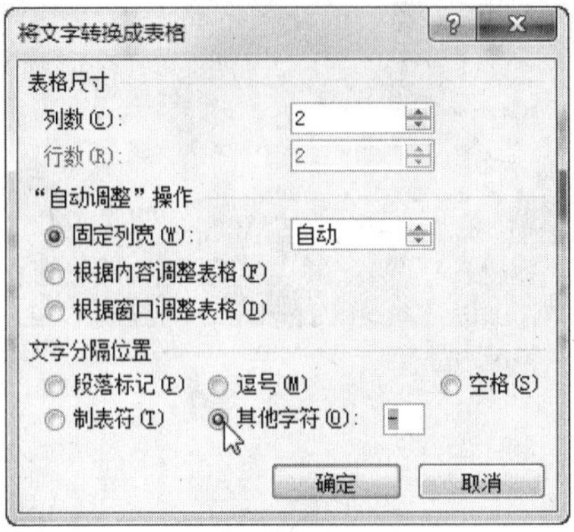

图5-50

Word会自动判断选区中文本可能需要转换的表格的行、列数，并自动选择选区文本之间的分隔符类型。如果文本实际上使用的分隔符并非是Word选中的，那么用户也可以自己选择或输入分隔符，然后单击【确定】按钮即可将选中文本转换为表格。

第6章

添加和设置自动化项目

本章内容如下：

- 在文档中添加自动化项目
- 使用主控文档
- 自动生成邮件
- 使用域

6.1 在文档中添加自动化项目

在Word排版中，有些页面元素是无须人工干预的，它们与编号性质相关，并可能经常需要更新。例如，页码表示某个页面在文档中的顺序号；题注表示某个图片或表格在文档中所有图片或表格中所处的顺序。另外，目录也是文档的自动化元素，在创建后，如果文档中各标题内容有所改变，则可以通过特定的方法更新目录的内容，而无需重新创建目录。这些可变的大部分页面元素都将在本节中进行介绍。充分利用这些元素的自动化功能，可以极大减轻用户的工作量，提高工作效率。

6.1.1 添加页眉和页脚

页眉位于页面的顶部，页脚位于页面的底部，可以在页眉或页脚中放置对文档十分有用的信息。例如，可以在页眉中放入文档的标题，如果文档细分为篇章，则可以放置篇名或章名；可以在页脚中放置文档的页码和总页数，这样便于用户时刻了解自己在文档中的当前位置以及文档的总页数。

单击功能区中【插入】➪【页眉和页脚】组中的【页眉】和【页脚】按钮，在打开的列表中可以选择Word预置的页眉或页脚内容。图6-1所示是选择了页眉列表中的【照射型】选项，然后输入页眉内容后的效果。

图6-1

当进入页眉或页脚的编辑状态后，将激活功能区中的【设计】选项卡，可以使用该选项卡编辑页眉和页脚中的内容。通过【导航】组中的按钮，可以在页面中的页眉和页脚间切换显示。按Esc键将退出页眉或页脚的编辑状态，同时也对在页眉中输入的内容进行确认，如图6-2所示。当需要再次编辑页眉或页脚时，只需双击页面顶部或底部的页眉或页脚区域即可。

图6-2

6.1.2 添加页码

在文档中插入页码，就其本质来说，仍然是属于编辑页眉或页脚中的内容。一般情况下，页码位于页面的底部，单击功能区中的【插入】➪【页眉和页脚】➪【页码】按钮，然后在弹出的菜单中选择要插入的页码位置，包括页眉、页脚、页边距三种。另外，还有一种是在当前位置插入页码。选择任意一个位置，然后可以在打开的列表中选择页码的样式，选择后即可将相应的页码插入到所选择的位置处。单击功能区中的【插入】➪【页眉和页脚】➪【页码】按钮并在弹出的菜单中选择【删除页码】命令，即可删除文档中的页码。

页码还包含很多格式，如“1”、“-1-”、“I”等。无论在插入页码之前还是之后，设置页码格式都有效。单击功能区中的【插入】⇨【页眉和页脚】⇨【页码】按钮并在弹出的菜单中选择【设置页码格式】命令，打开【页码格式】对话框。在【编号格式】下拉列表中提供了多种预置的页码格式，可以根据需要进行选择，如图6-3所示。

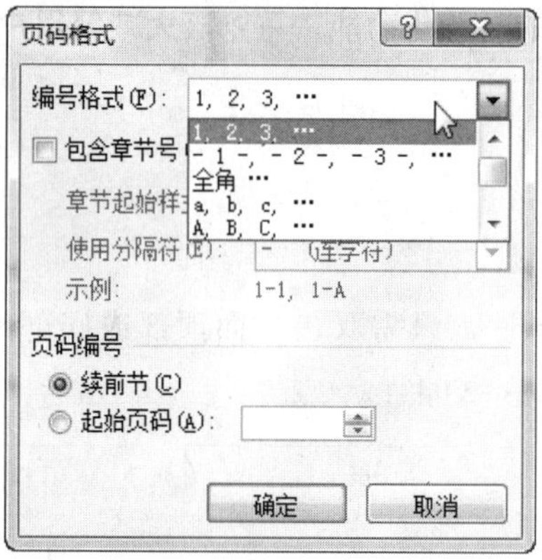

图6-3

可以在【页码编号】区中选择是否接着上一节继续编排页码，或者重新设置一个起始页码，这样之后的页码将重新调整。

6.1.3 添加题注

科技类书籍通常都要求在每张图的下方填写编号以及说明性文字，表格的情况也与图片类似。对于这种带有流水号和说明性文字的东西，可以称为“题注”。在Word中很容易为文档内的图片和表格添加题注。题注通常由三部分组成，即题注标签、流水号、说明文字。例如，图6-4所示就是一个题注，表示当前标注的是一个图，图编号为第8章的第1个图，图的说明行文字是“载入选区”。在题注的“8-1”中，“8”表示章编号，“1”表示在这一章中图的流水号。

图 8-1 载入选区

图6-4

右击文档中的图片，在弹出的快捷菜单中选择【插入题注】命令，打开如图6-5所示的【题注】对话框。在【题注】文本框中自动输入其中一个默认的题注标签，可在【标签】后输入题注的说明文字，然后在【位置】下拉列表中选择要将题注置于图片的上方或是下方，单击【确定】按钮，即可在当前图片的上方或下方插入题注。

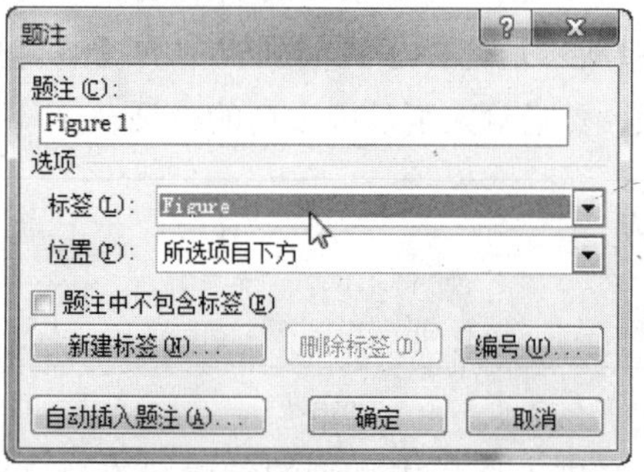

图6-5

Word预置了三种题注标签，分别是【Table】（表格）、【Equation】（公式）、【Figure】（图表）。如果这几种题注标签都不能满足使用需要，则可以创建新的题注标签。

在【题注】对话框中单击【新建标签】按钮，打开【新建标签】对话框，在【标签】文本框中输入要作为题注标签的文字（如“图”），单击【确定】按钮关闭【新建标签】对话框。在【题注】对话框【标签】下拉列表中可看到新建的题注标签，如图6-6所示，此后就可以在创建题注时使用新的题注标签了。

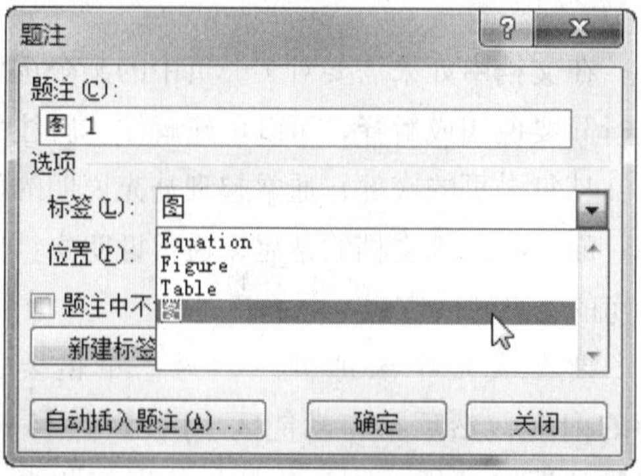

图6-6

添加表格题注的方法与添加图片题注的方法是相同的，只是所选择的题注标签不同而已，这里不再赘述。

可以添加本节开始介绍的带有章编号的题注，如“1-1”。添加这种格式的题注之前，首先需要为Word内置的标题1~9样式设置自动编号，然后在【题注】对话框中单击【编号】按钮并在弹出的对话框中选中【包含章节号】复选框，这样才能使用类似于“1-1”这种格式的题注。

提示：在文档中插入新图片时，可以自动为图片添加题注。首先打开【题注】对话框，然后单击【自动插入题注】按钮，打开如图6-7所示的对话框。在列表框中选中【Bitmap Image】复选框，然后设置所用的题注标签和插入题注的位置等。以后在文档中插入新图片时，题注将自动插入到图片的上方或下方。除了图片之外，Word 2010还支持给Illustrator图形、Flash动画、Excel工作表和图表、PowerPoint幻灯片等对象自动插入题注。

图6-7

6.1.4 插入交叉引用

在编辑文档的过程中，可能经常需要引用文档内其他位置的内容，如“请参考第6章的内容”这种形式的文字，这类内容就属于交叉引用。为了便于表述，把输入“请参考第6章的内容”这类文字的位置称为“引用位置”，而把这些内容中所指向的位置称为“被引用位置”。使用手工输入完全可以胜任这类工作，但是一旦被引用位置的内容有所变化，尤其是编号发生改变，那么引用位置处的文字就需要手工修改，否则就会出错。

在仅有几页的文档中，使用手工方式完成上述所说的交叉引用工作是毫无问题的，即使被引用位置的内容改变，手工修改引用位置的内容也不会有太多麻烦。但是对于有几十页甚至上百页的文档，如果一旦一处或多处被引用位置的内容发生变化，那么修改引用位置的内容将成为一件非常可怕的事情。

为了可以让引用位置的内容自动随被引用位置的内容而同步修改，就需要使用Word提供的交叉引用功能。使用下面的方法可以创建一个交叉引用。

1 在引用位置输入所需的内容，如“请参考本章节”。其中“章”和“节”之间留给要引用的可变内容。

2 单击“章”和“节”的中间位置，然后单击功能区中的【插入】⇨【链接】⇨【交叉引用】按钮，打开如图6-8所示的【交叉引用】对话框。由于这里要引用标题的编号，因此，在【引用类型】下拉列表中选择【标题】选项，在【引用内容】下拉列表中选择【标题编号】选项，然后在下方的列表框中选择对应的标题。

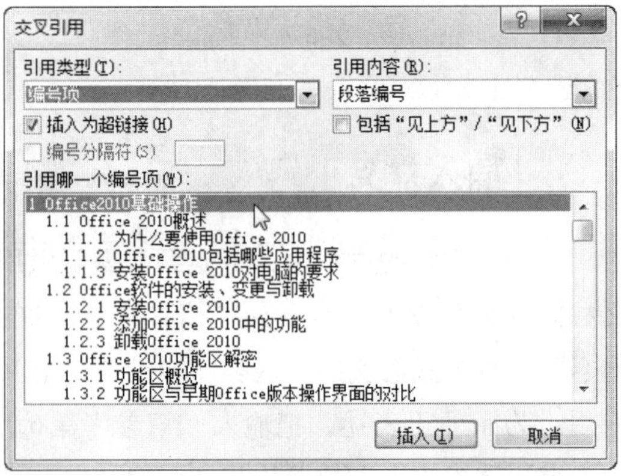

图6-8

提示：如果选中【插入为超链接】复选框，则可以使交叉引用具有超链接的功能，即按住Ctrl键的同时单击交叉引用文字，可跳转到被引用的位置。

3 单击【插入】按钮后再单击【关闭】按钮，将在“章”和“节”中间插入一个编号。单击编号内部时，会显示灰色底纹，如图6-9所示。这是域的特征（关于域，将在本章后面的内容中进行介绍）。

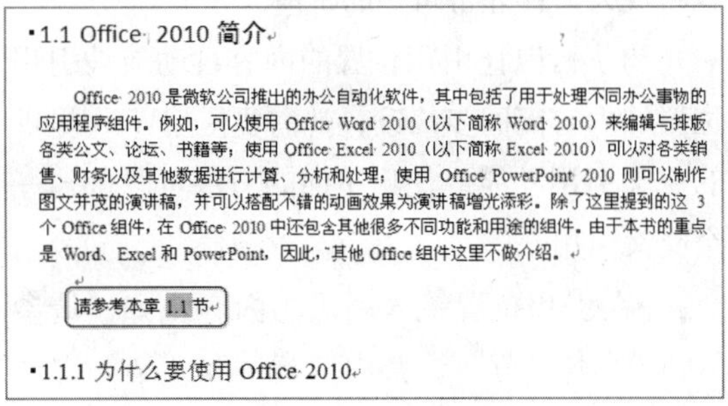
1.1 Office 2010 简介

Office 2010 是微软公司推出的办公自动化软件，其中包括了用于处理不同办公事物的应用程序组件。例如，可以使用 Office Word 2010（以下简称 Word 2010）来编辑与排版各类公文、论坛、书籍等；使用 Office Excel 2010（以下简称 Excel 2010）可以对各类销售、财务以及其他数据进行计算、分析和处理；使用 Office PowerPoint 2010 则可以制作图文并茂的演讲稿，并可以搭配不错的动画效果为演讲稿增光添彩。除了这里提到的这 3 个 Office 组件，在 Office 2010 中还包含其他很多不同功能和用途的组件。由于本书的重点是 Word、Excel 和 PowerPoint，因此，其他 Office 组件这里不做介绍。

请参考本章 1.1 节

1.1.1 为什么要使用 Office 2010

图6-9

以后如果被引用位置的编号发生了改变，那么可以右击交叉引用位置的编号，在弹出的快捷菜单中选择【更新域】命令，即可自动更新引用位置的编号，使其与被引用位置的编号一致。

6.1.5 插入脚注与尾注

在文档中如果需要对某一页中的某个词语进行简要说明或解释，可以创建脚注。脚注位于文档每一页的底部，通常起到补充说明的作用；而尾注位于文档的结尾，通常说明文档所参考的文献等内容。

要在文档中添加脚注，只需单击要说明的内容，然后单击功能区中的【引用】⇨【脚注】⇨【插入脚注】按钮，鼠标将自动定位到当前页面的底部，然后输入注释内容。在图6-10中，横线下方带有编号的内容是脚注内容；横线上方带有编号的内容是被说明的内容，横线上方的编号通常被称为“脚注引用标记”。当一个页面中有多个脚注时，脚注编号会依次顺序进行自动编号。通过删除正文中的脚注或尾注引用标记，即可删除与其对应的脚注或尾注内容。

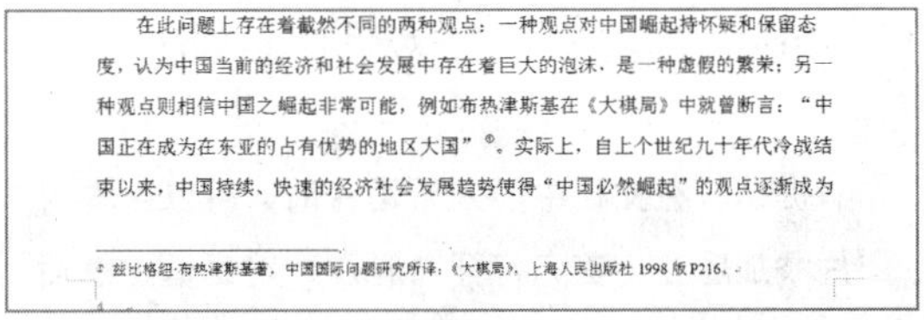
在此问题上存在着截然不同的两种观点：一种观点对中国崛起持怀疑和保留态度，认为中国当前的经济和社会发展中存在着巨大的泡沫，是一种虚假的繁荣；另一种观点则相信中国之崛起非常可能，例如布热津斯基在《大棋局》中就曾断言：“中国正在成为在东亚的占有优势的地区大国”[①]。实际上，自上个世纪九十年代冷战结束以来，中国持续、快速的经济社会发展趋势使得“中国必然崛起”的观点逐渐成为

① 兹比格纽·布热津斯基著，中国国际问题研究所译：《大棋局》，上海人民出版社 1998 版 P216。

图6-10

单击功能区中的【引用】⇨【脚注】⇨【插入尾注】按钮，将在文档结尾处添加尾注。用户可以非常方便地在脚注和尾注之间转换，单击功能区中【引用】⇨【脚注】组中的对话框启动器，打开如图6-11所示的【脚注和尾注】对话框。

单击【转换】按钮，打开如图6-12所示的对话框，选择转换类型后单击【确定】按钮，即可完成转换操作。

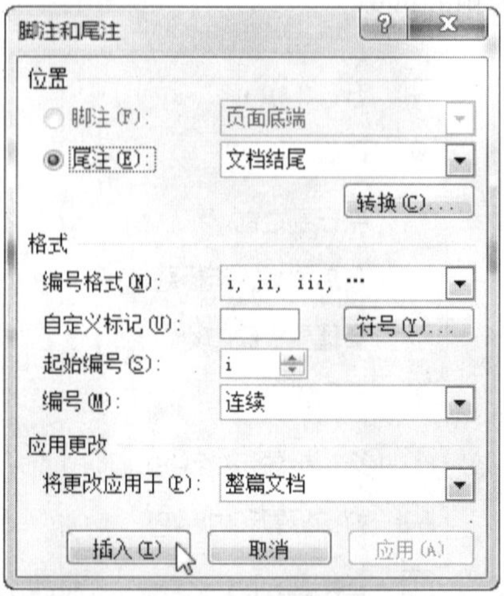

图6-11

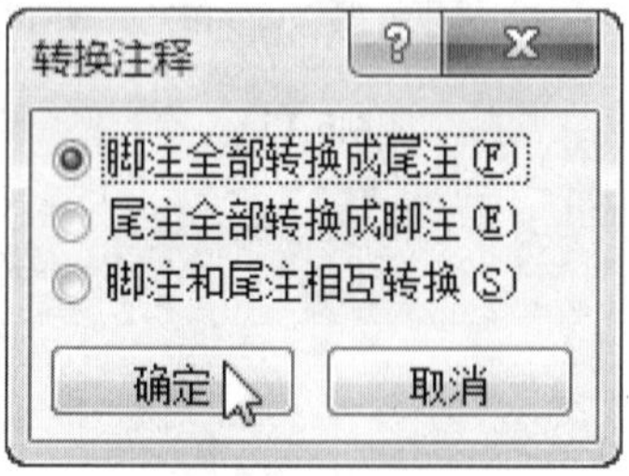

图6-12

6.1.6 插入目录

为了便于掌握一篇文档的结构，通常需要制作一份目录。尤其在编写一份论文或一本书籍时，创建目录是必不可少的文档元素。如果要作为目录的文字格式套用了Word预置的标题1~9样式，那么可以直接创建目录。但如果要作为目录的内容是普通的正文样式，或是套用了自定义的样式，那么在创建样式之前，需要检查这些文字的大纲级别，否则将无法正确创建出目录。

可以在一个段落的【段落】对话框中检查该段落的大纲级别。右击要作为目录的标题段落，在弹出的快捷菜单中选择【段落】命令，打开【段落】对话框。在【缩进和间距】选项卡的【大纲级别】下拉列表中显示了当前段落的大纲级别，如图6-13所示。数字越小，级别越高，即1级最高，9级最低。

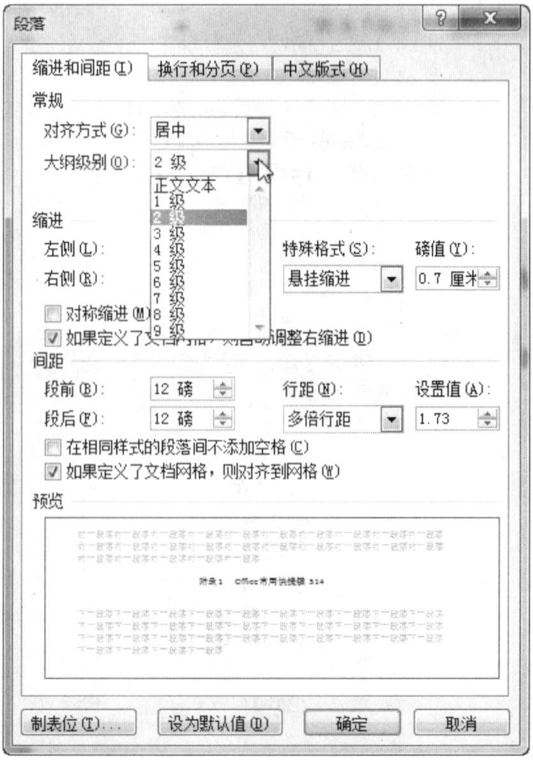

图6-13

提示：为文档标题设置大纲级别的另一个优势是：可以选中功能区中的【视图】⇨【显示】⇨【导航窗格】复选框，在Word窗口左侧打开导航窗格，如图6-14所示。该窗格中的内容就像目录一样，其中列出的都是设置了大纲级别的文档标题。可以单击任何一个标题在文档内快速跳转，还可以右击任意一个标题并在弹出的快捷菜单中选择【显示标题级别】命令，然后在子菜单中通过选择不同的级别命令来展开或折叠标题列表。

图6-14

提示：在Word 2010中，可以通过将导航窗格中的标题拖动到新位置来移动标题及其下属的所有内容，这样可以快速调整文档的内容结构。如果右击任意一个标题，则会弹出如图6-15所示的快捷菜单，其中列出了与标题操作相关的众多命令。这些命令主要用于调整当前选中标题的级别或者在其前、后添加同等级的标题，还包括用于显示不同等级标题的命令。

首先确保所有要作为目录的文字段落都设置了正确的大纲级别，然后单击功能区中的【引用】⇨【目录】⇨【目录】按钮，可以在打开的列表中选择Word预置的目录样式。但如果希望更灵活地创建目录，则可以选择【插入目录】命令，打开如图6-16所示的【目录】对话框。在该对话框中可以在创建目录之前进行一些有用的设置。

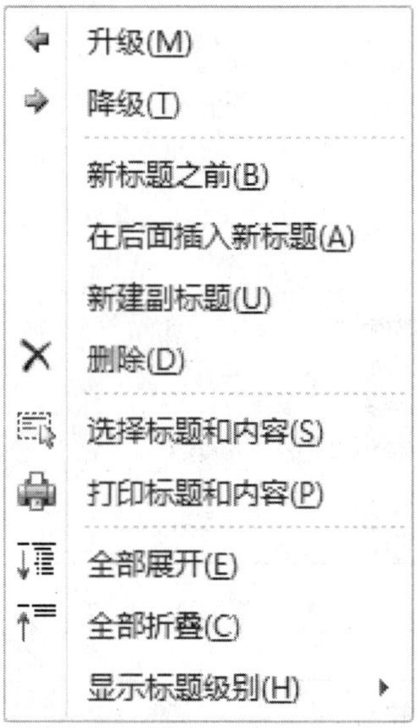

图6-15

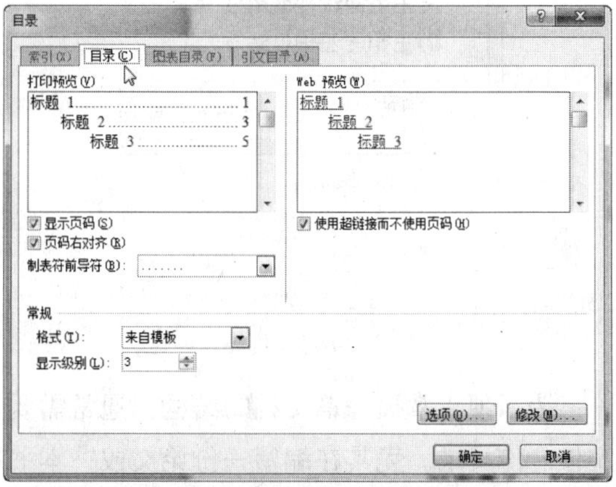

图6-16

例如，可以通过修改【显示级别】中的数字来决定要创建的目录所具有的层次数量，默认情况下将创建一个三级目录。单击【选项】按钮，可以在如图6-17所示的对话框中指定要作为目录的标题所套用的样式，也就是指定套用哪些样式的内容可以出现在目录中。

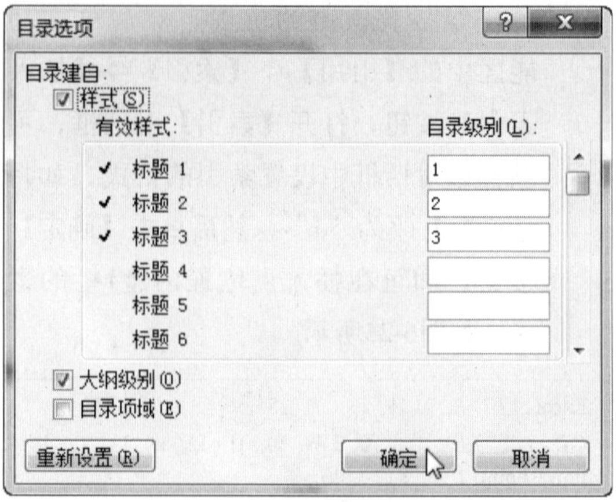

图6-17

还可以在如图6-18所示的对话框中选择要设置的目录级别，然后单击【修改】按钮，修改将要创建的目录外观。

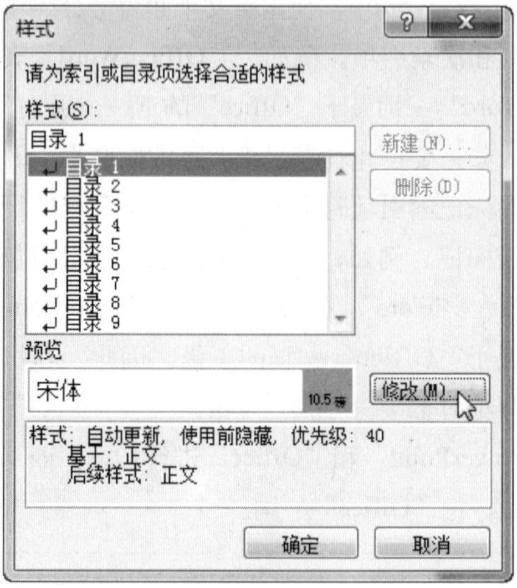

图6-18

设置好一切之后，单击【目录】对话框中的【确定】按钮，即可在插入点位置自动生成目录，类似于图6-19所示。

如果修改了与目录标题对应的文档内的标题内容时，只需右击目录并在弹出的快捷菜单中选择【更新域】命令，然后在打开的对话框中选中【更新整个目录】单选按钮，即可将修改结果更新到目录中，如图6-20所示。

第 1 章 建筑室内装饰装潢设计基础知识......1
1.1 室内设计概述......1
1.1.1 室内设计的概念......1
1.1.2 室内设计的分类......2
1.1.3 室内设计的程序......3
1.2 室内设计与相关学科......6
1.2.1 室内设计与建筑设计......6
1.2.2 室内设计与人体工程学......6
1.2.3 室内设计与环境心理学......7
1.3 室内空间的组成与类型......8
1.3.1 室内空间的组成......8
1.3.2 室内空间的类型......10
1.4 室内空间的关系......10
1.4.1 包含的空间......10
1.4.2 相邻的空间......11
1.4.3 过渡空间......11
1.4.4 组合空间......11
1.5 室内空间的处理方法......11
1.5.1 通透处理......11
1.5.2 截剪处理......11
1.5.3 凹凸处理......12

图6-19

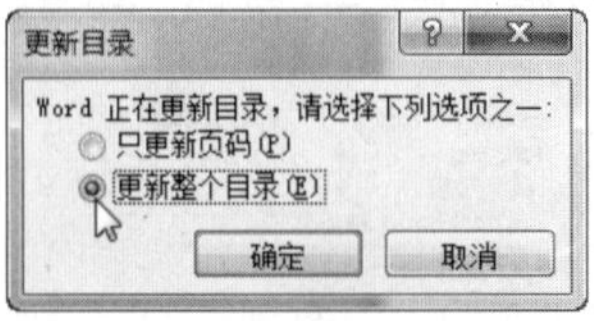

图6-20

除了正文内容的目录外，还可以创建图表目录，请注意以下两点。

- 正确设置图片或表格的题注标签。
- 正确选择图表题注所使用的样式。

提示：在创建图表目录时，图表题注所使用的样式并非必须是名为【题注】的样式，使用任何一种样式都可以创建图表目录。

单击功能区中的【引用】⇨【题注】⇨【插入表目录】按钮，打开【图表目录】对话框。此处的设置与创建目录时的设置十分类似，只需在【题注标签】中正确选择图表题注所使用的题注标签，然后单击【确定】按钮，即可创建拥有不同题注标签内容的目录。

6.1.7 插入索引

大多数专业书籍的最后部分都会包含一个索引。索引的作用通常是为了便于读者快速查找到书中某一个词语所出现的位置。在Word中，也可以创建文档中指定词语的索引。下面是创建一份索引的具体步骤。

1 在文档中选择要出现在索引中的词语，然后单击功能区中的【引用】⇨【索引】⇨【标记索引项】按钮，打开如图6-21所示的【标记索引项】对话框，所选择的词语自动填入【主索引项】文本框中。

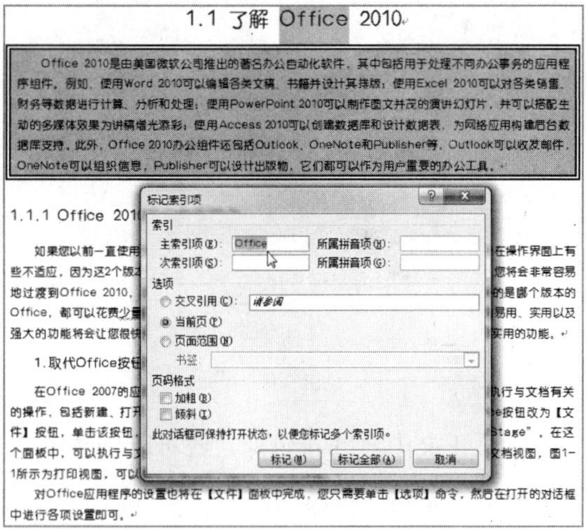

图6-21

2 单击【标记全部】按钮，将对文档中所有相同的词语进行全部标记。如果不希望对文档中的所有相同词语进行标记，则单击【标记】按钮。此时，在文档中看到所选词语右侧多了一个以“XE”开头的标记，这表示其左侧的词语被标记为索引项，如图6-22所示。

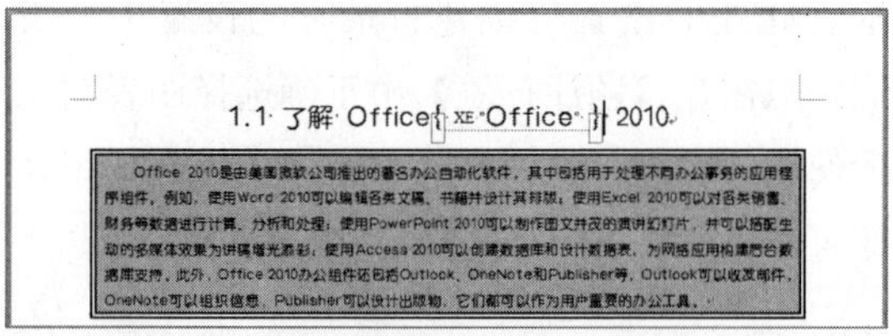

图6-22

3 重复前两步操作，直到为文档中的所有词语都标记了索引项后单击【关闭】按钮，关闭【标记索引项】对话框。

4 单击要放置索引的位置，然后单击功能区中的【引用】⇨【索引】⇨【插入索引】按钮，打开【索引】对话框，可以在该对话框中设置索引的格式，如将【栏数】改为“1”，然后单击【确定】按钮，即可在插入点位置创建1栏的索引，如图6-23所示。

Excel, 1, 3, 8, 9, 11, 13, 15, 16
Office, 1, 2, 3, 4, 5, 6, 7, 9, 10, 11, 12, 13, 14, 15, 16
PowerPoint, 1, 3, 8, 10, 13
Word, 1, 3, 5, 7, 8, 9, 12, 13

图6-23

如果希望创建具有一定层次的索引，则需要同时设置主索引项和次索引项。首先要了解的是：在Word中，使用英文半角冒号分隔主索引项和次索引项。例如，“Office:Word”表示“Word”一词属于“Office”的下一个级别。

如果要创建具有层级关系的嵌套索引，那么在标记索引项时需要注意，从最低级的词语开始标记。例如，图6-24所示的嵌套索引包含两层，“Word”、“Excel”和“PowerPoint”同属于“Office”一词的下级。因此，在标记索引项时需要分别对“Word”、“Excel”、“PowerPoint”和“Office”进行标记，而不仅仅是标记“Office”一词。

Office, 1, 2, 3, 4, 5, 6, 7, 9, 10, 11, 12, 13, 14, 15, 16
　Excel, 1, 3, 8, 9, 11, 13, 16
　PowerPoint, 1, 3, 8, 10, 13
　Word, 1, 3, 5, 7, 8, 9, 12, 13, 14

图6-24

要创建类似于图6-24所示格式的索引，需要进行如下操作。

1 选择文档中“Word”一词，然后打开【标记索引项】对话框，将【主索引项】文本框中的内容由“Word”修改为“Office:Word”，如图6-25所示。

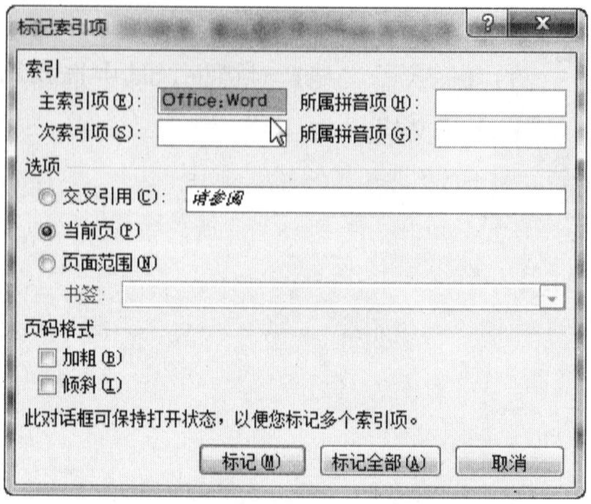

图6-25

2 使用类似的方法标记“Excel”、“PowerPoint”等词，最后再标记“Office”一词，标记完成后生成索引即可。

提示：在标记索引时，要考虑到索引关键字的合理性，防止重复索引或遗漏、错误等。

6.2 使用主控文档

对于大多数Office用户来说，主控文档可能是一个陌生的概念，这主要是因为他们很少编写特别长的文档，而主控文档恰恰对于编写长文档非常有用。

6.2.1 主控文档介绍

Word中的主控文档并非是一个含有真实内容的文档，而只是一个起到连接作用的桥梁。它用于建立对其所包含的子文档的连接，使其从外观和功能上看，就像是一个包含了各个子文档内容的独立的大型文档。

在创建主控文档后，其中将包含指向各个子文档的链接。每次展开文档时，Word都会自动搜索其中的链接并将与这些链接对应的子文档中的内容加载到主控文档中，从而实现在主控文档中查看、编辑所有子文档的功能。当在文件夹中查看主控文档的容量时，就会发现主控文档的容量很小，这是因为它只包含了子文档的路径链接，而不包含任何实质性的内容。

主控文档主要包含以下两个优点。

- 便于从全局的角度出发，全方位浏览所有文档的内容，可以进行完整的查看和编辑，使文档内容紧密地联系在一起。
- 使插入页码、创建目录、插入索引等工作变得非常容易，而且也极大提高了准确性和工作效率。

然而，主控文档也有其自身的缺点，具体如下。

- 主控文档不具备像普通文档那样，在文档偶遇突发事件意外关闭后可自动恢复的功能。
- 在极少的情况下，当打开主控文档时可能会导致Word崩溃。

6.2.2 创建主控文档

创建主控文档之前，应注意以下两点，以免带来不必要的麻烦。

- *确保主控文档的页面布局与子文档相同。*
- *确保主控文档套用的模板与子文档相同。*

下面给出了创建主控文档的通用性步骤。

1 将所有子文档移动到同一个文件夹中，然后在该文件夹下新建一个文档，确保该文档的格式符合以上两个条件。

2 单击Word窗口状态栏右侧的【大纲视图】按钮，切换到大纲视图，然后单击功能区中的【大纲】⇨【主控文档】⇨【显示文档】按钮，展开主控文档的操作环境。

3 单击【主控文档】组中的【插入】按钮，选择要添加到主控文档中的子文档并单击【打开】按钮，将子文档插入到主控文档中。重复执行该操作，直到添加所有的子文档到主控文档中。

4 切换到页面视图，即可像普通文档一样，在主控文档中对内容进行查看和编辑。

下面的示例演示了上面所说的通用方法的具体实现过程。图6-26所示为要创建的主控文档及其子文档，它们已经位于同一个文件夹中。

图6-26

下面将建立主控文档与子文档的链接关系，具体操作如下。

1 打开主控文档，切换到大纲视图，单击功能区中的【大纲】⇨【主控文档】⇨【显示文档】按钮。

2 单击【插入】按钮，打开如图6-27所示的【插入子文档】对话框，从中选择第一个子文档。

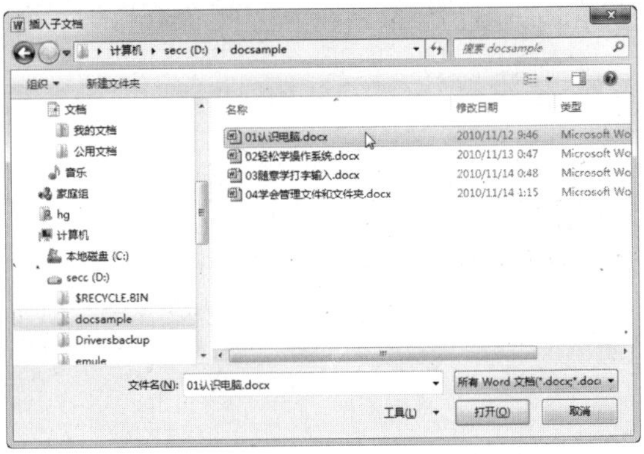

图6-27

3 单击【打开】按钮，如果弹出如图6-28所示的对话框，说明主控文档和添加的子文档具有相同的样式，提示用户是否对子文档中的样式重新命名，通常单击【全否】按钮以避免以后再出现此类提示。

图6-28

4 所选文档内容将被添加到大纲视图的插入点位置，此时插入点将自动定位到第一个插入的子文档内容的结尾，然后按照步骤2和步骤3的操作，插入其他子文档。

5 将【大纲】选项卡中的【显示级别】设置为【1级】，这样可以只显示每个子文档中的1级标题，便于在大纲视图中查看整体效果，如图6-29所示。

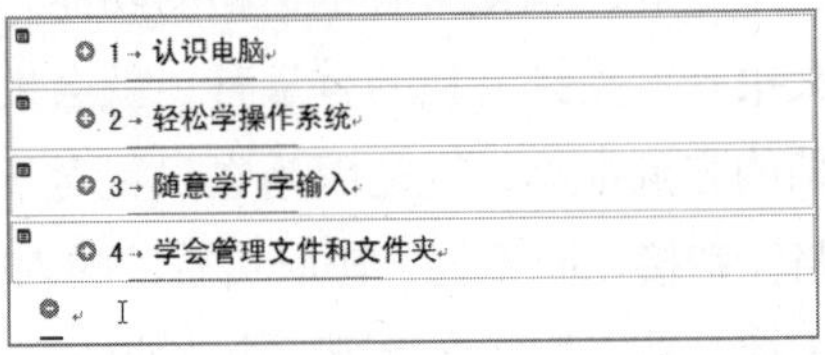

图6-29

至此已完成主控文档与子文档建立连接的操作，最后对主控文档进行保存即可。在图6-29中，每个1级标题四周的灰色边框表示该区域是一个子文档的范围。边框左上角有一个▤标记，单击该标记可快速选中与标记所对应的子文档的所有内容。

6.2.3 编辑子文档

每当重新打开主控文档时，都会显示类似于图6-30所示的内容，它们通过分节符被分隔开，每一个内容都是一个超链接，对应于每一个子文档的绝对路径。

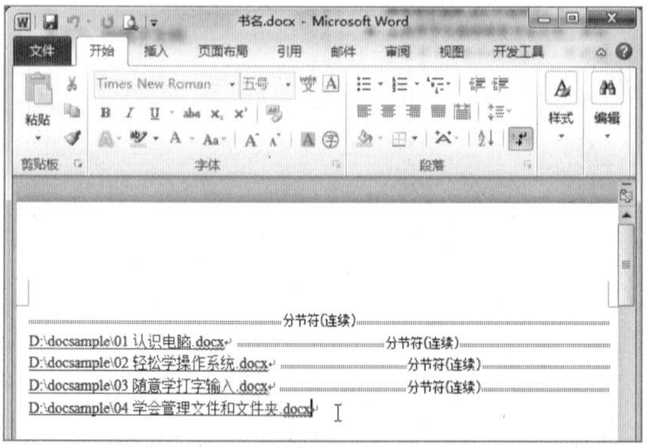

图6-30

提示：图6-30中的分节符请不要随意删除，否则可能产生无法预料的后果，最终可能导致主控文档功能失效。

如果希望显示子文档的内容，可单击功能区中的【大纲】⇨【主控文档】⇨【显示文档】按钮，再单击【展开子文档】按钮，即可在大纲视图中显示子文档中的所有内容。这时可以像编辑普通文档一样，在主控文档中编辑任意子文档的内容；也可以切换到页面视图完成各种编辑操作，如查找替换、设置格式和样式等。

在主控文档中编辑内容通常遇到的一个共同问题是在对主控文档进行保存时，等待的时间有时比较长，这是因为Word需要对主控文档包含的所有内容进行检查，以便于查看各处是否有所修改。为了解决这个问题，可以在打开主控文档后，再单独打开要编辑的子文档，然后在一个独立窗口中编辑这个子文档。要在独立的窗口中打开子文档，可以使用以下几种方法。

- 单击【文件】按钮并在弹出的面板中选择【打开】命令。
- 在展开子文档所有内容之前，按住Ctrl键的同时单击子文档的超链接；也可以右击子文档的超链接，在弹出的快捷菜单中选择【打开超链接】命令。
- 在展开子文档的所有内容之前，单击定位到子文档的超链接中，然后按Enter键。
- 在展开子文档所有内容之前或之后，双击子文档标题左侧的▤标记。

当打开某一个子文档后，在主控文档中对应于这个子文档标题的左侧将显示一个🔒标记，表明当前此标题对应的子文档已被锁定，无法在主控文档中编辑这个子文档的内容。要想在主控文档中编辑这个子文档，则需要将在独立窗口中打开的子文档关闭。

6.2.4 切断主控文档与子文档的链接

如果希望主控文档包含实际内容，而非指向子文档的超链接，那么就需要切断主控文档与子文档的链接。一旦切断了两者的链接关系，那么它们之间将毫无关联，彼此都变得相对独立。切换到大纲视图，单击将要断开的子文档范围内的任意位置，然后单击功能区中的【大纲】⇨【主控文档】⇨【取消链接】按钮，即可切断主控文档与子文档的链接。切断链接后，该子文档中的内容将全部存入主控文档中，即使将子文档删除也没关系。

6.3 自动生成邮件

在很多场合，邮件合并功能都具有无可替代的作用。例如，在制作聘用通知书或录取通知书这类文档时。

聘用通知书和录取通知书有一个共同的特点，即文档内容几乎大同小异，主要区别在于每一个文档中的人名不同及其他一些细微的差异。

在未使用邮件合并功能的情况下，要完成诸如制作聘用通知书或录取通知书这类任务时，通常都是制作数个内容基本相同的文档，然后依次修改每个文档中的人名、称呼、性别、成绩等多个内容。使用邮件合并功能则完全改变了这种烦琐易错的工作方式，将操作归为两类——制作主文档和数据源以及设置邮件合并。主文档就是具有相同内容的部分，而数据源则是包含了用于主文档中不同内容的部分。

下面通过一个示例来说明邮件合并的功能和用法。这里以制作并生成多份聘用通知书为例，首先需要制作出现在每个聘用通知书中的内容，然后再制作被聘用的人员名单，它将以表格的形式存在，可以在Word表格中制作，也可以使用Excel来制作。本例将在Word表格中进行制作，具体操作如下。

1 新建一个Word文档，在其中输入聘用通知书的主要内容，将受聘人姓名留空，如图6-31所示，将该文档保存为“聘用通知书”。

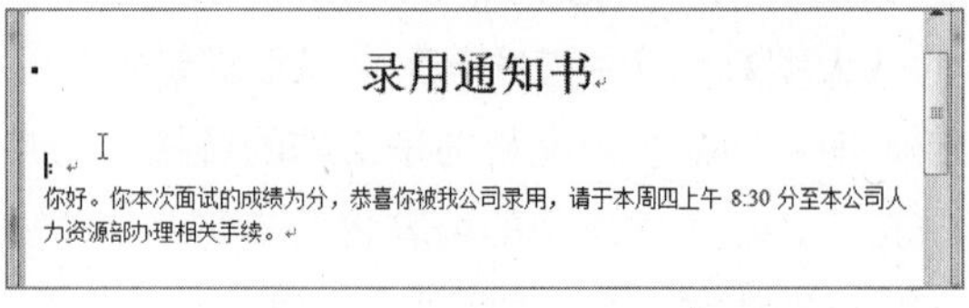
录用通知书

你好。你本次面试的成绩为分，恭喜你被我公司录用，请于本周四上午 8:30 分至本公司人力资源部办理相关手续。

图6-31

2 再新建一个Word文档，在其中创建一个11行3列的表格，表格第一行为标题行，其他几行为数据行，结果如图6-32所示。将该文档保存为“应聘人员资料”。

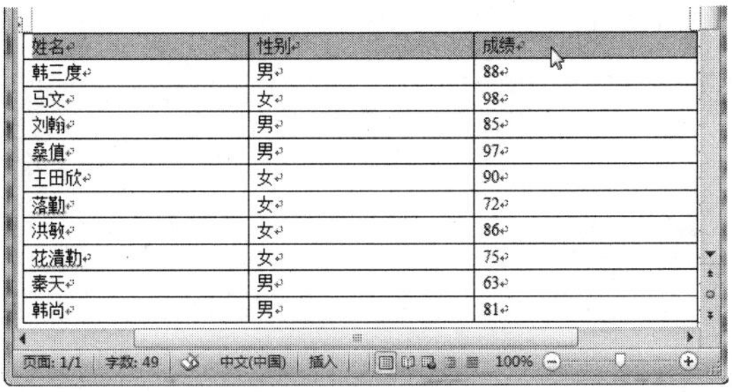

姓名	性别	成绩
韩三度	男	88
马文	女	98
刘翰	男	85
桑值	男	97
王田欣	女	90
落勤	女	72
洪敏	女	86
花清勤	女	75
秦天	男	63
韩尚	男	81

图6-32

提示：在数据源文档的表格上方，不可再有文字出现，否则无法正确地进行邮件合并。

3 关闭“应聘人员资料”文档，然后切换到“聘用通知书”文档中。单击功能区中的【邮件】⇨【开始邮件合并】⇨【选择收件人】按钮，在弹出的菜单中选择【使用现有列表】命令。

4 打开如图6-33所示的【选取数据源】对话框，选择前面制作好的名为“应聘人员资料”的文档。

5 单击【打开】按钮，此时【邮件】选项卡中的大部分选项都变为可用状态。单击主文档“您好”左侧，单击功能区中的【邮件】⇨【编写和插入域】⇨【插入合并域】按钮，在打开的列表中选择【姓名】选项，将【姓名】域插入到主文档中，如图6-34所示。

图6-33

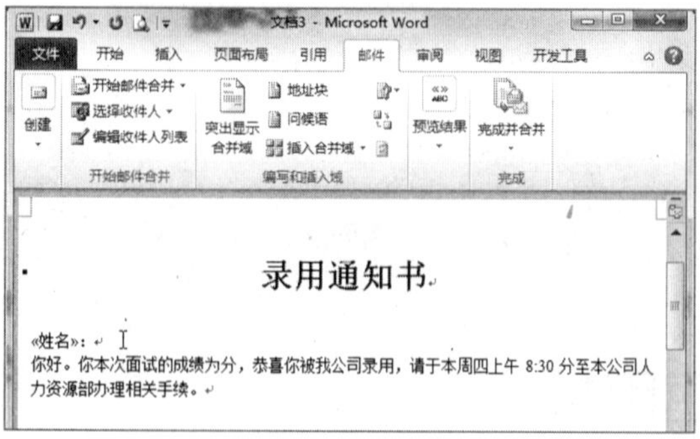

图6-34

6 按照同样的方法，将【成绩】域插入到主文档中“分”的左侧，如图6-35所示。

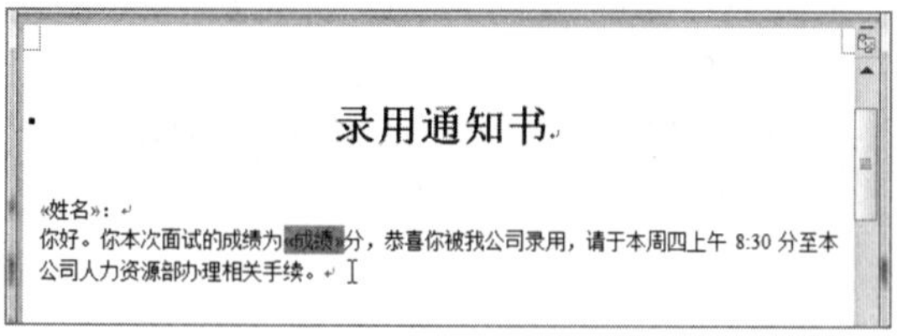

图6-35

7 成绩高于或等于90分的才能被聘用，因此，需要对所有人员根据成绩进行筛选。单击功能区中的【邮件】⇨【开始邮件合并】⇨【编辑收件人列表】按钮，在打开的对话框中选择【筛选】选项。

8 打开【查询选项】对话框，在【域】下拉列表中选择【成绩】选项，在【比较条件】下拉列表中选择【大于等于】选项，在【比较对象】文本框中输入“90”，如图6-36所示。

9 单击【确定】按钮，将筛选出所有成绩大于或等于90分的人员名单，效果如图6-37所示。

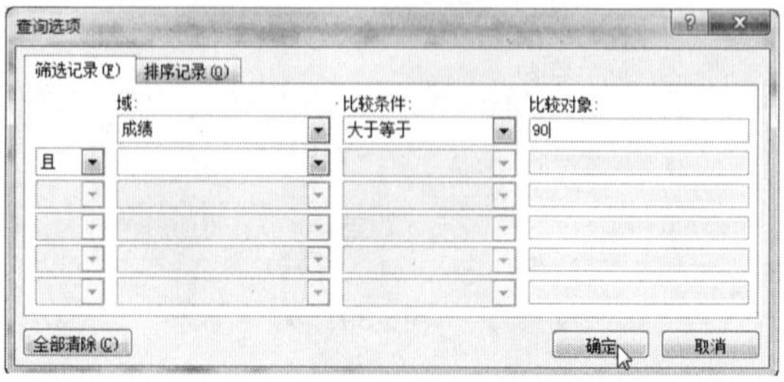

图6-36

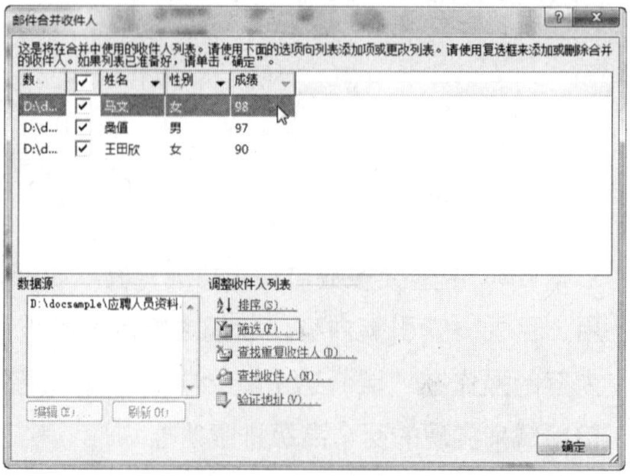

图6-37

10 单击【确定】按钮，这样将在邮件合并中只使用大于或等于90分的人员资料。单击功能区中的【邮件】⇨【预览结果】⇨【预览结果】按钮，此时在主文档中两个包含插入域的位置分别由数据源文档中的真实数据替换，如图6-38所示，可以由此来检验合并后的效果，使用按钮来浏览不同的合并记录。

确认无误后，单击功能区中的【邮件】⇨【完成】⇨【完成并合并】按钮，在弹出的菜单中选择【编辑单个文档】命令，打开如图6-39所示的【合并到新文档】对话框，选中【全部】单选按钮。

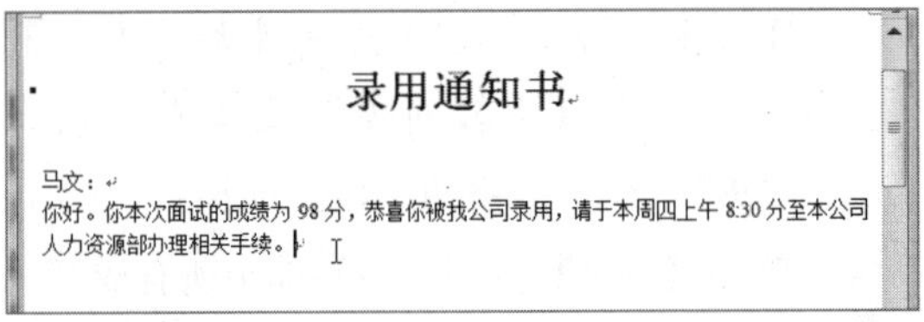

图6-38

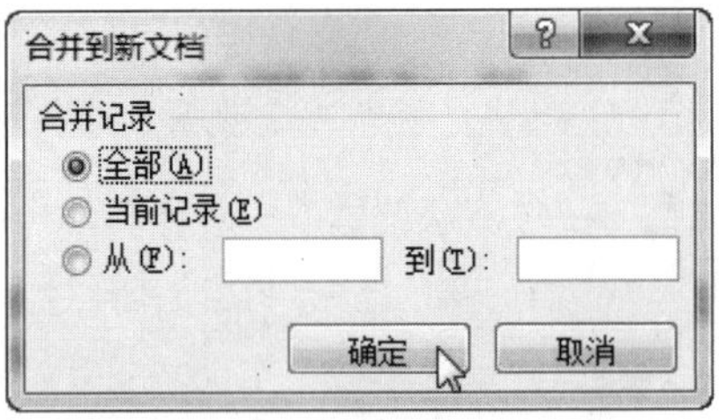

图6-39

单击【确定】按钮，Word将在一个新文档中完成最后的邮件合并工作，效果如图6-40所示。

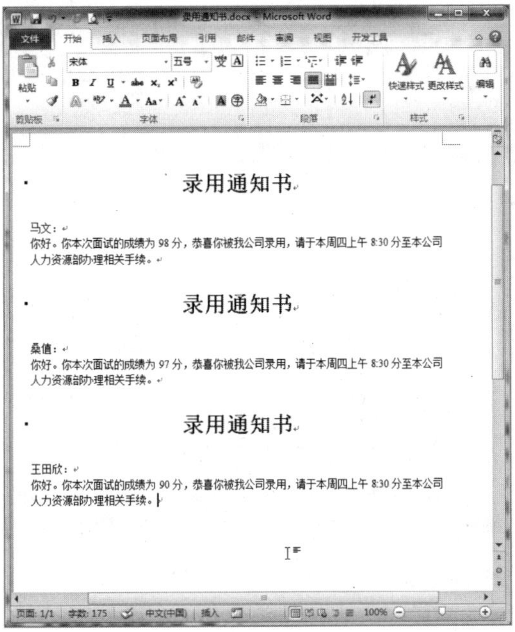

图6-40

6.4 使用域

Word中的大多数自动化功能，其本质都是域。例如，本章前面介绍的页码、题注、交叉引用、目录、索引等内容，它们之所以可以被自动更新，是因为这些内容其实都是域。更新这些内容的操作在“域”这个概念中被称为“更新域”。本节将介绍域的基本知识，最后还将介绍使用域来实现的两个高级排版功能。

6.4.1 Word中的“域”示例

图6-41所示是在Word中自动插入的日期域，通过右击该域并在弹出的快捷菜单中选择【切换域代码】命令，可显示域代码。

- TIME：域名称。
- \@：TIME域的开关。
- 双引号中的内容：针对“\@”开关设置的选项。
- 最外层的一对大括号：用于区分域和普通文本的分隔符号，该符号使用Ctrl+F9组合键输入，手工输入该符号无效。

{ TIME \@ "yyyy 年 M 月 d 日星期 W" }

图6-41

6.4.2 插入域

在文档中插入域通常有以下两种方法。

- 使用【域】对话框：单击要插入域的位置，然后单击功能区中的【插入】⇨【文本】⇨【文档部件】按钮并在弹出的菜单中选择【域】命令，打开如图6-42所示的【域】对话框，在其中选择要使用的域并单击【确定】按钮，即可在插入点位置插入所选择的域。

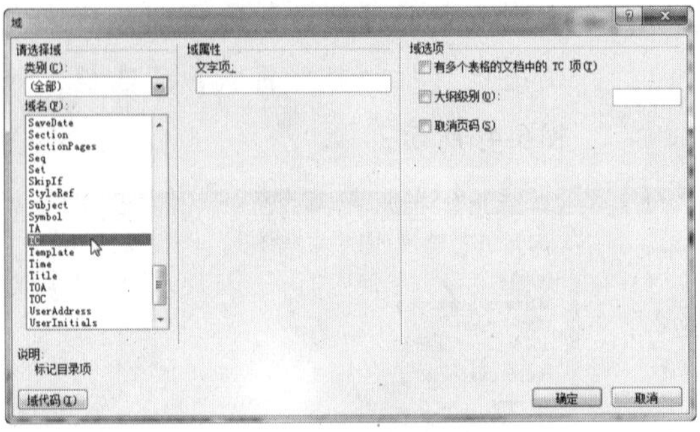

图6-42

- 手工输入：如果对域非常熟悉，可以手工输入域，但是需要按Ctrl+F9组合键开始输入，即先按Ctrl+F9组合键在Word中自动插入一对域专用的大括号，然后在其中输入所需的域名和其他相关内容。

下面对【域】对话框进行一些说明。该对话框分为三部分：【请选择域】、【域属性】、【域选项】。【请选择域】部分是【域】对话框中的必有元素，而【域属性】和【域选项】两部分会根据在【域名】列表框中选择的域而定。例如，图6-42中选择的TC域就包含了上述三部分，但是如果在【域名】列表框中选择名为“Page”的域，则只有【域属性】而没有【域选项】。

可以在【域】对话框的【类别】下拉列表中指定域的类型，然后在【域名】列表框中从筛选出的特定类型的域中选择所需的域，再设置域属性和域选项，最后单击【确定】按钮即可将域插入到文档中。插入到文档中的域是以域的最终结果来显示的，而不是显示域代码。

例如，在【域名】列表框中选择名为“FileName”的域，该域的作用是自动插入文档名称。【域属性】部分设置文档名的显示方式（对于英文名要指定大小写），然后可以在【域选项】部分选中【添加路径到文件名】复选框，这样可以在插入文档名的同时自动添加文档所在的路径。单击【确定】按钮，在文档插入点位置插入文档的路径和文档名称，如图6-43所示。图6-43中第一行是域的结果，即文档的路径和名称，第二行则是对应于第一行结果的域代码。

第 1 章 建筑室内装饰装潢设计知识概述.Doc↵
{ FILENAME * Caps * MERGEFORMAT }↵

图6-43

在图6-43第二行的域代码中，可以看到其中包含很多空格（域代码中的点），这些空格是确保域正确运行的元素，请不要删除它们。

可以通过编辑域代码来修改域，正如图6-43中第二行所示，但是这需要对域非常熟悉，而且需要十分细心，尤其要处理好域代码中每个元素之间的空格，否则可能会发生无法预料的错误。当然，也可以在对话框中修改域。右击域并在弹出的快捷菜单中选择【编辑域】命令，打开【域】对话框。重新选择域名或在当前域名下重新设置【域属性】和【域选项】部分中的内容，最后单击【确定】按钮即可。

提示：可以在【域】对话框中编辑域代码，方法是打开【域】对话框，然后单击对话框左下角的【域代码】按钮，在对话框中显示域代码；还可以单击【选项】按钮，在域代码中添加域的开关及其他所需的内容，如图6-44所示（图中的【域代码】按钮显示为【隐藏代码】按钮）。

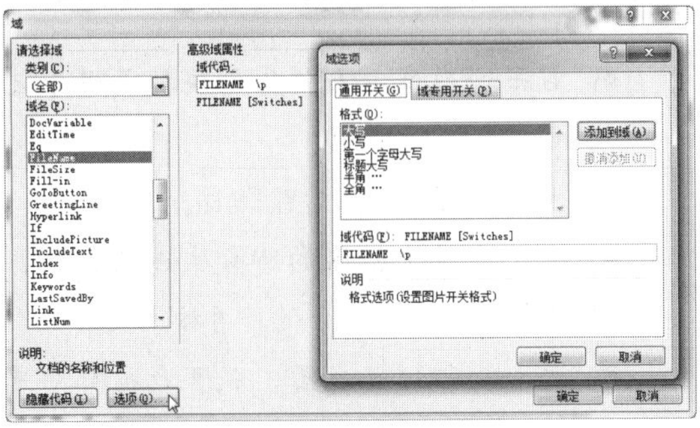

图6-44

6.4.3 设置域的显示方式

为了轻易地区分域和普通文本，当用户单击域内部时，会自动显示灰色底纹。但当用户单击其他位置时，域的灰色底纹会自动消失。如果希望可以时刻保持文档内域底纹的可见状态，可以打开【Word选项】对话框，选择左侧列表中的【高级】选项，在右侧的【域底纹】下拉列表中选择一种底纹显示方式，如图6-45所示。

图6-45

6.4.4 更新域

域的最大优势就是可以进行自动更新，这是因为文档内的很多统计类数据会随着文档内容的变更而有所变化，这时就需要对统计类数据进行重新计算，从而保证结果的正确性。可以使用以下几种方法对文档中的域进行更新。

- 右击域内部并在弹出的快捷菜单中选择【更新域】命令。
- 单击域内部，然后按F9键。
- 如果要对文档内的所有域进行更新，可以按Ctrl+A组合键，再按F9键。
- 进入打印预览视图，域可以被自动更新，然后再切换回之前操作的视图。
- 打开【Word选项】对话框，选择左侧列表中的【显示】选项，然后在右侧选中【打印前更新域】复选框，如图6-46所示。

图6-46

6.4.5 删除文档中的域

如果文档中的某个域已经毫无用处，则应该将其删除。单击域的起始处，按一次Delete键，域将自动被选中，然后再按一次Delete键，即可将当前选中的域删除。如果要删除文档内的所有域，则可以按Alt+F9组合键显示出文档中所有域的域代码，然后按Ctrl+H组合键，在如图6-47所示的【替换】选项卡中将【查找内容】设置为“^d”，单击【全部替换】按钮，即可删除文档中的所有域。

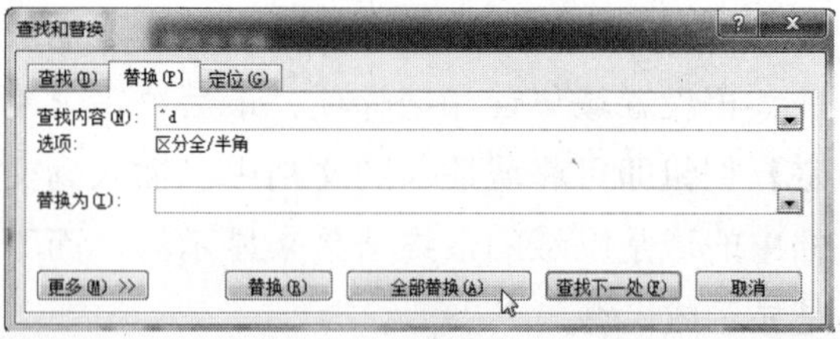

图6-47

提示：可以在查找内容中的“^d”后面输入一个空格和域的名称，这样可以查找或替换指定的域。

6.4.6 编排双栏页码

在很多双栏排版中，通常需要在同一个页面的不同栏处设置不同的页码，让每一栏都显示各自的页码，类似于图6-48所示的效果。

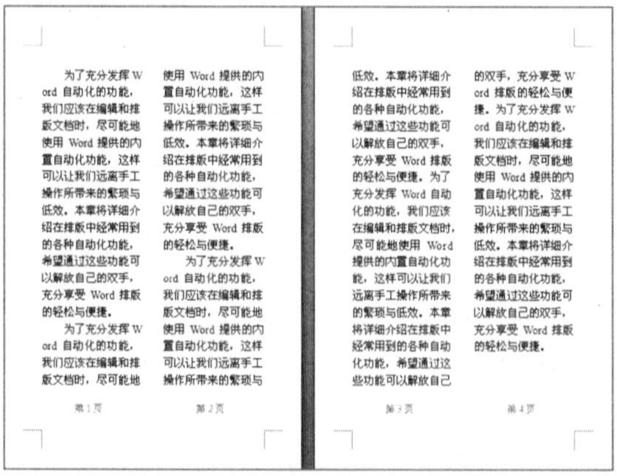

图6-48

使用Page域可以实现这种效果。进入文档页脚的编辑状态，然后进行以下设置。

- 设置左栏页码：先输入两个“第”和“页”，然后单击“第”和“页”中间，按两次Ctrl+F9组合键，得到两个嵌套的域分隔符“{ { } }”；在最里层的域分隔符内输入“Page”，在外层的域分隔符内输入剩下的内容“{ ={ Page }*2-1 }”，对域代码进行更新即可显示结果。
- 设置右栏页码：将左栏域代码复制到右栏，然后将其修改为“{ ={ Page }*2 }”，更新域后将获得图6-48所示的页码效果。

6.4.7 将章节标题提取到页眉中

对于大型文档（如书籍）的排版来说，通常希望在每一章内容所包含的页面范围内，每一页的页眉中显示页面所属章节的标题。例如，假设当前页属于第2章范围内，那么就在这一页的页眉中显示第2章的标题；而如果下一页属于第3章范围内，那么就显示第3章的标题。要实现这种效果，使用普通的页眉编辑方法是无法做到的。此时必须使用名为“StyleRef”的域，具体操作如下。

1. 进入第1章任何一页的页眉，打开【域】对话框，选择【域名】列表框中的【StyleRef】域，在【样式名】列表框中选择【标题1】，然后选中【插入段落编号】复选框，如图6-49所示。
2. 单击【确定】按钮，在页眉中插入标题样式的编号。再次打开【域】对话框，仍然按照图6-49所示进行设置，但本次不选中【插入段落编号】复选框。
3. 单击【确定】按钮，在标题编号右侧自动插入标题内容，如图6-50所示。

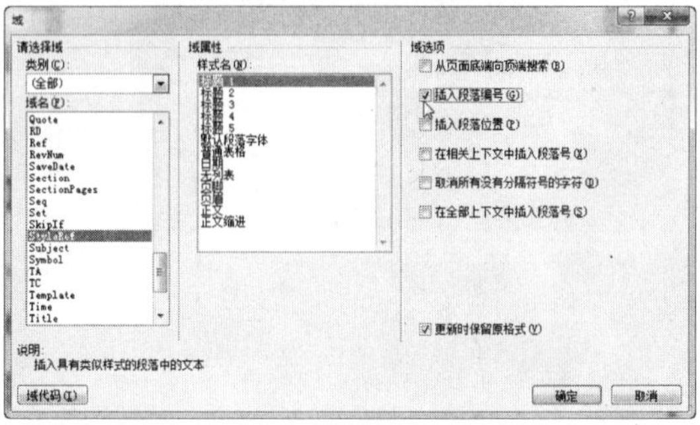

图6-49

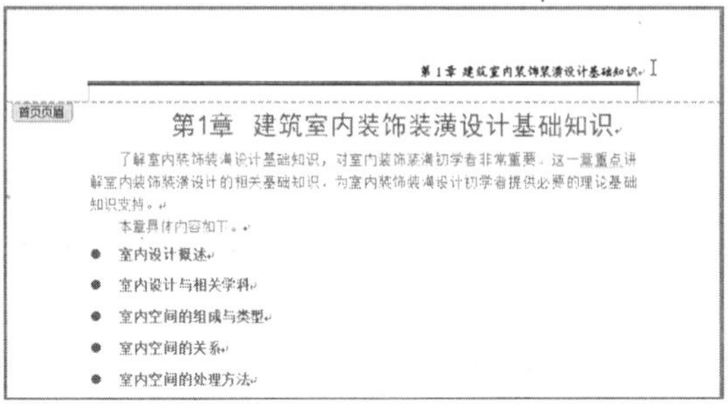

图6-50

第7章

Word页面版式设置

本章内容如下：

- Word页面布局设置
- 页面版块划分
- 打印输出

7.1 Word页面布局设置

本节将页面布局分为三个部分，即纸张的整体设置、文档版心的设置、文档内每页字数的控制。这些项目的设置对于Word文档外观和打印结果都有直接的影响。

7.1.1 纸张设置

纸张的大小决定了文档每页内容的多少，而且是以合理利用文档空间进行排版为前提的。因此，在进行其他页面设置之前，应该首先将纸张大小确定下来。否则在设置好其他部分后再调整纸张大小，会使已经排好的版面变得错乱。

平时用得最多的纸张大小是A4幅面的。这类纸张的大小是297厘米×210厘米，即高是29.7厘米，宽是21厘米。除了A4纸外，还有很多其他不同型号的纸张，如A3、A5、B4、B5等。纸张也有方向之分，有横向和纵向两种，至于使用哪种方向则根据实际需求而定。设置纸张的大小和方向可以在功能区中的【页面布局】⇨【页面设置】组中完成，单击【纸张大小】和【纸张方向】按钮，然后从打开的列表中选择预置的选项即可。

除此之外，用户也可以通过自定义设置纸张的大小，即不使用Word提供的预置大小而自己设置纸张的尺寸，但通常这样做没有太大意义。单击功能区中【页面布局】⇨【页面设置】组中的对话框启动器，打开如图7-1所示的【页面设置】对话框。在【纸张】选项卡中可以修改【宽度】和【高度】的数值。如果修改后的纸张尺寸不是Word内置的标准尺寸，那么将在上方显示【自定义大小】字样，表示当前的纸张大小是自定义类型。

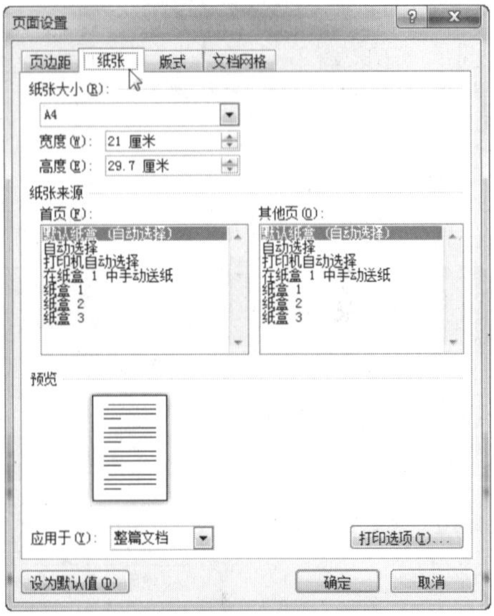

图7-1

7.1.2 版心设置

版心是指位于页面中央、编排有正文文字的部分，其上方有页眉和天头，下方有页脚和地脚，左右两侧还有留白。版心大小由纸张大小决定。

提示：“天头”是指每个页面顶部的空白区域；“地脚”是指每个页面底部的空白区域。

在既定纸张大小的情况下，页边距的大小直接影响到版心的大小。页边距是指页面中正文文字两侧与页面边界之间的距离。增加页边距的用量，则会减小版心的尺寸；反之，则会增大版心的尺寸。设置页边距的大小可以通过单击功能区中的【页面布局】⇨【页面设置】⇨【页边距】按钮完成，从打开的列表中选择一种预置的页边距方案；也可以在【页面设置】对话框的【页边距】选项卡中自定义页边距的大小，只需指定【上】、【下】、【左】、【右】四个数值即可，如图7-2所示。

页眉和页脚区域的大小是包含在页边距范围内的。因此，在指定页眉、页脚区域的大小之前，应该确定页边距的大小。打开【页面设置】对话框，然后切换到【版式】选项卡，修改【页眉】和【页脚】文本框中的数值，即可指定页眉和页脚区域的大小，如图7-3所示。

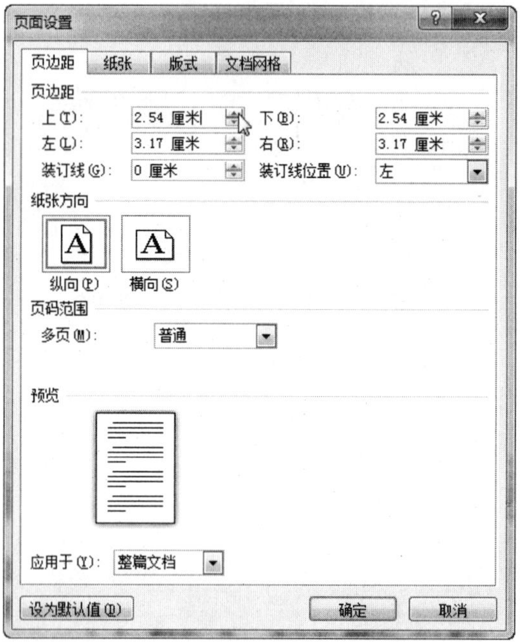

图7-2

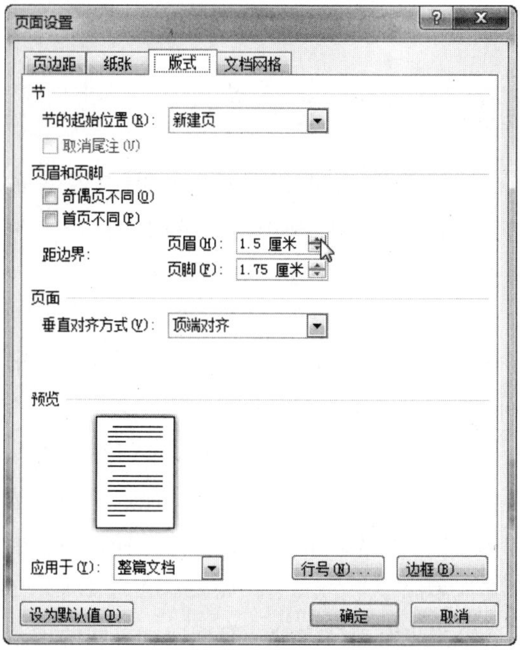

图7-3

7.1.3 指定每页字符数

可以灵活地控制文档内每一页所包含的文字量。打开【页面设置】对话框，切换到【文档网格】选项卡，选中【指定行和字符网格】单选按钮，然后可以指定文档每个页面所包含的行数以及每行所包含的字符数，如图7-4所示。

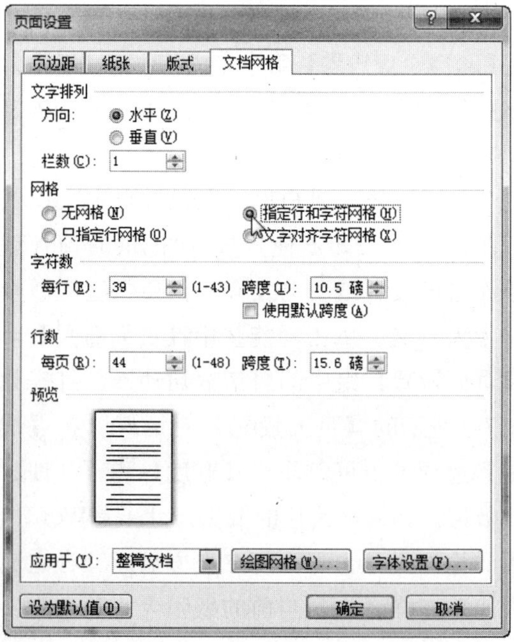

图7-4

7.2 页面版块划分

在Word中排版时，如果能对页面板块进行划分，则可以制作出具有多种版式的文档，使页面视觉效果更加丰富。通过对文档进行分页、分节和分栏处理，可以获得多种不同的版式。

7.2.1 插入分页符

在Word中，每当输入的内容布满一个页面时，Word将自动添加一个新的页面，然后接着上一页继续输入内容。如果希望从一页的某个位置之后的内容强制转到下一页，可以手工强制分页。首先单击要进行分页的位置，然后按Ctrl+Enter组合键，分页后将在分页位置插入一个分页符，如图7-5所示；也可以通过单击功能区中的【页面布局】⇨【页面设置】⇨【分隔符】按钮，在弹出的菜单中选择【分页符】命令来进行分页。

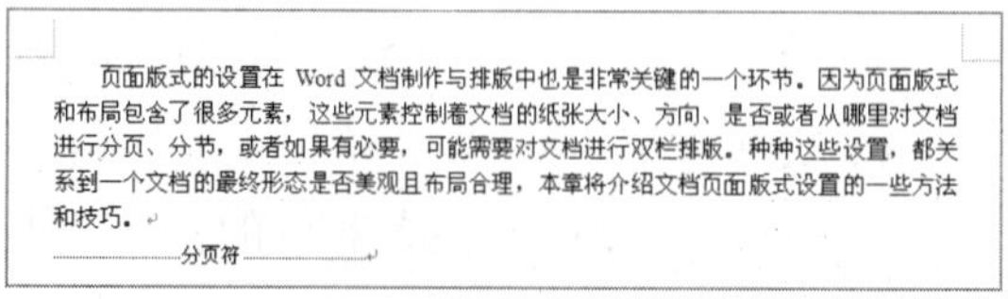

页面版式的设置在 Word 文档制作与排版中也是非常关键的一个环节。因为页面版式和布局包含了很多元素，这些元素控制着文档的纸张大小、方向、是否或者从哪里对文档进行分页、分节，或者如果有必要，可能需要对文档进行双栏排版。种种这些设置，都关系到一个文档的最终形态是否美观且布局合理，本章将介绍文档页面版式设置的一些方法和技巧。

分页符

图7-5 对文档内容进行强制分页

提示：如果在文档中看不到分页符，那么可以单击功能区中的【开始】⇨【段落】⇨【显示/隐藏编辑标记】按钮。如果仍然看不到分页符，则需要打开【Word选项】对话框，然后选择左侧列表中的【显示】选项，在右侧选中【显示所有格式标记】复选框。

7.2.2 插入分节符

分节在Word文档排版中具有非常强大的功能，很多特殊版式都离不开分节符。分节符的主要功能是将分节符两侧的内容变成完全独立的两部分，每部分都可以拥有自己的页面格式，彼此互不干扰。在文档中添加分节符的方法与添加分页符类似，通过单击功能区中的【页面布局】⇨【页面设置】⇨【分隔符】按钮，然后在弹出的菜单中选择【分节符】组中的四个命令之一来插入分节符。四种分节符的含义如下。

- 【下一页】：在插入点位置添加一个分节符，并在下一页开始新的一节。
- 【连续】：在插入点位置添加一个分节符，并在分节符之后开始新的一节。
- 【偶数页】：在插入点位置添加一个分节符，并在下一个偶数页开始新的一节。
- 【奇数页】：在插入点位置添加一个分节符，并在下一个奇数页开始新的一节。

分节符的功能将通过下面几个有用的示例进行介绍。

1．让每章从奇数页开始

通常一本书都分为若干章，科技书一般要求每章的第一页从奇数开始。对于这种排版要求来说，使用分节符是非常便于处理的。例如，假设一篇文档中一共包含五章内容，现在希望每章的第一页都从奇数开始，那么就需要在每两章之间分别插入一个【奇数页】分节符。

将插入点定位到第2章的起始处，然后单击功能区中的【页面布局】⇨【页面设置】⇨【分隔符】按钮，在弹出的菜单中选择【奇数页】命令，这样第2章将根据第1章最后一页的页码来自动调整到奇数页开始。可以将插入点分别定位到上一章的最后一页和下一章的第一页，然后观察状态栏左下角的页码显示，以检验奇数页分节符的功能，如图7-6所示。

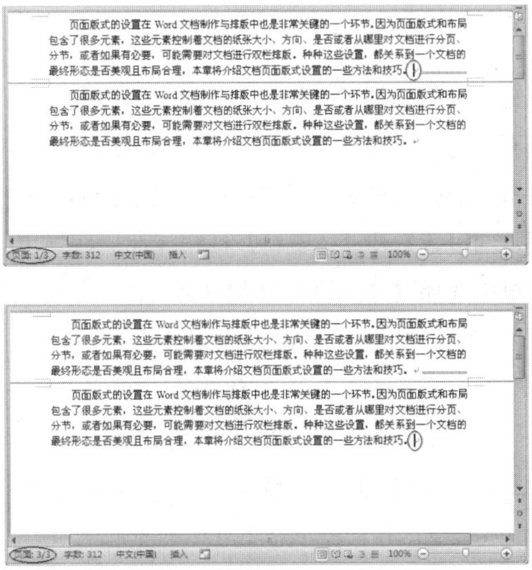

图7-6

2．在同一文档中使用不同页码格式

在默认情况下，当在文档中插入页码时，将使用同一种页码格式为文档添加页码。但是在一些大型文档的排版中（如书籍），通常会要求目录部分的页码格式与正文部分有所区别。为了实现这类排版效果，需要在正文与目录之间插入一个分节符，然后切断目录与正文之间的链接关系，最后再分别为目录和正文添加不同格式的页码。例如，图7-7中所示的位置即为正文与目录的分界处。

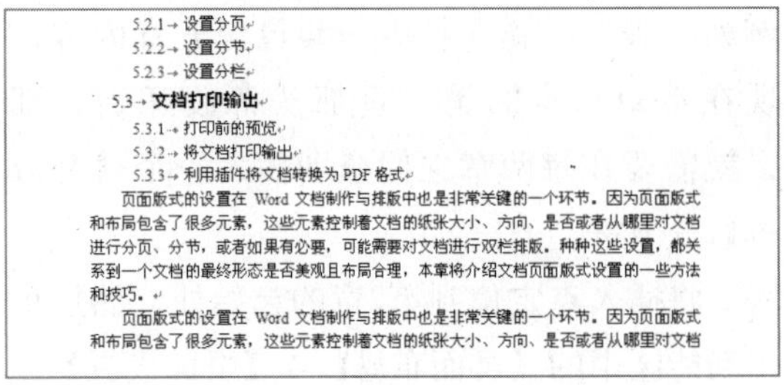

图7-7

可以使用下面的方法将正文与目录分开，并为它们设置不同的页码格式。

1 单击目录下方正文段落的第一行开头，将插入点定位到正文第一段落的起始处。

2 单击功能区中的【页面布局】⇨【页面设置】⇨【分隔符】按钮，在弹出的菜单中选择【下一页】命令，这样将在目录与正文之间插入一个分节符，并自动将正文划分到下一页中，如图7-8所示。

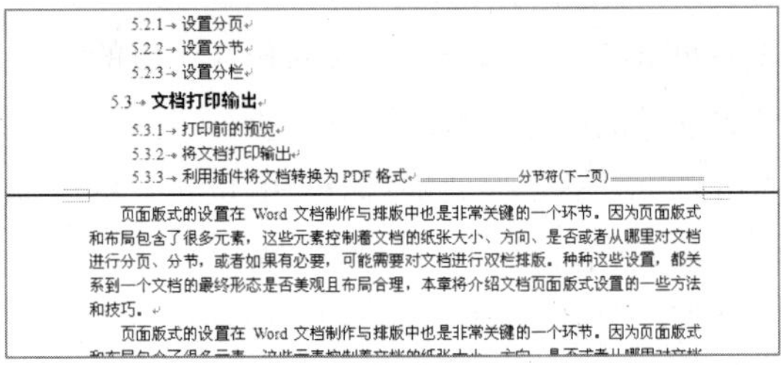

图7-8

3 将插入点定位到正文所在的第一页，然后进入该页的页眉编辑状态，可以看到页面左侧显示当前页属于第2节，而上一页属于第1节。默认情况下，这两节所设置的页码格式都是相同的。为了使它们各自独立，则需要单击功能区中的【设计】⇨【导航】⇨【链接到前一条页眉】按钮，切断两节之间的链接，如图7-9所示。

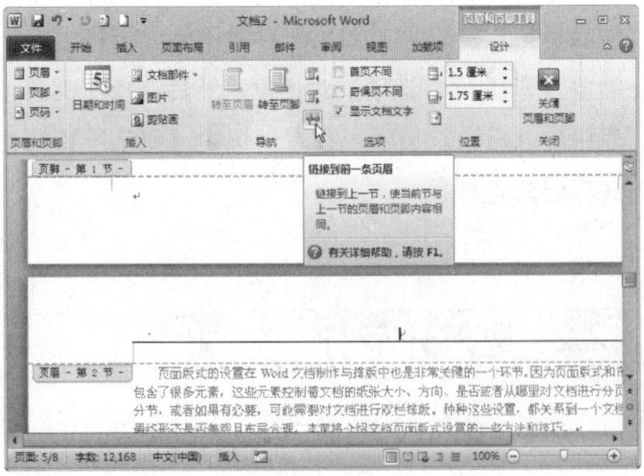

图7-9

4 现在，就可以分别在目录和正文部分添加各自的页码了，它们彼此之间互不影响。

7.2.3 设置页面分栏效果

默认状态下，文档中输入的内容呈单栏显示。利用Word的分栏功能，可以对文档内容按指定数量分栏。例如，图7-10所示就是对文档内容进行了三分栏后的效果，即三列内容并排显示。

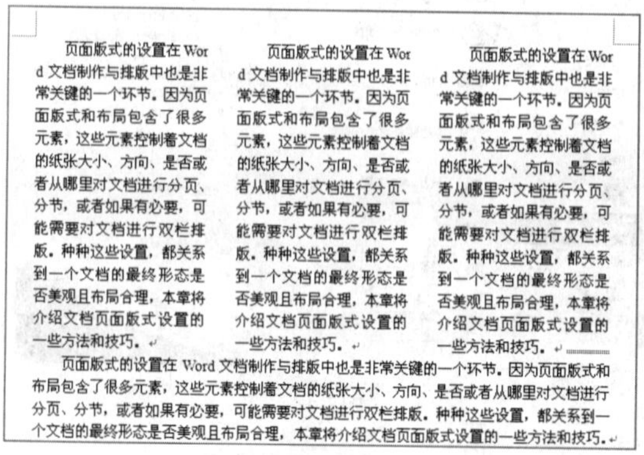

页面版式的设置在Word文档制作与排版中也是非常关键的一个环节。因为页面版式和布局包含了很多元素，这些元素控制着文档的纸张大小、方向、是否或者从哪里对文档进行分页、分节，或者如果有必要，可能需要对文档进行双栏排版。种种这些设置，都关系到一个文档的最终形态是否美观且布局合理，本章将介绍文档页面版式设置的一些方法和技巧。

页面版式的设置在Word文档制作与排版中也是非常关键的一个环节。因为页面版式和布局包含了很多元素，这些元素控制着文档的纸张大小、方向、是否或者从哪里对文档进行分页、分节，或者如果有必要，可能需要对文档进行双栏排版。种种这些设置，都关系到一个文档的最终形态是否美观且布局合理，本章将介绍文档页面版式设置的一些方法和技巧。

页面版式的设置在Word文档制作与排版中也是非常关键的一个环节。因为页面版式和布局包含了很多元素，这些元素控制着文档的纸张大小、方向、是否或者从哪里对文档进行分页、分节，或者如果有必要，可能需要对文档进行双栏排版。种种这些设置，都关系到一个文档的最终形态是否美观且布局合理，本章将介绍文档页面版式设置的一些方法和技巧。

页面版式的设置在Word文档制作与排版中也是非常关键的一个环节。因为页面版式和布局包含了很多元素，这些元素控制着文档的纸张大小、方向、是否或者从哪里对文档进行分页、分节，或者如果有必要，可能需要对文档进行双栏排版。种种这些设置，都关系到一个文档的最终形态是否美观且布局合理，本章将介绍文档页面版式设置的一些方法和技巧。

图7-10

分栏操作很简单，即选择要分栏的内容，然后单击功能区中的【页面布局】⇨【页面设置】⇨【分栏】按钮，在弹出的菜单中选择【三栏】命令，便可得到类似于图7-10所示的效果。如果需要对分栏进行更详细的设置，可以选择【更多分栏】命令，打开如图7-11所示的【分栏】对话框。

在【预设】区中的选项对应于【分栏】菜单中的五个分栏选项；在【栏数】微调框中可以自定义分栏的数量；在【宽度和间距】选项组中可设置栏的宽度以及栏与栏之间的距离。如果选中【栏宽相等】复选框，那么无论分栏的数量为多少个，每一栏的宽度都是相同的；在【应用于】下拉列表中可以选择分栏的作用范围，还可以通过选中【分隔线】复选框为栏与栏之间添加一条线进行分隔，图7-12所示就是添加了分隔线的分栏效果。

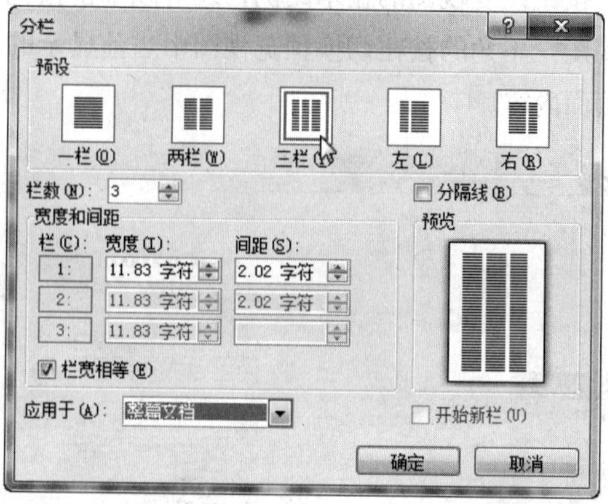

图7-11

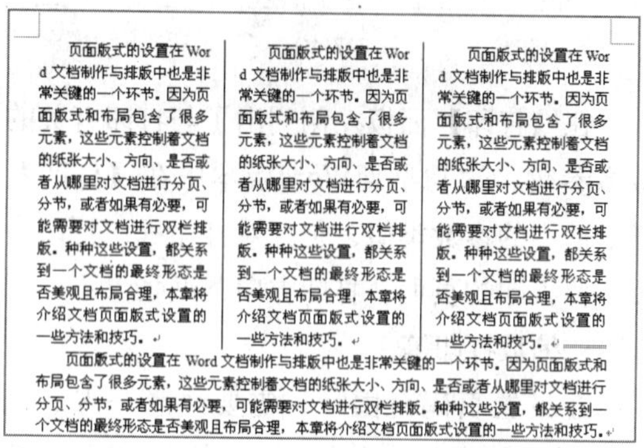

页面版式的设置在Word文档制作与排版中也是非常关键的一个环节。因为页面版式和布局包含了很多元素，这些元素控制着文档的纸张大小、方向、是否或者从哪里对文档进行分页、分节，或者如果有必要，可能需要对文档进行双栏排版。种种这些设置，都关系到一个文档的最终形态是否美观且布局合理，本章将介绍文档页面版式设置的一些方法和技巧。

页面版式的设置在Word文档制作与排版中也是非常关键的一个环节。因为页面版式和布局包含了很多元素，这些元素控制着文档的纸张大小、方向、是否或者从哪里对文档进行分页、分节，或者如果有必要，可能需要对文档进行双栏排版。种种这些设置，都关系到一个文档的最终形态是否美观且布局合理，本章将介绍文档页面版式设置的一些方法和技巧。

页面版式的设置在Word文档制作与排版中也是非常关键的一个环节。因为页面版式和布局包含了很多元素，这些元素控制着文档的纸张大小、方向、是否或者从哪里对文档进行分页、分节，或者如果有必要，可能需要对文档进行双栏排版。种种这些设置，都关系到一个文档的最终形态是否美观且布局合理，本章将介绍文档页面版式设置的一些方法和技巧。

页面版式的设置在Word文档制作与排版中也是非常关键的一个环节。因为页面版式和布局包含了很多元素，这些元素控制着文档的纸张大小、方向、是否或者从哪里对文档进行分页、分节，或者如果有必要，可能需要对文档进行双栏排版。种种这些设置，都关系到一个文档的最终形态是否美观且布局合理，本章将介绍文档页面版式设置的一些方法和技巧。

图7-12

7.3 打印输出

对文档页面进行的一系列设置，一个目的是为了在电子版文档中进行更好的排版和版式设计，另一个目的则是将文档打印输出。当设置好页面中的各个元素后，就可以将文档打印输出了。为了避免浪费纸张，通常在打印前需要预览待打印的文档，或将它转换为PDF文档。

7.3.1 打印Word文档

Word 2010一改以往Word版本中的【打印预览】窗口与【打印】对话框分开的局面，而将这两部分合二为一。单击【文件】按钮并在弹出的面板中选择【打印】命令，展开【打印】面板，如图7-13所示。该面板分为两部分，左侧用于设置打印选项，右侧为待打印文档的页面预览视图，可以通过单击视图右下方的按钮改变视图的显示比例，还可以单击预览视图左下角的按钮切换预览视图中当前显示的页面内容。

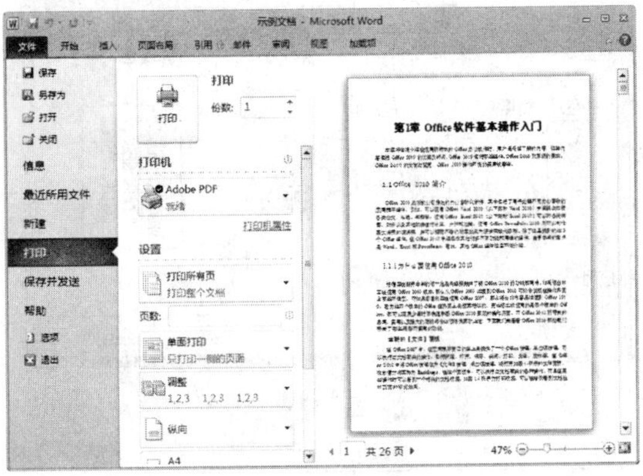

图7-13

在【打印】面板左侧列出了与打印有关的诸多参数，这与早期Word版本中在【打印】对话框中的参数类似，包括对打印机、打印份数、要打印的页面、打印方向、纸张大小、页边距、缩放打印等。

在设置页码范围时，需要注意一点。例如，要打印文档中的第3页，第6～8页以及第10页，那么需要在【页数】文本框中输入“3,6-8,10”，数字之间以逗号分隔。完成所有的设置后单击【打印】按钮，即可开始打印。

7.3.2 导出PDF文档

在Office 2007中，需要到微软官方网站下载一个插件，才能将Office文档格式转换为PDF文档格式，这对于上网不便的用户来说可能会比较麻烦。在Office 2010中已经将该功能内置于其中，可以直接将文档保存为PDF格式。该功能同样对Word 2010、Excel 2010和PowerPoint 2010有用。单击【文件】按钮并在弹出的面板中选择【保存并发送】命令，然后选择【创建PDF/XPS文档】命令，再单击右侧的【创建PDF/XPS】按钮，如图7-14所示。

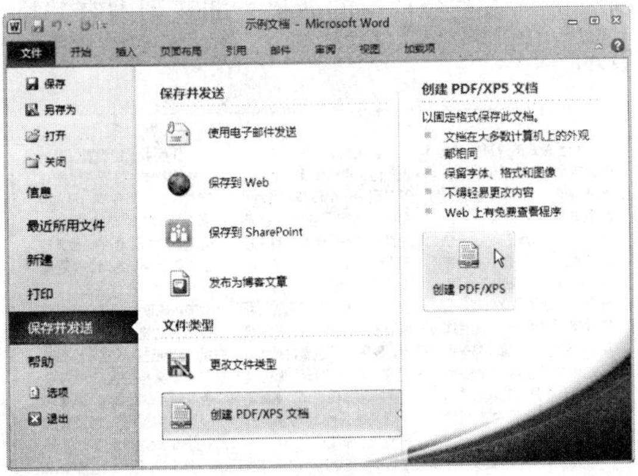

图7-14

打开如图7-15所示的【发布为PDF或XPS】对话框，选择保存位置并输入一个文件名，可以单击【选项】按钮对发布选项进行设置，最后单击【发布】按钮，即可将当前Word文档创建为PDF格式的文档。

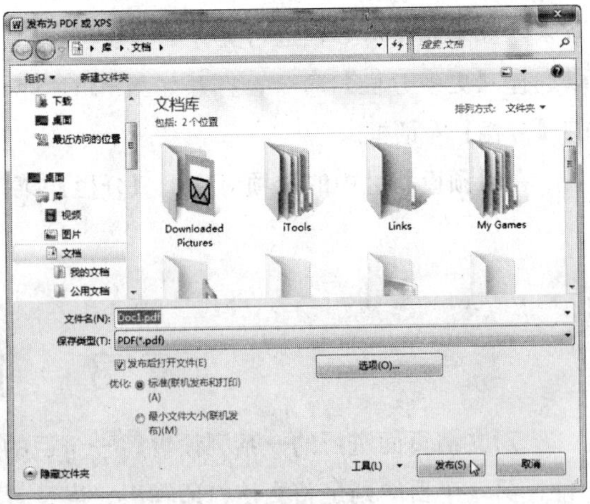

图7-15

第8章

在Excel 2010中输入数据

本章内容如下：

- 选择Excel单元格和区域
- 输入数据
- 设置数据格式
- 表格外观美化

8.1 选择Excel单元格和区域

在Excel中的大部分操作都是在单元格和单元格区域中进行的，而在进行这些操作之前，必须先选择待操作的单元格或区域。因此，熟练掌握关于单元格和区域的选择方法是很有必要的。

8.1.1 选择一个或多个单元格

选择一个单元格很简单，即使在做选择之前，默认情况下也会有一个单元格被选中。被黑色粗线条包围的单元格就是当前被选中的单元格，如图8-1所示。单击工作表中的单元格即可选中它，也可以通过按上、下、左、右四个方向键来选择其他单元格。

要选择一个单元格区域，只需单击待选择区域左上角的单元格，然后按住鼠标左键并向右下角拖动至任意一个单元格，即可选中起点与终点之间的多个单元格，效果如图8-2所示。只要单击某个单元格，然后按住鼠标左键向任意方向进行拖动，都可以选择一个单元格区域。

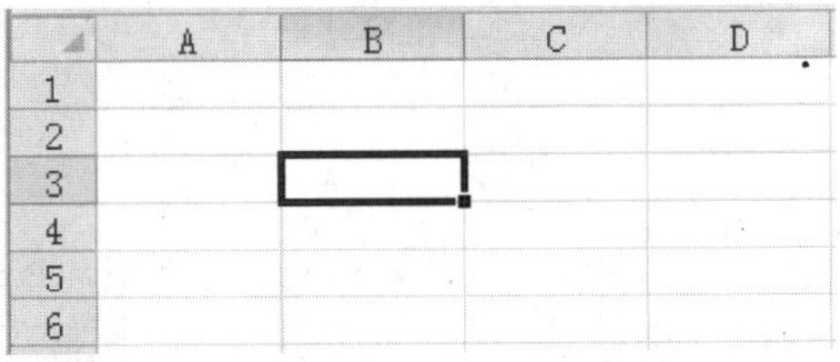

图8-1

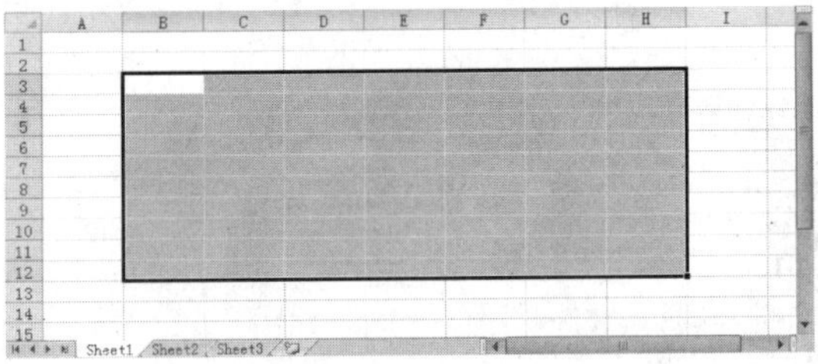

图8-2

提示：在图8-2所示的选中区域中有一个白色背景的单元格，这个单元格被称为“活动单元格”。选区可以有多个，但是多个选区中只能有一个活动单元格，这个单元格用于接收用户输入的数据。

8.1.2 选择多个不连续的单元格

如果需要选择多个不连续的单元格，那么可以先按住Ctrl键，然后依次单击待选择的单元格，如图8-3所示。

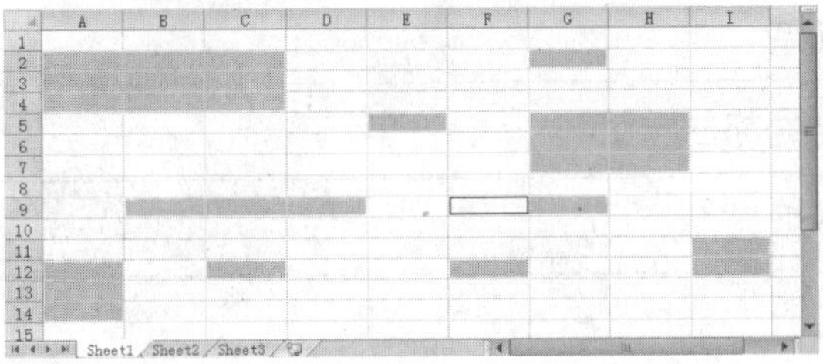

图8-3

8.1.3 选择单元格行或列

在Excel 2010中，最大行数为1 048 576行，最大列数为16 384列（从A到XFD），可以选择整行或整列。将鼠标移动到工作表左侧的行号（一列数字）上，当鼠标变为➡形状时单击，即可选择由数字代表行号的行。将鼠标移动到列字母上，当鼠标变为⬇形状时单击即可选择与列字母对应的列，如图8-4所示。

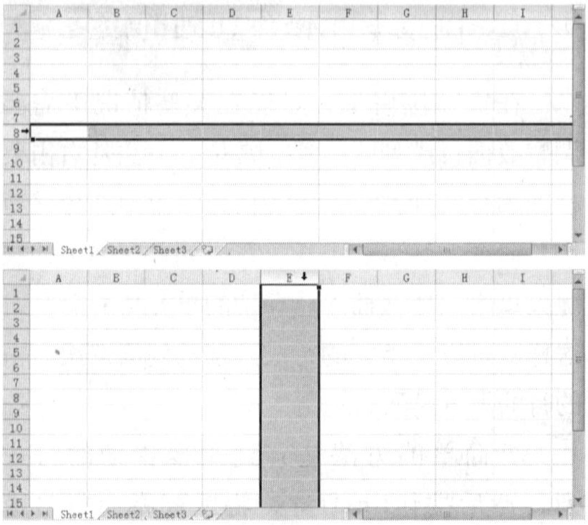

图8-4

8.1.4 选择数据区域所有单元格

如果有一个数据，需要对该区域中的所有单元格进行一些格式上的处理，那么需要先选择这个区域。单击区域内的任意一个单元格，然后按Ctrl+A组合键即可快速选中整个数据区域，如图8-5所示。

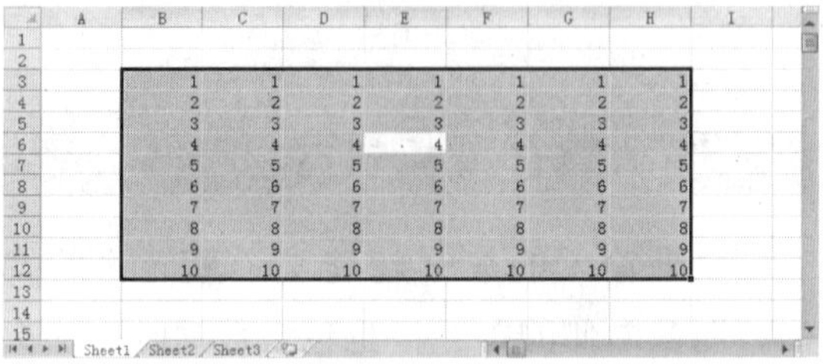

图8-5

8.1.5 选择工作表中的所有单元格

选择工作表中的所有单元格，可以使用下面两种方法。

- 单击工作表左上角的按钮，即字母A和数字1之间的位置，如图8-6所示。
- 如果工作表中不包含数据，则按一次Ctrl+A组合键即可选择工作表中的所有单元格；否则可单击数据区域内的任意一个单元格，然后按两次Ctrl+A组合键。

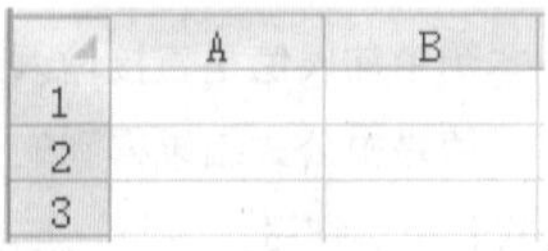

图8-6

8.1.6 按条件选择单元格

在实际应用中，工作表通常包含了多种不同类型的数据，而可能经常需要对某种类型的数据进行统一操作。例如，在图8-7所示的工作表中，包含了数字、文本、逻辑值和错误值四种类型的数据，如果希望将其中的错误值全部删除，那么可以按照以下步骤操作。

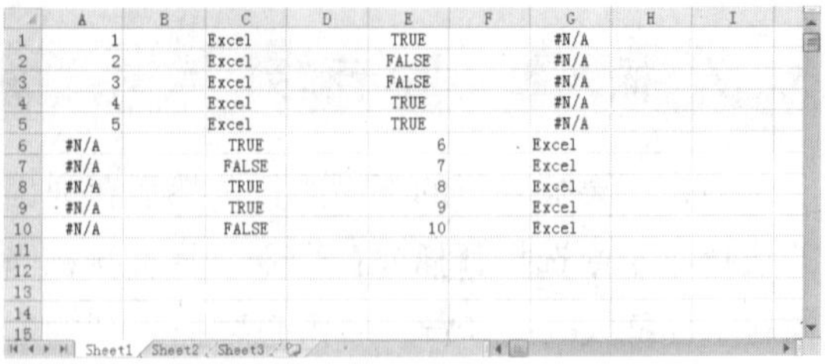

图8-7

1 单击功能区中的【开始】⇨【编辑】⇨【查找和选择】按钮，在弹出的菜单中选择【定位条件】命令。

2 打开【定位条件】对话框，选中【常量】单选按钮，然后在【公式】下方选中【错误】复选框，如图8-8所示。

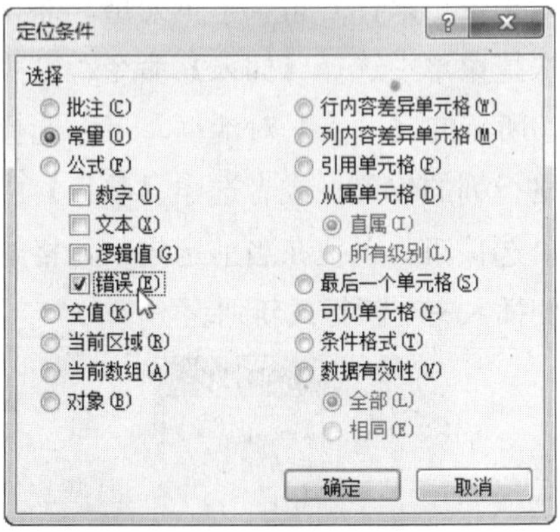

图8-8

提示：本例中错误值是直接输入到单元格中的。如果错误值是由公式结果得到的，那么就需要选中【公式】单选按钮。

3 单击【确定】按钮，则自动选中了所有包含错误值的单元格，如图8-9所示，按Delete键即可删除这些单元格中的内容。

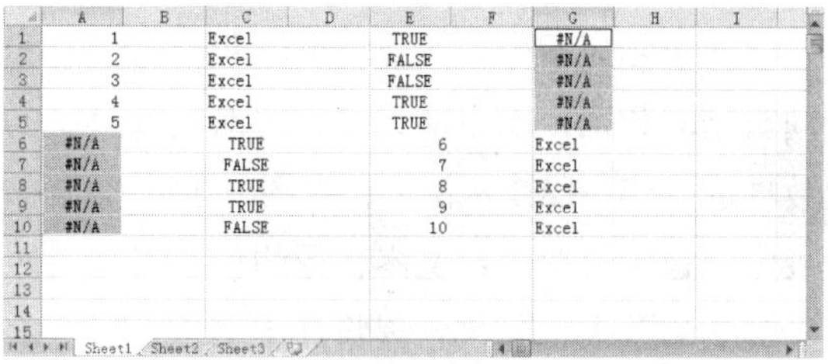

图8-9

8.1.7 插入单元格行和列

右击想要插入行的下面的行，然后在弹出的快捷菜单中选择【插入】命令，将直接在当前行上面插入一个新行。右击想要插入列的右侧的列，在弹出的快捷菜单中选择【插入】命令，则可插入一个新列。

提示：在插入行和列的时候有一个技巧，就是如果希望一次插入多行或多列，则可以先选择多个行或多个列，然后再选择【插入】命令，直接插入与选定行或列数目相同的新行或新列。

如果使用鼠标右击某个单元格，然后在弹出的快捷菜单中选择【插入】命令，则将弹出图8-10所示的【插入】对话框，可以选择插入单元格行列的位置，或者选中【整行】或【整列】单选按钮，以便在当前选定单元格的上面或左侧插入一个新行或新列。

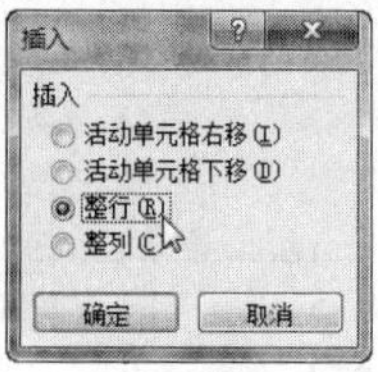

图8-10

8.1.8 调整单元格行和列的位置

在实际应用中，可能在某些情况下需要调整数据行或列的位置。常规的方法是右击要移动的行或列并在弹出的快捷菜单中选择【剪切】命令，然后右击任一行或列并在弹出的快捷菜单中选择【插入已剪切的单元格】命令，这样就可以将指定的行或列移动到第二次右击的行的上方或列的左侧。

更简单的方法是：选中要移动的行或列，然后按住Shift键，将鼠标指向行号或列字母附近，当鼠标变为十字箭头时按住鼠标左键，并将所选择的行或列拖动到指定位置，如图8-11所示。

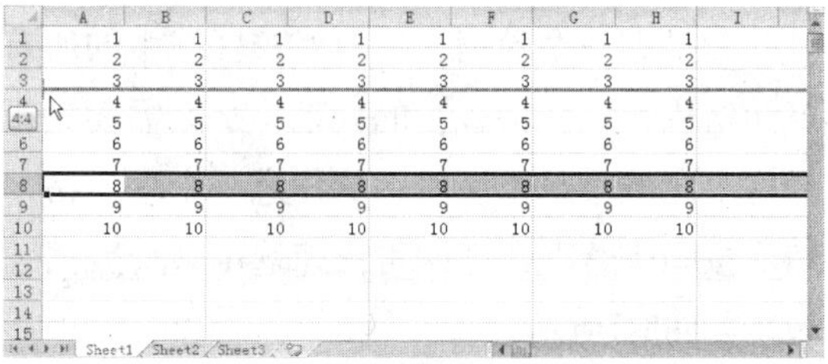

图8-11

8.1.9 设置行高和列宽

如果输入的数据超过一个单元格的宽度，而其右侧的单元格也包含数据时，那么这个单元格多出的数据将不会被显示出来，但是可以在公式栏中看到完整的内容。如果希望在单元格中显示出完整的内容，就需要调整单元格所在列的宽度。可以使用以下三种方法调整列宽。

- 将光标移动到列与列之间，当形状变为十字箭头时，向左或向右拖动鼠标，减小或增大列的宽度。
- 右击待调整列的列字母，在弹出的快捷菜单中选择【列宽】命令，打开【列宽】对话框，设置列宽的数值，如图8-12所示，然后单击【确定】按钮。

- 如果希望列宽正好匹配单元格中内容的长度，可以单击功能区中的【开始】⇨【单元格】⇨【格式】按钮，在弹出的菜单中选择【自动调整列宽】命令。

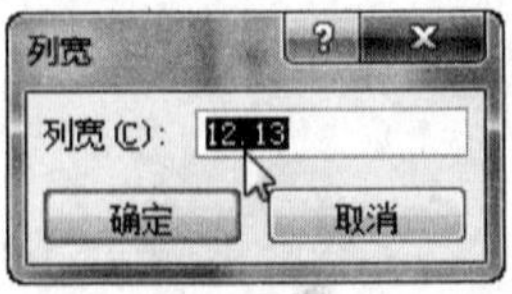

图8-12

提示：双击列与列之间的边界线，可以快速调整列宽。

调整行高的方法与调整列宽类似，这里不再赘述。

8.1.10 显示或隐藏单元格行和列

如果某些行或列包含重要内容而又不想透露给其他人，可以将这些行或列隐藏起来，然后设置工作表的保护，这样没有密码的人是无法重新显示这些行或列的。

例如，要将工作表中的B、C、D三列数据隐藏起来，需要先选择这三列，然后右击选区并在弹出的快捷菜单中选择【隐藏】命令，将所选择的三列隐藏起来，效果如图8-13所示。

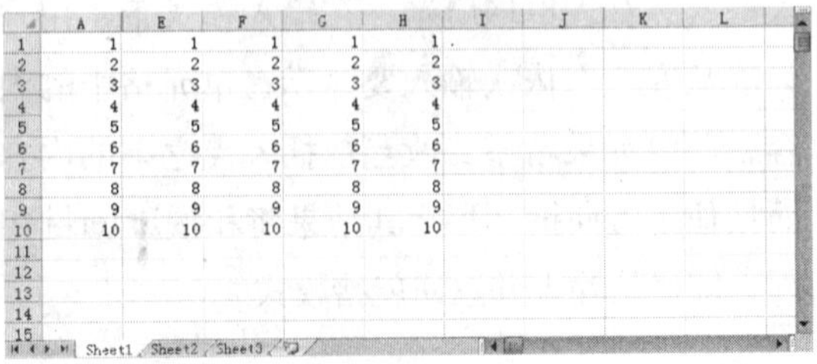

图8-13

如果希望重新显示隐藏的列，那么可以选择位于隐藏列两侧的列，如A和E列，然后右击选区并在弹出的快捷菜单中选择【取消隐藏】命令，这样即可重新显示出之前隐藏的B、C、D列。隐藏行的方法与列类似，这里不再赘述。

8.2 输入数据

在Excel 2010中输入数据时，根据要输入的数据类型和排列方式，可以使用多种不同的方法来完成，以提高工作效率。

8.2.1 直接输入数据

在Excel中，一个单元格中最多可容纳32 000个字符。在一个单元格中输入数据非常简单，遵循以下三步即可。

1 选择要输入数据的单元格。

2 输入所需的数据。

3 按Enter键确认输入。

在单元格中可以包含各种类型的数据，大致分为以下几种。

- 中文汉字。
- 英文字母。
- 数字。
- 日期。

- 逻辑值（True或False）。
- 错误值。
- 普通公式。
- 数组公式。

当在单元格中输入内容后，在按Enter键确认输入之前，状态栏左侧的显示会由最初的“就绪”改为“输入”，说明此时处于数据输入模式，如图8-14所示。在输入模式下，用户只能从左至右依次输入要显示在单元格中的内容，此时如果希望修改当前插入点之前的内容而按住了方向键，那么其结果将和按Enter键相同，即确认输入并返回就绪模式。

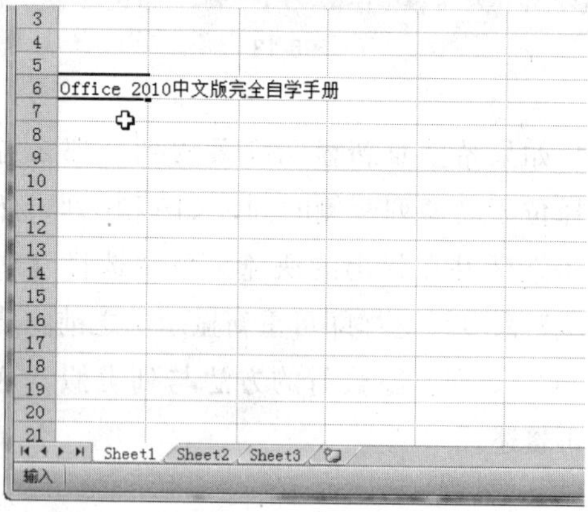

图8-14

因此，如果需要在输入的过程中移动方向键于已输入的内容之间，则需要使用鼠标单击希望到达的位置，或者按一次F2键，这样即可进入单元格的编辑模式，此时会在状态栏的左侧显示“编辑”字样，如图8-15所示，使用方向键可以随意在已输入的内容之间移动位置。换句话说，在编辑模式下将便于修改单元格中的内容。

如果需要在以后修改单元格中的内容，可以使用下面几种方法。

- 单击单元格并输入新内容，则用新内容覆盖旧内容。
- 双击单元格并修改其中的内容。
- 单击单元格，按F2键，然后修改其中的内容。
- 单击单元格，然后单击公式栏并修改其中的内容。

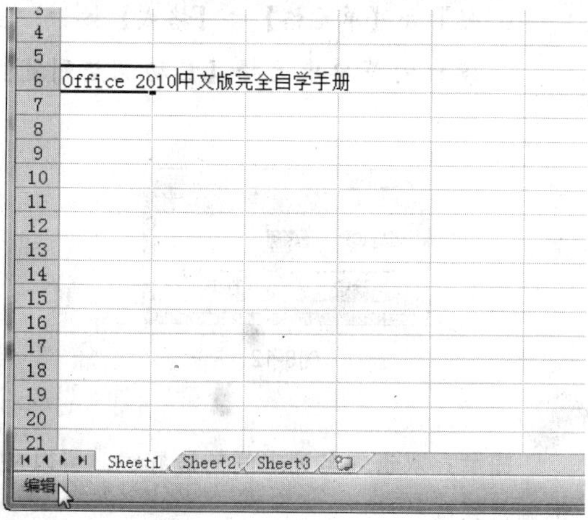

图8-15

8.2.2 填充相同的数据

如果需要在多个单元格中输入相同的内容，可以使用填充的方法来批量完成。首先在一个单元格中输入好数据，然后将鼠标指向该单元格右下角的黑色填充柄，向其他方向拖动填充柄，即可在鼠标拖动经过的单元格中输入相同的内容，如图8-16所示。

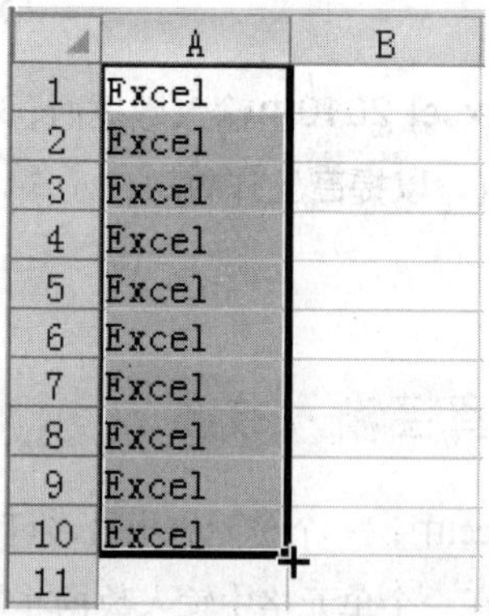

图8-16

除了手工拖动填充数据外，还可以使用Excel提供的填充功能。选择包含基准数据的一个单元格区域，然后单击功能区中的【开始】⇨

【编辑】⇨【填充】按钮，在弹出的菜单中选择相应的命令，即可完成填充操作，例如，对于图8-17来说，在选择了区域A1:A10后，需要在填充菜单中选择【向下】命令，将单元格A1中的数据填充到其下方的选区中。

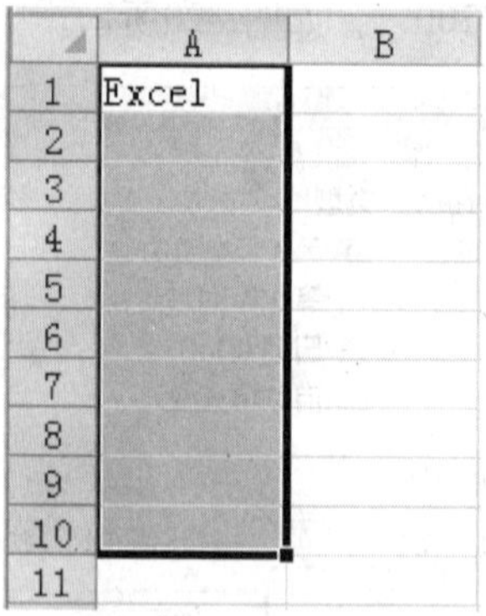

图8-17

上面这种方法适用于在同一列中输入相同数据。如果初始数据位于单元格A1，而希望在区域D1:D10中输入单元格A1中的内容。对于这种情况，可以使用复制、粘贴的方法。具体操作如下。

1. 在单元格A1中输入基础数据。
2. 单击单元格A1，然后按Ctrl+C组合键复制数据。
3. 选择目标区域，然后按Ctrl+V组合键粘贴数据。

8.2.3 输入序列数据

对于文本来说，使用上一节提供的方法可以批量输入相同的内容。对于数值类型的数据来说，通常不需要重复的数据，而是需要以某种规律递增或递减的数据。

例如，有10件产品，希望为它们从“1”开始编号。或者，可能希望在一个考勤表的A列中输入一个月的日期。对于类似这种序列数据的输入，可以使用Excel的填充功能快速完成。

下面的示例将在区域A1:A10中输入自然数序列“1”～“10”。具体操作如下。

1. 单击单元格A1，然后输入数字“1”。
2. 按住Ctrl键的同时，向下拖动单元格A1右下角的填充柄，直至单元格A10为止，这样将在区域A1:A10中输入“1”～“10”，如图8-18所示。

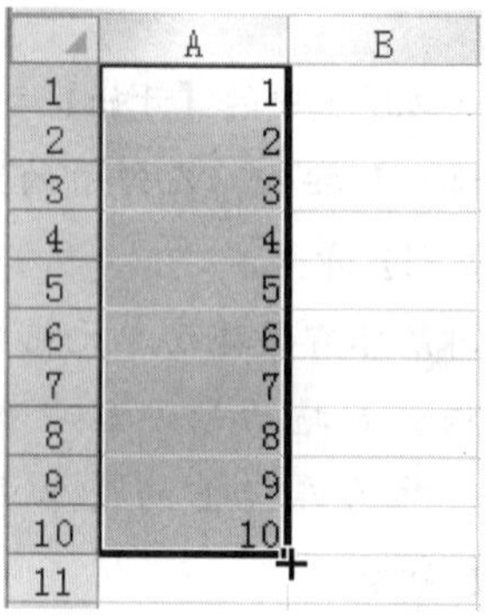

图8-18

提示：对于只有一个起始数字的填充，必须在填充时按住Ctrl键。

要实现上面示例中的填充效果，还可以使用下面的方法。

1. 在待填充区域的前两个单元格中输入起始的两个数字。例如，在单元格A1和A2中输入序列数据中的前两个数字“1”和“2”。
2. 同时选择单元格A1和A2，然后拖动单元格A2右下角的填充柄，向下拖动到单元格A10为止。

提示：采用这种方法进行填充时无需按住Ctrl键。

对于日期序列的填充，则只需要输入一个起始日期，然后进行拖动填充即可。

8.2.4 设定填充序列

前面介绍的填充方法只适用于两种情况，即输入相同数据或输入增量为“1”的数据，如连续的自然数或连续的日期。如果希望以任意增量来填充数字，那么前面介绍的方法就无法完成了。因此，为了实现多样化的填充效果，需要使用更加灵活的填充方法——【序列】对话框。可以使用下面两种方法打开【序列】对话框。

- 单击功能区中的【开始】⇨【编辑】⇨【填充】按钮，在弹出的菜单中选择【系列】命令。
- 使用鼠标右键拖动单元格右下角的填充柄，在拖动的过程中释放鼠标右键，然后在弹出的菜单中选择【序列】命令。

打开的【序列】对话框如图8-19所示，可以根据填充的方向和增量进行灵活设置。

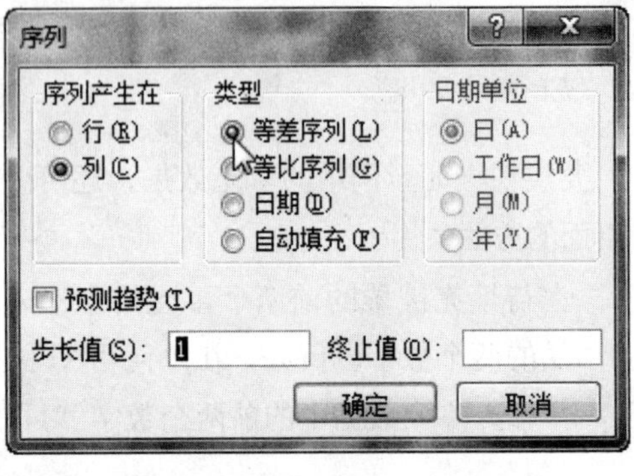

图8-19

使用【序列】对话框完成序列数据的输入，最适合的一种情况是：不知道要输入数据的区域的大小，但是已知起始值和终止值。例如，现在已知序列数据的第一个值为“20”，最后一个值为“200”，序列数据的增量为“20”，希望在以单元格A1开始的区域中输入这样的序列数据。具体操作如下。

1 单击单元格A1，然后输入“20”。

2 单击功能区中的【开始】⇨【编辑】⇨【填充】按钮，在弹出的菜单中选择【系列】命令，打开【序列】对话框。

3 选中【列】单选按钮，然后将【步长值】设置为“20”，将【终止值】设置为“200”，如图8-20所示。

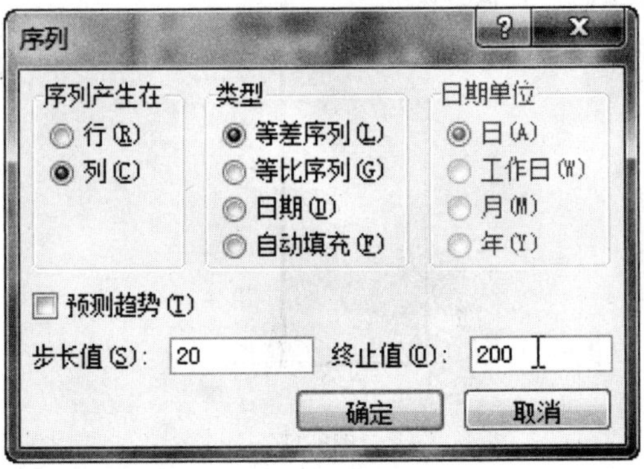

图8-20

4 单击【确定】按钮，得到如图8-21所示的结果。

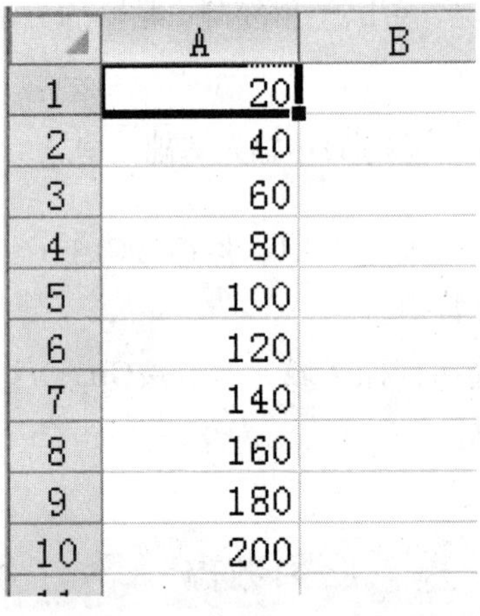

图8-21

8.2.5 创建和使用自定义序列

Excel可以自动识别某些常用的数据序列，因为这些数据序列内置于Excel中。然而，也许有时候用户希望数据以自己特定的顺序来排列，此时可以创建自定义序列。具体操作步骤如下。

1 单击【文件】按钮，在弹出的面板中选择【选项】命令，打开【Excel选项】对话框。选择左侧列表中的【高级】选项，然后单击右侧的【编辑自定义列表】按钮，如图8-22所示。

图8-22

2 打开【自定义序列】对话框，在【自定义序列】列表框中选择【新序列】选项，然后在右侧的的列表框中输入任意指定顺序的多项数据，每输入一个数据按一次Enter键，使所有数据纵向排列，如图8-23所示。

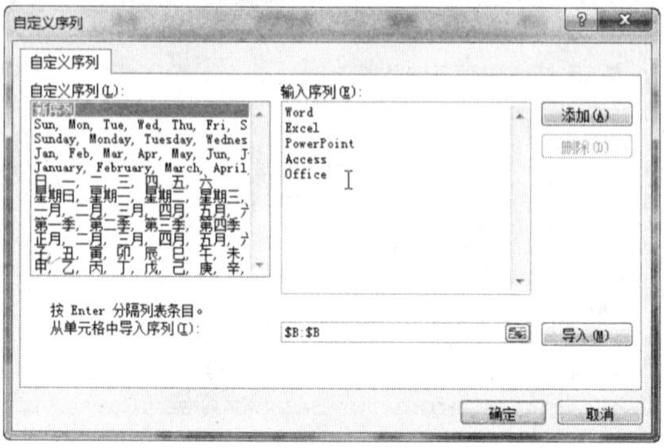

图8-23

3 单击【添加】按钮，将新输入的数据序列添加到左侧的列表框中，如图8-24所示。

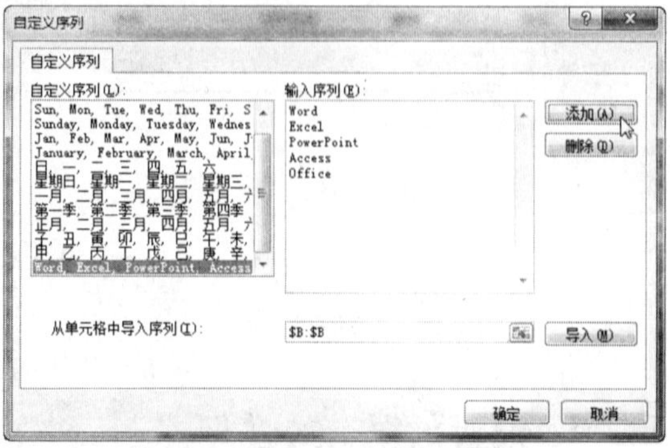

图8-24

4 单击两次【确定】按钮，关闭打开的对话框，此后在单元格中输入前面创建的数据序列的第一项后，就可以通过拖动单元格的填充柄来自动输入数据序列的数据项了，效果如图8-25所示。

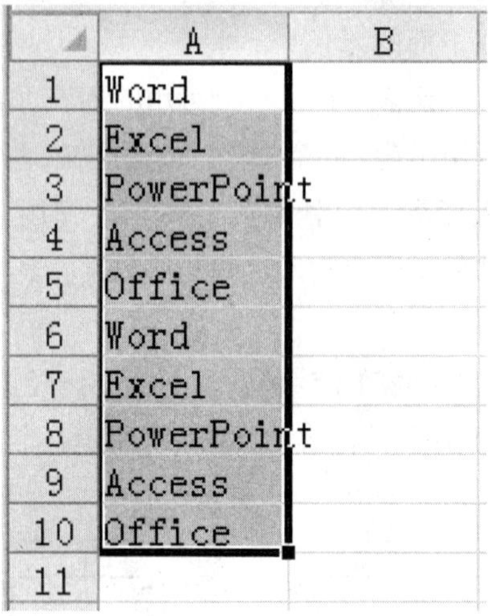

图8-25

一种创建自定义数据序列的更好方法是，先在单元格区域中按顺序输入好一个数据列表，然后打开【自定义序列】对话框。单击【导入】按钮左侧的按钮，选择工作表中已输入好数据的区域，如图8-26所示，然后单击按钮返回【自定义序列】对话框，最后单击【导入】按钮即可创建自定义序列。

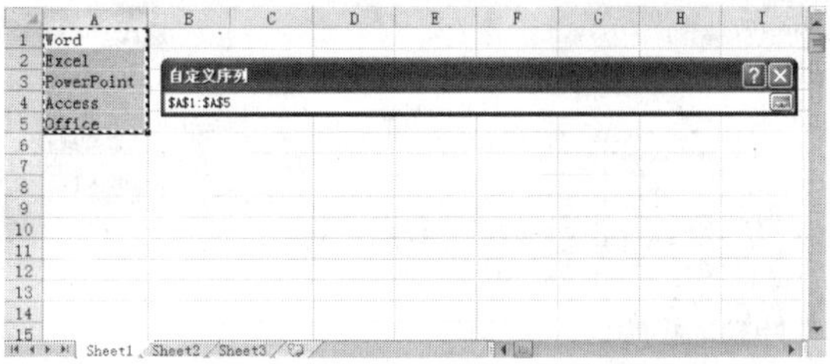

图8-26

8.2.6 设置数据有效性

数据有效性是Excel中一个很实用的功能，它通常可以提供给用户一个列表，从列表中选择待输入的数据；或者，也可以通过设置数据有效性来允许或禁止用户在指定区域中输入的数据。下面通过两个示例来说明数据有效性的基本使用方法。

在下面的示例中，将在区域A1:A10中的每一个单元格中提供一个可用的列表，其中显示了可用于输入的数据。如果用户在这个区域中输入了列表以外的内容，则会弹出警告信息，并禁止用户输入这些非法数据。具体操作如下。

1 在区域F1:F5中输入上一节用于创建自定义序列的内容，如图8-27所示。

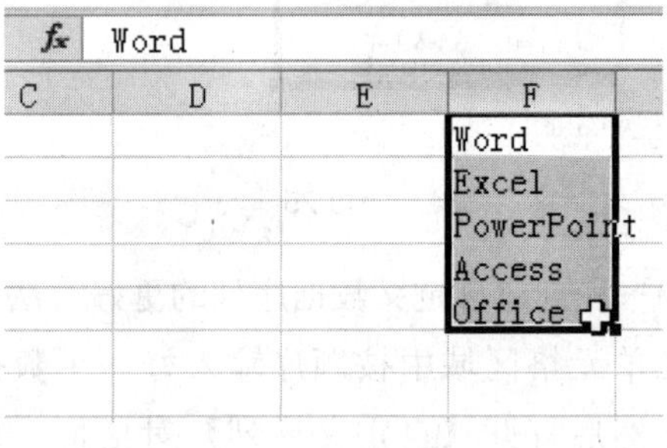

图8-27

2 选择区域A1:A10，然后单击功能区中的【数据】⇨【数据工具】⇨【数据有效性】按钮，打开【数据有效性】对话框。

3 切换到【设置】选项卡，在【允许】下拉列表中选择【序列】选项，然后单击按钮并在工作表中选择步骤1输入的数据所在的单元格区域（F1:F5），再单击按钮，结果如图8-28所示。

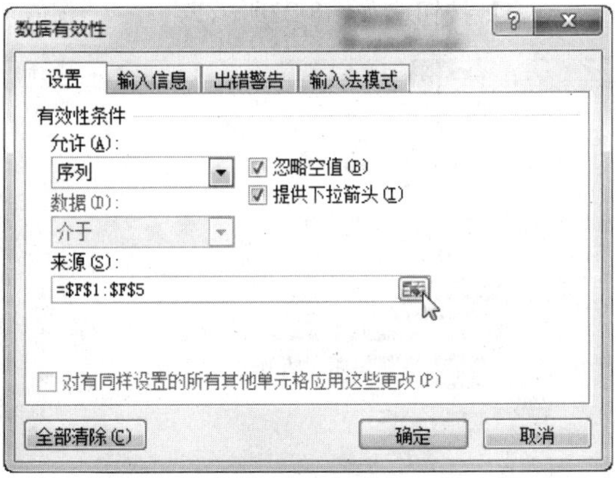

图8-28

4 切换到【出错警告】选项卡，选中【输入无效数据时显示出错警告】复选框。在【样式】下拉列表中必须选择【停止】选项，然后输入一个有意义的提示性的标题和错误信息，如图8-29所示。

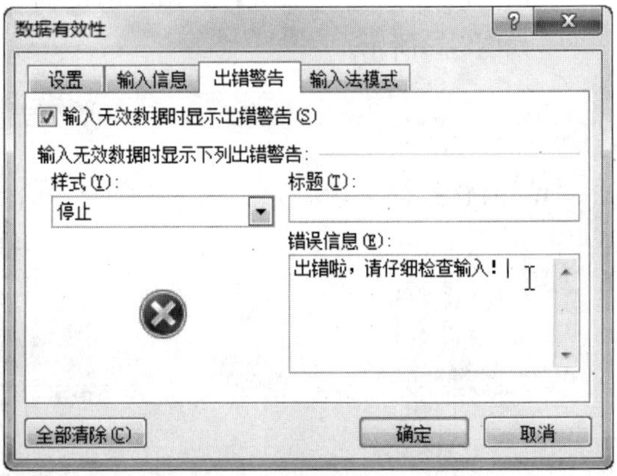

图8-29

5 单击【确定】按钮，关闭【数据有效性】对话框。单击区域A1:A10中的任意一个单元格，单元格右侧将显示一个下拉按钮。单击该按钮，弹出一个列表，其中显示了可以输入的内容，选择任一项即可将所选内容输入到当前单元格中，如图8-30所示。

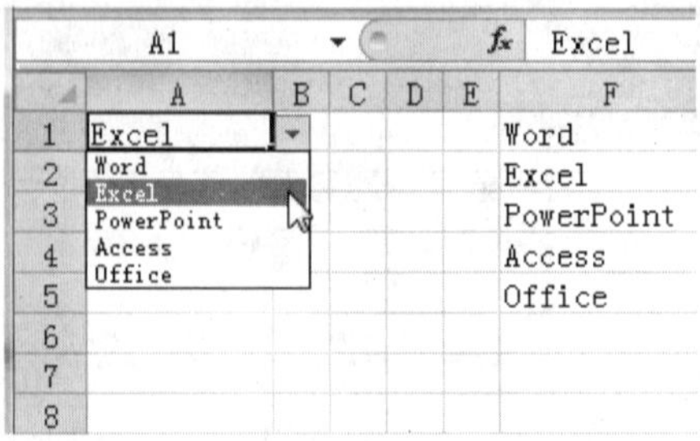

图8-30

6 如果直接在单元格中输入列表中不存在的数据，那么在按Enter键后会弹出如图8-31所示的对话框，并禁止用户将此数据输入到单元格中，此时要么单击【重试】按钮修改数据，要么单击【取消】按钮取消本次数据并恢复到之前的数据。

图8-31

提示：如果对数据有效性单元格进行粘贴操作，那么原来的数据有效性就会被覆盖。换句话说，这些数据有效性会自动被删除。

下面的示例将禁止用户在A列中输入重复数据。具体操作如下。

1 选择A列，然后打开【数据有效性】对话框。

2 在【设置】选项卡中，单击【允许】下拉列表，选择【自定义】选项，然后在【公式】文本框中输入如图8-32所示的公式。

```
=COUNTIF(A:A,A1)=1
```

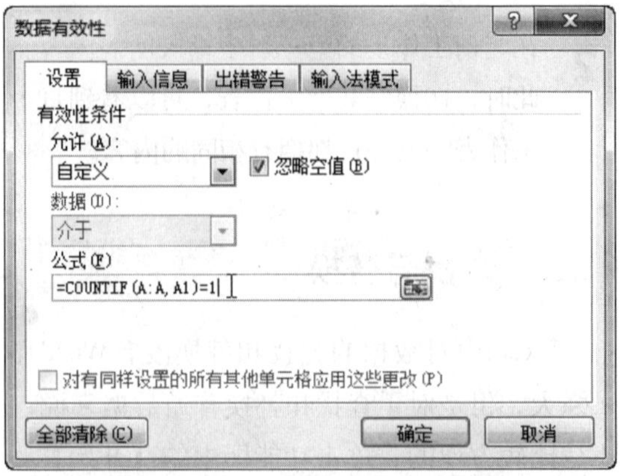

图8-32

3 单击【确定】按钮，当在A列中输入重复数据时，将会弹出提示信息。

8.2.7 使用工作表组

很多时候需要将一些数据同时输入到多个工作表中。例如，在制作每个月的销售数据明细表时，都需要在每个表中的首行输入相同的列标题。在输入时可以一个表一个表的输入，也可以只输入一次，但却可以将数据同时输入到其他工作表中。

要实现这样的功能，需要用到同时选择多个工作表的技术，这在Excel中被称为“工作表组”。例如，已经在工作簿中创建好了以月份为名称的12个工作表，然后按以下操作，即可一次性在12个工作表中的第一行输入相同的数据。

1 右击任意一个工作表标签，在弹出的快捷菜单中选择【选定全部工作表】命令，这样将选择所有工作表，并在Excel窗口顶部的标题栏中显示“［工作组】”字样，如图8-33所示。

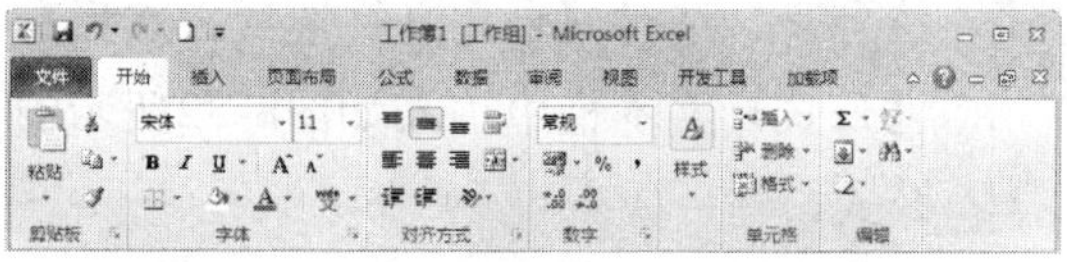

图8-33

2 在当前工作表的第一行中输入所需内容。此时，切换到其他工作表，可以看到每个工作表的第一行都拥有相同的内容。

8.2.8 查找与替换

Excel中对数据的查找和替换没有Word那么强大，但是对于查找和替换普通数据来说，还是比较方便的。单击功能区中的【开始】⇨【编辑】⇨【查找和选择】按钮，在弹出的菜单中选择【查找】命令，打开【查找和替换】对话框。可以在【查找】选项卡中输入要查找的内容，然后单击【查找下一个】按钮。如果找到匹配的内容，则会自动选中内容所在的单元格，如图8-34所示。

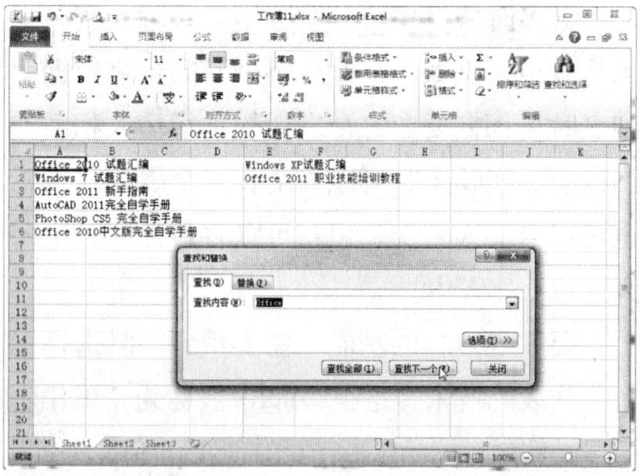

图8-34

继续单击【查找下一个】按钮，将选中单元格E2，如图8-35所示。当继续单击【查找下一个】按钮时，会继续向下查找并选中匹配的单元格。

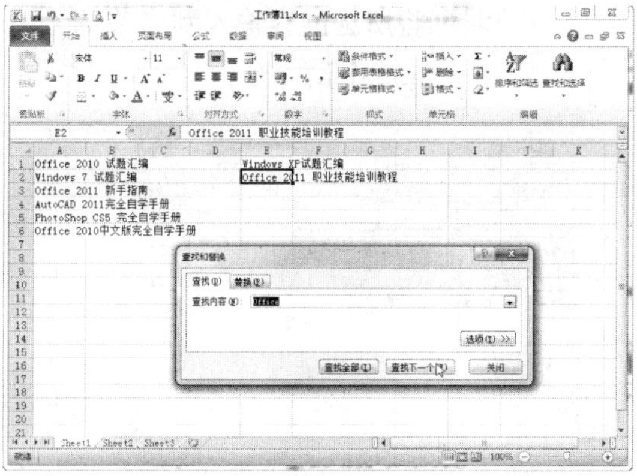

图8-35

默认情况下，Excel的查找功能有两个特点：第一，查找的方向是先行后列进行的；第二，在查找英文单词时，默认是不区分大小写的。可以改变Excel的这种默认查找方式，方法是单击【选项】按钮，展开【查找和替换】对话框，如图8-36所示。

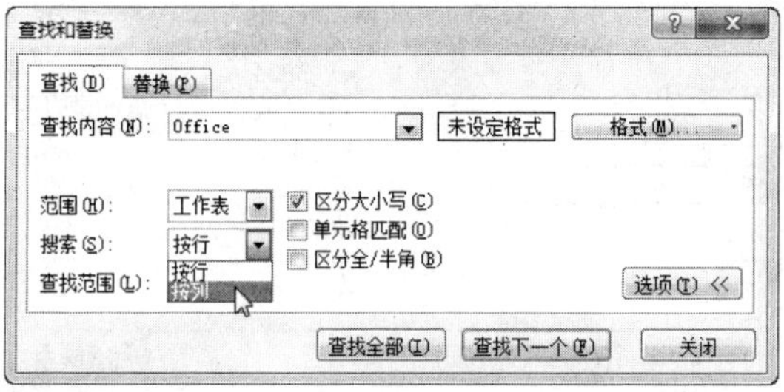

图8-36

展开对话框后，可以看到很多设置项，这些选项就是用来设置查找方式的。例如，可以将【范围】改为【工作簿】，这样就可以在整个工作簿的所有工作表中进行查找；也可以将【按行】改为【按列】，这样就先按列再按行进行查找；还可以选中【区分大小写】复选框，这样将区分英文单词的大小写进行查找。对于前面那个示例来说，如果按区分大小写进行查找，则只能查找到B列中的结果，而A列就无法被查找到了。在【查找范围】中还可以指定待查找目标的类型，包括三种，即公式、值、批注。

单击【格式】按钮可以方便地查找内

容。但是需要注意的是：只能查找手工设置的格式，而无法查找表格式或条件格式。下面的示例可以查找工作表中的所有合并单元格（这些单元格通过【开始】⇨【对齐方式】⇨【合并后居中】命令合并），并将这些合并单元格一次性全部拆分为单个单元格。具体操作如下。

1 切换到要查找合并单元格的工作表，打开【查找和替换】对话框。

2 确保在【查找内容】下拉列表框中留空，然后单击【格式】按钮。

3 打开【查找格式】对话框，切换到【对齐】选项卡，选中【合并单元格】复选框，如图8-37所示。

图8-37

4 单击【确定】按钮，返回【查找和替换】对话框。单击【查找全部】按钮，将在对话框的下方展开一个列表，其中显示了所有查找到的合并单元格地址及其所属的工作表，如图8-38所示。

5 按Ctrl+A组合键选中所有项目和工作表中对应的单元格，如图8-39所示。

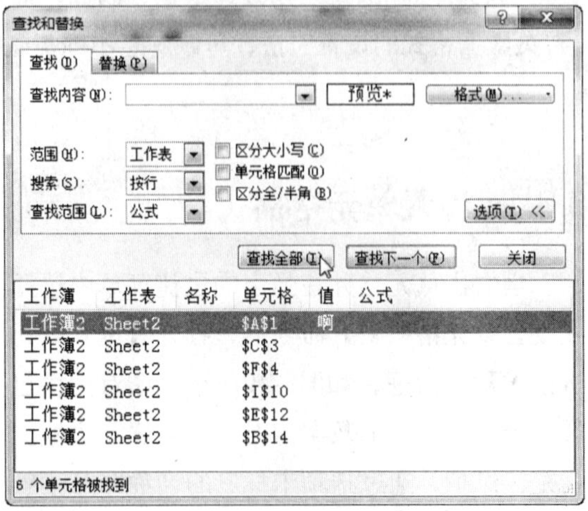

图8-38

图8-39

6 单击功能区中的【开始】⇨【对齐方式】⇨【合并后居中】按钮，即可取消合并所有这些被选中的单元格。

在Excel中也支持使用通配符进行查找，表8-1列出了Excel中可用的通配符及其说明。

表8–1 查找和替换中的通配符

通 配 符	说 明
?	代表任意单个字符。例如，“工?表”可查找到“工作表”、“工资表”和“工程表”
*	代表任意数量的字符。例如，“*系”可查找到“数学系”、“英语系”和“计算机系”
~	在“?、*、~”前输入一个“~”，可查找“?”、“*”和“~”。例如，输入“工作表~?”可查找到“工作表?”

8.3 设置数据格式

因为Excel的重点是处理数据，因此，对数据格式的设置就变得很重要。Excel提供了很多有关数据格式的设置方法，可以满足不同类型数据的需要。

8.3.1 设置单元格格式

当右击单元格并在弹出的快捷菜单中选择【设置单元格格式】命令后，打开【设置单元格格式】对话框，如图8-40所示。该对话框包含六个选项卡，即数字、对齐、字体、边框、填充、保护，通过选项卡标签的名称即可了解每个选项卡的作用。例如，【数字】选项卡主要用于对工作表中的数字或日期等数据设置某种专用格式（如货币或百分比格式等）；【对齐】选项卡主要用于设置单元格中内容的位置；【字体】选项卡主要用于设置单元格中内容的字体格式等。

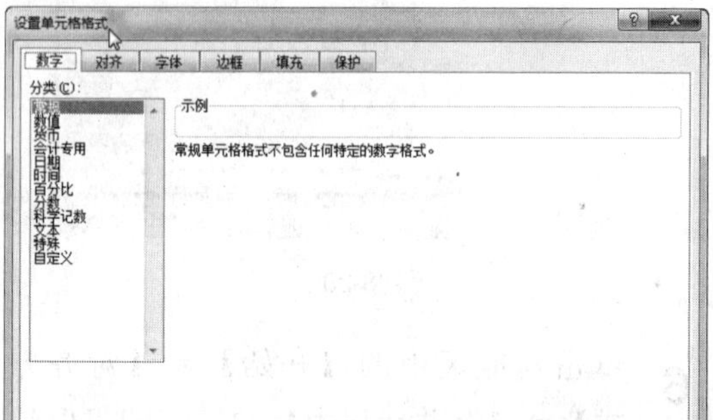

图8-40

在功能区中也有对应于【设置单元格格式】对话框中的选项，主要位于【开始】选项卡中的【字体】、【对齐方式】和【数字】组中。图8-41所示是一个员工资料表，现在需要将表格标题行的字体设置为加粗的楷体并居中对齐，然后将月薪设置为货币格式。具体操作如下。

	A	B	C	D	E	F	G
1	编号	姓名	性别	学历	部门	工龄	工资
2	1	罗瑞芳	女	本科	财务部	3	5690
3	2	战天辰	男	硕士	技术部	5	28900
4	3	郝燕子	女	博士	技术部	3	28900
5	4	沈冰	女	本科	财务部	2	5280
6	5	秦晓	女	硕士	信息部	4	18200
7	6	田红	女	专科	客服部	1	4500
8	7	蒋大山	男	中专	客服部	1	4000
9	8	陈明	男	本科	信息部	5	12000
10	9	刘金梅	女	本科	技术部	4	15000

图8-41

1 选择区域A1:G1，右击选区并在弹出的快捷菜单中选择【设置单元格格式】命令。

2 打开【设置单元格格式】对话框，切换到【对齐】选项卡，将【水平对齐】设置为【居中】，如图8-42所示。

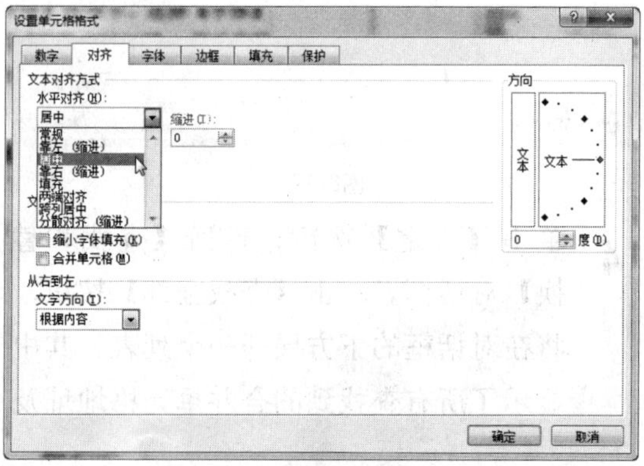

图8-42

3 切换到【字体】选项卡，选择【字体】列表框中的【楷体_GB2312】选项，然后选择【字形】列表中的【加粗】选项，如图8-43所示。

4 单击【确定】按钮，完成表格标题行的设置。选择区域G2:G13，然后打开【设置单元格格式】对话框。切换到【数字】选项卡，在【分类】列表框中选择【货币】选项，然后在右侧设置货币格式下的小数位数及其他参数，如图8-44所示。

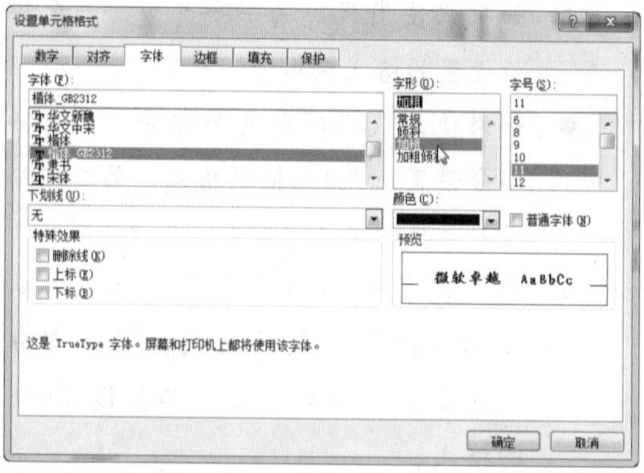

图8-43

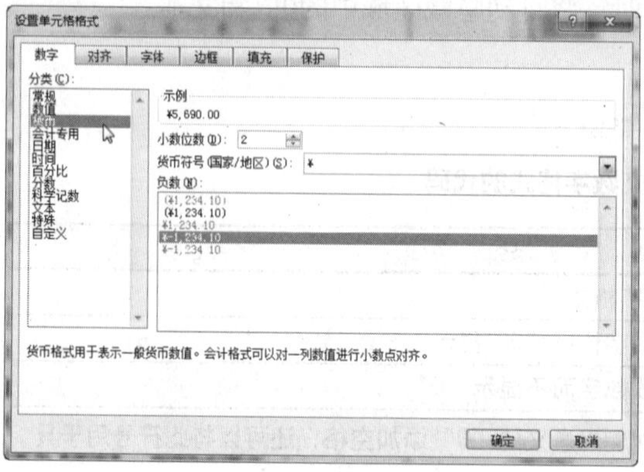

图8-44

5 单击【确定】按钮，适当调整单元格行高，得到的工作表效果如图8-45所示。

	A	B	C	D	E	F	G
1	编号	姓名	性别	学历	部门	工龄	工资
2	1	罗瑞芳	女	本科	财务部	3	¥5,690.00
3	2	战天辰	男	硕士	技术部	5	¥28,900.00
4	3	郝燕子	女	博士	技术部	3	¥28,900.00
5	4	沈冰	女	本科	财务部	2	¥5,280.00
6	5	秦晓	女	硕士	信息部	4	¥18,200.00
7	6	田红	女	专科	客服部	1	¥4,500.00
8	7	蒋大山	男	中专	客服部	1	¥4,000.00
9	8	陈明	男	本科	信息部	5	¥12,000.00
10	9	刘金梅	女	本科	技术部	4	¥15,000.00

图8-45

8.3.2 创建自定义格式

默认情况下，Excel已经内置了大量的数字格式，可以在【设置单元格格式】对话框的【数字】选项卡中找到这些格式。但在很多情况下可能需要将数字显示为具有特殊要求的格式，这时就要用到自定义数字格式功能。Excel会根据用户在单元格中输入的内容而自动设置单元格的格式。例如，如果在数字之间以“/”或“-”分隔，那么Excel将认为正在输入的数字是一个日期；如果使用“:”分隔数字，那么数字将被认为是一个时间。在开始介绍自定义数字格式之前，先来看一个示例，这个示例将隐藏工作表中的0值。具体操作如下。

1 选择要设置的数据区域，然后打开【设置单元格格式】对话框。

2 在【数字】选项卡中选择【分类】列表框中的【自定义】选项，然后在右侧的文本框中输入下面的代码，如图8-46所示。

```
G/通用格式;G/通用格式;
```

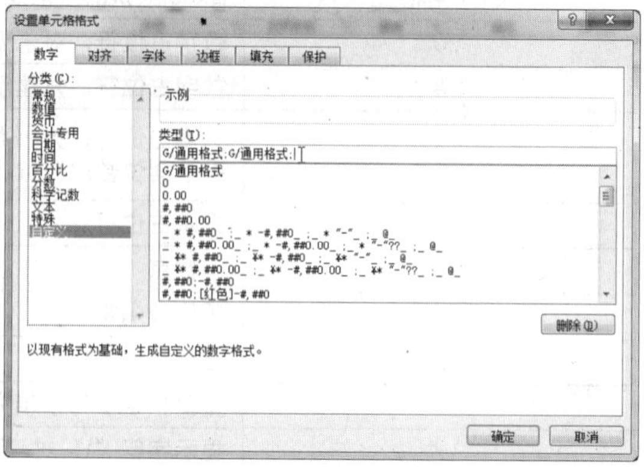

图8-46

3 单击【确定】按钮，将自动隐藏选区中的0值，如图8-47所示。

通过上面这个简单的示例，可以看到自定义数字格式的强大功能。

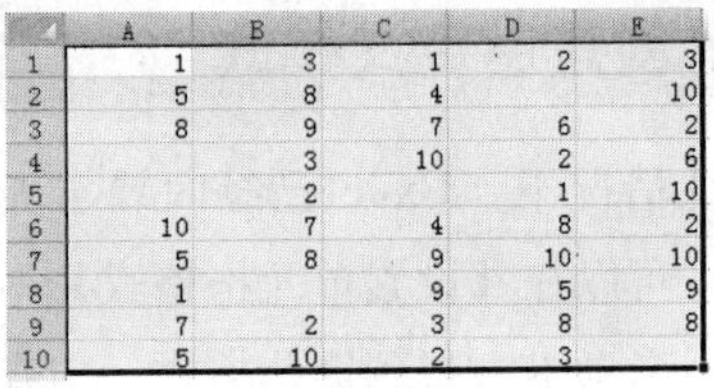

图8-47

下面是自定义数字格式的通用书写格式。

第一部分;第二部分;第三部分;第四部分

自定义数字格式的代码由四部分组成，各部分之间以分号“；”分隔。以下是各部分代码设置的数值类型。

- 第一部分代码用于设置正数的格式。
- 第二部分代码用于设置负数的格式。
- 第三部分代码用于设置0值的格式。
- 第四部分代码用于设置文本的格式。

在上一个示例中，由于数字格式包含三部分，但第三部分只用一个分号隔开，而未设置任何内容，因此，对于0值则显示为空，这样就达到了隐藏0值的效果。如果自定义数字格式代码包含了四部分，那么各部分将设置对应的数字格式。但如果未包含完整的四部分，则请参考以下设置规则。

- 如果只使用代码的一个部分，则代码所设置的格式应用于所有数字。
- 如果使用代码的前两个部分，则第一部分设置正数和0值的格式，第二部分设置负数的格式。
- 如果使用代码的前三个部分，则第一部分设置正数的格式，第二部分设置负数的格式，第三部分设置0值的格式。

当单元格区域应用上述自定义数字格式时，将自动隐藏区域中的0值和文本。

表8-2列出了可用于创建自定义数字格式的代码类型。

表8–2　用于创建自定义数字格式的代码

代　码	说　明
G/通用格式	Excel默认的“常规”数字格式
0	数字占位符，对于无效数字位以“0”显示
#	数字占位符，只显示有效数字而不显示“0”
?	数字占位符，为小数点两侧无意义的“0”添加空格，还可以将此符号用于具有不同位数的分数
@	文本占位符
.	小数点
,	千位分隔符
%	百分号
*	重复指定字符以填充列宽
\或!	显示字符“\”或“!”的下一个字符
_	保留一个与下一个字符等宽的空格
E-、E+、e-和e+	科学计数符号
"文本内容"	显示双引号之间的内容
-、+、/、(、)、$、空格	在单元格中直接显示这些字符
[颜色]	通过输入表示颜色的文字来设置数字的颜色，中括号内的“颜色”可用以下文字代替：红色、品红色、黄色、蓝色、黑色、绿色、青绿色、白色
[颜色n]	通过数字代码设置颜色值，“n”为0~56之间的数字
条件值	使用条件语句指定在符合条件的情况下使用指定的格式

例如，希望在单元格中输入正数时显示为蓝色，输入负数时显示为红色，输入“0”则隐藏，输入文本则显示为黑色，可以使用下面的自定义数字格式代码。

```
[蓝色]G/通用格式;[红色]G/通用格式;[黑色]G/通用格式
```

自定义数字格式是极富创造性的工作，因为可以根据实际需要发挥最大的想象和创意，从而设计出各种各样意想不到的单元格数据显示效果。例如，可以通过设置自定义数字格式来添加一些固定显示出来的内容，但实际上这些内容并不存在于单元格中。下面的自定义数字格式代码将在每个员工姓名的前面自动添加公司的部门名称（如技术部）：

```
"技术部："@
```

其最终效果如图8-48所示。

	A	B	C	D	E	F	G
1	编号	姓名	性别	学历	部门	工龄	工资
2	1	罗瑞芳	女	本科	财务部	3	¥5,690.00
3	4	沈冰	女	本科	财务部	2	¥5,280.00
4	2	技术部：战天辰	男	硕士	技术部	5	¥28,900.00
5	3	技术部：郝燕子	女	博士	技术部	3	¥28,900.00
6	9	技术部：刘金梅	女	本科	技术部	4	¥15,000.00
7	6	田红	女	专科	客服部	1	¥4,500.00
8	7	蒋大山	男	中专	客服部	1	¥4,000.00
9	5	秦晓	女	硕士	信息部	4	¥18,200.00
10	8	陈明	男	本科	信息部	5	¥12,000.00
11							

图8-48

当某些自定义数字格式无用时，可以将它们删除。在【设置单元格格式】对话框的【数字】选项卡中，选择【分类】列表框中的【自定义】选项，然后在右侧的列表框中选择要删除的自定义数字格式并单击【删除】按钮。

8.3.3 设置条件格式

前面介绍了数据有效性的功能，它可以控制用户输入到工作表中的数据。本节将要介绍的条件格式则是Excel提供的另一个非常强大的功能。使用条件格式可以为当前已输入的数据根据某种给定条件来自动设置不同格式，通常为了突出显示某些满足条件的数据。

Excel 2010的条件格式内置了很多实用选项，单击功能区中的【开始】⇨【样式】⇨【条件格式】按钮，在弹出的菜单中选择不同的格式选项来设置条件格式的规则。例如，在图8-49所示的工作表中，通过不同长度的条形图显示了每个员工的工资差异情况。

	A	B	C	D	E	F	G
1	编号	姓名	性别	学历	部门	工龄	工资
2	1	罗瑞芳	女	本科	财务部	3	¥5,690.00
3	4	沈冰	女	本科	财务部	2	¥5,280.00
4	2	技术部：战天辰	男	硕士	技术部	5	¥28,900.00
5	3	技术部：郝燕子	女	博士	技术部	3	¥28,900.00
6	9	技术部：刘金梅	女	本科	技术部	4	¥15,000.00
7	6	田红	女	专科	客服部	1	¥4,500.00
8	7	蒋大山	男	中专	客服部	1	¥4,000.00
9	5	秦晓	女	硕士	信息部	4	¥18,200.00
10	8	陈明	男	本科	信息部	5	¥12,000.00

图8-49

实现上图效果的操作简单，即选择G列，单击功能区中的【开始】⇨【样式】⇨【条件格式】按钮，在弹出的菜单中选择【数据条】⇨【蓝色数据条】选项即可，如图8-50所示。

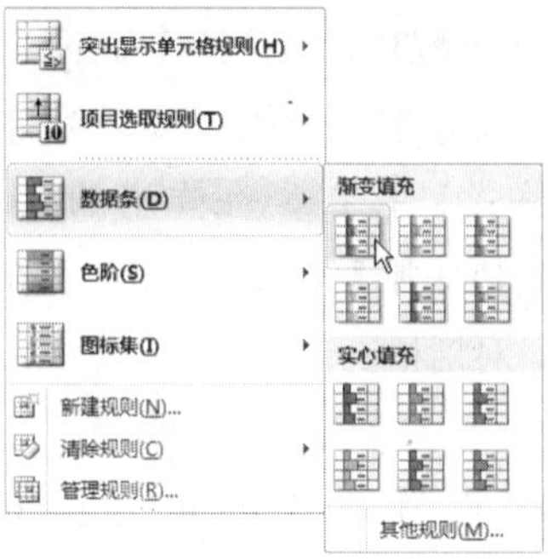

图8-50

Excel 2010加强了条件格式的自定义功能，允许用户使用更多的数据条。例如，可单击图8-50中的【其他规则】，打开图8-51所示的对话框，对数据条进行自定义设置，它包括设置数据条的最小值、最大值以及数据条的填充和边框颜色，还可以设置数据条的方向。

图8-51

如果需要实现一些特殊功能，可以在单击【条件格式】按钮后弹出的菜单中选择【新建规则】命令，打开【新建格式规则】对话框并创建新的条件格式规则。例如，如果希望为数据区域中的奇数行设置底纹效果，以便使数据区域看上去更醒目，具体操作如下。

1 选择待设置的数据区域，然后单击【条件格式】按钮，在弹出的菜单中选择【新建规则】命令，打开【新建格式规则】对话框。

2 选择上方列表框中的【使用公式确定要设置格式的单元格】选项，然后在下方的文本框中输入公式“=MOD(ROW(),2)=1”，然后单击【格式】按钮，为符合条件的单元格设置一个灰色底纹效果，如图8-52所示。

3 单击【确定】按钮，Excel将自动为选区中的奇数行设置底纹效果，如图8-53所示。

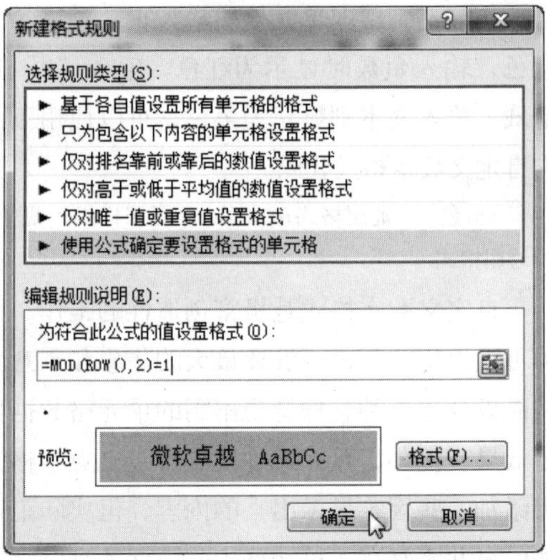

图8-52

	A	B	C	D	E	F	G
1	编号	姓名	性别	学历	部门	工龄	工资
2	1	罗瑞芳	女	本科	财务部	3	¥5,690.00
3	4	沈冰	女	本科	财务部	2	¥5,280.00
4	2	技术部：战天辰	男	硕士	技术部	5	¥28,900.00
5	3	技术部：郝燕子	女	博士	技术部	3	¥28,900.00
6	9	技术部：刘金梅	女	本科	技术部	4	¥15,000.00
7	6	田红	女	专科	客服部	1	¥4,500.00
8	7	蒋大山	男	中专	客服部	1	¥4,000.00
9	5	秦晓	女	硕士	信息部	4	¥18,200.00
10	8	陈明	男	本科	信息部	5	¥12,000.00

图8-53

8.3.4 创建数据迷你图

迷你图是Excel 2010的一个新功能。它是工作表单元格中的一个微型图表，可以显示一系列数值的趋势或者突出显示最大值和最小值，以提供数据的直观表示。图8-54显示了产品在几个月内的销售数据，如果希望快速了解产品的销售趋势，可以创建每个产品的迷你图。具体操作如下。

	A	B	C	D
1	销售统计	1月	2月	3月
2	iPad	56	35	77
3	iPhone 5	85	97	68
4	iPad2	46	85	72
5	笔记本电脑	75	123	144
6				

图8-54

1 单击要放置迷你图的单元格，本例中为单元格E2。

2 单击功能区中的【插入】⇨【迷你图】⇨【柱形图】按钮，打开【创建迷你图】对话框，在【数据范围】文本框中输入迷你图使用的数据或单击右侧的按钮，从工作表中选择数据区域，如图8-55所示。

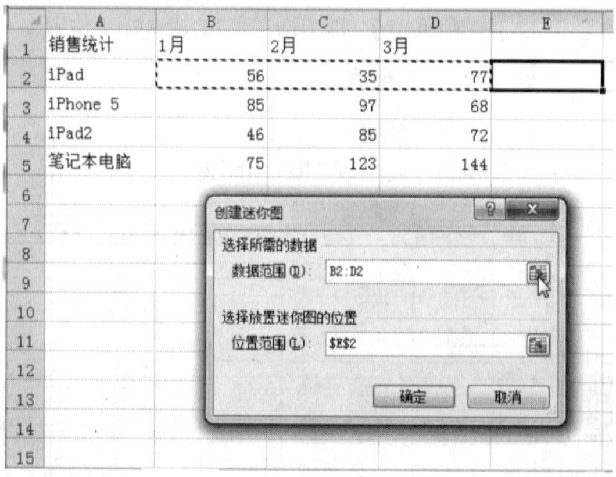

图8-55

3 单击【确定】按钮，在所选单元格中创建一个柱形迷你图，如图8-56所示。

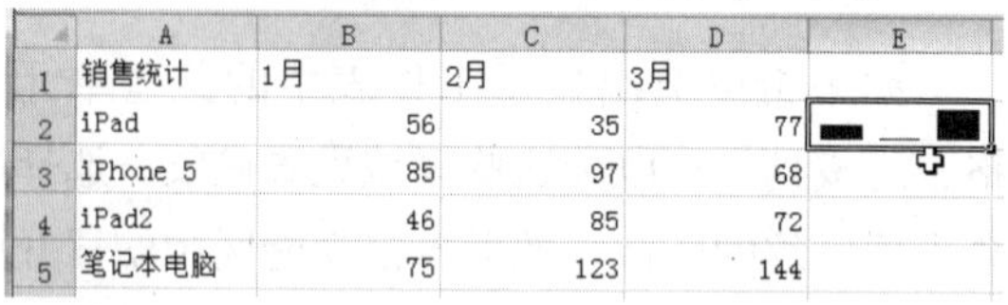

图8-56

4 向下拖动单元格E2中的迷你图，直到单元格E5为止，可自动创建其他迷你图，效果如图8-57所示。

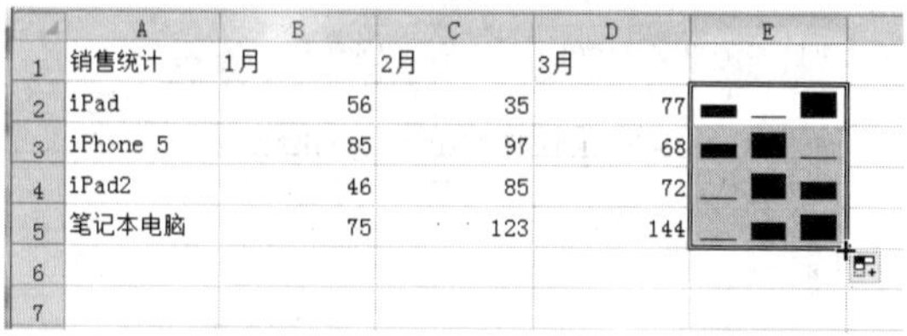

图8-57

单击迷你图所在的单元格，激活功能区中的【设计】选项卡，该选项卡中的选项专门用于对迷你图的显示方式进行设置。【类型】组用于更改迷你图的图表类型；【显示】和【样式】组用于设置迷你图的外观样式和颜色；【迷你图】组用于修改迷你图的原始数据和所创建的位置；而【分组】组用于设置迷你图的坐标轴以及对迷你图分组或取消分组。例如，可以选中【显示】组中的【高点】复选框来突出显示每个迷你图中的最高值，如图8-58所示。

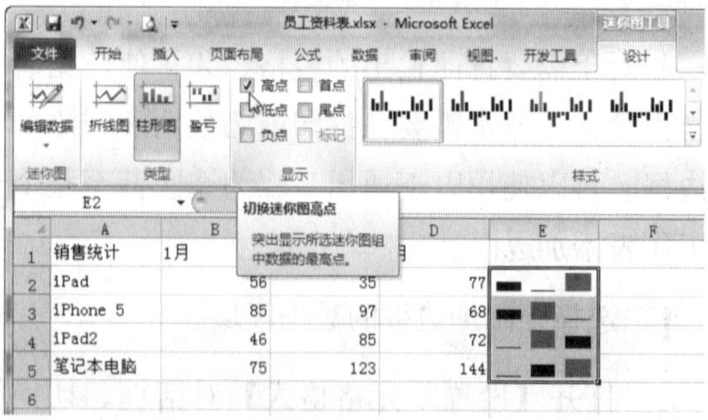

图8-58

在默认创建迷你图后，这些迷你图作为一个整体（即一组存在），对任意一个迷你图的设置都将自动应用到该组的每个迷你图中。如果只想单独对某个迷你图进行设置，则需要取消现有分组，单击功能区中的【设计】⇨【分组】⇨【取消组合】按钮即可。当单击一个迷你图时，会在其所在组的区域中显示一个蓝色的边框线，线内的迷你图为一个组，如图8-59所示。

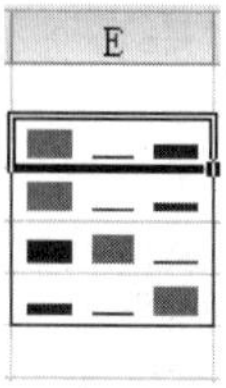

图8-59

要删除迷你图，只需单击任意一个迷你图，然后单击功能区中的【设计】⇨【分组】⇨【清除】按钮，删除当前选中的迷你图。单击【清除】按钮右侧的下拉按钮，在弹出的菜单中选择【清除所选的迷你图组】命令，则删除整组的迷你图。

8.4 表格外观美化

Excel 中的表格外观包括三部分，即表格的边框、边框的填充效果以及表格样式。其中，表格样式不但具有快速美化表格外观的作用，而且还包含一些便捷的计算统计功能。

8.4.1 设置表格边框

对于需要打印输出的表格，为了使数据看上去整齐，通常需要在打印前为数据区域添加边框。可以使用以下通用步骤为选区甚至整个工作表添加边框。

1 选择要添加边框的数据区域。

2 打开【设置单元格格式】对话框，切换到【边框】选项卡，如图8-60所示。在这个选项卡中，主要完成下列操作。

- 选择边框线型：在【样式】列表框中选择边框线型。
- 选择边框颜色：在【颜色】下拉列表中选择边框的颜色。
- 整体添加边框：通过单击【外边框】和【内部】按钮为选区的最外层和内层添加边框。
- 局部添加边框：通过【边框】区中的八个按钮，可以在选区的指定位置添加边框。

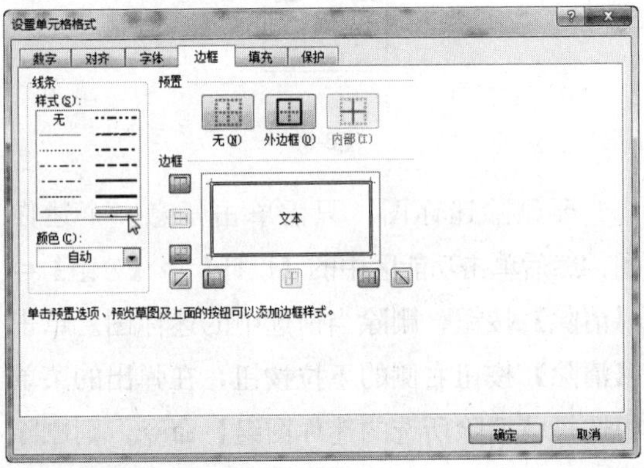

图8-60

3 单击【确定】按钮，完成边框的设置，效果如图8-61所示。

图8-61

8.4.2 设置表格的底纹填充

如果希望突出显示工作表中的某些单元格、行或列，可以为这些区域设置底纹。选择要设置底纹的区域，然后单击功能区中的【开始】⇨【字体】⇨【填充颜色】按钮右侧的下拉按钮，在打开的列表中选择一种底纹颜色。图8-62所示是为表格的标题行设置了灰色底纹的效果。

图8-62

还可以使用【设置单元格格式】对话框为表格设置底纹。打开【设置单元格格式】对话框并切换到【填充】选项卡，如图8-63所示。可以选择颜色列表中的颜色；也可以单击【填充效果】和【其他颜色】按钮来设置其他类型的颜色；还可以在右侧为单元格选择图案填充，设置好后单击【确定】按钮即可。

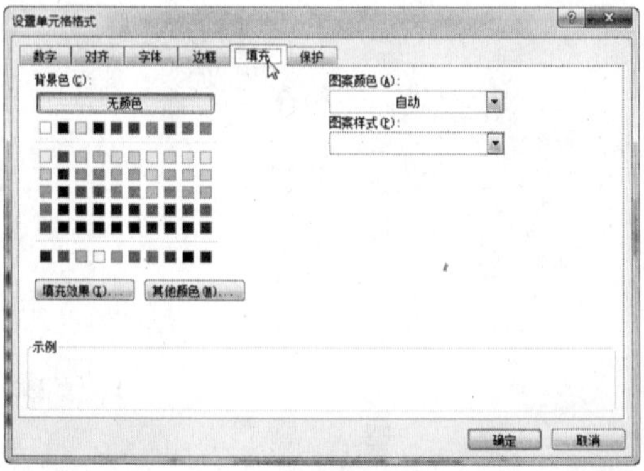

图8-63

8.4.3 应用内置的表格样式

除了手工为工作表设置边框和底纹外，Excel也内置了多套设计好的表格样式。通过套用表格样式，可以对表格起到快速美化的效果。单击要设置格式的数据区域内的任意一个单元格，然后单击功能区中的【开始】⇨【样式】⇨【套用表格格式】按钮，在打开的列表中选择一种表格样式，选择后会弹出如图8-64所示的【套用表格式】对话框，其中自动填入了与当前所选单元格相连的一个数据区域。

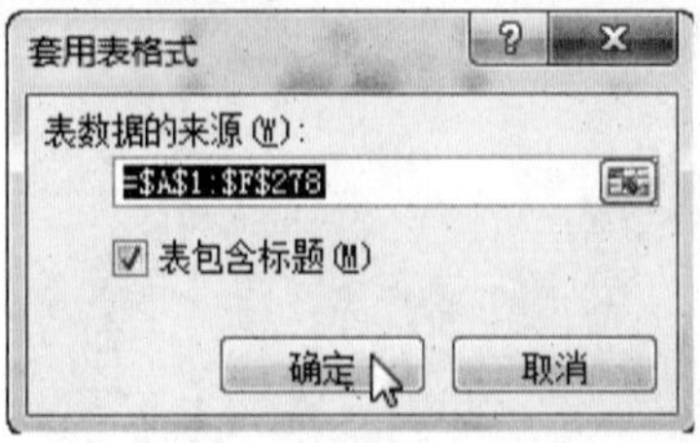

图8-64

单击【确定】按钮之后，Excel将为当前数据区域设置指定的表格样式，如图8-65所示。在套用表格样式后，会在标题行的每个单元格右侧显示一个下拉按钮，这个按钮可以用于数据筛选。

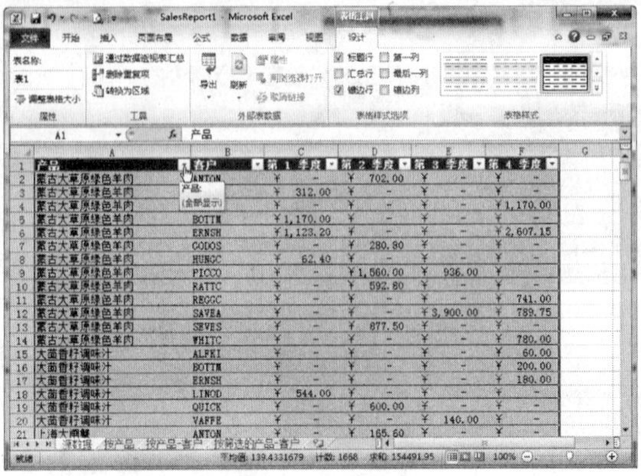

图8-65

第9章

Excel公式与函数应用

本章内容如下：

添加公式与函数

公式与函数高级应用技巧

9.1 添加公式与函数

本节将介绍公式与函数的基础内容，包括公式的基本介绍、输入与编辑公式、公式各部分的运算顺序、在公式中使用函数以及移动与复制公式的方法等。

9.1.1 输入Excel公式

在Excel中，只要以等号“=”开头的内容就是公式。在公式中通常可以包含数值、文本、数学运算符、单元格或区域引用、函数等多种类型的内容。

要输入一个公式，需要在单元格中先输入一个等号，以便告知Excel这是一个公式的开始，然后输入要参与运算的上述提到的不同类型的内容，最后按Enter键结束公式的输入，从而得到公式的计算结果。

在输入公式时，也存在多种不同的模式，除了第8章介绍的“输入”和“编辑”模式外，在输入公式时还有一种“点”模式。如果在输入模式下按方向键或其他导航键（如PageUp键），将自动进入“点”模式。此时光标所在的单元格边框将显示一个虚线边框，并在公式中显示该单元格的引用，如图9-1所示。在此模式下，可以将光标所在的单元格加入到公式中，以便自动输入对单元格或区域的引用。

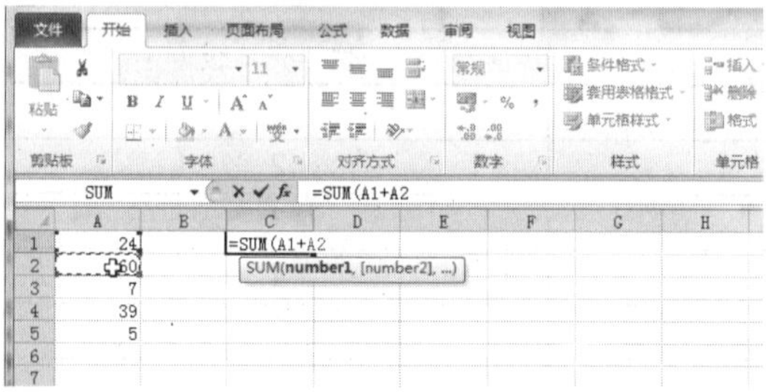

图9-1

提示：如果在输入不完整公式后按Enter键，将弹出如图9-2所示的对话框，原因是没有输入配对的圆括号，在对话框中显示了更正公式后的结果。如果对更正后的结果没什么意见，则可直接单击【是】按钮接受更正。

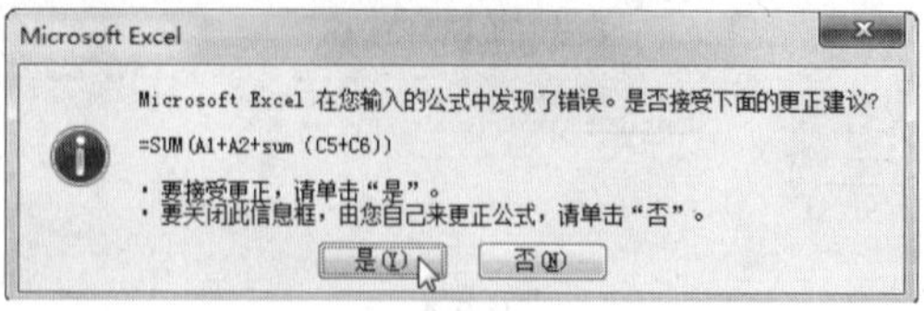

图9-2

9.1.2 编辑公式

通常，用户有可能需要在以后编辑之前输入好单元格中的公式。例如，对于一个简单的求和公式，在一个月前可能对工作表A列中的前50个产品的销量进行求和并输入求和公式；但是在一个月后，新增了10个产品，那么现在需要计算60个产品的销量总和，这时就需要重新编辑之前的求和公式。

下面的示例说明了编辑公式的方法，虽然该示例中的公式比较简单，但是对于复杂公式来说仍然适用。在图9-3所示的工作表中，单元格C1中的公式用于计算A1:A3单元格中数据的乘积。

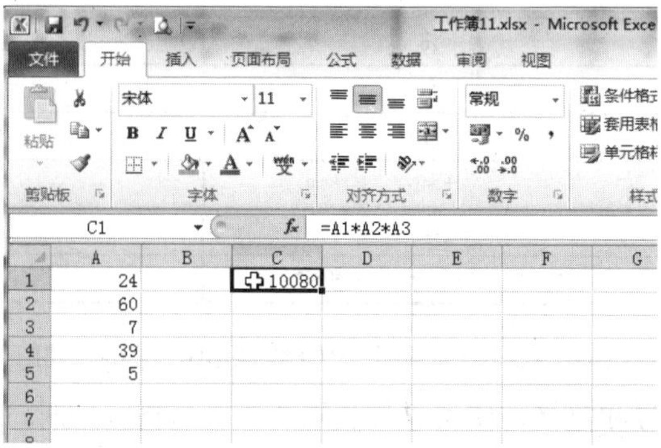

图9-3

提示：由于之前未介绍有关函数的内容，因此本例不使用SUM函数进行求和。

现在需要增加A4和A5单元格中的乘积，那么就需要修改之前的公式，具体操作如下。

1 单击单元格C1，然后按F2键进入编辑模式，如图9-4所示。

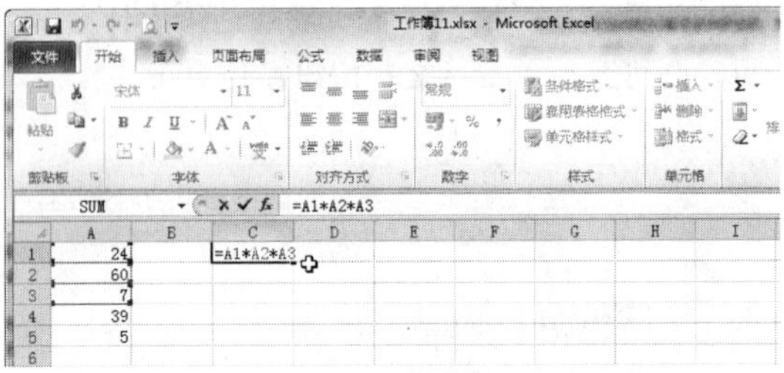

图9-4

2 单击公式中A3的右侧，输入一个加号，然后单击单元格A4，这样“A4”将自动被输入到公式中，效果如图9-5所示。

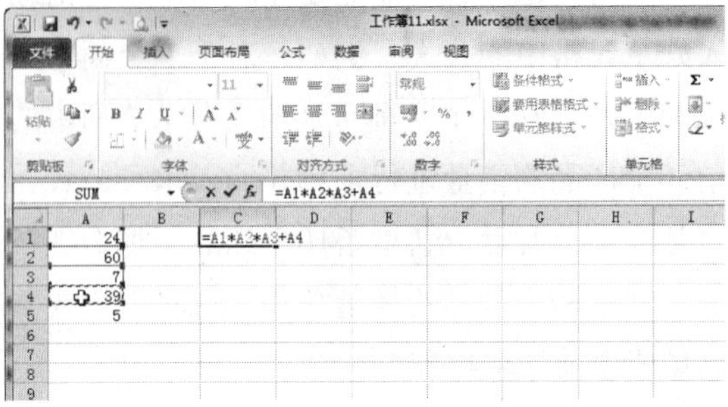

图9-5

3 在A4右侧输入一个星号（表示乘法计算），然后单击单元格A5，将“A5”输入到公式中。最后，按Enter键，得到新公式的计算结果，如图9-6所示。

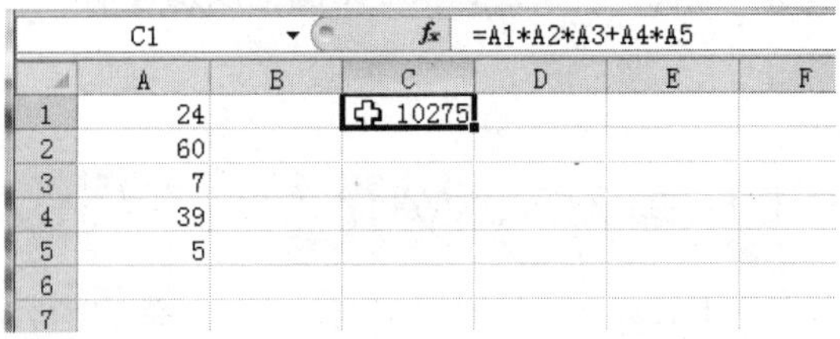

图9-6

提示：编辑公式与编辑单元格中的非公式内容没有什么区别，可以参照第8章介绍的编辑单元格的方法来编辑公式。

9.1.3 公式中的运算符及优先级

下面介绍的示例是非常简单的，因为它只包含了加法运算。在实际的应用中，通常至少要包含两种以上的数学运算。因此，有必要了解一下公式中包含不同运算时的运算次序，它们是决定公式最终结果正确与否的关键。表9-1列出了公式中常用的运算符及其优先级，这些运算符按照其优先级顺序由高到低排列。优先级越高，说明其在公式中越先参与计算。

表9–1 公式中的常用运算符及其优先级

运 算 符	功 能	优 先 级
-	负值	1
%	百分比	2
^	幂	3
*和/	乘和除	4
+和-	加和减	5
&	连接	6
=、<、<=、>、>=和<>	比较	7

在Excel中有两个比较特殊的运算符，即逗号和空格。使用逗号分隔两个单元格区域时，表示在一个公式中需要使用多个区域。例如，“COUNT(A1:A3,A6:A8)”表示统计A1:A3和A6:A8两个区域中的单元格总数，而如果使用一个空格来连接两个区域，则表示将要得到的

是这两个区域的交叉部分。例如，(A1:B6 B2:C9)的交叉部分包含的单元格有B2、B3、B4、B5、B6这五个单元格。

9.1.4 Excel 2010函数介绍

本章的开头也曾提到，不使用公式的Excel工作簿，仅仅相当于一个普通的文本输入工具。前面的示例展示了在Excel中输入公式的方法。示例中是计算产品的销量总和，在公式中通过加号运算符将每一个参与计算的单元格引用连接起来。这样做有以下几点不利因素。

- 输入麻烦，不利于修改。
- 如果计算复杂，那么公式的长度很长，在输入公式时很容易出错。
- 对于某些复杂的计算来说，不使用函数则无法完成。

在公式中输入函数与输入其他类型的内容本质上无太大差别，唯一的区别是函数可能会带有不定数量的参数。即使函数没有参数，那么在公式中输入函数时，也需要在函数名称后面紧跟一对圆括号。函数的参数位于函数名右侧的括号中，函数通过使用其参数的实际值来进行计算，然后得到计算结果，公式再利用函数的计算结果进行其他运算。

Excel提供了大量的内置函数，读者可以在Excel帮助系统中找到函数的完整列表。如果在公式中输入函数名时使用的是小写英文字母，当完成公式输入并按Enter键后，Excel会自动将小写字母转换为大写字母。

函数中的参数也可以包含多种不同类型的内容，可以是数值、文本、单元格引用或另一个函数。

在使用函数时，函数的参数通常包含以下几种情况。

- 不带参数的函数：直接输入函数名和一对圆括号，不需要任何参数。
- 带有一个参数的函数：只有一个参数的函数，输入函数时必须指定参数值。
- 带有多个参数的函数：包含一个以上的参数的函数，输入函数时必须指定所有参数值。
- 带有可选参数的函数：输入函数时根据实际情况选择是否指定参数值。

有一个问题需要格外注意，如果一个函数包含四个参数，第三个参数为可选参数，此时不指定第三参数，那么需要使用如下形式来设置函数的参数值。也就是说，可选参数的值可以省略，但是为其保留逗号分隔符。

```
函数名(第1参数值,第2参数值,,第4参数值)
```

Excel 2010对某些函数的名称进行了重命名，其目的在于提高函数的准确性并使函数名称可以更准确地描述其功能。但是为了保持与早期Excel版本良好的兼容性，Excel 2010保留了重命名前的函数，它们位于功能区中的【公式】⇨【函数库】⇨【其他函数】⇨【兼容性】中。新增函数的外观通常是在原有函数中间的某个位置添加了一个点符号“.”。例如，原来用于返回标准正态累积分布的反函数NORMSINV，在Excel 2010中将其重命名为“NORM.SINV”。

除了对一些函数进行了重命名外，Excel 2010还对某些函数进行了改进，其目的主要是加强函数的计算精确度。例如，MOD函数使用新的算法来同时提高其准确性和计算速度，而RAND函数则使用新的随机数算法。

此外，Excel 2010还新增了一些函数。例如，AGGREGATE函数用于返回列表或数据库中的聚合，它属于“数学和三角函数”类别中。

9.1.5 在公式中输入函数

在Excel 2010中输入函数比在以往Excel版本中输入函数要方便得多，因为Excel 2010支持函数自动弹出列表的输入方式。例如，要在公式中使用SUM函数（求和函数），首先在单元格中输入一个等号，然后输入SUM函数的第一个字母，即字母“S”，此时会弹出以字母“S”开头的所有函数和定义的名称，如图9-7所示。

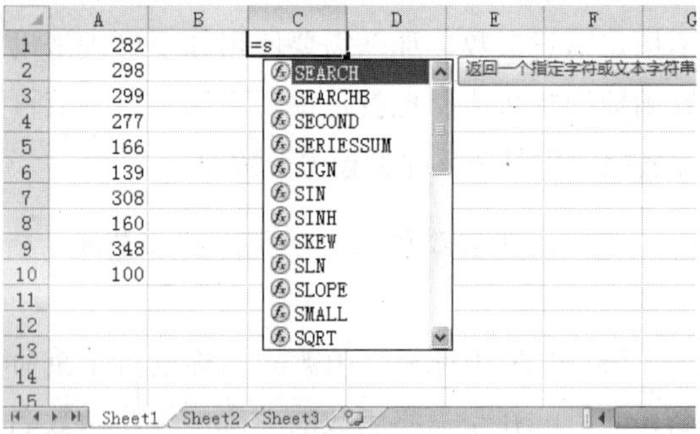

图9-7

输入SUM函数的第二个字母“U”，列表会被自动筛选一次，只显示以“SU”开头的函数，如图9-8所示。

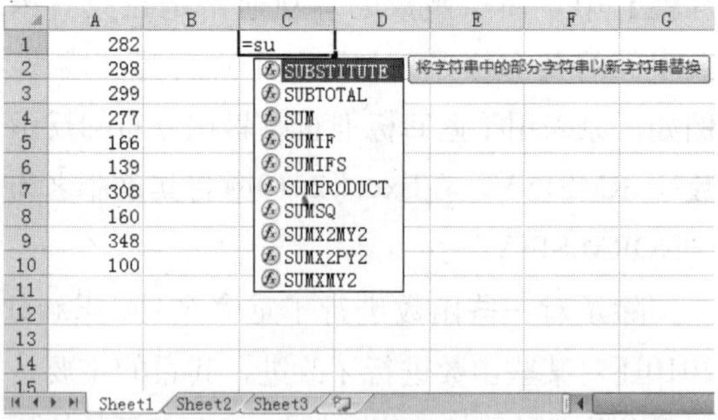

图9-8

最后输入字母“M”，此时已经输入到公式中的SUM与函数SUM完全匹配，直接按Tab键，将函数列表中的SUM输入到公式栏中，同时会自动输入一个左括号。在单元格的下方会显示该函数所需的参数提示信息，中括号括起的参数表示是可选参数。图9-9所示表示SUM函数只有第一个参数是必选的，其他参数为可选参数，可以不输入。

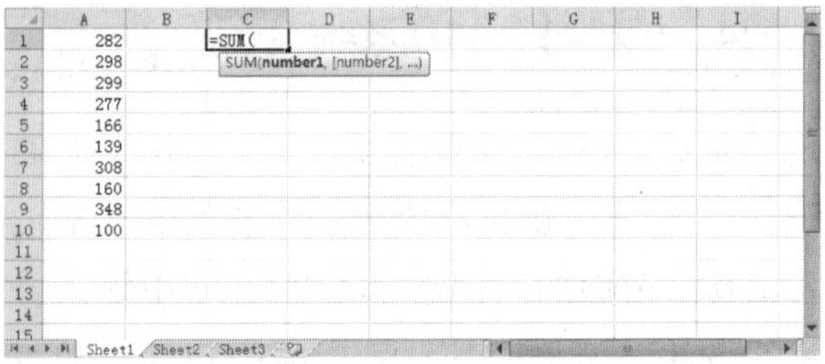

图9-9

指定函数的参数。例如，这里输入区域A1:A10的单元格地址，然后输入一个右括号并按Enter键，将得到区域A1:A10中数据的总和，效果如图9-10所示。

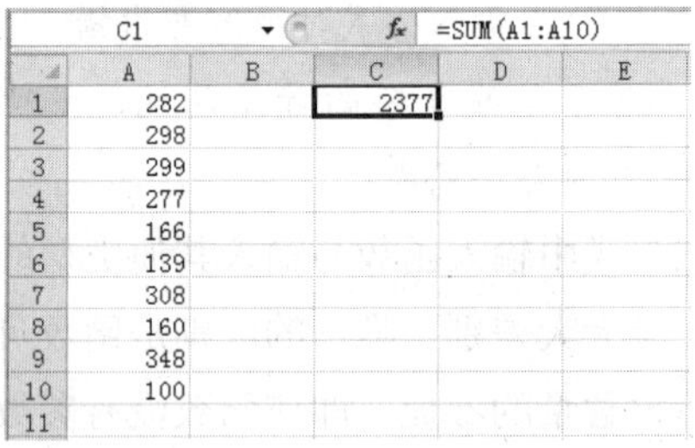

图9-10

上述输入函数的方法通常是在对常用函数的功能较熟悉的情况下进行的，如果当前不知道要在公式中使用哪个函数，可以使用函数向导来完成。具体操作如下。

1 单击公式栏左侧的f_x按钮，打开图9-11所示的【插入函数】对话框。在【搜索函数】文本框中输入对函数的描述，然后单击【转到】按钮，Excel会显示与输入信息相符的所有函数。如果输入的描述信息不能被Excel所识别，那么Excel将提示重新输入。

提示：按Shift+F3组合键，也可以打开【插入函数】对话框。

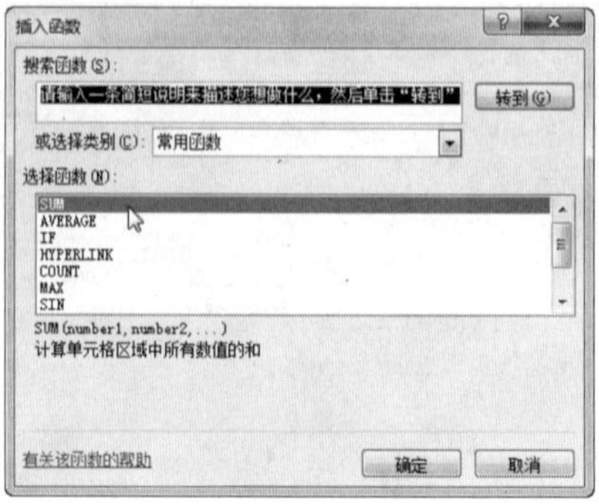

图9-11

2 在推荐的函数列表中选择某个函数后单击【确定】按钮，打开图9-12所示的【函数参数】对话框，然后输入函数的参数值。这个对话框中会显示根据所输入的参数而得到的计算结果，而且还显示了每个参数的说明信息，对于那些对函数的使用还不是很熟悉的用户来说很有帮助。

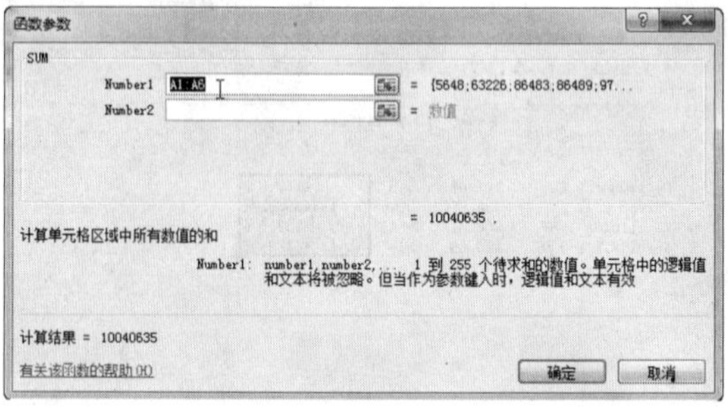

图9-12

3 单击【确定】按钮，即可得到计算结果。

提示：在单元格中输入一个等号之后，可以单击名称栏右侧的黑色三角按钮，然后在打开的列表中选择最近使用过的一些函数，如图9-13所示。

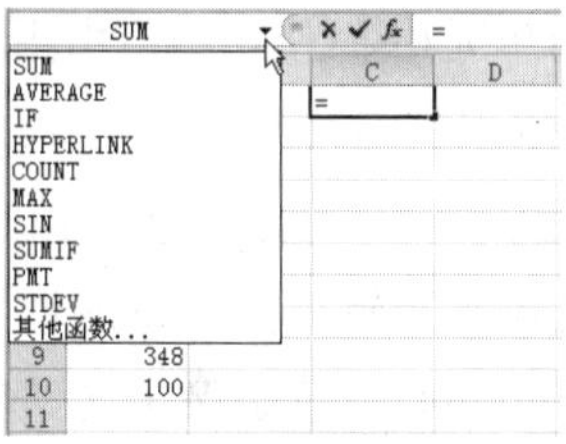

图9-13

9.1.6 复制公式

在拖动单元格右下角的填充柄时，可以进行数据的复制操作。对于公式来说，也可以使用上述填充功能。但如果公式中包含了单元格引用，那么在填充公式时需要注意一个问题，即单元格的引用类型。

单元格引用是由某行和某列交叉而得到的，那么单元格地址也就是由列字母和行号组成的，如单元格A1，表示第A列与第一行交叉位置上的单元格。在Excel中，单元格的引用类型分为三种，即相对引用、绝对引用和混合引用。从外观上看，可以很容易分辨出不同类型的引用。以单元格A1为例，下面列举了不同单元格A1的不同引用类型。

- 相对引用：不带$的列字母和行号，如A1。
- 绝对引用：都带$的列字母和行号，如$A$1。
- 混合引用：列字母或行号中，一个带$，一个不带$，如$A1或A$1。

如果需要改变公式中单元格地址的引用类型，可以使用F4键。下面列出了通过按不同次数的F4键，将单元格A1转换为其他形式的方法。

- A1⇨$A$1：按1次F4键。
- A1⇨A$1：按2次F4键。
- A1⇨$A1：按3次F4键。
- A1⇨A1：按4次F4键。

移动公式通常是将一个公式从工作表的一个位置转移到另一个位置。在移动公式时，公式内的单元格引用类型不会发生任何改变。通常使用以下两种方法移动公式。

- 右击公式所在的单元格，在弹出的快捷菜单中选择【剪切】命令（或按Ctrl+X组合键），然后右击目标单元格并在弹出的快捷菜单中选择【粘贴】命令（或按Ctrl+V组合键）。

- 将公式拖动到目标单元格。

通常使用以下几种方法复制公式。

- 右击公式所在的单元格，在弹出的快捷菜单中选择【复制】命令（或按Ctrl+C组合键），然后右击目标单元格并在弹出的快捷菜单中选择【粘贴】命令（或按Ctrl+V组合键）。
- 按住Ctrl键的同时，直接拖动公式所在单元格的边框至目标单元格，释放鼠标左键，也可复制公式。

复制公式后将对不同单元格引用进行相应的转换。

- 对于原来的相对引用：将移动前的单元格地址看为起点，根据公式目标单元格和原始单元格之间的相对位置改变单元格引用。例如，如果公式所在单元格为B2，而公式中包含一个单元格引用A1，那么在将公式复制到单元格B5时，公式中的单元格A1将变为单元格A4。这是因为公式由B2复制到B5，相当于从B2向下移动了三行而到达B5，因此，公式中的单元格A1也要向下移动三行，从而转换为A4。
- 对于原来的绝对引用：无论将公式复制到何处，公式中的绝对引用都不会发生任何改变。
- 对于原来的混合引用：复制公式后，公式中的相对引用将根据相对距离发生变化，而绝对引用则不发生任何改变。

下面的示例说明了不同引用方式的实际使用情况。图9-14显示了一个产品销售明细，其中包含产品单价和销量，单元格G1显示了产品的折扣。现在需要根据单价、销量和折扣来计算每件产品最终的金额。

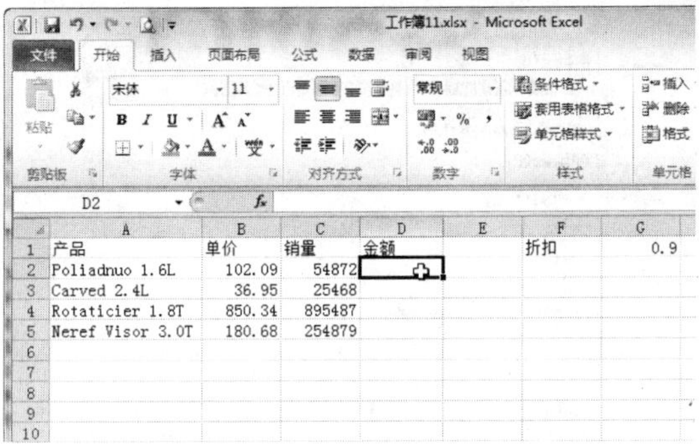

图9-14

单击单元格D2，然后输入下面的公式。

```
=ROUND(B2*C2*$G$1,2)
```

向下拖动单元格D2右下角的填充柄，直到单元格D10为止，即可得到其他产品的金额，如图9-15所示。

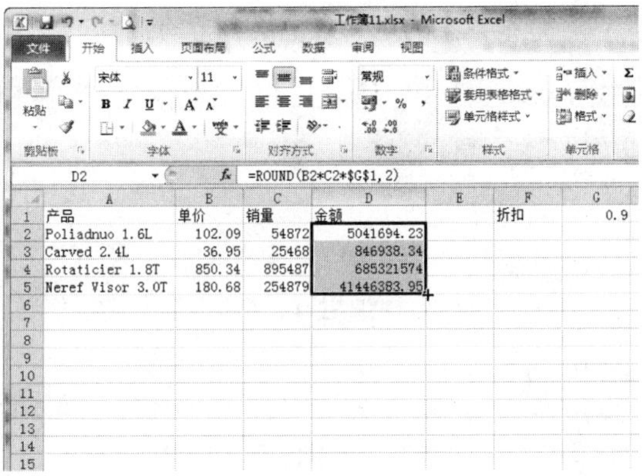

图9-15

下面看一下这个示例的工作原理。首先在单元格D2中输入一个公式，其中单元格B2和C2使用的是相对引用，而单元格G1使用的是绝对引用。这是因为在复制公式的过程中，始终要使用单元格G1中的值，而不希望它被改变，所以必须对单元格G1使用绝对引用。由于单元格B2和C2使用相对应用，在复制公式的过程中，单元格B2和C2可以同步被改变，所以在D列中的公式都能够得到正确的计算结果。最后，使用ROUND函数确保最终结果只保留两位小数。

9.2 公式与函数高级应用技巧

通过上一节的内容，可掌握公式与函数的基本用法，而本节的内容是对上一节内容的一个拓展，将介绍更多关于公式与函数的使用技巧。

9.2.1 使用嵌套函数

所谓“嵌套函数”，就是指一个函数作为另一个函数的参数，而这个函数可能还是其他函数的参数，层层相套，构成一个复杂的公式结构。使用嵌套函数最重要的一点就是要明确函数的内外层关系，并确保每个函数包含一对圆括号。

下面的示例中嵌套使用了AVERAGE和IF函数，通过判断每个季度各产品的平均销售额来给出评定结果。如果销售额大于等于20 000，则评定为“已达标”，否则评定为“未达标”，如图9-16所示。

	A	B	C	D	E	F
1		1月	2月	3月	评定	
2	产品1	10927	20411	18904	未达标	
3	产品2	22176	24391	16770	已达标	
4	产品3	19732	21451	18755	未达标	
5	产品4	17713	24470	24939	已达标	
6	产品5	28624	16407	18931	已达标	
7	产品6	22717	18834	19995	已达标	
8	产品7	12423	10805	20468	未达标	
9	产品8	12207	15452	29970	未达标	
10	产品9	25757	29067	15269	已达标	
11	产品10	10166	25312	28179	已达标	
12						
13						
14						
15						

Sheet1 Sheet2 Sheet3

图9-16

在单元格E2中输入下面的公式，然后将其向下填充到单元格E11中。

```
=IF(AVERAGE(B2:D2)>=20000,"已达标","未达标")
```

在本例中，首先使用AVERAGE函数计算每个产品在第一季度的平均销售额，然后将计算结果作为IF函数的参数，通过与20 000进行比较，返回IF函数的第二个参数或第三个参数的值。

9.2.2 定义和使用名称

在工作表中使用名称，便于记住一个指定单元格的区域，也便于输入单元格区域的地址，还可以在一些情况下防止区域引用出现错误。这是因为名称对应的区域使用的是绝对引用，可以随意进行移动和复制，而名称对应的区域都不会改变。

很明显，如果将单元格区域A1:D6命名为“销售额”，那么使用“销售额”来表示区域A1:D6要比使用A1:D6更清晰明了。在Excel 2010中创建名称可以使用下面几种方法。

1. 使用名称栏

选择要命名的区域，然后单击名称栏，输入用以取代选区的名称并按Enter键，即可为当前选区指定一个名称。

2. 使用【新建名称】对话框

选择要命名的区域，然后单击功能区中的【公式】⇨【定义的名称】⇨【定义名称】按钮，打开图9-17所示的【新建名称】对话框。在该对话框中输入名称，选择名称的可用范围，还可以添加对名称用途的说明信息，然后单击【确定】按钮，创建该名称。

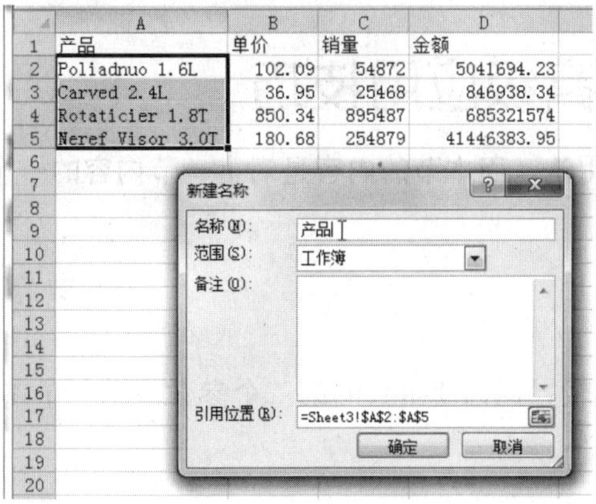

图9-17

提示：【范围】中的选项用于确定所创建的名称可以使用的范围。如果选择【工作簿】选项，则名称可被工作簿中任意一个工作表使用，否则只能应用于所选择的工作表。

3．根据所选内容自动命名

如果要创建名称的区域包含标题，那么可以通过选择包含标题在内的区域自动为新建名称命名。例如，选择图9-18所示的单元格区域A1:A5，然后单击功能区中的【公式】⇨【定义的名称】⇨【根据所选内容创建】按钮，在打开的对话框中单击【确定】按钮，即可创建名为“产品”的名称。

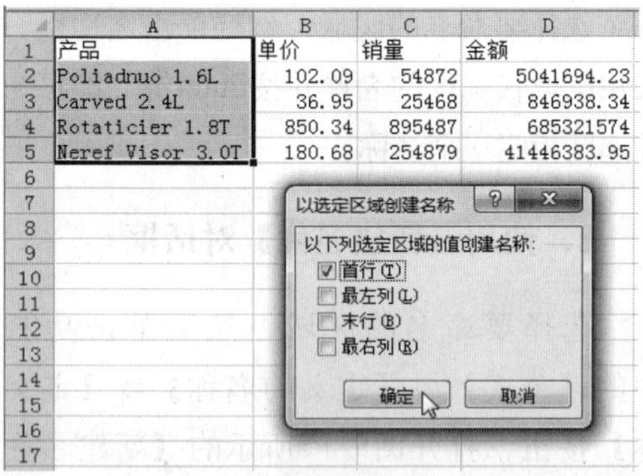

图9-18

如果需要查看当前工作簿或工作表中包含的所有名称，可以单击功能区中的【公式】⇨【定义的名称】⇨【名称管理器】按钮，打开【名称管理器】对话框，如图9-19所示。在该对话框中可以执行按不同范围查看名称、重新定义名称对应的区域、删除名称等多种操作。

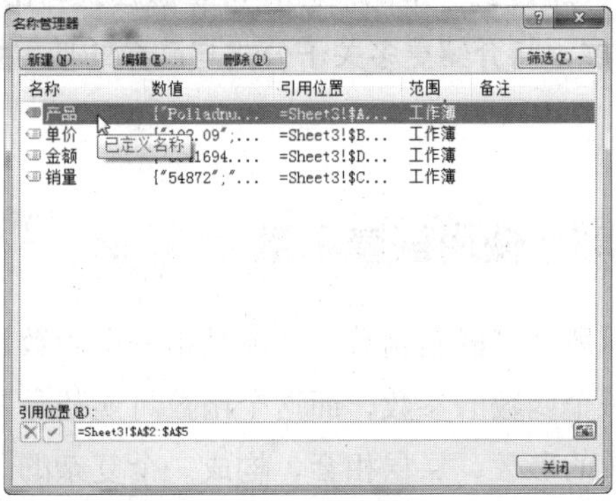

图9-19

9.2.3 定义常量和公式的名称

如果需要经常在工作表中使用一个指定的数字，而这个数字又不便于记忆和输入，那么可以将这个数字定义为一个有意义的名称，这样在公式中反复使用这个名称将比输入一长串数字要简单得多。或者，也可以将输入好的公式定义为一个名称，然后再将这个名称应用于其他公式中，通常可以简化公式的复杂性，也可能会完成一些不使用名称公式而无法完成的工作。

一个定义数字常量的很好示例就是为圆周率定义一个名称，因为表示圆周率的数字比较长，不便于记忆。定义一个常量名称的方法是打开【新建名称】对话框，在【名称】文本框中输入名称，然后在【引用位置】文本框中输入一个等号，再输入圆周率的值，如图9-20所示。

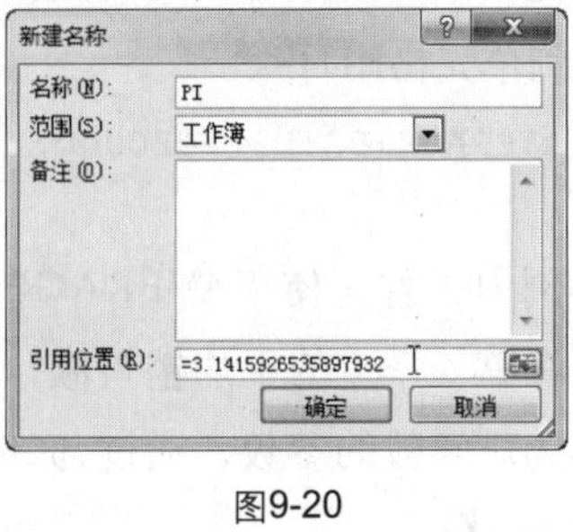

图9-20

这样就可以在公式中使用名称来代替圆周率的实际值。例如，下面的公式计算了由单元格A1中指定半径的圆的面积。

```
=POWER(A1,2)*PI
```

将公式定义为名称的方法与定义常量及单元格区域类似，可以自己动手试验。

9.2.4 使用表公式

Excel提供了一种非常智能的工具——表，但是在Excel 2010中对表的功能又进行了增强。表是一个矩形区域，每一行包含了一个完整的数据记录，而每列的第一行包含了描述该列的文字信息。Excel提供的表工具与普通的数据区域具有以下区别。

- 将普通区域转换为表后，表具有自动设置的底纹和字体格式。
- 单击表内部任意一个单元格，可以激活【表工具】选项卡，在其中包含专门设置表的选项。
- 表中的每一列顶部包含一个下拉按钮，单击该按钮可以对表进行排序和筛选。
- 向下滚动垂直滚动条，直到看不到表的标题行，表标题会显示在工作表窗口顶部的列字母位置处。
- 公式中可以对表进行结构化引用。例如，可以引用整个表或表中的某一列。
- 可以自动删除表内的重复行。
- 可以快速调整表包含的数据区域。

将普通数据区域转换为表非常简单，单击数据区域中的任意一个单元格，然后单击功能区中的【插入】⇨【表格】⇨【表格】按钮，打开如图9-21所示的对话框，然后单击【确定】按钮，即可将当前连续的数据区域创建为表。

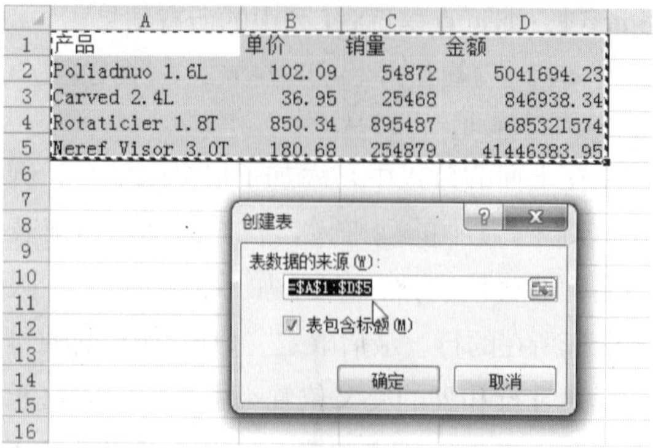

	A	B	C	D
1	产品	单价	销量	金额
2	Poliadnuo 1.6L	102.09	54872	5041694.23
3	Carved 2.4L	36.95	25468	846938.34
4	Rotaticier 1.8T	850.34	895487	685321574
5	Neref Visor 3.0T	180.68	254879	41446383.95

图9-21

对于图9-21来说，创建后的表如图9-22所示。表的标题行自动显示下拉按钮，且整个表被自动设置了底纹效果。

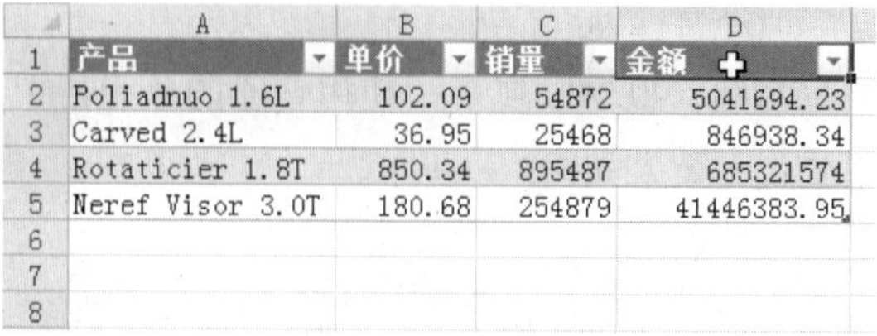

	A	B	C	D
1	产品	单价	销量	金额
2	Poliadnuo 1.6L	102.09	54872	5041694.23
3	Carved 2.4L	36.95	25468	846938.34
4	Rotaticier 1.8T	850.34	895487	685321574
5	Neref Visor 3.0T	180.68	254879	41446383.95

图9-22

下面再以一个如图9-23所示的销售表为例，如果此时需要添加一个新列，如在单元格E1中输入“第一季度”，那么表会自动扩展至E列。

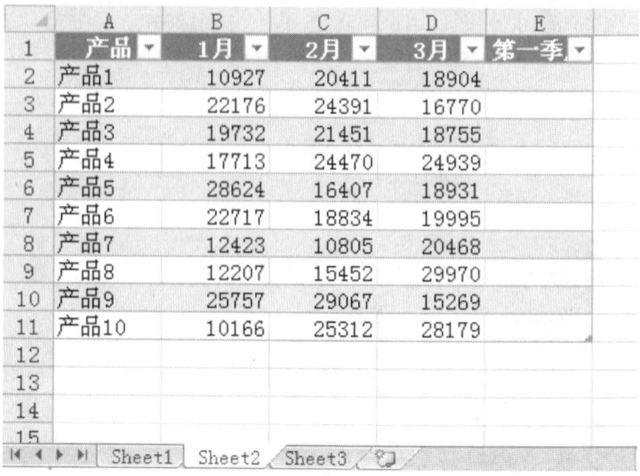

	A	B	C	D	E
1	产品	1月	2月	3月	第一季
2	产品1	10927	20411	18904	
3	产品2	22176	24391	16770	
4	产品3	19732	21451	18755	
5	产品4	17713	24470	24939	
6	产品5	28624	16407	18931	
7	产品6	22717	18834	19995	
8	产品7	12423	10805	20468	
9	产品8	12207	15452	29970	
10	产品9	25757	29067	15269	
11	产品10	10166	25312	28179	

图9-23

此时，如果希望计算出每件产品在第一季度的总销售额，那么可以通过引用表结构来完成。在单元格E2中输入下面的公式，然后按

Enter键，即可直接得到E列中的所有结果。

=表1[[#此行],[1月]]+表1[[#此行],[2月]]+表1[[#此行],[3月]]

在上面的公式中，添加了很多限定符。例如，对于1月中的列来说，首先添加了当前表的名称“表1”，然后又添加了“#此行”，限定光标所在的行，最后限定“1月”所在的列，这样通过行和列的交叉位置来引用特定的单元格。单击表内的任意位置，可以在【设计】⇨【属性】组中看到表的名称。可以将上面的公式简化为下面的版本。在Excel 2010中，使用“@”符号表示当前行，那么“[@1月]”就表示当前行与“1月”所在列交叉的单元格。

=[@1月]+[@2月]+[@3月]

当然，也可以在表中使用普通的单元格引用公式，效果如图9-24所示。

=B2+C2+D2

E2 fx =[@1月]+[@2月]+[@3月]

	A	B	C	D	E
1	产品	1月	2月	3月	第一季
2	产品1	10927	20411	18904	50242
3	产品2	22176	24391	16770	63337
4	产品3	19732	21451	18755	59938
5	产品4	17713	24470	24939	67122
6	产品5	28624	16407	18931	63962
7	产品6	22717	18834	19995	61546
8	产品7	12423	10805	20468	43696
9	产品8	12207	15452	29970	57629
10	产品9	25757	29067	15269	70093
11	产品10	10166	25312	28179	63657
12					
13					
14					

图9-24

提示：关于在表中对数据进行排序、筛选和汇总的方法，请参考本书第10章内容。

9.2.5 使用外部公式

使用外部公式的最好理由是，工作簿中要使用的某些数据位于其他地方。例如，数据位于同事的机器中，那么用户在使用这些数据之前，会比同事晚得到这些数据，而且这些数据有可能需要反复修改。换句话说，用户在使用这些数据时，并不是使用一次即可高枕无忧了，如果哪天其他人在他的机器里对这些数据进行了修改或更新，自己的数据就会由于未更新到最新版本而出现偏差。

为了解决上述问题，就需要使用外部公式。简单来说，所谓“外部公式”，就是指当前工作表公式中使用的某些数据，是由其他工作簿提供的。在创建外部公式时，需遵循以下结构。

只有当要使用的数据所在工作簿未被打开的情况下，才需要在当前公式中输入外部工作簿的完整路径。否则，可省略工作簿的路径。因此，为了简化输入，可以先打开外部工作簿，然后在当前工作簿中输入外部公式，再关闭外部工作簿，此时外部工作簿的路径会被自动添加到外部公式中。

提示：工作簿的名称必须是全称，即包含工作簿文件的扩展名。

例如，如果链接到的工作簿名称为“考勤表”，并且要从当前工作簿链接到“考勤表”工作簿中名为“1月”的工作表的单元格A1中，那么在这个工作簿被打开的情况下，需要输入下面的外部公式。

=[考勤表.xlsx]1月!$A$1

如果关闭了“考勤表”工作簿，那么将在外部公式中自动添加该工作簿的完整路径（假设工作簿位于C盘根目录下），公式变为如下形式。

='C:\[考勤表.xlsx]1月'!$A$1

建立外部公式后，可以随时对包含外部公式的工作簿进行更新。当修改了外部工作簿中的数据，再打开包含外部公式的工作簿时，默认情况下会在功能区的下方出现图9-25所示的信息栏。单击【启用内容】按钮，即可用外部工作簿中的新数据覆盖当前工作簿中的数据。

图9-25

如果希望主动更新外部数据，可以单击功能区中的【数据】⇨【连接】⇨【编辑链接】按钮，打开图9-26所示的对话框，然后单击【更新值】按钮即可。

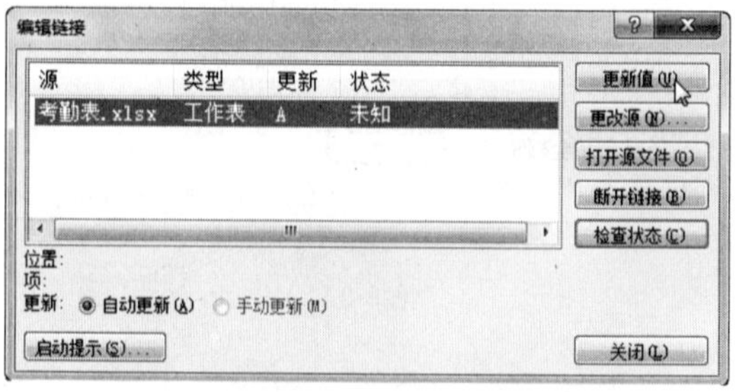

图9-26

如果不希望每次更新之前显示提示信息，可以单击【启动提示】按钮，打开图9-27所示的对话框，选中【不显示该警告，但是更新链接】单选按钮即可。

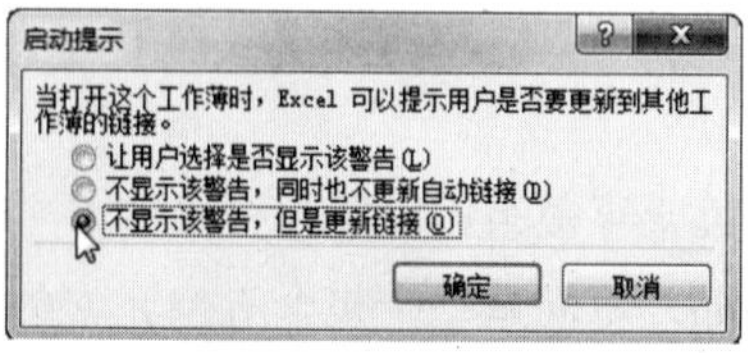

图9-27

如果移动了外部工作簿的位置，那么当打开包含外部公式的工作簿时会弹出一个对话框，询问是否对数据进行更新。如果单击【更新】按钮，则会弹出图9-28所示的对话框（如果选中了【不显示该警告，但是更新链接】单选按钮）。

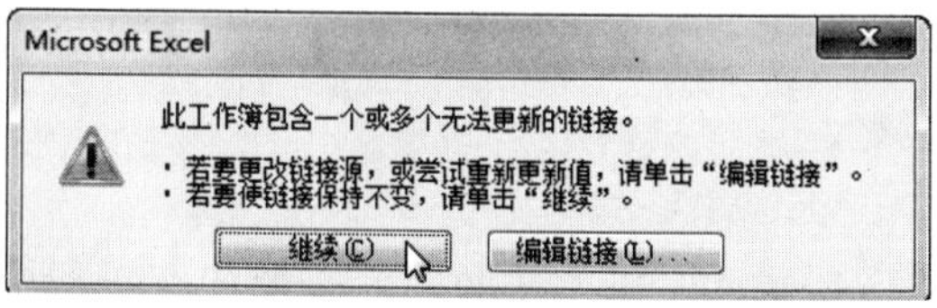

图9-28

如果单击【继续】按钮则放弃对数据的更新；如果单击【编辑链接】按钮，则会打开【编辑链接】对话框。此时在状态中显示为"错误：未找到源"，如图9-29所示。为了解决这个问题，可以单击【更改源】按钮选择工作簿所在的新位置。

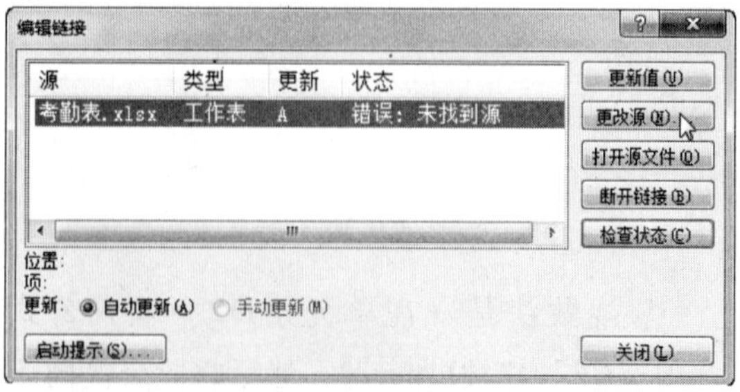

图9-29

如果不再需要建立外部公式，可以单击【编辑链接】对话框中的【断开链接】按钮，完全删除对外部工作簿中数据的引用。删除链接后，包含外部公式的单元格将保留删除链接前最后显示的值。

提示：断开链接的操作是无法撤销的，因此要慎重操作。

9.2.6 使用数组公式

通常使用数组公式可以完成普通公式所无法完成的任务。这是因为在数组公式中可以进行多步计算，还可以简化普通公式的复杂性，使公式更简洁。

根据数组公式占用的单元格数目的不同，可以将其分为两种，即多单元格数组公式和单个单元格数组公式。顾名思义，多单元格数组公式是指同时在一个单元格区域中输入同一个数组公式；而单个单元格数组公式则是指像普通公式那样，在一个单元格中输入数组公式。

下面的示例说明了多单元格数组公式和单个单元格数组公式在实际中的应用。在图9-30所示的工作表中，列出了部分产品的单价和数量。现在需要计算出每一个产品的总金额和所有产品的总金额。

	A	B	C	D	E
1	产品	单价	销量	金额	
2	牛奶	5.28	82		
3	香油	2.74	71		
4	精盐	5.26	87		
5	酒水	2.93	82		
6	大米	4.05	82		
7	饼干	6.96	72		
8	酸奶	2.45	98		
9					
10					

图9-30

常规做法是：在单元格D2中输入公式“=B2*C2”并按Enter键，然后将此公式向下复制填充到单元格D8，最后再使用SUM函数对D列数据求和。

如果使用多单元格数组公式，则可以这样操作：先选择区域D2:D8，然后输入下面的数组公式并按Ctrl+Shift+Enter组合键结束输入。可以看到，区域D2:D8中的每一个单元格都包含了相同的公式，如图9-31所示。

```
{=B2:B8*C2:C8}
```

请注意，上面公式两侧的大括号不是手工输入的，而是在按Ctrl+Shift+Enter组合键后由Excel自动输入进去的。换句话说，输入数组公式时必须以Ctrl+Shift+Enter组合键结束输入。

D2 fx {=B2:B8*C2:C8}

	A	B	C	D	E	F
1	产品	单价	销量	金额		
2	牛奶	5.28	82	432.96		
3	香油	2.74	71	194.54		
4	精盐	5.26	87	457.62		
5	酒水	2.93	82	240.26		
6	大米	4.05	82	332.1		
7	饼干	6.96	72	501.12		
8	酸奶	2.45	98	240.1		
9						
10						
11						

图9-31

可以用SUM函数求出区域D2:D8数据的总和。如果本例中只计算所有产品的金额总和，而不要求分别显示每个产品的金额之和，那么可以使用下面的单个单元格数组公式，它在一个单元格中完成了多步计算，如图9-32所示，输入公式时也要以按Ctrl+Shift+Enter组合键结束。

```
{=SUM(B2:B8*C2:C8)}
```

C10 fx {=SUM(B2:B8*C2:C8)}

	A	B	C	D	E	F
1	产品	单价	销量	金额		
2	牛奶	5.28	82	432.96		
3	香油	2.74	71	194.54		
4	精盐	5.26	87	457.62		
5	酒水	2.93	82	240.26		
6	大米	4.05	82	332.1		
7	饼干	6.96	72	501.12		
8	酸奶	2.45	98	240.1		
9						
10	所有产品金额总和：		2398.7			
11						
12						
13						

图9-32

工作表可以被分为行和列两个方向，数组也是如此。如果数组公式分布于一个单元格区域中，则称其为“二维数组”；如果数组公式仅分布于一行或一列中，则称其为“一维数组”。在一维数组中，又分为水平数组和垂直数组。如果数组公式位于一行中，则为一维水平数组；如果数组公式位于一列中，则为一维垂直数组。

一维水平数组由以逗号分隔的多个元素组成。例如，下面是一个包含五个元素的水平数组，每一个元素都是一个数字。

```
{1,2,3,4,5}
```

下面是一个包含五个元素的水平数组，每一个元素都是一个字符串。

```
{"Word","Excel","PowerPoint","Access","Office"}
```

一维垂直数组由分号分隔的多个元素组成。例如，下面是一个包含五个元素的垂直数组。

```
{1;2;3;4;5}
```

要输入一维水平数组，需要先在一行中选择与数组元素个数相同的多个单元格，然后输入一个等号，再输入包含一对大括号的数组，最后按Ctrl+Shift+Enter组合键，结果如图9-33所示。

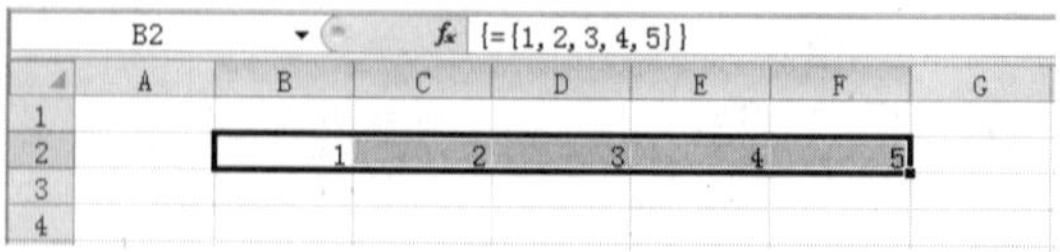

图9-33

要输入一维垂直数组，需要先在一列中选择与数组元素个数相同的多个单元格，然后输入一个等号，再输入包含一对大括号的数组，最后按Ctrl+Shift+Enter组合键，结果如图9-34所示。

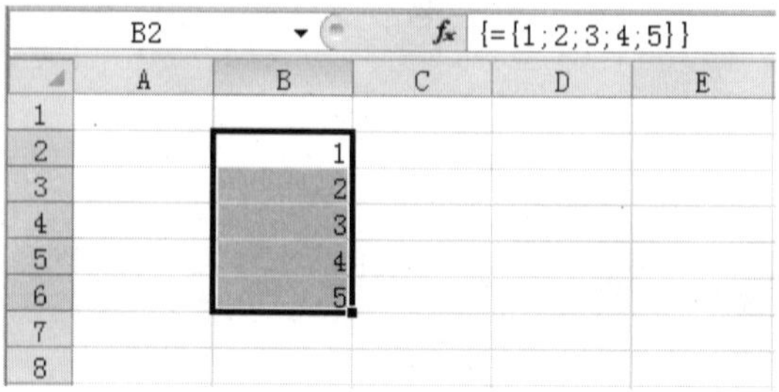

图9-34

要输入二维数组，需要先确定二维数组中行方向和列方向上的元素个数，然后选择大小相同的单元格区域并输入数组公式，最后按Ctrl+Shift+Enter组合键完成输入。例如，如果要将下面的数组输入到一个单元格区域中，则需要先选择一个包含三行五列的区域，因为数组中包含三个分号（即三行），每个分号中包含了五个逗号（即五列），所以与数组等大的区域为三行五列的大小，最后输入数组公式并按Ctrl+Shift+Enter组合键，结果如图9-35所示。

{1,2,3,4,5;6,7,8,9,10;11,12,13,14,15}

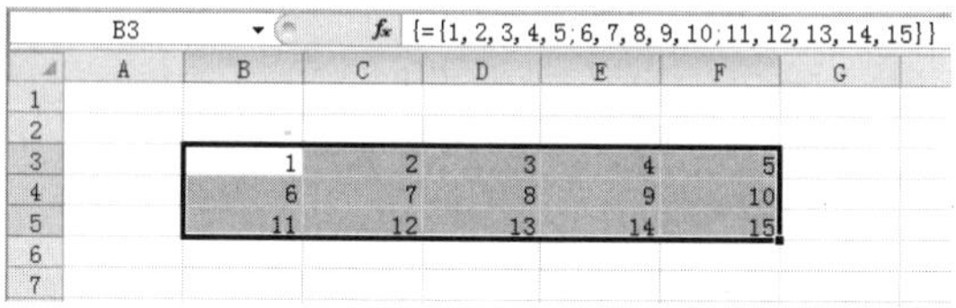

图9-35

提示：如果将数组输入到比数组范围大的区域中，那么多出来的单元格将显示为错误值“#N/A”。

由于多单元格数组公式同时位于一个单元格区域中，在修改多单元格数组公式时，与修改普通公式的方法有所不同，需要遵循以下步骤。

1. 选择数组公式所在的整个单元格区域。
2. 按F2键，进入编辑状态，修改数组公式。
3. 按Ctrl+Shift+Enter组合键确认所做的修改。

提示：虽然不能编辑多单元格数组公式中的某一部分公式，但是可以对某一部分数组设置格式。

删除数组公式与修改数组公式的方法类似，都需要选择数组公式占用的整个单元格区域，然后按Delete键将数组公式删除。

9.2.7 关于公式中的循环引用问题

如果在单元格的公式中引用了公式所在的单元格，当按Enter键输入公式时，会弹出图9-36所示的对话框，表示当前公式正在循环引用其自身。

图9-36

单击【确定】按钮，公式返回“0”，然后可以重新编辑公式以便解决公式循环引用的问题。如果公式中包含了间接循环引用，那么Excel将会使用箭头进行标记，以便指出产生循环引用的根源。

大多数情况下，循环引用对用户来说是一

种公式错误。然而，有时也可以利用循环引用来巧妙地解决一些问题。如果需要使用循环引用，则首先要开启迭代计算功能。

1 单击Excel窗口左上角的【文件】按钮，在弹出的面板中选择【选项】命令，打开【Excel选项】对话框。

2 选择左侧列表中的【公式】选项，然后在右侧选中【启用迭代计算】复选框，如图9-37所示。根据需要修改【最多迭代次数】微调框中的数值，该数值表示要进行循环计算的次数。可以通过指定【最大误差】来控制迭代计算的精确度，数字越小则说明要求的精确度越高。

图9-37

9.2.8 常见错误值分析

当公式经过运算后发生错误时，通常会在单元格中显示Excel内置的错误值，错误值是以“#”符号为开头显示的内容。如果熟悉了错误值的含义，那么当在工作表中看到错误值时，就可以快速了解公式中可能包含的错误原因。表9-2列出了Excel中的错误值及其产生原因。

表9–2 Excel中的错误值及其产生的原因

错 误 值	产 生 原 因
#DIV/0!	数字除以0
#NUM!	在公式或函数中使用了无效数值
#VALUE!	在公式或函数中使用的参数或操作类型错误
#REF!	单元格引用无效
#NULL!	指定两个并不相交的区域的交点
#NAME?	无法识别公式中的文本
#N/A	数值对函数或公式不可用

第10章

Excel数据分析

本章内容如下：

- 数据排序
- 筛选数据
- 分类汇总
- 通过Excel表分析数据

10.1 数据排序

所谓“排序”，是指将数据按某种规则进行快速排列而得到的一种有序结果。Excel提供了多种用于排序的工具，包括单列排序、多列排序和自定义排序。另外，还可以仅对选中行或列进行排序。

10.1.1 Excel排序规则

对于不同类型的数据来说，Excel对它们有着不同的排序方式。为了能够获得预期的排序结果，在排序前有必要先大致了解一下Excel中的排序规则。表10-1列出了升序排序时不同类型数据的排序方式。如果是降序排序，则各数据排列的顺序与此表相反。无论是升序还是降序排列，空单元格总是位于最后。

表10–1　Excel中的排序规则

<table>
<tr><th>不同类型的数据（升序排列）</th><th>同类型的数据（升序排序）</th></tr>
<tr><td>数字</td><td>数字按从最小的负数到最大的正数进行排序</td></tr>
<tr><td>日期</td><td>日期按从最早的日期到最晚的日期进行排序</td></tr>
<tr><td>文本</td><td>当数字、字母和各种符号被输入到文本格式的单元格中时，将按以下顺序排列：空格 0~9 ! “ # $ % & ( ) * , . / : ; ? @ [\ ] ^ _ ` { | } ~ + < = > A~Z</td></tr>
<tr><td>逻辑值</td><td>逻辑值FALSE在前，逻辑值TRUE在后</td></tr>
<tr><td>错误值</td><td>所有错误值的优先级相同</td></tr>
<tr><td>空单元格</td><td>无论是升序还是降序排列，空单元格总在最后</td></tr>
</table>

10.1.2 单列排序

如果只以数据区域中的某一列为排序标准进行排序，这种排序就是单列排序。在下面的示例中，A~F列为销售报表的数据区域，其中F列为第4季度销售额。现在需要按该季度销售额的降序排列，即以从高到底的顺序排列第4季度销售额。具体操作如下。

1 单击F列数据区域中的任意一个单元格。

2 执行两种操作之一，对F列数据进行降序排列。

- 单击功能区中的【数据】⇨【排序和筛选】⇨【降序】按钮。
- 单击功能区中的【开始】⇨【编辑】⇨【排序和筛选】按钮并选择【降序】命令。

3 执行上述操作后，F列数据将按由大到小的顺序排列，其他列的数据也将随着F列数据整体变换位置，效果如图10-1所示。

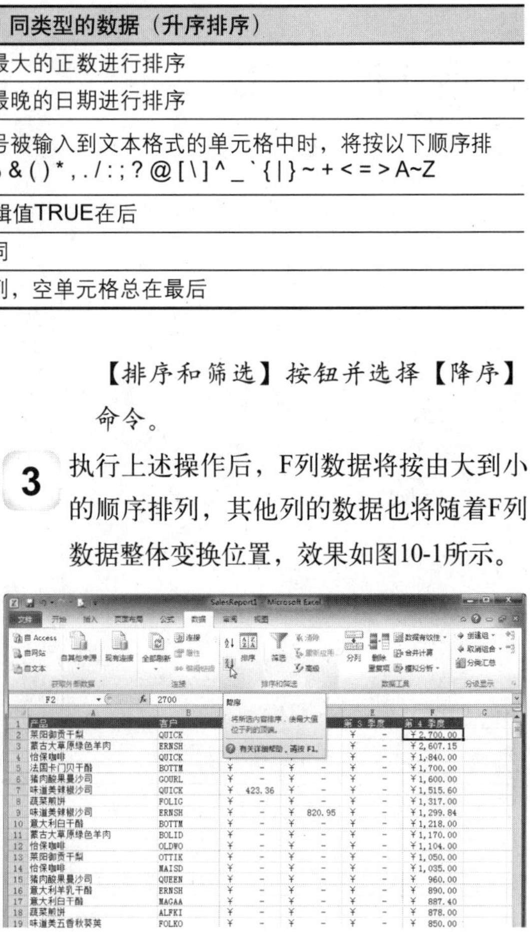

图10-1

提示：还可以只对某一列的内部进行排序，即排序后其他列仍为排序前的位置。实现这种排序方式的关键在于，对某列进行排序前，先选中该列数据，然后再进行排序。当选中某列数据并单击【升序】或【降序】按钮后，会弹出图10-2所示的对话框，确保选中【以当前选定区域排序】单选按钮，然后单击【排序】按钮，即可只在选区的内部排序，而不会影响到选区外部。

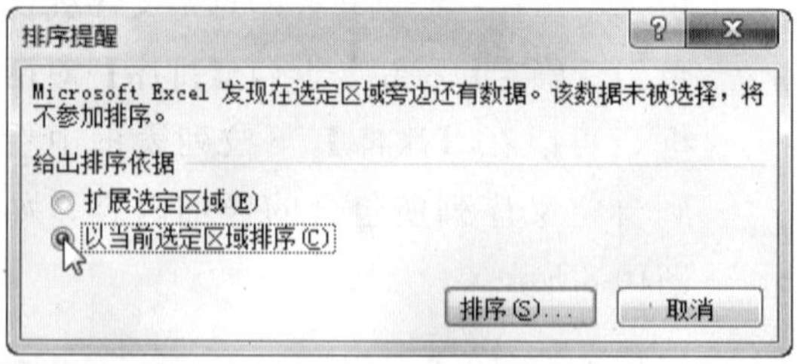

图10-2

10.1.3 多列排序

如果同时指定两列或两列以上的列作为排序标准，那么这种排序就是多列排序。下面的示例仍使用上一个示例中的数据，首先按产品名称的首字母升序排序，然后在每个产品内部按销售额降序排序。要完成这样的排序工作，其具体操作如下。

1 单击数据区域中的任意一个单元格，然后单击功能区中的【数据】⇨【排序和筛选】⇨【排序】按钮，打开【排序】对话框。

2 在【主要关键字】下拉列表中选择【产品】选项，然后在【排序依据】下拉列表中选择【数值】选项。单击【选项】按钮，在弹出的图10-3所示的对话框中确认是否按字母排序，即是否选中了【字母排序】单选按钮。

3 单击【确定】按钮，返回【排序】对话框，在【次序】下拉列表中选择【升序】选项，这样就设置好了第一个排序条件。

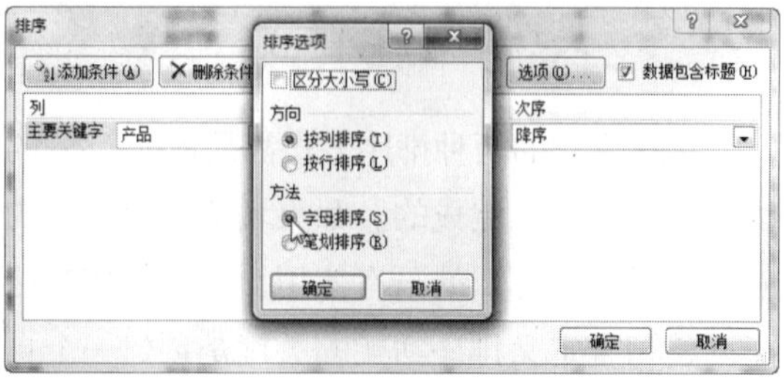

图10-3

4 单击【排序】对话框中的【添加条件】按钮，添加第二个排序条件。按照上一个排序条件的设置方法，将【次要关键字】设置为【第 4 季度】，【排序依据】设置为【数值】，【次序】设置为【降序】，如图10-4所示。

图10-4

提示：在Excel 2010中最多可以指定64个排序条件。

5 设置后单击【确定】按钮，得到期望的排序结果，如图10-5所示。

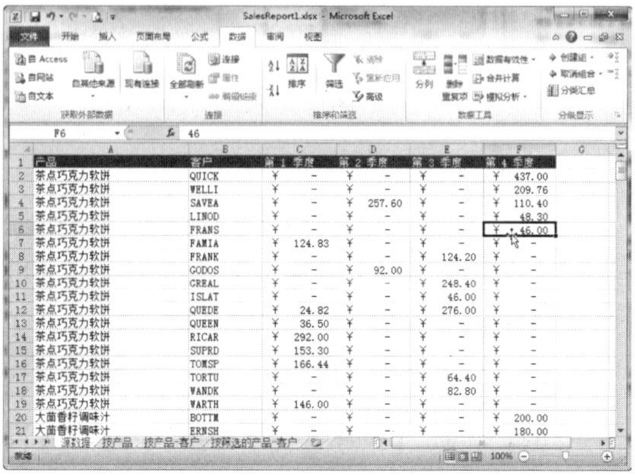

图10-5

10.1.4 实现自定义排序

前面介绍的两种排序方式都是根据Excel的内定排序规则来完成的。如果希望按照自己的意愿来排序，那么就只有使用自定义排序功能了。使用自定义排序功能的关键是创建一个自定义序列，然后在排序时就可以按照自定义序列完成排序操作。

下面的示例首先按客户名称进行排序，然后对相同客户的第4季度销售额由高到底再进行一次排序。要完成这样的排序，具体操作如下。

1 首先使用本书第8章介绍的技术创建一个自定义序列，本例中自定义序列的排列顺序可以从单元格区域中导入，方法是先选中包含自定义序列的单元格区域，然后单击【自定义序列】对话框右下角的【导入】按钮，即可导入单元格数据并创建自定义的序列，如图10-6所示。

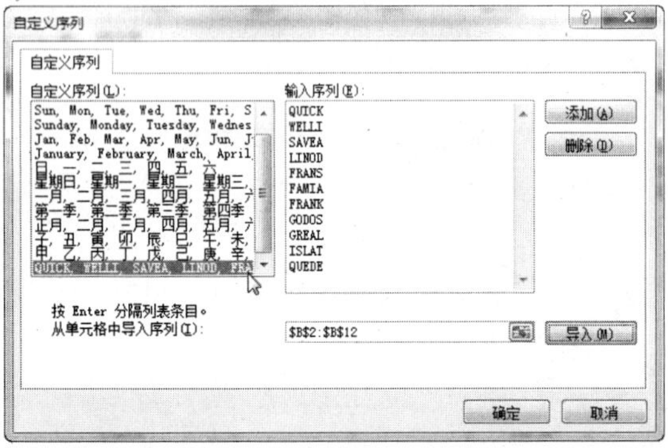

图10-6

2 单击数据区域中的任意一个单元格，然后单击功能区中的【数据】⇨【排序和筛选】⇨【排序】按钮，打开【排序】对话框。将【主要关键字】设置为【客户】，将【排序依据】设置为【数值】，在【次序】下拉列表中选择【自定义序列】选项，如图10－7所示。

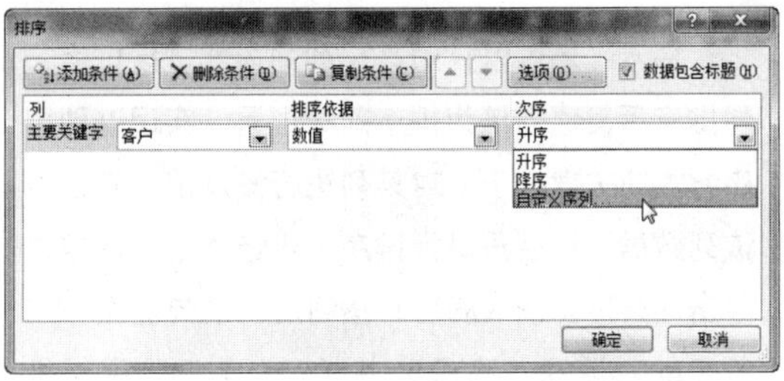

图10-7

3 打开【自定义序列】对话框，在左侧列表框中选择已经创建好的自定义序列，单击【确定】按钮，返回【排序】对话框，可以在【次序】下拉列表框中看到自定义序列所包含的详细内容，如图10-8所示。

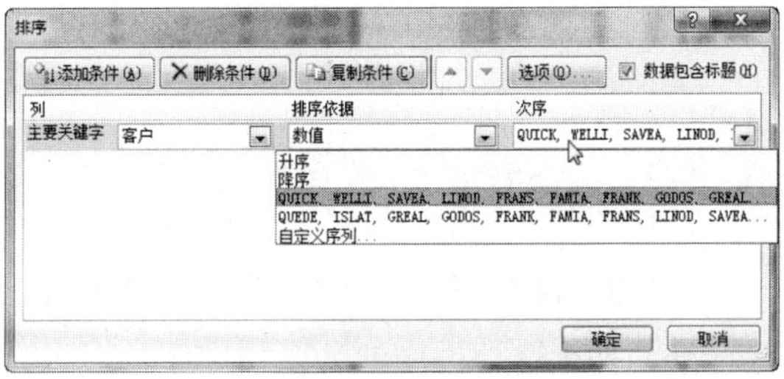

图10-8

4 添加第二个排序条件，用于指定第4季度销售额列按降序排序，方法与上一节相同。设置好后单击【确定】按钮，将按照客户名自定义序列和第4季度销售额列进行多列排序，效果如图10-9所示。

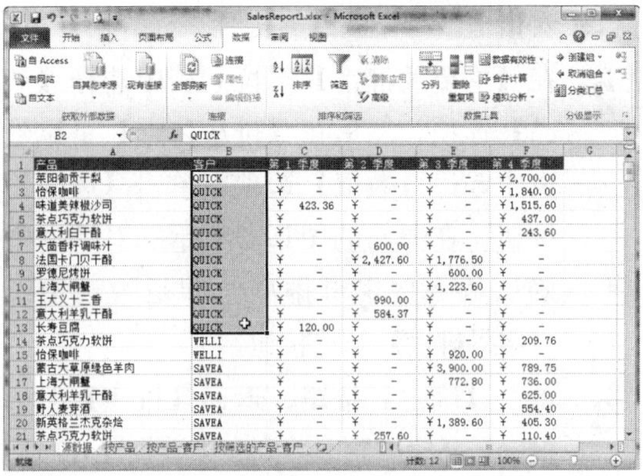

图10-9

10.2 筛选数据

如果需要从大量数据中提取出符合某些条件的部分数据，使用Excel的筛选功能将是最适合的。因为其操作简单，筛选效率高，只需给出准确的筛选条件即可。此外，Excel 2010加强了筛选功能，可以在搜索框中输入与筛选有关的内容，从而缩小筛选范围，以便快速找到所需的内容。与排序类似，Excel也提供了多种筛选方式，包括单列筛选、多列筛选、高级筛选等。

10.2.1 单列筛选

与排序类似，如果只需要从一列同类数据中筛选出符合条件的内容，这种筛选就是单列筛选。下面的示例将筛选出产品为“上海大闸蟹”的所有数据，具体操作如下。

1 单击数据区域中的任意一个单元格，然后单击功能区中的【数据】⇨【排序和筛选】⇨【筛选】按钮，进入筛选状态，此时在数据区域首行每个标题的右侧显示一个筛选按钮，如图10-10所示。

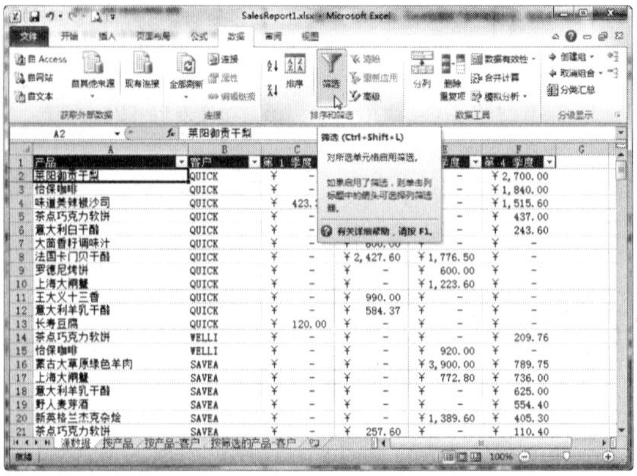

图10-10

2 单击标题【产品】右侧的筛选按钮，打开如图10-11所示的筛选列表。取消选中【全选】复选框，然后选中【上海大闸蟹】复选框。

3 单击【确定】按钮，得到如图10-12所示的结果，只显示产品为“上海大闸蟹”的所有数据。当前执行了筛选的标题，其右侧的按钮与其他未筛选的标题的按钮有所不同，由此可分辨出哪些标题处于筛选状态。

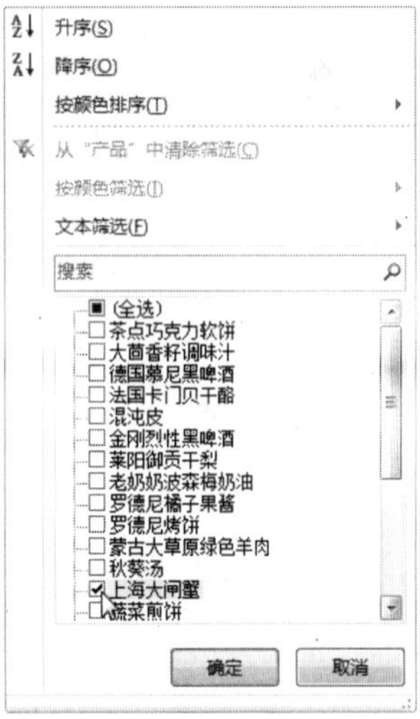

图10-11

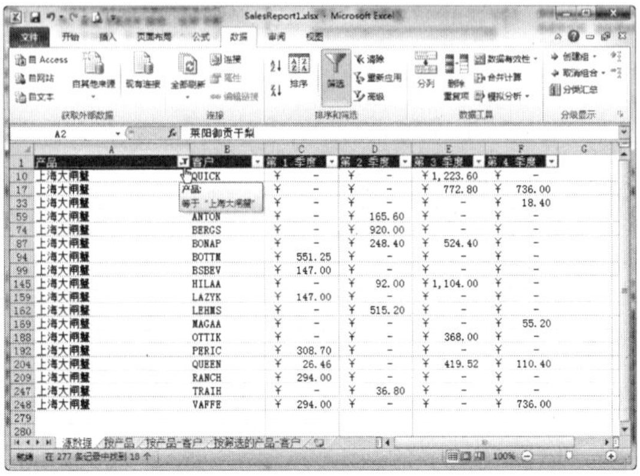

图10-12

提示：Excel 2010允许用户输入筛选内容，从而快速缩小筛选范围。当单击某个列标题右侧的筛选按钮并打开筛选列表后，可以看到有一个用于输入的搜索框，在该搜索框中可以输入要查找的内容，以快速筛选出匹配内容。例如，图10-13所示为在搜索框中输入一个“味”字，从而得到所有与输入内容匹配的产品名称列表。

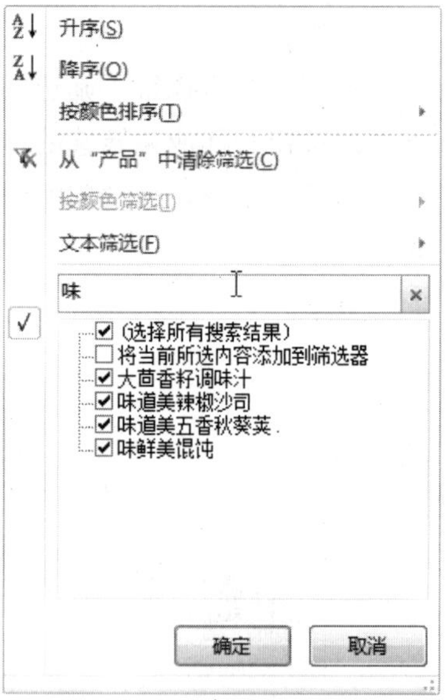

图10-13

当需要清除当前筛选并返回原始状态时，可以使用下面三种方法之一。

- 单击要清除筛选的列标题的筛选按钮，在弹出的菜单中选择【从xx中清除筛选】命令，xx表示当前处于筛选状态的列标题的名称。
- 单击功能区中的【数据】⇨【排序和筛选】⇨【清除】按钮。
- 单击功能区中的【数据】⇨【排序和筛选】⇨【筛选】按钮。

以上三种方法虽然都可用于清除筛选，但是操作后的效果并不相同。使用第一种方法，只能清除当前设置的一个筛选；使用第二种方法，将清除当前数据区域中的所有筛选，但仍显示筛选按钮；使用第三种方法，不但清除所有筛选，而且还将删除筛选按钮并退出筛选状态。

上面的示例介绍的是对文本的筛选方法。在Excel中还可以对数值或日期进行筛选，它们与文本筛选的区别是可用的筛选条件不同。图10-14所示为在日期列或数值列中打开的筛选列表中的选项。

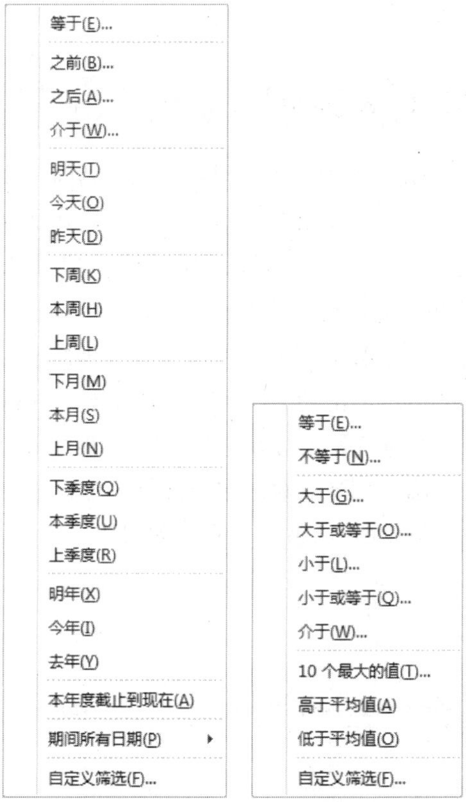

日期筛选列表　　数值筛选列表

图10-14

无论是文本、日期还是数值筛选，在筛选列表底部都含有一个【自定义筛选】选项。根据所处的筛选列的不同，选择该选项打开的对话框也略有差别，但是对话框的操作方法是类似的。例如，在图10-15所示的对话框中设置了两个条件，即第2季度的销售额大于或等于1 000，或者小于或等于50。在此对话框中可以同时指定两个筛选条件，因此显然要比筛选列表中的其他筛选条件灵活一些。

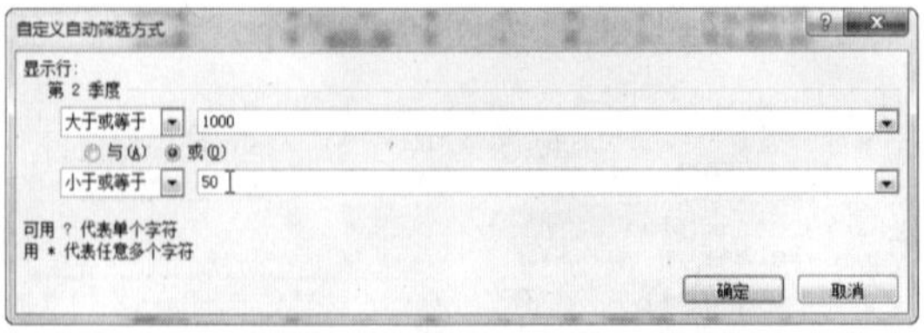

图10-15 灵活设置筛选条件

另外一种筛选方法是右击作为筛选条件的单元格，在弹出的快捷菜单中选择【筛选】命令，然后在其子菜单中选择具体的筛选方式。例如，选择【按所选单元格的值筛选】命令，这样得到的结果将和在筛选列表中选中某个复选框的结果是相同的。

提示：对于复杂的工作表，在筛选后可能仍会包含重复数据。这时可以单击功能区中的【数据】⇨【数据工具】⇨【删除重复项】按钮，打开图10-16所示的【删除重复项】对话框，选中要查找重复数据的标题名称前的复选框，单击【确定】按钮即可删除选中标题下的重复数据。该功能也可用于筛选前的原始数据。

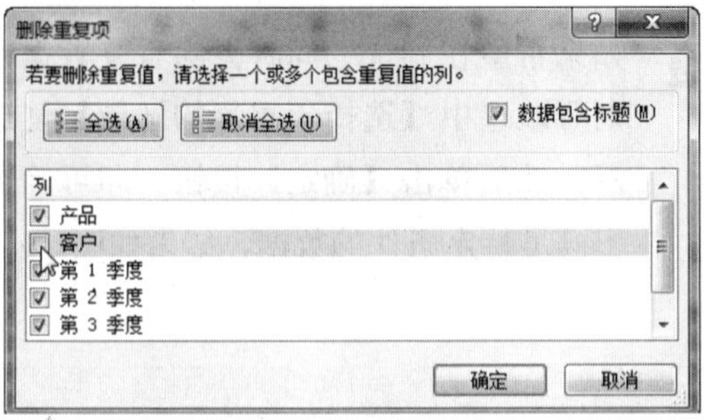

图10-16

10.2.2 多列筛选

如果希望获得比单列筛选更加精确的数据，可以在多个列中进行筛选。换句话说，多列筛选可以提取满足多个不同条件的数据。下面的示例将筛选出QUICK客户的上海大闸蟹产品各季度销售额清单，具体操作如下。

1 单击数据区域中的任意一个单元格，然后单击功能区中的【数据】⇨【排序和筛选】⇨【筛选】按钮，进入筛选状态。

2 单击标题【产品】右侧的筛选按钮，打开筛选列表。取消选中【全选】复选框，然后选中【上海大闸蟹】复选框。

3 单击标题【客户】右侧的筛选按钮，打开筛选列表。取消选中【全选】复选框，然后选中【QUICK】复选框。

4 单击【确定】按钮，得到如图10-17所示的结果，即筛选出QUICK客户各季度的上海大闸蟹销售清单。

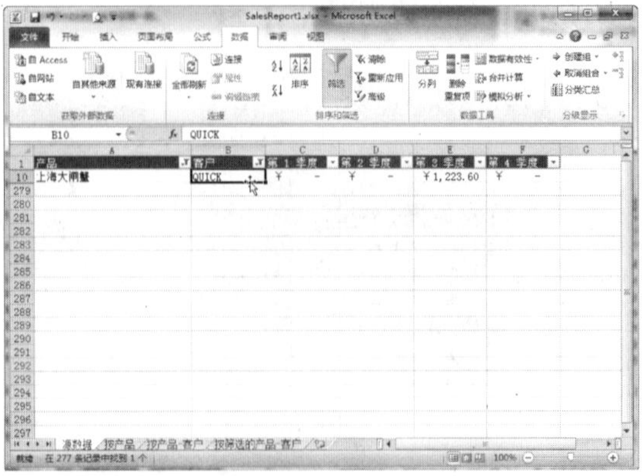

图10-17 使用多列筛选提取精确数据

10.2.3 高级筛选

高级筛选与前面介绍的两种筛选方式有所不同。前两种筛选都是直接按筛选列表中给定的条件或按简单的自定义筛选条件来进行的，而高级筛选则需要在一个与当前数据区域分隔开的单独区域中手工输入要作为筛选条件的数据，然后使用该数据对原始数据进行筛选。可以看出，高级筛选的优势是极其灵活，可以输入任意的筛选条件。

要正确使用高级筛选，请遵循下面几条原则。

- 用为条件的数据区域必须与待筛选区域之间用空行或空列分隔，即两个区域不可相邻。
- 在条件区域中，如果多个数据在同一

行的不同列中被输入，则表示【与】类型的条件，即在筛选时要同时满足这些条件；如果多个数据在不同行的不同列中被输入，则表示【或】类型的条件，即在筛选时只要满足这些条件之一即可。

例如，下面的示例筛选出了技术部女员工的清单，本例中使用高级筛选，在区域I1:J2中指定筛选条件。请注意，筛选条件位于同一行的不同列中，并且与原数据区域之间用一个空列分隔开，如图10-18所示。

图10-18

设置好筛选条件后，按照以下步骤完成高级筛选操作。

1 单击原数据区域中的任意一个单元格，然后单击功能区中的【数据】⇨【排序和筛选】⇨【高级】按钮，打开【高级筛选】对话框，在【列表区域】文本框中已经被自动填入了原数据区域，如图10-19所示。

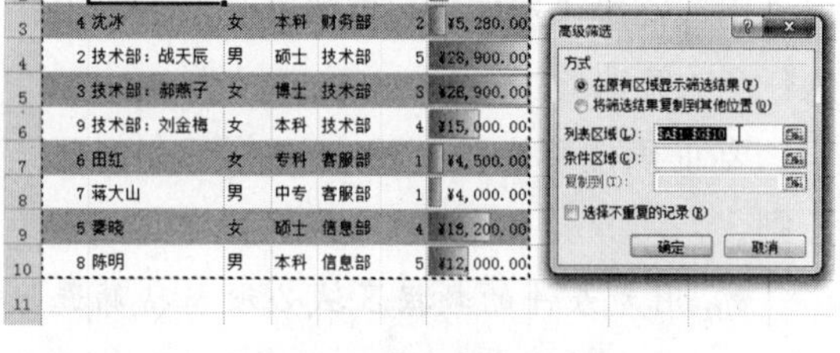

图10-19

2 单击【条件区域】文本框右侧的按钮，然后在工作表中选择之前设置的条件区域I1:J2，如图10-20所示。

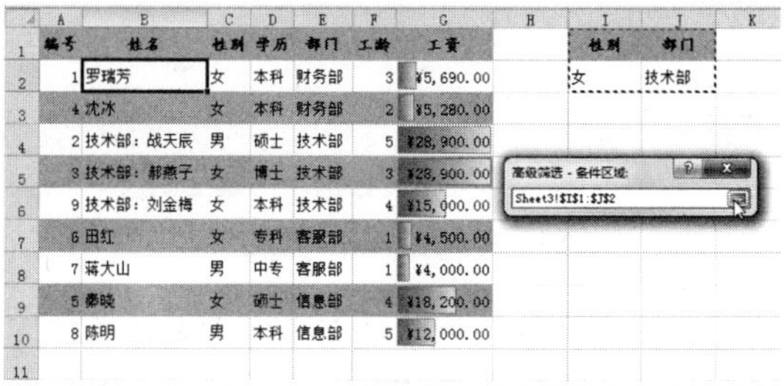

图10-20

3 单击按钮返回【高级筛选】对话框，上一步选择的区域将被自动填入到【条件区域】文本框中，如图10-21所示。

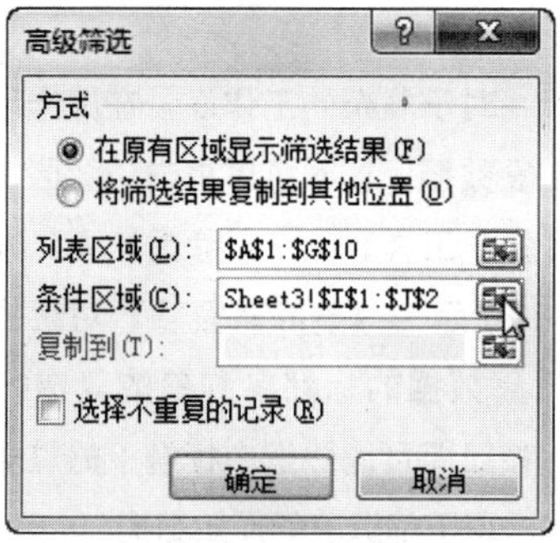

图10-21

4 如果希望在筛选的同时去除重复数据，则可以选中【选择不重复的记录】复选框，然后单击【确定】按钮，即可筛选出满足特定条件的数据，结果如图10-22所示。

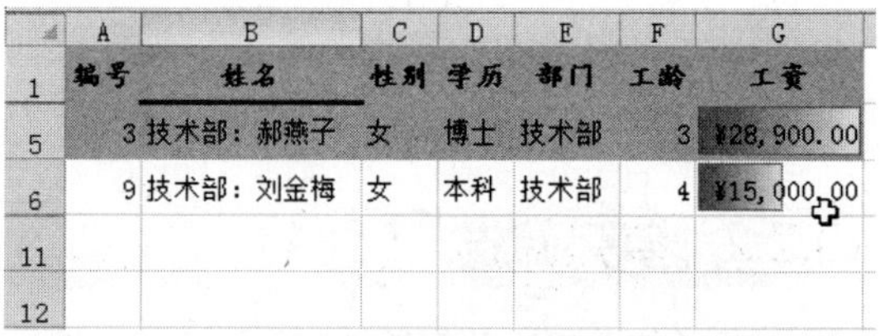

图10-22

5 如果将条件区域指定为图10-23所示的形式，那么在筛选后将得到满足该条件之一的数据，即要么该数据中的性别为“女”，要么部门为“技术部”，只要满足其一的数据都会被筛选出来。

图10-23

10.3 分类汇总

分类汇总是指按类别分开数据，然后以某种指定的方式对每一类数据进行统计。这样就可以得到不同类别的数据统计信息，并快速生成有意义的数据报表。

要得到正确的分类汇总数据，原数据区域需要满足以下几个条件。

- 每列都有列标题。
- 每列都包含类型相同的数据。
- 数据区域是一个连续的区域，其中不包含空行或空列。
- 分类汇总前必须先对要分类的字段进行排序，否则无法得到正确结果。

10.3.1 对专项数据进行汇总

可以只按照某一类数据进行汇总。例如，下面的示例汇总了公司各部门的工资情况。首先对部门名称进行排序，然后创建分类汇总，具体操作如下。

1 单击标题【产品】列数据区域中的任意一个单元格，然后单击功能区中的【数据】⇨【排序和筛选】⇨【升序】按钮，对【产品】列进行升序排序，结果如图10-24所示。

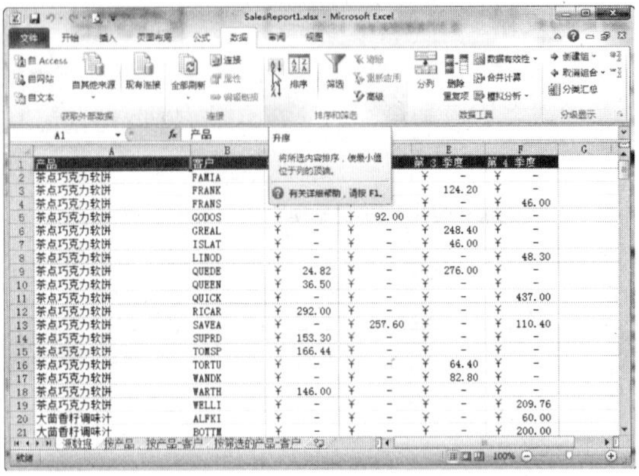

图10-24

2 单击功能区中的【数据】⇨【分级显示】⇨【分类汇总】按钮，打开图10-25所示的【分类汇总】对话框，然后进行以下几项设置。

- 在【分类字段】下拉列表中选择【产品】选项。
- 在【汇总方式】下拉列表中选择【求和】选项。
- 在【选定汇总项】列表框中选中【第4季度】复选框。

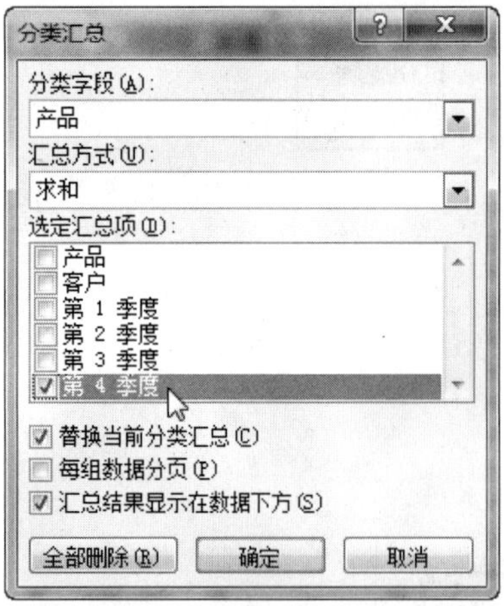

图10-25

3 单击【确定】按钮，得到如图10-26所示的结果，其中按照产品来进行分类，并统计出每个产品第4季度的销售额总和，在数据区域的底部还统计出了所有产品的第4季度销售额总和。

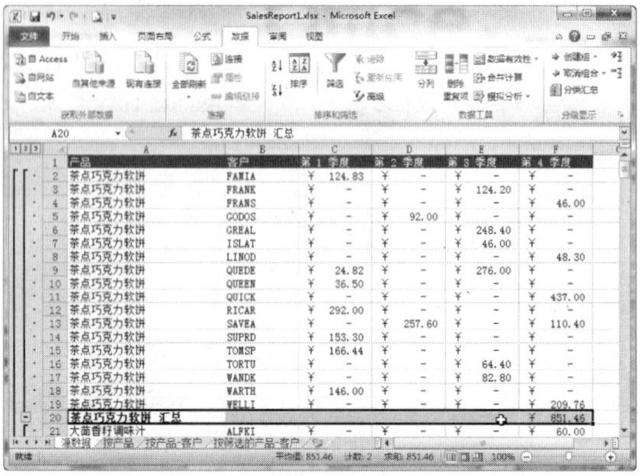

图10-26

如果要使数据恢复到汇总前的状态，则需要再次打开【分类汇总】对话框，然后单击【全部删除】按钮。删除后将恢复到分类汇总前已排序某列后的状态。需要注意的是，删除分类汇总的操作是无法撤销的，因此在删除前需谨慎。

10.3.2 对多类数据汇总

如果需要得到更详细的汇总数据，可以分别对两类以上的数据进行汇总。例如，对于员工统计来说，可以先对部门进行汇总，然后再汇总每个部门内部拥有不同学历的人数。要创建这样的汇总，需要对多类数据进行分别汇总。本例中是要对两列数据进行分类（“部门”和“学历”），因此，需要先对这两列数据进行排序（即多列排序），然后再进行分类汇总。具体操作如下。

1 单击数据区域中的任意一个单元格，然后单击功能区中的【数据】⇨【排序和筛选】⇨【排序】命令，打开【排序】对话框，按照图10-27所示进行设置。需要注意的是，排序的设置顺序要与汇总顺序相同。

图10-27

2 单击【确定】按钮，对部门和学历进行排序，然后单击功能区中的【数据】⇨【分级显示】⇨【分类汇总】按钮，打开图10-28所示的【分类汇总】对话框，在其中进行以下几项设置。

- 在【分类字段】下拉列表中选择【部门】选项。
- 在【汇总方式】下拉列表中选择【计数】选项。
- 在【选定汇总项】列表框中选中【编号】复选框。

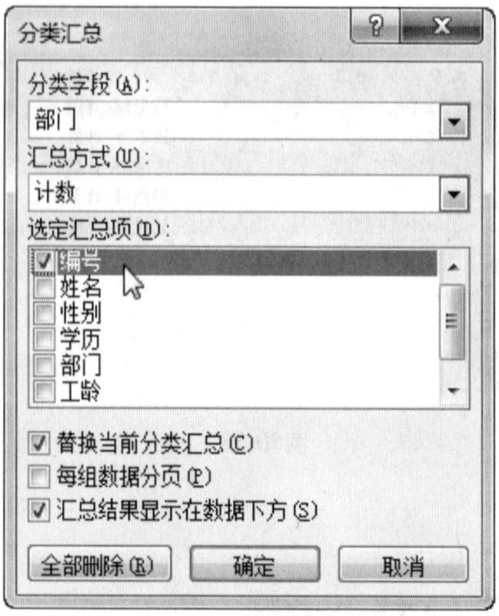

图10-28

3 单击【确定】按钮，完成第一次分类汇总，结果如图10-29所示。

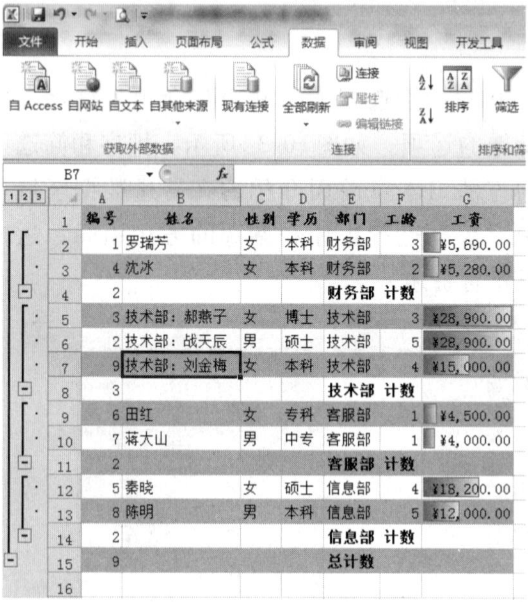

	A	B	C	D	E	F	G
1	编号	姓名	性别	学历	部门	工龄	工资
2	1	罗瑞芳	女	本科	财务部	3	¥5,690.00
3	4	沈冰	女	本科	财务部	2	¥5,280.00
4	2				财务部 计数		
5	3	技术部：郝燕子	女	博士	技术部	3	¥28,900.00
6	2	技术部：战天辰	男	硕士	技术部	5	¥28,900.00
7	9	技术部：刘金梅	女	本科	技术部	4	¥15,000.00
8	3				技术部 计数		
9	6	田红	女	专科	客服部	1	¥4,500.00
10	7	蒋大山	男	中专	客服部	1	¥4,000.00
11	2				客服部 计数		
12	5	秦晓	女	硕士	信息部	4	¥18,200.00
13	8	陈明	男	本科	信息部	5	¥12,000.00
14	2				信息部 计数		
15	9				总计数		
16							

图10-29 按部门分类汇总后的结果

4 再次打开【分类汇总】对话框，设置第二次分类汇总，如图10-30所示。

- 在【分类字段】下拉列表中选择【学历】选项。
- 在【汇总方式】下拉列表中选择【计数】选项。
- 在【选定汇总项】列表框中选中【编号】复选框。

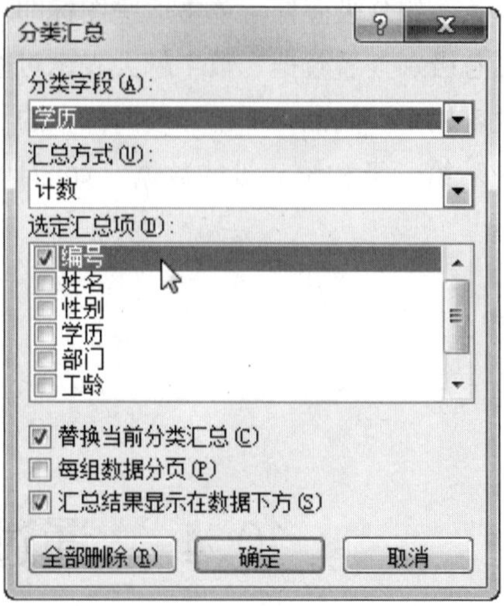

图10-30

提示：单击【确定】按钮前必须取消选中【替换当前分类汇总】复选框，否则第二次分类汇总将覆盖上一次的汇总结果。

5 单击【确定】按钮，将统计出每个部门以及部门内部不同学历的员工人数，如图10-31所示。

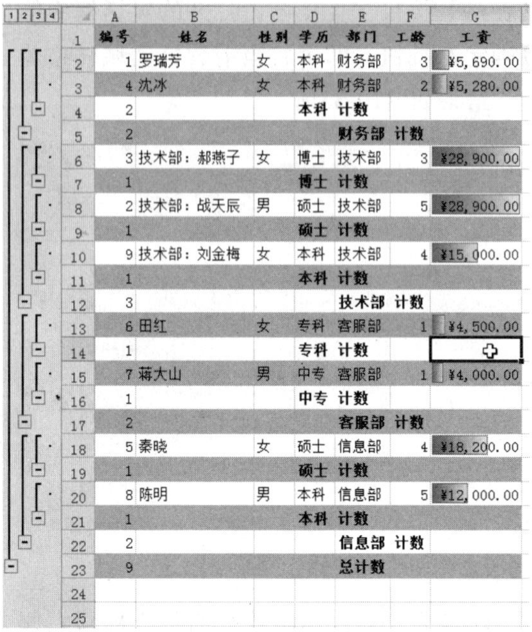

	A	B	C	D	E	F	G
1	编号	姓名	性别	学历	部门	工龄	工资
2	1	罗瑞芳	女	本科	财务部	3	¥5,690.00
3	4	沈冰	女	本科	财务部	2	¥5,280.00
4	2			本科	计数		
5	2				财务部	计数	
6	3	技术部：郝燕子	女	博士	技术部	3	¥28,900.00
7	1			博士	计数		
8	2	技术部：战天辰	男	硕士	技术部	5	¥28,900.00
9	1			硕士	计数		
10	9	技术部：刘金梅	女	本科	技术部	4	¥15,000.00
11	1			本科	计数		
12	3				技术部	计数	
13	6	田红	女	专科	客服部	1	¥4,500.00
14	1			专科	计数		
15	7	蒋大山	男	中专	客服部	1	¥4,000.00
16	1			中专	计数		
17	2				客服部	计数	
18	5	秦晓	女	硕士	信息部	4	¥18,200.00
19	1			硕士	计数		
20	8	陈明	男	本科	信息部	5	¥12,000.00
21	1			本科	计数		
22	2				信息部	计数	
23	9				总计数		
24							
25							

图10-31

汇总后将会在分类汇总数据的左侧看到类似[1][2][3][4]的分级图标，单击这些图标即可按不同汇总级别查看数据，数字越大表示可查看到的内容越多。例如，单击分级图标中的[2]，则只显示第一级和第二级的数据，如图10-32所示。

图10-32

10.4 通过Excel表分析数据

本书第9章曾经介绍过在表中使用公式的方法。如果将一个数据区域转换为表，那么还可以非常方便地对数据进行排序、筛选和汇总。

10.4.1 在表中排序和筛选

首先需要将普通数据区域转换为表结构，单击数据区域中的任意一个单元格，然后单击功能区中的【插入】⇨【表格】⇨【表格】按钮，直接单击打开的对话框中的【确定】按钮，即可将当前数据区域转换为表，结果如图10-33所示。

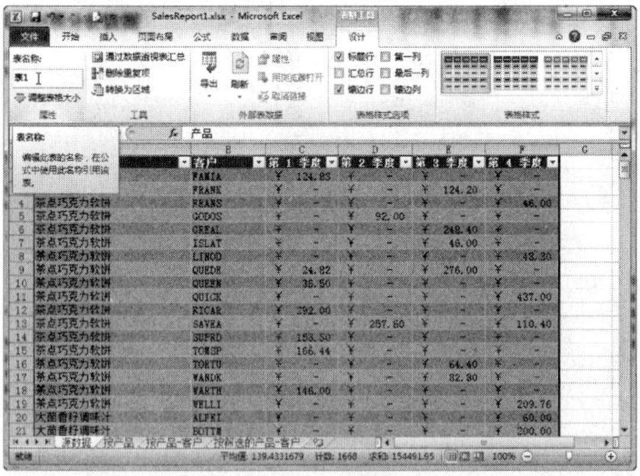

图10-33

转换为表后，区域首行的每个标题右侧都会包含一个筛选按钮，单击这些按钮会打开一个筛选列表，其中包含用于排序和筛选的选项，如图10-34所示。排序和筛选的方法与本章前面介绍的在普通数据区域中对数据进行排序和筛选的方法相同，这里不再赘述。

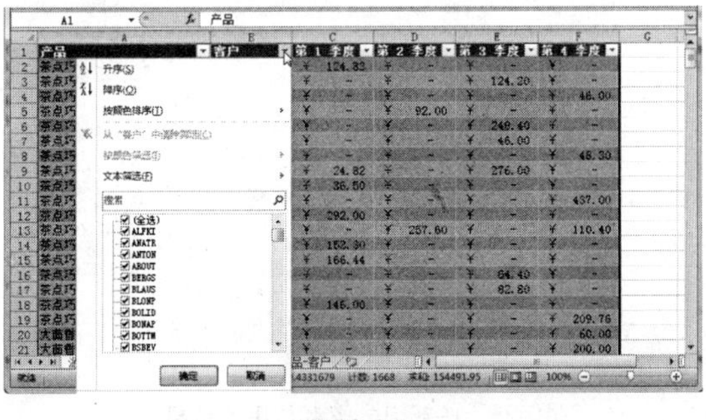

图10-34

提示：Excel“表”具有一个有趣的功能，当向下滚动表直到看不到表首行的标题时，如果当前光标位于表区域内，那么表标题会取代列字母而显示在列字母的位置上，而且还会显示出筛选按钮，可以直接对数据进行排序和筛选，如图10-35所示。

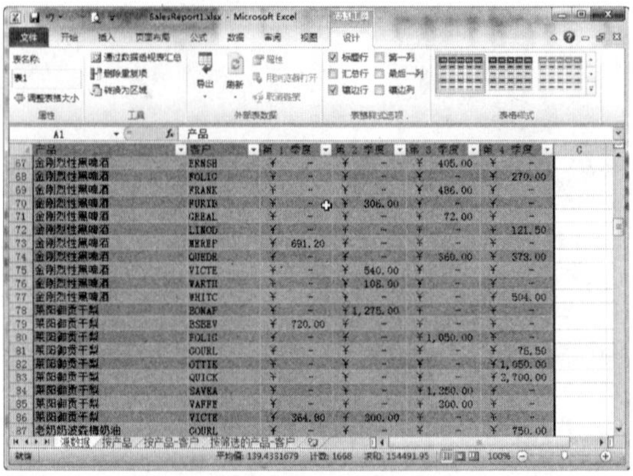

图10-35

10.4.2 在表中汇总

在表中汇总数据将变得非常简单。可以为数据添加一个汇总行，这样可以自动获得表区域最后一列的汇总数据。要在表底部添加一个汇总行，可以使用以下两种方法之一。

- 单击表中任意一个单元格，然后选中【设计】⇨【表样式选项】组中的【汇总行】复选框。
- 右击表中任意一个单元格，然后在弹出的快捷菜单中选择【表格】⇨【汇总行】命令。

图10-36所示为在表底部添加了一个汇总行后的效果。

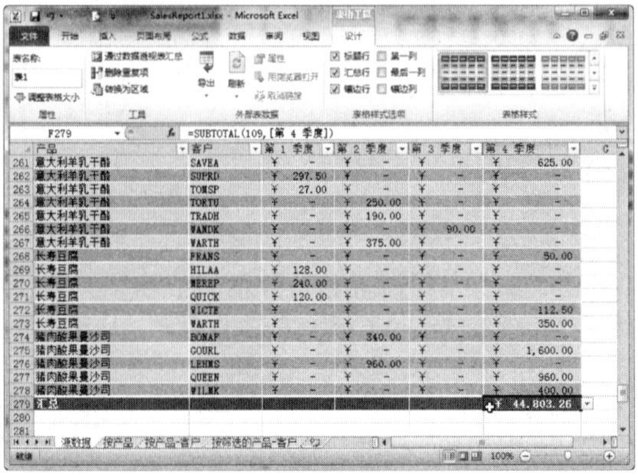

图10-36

如果希望为其他列创建汇总数据，则可以单击汇总行中的其他单元格。当单元格出现一个下拉按钮时，单击该按钮，可以在打开的列表中选择汇总类型，如图10-37所示。

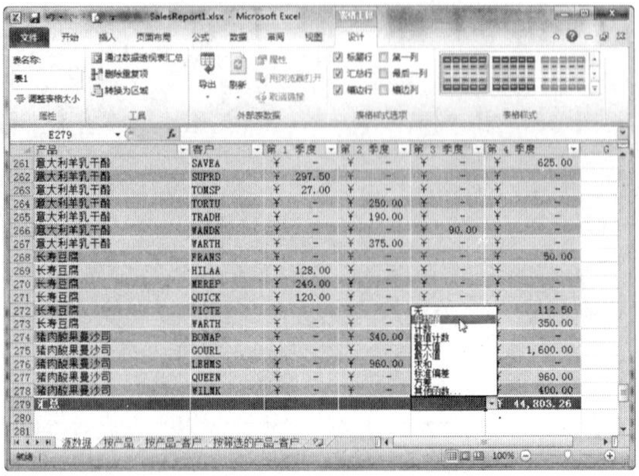

图10-37

提示：如果列表中列出的函数类型无法满足使用需求，可以选择列表中的【其他函数】选项，在打开的【插入函数】对话框中选择更多函数类型。

单击表内任意一个单元格，激活功能区中的【设计】选项卡，在该选项卡中单击【工具】组中的【转换为区域】按钮，可将表转换为普通区域，但之前的表样式会保留下来。如果希望在转换的同时去除表样式，可以在功能区中的【设计】⇨【表样式】下拉列表中选择【浅色】中的【无】选项。

第11章

Excel图表和数据透视表

本章内容如下：

- Excel图表介绍
- Excel图表的高级应用技巧
- 了解数据透视表
- 数据透视表高级技巧

11.1 Excel图表介绍

图表是一种将数据可视化的手段。面对行列交错的大量数据，用户很难在其中发现某些重要内容或规律。将这些烦琐的数据转换为清晰易懂的图表，则很容易看出数据的某些规律或趋势。Excel提供了强大的图表功能，可以将数据创建为不同类型的图表，适合在各种情况下可视化分析数据。本节将介绍图表的基础内容，主要包括图表的类型与组成、图表的创建与编辑、图表结构设置、使用图表模板等内容。

11.1.1 Excel图表的类型

Excel一共包含了11个图表大类，每个大类里还包含了数量不等的图表子类型。例如，柱形图中包含了19种子类型。每种类型的图表有其各自不同的特点，而且也适合于不同的数据结构。表11-1列出了Excel的11个图表大类的名称、特点、用途及其子类型的数量。

表11-1 图表名称、特点、用途及其子类型的数量

图表名称	特 点	用 途	子类型数量
柱形图	将数据的类别分布在水平轴上，将数值分布在垂直轴上	用于显示一段时间内的数据变化，或显示各项之间的数据比较情况	19个
条形图	轴标签过长或显示的数值是持续型的	用于显示各个项目之间的比较情况	15个
折线图	类别数据沿水平轴分布，值数据沿垂直轴分布	用于显示随时间而变化的连续数据	7个
XY散点图	散点图有两个数值轴，将这些数值合并到单一数据点并以不均匀间隔或簇显示它们	用于显示若干数据系列中各数值之间的关系，或将两组数据绘制为*xy*坐标的一个系列	5个
饼图	饼图中的数据点显示为整个饼图的百分比	用于显示一个数据系列中各项的大小与各项总和的比例	6个
圆环图	与饼图类似，但是可以包含多个数据系列	与饼图类似	2个
面积图	显示所绘制的值的总和，或部分与整体的关系	用于强调数量随时间而变化的程度	6个
曲面图	与地形图类似，颜色和图案表示相同数值范围的区域	用于找到两组数据之间的最佳组合	4个
气泡图	使用*x*和*y*轴的数据绘制气泡的位置，然后使用第三列数据来表示气泡的大小	气泡图没有分类坐标轴，包含的都是数值坐标轴，用于描绘三类数据之间的关系	2个
股价图	特殊的图表，需要根据股价图的子类型来选择合适的数据区域	用于显示股价的波动，也可用于科学数据	4个
雷达图	每一个分类都有自己的坐标轴	用于显示数据系列相对于中心点以及各数据分类间的变化	3个

11.1.2 图表的组成元素

一个图表可以由很多部分组成，而在默认情况下创建的图表只包含了几部分。图11-1所示是一个包含了大部分元素的图表。

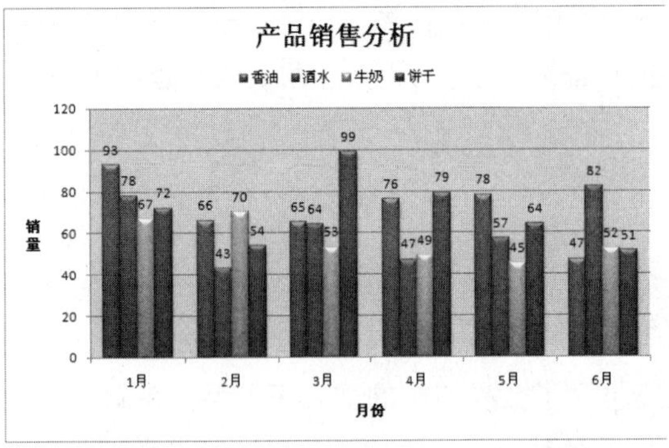

图11-1

在图11-1的图表中，包含了以下几项图表元素。

- 图表区：图表中最大的白色区域，作为其他图表元素的容器。
- 绘图区：图表中的灰色底纹部分，其中包含了数据系列和数据标签。
- 图表标题：图表顶部的文字，通常用于描述图表的功能或作用。
- 图例：图表标题下方带有颜色块的文字，用于标识不同数据系列代表的内容。
- 数据标签：数据系列顶部的数字，以显示的方式表示数据系列代表的具体值。
- 数据系列：绘图区中不同颜色的矩形，表示用于创建图表的数据区域中的行或列。
- 横坐标轴：绘图区下方诸如“1月”、“2月”的内容，用于显示数据的分类信息。
- 纵坐标轴：绘图区右侧诸如“20”、“40”的内容，用于显示数据的数值。
- 横坐标轴标题：横坐标轴下方的文字，用于说明横坐标轴的含义。
- 纵坐标轴标题：纵坐标轴右侧的文字，用于说明纵坐标轴的含义。
- 网格线：贯穿绘图区的线条，用于作为估算数据系列所示值的标准。

除了上面的图表元素外，在图表中还可以包含数据表。数据表通常显示在绘图区的下方。但由于数据表的占用区域比较大，为了节省空间，通常情况下不需要在图表中显示数据表。

11.1.3 创建图表

创建图表的操作并不复杂，只需准备好用于图表的原始数据，然后即可快速创建图表。下面的示例使用工作表中的一个数据区域创建了一个柱形图，然后使用Excel预置格式对图表进行了简单的外观设置。具体操作如下。

1 单击图11-2所示的数据区域中的任意一个单元格。

图11-2

2 单击功能区中的【插入】⇨【图表】⇨【柱形图】按钮，在打开的柱形图子类型列表中，选择【二维柱形图】中的

【簇状柱形图】，如图11-3所示。

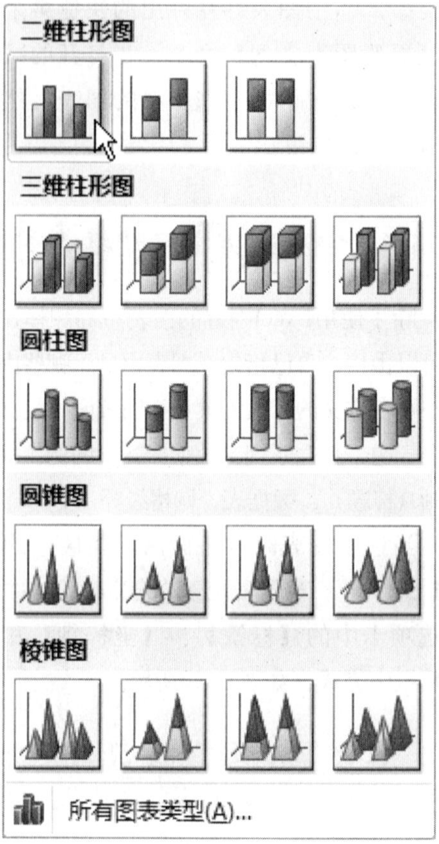

图11-3

3 此时，在当前工作表中创建了一个柱形图表，如图11-4所示。

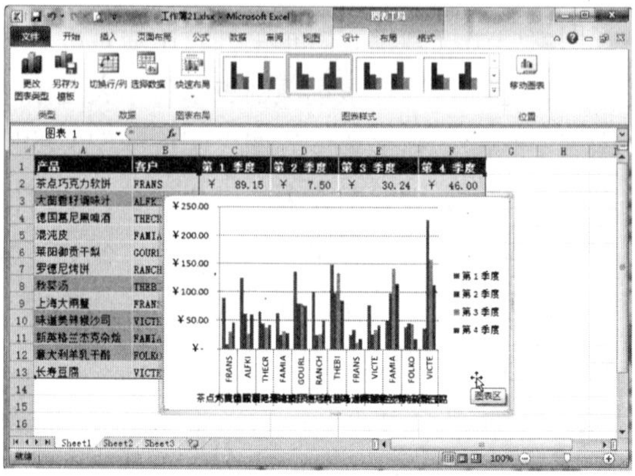

图11-4

4 单击图表内的空白处，然后按住鼠标左键进行拖动，将图表移动到工作表内的一个适当位置。如果横坐标轴文字混乱显示不全，也可以调整图表区的大小，使其能充分显示，如图11-5所示。

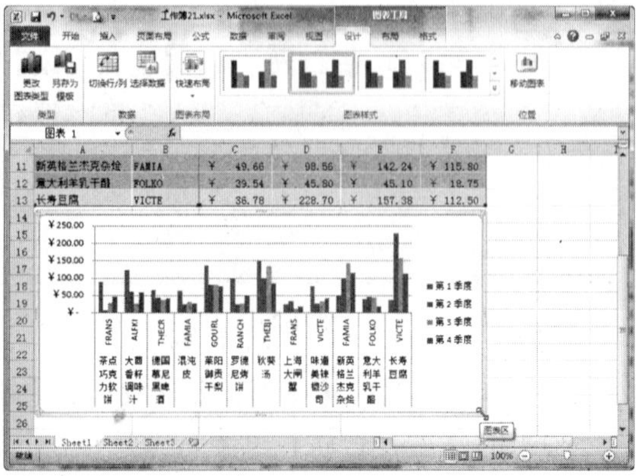

图11-5

提示：在Excel中默认创建的图表是位于工作表中的，这类图表被称为“嵌入式图表”。可以将嵌入式图表移动到工作表之外，成为一个图表工作表。从外观上说，图表工作表与其他工作表一样，也拥有自己的工作表标签。右击嵌入式图表并在弹出的快捷菜单中选择【移动图表】命令，打开图11-6所示的对话框，可以选择是否将图表作为一个新工作表出现，然后单击【确定】按钮，嵌入式图表成为一个独立的工作表。

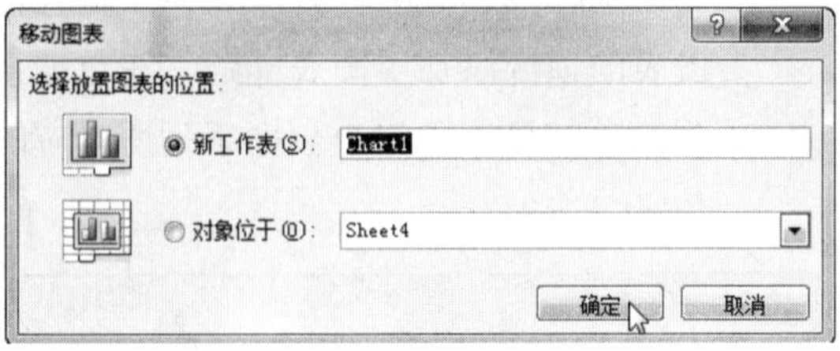

图11-6

5 选中图表，然后拖动图表四周的控制点，可以调整图表的大小。当选中图表时，将激活功能区中的【设计】、【布局】和【格式】选项卡。在【设计】选项卡中打开【图表样式】下拉列表，从中选择【样式26】选项，即可美化图表的外观，结果如图11-7所示。

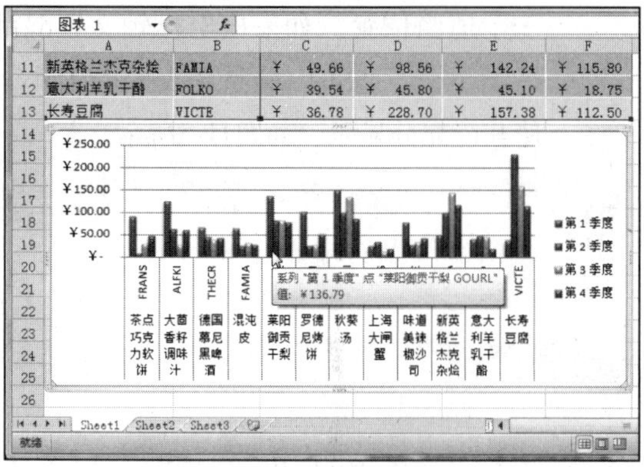

图11-7

6 在选中图表的状态下，在【设计】选项卡的【图表布局】组中可以选择Excel预置的几种图表布局方案，如图11-8所示。

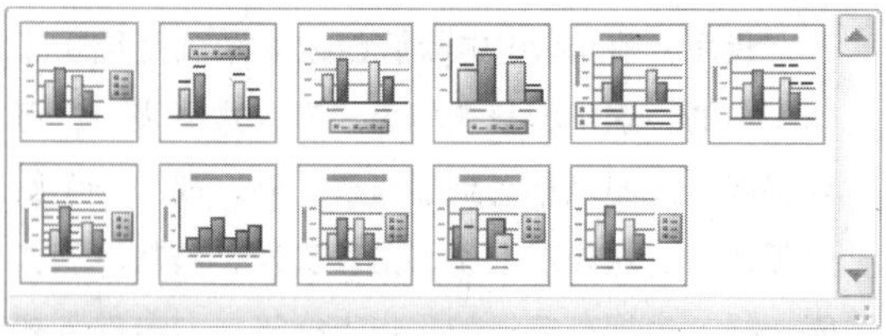

图11-8

7 选择一种图表布局方案，如选择【布局2】选项，然后将图表标题修改为“产品销售分析”，结果如图11-9所示，图表之前的横坐标轴和纵坐标轴被去掉了，并在图表的顶部添加了图表标题，在数据系列的顶部显示了每个数据系列所对应的数值。

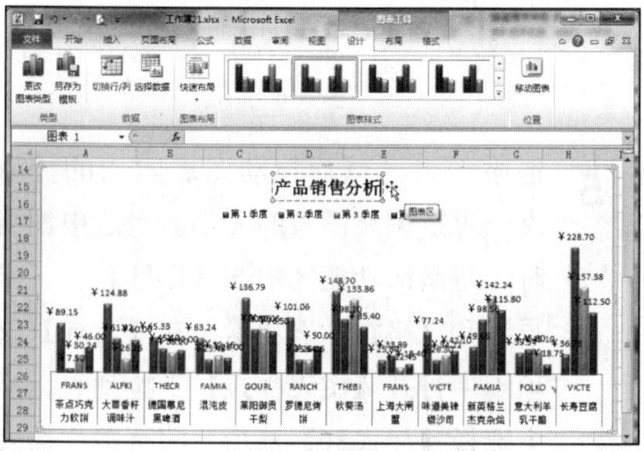

图11-9

对于创建好的图表，可以随时改变图表的类型。右击图表并从弹出的快捷菜单中选择【更改图表类型】命令，在打开的【更改图表类型】对话框中选择新的图表，然后单击【确定】按钮。

11.1.4 修改图表布局和样式

除了使用Excel内置的图表布局和样式外，还可以由用户自己指定在图表中显示哪些内容。用户可自定义的图表元素包括图表区、绘图区、图表标题、数据系列、数据标签、图例、横纵坐标轴（标题）、数据表、网格线等。

当选中图表时，将激活功能区中的【布局】选项卡，对图表元素的自定义设置主要在该选项卡中的【标签】、【坐标轴】和【背景】组中完成，如图11-10所示。

图11-10

无论设置哪种图表元素，其操作都十分类似。单击图11-10中所需设置的代表图表元素的按钮，然后在打开的列表中选择图表元素在图表中出现的位置。每个列表中通常都包含【无】选项，选择该选项则表示将图表元素从图表中删除。如果要设置图表区或绘图区的图形格式，或者设置图表内的字体样式，则可以在功能区的【格式】选项卡中进行。例如，要将默认创建的图表设置为图11-11所示的外观，需要进行以下操作。

1 单击图表内任意位置以选中图表，然后切换到功能区中的【布局】选项卡。

2 单击【标签】组中的【数据标签】按钮，在弹出的菜单中选择【无】命令，隐藏杂乱显示的销售数据。

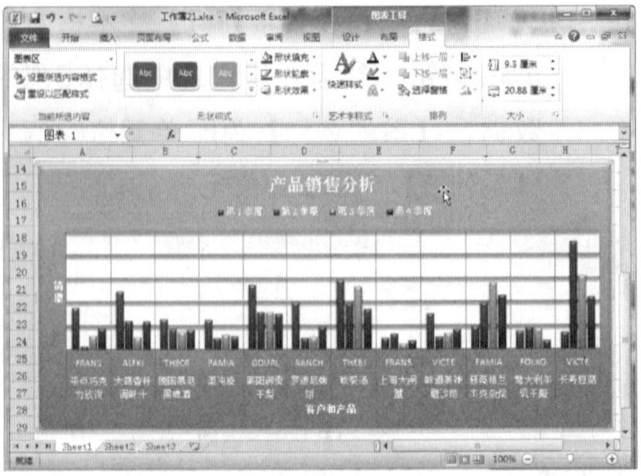

图11-11

3 单击【图例】按钮，在弹出的菜单中选择【在顶部显示图例】命令，将图例置于数据系列的上方。

4 单击【坐标轴标题】按钮，然后分别选择【主要横坐标轴标题】⇨【坐标轴下方标题】和【主要纵坐标轴标题】⇨【竖排标题】命令，再分别修改横坐标轴和纵坐标轴标题为“客户和产品”和“销量”。

5 单击【网格线】按钮，在弹出的菜单中选择【主要纵网格线】⇨【主要网格线】命令，为图表添加纵网格线。

6 单击图表区内的空白处，然后切换到【格式】选项卡，打开【形状样式】下拉列表，选择【强烈效果-橄榄色，强调颜色3】选项，如图11-12所示。

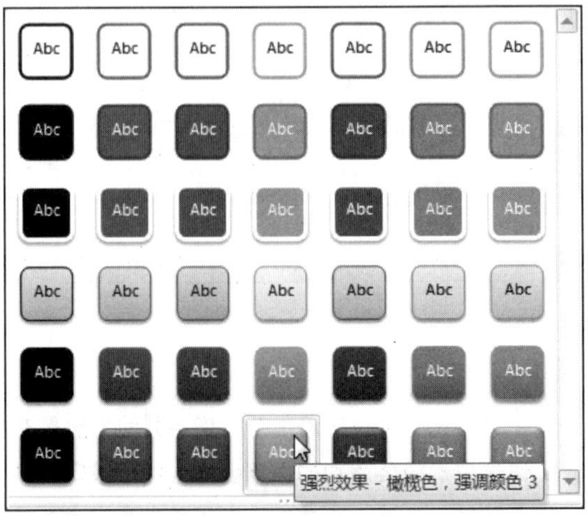

图11-12

7 最后，单击图表中的绘图区，然后再次打开【形状样式】下拉列表，选择【粗线-强调颜色3】选项，完成整个图表的设置。

11.1.5 修改和添加图表的数据系列

数据系列是图表中最重要的一个元素，很多图表操作都要在数据系列中进行。因此，有必要熟练掌握数据系列的一些常用操作。

1．修改原有数据系列

如果需要，可以随意修改当前图表中的任何一个数据系列。右击任意一个数据系列，在弹出的快捷菜单中选择【选择数据】命令，打开【选择数据源】对话框，如图11-13所示。

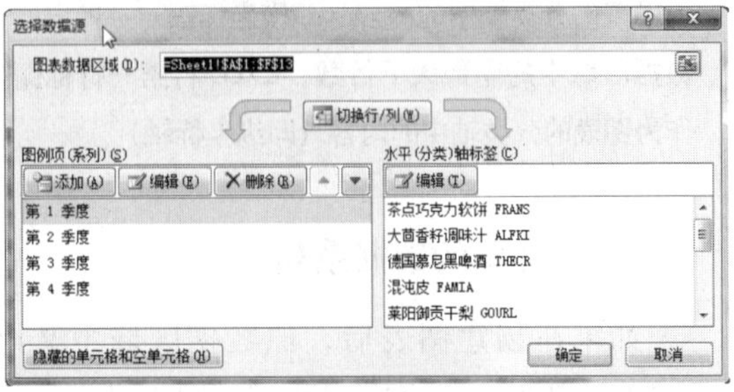

图11-13

提示：可以在【图例项（系列）】列表框中通过【上移】按钮或【下移】按钮调整数据系列的相互位置。

可以通过修改【图表数据区域】中的区域地址来改变创建图表所使用的整个数据区域，或者单击按钮，从图表中选择新的用于图表的数据区域。如果要编辑某个数据系列，则可以在【图例项（系列）】列表框中选择要修改的系列，然后单击【编辑】按钮，打开图11-14所示的【编辑数据系列】对话框，在这个对话框中可以修改系列名称和系列值所引用的对应单元格或区域。

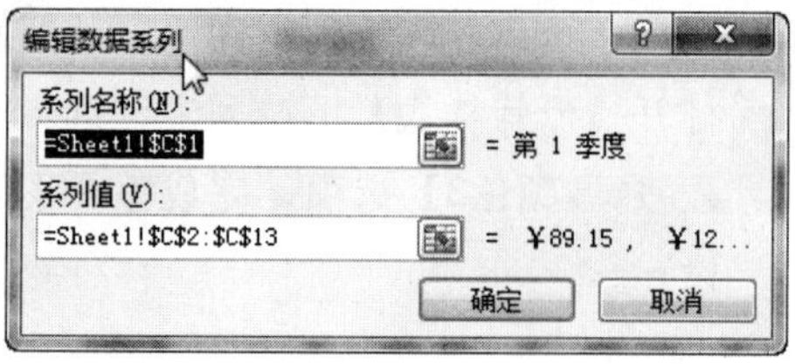

图11-14

使用类似的方法也可以修改图表中水平分类轴中的内容。只需在【水平（分类）轴标签】列表框中选择要修改的名称，然后单击【编辑】按钮进行修改即可。

> 提示：单击【选择数据源】对话框中的【切换行/列】按钮，将交换数据系列和分类轴的位置。Excel根据原数据区域中的行数与列数来决定在创建的图表中如何安排数据系列与分类轴。如果原数据区域中的行数大于列数，Excel将第一列标题作为图表的分类轴中的内容（即横坐标轴）；如果原数据区域中的列数大于行数，Excel将第一行标题作为图表的分类轴中的内容（即纵坐标轴）。

2．添加新的数据系列

如果在创建图表后，原数据区域中又增加了新的数据；或者在开始创建图表时，只使用了数据区域中的部分数据。无论以上哪种情况，都可能需要向图表中添加新的内容。一种解决方法是使用上一节介绍的【选择数据源】对话框，重新修改【图表数据区域】中的区域地址；还有一种解决方法是将指定的数据区域添加到图表中。

例如，在图11-15所示的图表中，只使用了区域A1:D13中的数据来创建图表。现在希望将E列数据也添加到图表中，具体操作如下。

1 右击图表并在弹出的快捷菜单中选择【选择数据】命令，打开【选择数据源】对话框。

2 单击【添加】按钮，打开【编辑数据系列】对话框，如图11-16所示。分别单击【系列名称】和【系列值】文本框右侧的按钮，然后在工作表中选择E列的数据，【系列名称】为E1单元格的值，【系列值】为E2:E13单元格区域的值。

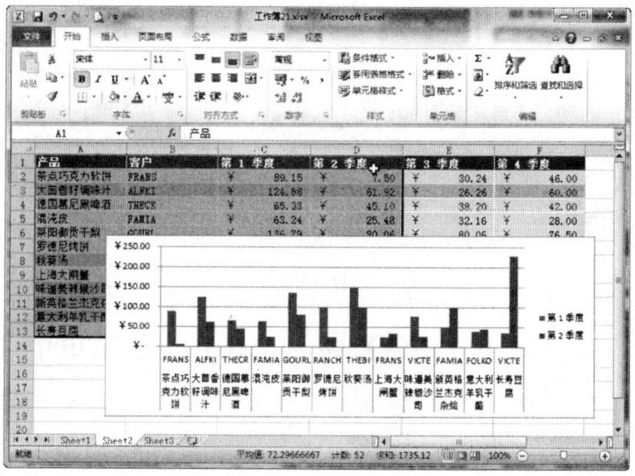

图11-15

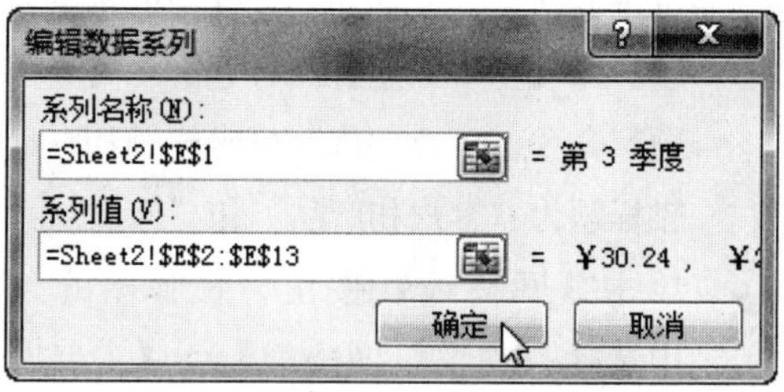

图11-16

3 单击两次【确定】按钮，即可将所选内容添加到图表中，如图11-17所示。

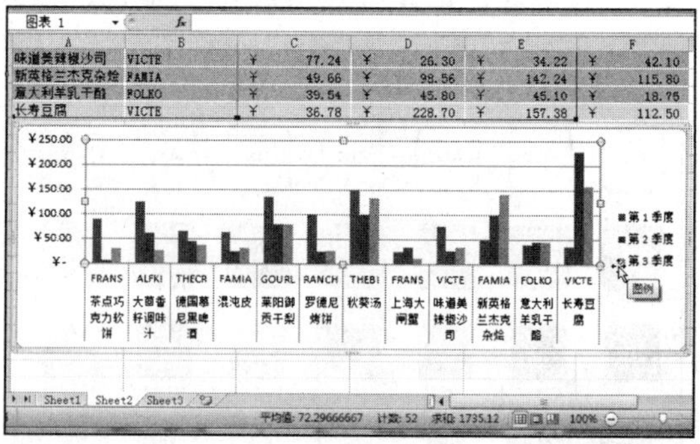

图11-17

> 提示：一种快速添加新数据系列的方法是在工作表中选择要添加的数据区域，然后按Ctrl+C组合键进行复制，再单击图表并按Ctrl+V组合键

粘贴之前复制的区域，这样即可快速将指定区域添加到图表中。

3．使用其他工作表中的数据系列

通常情况下，创建图表所使用的数据区域都位于同一个工作表中，但有时用于图表的原数据也会分散到多个工作表中。Excel支持使用多个不同位置的数据区域来创建图表的操作。要创建这类图表，将用到前面介绍过的添加数据系列的操作。通过打开【选择数据源】对话框并在其中单击【添加】按钮，就可以在不同的工作表中选择要创建到图表中的数据区域了。

当用户单击图表中任意一个数据系列时，可以发现在公式栏中会显示一个以SERIES开头的公式。这个公式就是专门用于创建和编辑图表中的数据系列的。例如，当单击图11-18所示的图表中名为“第4季度”的数据系列时，将在公式栏中看到下面的公式。

```
=SERIES(Sheet1!$F$1,Sheet2!$A$2:$B$13,Sheet1!$F$2:$F$13,4)
```

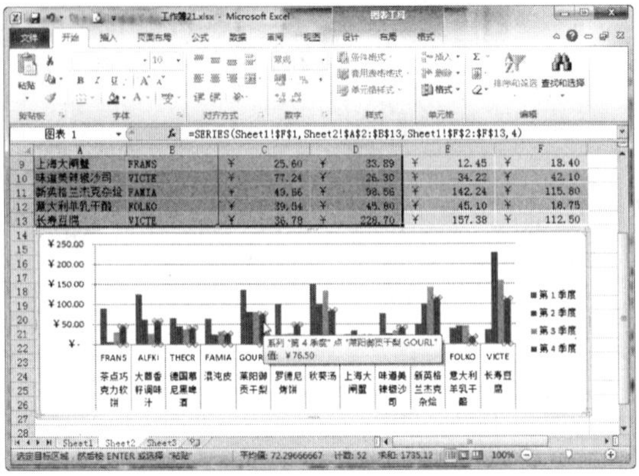

图11-18

SERIES公式的格式如下。

```
SERIES(series_name,category_labels,values,order,sizes)
```

SERIES公式中各参数的含义如下。

- series_name：系列名称（可选），包含用于图例中的系列名称的单元格引用。如果省略该参数，Excel将创建一个默认系列名称，如“系列1”。
- category_labels：分类标签，包含分类轴标签的单元格区域引用。如果省略该参数，Excel将使用从“1”开始的连续整数。
- values：表示值，包含系列值的单元格区域引用，也可以引用一个不相邻的区域作为数据系列，这样的区域地址要用逗号分隔并用括号括起。
- order：该参数表示数据系列绘制到图表中的次序。
- sizes：该参数表示气泡图中气泡的大小，只能用于气泡图。

例如，在当前图表中输入下面两个公式，会自动将名为“Sheet1”和“Sheet2”的两个工作表中的区域B2:B7添加到当前图表中，而且分别位于图表所有数据系列中的最后两个（序号为“3”和“4”）。

提示：在SERIES公式中，单元格引用都为绝对引用。

```
=SERIES(Sheet1!$B$1,,Sheet1!$B$2:$B$7,3)
=SERIES(Sheet2!$B$1,,Sheet2!$B$2:$B$7,4)
```

11.1.6 将图表转换为图片

如果希望将制作好的图表在任意位置使用，可以对图表进行复制，复制后的图表与原图表完全相同，而且新图表仍与原数据相关联；另外，也可以将图表转换为图片的形式保存，这样可以防止其他人随意删除图表中的任何内容，但是转换成图片之后图表将不再关联数据。将图表转换为图片的具体操作如下。

1 右击图表区的空白处，在弹出的快捷菜单中选择【复制】命令。

2 右击目标位置，在弹出的快捷菜单中选择【选择性粘贴】命令。

3 打开【选择性粘贴】对话框，在【方式】列表框中选择一种图片格式，如图11-19所示。

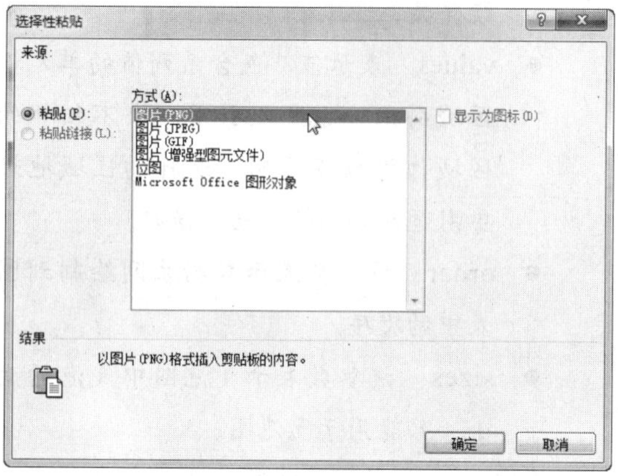

图11-19

4 单击【确定】按钮，在工作表中复制一张与原图表完全相同的图表图片。

11.1.7 创建和使用图表模板

如果经常创建大量外观格式相同的图表，那么使用图表模板是非常方便的。可以在创建同样外观的第一个图表时设置好图表的格式，然后将图表保存为图表模板，在以后创建同类外观的图表时就可以利用模板进行批量制作，这样可以省去大量重复设置图表格式的时间。创建图表模板的具体操作如下。

1 使用尽可能标准的数据创建一个默认图表，然后选中该图表，并使用功能区中的【布局】和【格式】选项卡对图表的外观格式进行所需的自定义设置。

2 单击图表以选中它，然后单击功能区中的【设计】⇨【类型】⇨【另存为模板】按钮，打开图11-20所示的【保存图表模板】对话框。向其中输入图表模板名称，然后单击【保存】按钮，即可创建一个图表模板。

图11-20

提示：图表模板的保存路径为C:\Users\用户名\AppData\Roaming\Microsoft\Templates\Charts。可以根据需要，直接向该路径中复制其他图表模板，或删除该路径下的图表模板，然后即可在Excel中使用这些图表模板。

使用图表模板的方法如下。

1 单击用于创建图表的原数据区域内的任意一个单元格。

2 单击功能区中的【插入】⇨【插图】⇨【其他图表】按钮，在弹出的菜单中选择【所有图表类型】命令，打开【插入图表】对话框。

3 在左侧列表中选择【模板】选项，然后在右侧可以选择所需的模板，如图11-21所示。

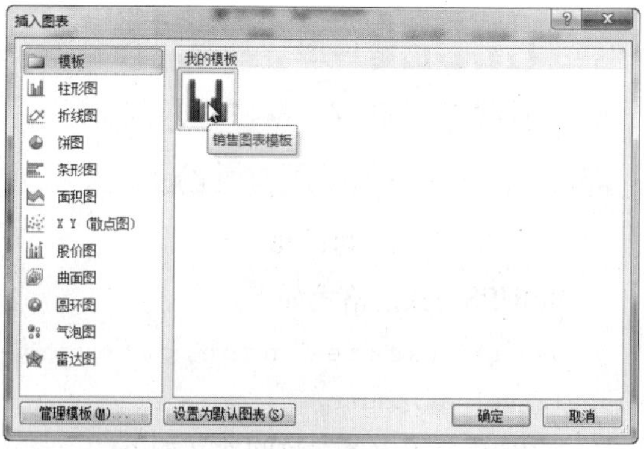

图11-21

4 选择要使用的图表模板，单击【确定】按钮，即可用当前数据创建一个图表。

11.2 Excel图表的高级应用技巧

图表在数据分析工作中有广泛的应用。使用Excel的图表功能，可以制作出既美观又实用的图表，增加数据的直观说服力。

11.2.1 创建组合图表

组合图表是指在一个图表中可以包含至少两种不同的图表类型。有时在一个图表中显示不同的图表类型，可能更有利于观察和分析数据。要制作组合图表，只需右击要改变图表类型的数据系列，然后在弹出的快捷菜单中选择【更改系列图表类型】命令。打开【更改图表类型】对话框，从中选择一种图表类型，然后单击【确定】按钮，即可得到组合图表，如图11-22所示。

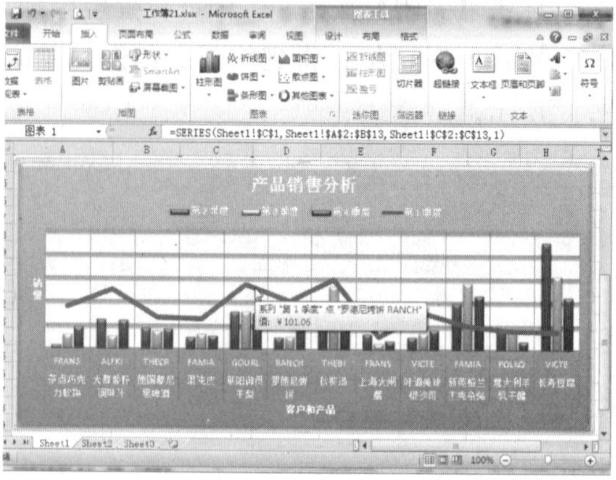

图11-22

11.2.2 制作甘特图表

在Office Project应用程序中，. 甘特图是一种用于管理项目进度的视图方式。它是一种水平条形图，每一个条形表示一个任务，而条形的长度则表示要完成某项任务所需的时间长短，在Excel中也可以创建类似甘特图的图表。下面的示例将为图11-23所示的数据创建一个甘特图，数据区域中的A列为任务名称，B列为任务的开始时间，C列为任务所需的时长。请将单元格A1留空，否则可能会导致错误。

	A	B	C
1		开始时间	时长
2	编写大纲	6月27日	2
3	修改大纲	6月29日	3
4	设计情节	7月2日	5
5	集体写作和交流	7月8日	10
6	审阅和修改	7月19日	6
7	排版和打印	7月25日	3
8			

图11-23

制作甘特图的具体操作如下。

1 单击数据区域中的任意一个单元格，然后单击功能区中的【插入】⇨【图表】⇨【条形图】按钮，在打开的列表中选择【堆积条形图】命令，创建一个堆积条形图，效果如图11-24所示。

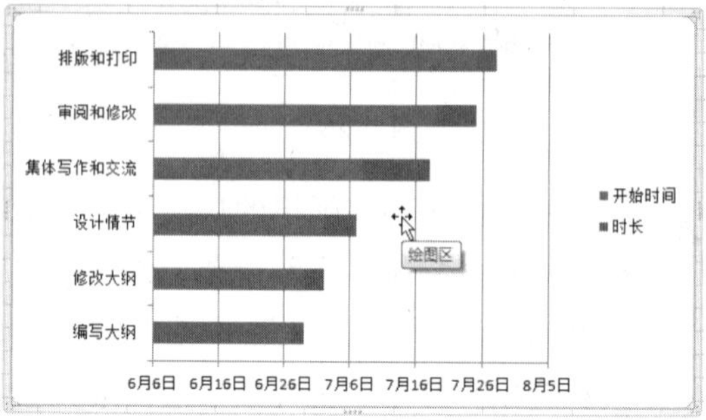

图11-24

2 右击纵坐标轴并在弹出的快捷菜单中选择【设置坐标轴格式】命令，然后在打开的对话框的【坐标轴选项】选项面板中选中【逆序类别】复选框，使纵坐标轴倒序排列，如图11-25所示。

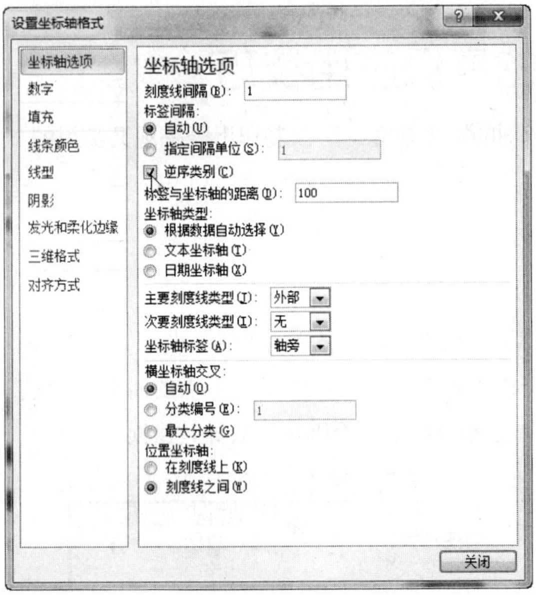

图11-25

3 选中【横坐标轴交叉】选项组中的【最大分类】单选按钮，将横坐标轴显示于图表的下方，如图11-26所示。

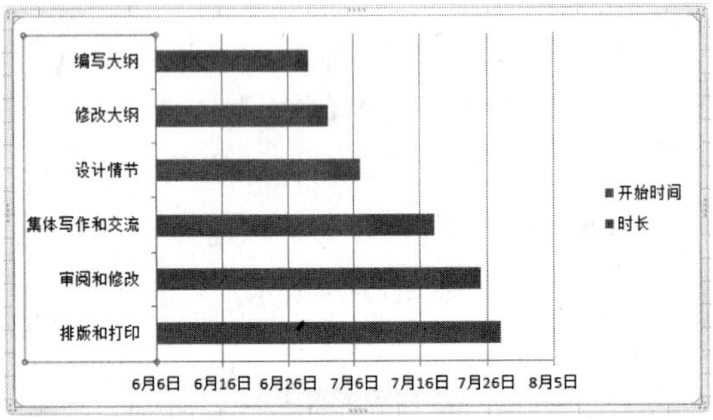

图11-26

4 右击横坐标轴并在弹出的快捷菜单中选择【设置坐标轴格式】命令，然后在打开的对话框中选择左侧的【坐标轴选项】选项，并手工设置最小值、最大值和主要刻度单位，如图11-27所示。其中，最小值和最大值必须输入一个日期序列号，本例中最小值为40 700，最大值为40 760。主要刻度单位为7。

图11-27

提示：本例中的第一个日期是6月6日（序列号是40 700，也可以设置为6月27日，序列号是40 721），最后一个日期是7月25日（序列号是40 760）。主要刻度单位设置为7，表示日期刻度是以每周七天为单位进行标记的。

5 单击【关闭】按钮，关闭【设置坐标轴格式】对话框，得到的图表如图11-28所示。

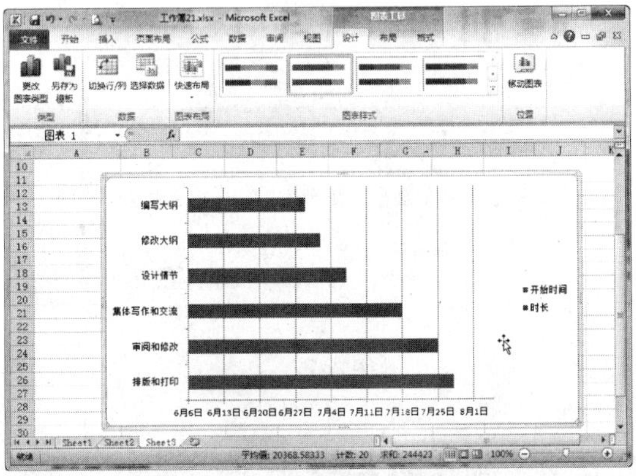

图11-28

6 右击图表中表示开始时间的数据系列（默认情况下为蓝色的矩形），然后在弹出的快捷菜单中选择【设置数据系列格式】命令，打开【设置数据系列格式】对话框。在【系列选项】选项面板中将【系列重叠】设置为【100%】，将【填充】和【边框颜色】分别设置为【无填充】和【无线条】，单击【确定】按钮，设置后的结果如图11-29所示。

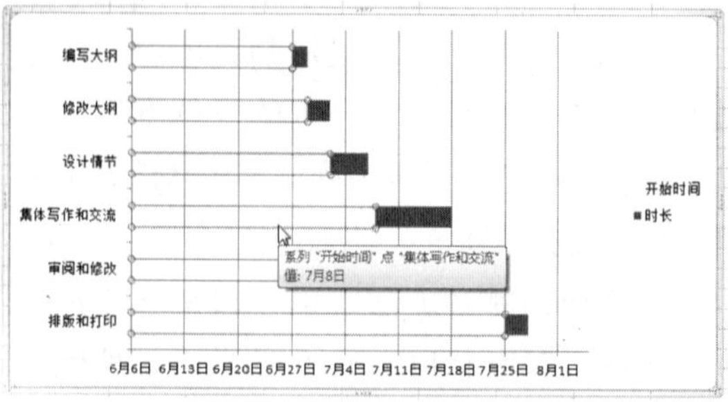

图11-29

7 单击图表中的图例并按Delete键将其删除，最后对图表大小及布局进行适当的调整，将结果类似于图11-30所示。

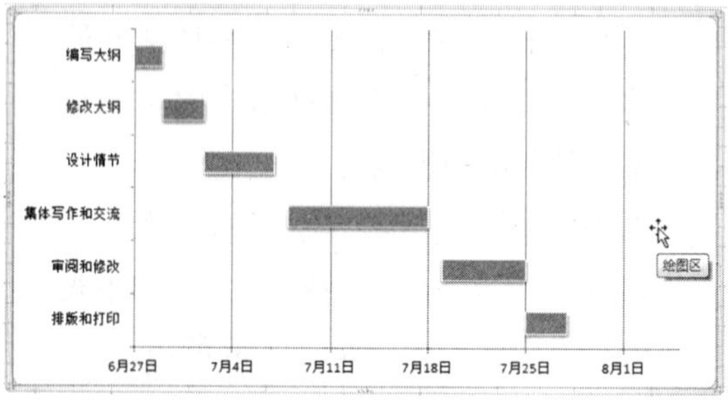

图11-30

11.2.3 创建可以随数据缩放的图表

一个普遍存在的问题是在使用当前的数据区域制作一个图表后，以后再向数据区域中添加新数据时，为了使这些新数据能够反映到图表中，就必须采用本章前面介绍的方法，为图表重新选择数据区域或添加新的数据系列。无论使用哪种方法，久而久之都会感觉操作很乏味，而且还可能容易出错。利用OFFSET函数可以实现图表使用动态数据区域的功能，即当向区域中添加新数据时，Excel会自动将新数据添加到图表中。

下面的示例演示了这一功能的制作方法。

在图11-31所示的工作表中，A列显示产品，B列显示第1季度销量。图表使用了图11-31中当前的所有数据，即区域A1:B13。

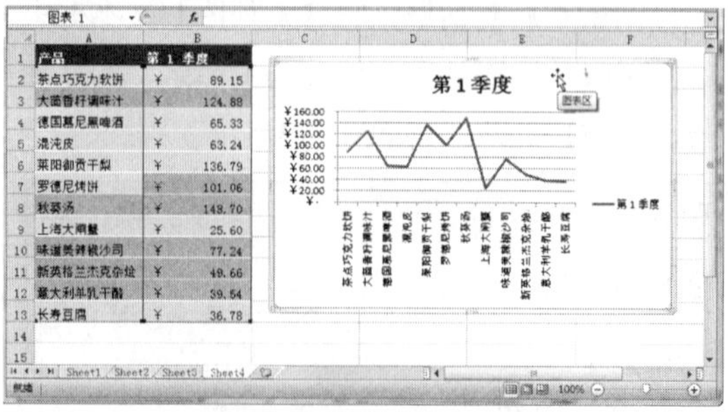

图11-31

为了实现图表随数据区域自动更新显示的功能，需要通过编辑数据系列中的SERIES公式，再配合OFFSET函数才能实现。具体操作如下。

1 单击功能区中的【公式】⇨【定义的名称】⇨【定义名称】按钮，打开【新建名称】对话框。在【名称】文本框中输入任意一个名称（如“产品”），将【范围】设置为【自动缩放的图表】，然后在【引用位置】文本框中输入下面的公式，如图11-32所示。

```
=OFFSET(Sheet4!$A$2,0,0,COUNTA(Sheet4!$A:$A)-1,1)
```

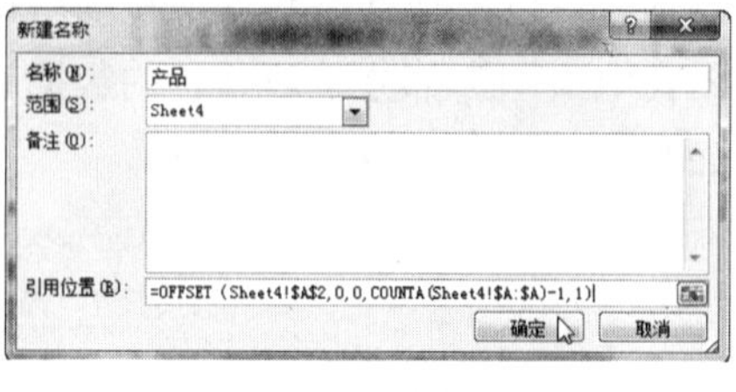

图11-32

2 单击【确定】按钮，完成日期列名称的定义。按类似的方法为“第1季度”列定义一个名称，名称对应的公式如下。

```
=OFFSET(Sheet4!$B$2,0,0,COUNTA(Sheet4!$B:$B)-1,1)
```

3 完成名称的定义后，需要修改图表中数据系列的公式。右击图表区并在弹出的快捷菜单中选择【选择数据】命令，打开【选择数据源】对话框。单击【图例项（系列）】中的【编辑】按钮，打开【编辑数据系列】对话框，将【系列值】文本框中感叹号后面的内容修改为前面定义的名称“第1季度”，如图11-33所示。

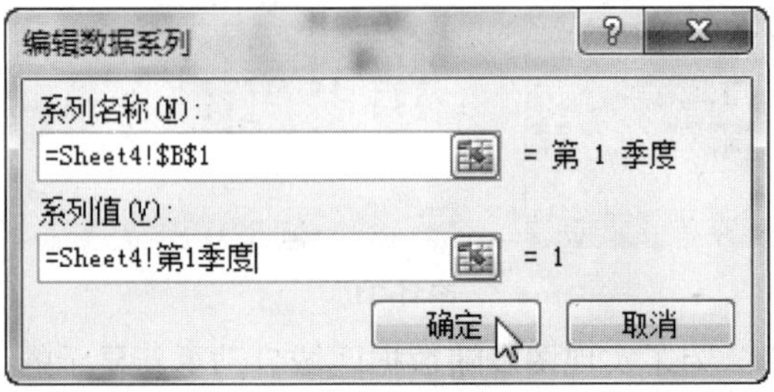

图11-33

4 单击【确定】按钮，然后使用类似的方法将【水平（分类）轴标签】中的公式修改为如图11-34所示的形式。

图11-34

5 依次单击【确定】按钮，关闭所有打开的对话框。然后向数据区域添加一些新数据，可以发现这些数据被自动绘制到图表中（阴影部分是新添加的数据），如图11-35所示。

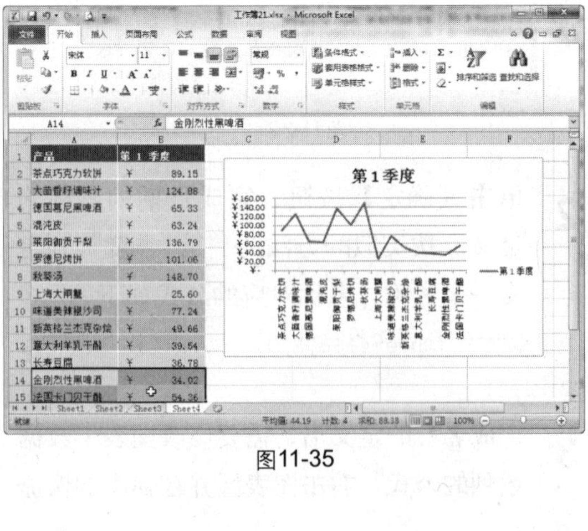

图11-35

11.2.4 制作可灵活显示数据的图表

在饼图图表中只能显示一个数据系列。如果希望可以灵活地切换在饼图中绘制的数据系列，常规方法是每次只将数值列绘制到饼图中，或将所有数据区域绘制到饼图中后，通过在【选择数据源】对话框的【图例项（系列）】列表框中对数据系列排序，从而将位于第一位的数据系列显示到饼图中。

无论使用哪种方法，操作起来都比较麻烦。为此，可以利用Excel中的组合框控件来自由选择要显示在饼图中的数据系列。实现这种功能的原理是通过对组合框中当前项的返回值，在原数据区域中进行查找，从而得到与返回值相对应的数据。具体操作如下。

1 在单元格区域A1:D11中输入原始数据，在单元格A13中输入一个1~10之间的数字，数字上限由数据区域中除标题行外的其他行的总数而定。

2 在单元格B13中输入下面的公式，使用INDEX函数在B列查找单元格A13中表示的行号中的数据，如图11-36所示。

```
=INDEX(B2:B11,$A$13)
```

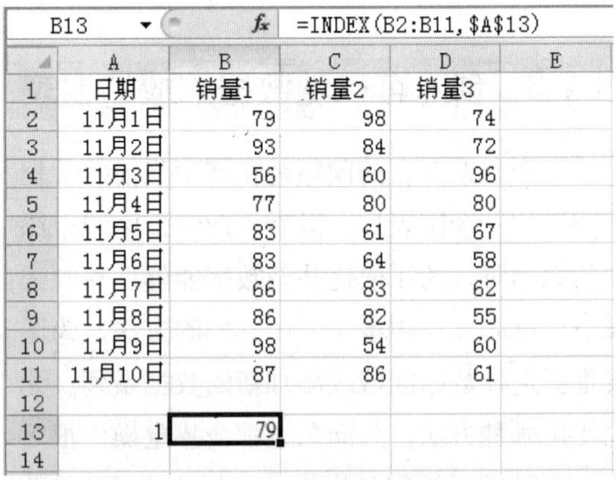

B13 =INDEX(B2:B11,$A$13)

	A	B	C	D	E
1	日期	销量1	销量2	销量3	
2	11月1日	79	98	74	
3	11月2日	93	84	72	
4	11月3日	56	60	96	
5	11月4日	77	80	80	
6	11月5日	83	61	67	
7	11月6日	83	64	58	
8	11月7日	66	83	62	
9	11月8日	86	82	55	
10	11月9日	98	54	60	
11	11月10日	87	86	61	
12					
13	1	79			
14					

图11-36

3 将单元格B13中的公式向右一直填充到单元格D13中，如图11-37所示。

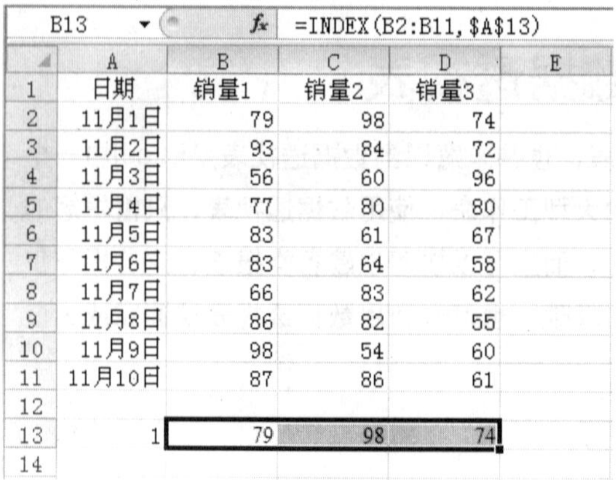

B13 =INDEX(B2:B11,$A$13)

	A	B	C	D	E
1	日期	销量1	销量2	销量3	
2	11月1日	79	98	74	
3	11月2日	93	84	72	
4	11月3日	56	60	96	
5	11月4日	77	80	80	
6	11月5日	83	61	67	
7	11月6日	83	64	58	
8	11月7日	66	83	62	
9	11月8日	86	82	55	
10	11月9日	98	54	60	
11	11月10日	87	86	61	
12					
13	1	79	98	74	
14					

图11-37

4 按住Ctrl键的同时选择B1:D1和B13:D13这两个区域，然后单击功能区中的【插入】⇨【图表】⇨【饼图】按钮并在弹出的菜单中选择【饼图】选项，使用这两个区域创建一个饼图，结果如图11-38所示。

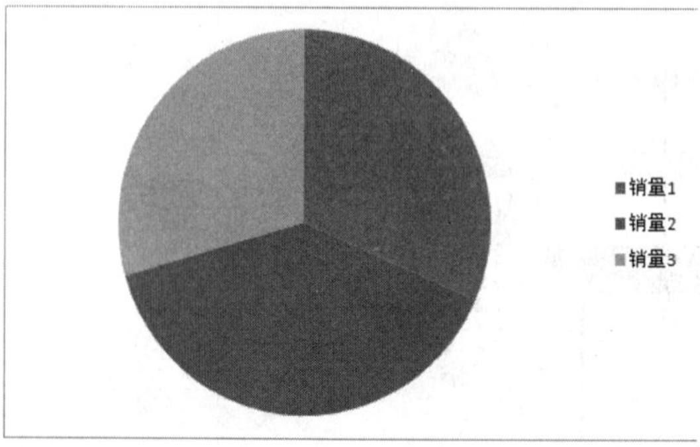

图11-38

5 单击功能区中的【开发工具】⇨【控件】⇨【插入】按钮，在打开的【表单控件】列表中选择【组合框（窗体控件）】选项，在图表的左上角绘制一个组合框控件，结果如图11-39所示。

6 右击组合框控件并在弹出的快捷菜单中选择【设置控对象格式】命令，打开【设置对象格式】对话框。在【控制】选项卡中，将【数据源区域】设置为【$A$2:$A$11】，将【单元格链接】设置为【$A$13】，如图11-40所示。

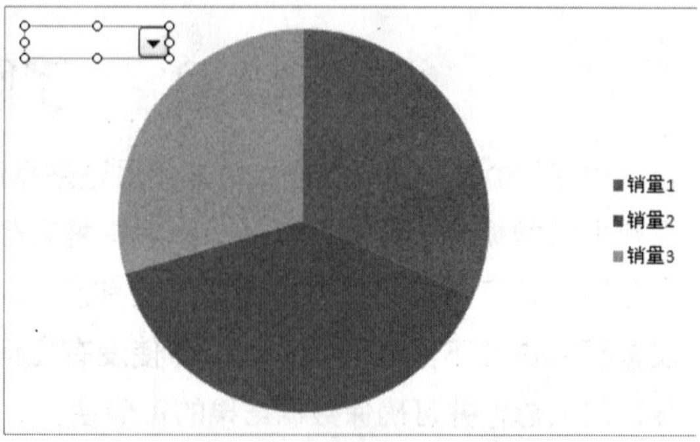

图11-39

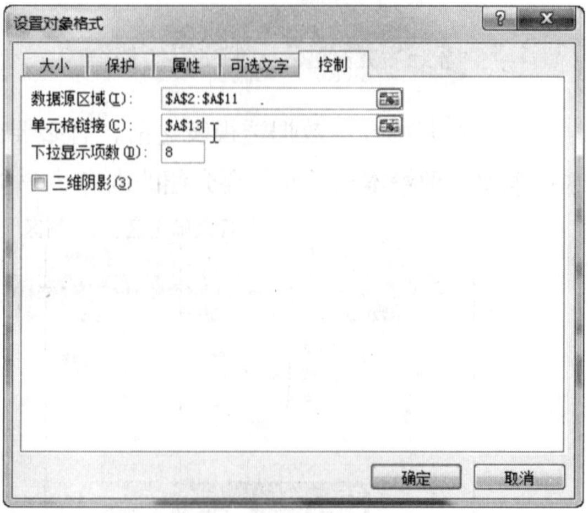

图11-40

7 单击【确定】按钮，返回工作表窗口。单击组合框控件以外的其他位置，取消对组合框的选中状态，然后单击组合框右侧的下拉按钮，从弹出的列表中选择一个日期，即可在饼图中绘制出与所选区域相对应的数据系列，如图11-41所示。这就是用户可自行控制的图表。

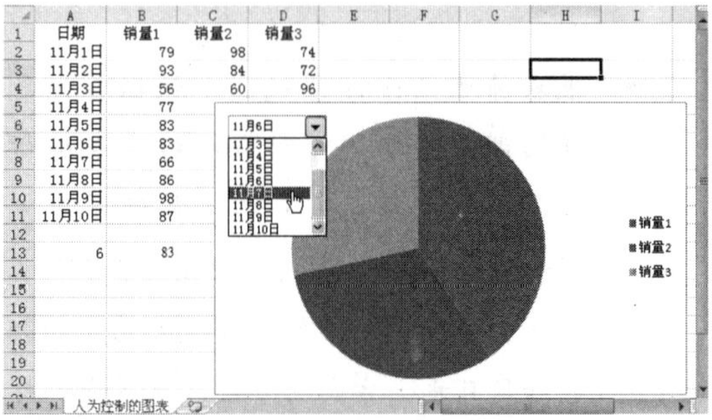

图11-41

11.3　了解数据透视表

很多Excel用户可能至今仍未使用过数据透视表，也并未意识到数据透视表是Excel中一个强有力的数据分析利器。对于一个拥有复杂数据的大型工作表，使用数据透视表，只需短短的几分钟，即可从这些数据中提取出最有价值的信息，而且可以快速创建各类报表，这些操作仅仅需要单击几下鼠标即可完成。即使没有任何函数基础，也可以利用数据透视表快速完成大量数据的汇总，并可确保数据结果的正确性。

11.3.1　数据透视表的结构介绍

在正式开始介绍数据透视表之前，有必要先来了解一下数据透视表的结构和一些基本术语，这样也便于理解本章后面将要介绍的内容。一个数据透视表通常分为四个部分，如图11-42所示。

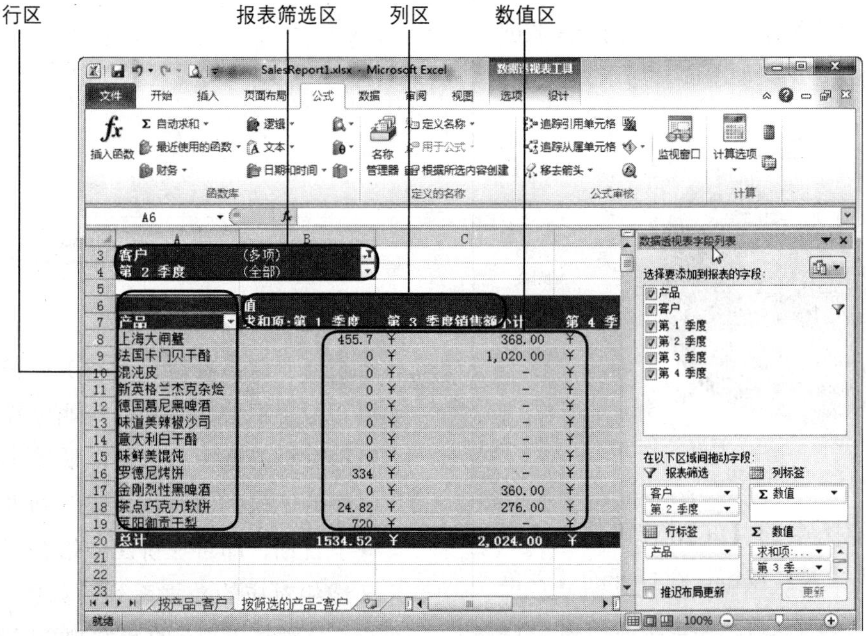

图11-42

- 报表筛选区：该区域位于数据透视表的顶部，主要用于对数据透视表进行整体数据的筛选。在报表筛选区中主要放置一些要重点统计的数据类别。
- 行区：该区域位于数据透视表的左侧，包括具有水平方向的字段。行区中的标题可以有多个层次，它们的关系类似于父文件夹和子文件夹。在行区中主要放置一些可用于进行分组或分类的内容。
- 列区：该区域位于数据透视表中各列的顶端，包括具有列方向的字段。与行区类似，列区中的标题也可以有多个层次。在列区中主要放置一些可以随时间变化的内容。

- 数值区：除了前面的三个区域外，在数据透视表中剩下的区域就是数值区。数值区主要用于显示明细数据，并进行各种不同类型的统计工作，将统计结果显示在数据透视表中，这些都可以由用户来控制。

11.3.2 插入数据透视表

数据透视表对原始数据的结构有一定的要求，只有满足了这些基本要求，才有可能创建正确的数据透视表。在创建数据透视表时请牢记以下几点。

- 每列数据都要包含列标题。
- 每列数据类型唯一。
- 数据中不能包含空行、空列和空单元格。

通常只要是符合以上三个条件的数据区域，都可以创建出正确的数据透视表。创建数据透视表的具体操作如下。

1 单击原数据区域中的任意一个单元格，然后单击功能区中的【插入】⇨【表格】⇨【数据透视表】按钮，打开图11-43所示的【创建数据透视表】对话框。

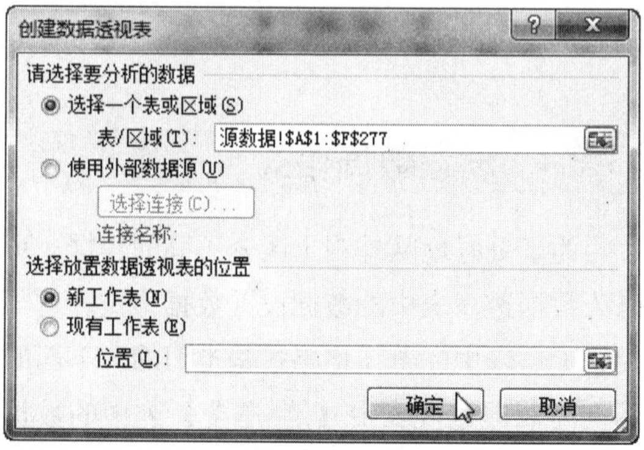

图11-43

提示：默认情况下，数据透视表会被创建在一个新的工作表中。如果希望数据透视表被创建到当前工作表中，可以选中图11-43中的【现有工作表】单选按钮，然后通过指定【位置】中的值来控制数据透视表左上角的位置。

2 通常可以不进行任何额外的设置，直接单击【确定】按钮，即可创建一个空白的数据透视表，并在窗口的右侧自动显示【数据透视表字段列表】窗格，如图11-44所示。

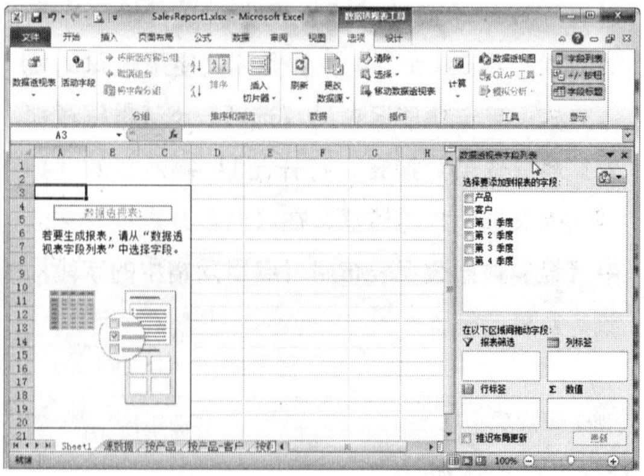

图11-44

3 在【数据透视表字段列表】窗格中选择要出现在数据透视表中的字段名称，可以快速得到一个包含统计数据的报表，如图11-45所示。

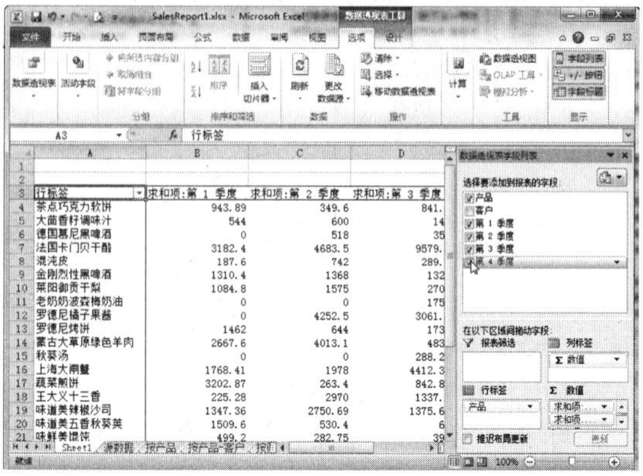

图11-45

11.3.3 修改数据透视表的布局

可以根据不同需要随时改变数据透视表

的报表结构，从而得出不同的汇总结果，这也是数据透视表的魅力所在。除了上一节介绍的通过在【数据透视表字段列表】窗格中选择字段，让Excel自动为用户布置数据透视表的结构外，用户也可以从事一些具有创造性的工作，自由安排字段在数据透视表中出现的位置，从而随意构建不同的报表形式。

提示：也许用户还习惯于Excel 2003中通过将字段拖动到数据透视表中以进行快速布局的方式，在Excel 2010中也可以使用这样的操作方式。单击功能区中的【选项】⇨【数据透视表】⇨【选项】按钮，打开图11-46所示的【数据透视表选项】对话框。在【显示】选项卡中选中【经典数据透视表布局（启用网格中的字段拖放）】复选框。

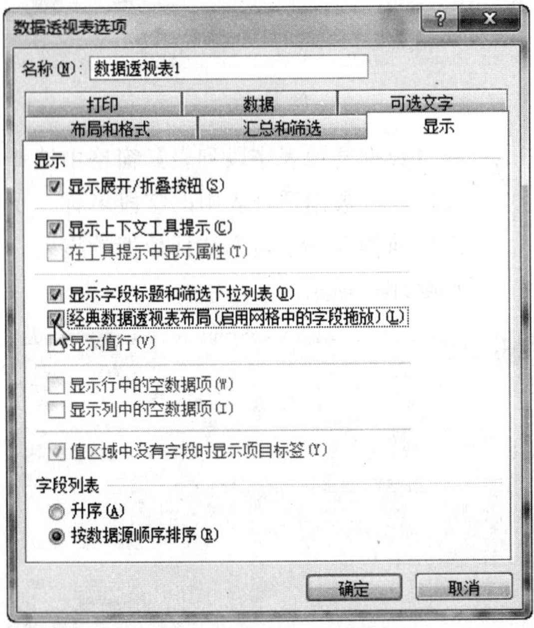

图11-46

自定义数据透视表字段位置的方法是直接将【数据透视表字段列表】窗格中的字段拖动到下方的四个列表框中即可。如果在一个列表框中包含多个字段，那么还需要注意各字段之间的顺序，这将会影响数据透视表的显示结果。

如果将【数据透视表字段列表】窗格下方四个列表框中的字段拖出【数据透视表字段列表】窗格，则将这些字段从数据透视表中清除。

11.3.4 设置数据汇总方式

在默认创建的数据透视表中，数据汇总方式为求和，可以根据实际需要改变汇总方式。例如，可能需要统计出每个地区产品的平均销售额，那么可以右击销售额所在列中的任意一个单元格，在弹出的快捷菜单中选择【值汇总依据】⇨【平均值】命令，结果如图11-47所示。

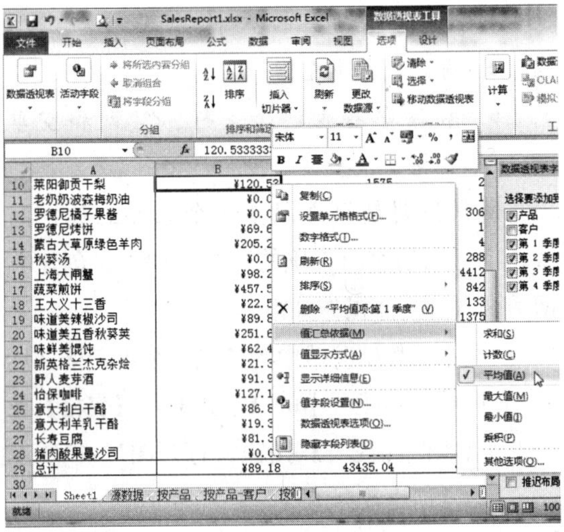

图11-47

11.3.4 设置数据格式

为了更好地从外观上区分不同的数据，可以为数据透视表中的数据设置数据格式，这与设置工作表中的单元格格式是类似的。下面的示例为数据透视表中【第1季度】列中的数据设置了货币格式。具体操作如下。

1 右击数据透视表中【第1季度】列中包含数据的任意一个单元格，在弹出的快捷菜单中选择【数字格式】命令，如图11-48所示。

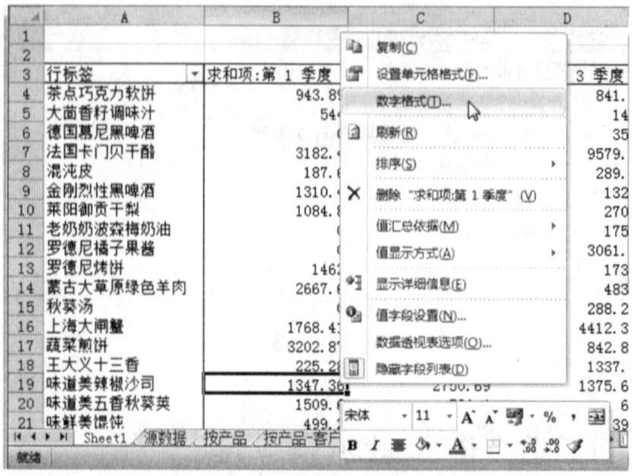

图11-48

2 打开【设置单元格格式】对话框，选择列表中的【货币】选项，然后单击【确定】按钮，即可将【销售额】列中的数据显示为货币形式，结果如图11-49所示。

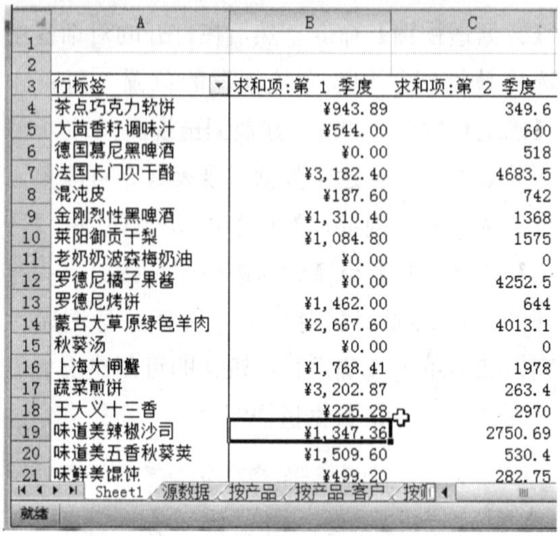

	A	B	C
3	行标签	求和项:第 1 季度	求和项:第 2 季度
4	茶点巧克力软饼	¥943.89	349.6
5	大茴香籽调味汁	¥544.00	600
6	德国葛尼黑啤酒	¥0.00	518
7	法国卡门贝干酪	¥3,182.40	4683.5
8	混沌皮	¥187.60	742
9	金刚烈性黑啤酒	¥1,310.40	1368
10	莱阳御贡干梨	¥1,084.80	1575
11	老奶奶波森梅奶油	¥0.00	0
12	罗德尼橘子果酱	¥0.00	4252.5
13	罗德尼烤饼	¥1,462.00	644
14	蒙古大草原绿色羊肉	¥2,667.60	4013.1
15	秋葵汤	¥0.00	0
16	上海大闸蟹	¥1,768.41	1978
17	蔬菜煎饼	¥3,202.87	263.4
18	王大义十三香	¥225.28	2970
19	味道美辣椒沙司	¥1,347.36	2750.69
20	味道美五香秋葵荚	¥1,509.60	530.4
21	味鲜美馄饨	¥499.20	282.75

图11-49

11.3.6 查看明细数据

如果在数据透视表行区、列区中的字段名称左侧包含⊞或⊟按钮，则说明该字段内部还包含更详细的数据，可以通过单击⊞按钮展开或单击⊟按钮折叠其中的内容。例如，在图11-50所示的数据透视表中，显示了客户为"QUICK"的销售数据的详细内容，而其他客户的详细销售数据则为隐藏状态。

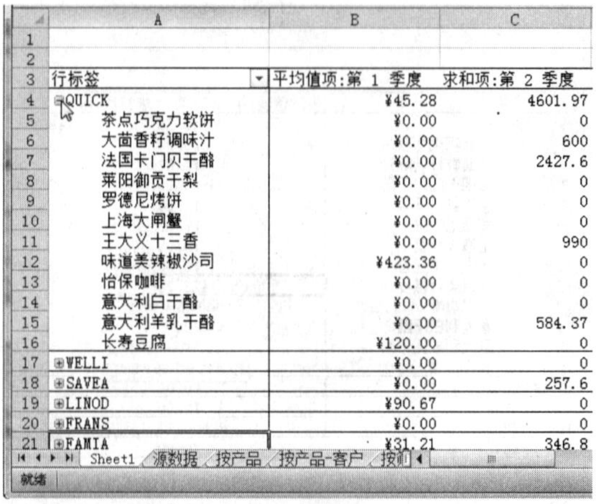

	A	B	C
3	行标签	平均值项:第 1 季度	求和项:第 2 季度
4	⊟QUICK	¥45.28	4601.97
5	茶点巧克力软饼	¥0.00	0
6	大茴香籽调味汁	¥0.00	600
7	法国卡门贝干酪	¥0.00	2427.6
8	莱阳御贡干梨	¥0.00	0
9	罗德尼烤饼	¥0.00	0
10	上海大闸蟹	¥0.00	0
11	王大义十三香	¥0.00	990
12	味道美辣椒沙司	¥423.36	0
13	怡保咖啡	¥0.00	0
14	意大利白干酪	¥0.00	0
15	意大利羊乳干酪	¥0.00	584.37
16	长寿豆腐	¥120.00	0
17	⊞WELLI	¥0.00	0
18	⊞SAVEA	¥0.00	257.6
19	⊞LINOD	¥90.67	0
20	⊞FRANS	¥0.00	0
21	⊞FAMIA	¥31.21	346.8

图11-50

右击字段名称并在弹出的快捷菜单中选择【展开/折叠】命令，然后从其子菜单中选择与折叠或展开相关的命令来显示或隐藏明细数据，如图11-51所示。

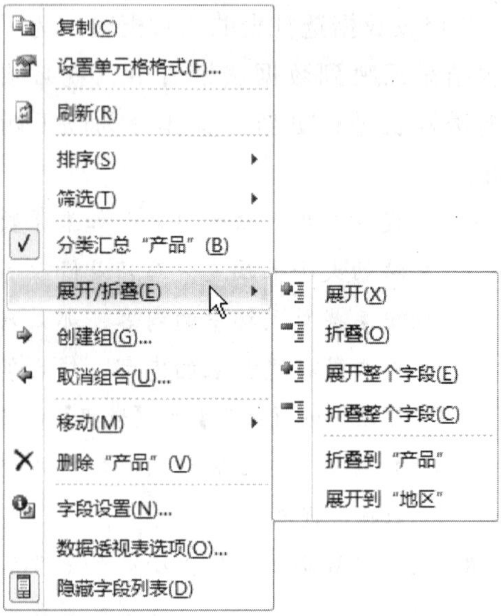

图11-51

还可以采用像原数据区域中那样的显示形式，来查看数据透视表中某个数据的详细信息。例如，要查看数据透视表中位于单元格B12中的数据的具体情况，如图11-52所示，可以直接双击该单元格，则在一个新工作表中将显示出所选数据的详细情况，查看后将该工作表删除即可。

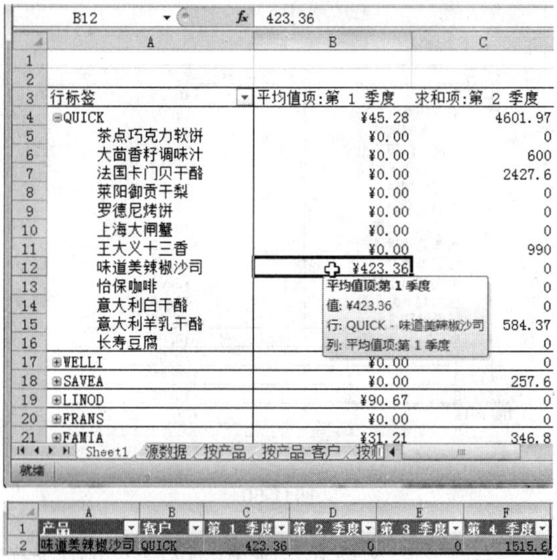

图11-52

11.3.7 更新数据透视表

当修改数据透视表的原数据时，为了将修改结果反映到数据透视表中，就必须对数据透视表进行更新。具体分为以下两种情况。

- 改变原数据区域的内容：如果原数据区域的大小未改变，而只是修改了区域中某些单元格中的内容，那么只需要单击数据透视表的内部，然后单击功能区中的【选项】⇨【数据】⇨【刷新】按钮，即可将修改后的数据更新到数据透视表中。
- 改变原数据区域的大小：如果改变了原数据区域的大小，那么就需要重新为数据透视表选择区域。单击数据透视表的内部，然后单击功能区中的【选项】⇨【数据】⇨【更改数据源】按钮。在打开的【更改数据透视表数据源】对话框中重新选择用于创建数据透视表的区域，如图11-53所示，然后单击【确定】按钮，即可更新数据透视表。

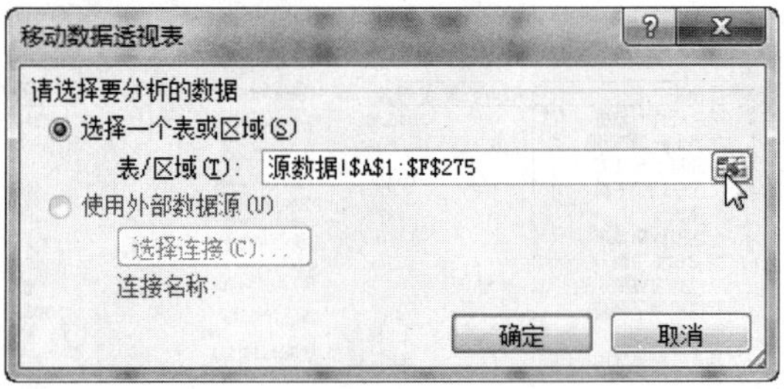

图11-53

11.3.8 使用数据透视图

如果希望以更直观的方式查看和分析数据，还可以在数据透视表的基础上创建数据透视图。可以直接由原数据区域创建数据透视图，只需单击功能区中的【插入】⇨【表】⇨【数据透视表】按钮并在弹出的菜单中选择【数据透视图】命令，然后在打开的对话框中选择数据区域和数据透视图的位置，再单击【确定】按钮，即可创建数据透视图。

如果已经创建了数据透视表，则可以单击数据透视表的内部，然后单击功能区中的【选项】⇨【工具】⇨【数据透视图】按钮，在打开的【插入图表】对话框中选择一种图表类型，然后单击【确定】按钮，即可创建出类似于图11-54所示的数据透视图。

图11-54

可以发现，在Excel 2010中创建的数据透视图中包含了可用于筛选的按钮，这些按钮对应于数据透视表中的报表筛选区和行区中的内容。通过单击这些筛选按钮，可以查看筛选数据透视图中的显示效果，即查看不同数据的组合情况。例如，图11-55所示为对客户进行筛选后的数据透视图。

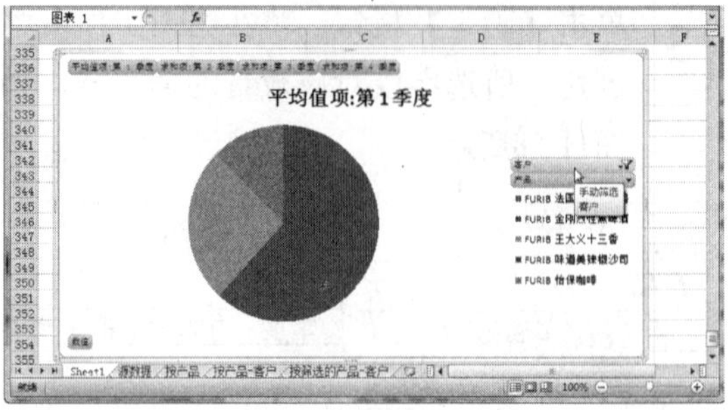

图11-55

11.4 数据透视表高级技巧

本节将介绍有关数据透视表更深入的内容，包括数据分组、添加计算字段和计算项以及数据透视表在实际工作中的应用示例。掌握这些内容将会更好地发挥数据透视表的功能。

11.4.1 使用切片器快速筛选数据

切片器是Excel 2010中新增的一项非常实用的功能。它实际上是为数据透视表中的每个字段单独创建一个选取器，然后在不同的选取器中对字段进行筛选，以完成与数据透视表字段中的筛选按钮相同的功能，但是切片器使用起来更为灵活、方便。另外，切片器也可以应用到多个数据透视表中。

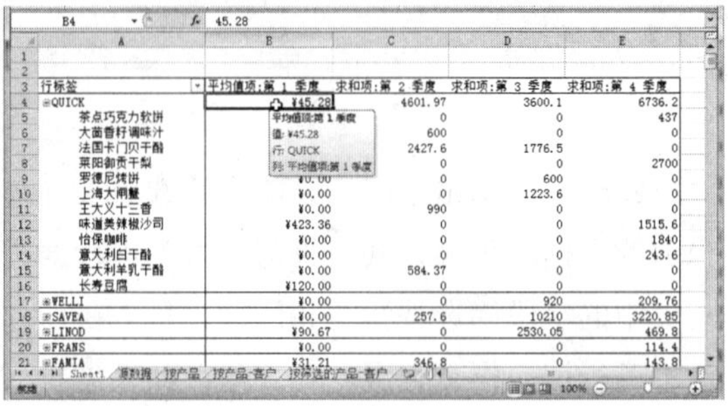

图11-56

1. 创建切片器

要为图11-56所示的数据透视表创建切片器，具体操作如下。

1 单击数据透视表数据区域内的任意一个单元格，并激活功能区中的【选项】和【设计】选项卡。

2 单击功能区中的【选项】⇨【排序和筛选】⇨【插入切片器】按钮，打开【插入切片器】对话框。根据要筛选数据的类别，选中要创建切片器的字段名称，如图11-57所示。

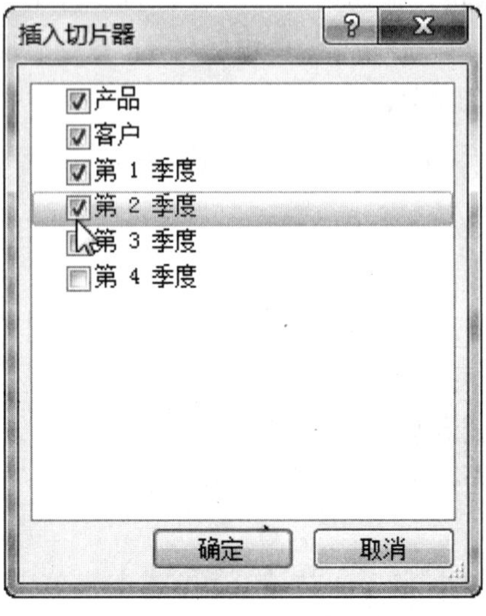

图11-57

3 单击【确定】按钮，将在当前工作表中创建与所选字段对应数量的切片器，如图11-58所示。

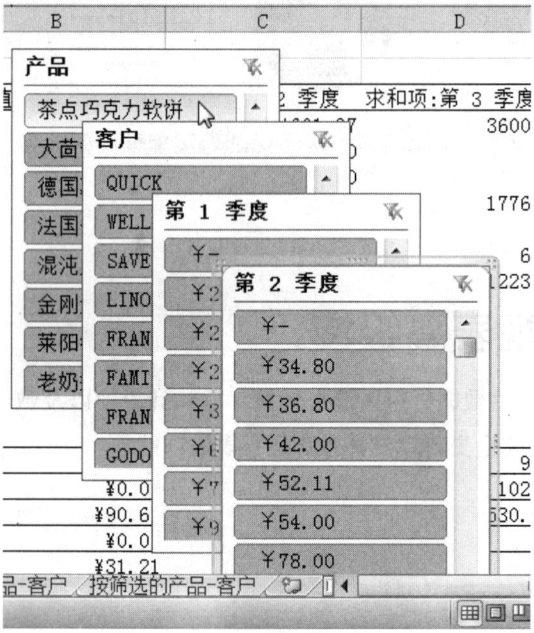

图11-58

此时可以单击不同切片器中的选项来筛选当前的数据透视表，其效果与直接单击数据透视表中的字段筛选按钮是相同的，只是在切片器中进行该操作更直观、更方便。如果需要清除切片器中的筛选，可以单击切片器右上角的按钮。拖动切片器，可以调整切片器的位置。图11-59所示为使用切片器对数据透视表筛选后的结果。

图11-59

在使用切片器时，请牢记以下内容。

- 按住Ctrl键的同时进行多次单击，可以在一个切片器中选择不连续的多个选项。
- 按住Shift键并配合单击，可以在一个切片器中选择连续的多个选项。
- 单击功能区中的【开始】⇨【编辑】⇨【查找和选择】按钮并在弹出的菜单中选择【选择对象】命令，通过拖动鼠标来同时选择多个切片器，然后同时移动它们。
- 可以将切片器作为图形看待。也就是说，在选择多个切片器后，可以在激活的【选项】⇨【排列】组中排列与对齐多个切片器。
- 可以使用功能区中【选项】⇨【切片器样式】下拉列表中的样式来单独或统一设置切片器的外观。
- 选择切片器并单击功能区中的【选项】⇨【切片器】⇨【切片器设置】按钮，可以在打开的【切片器设置】对话框中对切片器本身进行设置，包括切片器名称、在切片器标题栏中显示的名称、切片器中选项的排列方式等。

2. 将切片器用于多个数据透视表

如果创建了不止一个数据透视表，而且这些数据透视表使用了相同的数据源，那么可以将某个数据透视表中的切片器用于其他数据透视表，使切片器成为共享切片器。单击要共享的切片器，然后单击功能区中的【选项】⇨【切片器】⇨【数据透视表连接】按钮，打开【数据透视表连接（产品）】对话框，选择要使用当前所选切片器的其他数据透视表，如图11-60所示。

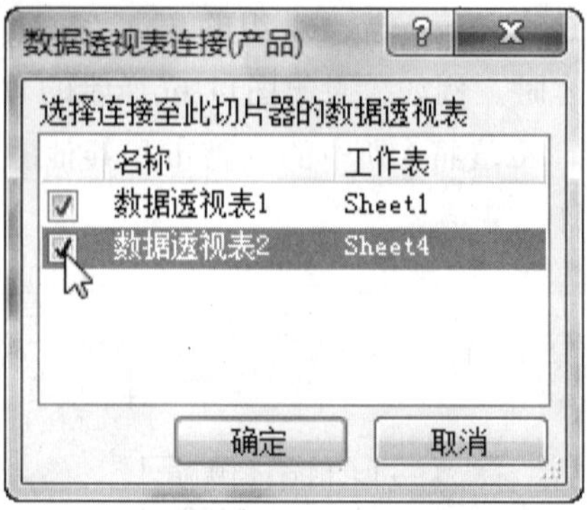

图11-60

单击【确定】按钮，即可将所选切片器同时作用于图11-60中选择的所有数据透视表。

3. 删除切片器

对于不再需要的切片器，可以将其删除。直接单击要删除的切片器，然后按Delete键即可。另外，如果不想删除切片器，但是暂时又不希望使用切片器中的选项对数据透视表进行筛选，则可以断开切片器与数据透视表的链接。方法是单击数据透视表内的任意一个单元格，然后单击功能区中的【选项】⇨【排序和筛选】⇨【插入切片器】按钮并在弹出的菜单中选择【切片器连接】命令，在打开的对话框中取消选中要断开连接的切片器名称前的复选框，如图11-61所示。

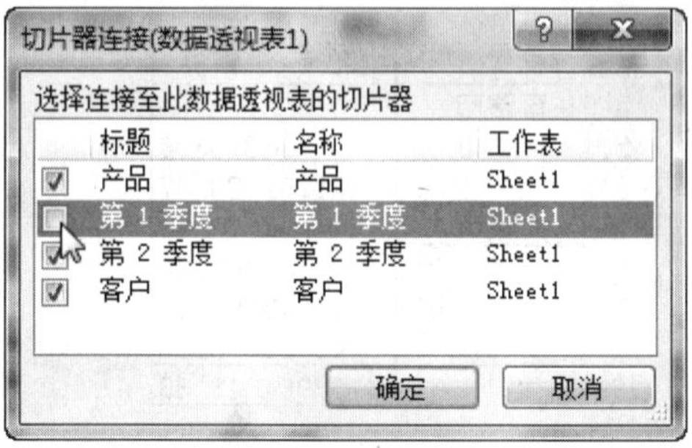

图11-61

11.4.2 数据分组

在实际应用中，通常会遇到的一个问题是在创建了一个按日期排列的销售数据后（类似于图11-62所示），如果希望按不同的时间单位来统计销售情况，该如何实现呢？

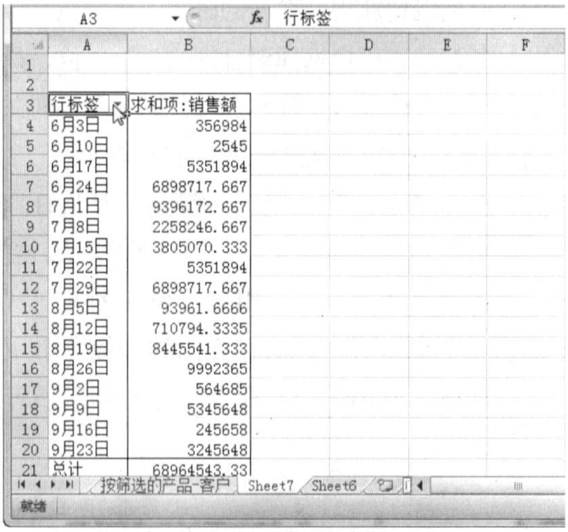

图11-62

为了实现按指定时间段对销售额统计的需求，需要使用Excel提供的分组功能。使用分组功能既可以对日期类数据进行组合，也可以对非日期类数据进行组合，还可以由用户自定义组合数据的方式。就本例而言，假设要按月统计销售额，则可以按照以下步骤操作。

1 右击数据透视表中日期列（即A列）中的任意一个单元格并在弹出的快捷菜单中选择【创建组】命令，打开【分组】对话框，如图11-63所示。

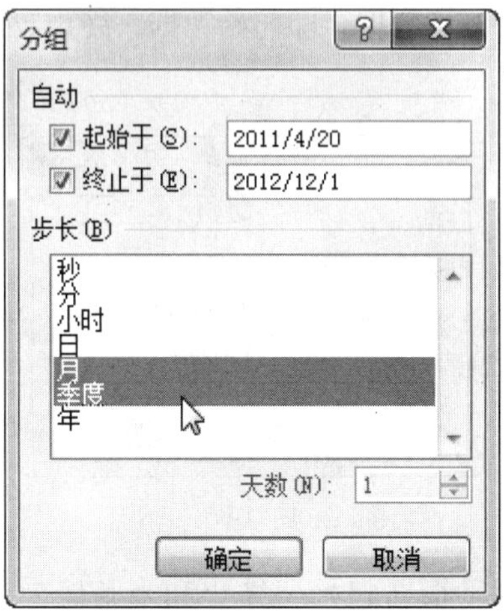

图11-63

2 在图11-63所示的对话框上方显示了当前日期区域的开始和结束时间，可以修改这些时间以便获得一个新的时间范围。在【步长】列表框中选择对日期的分组单位，如要同时选择【季度】和【月】选项，则在按住Ctrl键的同时分别单击它们即可。

3 单击【确定】按钮，将得到以月为日期单位的数据透视表，如图11-64所示。右击数据透视表中分组字段所在列的任意一个单元格，然后在弹出的快捷菜单中选择【取消组合】命令，即可删除所有分组。

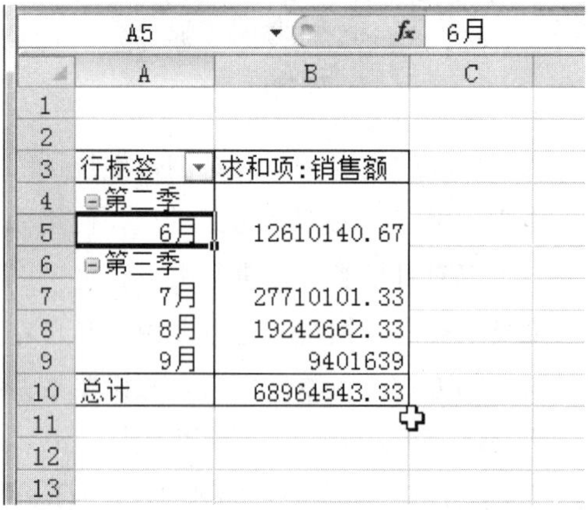

图11-64

如果待分组数据为纯数字型的，那么打开的【组合】对话框将如图11-65所示，其中只包含三类数据，即起始数据、终止数据和步长值。

图11-65

除了根据起始、终止和步长值来指定分组方式外，用户也可以自己随意组合所需数据，这通常用于当要分组的数据为文本类型的内容时。例如，对于图11-66所示的数据透视表，希望将A列中的直辖市和其他省份分开统计。

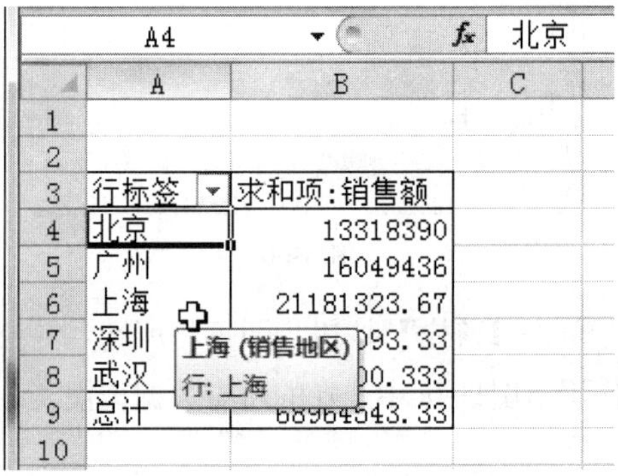

图11-66

按Ctrl键选择单元格A4和A6，然后右击选区并在弹出的快捷菜单中选择【创建组】命令，为选区中的内容创建一个新的分组。使用同样的方法，将广州、深圳和武汉分为另一个组，然后修改单元格A4的数据组名称为“直辖市”，单元格A7的数据组名称为“大城市”，结果如图11-67所示。

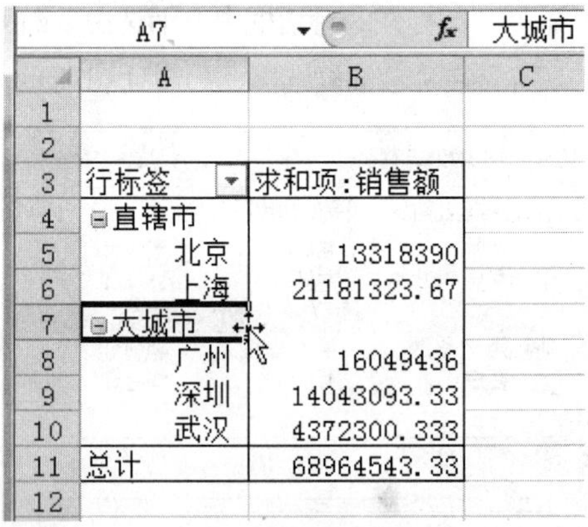

图11-67

11.4.3 添加计算字段

在数据透视表中，可以将现有字段中的数据通过计算来创建新的字段。但是这个字段仅存在于数据透视表中，而不会被更新到原数据区域中，是数据透视表中的一个虚拟字段，这类字段通常被称为“计算字段”。计算字段主要是为了弥补原数据区域中缺少某些数据的问题。在数据透视表中创建的计算字段只能位于数值区，而不能位于其他位置。

下面的示例说明了计算字段的用途和创建方法。在图11-68所示的数据透视表中，显示了每个产品的销量和销售额，但是在原数据区域中并未提供产品的单价，因此，可以不对原数据进行任何修改，就可以在数据透视表中创建用于显示单价的计算字段。具体操作如下。

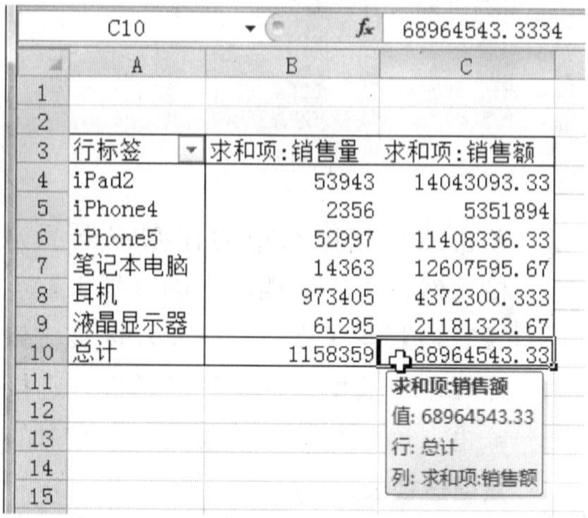

图11-68

1 单击数据透视表的内部，然后单击功能区中的【选项】⇨【计算】⇨【域、项目和集】按钮并在弹出的菜单中选择【计算字段】命令。

2 打开【插入计算字段】对话框，在【名称】下拉列表框中输入计算字段的名称。然后单击【公式】文本框内等号右侧的位置，再通过双击【字段】列表框中的字段名称以构建公式。在【公式】文本框中可以输入有效的运算符，如图11-69所示。

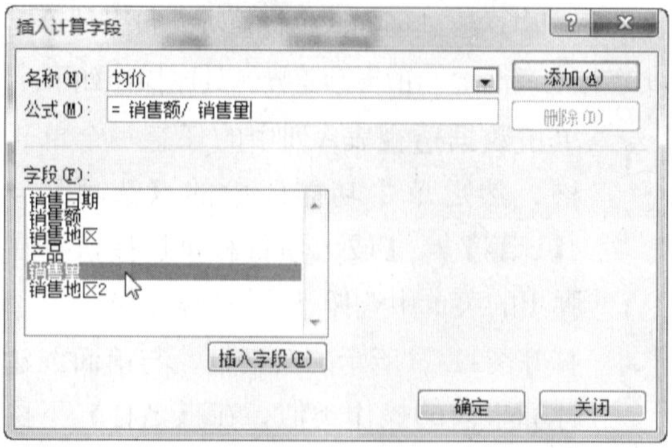

图11-69

提示：在构建计算字段的公式时，可以使用有效的运算符，如“+”、“-”、“*”、“/”等，还可以使用Excel工作表函数。但是，不能在公式中使用单元格引用和名称。

3 输入好名称后单击【添加】按钮，新建的计算字段被添加到【字段】列表框中。单击【确定】按钮返回数据透视表窗口，在数据透视表中将看到新建的计算字段，该计算字段同时被显示在【数据透视表字段列表】窗格中，如图11-70所示。

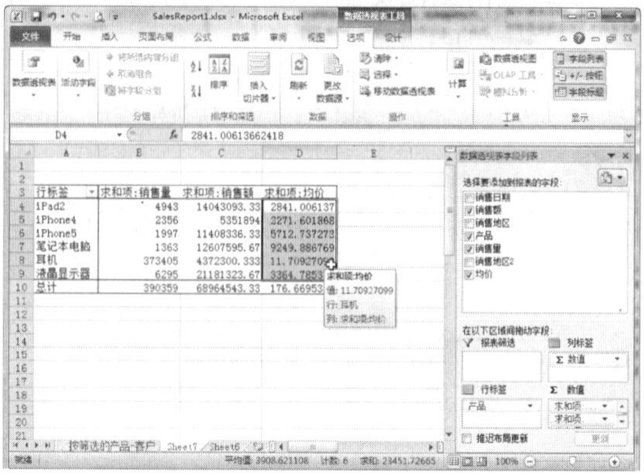

图11-70

11.4.4 添加计算项

计算项与计算字段类似，但是计算字段显示于列方向处，而计算项则显示于行方向处。在下面的示例中，通过创建一个计算项，可以计算出北京与上海两地的销售额差异。具体操作如下。

1 单击数据透视表A列中的任意一个单元格，然后单击功能区中的【选项】⇨【计算】⇨【域、项目和集】按钮并在弹出的菜单中选择【计算项】命令。

2 打开图11-71所示的对话框，与前面创建计算字段的操作类似，在【名称】下拉列表框中输入计算项的名称，然后使用下方两个列表框中的内容和数学运算符，在【公式】文本框中构建计算项的公式。

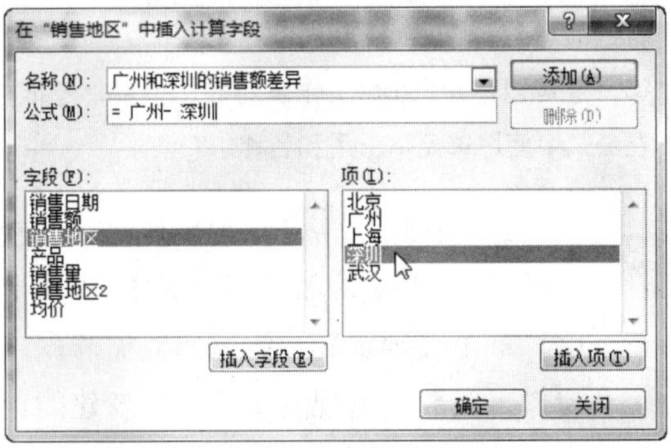

图11-71

3 单击【添加】按钮和【确定】按钮，返回数据透视表窗口，可以看到图11-72所示的结果。

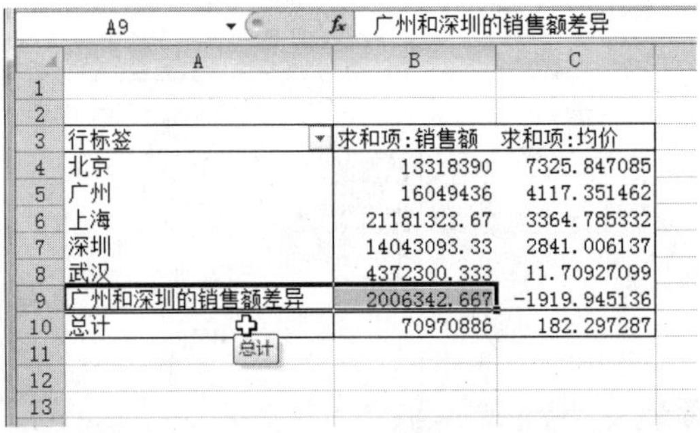

图11-72

11.4.5 数据透视表应用实例

本节将列举数据透视表在实际工作中的两个常见示例，使读者可以更深刻地体会到数据透视表在汇总数据方面所拥有的强大功能。

1. 统计各部门的男、女员工人数

如果使用常规方法统计各部门的男女员工人数，通常都需要使用函数来完成。使用数据透视表可以在最短的时间内以最高的准确率统计出结果。例如，希望按部门统计出工作表（如图11-73所示）中男女员工的人数，具体操作如下。

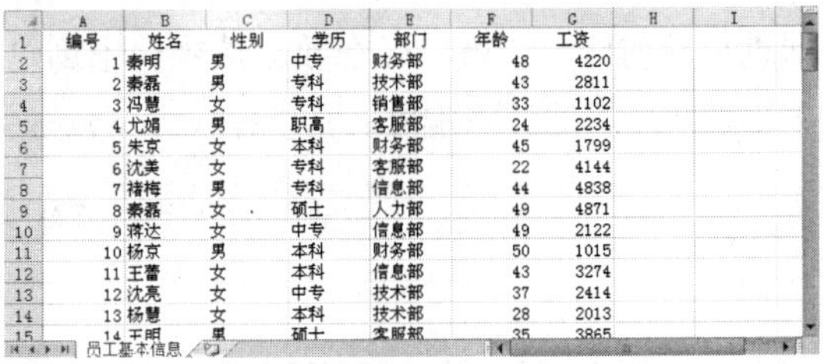

图11-73

1 单击原数据区域中的任意一个单元格，然后单击功能区中的【插入】⇨【表格】⇨【数据透视表】按钮，打开【创建数据透视表】对话框，直接单击【确定】按钮，创建一个空白的数据透视表。

2 将【性别】字段拖动到【列标签】和【数值】列表框中。

3 将【部门】字段拖动到【行标签】列表框中，结果如图11-74所示。

图11-74

2．统计公司员工的年龄分布情况

每个公司都会包含不同年龄段的员工，为了更好地了解公司的整体状况，通常需要对公司内部所有员工的整体年龄情况进行统计和分析。对于这类工作，使用数据透视表将是最好的方法。下面的示例仍以上个示例中的原数据为基础，统计出不同年龄段的人数。具体操作如下。

1 首先以上一示例的数据为基础创建一个数据透视表，然后进行如图11-75所示的布局。

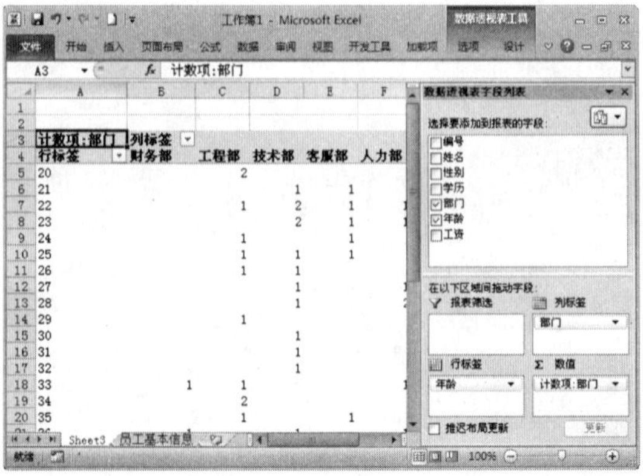

图11-75

2 为了统计不同年龄段的人数，需要对图11-75中的年龄进行分组。右击数据透视表中A列内的任意一个单元格并在弹出的快捷菜单中选择【组合】命令，打开图11-76所示的【组合】对话框，将【起始于】的值设置为“20”，将【终止于】的值设置为“50”，将【步长】的值设置为“10”，即以10岁为年龄段的跨度。

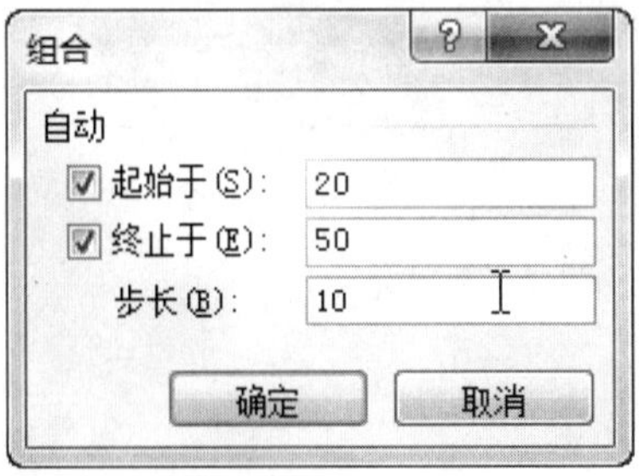

图11-76

3 单击【确定】按钮，得到图11-77所示的结果，自动对所有年龄以10岁为阶段进行了分组，由此统计结果可以看出每个部门员工年龄的分布情况。

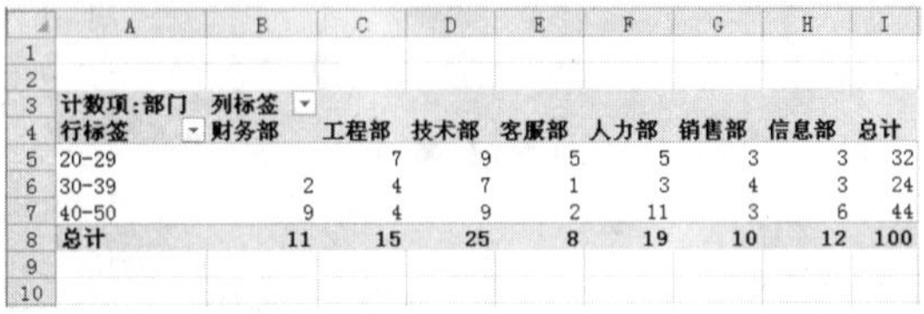

计数项:部门	列标签							
行标签	财务部	工程部	技术部	客服部	人力部	销售部	信息部	总计
20-29		7	9	5	5	3	3	32
30-39	2	4	7	1	3	4	3	24
40-50	9	4	9	2	11	3	6	44
总计	11	15	25	8	19	10	12	100

图11-77

第12章

Excel工作簿安全设置和打印输出

本章内容如下：

- Excel工作簿和工作表的安全性设置
- Excel工作表的页面布局设置
- 打印输出工作表

12.1 Excel工作簿和工作表的安全性设置

Excel 2010提供了很多用于加强Excel工作簿和工作表安全的方法，包括对工作表隐私数据的检测、工作表和工作簿的密码设置以及对工作簿窗口的保护等。

12.1.1 检查工作簿的安全性

在将制作好的Excel工作簿发送给别人之前，如果担心其中包含隐私数据，可以使用检查文档功能来批量删除这些内容。单击【文件】按钮，打开【文件】面板，选择【信息】命令，然后单击【检查问题】按钮并在弹出的菜单中选择【检查文档】命令，打开【文档检查器】对话框，如图12-1所示。选中要检查的项目前的复选框，然后单击【检查】按钮，Excel开始对文档进行检查。

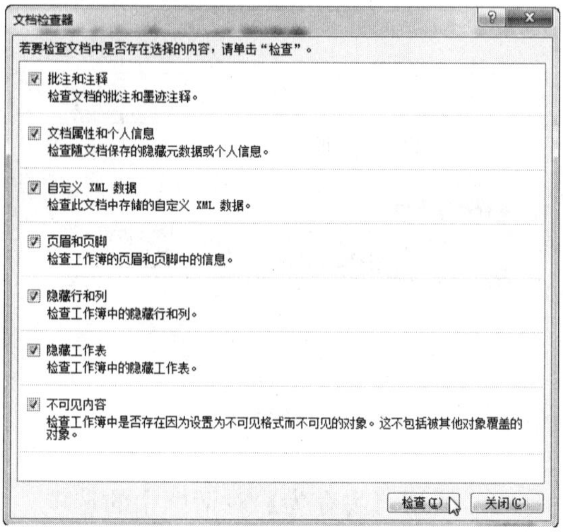

图12-1

检查后，如果发现某些项目包含隐私数据，将会在这些项目对应的右侧区域出现一个【全部删除】按钮，如图12-2所示。单击该按钮，即可将对应项目中的隐私内容删除。

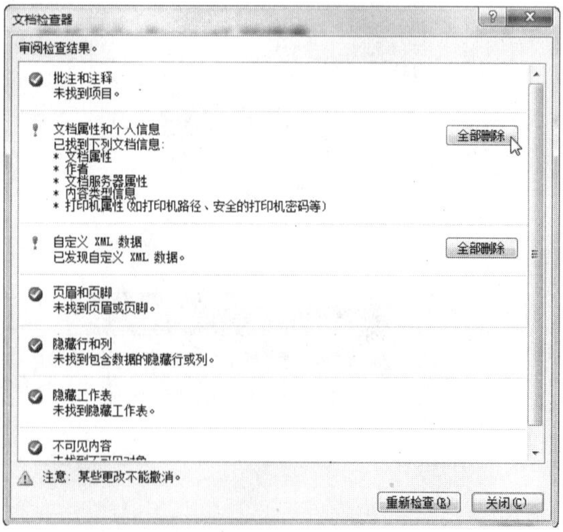

图12-2

12.1.2 设置工作表密码

如果不希望其他用户对特定的工作表进行编辑，可以为这个工作表设置工作表密码。具体操作如下。

1 切换到要设置密码的工作表，然后单击功能区中的【审阅】⇨【更改】⇨【保护工作表】按钮，打开图12-3所示的【保护工作表】对话框，在文本框中输入密码。下方列表框中的选项用于让用户指定在保护工作表后允许在受保护工作表中进行的操作项目。

2 输入好密码后单击【确定】按钮，在打开的对话框中再次输入一遍相同的密码，然后单击【确定】按钮，完成密码设置。

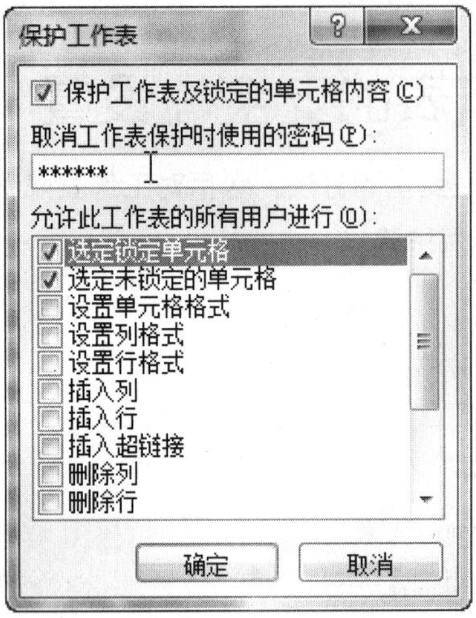

图12-3

3 此时如果试图修改当前工作表中的单元格内容，会弹出图12-4所示的警告信息，Excel将禁止任何修改操作。

> **提示：还可以通过【文件】面板来保护当前工作表。首先选择要设置密码的工作表，然后单击【文件】按钮在弹出的【文件】面板中选择【信息】命令，单击【保护工作簿】按钮并在弹出的菜单中选择【保护当前工作表】命令，然后按照前面的步骤设置工作表密码即可。**

单击功能区中的【审阅】⇨【更改】⇨【撤销工作表保护】按钮，然后输入之前填写的密码，即可解除工作表的密码。

图12-4

12.1.3 设置工作簿密码

工作簿与工作表密码不同，工作表密码只限定于所设置的指定的工作表，而工作簿密码则对整个工作簿有效，它主要是禁止非授权用户打开或修改工作簿。设置工作簿密码可以使用两种方法：一种方法是使用【文件】面板菜单中的命令；另一种方法是使用【另存为】对话框中的选项。下面进行分别介绍。

1. 使用【文件】面板菜单中的命令

打开要保护的工作簿，然后单击【文件】按钮，在打开的【文件】面板中选择【信息】命令，单击【保护工作簿】按钮并在弹出的菜单中选择【用密码进行加密】命令，打开图12-5所示的【加密文档】对话框，在文本框输入工作簿密码，单击【确定】按钮后再输入一遍密码，再次单击【确定】按钮即可。

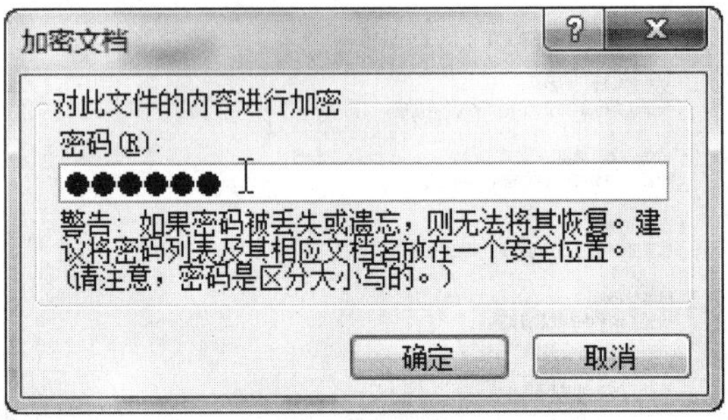

图12-5

2. 使用【另存为】对话框中的选项

单击【文件】按钮，在弹出的面板中选择【另存为】命令，打开【另存为】对话框。单击左下角的【工具】按钮，在弹出的菜单中选择【常规选项】命令，打开图12-6所示的对话框，在该对话框中可以控制工作簿的打开和修改权限。输入好密码并单击【确定】按钮，然后输入一个名称并单击【保存】按钮，将工作簿保存为另一个名称的副本，并自动完成对工作簿的加密。

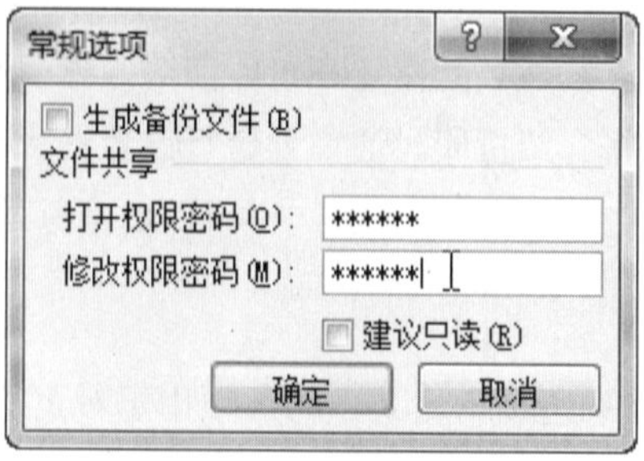

图12-6

当打开加密的工作簿时，将会弹出类似于图12-7所示的对话框，只有输入正确的密码才能打开此工作簿。如果还设置了修改工作簿的密码，那么在上一步输入正确密码后，还会弹出一个对话框要求用户输入修改权限密码。只有输入正确的密码才能对工作簿中的内容进行修改，否则只能单击【只读】按钮以只读方式打开工作簿，即只能浏览而无法修改工作簿中的内容。

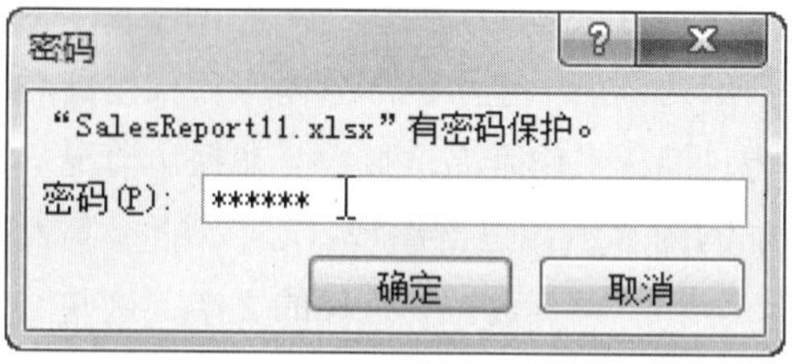

图12-7

在打开加密工作簿后，单击【文件】按钮，在弹出的【文件】面板中选择【信息】命令，然后单击【保护工作簿】按钮并在弹出的菜单中选择【用密码进行加密】命令，将对话框中的密码删除，即可解除工作簿中设置的密码。

12.1.4 保护工作簿的窗口结构

如果不想让其他用户随意改变工作簿窗口的大小和位置，或者新建/删除工作表，就需要对工作簿窗口做进一步保护。

1 单击功能区中的【审阅】⇨【更改】⇨【保护工作簿】按钮，在弹出的菜单中选择【保护结构和窗口】命令。

2 打开图12-8所示的【保护结构和窗口】对话框，选中【结构】和【窗口】复选框，然后设置一个密码，单击【确定】按钮再输入一遍密码，再次单击【确定】按钮即可。

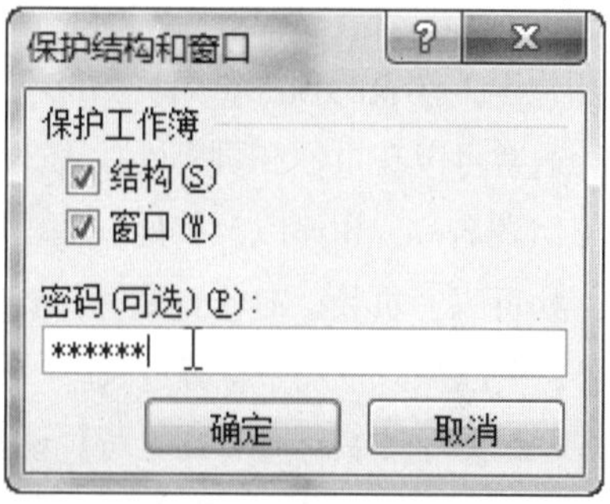

图12-8

此后，如果右击工作表标签，可以发现已经无法在弹出的快捷菜单中进行插入、删除、重命名、移动、复制、隐藏等与工作表相关的操作，这些命令都将变为灰色禁用状态，如图12-9所示。另外，也不能调整工作簿窗口的大小和位置。

图12-9

12.2 Excel工作表的页面布局设置

如果对即将打印输出的工作表的页面有一些特殊要求，那么就需要在打印前对工作表页面格式进行设置和调整，以便实现最佳的打印效果。本节将介绍打印时通常要进行设置的大部分页面元素，包括页眉、页脚、页边距、分页、纸张大小和方向、打印比例、打印区域等内容。

12.2.1 插入页眉和页脚

页眉位于工作表的顶部，而页脚位于工作表的底部。通常可以在页眉和页脚处放入一些有利于标识工作表名称、用途以及其他一些辅助信息的内容，如页码、页数、制作日期等。要编辑页眉和页脚，可以从以下四个位置进入。

- 单击状态栏中的【页面布局】按钮。
- 单击功能区中的【视图】⇨【工作簿视图】⇨【页面布局】按钮。
- 单击功能区中的【插入】⇨【文本】⇨【页眉和页脚】按钮。
- 单击功能区中的【页面布局】⇨【页面设置】组中的对话框启动器，在打开的【页面设置】对话框的【页眉/页脚】选项卡中进行设置。

进入页面布局视图后，可以单击【单击可添加页眉】或【单击可添加页脚】导航文字来激活页眉和页脚区域并添加内容，如图12-10所示。

图12-10

当激活页眉或页脚后，将在功能区中激活【设计】选项卡，其中的选项用于对页眉、页脚进行设置，【页眉和页脚元素】组中提供了向页眉、页脚中可添加的丰富内容，如图12-11所示。只需单击要插入内容的页眉或页脚位置，然后单击【页眉和页脚元素】组中的代表内容类型的按钮，再选择所需内容，即可将其插入到页眉或页脚中。

图12-11

图12-12所示为添加了页眉后的工作表，在顶部的页眉中包含三部分内容，从左到右依次为日期、工作表名、页数。在默认情况下，添加的内容不会包含图12-12所示的“制表时间：”和“总页数：”这样的文字，这些文字需要手工输入到页眉中。

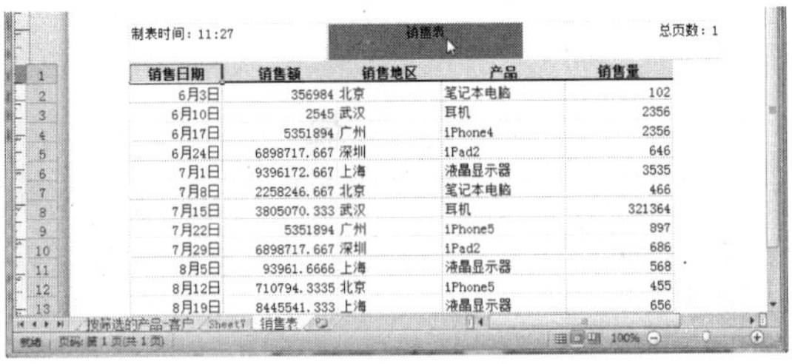

图12-12

提示：当使用【页眉和页脚元素】中的选项向页眉或页脚中添加内容时，内容左侧会自动添加一个“&”符号，这个符号是Excel内定的特殊符号。如果要在页眉中输入并显示这个符号，那么就需要输入两个“&”。例如，希望页眉中显示文字“入库&出库”，那么就需要输入“入库&&出库”。

如果需要，可以像平时设置单元格字体格式一样来设置页眉中的文字格式。只需选择好要设置的文字，然后在功能区的【开始】⇨【字体】组中进行设置即可。当工作表中的数据较多而超过一页时，【设计】⇨【选项】组中的选项可能就比较有用了，具体如下。

- 【首页不同】：将工作表第一页的页眉和页脚设置为与其他页不同。
- 【奇偶页不同】：将奇数页和偶数页的页眉与页脚设置为不同形式。
- 【随文档一起缩放】：当设置打印比例时，页眉和页脚中的内容会自动同时缩放。
- 【与页边距对齐】：页眉和页脚一共分为左、中、右三部分，使用该选项可以让左、右两部分内容分别与左、右边距对齐。

如果使用前面的方法打开了【页面设置】对话框，则可以在【页眉/页脚】选项卡中选择Excel预设的页眉和页脚内容。如果单击【自定义页眉】或【自定义页脚】按钮，将打开类似于图12-13所示的对话框，从中可以输入文字并使用工具栏中的按钮对文字设置格式。

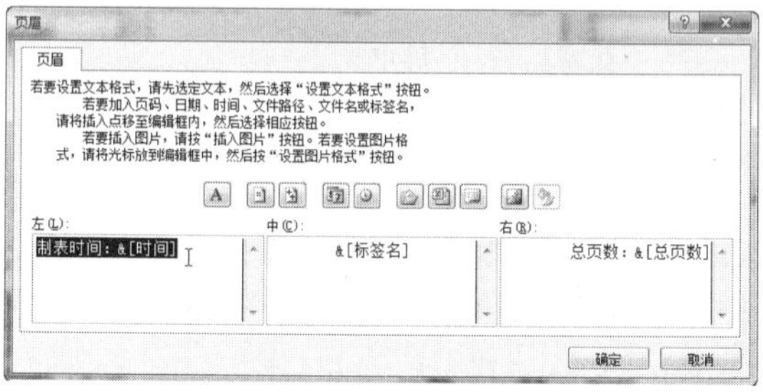

图12-13

12.2.2 调整页边距

页边距是指工作表数据区域与页面边界的距离，可以通过设置页边距来控制数据打印到纸张上的位置。单击功能区中的【页面布局】⇨【页面设置】⇨【页边距】按钮，在弹出的列表中选择预设的页边距，其中黄色显示的缩略图即为当前设置的页边距，如图12-14所示。

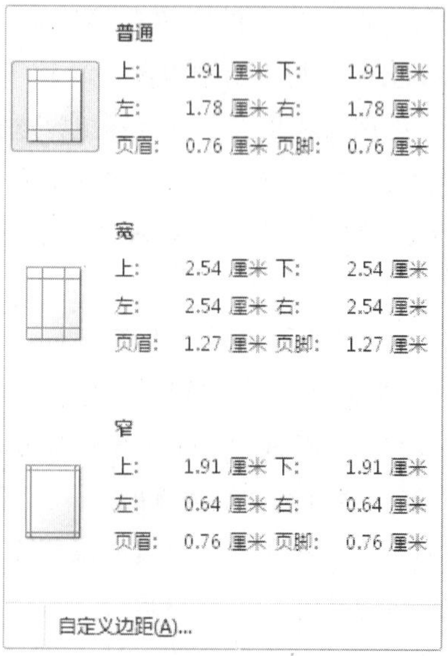

图12-14

选择图12-14中的【自定义边距】命令，将打开【页面设置】对话框，切换至【页边距】选项卡，可以设置【上】、【下】、【左】、【右】中的值来精确设置页边距的范围，如图12-15所示。

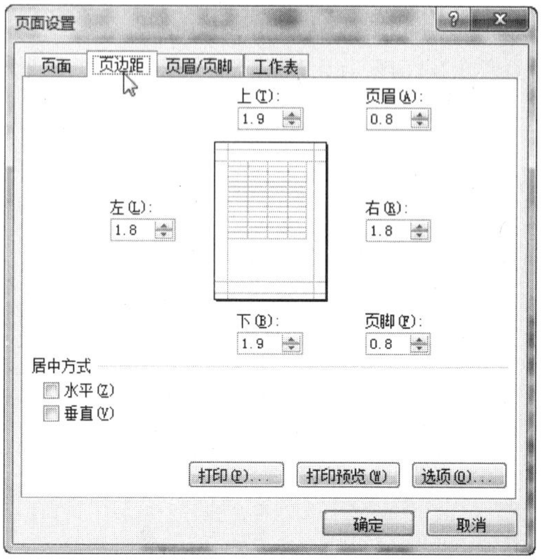

图12-15

提示：同时选中【水平】和【垂直】复选框将使内容位于工作表中间。

12.2.3 插入或删除分页符

如果工作表包含的内容很多且超过一页时，Excel会自动将多出的内容放到下一页进行打印，并使用虚线来表示分页标记，这种虚线标记被称为“分页符”。默认情况下看不到分页符，可以使用以下几种方法来显示。

- 改变纸张的大小。
- 单击状态栏中的【页面布局】按钮，然后再单击【普通】按钮。
- 按Ctrl+F2或Ctrl+P组合键展开打印面板，然后再关闭该面板。

有时可能需要强制分隔页面来打印某些数据，这时就需要手工设置分页符。根据分页后的结果，可以将分页符分为三种，即水平分页符、垂直分页符、交叉分页符。如果需要创建水平分页，也就是以行为基准将工作表分为上、下两页，那么就需要将光标定位到A列中的某一行，这一行就是要作为下一页的第一行，然后单击功能区中的【页面布局】⇨【页面设置】⇨【分隔符】按钮，在弹出的菜单中选择【插入分页符】命令，即可按行分页。图12-16所示为从第10行开始分页，光标位于单元格A10中。

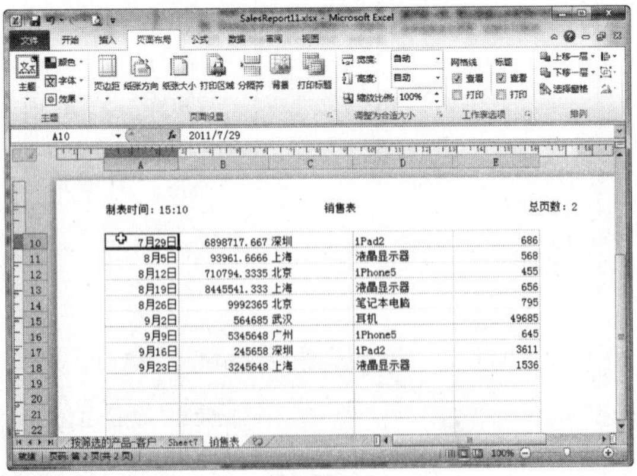

图12-16

插入垂直分页符的方法与插入水平分页符类似，关键是要将光标定位到第一行中，根据希望分页的位置再定位到第一行中的某一列，然后和插入水平分页符相同，单击功能区中的【页面布局】⇨【页面设置】⇨【分隔符】按钮并在弹出的菜单中选择【插入分页符】命令，即可在光标左侧插入垂直分页符。

如果光标所在位置既不属于第一行，也不属于第一列，那么在插入分页符时将同时插入水平和垂直分页符，如图12-17所示。

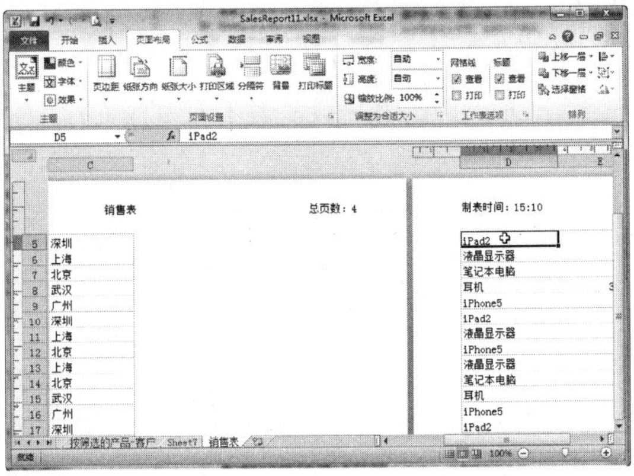

图12-17

根据分页符类型的不同，在删除分页符时需要注意将光标置于正确位置，否则无法删除分页符，各位置如下。

- 删除水平分页符：将光标置于水平分页符下面的行中。
- 删除垂直分页符：将光标置于水平分页符右侧的列中。
- 删除交叉分页符：将光标置于交叉分页符交点的右下角单元格中。

根据分页符类型，将鼠标置于正确位置后，单击功能区中的【页面布局】⇨【页面设置】⇨【分隔符】按钮并在弹出的菜单中选择【删除分页符】命令，即可删除指定的分页符。

如果在工作表中插入了多种不同类型的分页符，那么使用上面的方法按类别依次删除比较麻烦，这时可以单击功能区中的【页面布局】➪【页面设置】➪【分隔符】按钮，然后在弹出的菜单中选择【重设所有分页符】命令，即可将当前工作表中的所有分页符删除。

12.2.4 指定纸张的大小

Excel工作表的默认纸张大小为A4，可以根据实际情况进行调整。单击功能区中的【页面布局】➪【页面设置】➪【纸张大小】按钮，在弹出的菜单中选择所需的纸张，如图12-18所示。如果之前在工作表中并未显示出分页符的虚线标记，那么在改变纸张大小后，它将会显示出来。

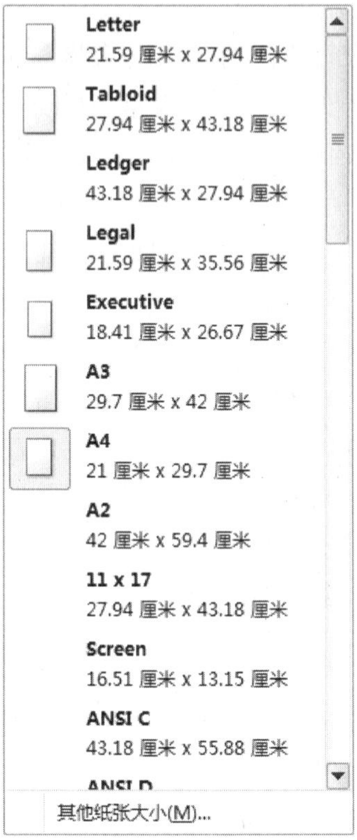

图12-18

12.2.5 设置纸张方向

所谓打印方向，就是指要将工作表内容在纸张上纵向打印还是横向打印，也就是设置纸张的方向。单击功能区中的【页面布局】➪【页面设置】➪【纸张方向】按钮，在弹出的菜单中选择【横向】或【纵向】命令。从图12-19所示的结果来看，图中工作表的纸张方向被设置为横向。

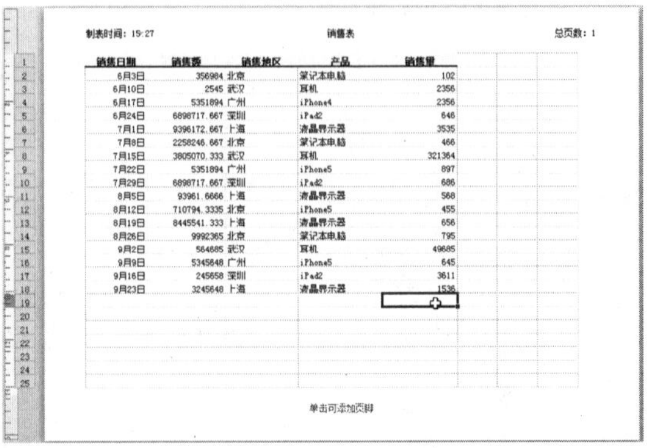

图12-19

12.2.6 设置打印比例

如果工作表的页数很多，用户希望在有限的纸张数量的情况下打印工作表中的所有内容，那么可能就需要缩小打印比例，以便在一张纸上可以打印出更多的内容。在功能区的【页面布局】➪【调整为合适大小】组中可以设置打印时的缩放比例，如图12-20所示。

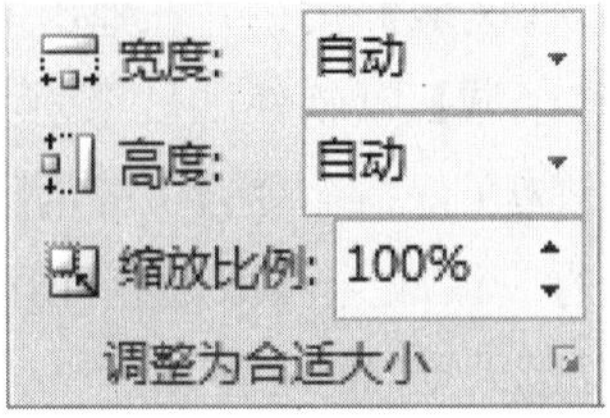

图12-20

12.2.7 选择打印区域

如果不希望打印整个工作表，而只需要打印其中某个区域的数据，可以使用打印区域这个功能，让Excel只打印由用户指定的部分。创建打印区域的通用步骤如下。

1 使用鼠标、键盘或任意有效的方法在工作表中选择要打印的区域。

2 单击功能区中的【页面布局】⇨【页面设置】⇨【打印区域】按钮，在弹出的菜单中选择【设置打印区域】命令，在所选区域四周自动添加边框线，如图12-21所示，Excel将只打印该边框线包围部分的内容。

图12-21

如果还有其他需要打印的内容，则可以再继续选择这些区域，然后单击功能区中的【页面布局】⇨【页面设置】⇨【打印区域】按钮，在弹出的菜单中选择【添加到打印区域】命令，这样可以同时将多个不连续的区域设置为待打印的内容。

单击功能区中的【页面布局】⇨【页面设置】⇨【打印区域】按钮并在弹出的菜单中选择【取消印区域】（软件中显示为【取消印区域】命令，为了保持命令含义的清晰明确，笔者个人认为应该改为【取消打印区域】）命令，将删除已设置的打印区域。

提示：当在工作表中设置了一个打印区域之后，单击功能区中的【公式】⇨【定义的名称】⇨【名称管理器】按钮，将在列表框中看到一个显示为“Print_Area”的名称，这是Excel自动为所选择的打印区域所进行的命名。双击该名称，打开图12-22所示的对话框，可以清楚看到打印区域的名称、使用范围以及对应的单元格区域等。

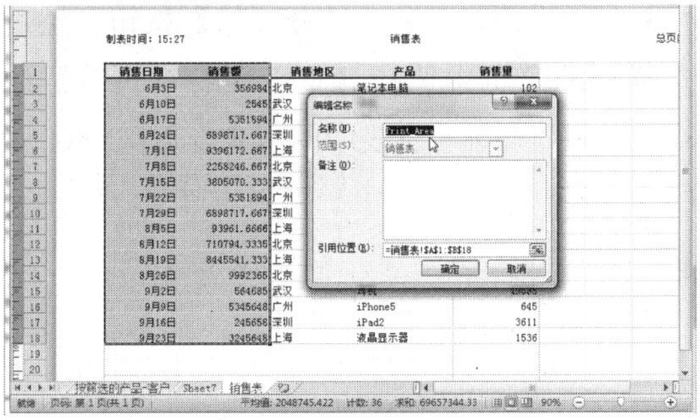

图12-22

12.2.8 打印行和列的标题

如果要打印的表格的第一行包含各列的标题，而且工作表不止一页，那么在默认情况下打印时会出现一个问题，即除了第一页以外，其他页的顶部不会打印工作表第一页顶部的标题行，这很容易让人对除第一页以外的其他打印内容感到迷惑，因为缺乏标题的数据看起来是非常不直观的。

对于这个问题，可以单击功能区中的【页面布局】⇨【页面设置】⇨【打印标题】按钮，在打开的【页面设置】对话框中的【工作表】选项卡中进行设置。通过单击【顶端标题行】文本框右侧的按钮，选择工作表中包含标题的行来解决，如图12-23所示。当然，如果标题位于列方向上，也可以在【左端标题列】中设置列标题的位置。

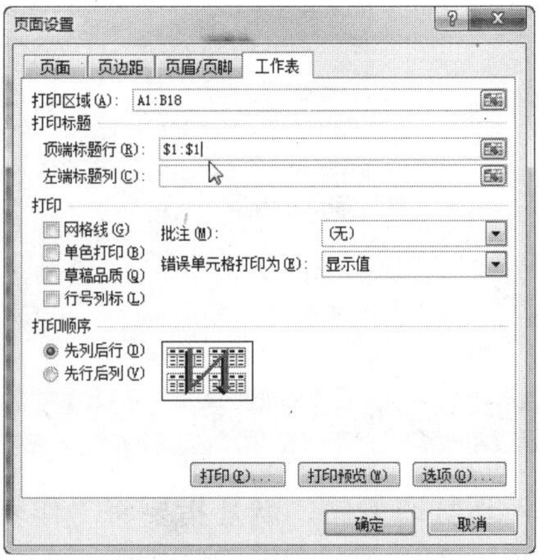

图12-23

除了设置打印标题外，在【工作表】选项卡中还包括很多其他辅助性设置。例如，可以通过选中【网格线】复选框来指定在打印时将网格线打印到纸张上；如果需要查看数据的顺序位置，可以选中【行号列标】复选框，这样将打印每行数据的行号和列标，打印出的效果就像在Excel中显示的行号列标一样；通过选择【错误单元格打印为】下拉列表中的内容，可以控制出现错误的单元格中的内容以什么方式来显示（通常情况下不希望显示错误标志，可以将其设置为【空白】）。

前面几节介绍的关于页面的设置都可以在【页面设置】对话框中进行操作。打开图12-24所示的【页面设置】对话框，其中包含四个选项卡：页面、页边距、页眉/页脚、工作表。【页面】选项卡中可以完成包括纸张大小、方向和打印缩放比例等众多设置；【页边距】和【页眉/页脚】选项卡也曾经在前面介绍过；【工作表】选项卡正是本节刚介绍过的内容。

图12-24

12.3 打印输出工作表

完成上述页面设置后，基本上就可以将工作表打印输出了。有时为了更加保险，通常在打印前使用打印预览功能再检查一下工作表打印出来的模拟效果，以便如果发现问题，可以及时进行调整。与Word 2010类似，在Excel 2010中，打印前的预览与设置都是在打印面板中完成的。

单击【文件】按钮，在弹出的面板中选择【打印】命令，展开打印面板，如图12-25所示。面板左侧分布了多个选项，用于对打印机、打印范围和页数、打印方向、纸张大小、页边距等进行设置，设置结果与12.2节相同。面板右侧显示了当前工作表第一页的预览效果，可以单击预览图左下角的按钮来改变当前显示的页面。单击预览图右下角的【显示边距】按钮，可以在预览图四周显示一些黑色的线段，通过拖动这些线段来调整页边距，而单击【缩放到页面】按钮则可以按原始比例显示待打印工作表的页面。

如果确认无误，可以单击打印面板中的【打印】按钮，将工作表打印输出。

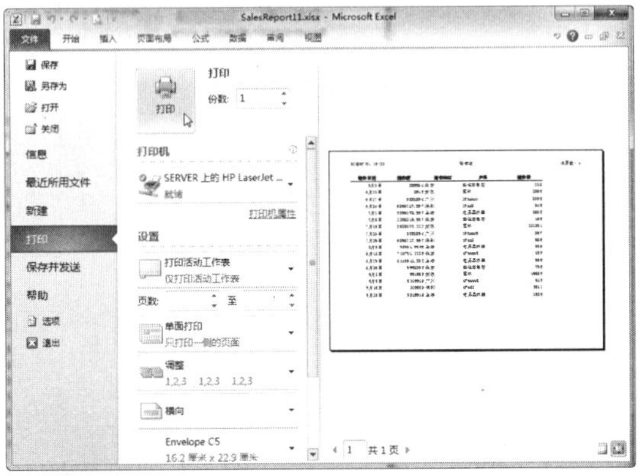

图12-25

第13章 PowerPoint演示文稿的创建和编辑

本章内容如下：

- 幻灯片和占位符
- 添加占位符内容
- 幻灯片内容的格式设置
- 修改幻灯片的背景

13.1 幻灯片和占位符

在使用PowerPoint创建演示文稿时，必须了解两个基础对象，即：幻灯片和占位符。幻灯片是构成演示文稿的基本元素，而每张幻灯片中又包含若干不同类型的占位符。从字面意义上理解，占位符就是占住幻灯片中某个指定位置的一些符号，可以在这些符号中输入不同类型的内容，包括文本、图片、表格、图表和图形等。

13.1.1 了解占位符

在启动PowerPoint 2010应用程序时，默认会新建一个演示文稿，其中自带一张幻灯片，如图13-1所示。在这张幻灯片中可以看到包含两个边框为虚线的矩形，它们就是占位符。

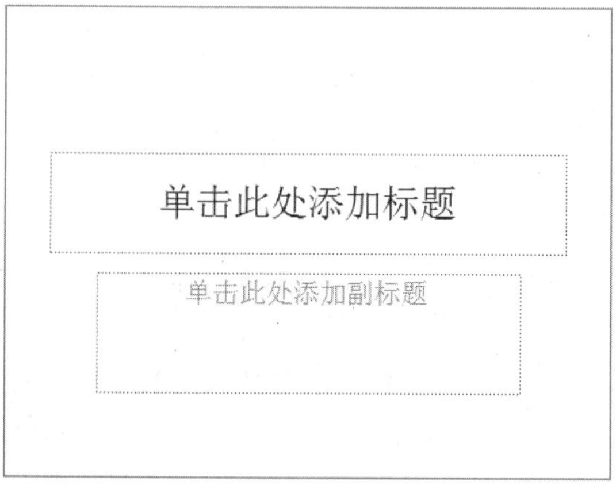

图13-1

如果将该幻灯片的版式更改为“标题和内容”（更改版式的方法请参考第2章），则可看到图13-2所示的幻灯片，其中也包含两个占位符。上面的占位符用于输入文字，下面的占位符不但可以输入文字，而且还包含六个按钮，可以通过这些按钮在占位符中插入表格、图表、图片、SmartArt图形、音频/视频等不同类型的内容。

当单击占位符内部区域时，初始显示的文字会消失，同时在占位符内部会显示一个类似于Word文档中用于输入文字的插入点，如图13-3所示，此时可以在占位符中输入文字。

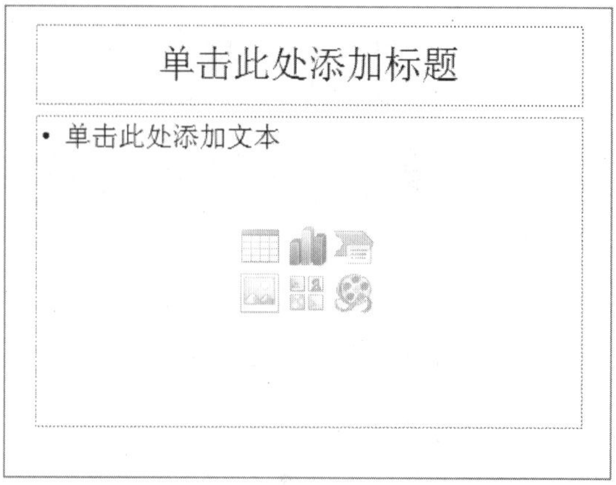

图13-2

图13-3

13.1.2 占位符与文本框的区别

想要了解占位符与文本框的区别，最好的方法就是新建一张版式为“标题幻灯片”

的幻灯片，然后在其中插入一个文本框，在标题占位符和文本框中分别输入一些文字，这样便会很容易发现它们之间存在的一些差异，具体包括以下几点。

- 占位符在初始状态下会显示提示文字，而文本框在初始状态下不会显示任何内容。
- 占位符中的内容已经具有一定的格式，而文本框中的内容则只是默认的普通格式。
- 占位符中可以包含任何可能的内容，如文字、图片、表格、图表、SmartArt图形等，而文本框中只能包含文字。

13.2 添加占位符内容

在占位符中可以添加的内容类型取决于占位符的类型。在新建幻灯片时，不同版式的幻灯片中所包含的占位符类型只有三种，即文本占位符、图片占位符和内容占位符。其中，内容占位符是多种单一元素占位符的集合，也就是说，在内容占位符中可以输入多种类型的内容。

13.2.1 输入文本

前面曾经提到过，当单击占位符内部区域时，将会在占位符内显示一个插入点，此时可以将文字输入到占位符中，结果如图13-4所示。

图13-4

如果需要在一个占位符中输入多行内容，可以在需要换行的位置按Enter键；如果需要删除插入点前、后的文字，则可以按BackSpace键或Delete键；如果要删除大量文字，只需使用鼠标拖动选中待删除文字，然后按Delete键或BackSpace键即可。对于文字的编辑方法，与Word几乎相同。

13.2.2 在占位符中插入图片

1 单击占位符中的【插入来自文件的图片】按钮，打开图13-5所示的【插入图片】对话框，从中选择要插入的图片，也可以使用导航按钮定位到图片所在的文件夹。

图13-5

2 选择要插入的图片，然后单击【插入】按钮，即可将所选图片插入到当前幻灯片中，结果如图13-6所示。

图13-6

如果需要修改当前插入的图片，可以在无须删除当前图片的情况下更换图片。方法是右击待修改的图片，在弹出的快捷菜单中选择【更改图片】命令，此时会再次打开【插入图片】对话框，然后重新选择要插入的图片并单击【插入】按钮即可。

13.2.3 在占位符中插入表格

单击占位符中的【插入表格】按钮，打开图13-7所示的【插入表格】对话框，输入待创建表格的行数和列数，单击【确定】按钮，将在幻灯片中插入一个指定行数、列数的表格，结果如图13-8所示。

图 13-7

创建好表格后，接下来可以在表格内输入文字。在PowerPoint的表格中输入内容的方法与Word类似，使用鼠标单击单元格，即可将内容输入到该单元格中。使用Tab键可以切换活动单元格。所谓“活动单元格”，就是指当前接受用户输入内容的单元格。图13-9所示为一个输入好内容的表格。

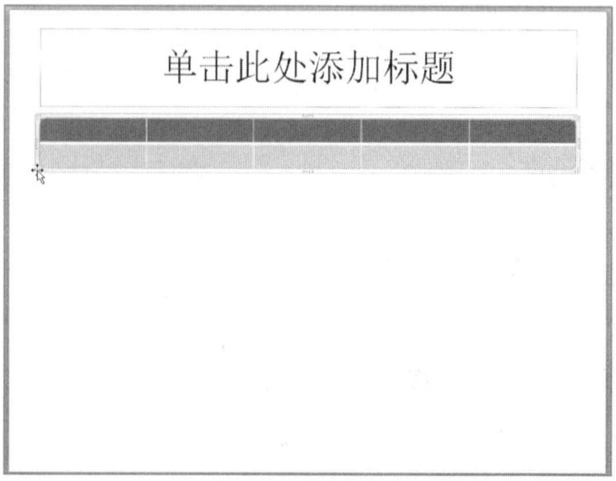

图13-8

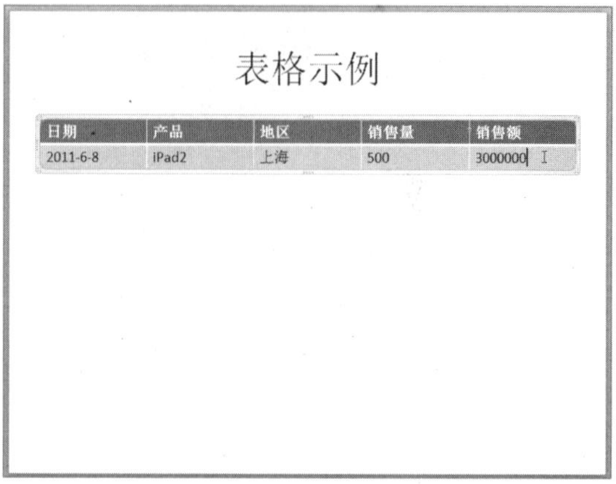

图13-9

13.2.4 在占位符中插入图表

单击占位符中的【插入图表】按钮，打开图13-10所示的【插入图表】对话框。在左侧列表中选择图表的分类，然后在右侧区域中选择与所选类别对应的某个具体的图表类型，单击【确定】按钮，将一个默认图表插入到幻灯片中，与此同时会自动启动Excel

应用程序，并显示与默认图表对应的示例数据，结果如图13-11所示。

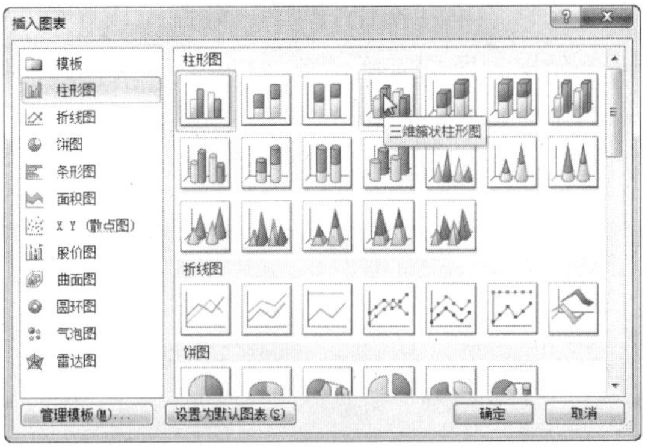

图13-10

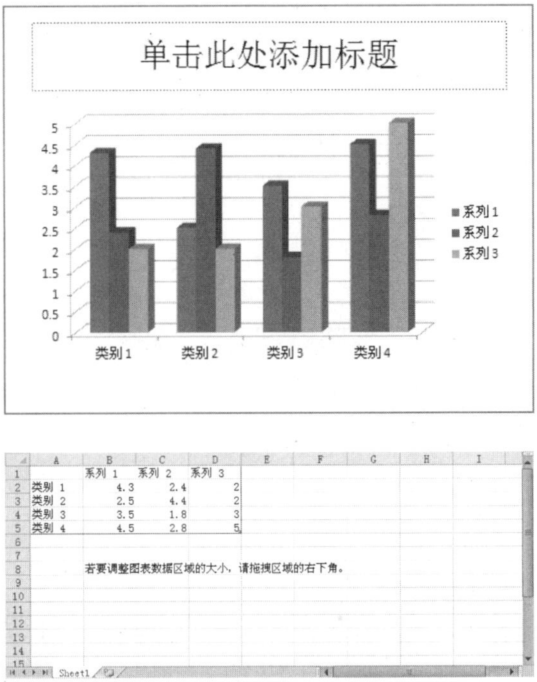

图13-11

为了使图表可以显示出有用的数据，需要修改Excel工作表中的数据为真实的数据。在Excel中默认只有5行4列的数据可以被绘制在PowerPoint的图表中（即蓝色线包围住的区域）。如果需要在PowerPoint图表中显示出更多的数据，则需要在Excel工作表中拖动初始区域右下角的蓝色标记，直到蓝色边框包围住所需的数据区域为止。图13-12所示为创建并输入好数据的图表，其原始区域包含5行5列。

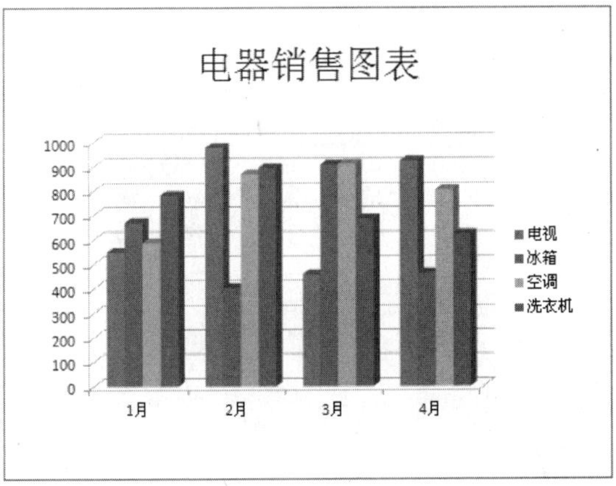

图13-12

13.2.5 在占位符中插入SmartArt图形

单击占位符中的【插入SmartArt图形】按钮，即可打开图13-13所示的【选择SmartArt图形】对话框，在左侧列表中显示了SmartArt图形的分类，在中间区域中显示了当前所选分类中包括的所有SmartArt图形，而在右侧区域中显示了对当前选中的SmartArt图形的说明。

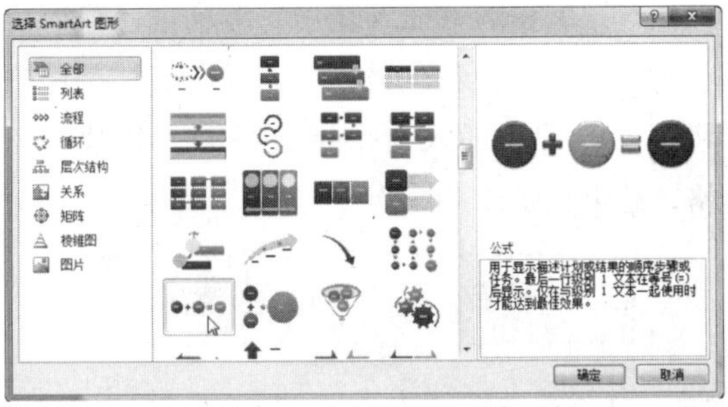

图13-13

选择所需的SmartArt图形后单击【确定】按钮，即可将其插入到当前幻灯片中。单击SmartArt图形中的形状，可以在其中输入文字，结果如图13-14所示。

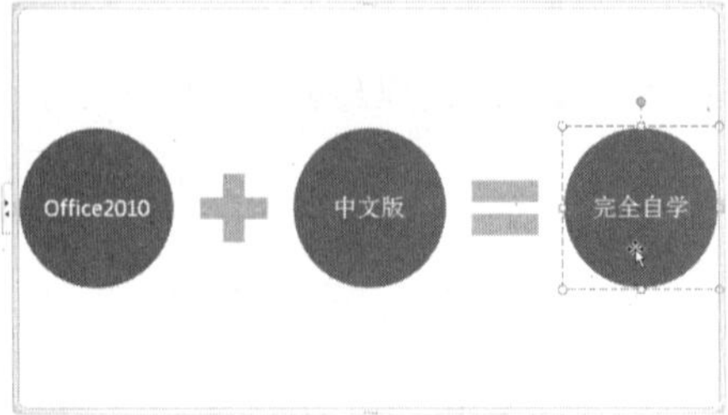

图13-14

13.2.6 直接添加内容

除了直接在占位符中添加内容外，也可以直接在幻灯片中添加不同类型的内容。例如，新建了一张版式为“空白”的幻灯片，在该幻灯片中不包含任何占位符，可以通过以下方法在该幻灯片中插入不同类型的内容。

- 输入文字：单击功能区中的【插入】⇨【文本】⇨【文本框】按钮，在弹出的菜单中选择【横排文本框】或【垂直文本框】命令，然后在幻灯片中拖动鼠标绘制文本框，并在文本框中输入文字。
- 插入图片：单击功能区中的【插入】⇨【图像】⇨【图片】按钮，在打开的【插入图片】对话框中选择图片并单击【插入】按钮。
- 插入表格：单击功能区中的【插入】⇨【表格】⇨【表格】按钮，在打开的列表中选择一种创建表格的方法。创建表格的方法与Word类似，具体内容请参考本教程第5章。
- 插入图表：单击功能区中的【插入】⇨【插图】⇨【图表】按钮，在打开的【插入图表】对话框中选择图表并单击【确定】按钮。
- 插入SmartArt图形：单击功能区中的【插入】⇨【插图】⇨【Smart Art】按钮，在打开的【选择SmartArt图形】对话框中选择SmartArt图形并单击【确定】按钮。

13.3 幻灯片内容的格式设置

对于不同类型的内容可以设置相应的格式，例如，可以对文字设置字体或段落格式；对图片设置艺术效果；对表格设置表样式；对图表设置布局和外观；对SmartArt图形设置图形布局和颜色等。

13.3.1 文字格式设置

文字格式主要包括字体、字号、字形、字体颜色、字体特殊效果、字符间距等。段落格式主要包括设置段落对齐方式、缩进方式、行间距和段间距、项目符号和编号、段落的文字方向、分栏以及制表位等。在PowerPoint中可以对文字设置以上这些格式甚至更多其他格式。可以使用【开始】⇨【字体】中的命令来设置字体格式，使用【开始】⇨【段落】中的命令来设置段落格式。

首先需要了解的是，要设置文字的字体格式，必须先选中待设置的文字，然后才能对其进行设置；而设置段落格式（如行距）之前，通常不需要选中整个段落，而只需将插入点定位到待设置的段落中即可，不过有些段落格式在设置前也需要先选择整个段落，如设置段落的字体格式。

在图13-15所示的文字中，包括多种不同的字体格式，具体分为以下几部分。

- 前四个字的字体为【隶书】，字号为【54】，并应用了【文字阴影】效果。
- 接下来的四个字的字体为【方正姚体】，字号为【32】。
- 其余文字的字体为【华文行楷】，字号为【44】，并应用了【下画线】效果。

由此可见，在一个段落中，可以为不同文字设置不同的字体效果。

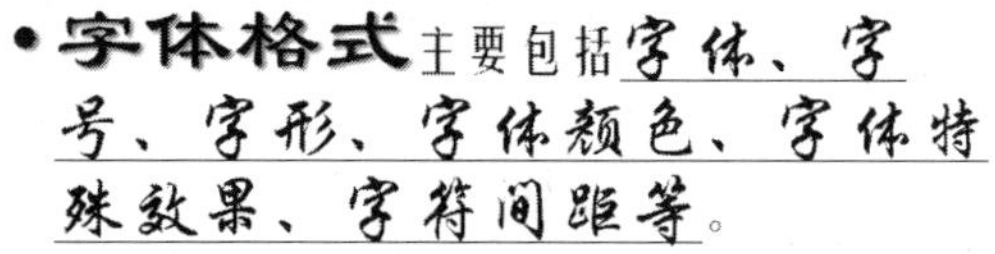

图13-15

> 提示：如果是对占位符或文本框中的所有文字设置统一的字体格式，可以直接单击占位符或文本框的边框，然后进行设置，而无须通过拖动鼠标来选择占位符或文本框内的文字。

下面介绍段落格式的设置。例如，如果希望调整段落的行距，使文字看起来不那么拥挤，可以单击待设置的段落的内部，然后单击功能区中的【开始】⇨【段落】⇨【行距】按钮，在打开的列表中选择行间距。图13-16上面的段落为设置行距前的段落，下面的段落为设置了2倍行距后的效果。

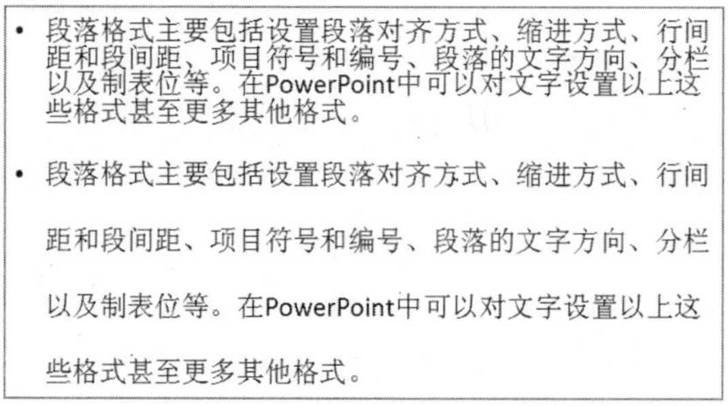

图13-16

在通过【行距】按钮打开的下拉列表中，如果选择了【行距选项】选项，将打开图13-17所示的【段落】对话框，在该对话框中可以对段落格式进行统一设置，包括对齐方式、段落缩进、段落间距、行距等。

图13-17

> 提示：在【段落】对话框的【中文版式】选项卡中有一项很有用的设置——【允许西文在单词中间换行】。如果启用了该功能，当英文单词出现在一行的结尾处时，会自动拆分为两部分在下一行继续显示，而不会出现行尾留有大片空白的情况。

在PowerPoint 2010中，有一种很方便的功能，就是可以将现有段落内容直接转换为SmartArt图形。例如，图13-18所示就是将图13-16中的两段内容自动转换为SmartArt图形的效果。这种转换很简单，只需单击待转换文字所在的占位符内部区域，然后单击功能区中的【开始】⇨【段落】⇨【转换为SmartArt】按钮，并在弹出的列表中选择一种SmartArt图形即可。

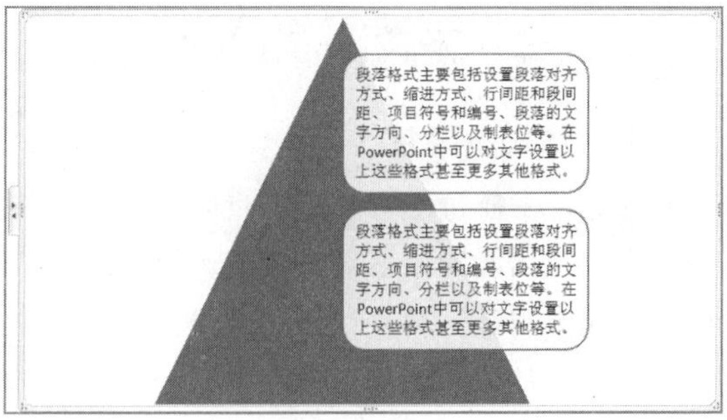

图13-18

13.3.2 图片格式设置

可以对幻灯片中的图片设置图片格式，包括设置图片尺寸、裁剪图片多余的部分、旋转图片的角度或者是对图片设置艺术效果等。当选择幻灯片中的一张图片后，可以激活功能区中的【格式】选项卡，使用该选项卡中的命令可以设置图片的格式，包括对图片本身特性的调整、为图片添加一些专业的特效、对多个图片进行设置等。PowerPoint中图片的设置方法与Word类似。

13.3.3 表格格式设置

可以为创建好的表格设置格式，例如，可以设置表格内文字的对齐方式；也可以对表格内的单元格进行合并或拆分；还可以为表格选择一种内置表格样式，这样可以从整体上改变表格的外观。当单击表格的内部区域时，将激活功能区中的【设计】和【布局】选项卡。【设计】选项卡用于设置表格的外观，而【布局】选项卡用于设置表格的结构。下面介绍几个常用的表格格式的设置方法。

1．设置表格尺寸

设置表格尺寸包括设置行高、列宽以及整个表格的大小。如果只是粗略地调整表格尺寸，可以将鼠标移动到行与行之间、列与列之间的分隔线上，当鼠标变为双向箭头时进行拖动，即可调整行高和列宽；如果希望精确调整行高和列宽，可以使用【布局】➪【单元格大小】组中的选项进行调整，如图13-19所示。

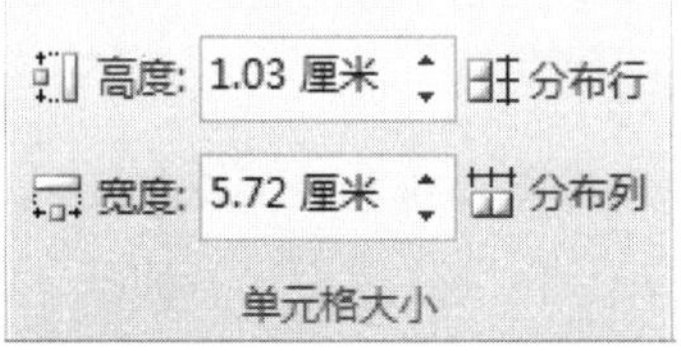

图13-19

提示：图13-19中的【分布行】和【分布列】按钮用于快速将尺寸不同的多个行或列调整为均等的尺寸。方法是同时选择要调整的多个行或列，然后单击【分布行】或【分布列】按钮。

如果要调整表格的整体大小，可以使用【布局】➪【表格尺寸】组中的选项，如图13-20所示。当选中【锁定纵横比】复选框时，表格的高度与宽度始终保持一个比例进行缩放。

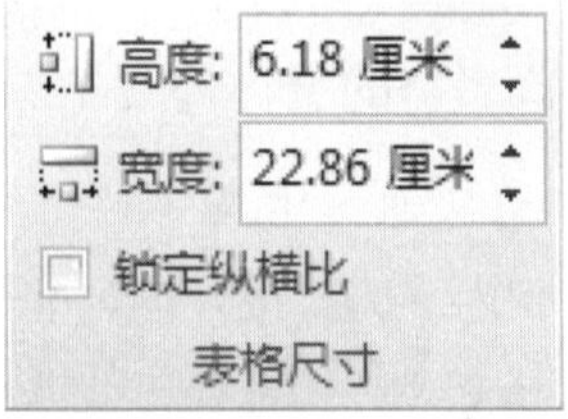

图13-20

2．设置文字的对齐方式

如果需要为表格内的所有文字设置对齐方式，首先单击表格的内部区域，这样将显示出表格的外边框；其次单击表格的外边框以选中整个表格；最后单击功能区中的【布局】➪【对齐方式】➪【居中】按钮，结果如图13-21所示。

日期	产品	地区	销售量	销售额
2011-6-8	iPad2	上海	5000	30000000
2011-7-1	iPhone4	北京	5000	25000000
2011-7-3	LCD	广州	8000	24000000
2011-7-12	笔记本电脑	深圳	10000	90000000

图13-21

提示：如果只希望表格标题行（第一行）中的文字居中，那么只需使用鼠标拖动选中表格的第一行，然后执行上述居中操作即可。换句话说，希望哪行文字居中，就先选择哪行，然后执行【居中】命令。

除了文字的水平居中外，还可以对表格内的文字设置垂直居中。这种居中方式主要用于表格行高较高的情况，效果如图13-22所示。单击功能区中的【布局】⇨【对齐方式】⇨【垂直居中】按钮，即可对文字进行垂直居中。

日期	产品	地区	销售量	销售额
2011-6-8	iPad2	上海	5000	30000000
2011-7-1	iPhone4	北京	5000	25000000
2011-7-3	LCD	广州	8000	24000000
2011-7-12	笔记本电脑	深圳	10000	90000000

图13-22

3. 设置表格的整体外观

如果希望快速美化表格的外观，可以使用PowerPoint内置的表格样式。单击要设置整体外观的表格，激活功能区中的【设计】选项卡，在【表格样式】下拉列表中选择一种表格样式，如图13-23所示。

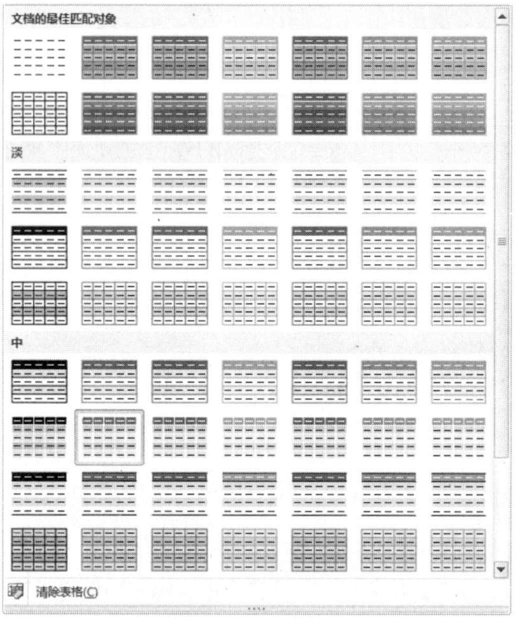

图13-23

提示：可以通过单击图13-23列表顶部的【全部】按钮来按不同类别显示可用选项。例如，如果选择了【中】选项，则显示图13-24所示的表格样式。

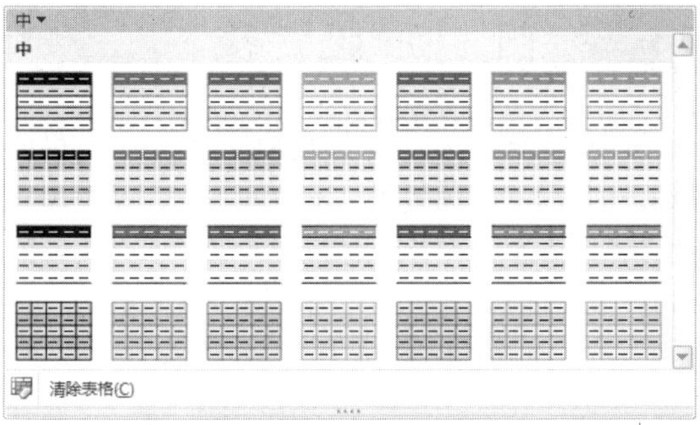

图13-24

如果在选择另一种表格样式之前，原来的表格中已经对文字设置了某些字体格式（如加粗和倾斜），那么在选择一种表格样式后，将会自动清除原表格中文字的字体格式。为了解决这个问题，可以右击表格样式列表中要选择的表格样式，在弹出的快捷菜单（如图13-25所示）中选择【应用并维护格式】命令，这样既可以为表格设置新的样式，又可以保留之前对文字格式所进行的设置。

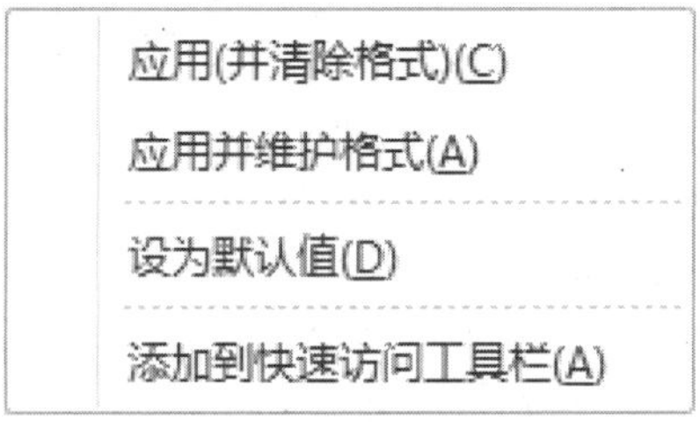

图13-25

如果希望单独改造表格内某一个区域的外观，可以先选中该区域，然后使用【设计】⇨【表格样式】组中的选项进行设置。这些选项包括【底纹】、【边框】和【效果】三个按钮。

13.3.4 设置图表格式

设置图表格式主要是指设置图表中各元素的位置与外观。例如，可以利用PowerPoint内置的选项为图表快速设置一种已有的布局方案，也可以在图表中添加所需的图表元素并设置其内容和显示格式。

当单击幻灯片中的图表时，会自动激活功能区中的【设计】、【布局】和【格式】三个选项卡。【设计】选项卡中的参数设置主要包括对图表整体进行的一些操作，包括处理图表原数据、为图表选择预置布局和样式等；【布局】选项卡主要用于对图表中的元素进行调整，以便增加或减少可显示的图表元素；【格式】选项卡中的参数设置主要用于设置图表的可视化外观。PowerPoint中图表的设置方法与Excel相同。

13.3.5 SmartArt图形的格式设置

设置SmartArt图形的格式主要指设置SmartArt图形的整体外观，包括设置SmartArt图形的配色以及其中文字的样式。另外，还可以对SmartArt图形中的独立形状设置外观效果。当选择幻灯片中的SmartArt图形时，会激活功能区中的【设计】和【格式】选项卡，使用这两个选项卡中的命令即可。

13.4 修改幻灯片的背景

可以根据幻灯片的内容为其搭配一款合适的背景，这样可以在演说时对幻灯片的内容起到一定的辅助补充的作用。一幅恰当的幻灯片背景不仅可以使幻灯片看起来更加充实，而且可以使一个演示文稿中的幻灯片看起来更加系统和专业。

13.4.1 选择PowerPoint内置背景

可以为幻灯片设置不同类型的背景，从设置方式上讲，包括使用PowerPoint内置的背景样式和自定义背景样式两种。在自定义背景时，又可以使用多种方法。本节先介绍使用内置的背景样式设置幻灯片背景的方法。设置内置背景的具体操作如下。

1 单击功能区中的【设计】⇨【背景】⇨【背景样式】按钮，在打开的列表中选择一个背景图案，如图13-26所示。

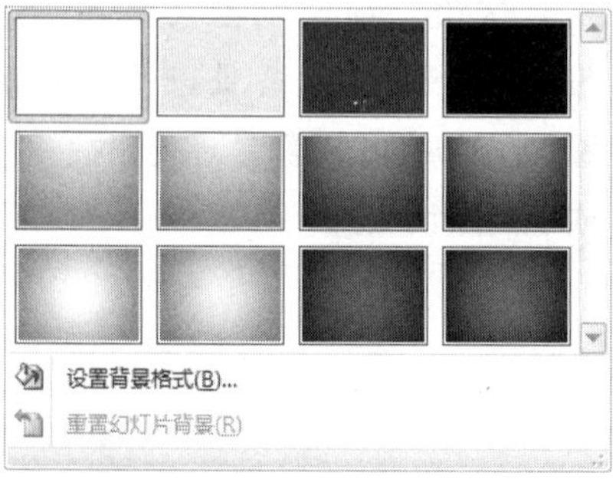

图13-26

2 选择了一种背景后，会将该背景同时作用于当前演示文稿中的所有幻灯片。如果希望只对当前幻灯片设置背景，只需右击待选择的背景，然后在弹出的快捷菜单中选择【应用于所选幻灯片】命令即可。

提示：如果是对幻灯片单独设置背景，即通过【应用于所选幻灯片】命令进行设置，可以通过图13-26中的【重置幻灯片背景】命令使背景恢复到初始状态。

13.4.2 自定义幻灯片背景

如果希望使用自己收集或处理好的图片来作为幻灯片的背景，就需要对背景进行自定义设置。自定义幻灯片背景的具体操作如下。

1 单击功能区中的【设计】⇨【背景】⇨【背景样式】按钮，在打开的列表中选择【设置背景格式】命令，打开图13-27所示的对话框。可以看到，默认情况下是以纯色进行背景填充的，通过单击【颜色】按钮并选择列表中的颜色可以改变背景色。

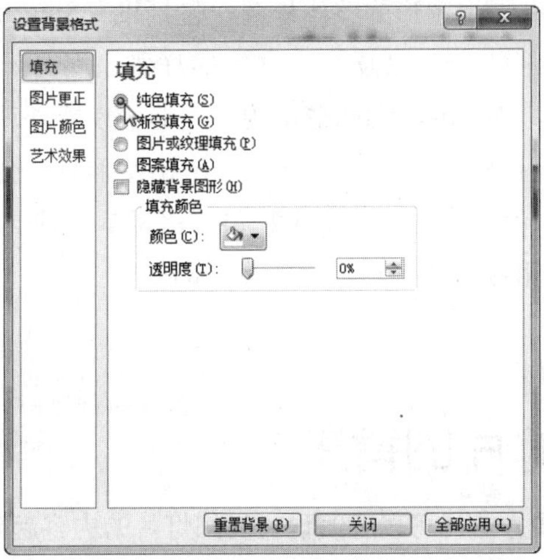

图13-27

2 通过选中【渐变填充】或【图片或纹理填充】单选按钮，可以改变背景填充方式。当选中【渐变填充】单选按钮后，对话框将变为图13-28所示的界面。设置渐变的诀窍在于根据渐变效果的需要设置数量不等的光圈。光圈设置的方法是指定光圈颜色、结束位置和透明度等，默认情况下会自动包含三个光圈，通过单击【添加渐变光圈】按钮和【删除渐变光圈】按钮添加或删除光圈。

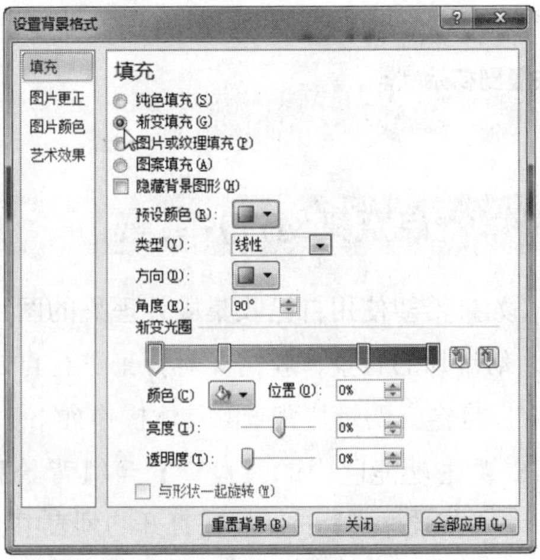

图13-28

3 除了利用渐变效果来设置背景外，还可以指定图片或图案来作为幻灯片的背景，此时需要选中【图片或纹理填充】单选按钮，得到图13-29所示的界面。在界面中单击【纹理】右侧的下拉按钮，可以选择PowerPoint内置的纹理图案。如果单击【文件】按钮，可以从计算机中选择一幅图片作为幻灯片背景。当然，也可以单击【剪贴画】按钮，使用Office剪贴画作为幻灯片背景。

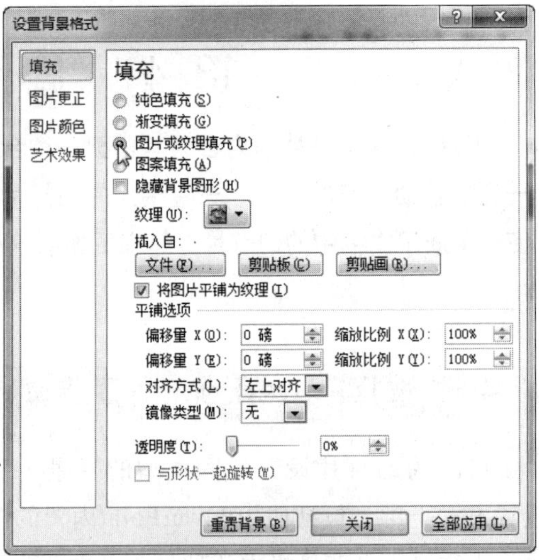

图13-29

4 在进行设置的同时可以看到PowerPoint编辑窗口中的变化，单击【关闭】按钮，将对当前幻灯片应用已完成的设置。如果希望将背景设置作用于演示文稿中的所有幻灯片，需要在单击【关闭】按钮之前先单击【全部应用】按钮；如果发现对背景进行了错误的设置，可以单击【重置背景】按钮将背景恢复为默认状态。

第14章

在PowerPoint演示文稿中添加多媒体内容

本章内容如下：

- 添加幻灯片之间的切换动画
- 给PowerPoint对象设置动画效果
- 给对象添加动作与超链接
- 在演示文稿中添加多媒体内容

14.1 添加幻灯片之间的切换动画

幻灯片的切换动画是指从一张幻灯片跳转到下一张幻灯片之间的过渡效果，即切换时希望显示的特效。这些效果包括视觉和听觉方面的，这样可以避免幻灯片显得枯燥乏味。PowerPoint 2010加强了幻灯片切换动画与对象动画的设置效果。对于幻灯片切换动画而言，用户既可以为不同幻灯片设置互不相同的切换动画，也可以为演示文稿中的所有幻灯片设置统一的切换动画。

14.1.1 给幻灯片设置切换动画

PowerPoint 2010提供了34种内置的幻灯片切换动画，可以为幻灯片之间的过渡设置丰富多彩的切换效果。设置幻灯片切换动画的具体操作如下。

1 选择切换之前的幻灯片，如从第一张幻灯片切换到第二张幻灯片，那么就选择第一张幻灯片。

2 打开功能区中的【转换】⇨【切换到此幻灯片】下拉列表，选择所需的切换动画，如图14-1所示。PowerPoint对所有动画进行了分类，包括“细微型”、“华丽型”、“动态内容”三种。

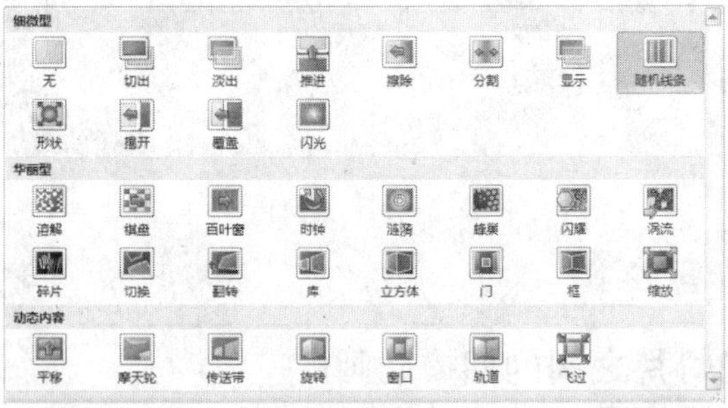

图14-1

3 如果已经选择了某个切换动画，可以单击功能区中的【转换】⇨【预览】⇨【预览】按钮，播放动画效果以观察其是否符合需要。图14-2所示为对幻灯片设置了名为“旋转”的动画后的预览效果。

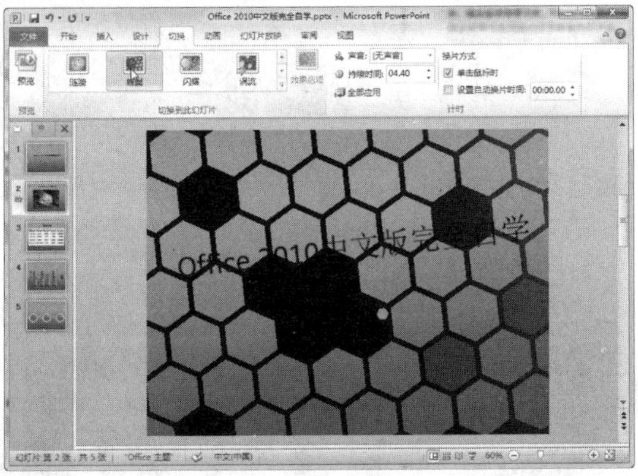

图14-2

提示：还可以单击幻灯片列表中左上角的☆标记预览动画效果。

4 对于某些动画效果，在选择后可以在【转换】⇨【切换到此幻灯片】组中单击【效果选项】按钮来改变动画效果的细节。图14-3所示是对名为“旋转”的动画的细节设置。

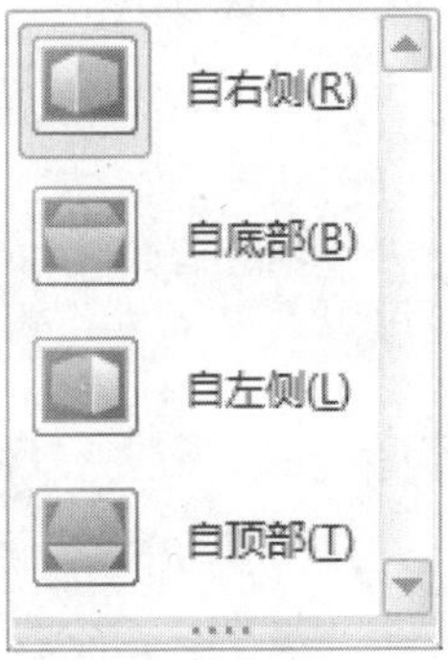

图14-3

14.1.2 选择幻灯片切换音效

通常在播放幻灯片时如果能够配合一定的声音效果，将会达到更好的播放效果。就像看电影或玩游戏，如果只有画面而没有声音，就会显得非常乏味。PowerPoint预置了很多可用于在切换幻灯片时播放的声音，只需单击功能区中的【转换】⇨【计时】⇨【声音】下拉按钮，然后在图14-4所示的列表中进行选择。

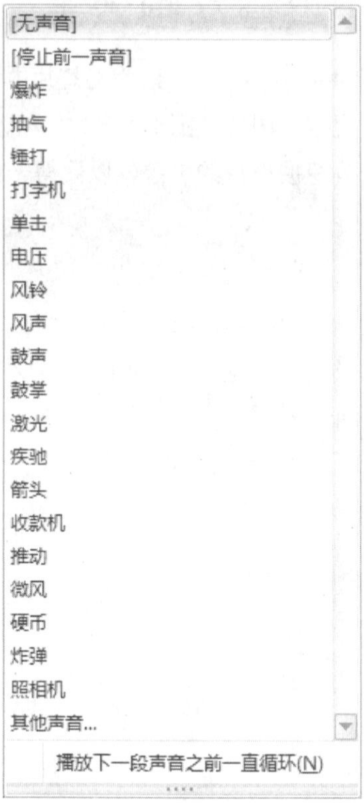

图14-4

如果选择图14-4中的【其他声音…】命令，将会打开【添加音频】对话框，从该对话框中可以选择计算机中已经保存的WAV格式的声音文件。

提示：可以通过选择【播放下一段声音之前一直循环】命令来使声音持续播放，直到下一个声音效果播放前才停止。

14.1.3 指定幻灯片切换速度

可以控制幻灯片之间切换时动画的播放速度，默认情况下每两张幻灯片之间的切换动画的间隔时间为2秒，可以根据实际情况修改这个时间。在功能区中的【转换】⇨【计时】⇨【持续时间】文本框中设置切换动画的间隔时间，如图14-5所示。

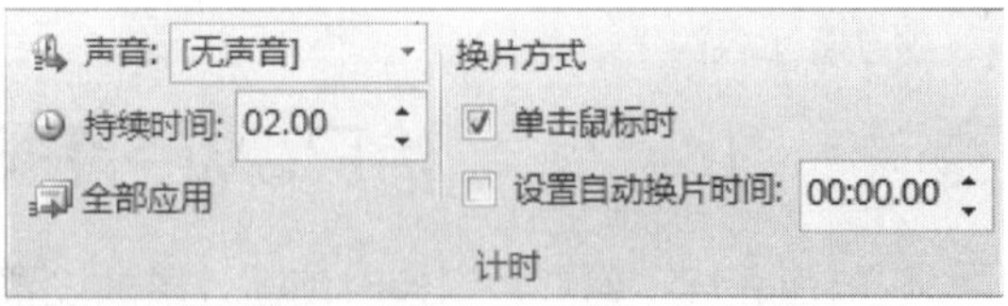

图14-5

14.1.4 修改幻灯片的切换方式

默认情况下，在播放演示文稿时，都是由演讲者通过单击鼠标手工从上一张幻灯片切换到下一张幻灯片。如果希望以固定的时间间隔自动切换幻灯片，实现演示文稿的自动放映，可以对切换方式进行设置。选择要设置的幻灯片，然后在功能区中的【转换】⇨【计时】组中改变幻灯片的切换方式，具体分为以下两种情况。

- 【单击鼠标时】：选中该复选框表示需要通过单击来手工切换幻灯片。
- 【设置自动换片时间】：选中该复选框，然后在右侧的文本框中输入一个以秒为单位的时间，即可以该时间为间隔自动切换幻灯片。

14.1.5 删除幻灯片切换效果

如果希望去掉幻灯片中已设置的切换动画和音效，需先选择要删除切换动画和音效的幻灯片，然后打开功能区中的【转换】⇨【切换到此幻灯片】下拉列表，选择其中的【无】选项；再单击功能区中的【转换】⇨【计时】⇨【声音】下拉按钮，在打开的列表中选择【无声音】选项，去除切换时的声音效果。

14.1.6 快速统一添加切换效果

如果希望让所有幻灯片在切换时都使用同一个切换动画，可以先为演示文稿中的一张幻灯片设置好切换动画，然后单击功能区中的【转换】⇨【计时】⇨【全部应用】按钮。同理，如果希望删除演示文稿中所有幻灯片的切换效果，可以在删除一张幻灯片的切换效果后，单击功能区中的【转换】⇨【计时】⇨【全部应用】按钮。

14.2 给PowerPoint对象设置动画效果

前面介绍了幻灯片切换时动画效果的设置，在PowerPoint 2010中也可以为幻灯片中包含的不同类型的内容设置动画效果。可以设置的动画内容包括文字、图片、图形、SmartArt图形、图表等，这样就可以制作出丰富多彩的演示文稿，同时充分挖掘用户的想象，以获得一些意想不到的动画效果。

14.2.1 为对象设置单个动画

可以为同一个对象设置单个动画，也可以为同一对象设置多个动画，主要根据实际需求而定。要为对象设置动画效果，需要先选择该对象，然后在功能区中的【动画】⇨【动画】下拉列表中选择一种动画效果，如图14-6所示。

在动画列表中包含四类预置动画，分别是进入、强调、退出、路径。根据当前所选对象的不同，预置动画有可能并非全部可用。换句话说，不是所有的动画都可用于任何一个对象，不同的对象可用的动画不尽相同。

> 提示：对于文字动画的设置，可以单击包含文字的占位符或文本框的内部区域，然后设置动画效果；也可以单击包含文字的占位符或文本框的边框，然后设置动画效果。这两种方法设置的效果是相同的。

除了在动画列表中提供的预置动画外，用户也可以使用自定义动画。在动画列表的下方包含了几个命令，使用这些命令可以进一步使用更多的动画效果。

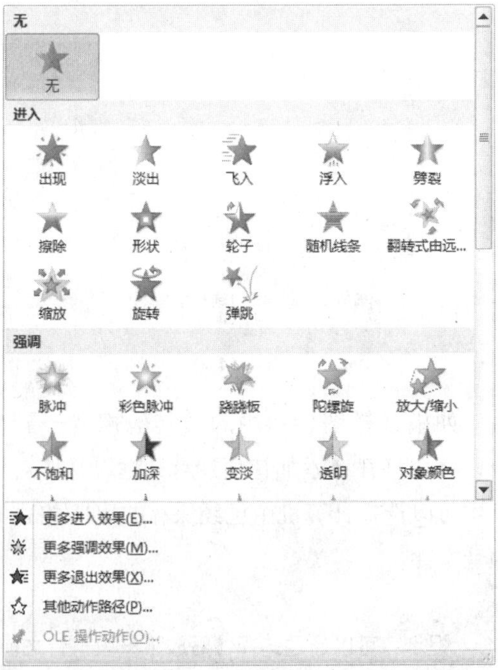

图14-6

当选择【更多进入效果】命令时，会打开

图14-7所示的对话框，从中可以选择多种类型的动画效果。在选择的同时可以在幻灯片窗口中预览到设置效果，这是因为默认选中了对话框中的【预览效果】复选框。

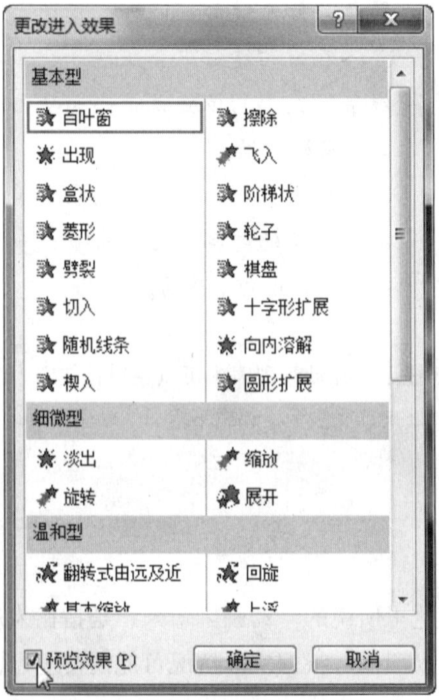

图14-7

提示：PowerPoint 2010新增了一个动画刷的功能，类似于Word中的格式刷，其功能是可以快速将一个对象上的动画效果复制到其他对象上。动画刷的操作很简单，单击包含要复制的动画效果的对象，然后单击功能区中的【动画】⇨【高级动画】⇨【动画刷】按钮，再单击另一个对象，即可为后者设置之前复制的动画效果。

当为幻灯片中的某一个对象设置了一个自定义动画后，会在幻灯片中该对象左侧显示一个数字，该数字表示该动画在幻灯片中的动画序号，图14-8所示表示当前动画为幻灯片中的第一个动画，因为它的动画编号为1。当继续为其他对象设置动画后，后设置的动画编号将继续递增，这样就可以很容易分辨出幻灯片中每个动画的播放次序。

图14-8

14.2.2 为对象设置多个动画

如果希望某个对象可以表现出多种动画效果，可以为该对象设置多个动画。其设置方法与设置一个动画类似，只要在一个对象上设置好一个动画后，继续为该对象添加其他动画效果即可。需要注意的是，在使用功能区中的【动画】⇨【动画】下拉列表中的选项为同一个对象添加动画时，即使反复选择了多次动画效果，最终为对象设置的动画均为最后一次选择的动画，而不是将每次选择的动画叠加到该对象上。换句话说，使用该列表中的选项只能为同一个对象设置一个动画。

如果需要在同一个对象上设置多个动画，则需要单击功能区中的【动画】⇨【高级动画】⇨【添加动画】按钮，然后在打开的列表中为同一个对象添加多个动画。该列表其实与【动画】⇨【动画】下拉列表中的内容是相同的，唯一区别就是使用该列表中的选项可以为同一个对象设置多个动画效果。当为同一对象设置多个动画效果后，可以看到该对象左侧会有多个顺序编号的动画标记，如图14-9所示。

图14-9

14.2.3 调整多个动画间的播放顺序

当为同一个对象设置多个动画，或在一张幻灯片中为多个不同的对象设置动画后，可能需要指定这些动画的出现顺序，从而得到预期的效果，这时可以在PowerPoint提供的动画窗格中调整动画之间的播放顺序。单击功能区中的【动画】⇨【高级动画】⇨【动画窗格】按钮，打开动画窗格，如图14-10所示。在列表中显示了当前幻灯片中所有对象的动画效果（包括幻灯片切换动画效果），单击【播放】按钮将依次播放动画列表中的每一个动画。

图14-10

提示：如果打开动画窗格后，它浮动于PowerPoint窗口中，可以通过双击动画窗格顶部标题栏的位置，将其固定在PowerPoint窗口的左侧或右侧。

在动画列表中，每一个动画都有一个编号，这个编号对应于幻灯片中对象左侧的动画编号，指明动画在幻灯片所有动画中的播放顺序。可以通过单击对象左侧的动画编号来选择动画列表中相应的动画，以便查看所需的动画详情，这种方法非常适合于幻灯片中拥有数量众多的动画而难以区分的情况。另外，也可以直接单击动画列表中的动画来选择指定的动画。根据实际需要随时调整动画的顺序，可以使用以下两种方法完成。

- 打开动画窗格，在动画列表中要调整顺序的动画上单击并按住鼠标左键，然后将其拖动到列表中的适当位置，释放鼠标左键后，即可改变动画的位置。在拖动过程中会出现一个黑色的线条，线条的位置就是要将动画移动到的目标位置。
- 打开动画窗格，在动画列表中单击要调整顺序的动画，再单击⬆或⬇按钮将其向上或向下移动。

提示：在动画列表中可以通过按住Ctrl键或Shift键来选择多个相邻或不相邻的动画效果。

14.2.4 设置动画细节

这里所说的“动画细节”，是指在为对象设置动画后，根据实际情况可能需要进行调整的一些动画设置选项，主要包括动画的开始方式、运行方式、播放速度、声音效果以及是否重复播放等。对动画所进行的这些细节上的设置，可以使用下面两种方法来完成。

- 在功能区中进行设置：当在动画列表中选择了一个动画后，可以激活功能区中的【动画】⇨【计时】组中的动画设置选项，并设置动画的开始方式、持续时间、延迟时间以及动画的顺序等，如图14-11所示。

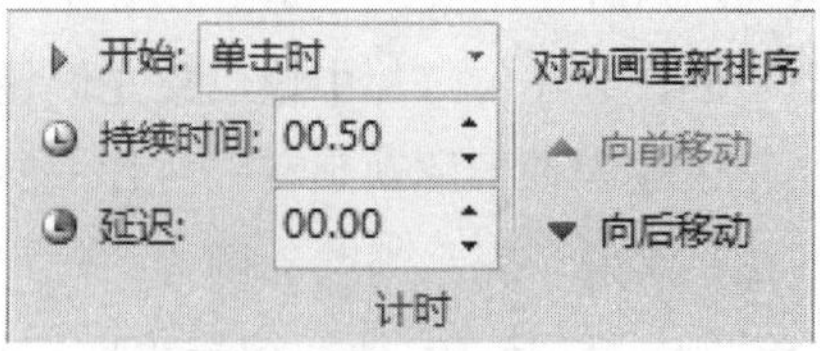

图14-11

- 使用专门的动画设置对话框：右击动画列表中要设置的动画，在弹出的快捷菜单中选择【效果选项】或【计时】命令，然后在打开的对话框中对动画进行详细设置。对话框的名称通常以动画类型来命名，图14-12所示为【飞入】对话框，因为正在对“飞入”动画进行设置。

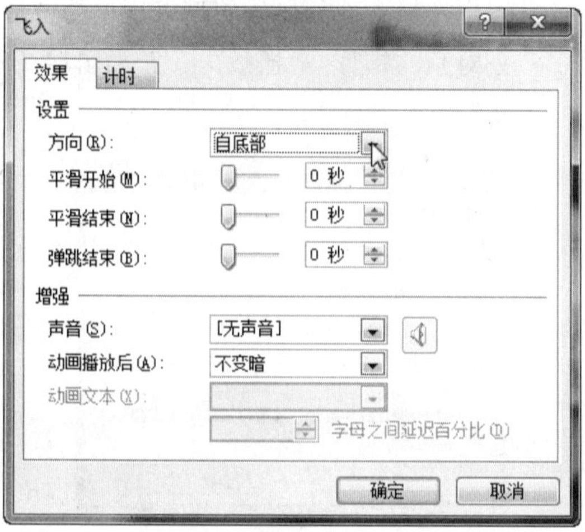

图14-12

下面介绍设置动画选项时几个比较常用的选项及其作用。

- 【开始】：该项用于指定动画开始播放的方式，包括【单击时】、【与上一动画同时】、【上一动画之后】。如果希望手工控制动画的播放，可以将该项设置为【单击时】，否则可以根据情况设置为其他两项。后两项的区别在于，【与上一动画同时】表示当前动画与上一个动画同步播放；而【上一动画之后】则表示当前动画在上一个动画播放后才开始播放。
- 【持续时间】：该项是指动画播放的时间长度，也可以将其理解为动画播放的速度，以秒为单位进行设置。
- 【延迟】：该项是指在播放动画之前停留的时间长短，以秒为单位，即指经过几秒后才开始播放指定动画。
- 【声音】：该项用于指定动画播放时是否伴有音效。如果希望取得最佳的动画效果，通常设置一个适当的音效。该项的设置方法与14.1.2节介绍的幻灯片之间的切换音效相同。该项需要在动画设置对话框中进行设置。
- 【重复】：该项用于确定动画是否重复播放，并指定重复播放的次数。如果希望在结束演示文稿放映之前始终播放某个动画，则需要将该项设置为【直到幻灯片末尾】。该项需要在动画设置对话框中进行设置。
- 【正文文本动画】：在设置占位符或文本框的动画时会出现该项。它用于设置占位符或文本框中文字的动画效果。该项需要在动画设置对话框中进行设置。
- 【SmartArt动画】：在设置SmartArt图形的动画时才会出现该项。它用于设置SmartArt图形的动画效果，主要用于决定SmartArt图形的动画是作为一个整体还是作为各自独立的部分播放动画。该项需要在动画设置对话框中进行设置。

14.2.5 添加动画触发器

动画触发器是用于触发一种动作的对象。直观地说，动画触发器就是通过单击一个指定的对象来播放指定的动画、声音或电影。

可以作为动画触发器的对象包括文本框、占位符、图片、图形、SmartArt图形等不同类型的内容。下面通过一个示例来介绍动画触发器的功能与用法，这样可能比用大量文字来解释动画触发器的工作原理更直观。在下面这个示例中，希望实现以下功能。

- 当单击幻灯片中的【播放】按钮时，一张图片飞入幻灯片。
- 当再次单击幻灯片中的【播放】按钮时，图片将从幻灯片中飞出。

制作本示例的具体操作如下。

1 新建一个演示文稿，删除默认创建的幻灯片中的占位符。

2 在幻灯片中插入一个剪去对角的矩形，右击该矩形，在弹出的快捷菜单中选择【编辑文字】命令，然后在矩形中输入文字“播放”。

3 单击矩形边框选中该矩形，然后将字体设置为【隶书】，字号设置为适当大小，再为矩形设置一个带有立体效果的形状样式，类似于图14-13所示。

图14-13

4 在幻灯片中插入一张图片，然后单击该图片并为图片添加两个动画，一个是飞入动画效果，另一个是淡出动画效果，如图14-14所示。

图14-14

5 同时选中步骤4添加的两个动画，然后右击其中一个，在弹出的快捷菜单中选择【计时】命令，打开【效果选项】对话框的【计时】选项卡，单击【触发器】按钮并选中【单击下列对象时启动效果】单选按钮，然后在右侧的下拉列表中选择前面绘制的矩形（这里为“剪去对角的矩形4：播放”），如图14-15所示。

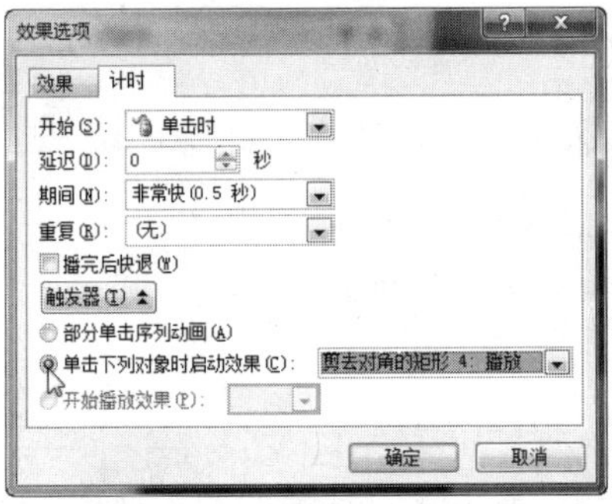

图14-15

6 单击【确定】按钮，关闭【效果选项】对话框，可以看到在【动画窗格】的动画列表中新增了一个触发器，如图14-16所示，触发器下方包含的动画就是要触发的内容。

图14-16

7 设置好触发器后，按F5键播放演示文稿。单击幻灯片中的【开始】按钮，将有一张图片飞入幻灯片；再次单击【开始】按钮，图片将飞出幻灯片。

由此可见，利用触发器可以制作出具有良好交互性的演示文稿。另外，也可以使用动作或超链接来实现演示文稿的交互功能，这些内容将在本章后面进行介绍。

14.2.6 删除动画

对于误操作或不再需要的动画，应该及时将其删除，以免造成不必要的混乱。要删除幻灯片中已经设置的动画播放效果，可执行以下操作。

单击功能区中的【动画】⇨【高级动画】⇨【动画窗格】按钮，打开动画窗格，然后右击【动画窗格】列表中要删除的动画，在弹出的快捷菜单中选择【删除】命令，即可将所选动画删除。

14.3 给对象添加动作与超链接

除了使用前面介绍的动画触发器来实现用户与幻灯片之间的交互外，还可以为对象设置动作或超链接来实现其交互性。本节将详细介绍设置动作与超链接的各种方法。

14.3.1 设置鼠标单击时的动作

可以设置当使用鼠标单击某个对象时要执行的操作。例如，可以设置当单击一个图片时，自动从当前幻灯片切换到下一张幻灯片。

具体操作如下。

1. 在幻灯片中插入一张图片，然后单击该图片，再单击功能区中的【插入】⇨【链接】⇨【动作】按钮。
2. 打开图14-17所示的对话框，在【单击鼠标】选项卡中选中【超链接到】单选按钮，然后在下方的下拉列表中选择【下一张幻灯片】选项，设置完成后单击【确定】按钮。
3. 按F5键播放演示文稿，当单击图片时，将会自动跳转到下一张幻灯片。

在设置鼠标单击动作时，除了可以选中【超链接到】单选按钮外，还可以为单击动作设置单击时的音效以及对象被单击时的外观变化。要设置这些内容，只需选中【播放声音】和【单击时突出显示】复选框，然后在【播放声音】下方的下拉列表中选择一种声音效果即可。

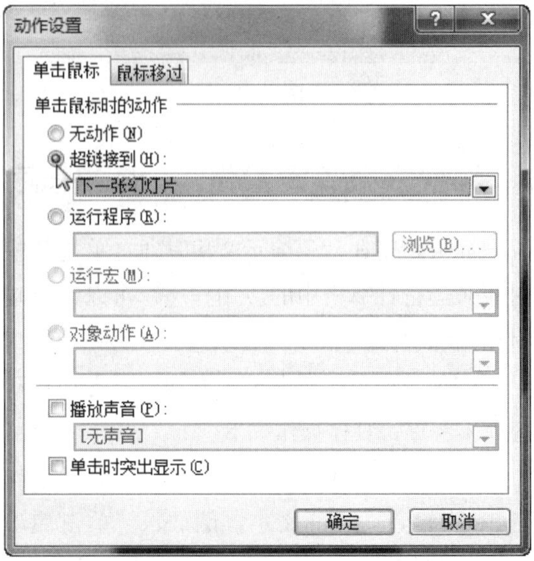

图14-17

14.3.2 设置鼠标移过时的动作

本节介绍的鼠标移过动作的设置方法，与上一节所介绍的鼠标单击动作的设置方法基本相同。

两者唯一的区别是在演示文稿播放时执行动作的方式不同：一个是单击对象才执行动作，而另一个则是只要将鼠标从对象上经过就执行相应的动作。设置时，只需在【动作设置】对话框中切换到【鼠标移过】选项卡，然后根据需要选中【超链接到】单选按钮，并设置是否添加音效和突出显示即可，如图14-18所示。

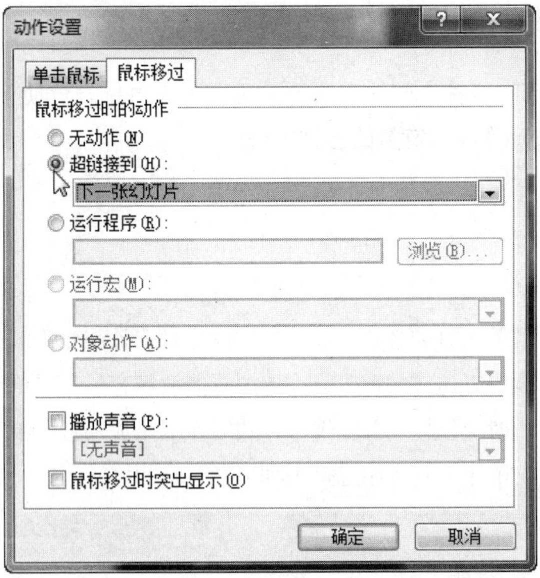

图14-18

14.3.3 将动作设置为运行应用程序

如果希望在放映演示文稿时通过单击某些对象来运行计算机中的应用程序，可以为这些对象添加动作。

例如，如果希望在单击文本框时自动启动记事本程序，具体操作如下。

1 在幻灯片中插入一个文本框，然后在其中输入适当的文字，例如，“单击启动记事本”。

2 单击文本框边框，然后单击功能区中的【插入】⇨【链接】⇨【动作】按钮，打开【动作设置】对话框。

3 选中【运行程序】单选按钮，然后单击右侧的【浏览】按钮，打开【选择一个要运行的程序】对话框，从中选择系统分区中Windows文件夹中的notepad.exe文件，如图14-19所示。

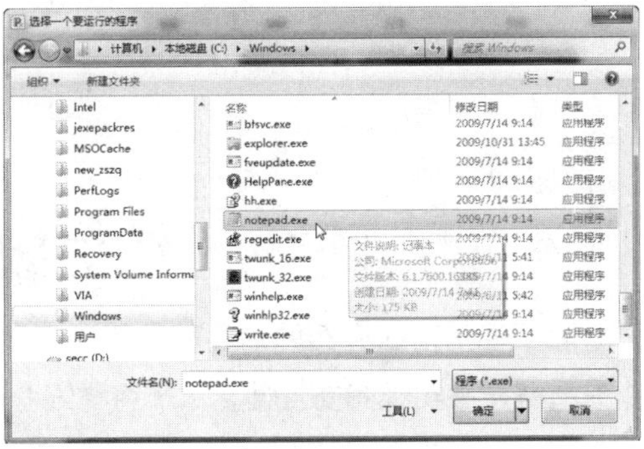

图14-19

提示：记事本程序的文件名称为notepad.exe。

4 单击【确定】按钮，返回【动作设置】对话框，可以看到在【运行程序】下方的文本框中被自动填入了应用程序的路径和名称，如图14-20所示，设置完成后单击【确定】按钮。

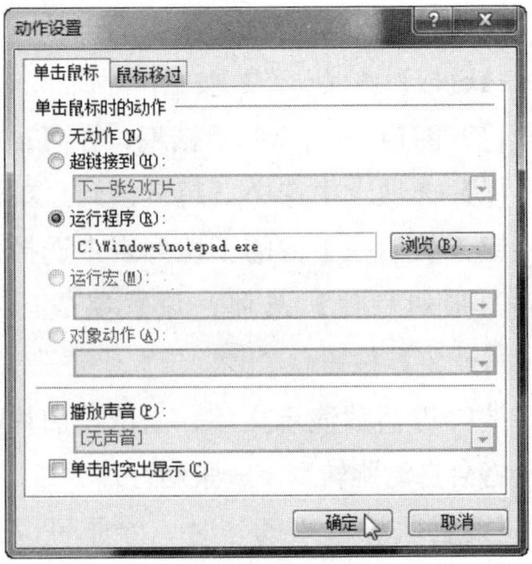

图14-20

5 按F5键播放演示文稿，当单击文本框时，会自动启动记事本程序。

> 提示：通常情况下，在执行上述操作时，会弹出图14-21所示的提示框，提醒用户PowerPoint已禁止运行外部程序。如果确实需要运行外部程序，则可以单击【启用】按钮。

图14-21

14.3.4 通过动作运行宏程序

如果演示文稿中包含VBA代码，而又希望在放映演示文稿的过程中可以方便地通过幻灯片中的某些对象来运行这些VBA代码，也可以通过为对象设置动作来实现。

例如，在下面这个示例中，单击【问候】按钮，会显示一个对话框，其中包含了欢迎信息。具体操作如下。

1 新建一个演示文稿，将默认创建的幻灯片中的占位符全部删除。

2 按Alt+F11组合键，打开VBE窗口，即Visual Basic编辑器。

3 选择【插入】⇨【模块】命令添加一个模块。在VBE窗口左侧的资源管理器列表中可以看到新添加的模块，如图14-22所示。

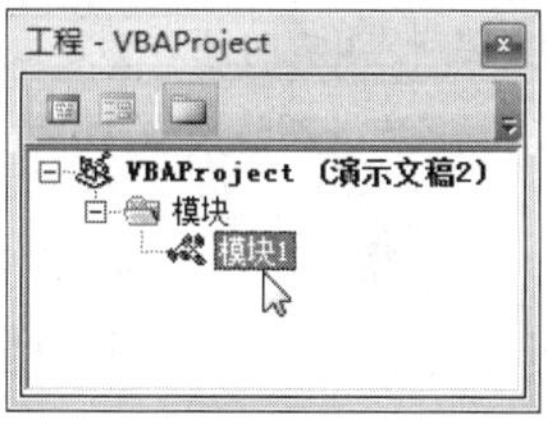

图14-22

4 双击【模块1】，打开该模块的代码窗口，输入下面的代码。

```
Sub 问候()
    Dim msg As String
    msg = "您好，您正在使用"
    Select Case Application.Version
        Case "11.0"
            msg = msg & "PowerPoint 2003"
        Case "12.0"
            msg = msg & "PowerPoint 2007"
        Case "14.0"
            msg = msg & "PowerPoint 2010"
    End Select
    MsgBox msg
End Sub
```

5 从功能区中的【插入】⇨【插图】⇨【形状】中选择【动作按钮：自定义】选项，然后在幻灯片中绘制一个自定义按钮。

6 绘制好按钮后会自动弹出【动作设置】对话框。选中【运行宏】单选按钮，然后在其下方的列表中选择前面创建的VBA过程名称，本例为“问候”，如图14-23所示。

图14-23

7 单击【确定】按钮，然后按F5键播放演示文稿。当单击幻灯片中的按钮时，将会弹出类似图14-24所示的对话框，以提醒用户当前正在使用的PowerPoint应用程序的版本。

图14-24

提示：如果希望保存带有VBA代码的演示文稿，并使其在以后打开时仍能正常运行其中包含的代码，那么在保存时需要选择【启用宏的PowerPoint演示文稿】或【PowerPoint 97-2003演示文稿】格式。

14.3.5 链接幻灯片

除了可以使用动作的功能来实现幻灯片的切换和跳转外，还可以通过为对象设置超链接的方式来完成幻灯片的跳转功能。

可以通过单击某张幻灯片中的对象跳到当前演示文稿的其他幻灯片中，也可以跳到其他演示文稿的幻灯片中。关键在于要链接到的幻灯片是否在当前的演示文稿中。

可以为文字、图形、图片、图表等对象设置超链接。下面的示例将为第一张幻灯片中的文字“转到第三张”设置超链接，从而实现在单击该幻灯片中的目录文字时，可以跳转到当前演示文稿的第三张幻灯片。具体操作如下。

1 选择占位符中的文字，然后右击选区，在弹出的快捷菜单中选择【超链接】命令。

2 打开【插入超链接】对话框，由于要链接到当前演示文稿中的其他幻灯片，因此需要在【链接到】列表中选择【本文档中的位置】选项，然后在【请选择文档中的位置】列表框中选择【3.表格示例】，如图14-25所示。

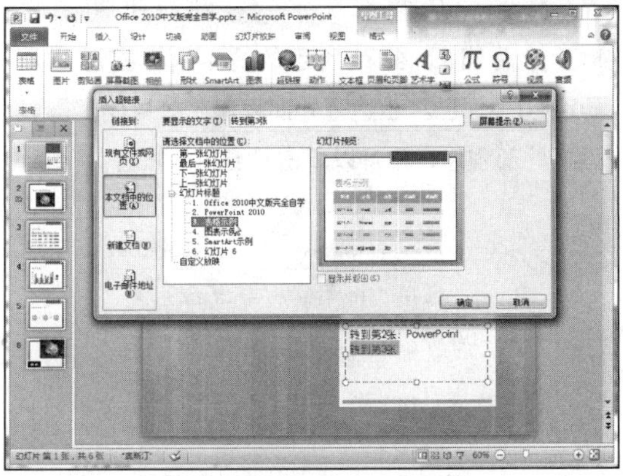

图14-25

提示：图14-25中选择的名为“3.表格示例”的幻灯片，数字后面的“表格示例”是由幻灯片内标题占位符中的文字决定的。如果在幻灯片的标题占位符中未输入文字，那么将会显示为“3.幻灯片3”的形式。

3 单击【确定】按钮，选中文字的下方会自动添加一条下画线，同时文字颜色也会变化，如图14-26所示。

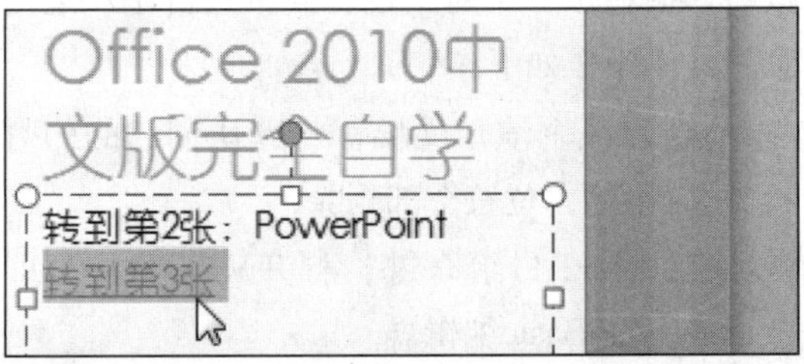

图14-26

提示：设置超链接后的文字及其下画线颜色是由当前演示文稿所应用的主题决定的。因为在不同的主题中都有其各自的超链接颜色设置选项。

4 按F5键进入演示文稿放映状态，将鼠标指向第1张幻灯片中的超链接文字“转到第3张”，此时鼠标会变为一个手的形状，如

图14-27所示。单击该超链接即可越过第2张幻灯片，而直接切换到第3张幻灯片。

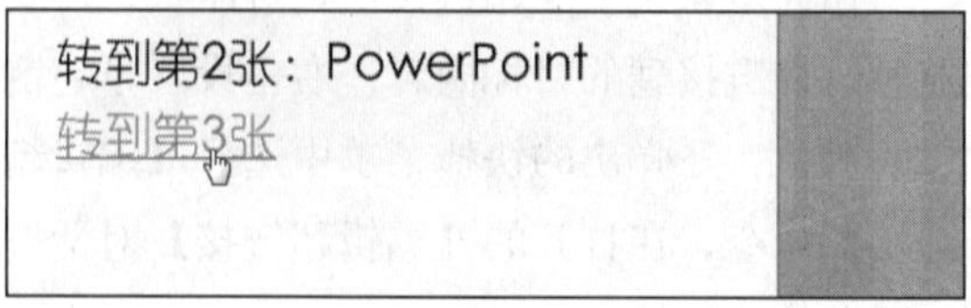

图14-27

如果要链接到的目标幻灯片位于其他文件中，就需要在【插入超链接】对话框中进行如下设置。

1 首先选择【链接到】列表中的【现有文件或网页】选项，然后在中间的列表框中选择包含目标幻灯片的演示文稿，如图14-28所示。

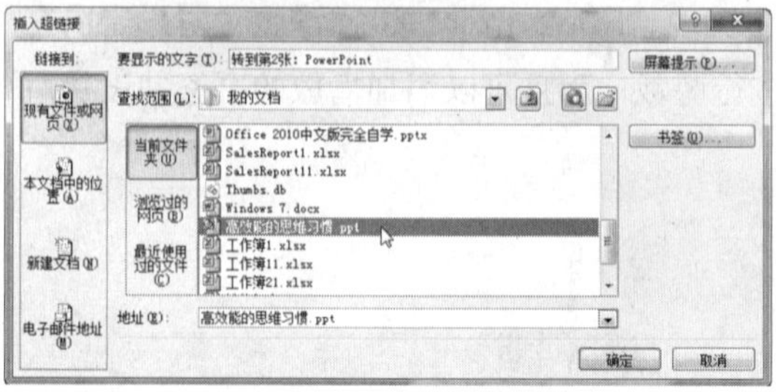

图14-28

2 单击对话框右侧的【书签】按钮，打开图14-29所示的【在文档中选择位置】对话框，单击选择要链接到的目标幻灯片即可。

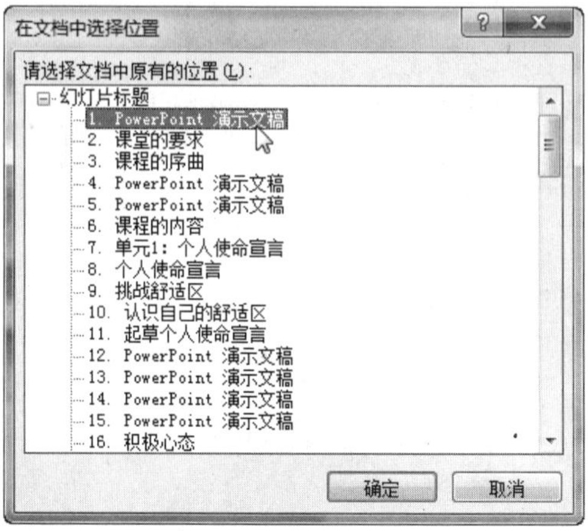

图14-29

> **提示：** 如果设置的是链接到外部演示文稿的超链接，那么在选择目标幻灯片后，会在【插入超链接】对话框的【地址】下拉列表框中看到类似“个人资料.pptx#3. 第三张”的内容，“#”号左侧的文字表示目标幻灯片所在的演示文稿的名称，而“#”号右侧的文字则表示要链接到的幻灯片。

14.3.6 链接到网页或电子邮箱

除了将超链接设置到幻灯片以外，还可以将对象超链接到网页或电子邮件中。当单击包含超链接的对象时，可以自动在浏览器中打开指定的网页，或是自动启动邮件收发程序给特定的电子邮箱发送邮件。选择好对象后打开该对象的【插入超链接】对话框，在【链接到】列表中选择【现有文件或网页】选项，然后在中间区域下方的【地址】下拉列表框中输入网页的网址（如“http://www.sina.com.cn”），如图14-30所示，最后单击【确定】按钮完成设置。

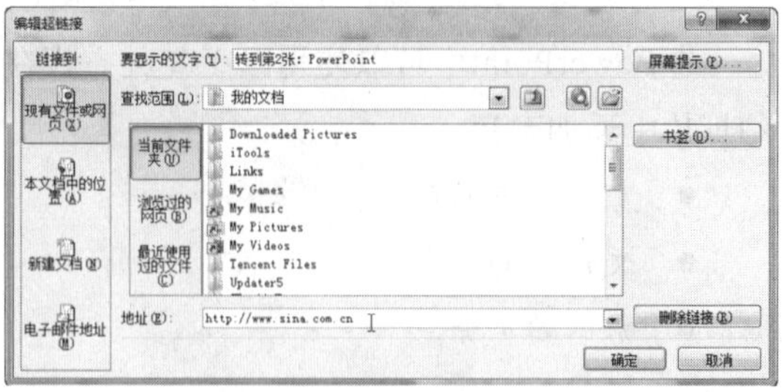

图14-30

如果要将对象超链接到电子邮箱，可以在【链接到】列表中选择【电子邮件地址】选项，然后在【电子邮件地址】文本框中输入电子邮件地址，系统会自动在输入的内容开头添加“mailto:”关键字（注意使用英文输入方式，不包括双引号），如图14-31所示，这样才能确保单击链接对象时可以正确启动电子邮件收发程序（默认为Outlook或Outlook Express），最后单击【确定】按钮完成设置。

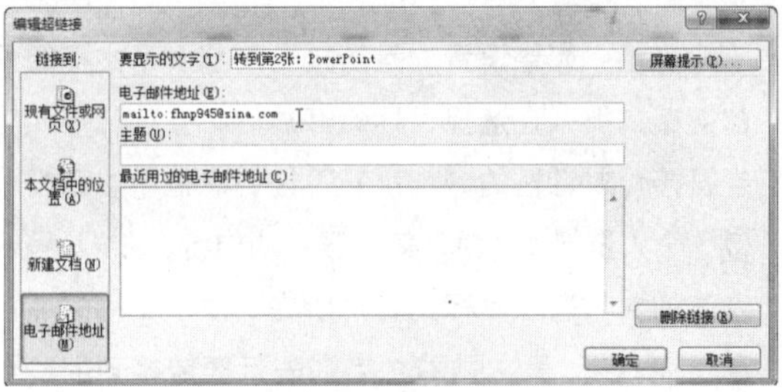

图14-31

14.3.7 编辑与删除超链接

在为对象设置了超链接后，可以根据需要随时改变链接到的目标内容，右击设置了超链接的对象，在弹出的快捷菜单中选择【编辑超链接】命令，在打开的【编辑超链接】对话框中可以修改链接到的目标位置。如果想要去除对象上的超链接功能，只需右击对象并在弹出的快捷菜单中选择【取消超链接】命令即可。

14.4 在演示文稿中添加多媒体内容

如果在播放演示文稿时能够配合一段美妙恰当的背景音乐，则可以为演讲营造有利的氛围。此外，也可以在演讲时给观众播放某些早已录制好的视频内容，或者新鲜活泼的Flash动画，所有这些需求都可以很容易地在PowerPoint中实现。PowerPoint 2010增强了对影音内容的编辑功能，可以对幻灯片中插入的声音和视频进行剪裁，而且可以添加播放的书签并设置声音的淡入与淡出效果。

14.4.1 插入或录制声音

在PowerPoint中可以使用以下几种方式在幻灯片中添加声音。

- 剪辑库中的声音。
- 文件中的声音。
- 录制的声音。

1. 插入剪辑库中的声音

Microsoft Office的剪辑库中内置了一些声音效果，可以直接将它们添加到幻灯片中。剪辑库中除了声音外，还有图片（剪贴画）和一些简短的视频。单击功能区中的【插入】⇨【媒体】⇨【音频】按钮，在弹出的菜单中选择【剪辑画音频】命令，打开【剪贴画】窗格，窗格中自动列出了剪辑库中的音频，如图14-32所示。单击要添加到幻灯片中的声音图标，即可将其插入到幻灯片中。

图14-32

2．插入文件中的声音

如果希望获得丰富多彩的声音，尤其是希望在演示文稿中播放背景音乐，可以将平时计算机中收集的音乐添加到演示文稿中。PowerPoint 2010支持很多音乐格式，包括MP3、WAV、WMA等。可以通过以下两种方法来添加声音文件。

- 单击功能区中的【插入】⇨【媒体】⇨【音频】按钮，在弹出的菜单中选择【文件中的音频】命令，然后在打开的对话框中选择声音文件并单击【确定】按钮，即可将声音插入到当前幻灯片中。
- 单击占位符中的【插入媒体剪辑】按钮（如果占位符中包含按钮的话），在打开的对话框中将【文件类型】设置为【所有文件】，然后选择所需的声音文件，最后单击【插入】按钮。

提示：与早期PowerPoint版本有所不同，在PowerPoint 2010中，默认情况下插入的声音都将嵌入到当前的演示文稿中。如果希望减小演示文稿本身的体积，可以将声音文件链接到演示文稿中，只需在插入声音的对话框中单击【插入】按钮右侧的下拉按钮并在弹出的菜单中选择【链接到文件】命令。

3．插入录制的声音

如果需要，还可以将自己录制的外部声音插入到幻灯片中。其操作方法是：单击功能区中的【插入】⇨【媒体】⇨【音频】按钮，在弹出的菜单中选择【录制音频】命令，打开图14-33所示的【录音】对话框，输入一个易于识别的名称（例如“开场白”），然后单击【录制】按钮开始录音；单击【停止】按钮完成录音；单击【播放】按钮可以收听录制的声音；单击【确定】按钮，即可在当前幻灯片中插入录制的声音。

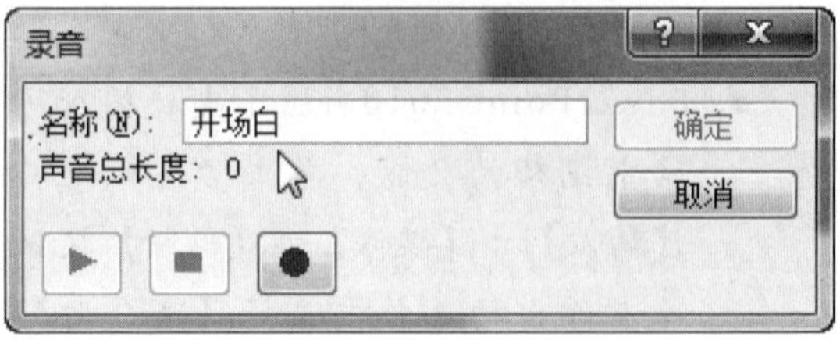

图14-33

提示：如果需要删除幻灯片中插入的声音，只需选择其中的声音图标，然后按Delete键即可。

14.4.2 添加视频

在PowerPoint中可以在幻灯片中添加以下位置中的视频。

- 剪辑库中的视频。
- 文件中的视频。
- 来自网站中的视频。

插入剪辑库中视频的方法与插入剪辑库中音频的方法基本相同，只需单击功能区中的【插入】⇨【媒体】⇨【视频】按钮，在弹出的菜单中选择【剪辑画视频】命令，打开【剪贴画】窗格并列出剪辑库中的视频，单击某个视频即可将该视频插入到当前幻灯片中。

更为灵活的方法是向幻灯片中添加视频文件，这种方式与添加音频文件类似，可以使用以下两种方法完成。

- 单击功能区中的【插入】⇨【媒体】⇨【视频】按钮，在弹出的菜单中选择【文件中的视频】命令，然后在打开的对话框中选择视频文件并单击【确定】按钮，即可将视频插入到当前幻灯片中。
- 单击占位符中的【插入媒体剪辑】按钮（如果占位符中包含按钮的话），在打开的【插入视频文件】对话框中选择所需的视频文件，然后单击【确定】按钮。

- PowerPoint 2010新增了支持插入网站中视频的功能，单击功能区中的【插入】⇨【媒体】⇨【视频】按钮并在弹出的菜单中选择【来自网站的视频】命令，打开图14-34所示的对话框，将网站中的视频嵌入代码复制到该对话框中即可。

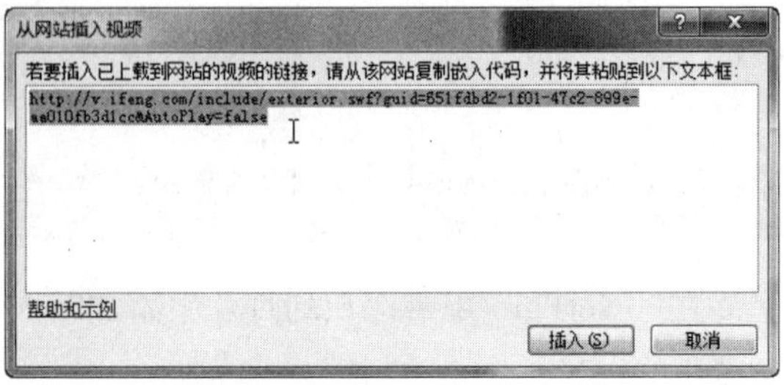

图14-34

14.4.3 插入Flash动画

除了在幻灯片中插入声音和视频外，还可以在幻灯片中插入动画，例如，可以插入Gif和Flash动画。

Gif动画的插入，就像插入普通图片一样，但要插入Flash动画可能困难一些。这里主要介绍插入Flash动画的方法，具体操作如下。

1 首先需要将【开发工具】选项卡添加到功能区中。右击功能区，从弹出的快捷菜单中选择【自定义功能区】命令，在打开的对话框的右侧列表框中选中【开发工具】复选框。

2 单击【确定】按钮，将【开发工具】选项卡添加到功能区中。

3 单击功能区中的【开发工具】⇨【控件】⇨【其他控件】按钮，打开【其他控件】对话框，选择【Shockwave Flash Object】选项，如图14-35所示。

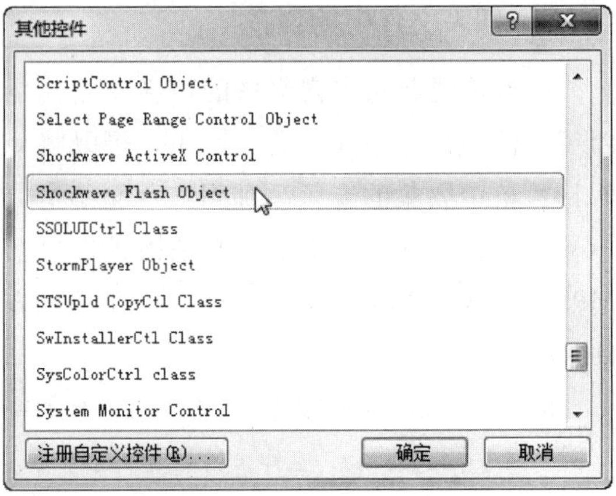

图14-35

4 单击【确定】按钮，鼠标变为+形状，拖动鼠标在当前幻灯片中绘制出一个矩形的Flash控件，如图14-36所示。

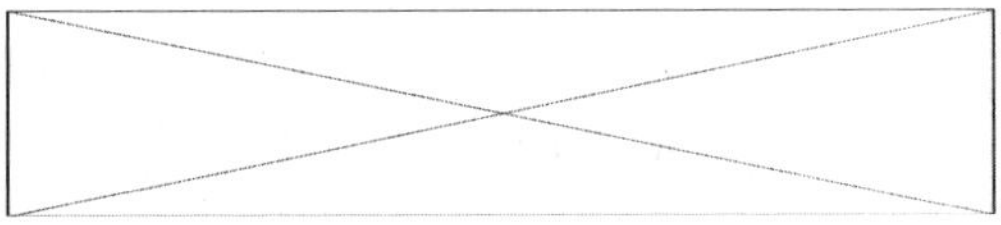

图14-36

5 右击控件并在弹出的快捷菜单中选择【属性】命令，打开【属性】对话框，单击【Movie】属性，然后在右侧输入要播放的Flash动画文件的路径，如图14-37所示。

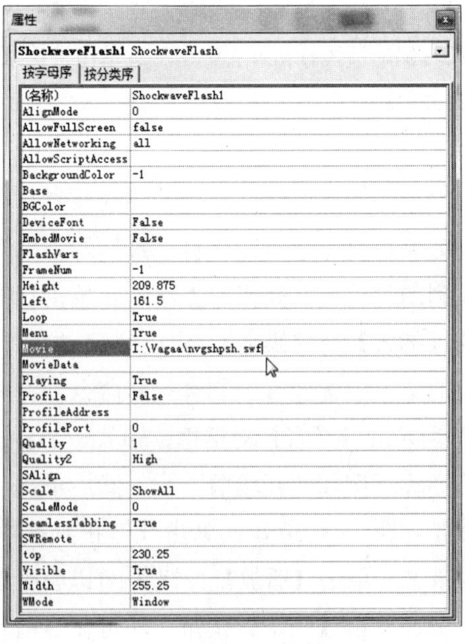

图14-37

6 单击【属性】对话框右上角的关闭按钮将其关闭，此时Flash动画将自动开始播放。

14.4.4 裁剪声音或视频

在PowerPoint 2010中，可以对插入到幻灯片中的音频或视频进行剪裁以获得所需的部分，这样可以减小演示文稿的体积，而且可以将音频或视频的多余部分从演示文稿中删除。

例如，右击幻灯片中的音频图标，在弹出的快捷菜单中选择【剪裁音频】命令，打开图14-38所示的对话框。

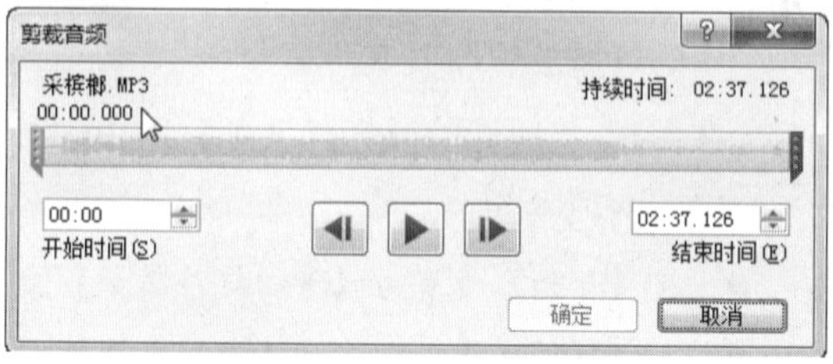

图14-38

对话框中间的进度条为当前所需声音的播放长度，进度条两端各有一个滑块，左侧滑块用于控制剪裁后的声音起点，右侧滑块用于控制剪裁后的声音终点。根据需要将两个滑块拖动到适当位置，如图14-39所示。

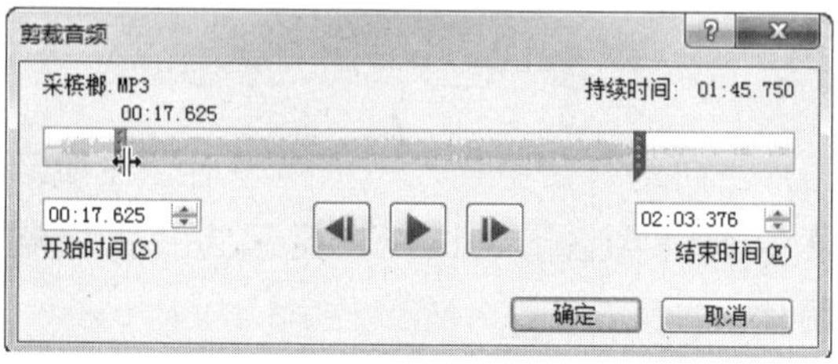

图14-39

提示：如果需要精确控制声音的起点和终点，可以在【开始时间】和【结束时间】文本框中输入表示声音起点和终点的时间。

完成设置后单击【确定】按钮，即可根据当前设置的起点和终点对声音进行剪裁。对幻灯片中视频的剪裁方法也是类似的，可以自己动手试验。

14.4.5 添加声音或视频播放书签

PowerPoint 2010支持为幻灯片中插入的音频或视频设置书签，从而可以快速定位到音频或视频中某个特定位置。

需要注意的是，可以向视频中添加多个书签，但只能在音频中添加一个书签。要为视频添加书签，具体操作如下。

1 在幻灯片中插入所需的视频，然后单击播放按钮▷开始播放视频。

2 当播放到关键点时，单击功能区中的【播放】⇨【书签】⇨【添加书签】按钮，将当前视频位置设置为一个书签，图14-40所示的播放进度中的圆圈位置就是添加书签的位置。

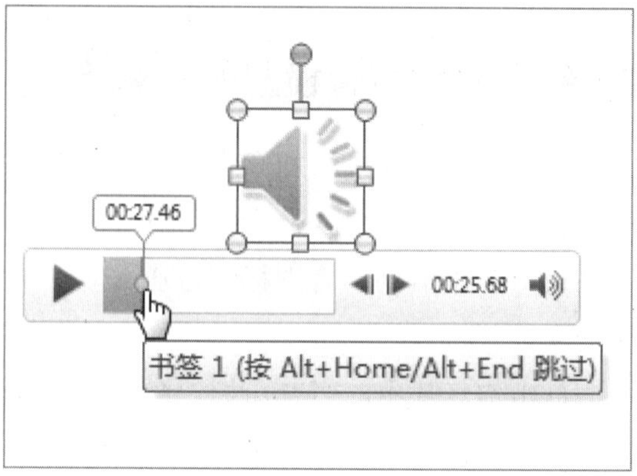

图14-40

3 利用同样的方法，可以为一个视频设置多个书签。设置完成后，以后就可以通过书签来定位视频中的播放位置。先单击幻灯片中的视频，然后单击播放进度中的圆圈，如图14-41所示，即可快速定位到指定位置，然后再单击播放按钮▷，即可从书签位置开始播放视频。

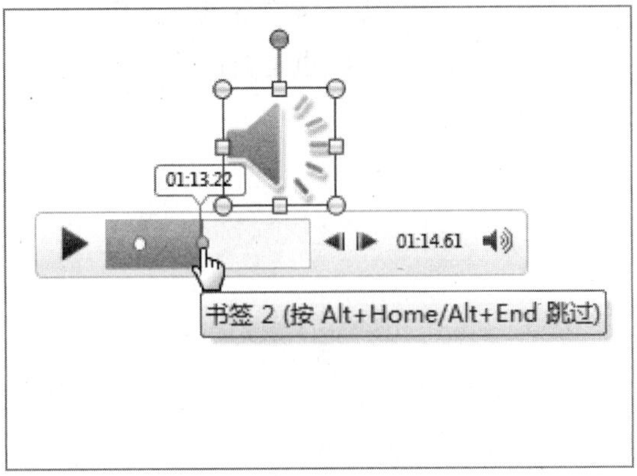

图14-41

提示：可以按Alt+Home组合键向视频的开头方向跳过书签；按Alt+End组合键向视频的结尾方向跳过书签。

单击视频进度条中的书签，然后按Delete键即可将当前选中的书签删除；也可以单击功能区中的【播放】⇨【书签】⇨【删除书签】按钮来删除当前选择的书签。

14.4.6 隐藏声音播放时的图标

如果在幻灯片中添加了声音，那么在默认情况下，当播放包含声音的幻灯片时，将会在幻灯片中看到声音图标，这通常显得很不美观。

单击幻灯片中的声音图标，激活功能区中的【播放】选项卡，选中【音频选项】组中的【放映时隐藏】复选框即可，如图14-42所示。

图14-42

14.4.7 设置演示文稿的背景音乐

在放映演示文稿时，可以让背景音乐始终循环播放，无论切换到哪一张幻灯片，背景音乐都持续播放而不会中断，直到结束放映。

默认情况下，当正在播放幻灯片中的声音时，如果此时切换到下一张幻灯片，那么声音将立刻停止。但有时可能需要实现这样的效果：在开始放映演示文稿时，自动开始播放背景音乐，然后在演示文稿播放期间始终播放这一背景音乐，无论切换到哪张幻灯片，背景音乐都不会中断。为了达到这种效果，需要对声音进行设置，具体操作如下。

1 单击幻灯片中的声音图标，激活功能区中的【播放】选项卡。

2 在图14-43所示的【音频选项】组中进行以下两项设置。

- 将【开始】设置为【跨幻灯片播放】。
- 选中【循环播放，直到停止】复选框。

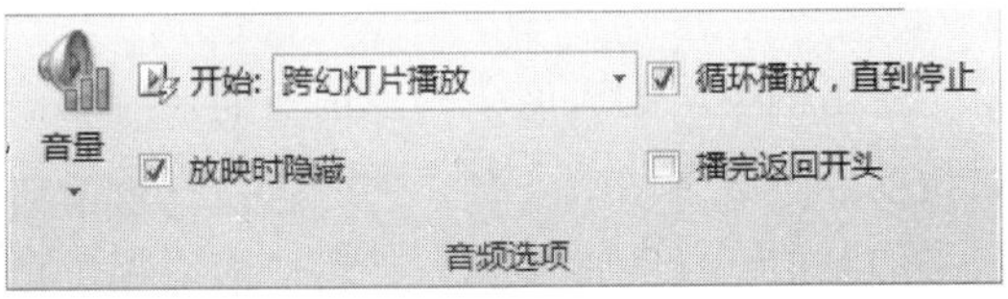

图14-43

14.4.8 设置视频的缩略图

当向幻灯片中插入一个视频后，在演示文稿编辑状态下，该视频显示为一张缩略图片。

在开始播放视频之前，观众可以通过缩略图大致了解视频包含的内容。有时遇到的问题可能是插入视频后的缩略图并不能很好地表现出视频中的内容，此时可以使用PowerPoint 2010提供的“标牌框架”功能来选择要显示的预览画面。具体操作如下。

1 首先在幻灯片中插入所需的视频，可以看到默认的预览画面如图14-44所示。

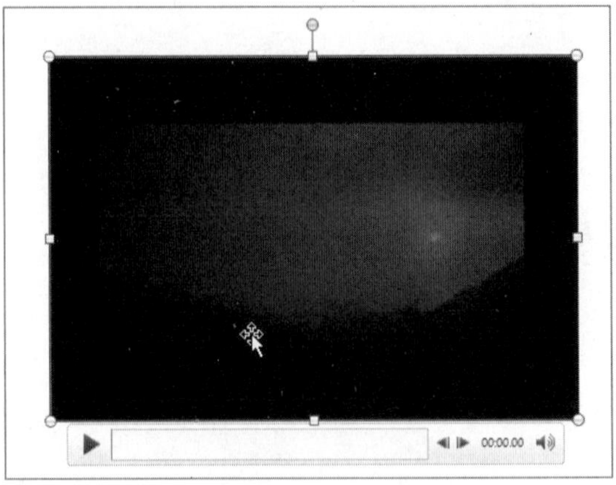

图14-44

2 单击插入的视频，显示出视频播放工具栏，单击其中的播放按钮▷，开始播放视频。

3 在播放到要作为预览画面的位置时，单击功能区中的【格式】⇨【调整】⇨【标牌框架】按钮，在弹出的菜单中选择【当前框架】命令，即可将当前播放画面创建为预览画面，如图14-45所示。

图14-45

4 如果希望使预览画面恢复到最初插入视频时的状态，可以单击功能区中的【格式】⇨【调整】⇨【标牌框架】按钮，在弹出的菜单中选择【重置】命令。

14.4.9 让视频全屏播放

如果希望在播放幻灯片中的视频时占满整个屏幕，可以在演示文稿设计阶段单击幻灯片中的视频，激活功能区中的【播放】选项卡，选中【视频选项】组中的【全屏播放】复选框，如图14-46所示。

图14-46

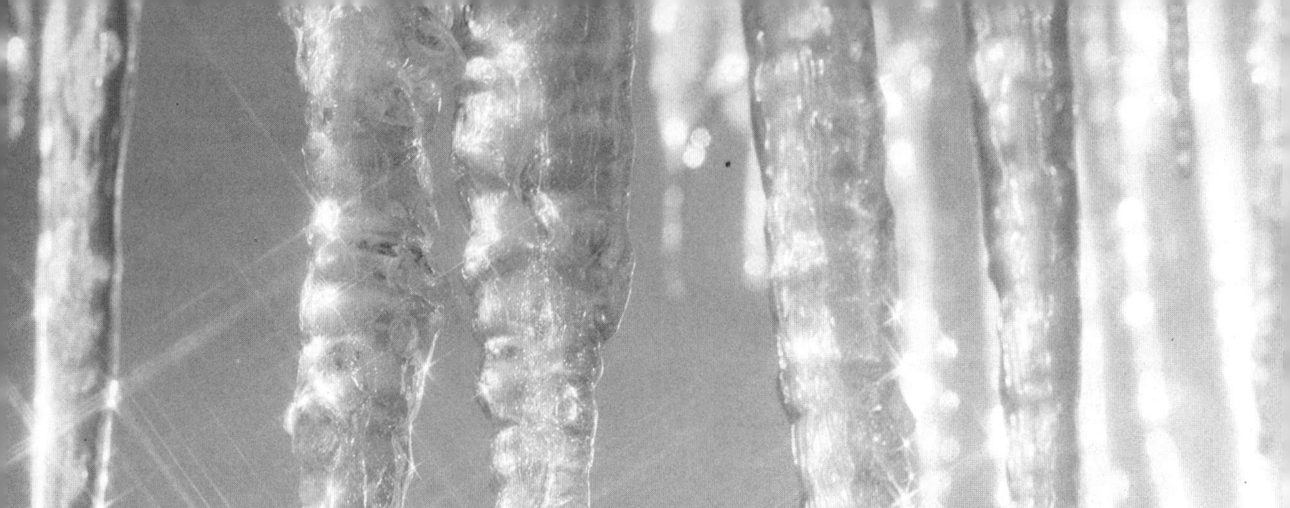

第15章

PowerPoint母版和版式设计

本章内容如下：

了解母版和版式

母版和版式的基础操作

修改母版和版式

创建自定义主题

创建与使用模板

15.1 了解母版和版式

对于PowerPoint演示文稿的制作来说，母版的作用非常大。“母版”这个词听起来感觉很深奥，但其实在开始使用PowerPoint时就已经接触到了。

15.1.1 母版和版式的概念

下面先来介绍一下版式。当启动PowerPoint应用程序后，会自动创建一个演示文稿，其中会包含一张幻灯片。在【幻灯片】窗格中右击该幻灯片，在弹出的快捷菜单中选择【版式】命令，打开图15-1所示的列表，其中的灰色选项为当前幻灯片所使用的版式。例如，图中的灰色选中部分为“标题幻灯片”，即当前幻灯片的版式为“标题幻灯片”。

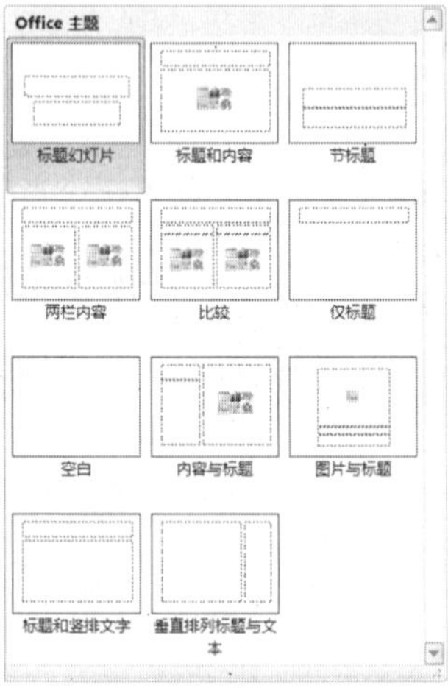

图15-1

在图15-1所示的列表中提供了多种幻灯片版式供选择。如果选择列表中的不同版式，很快可以发现，版式就是组成一张幻灯片中的元素种类和位置的组合。例如，“标题幻灯片”版式由两个标题占位符组成；而“标题和内容”版式则由一个标题占位符和一个内容占位符组成。内容占位符是一种包含可输入类型更广的占位符，通常情况下，内容占位符中提供了六个按钮，可用于插入图片、表格、图表、SmartArt图示以及多媒体等不同类型的内容。

将多个版式组织到一起的一个整体被称为“母版”。一个演示文稿中可以有多个母版，而每个母版中又可以包含多个不同的版式。简单地说，母版就是对不同用途的版式进行分组，这样便于根据不同用途快速找到某个版式。图15-2所示为演示文稿中包含了两个母版的情况，图中用黑框圈出的文字分别为两个母版的名称。可以看到，两个不同母版中包含了各自的版式，但在操作方法上与单独的一个母版没什么区别，用户可以随意选择任意一个母版中的版式。

图15-2

15.1.2 切换到母版视图

要设计母版中的版式布局和结构，就必须进入母版视图。平时在制作演示文稿时，大多数都是在普通视图下。在PowerPoint窗口状态栏右侧的视图切换按钮中，包含了四个用于切换视图的按钮，从左到右依次是【普通视图】、【幻灯片浏览】、【备注页】、【阅读视图】，其中并没有用于切换到母版视图的按钮。如果要切换到母版视图，则需要单击功能区中的【视图】⇨【母版视图】⇨【幻灯片母版】按钮，如图15-3所示。

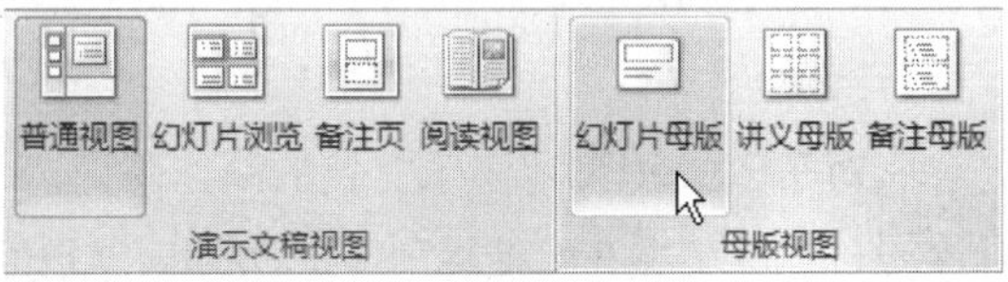

图15-3

提示：还有一种可以快速进入幻灯片母版视图的方法，即：在按住Shift键的同时单击PowerPoint窗口底部状态栏中的【普通视图】按钮。要返回普通视图，只需释放Shift按键，再次单击即可。

15.2 母版和版式的基础操作

在设计母版与版式之前，首先需要了解一些基本操作，例如新建母版和版式、复制和重命名、保留和删除母版与版式等，熟练掌握这些操作可以在设计演示文稿时更加得心应手。

15.2.1 新建母版和版式

默认情况下，PowerPoint 2010内置了一个母版，其中包含了11种版式。如果希望在不改变默认母版和版式的情况下使用其他母版和版式，就需要创建新的母版和版式。

- 新建母版：切换到母版视图，单击功能区中的【幻灯片母版】⇨【编辑母版】⇨【插入幻灯片母版】按钮，将自动在当前母版的最后一个版式的下方插入一套新的母版，新母版中会包含一系列默认版式，如图15-4所示。可以发现，新添加的母版其编号为“2”，当继续添加母版时，编号会自动递增。
- 新建版式：切换到母版视图，单击功能区中的【幻灯片母版】⇨【编辑母版】⇨【插入版式】按钮，将在当前所选版式的下方插入一个新的版式。

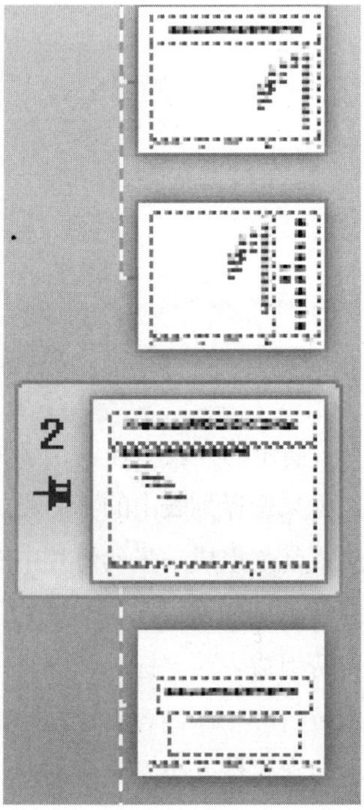

图15-4

15.2.2 复制母版和版式

如果希望创建出与现有母版或版式结构相同或类似的母版或版式，可以复制现有的母版和版式，然后根据实际需求再进行少量修改，这样做通常效率更高，因为无须重新设计母版和版式的所有元素。右击要复制的母版或版式，在弹出的快捷菜单中选择【复制幻灯片母版】或【复制版式】命令，即可复制出完全相同的母版或版式，然后对母版或版式中的元素进行修改即可。

15.2.3 修改母版和版式名称

为了区别每个母版中所包含的不同版式，除了可以在新建或更改版式列表中通过版式缩略图外观来区分外，还可通过版式名称来区分，如图15-5所示，版式名称位于版式缩略图的下方，通过名称可以很容易地将不同版式区分开。

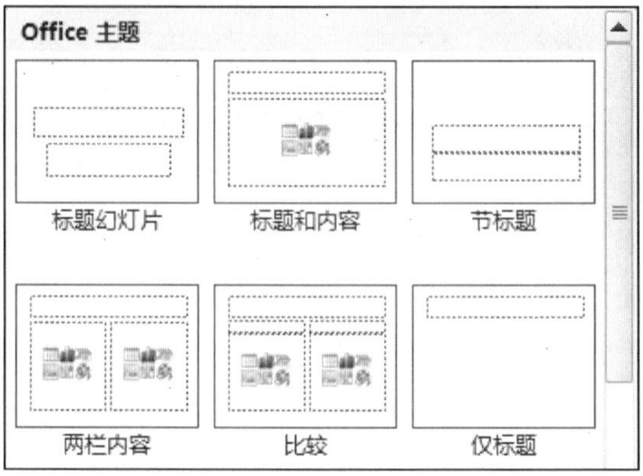

图15-5

对于后期创建的母版和版式，一般也有必要为它们起一个有意义的名称，否则在使用时会引起混乱。在母版视图中右击幻灯片窗格中的母版或版式，在弹出的快捷菜单中选择【重命名母版】或【重命名版式】命令，将会打开图15-6所示的【重命名版式】对话框，在文本框输入所需的名称后单击【重命名】按钮即可。

图15-6

15.2.4 使用多套母版

顾名思义，保留母版就是指将创建的母版保留下来。其目的是希望在演示文稿中可以在多套母版中进行选择，这样可以有更多版式可用。

在幻灯片母版视图中，通过观察每套母版中的第一张幻灯片即可了解该套母版是否处于保留状态。图15-7所示的母版即被PowerPoint保留下来，因为在母版编号的下方有一个标志，此标志表示该母版是被保留的。如果没有该标志，母版就是不被保留的，在PowerPoint 2010中内置的母版是未被保留的。

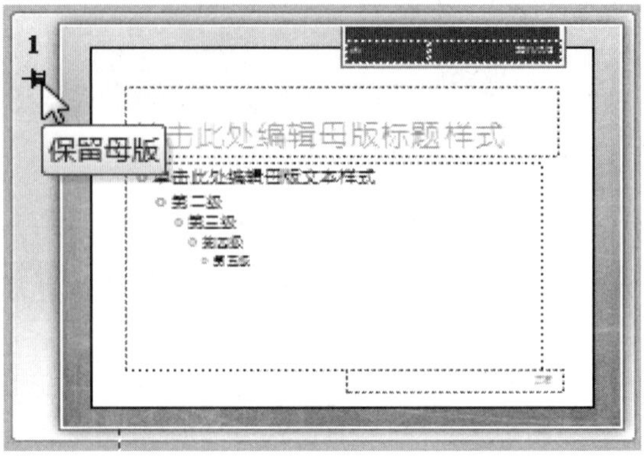

图15-7

下面通过一个示例来说明母版保留与不保留的区别，具体操作如下。

1. 新建一个演示文稿，然后进入幻灯片母版视图。
2. 在幻灯片窗格中只保留前三张幻灯片，将其余幻灯片删除，结果如图15-8

所示。

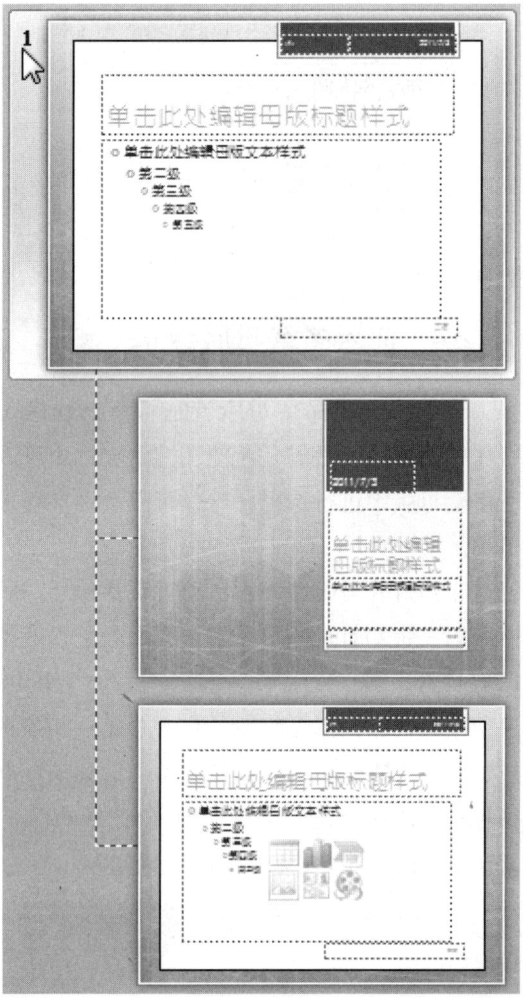

图15-8

3 右击第一张幻灯片，在弹出的快捷菜单中选择【保留母版】命令，将该套母版保留。

4 再新建一套母版，只保留新建的第二套母版中的前两张幻灯片，将第二套母版的其他幻灯片删除，结果如图15-9所示。

5 右击第二套母版中的第一张幻灯片，在弹出的快捷菜单中选择【重命名母版】命令，将该套母版重命名为“我的自定义设计方案”。

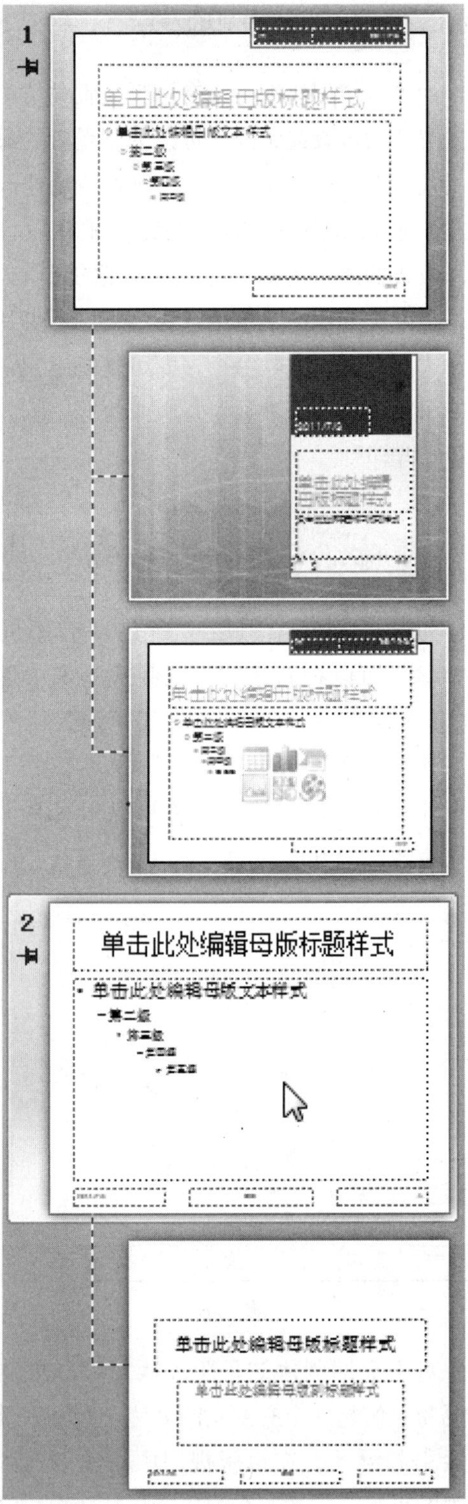

图15-9

6 单击功能区中的【关闭母版视图】按钮，然后右击幻灯片窗格中的默认幻灯片，在弹出的快捷菜单中选择【版式】命令，在打开的列表中可以看到【Office主题】和【我的自定义设计方案】两套母版，如图15-10所示。

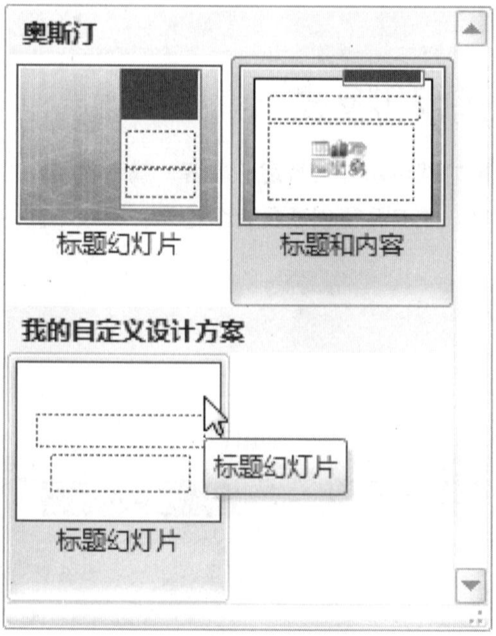

图15-10

7 选择【我的自定义设计方案】中的【标题幻灯片】版式，然后再次右击幻灯片，从弹出的快捷菜单中选择【版式】命令，打开的列表如图15-11所示，可以发现当前幻灯片使用的是【我的自定义设计方案】中的版式。

8 在保留母版的状态下，无论使用哪个母版中的版式，其他未使用的母版都会出现在版式列表中。下面再次进入幻灯片母版视图，右击第二套母版中的第一张幻灯片，在弹出的快捷菜单中选择【保留】命令，取消母版的保留。

9 退出幻灯片母版视图，然后更改幻灯片的版式，选择【Office主题】母版中的一个版式。当再次右击幻灯片，并从弹出的快捷菜单中选择【版式】命令后，将会看到图15-12所示的结果，【我的自定义设计方案】消失了。

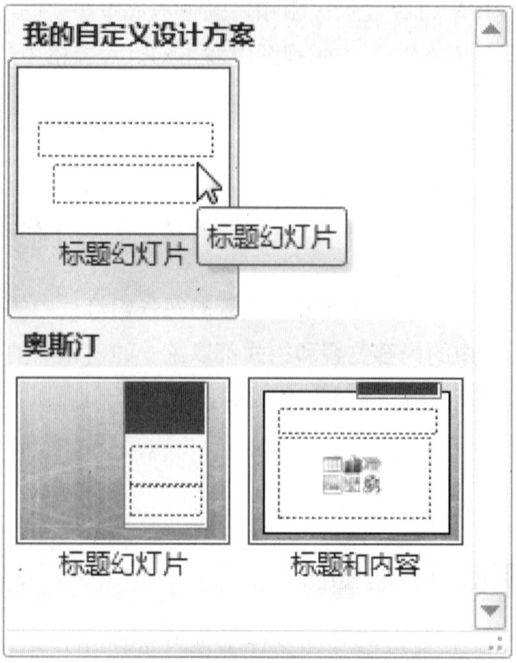

图15-11

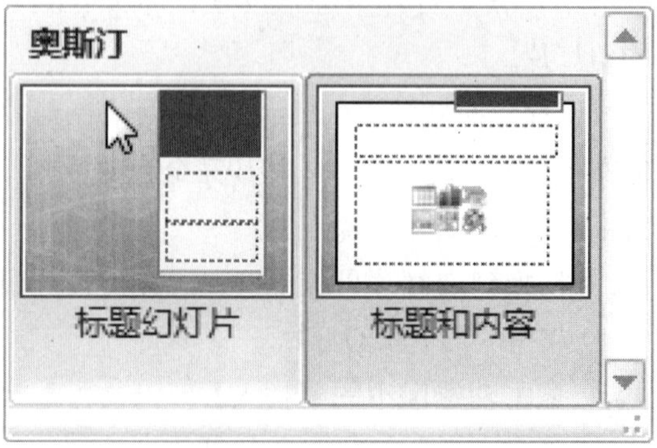

图15-12

这是因为自定义名为“我的自定义设计方案”的母版没有被设置为保留状态，而且该母版中的版式当前未被任何幻灯片使用，因此，该母版不会出现在版式列表中，而且该母版会从幻灯片母版视图中被自动删除。

15.2.5 删除母版和版式

当演示文稿中包含多套母版，或者是每套母版中包含多种版式时，有些母版或版式并不使用，或是创建错误，那么就应该及时将这些没用的母版或版式删除，以免造成不必要的麻烦。在幻灯片母版视图中右击幻灯片窗格中的母版或版式，在弹出的快捷菜单中选择【删除母版】或【删除版式】命令，即可将所选母版或版式删除。

15.3 修改母版和版式

如果希望在演示文稿的每张幻灯片中的固定位置处都显示一些特定的内容，或者希望幻灯片中的内容位置和格式都以统一的、特殊的方式安排，或者希望创建具有个性化、与众不同的演示文稿，则可以修改并设计母版和版式。

15.3.1 添加固定内容

如果希望某些文字或图片同时出现在演示文稿中的每一张幻灯片中，就需要在母版中的第一张幻灯片中进行设置，即带有编号的幻灯片。

例如，如果希望在演示文稿的所有幻灯片的右下角都显示“Office 2010完全自学手册”文字，可以进行如下操作。

1. 切换到幻灯片母版视图，选择幻灯片窗格中的第一张幻灯片。
2. 单击功能区中的【插入】⇨【文本】⇨【文本框】按钮，在幻灯片中绘制一个文本框，然后在其中输入文字“Office 2010完全自学手册”，如图15-13所示。
3. 可以对文字或文本框设置一些格式，例如，添加一些形状样式，并对其中的文字设置一些特殊的字体格式，完成后的效果如图15-14所示。
4. 单击功能区中的【关闭母版视图】按钮，退出幻灯片母版视图。新建几张幻灯片，可以发现每张幻灯片的右下角都有相同的文字，而且它们的格式和位置都是一致的，如图15-15所示。

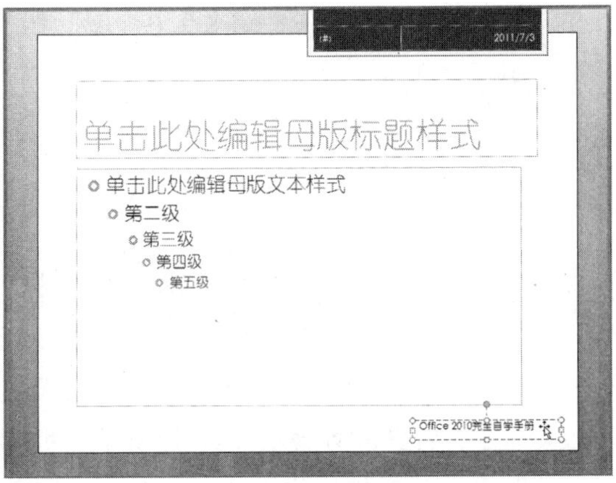

图15-13

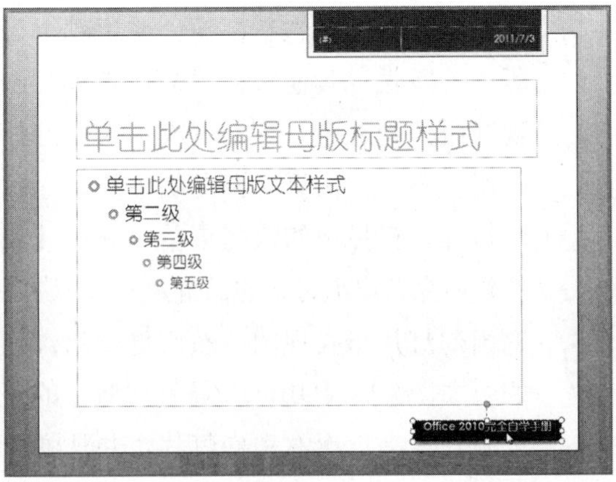

图15-14

图15-15

15.3.2 添加可修改的统一内容

除了需要在每张幻灯片中显示一些统一的内容外，还可以制作出符合实际需要的幻灯片版式布局。

PowerPoint 2010内置了11种版式，可以在母版视图中修改这些版式的结构，也可以根据需要创建新的版式。总之，设计新版式的目的是为了便于批量制作具有不同幻灯片结构的演示文稿。

首先要明确的是，对某个版式所进行的修改，其结果只限于该版式所创建的幻灯片，而不会影响到其他版式的幻灯片，这是与修改母版幻灯片的不同之处。另外，在设计版式时，可以将版式幻灯片默认的各种占位符删除，然后根据需要随意添加所需的占位符，并安排它们在版式幻灯片中的位置。对于用于输入文字的占位符，还可以预先设置文字的字体格式。

例如，可以设计一个版式，其中仅允许用户输入姓名和插入一幅图片作为个人头像，并默认指定用户输入的姓名的字体为“幼圆”，字号为“32”。如果在未输入姓名和插入图片之前，占位符中显示提示信息为“请输入姓名”和“请更改头像”，则要设计这样一个版式，具体操作如下。

1 新建一个演示文稿，单击功能区中的【视图】⇨【母版视图】⇨【幻灯片母版】按钮，切换到幻灯片母版视图。

2 单击功能区中的【幻灯片母版】⇨【编辑母版】⇨【插入版式】按钮，在当前母版的最后一个版式的下方添加一个新的版式。

3 选择该版式，将幻灯片中的占位符全部删除，得到一个空白的幻灯片。

提示：可以取消选中功能区中的【幻灯片母版】⇨【母版版式】⇨【标题】和【页脚】复选框来删除幻灯片中的占位符。

4 单击功能区中的【幻灯片母版】⇨【母版版式】⇨【插入占位符】按钮，在弹出的菜单中选择【文本】选项，然后在幻灯片中插入一个文本占位符，如图15-16所示。

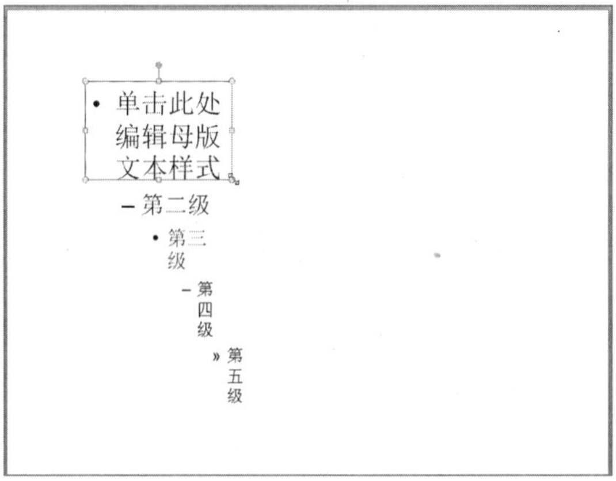

图15-16

5 选中文本占位符中的所有内容，按Delete键将其删除，然后在占位符中输入“请输入姓名”，单击占位符边框，在功能区中的【开始】⇨【字体】组中设置字体为【幼圆】，字号为【32】，效果如图15-17所示。

6 再插入一个图片占位符，然后将其中的文字修改为“更改头像”，如图15-18所示。

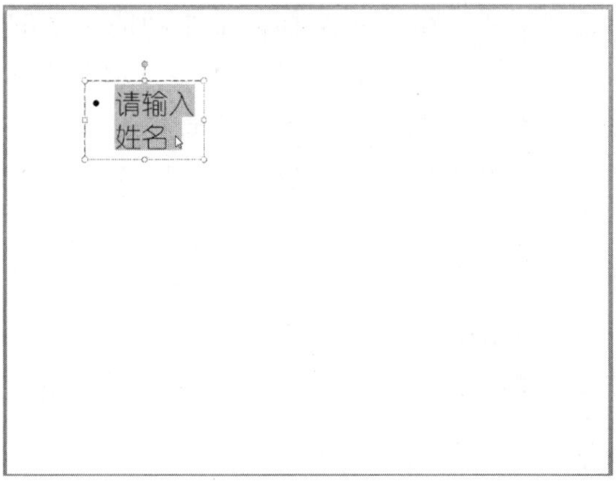

图15-17

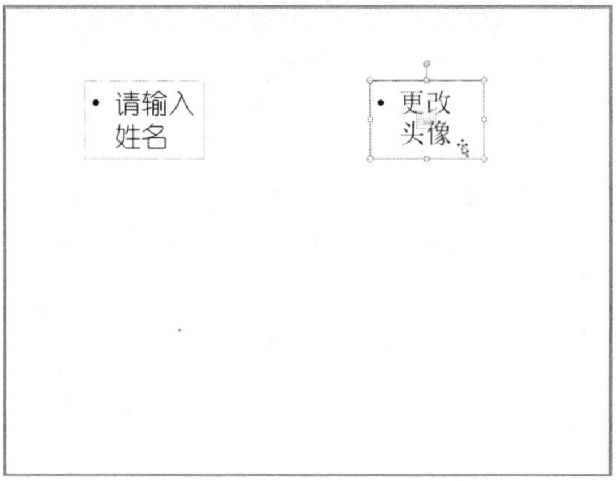

图15-18

7 右击幻灯片窗格中的当前版式，在弹出的快捷菜单中选择【重命名版式】命令，在打开的对话框中将【版式名称】修改为“个人资料”，如图15-19所示。

图15-19

8 单击【重命名】按钮关闭对话框，然后单击功能区中的【幻灯片母版】⇨【关闭】⇨【关闭母版视图】按钮，退出幻灯片母版视图。

9 单击功能区中的【开始】⇨【幻灯片】⇨【新建幻灯片】按钮，在打开的列表中可以找到前面设计好的名为【个人资料】的新版式，如图15-20所示。

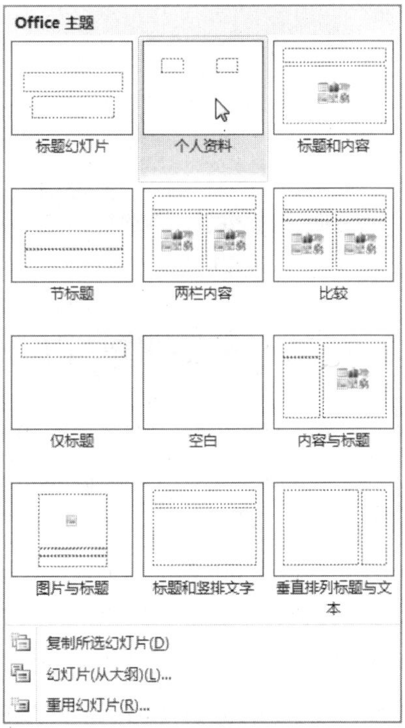

图15-20

10 单击【个人资料】版式，将新建一张该版式的幻灯片，如图15-21所示。

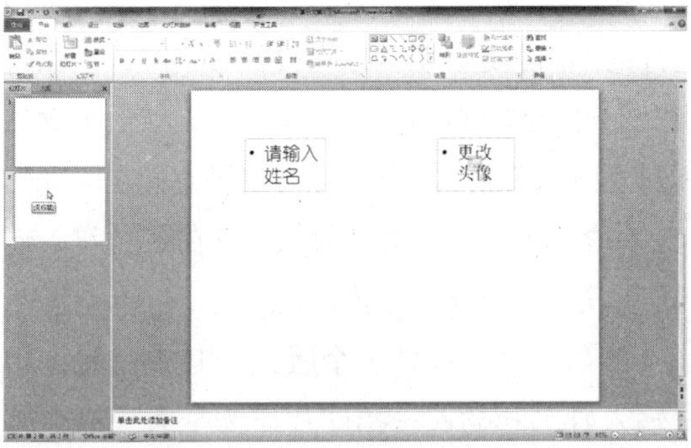

图15-21

11 然后就可以像以前一样，单击占位符的内部区域来输入文字或插入图片了，结果如图15-22所示。

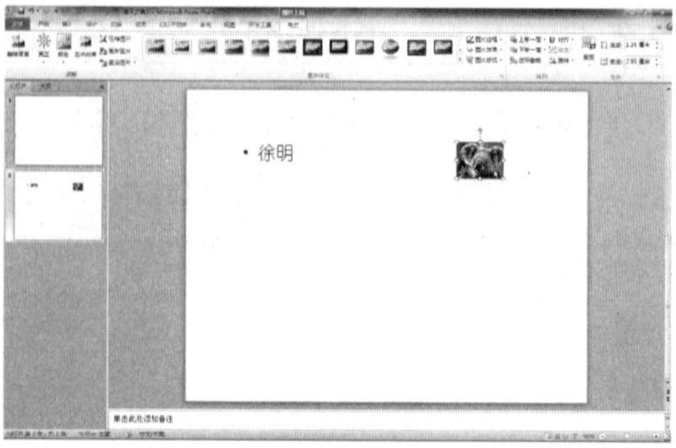

图15-22

由这个示例可以看出，通过在母版中设计特定的版式（即幻灯片布局），可以根据不同需求制作出风格各异的幻灯片结构，其十分实用，而且应用广泛。

总体上说，PowerPoint的母版设计和其他类似的母版（也有些软件称为“模板”或“主页”）非常相似，合理利用母版，可以极大提高工作效率。

15.4 创建自定义主题

主题是指将一组设置好的字体、颜色、外观效果组合到一起，形成多种不同的界面设计方案。可以在多个不同的主题之间进行切换，从而灵活地改变演示文稿的整体外观。PowerPoint 2010内置了多种主题，用户可以根据实际需要创建自定义主题，然后使用自己设计的主题来装饰演示文稿的外观。Word 2010、Excel 2010和PowerPoint 2010将共享相同的主题，即同一个主题可以分别在Word、Excel和PowerPoint中使用。

15.4.1 设计主题的字体

主题字体包含标题字体和正文字体。标题字体就是出现在标题占位符中的文字的字体，正文字体就是出现在内容占位符中的文字的字体。如果希望改变当前主题下的幻灯片中的文字的字体，可以单击功能区中的【设计】⇨【主题】⇨【字体】按钮，在打开的列表中选择可用的主题字体方案，如图15-23所示。每一个可用的主题字体方案均由两部分组成：一是主题字体的缩略效果图，二是标题字体和正文字体的名称。

提示：可以在主题字体列表中右击【自定义】组内的自定义主题字体，在弹出的快捷菜单中选择【编辑】命令，在【编辑主题字体】对话框中修改自定义的主题字体。

图15-23

如果发现列表中提供的内置主题字体没有满意的，也可以创建自定义主题字体。选择【新建主题字体】命令，打开图15-24所示的对话框。从中分别设置英文和中文环境下的标题与正文字体，然后再为主题字体起一个易于辨认的名称，单击【保存】按钮即可创建一个新的主题字体。

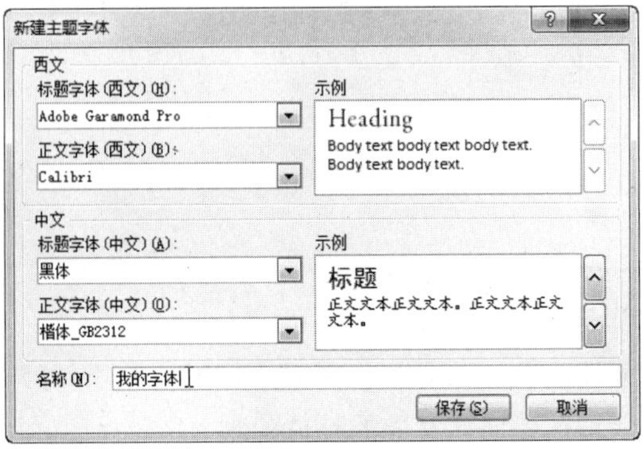

图15-24

当再次打开主题字体列表时，将看到列表的顶部出现了刚创建的主题字体，该字体被划分到名为【自定义】的组中，并且当前演示文稿正在使用该主题字体，如图15-25所示。

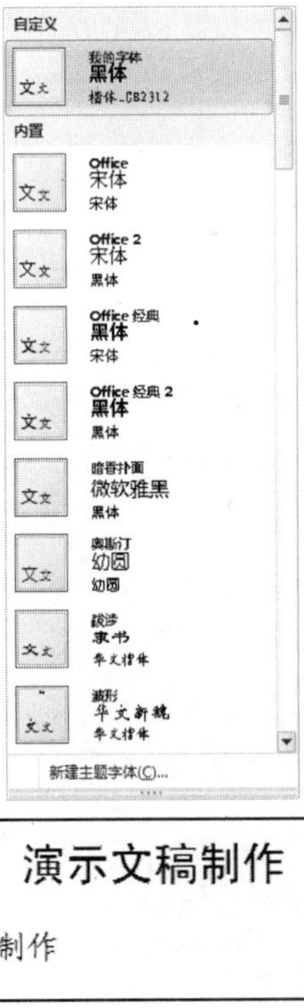

图15-25

15.4.2 设计主题的颜色

主题颜色包括四种文本和背景颜色、六种强调文字颜色和两种超链接颜色。功能区中【设计】⇨【主题】组中的【颜色】按钮上的颜色代表当前的文本和背景颜色，如图15-26所示。

图15-26

单击【颜色】按钮后，将打开主题颜色列表，其中显示了内置的和自定义的主题颜色方案。每个主题颜色方案名称旁边的一组颜色代表该主题的强调文字颜色和超链接颜色，如图15-27所示。

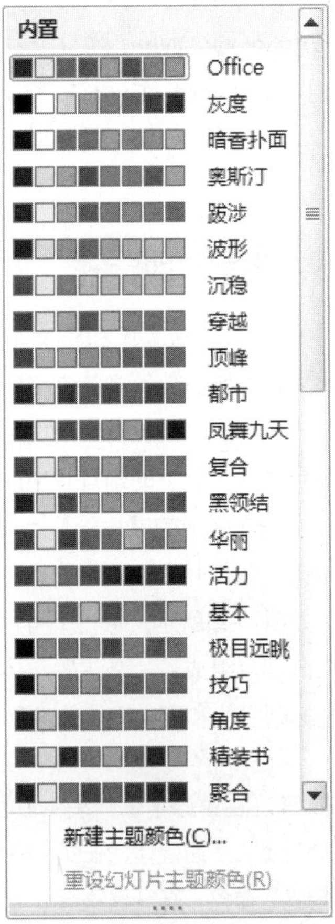

图15-27

选择【新建主题颜色】命令，打开图15-28

所示的对话框，在其中分别设置各类颜色，然后再为主题颜色起一个易于辨认的名称，单击【保存】按钮即可创建一个新的主题颜色。

当再次打开主题颜色列表时，可以看到列表顶部出现了刚创建的主题颜色，并且当前演示文稿正在使用该主题颜色。

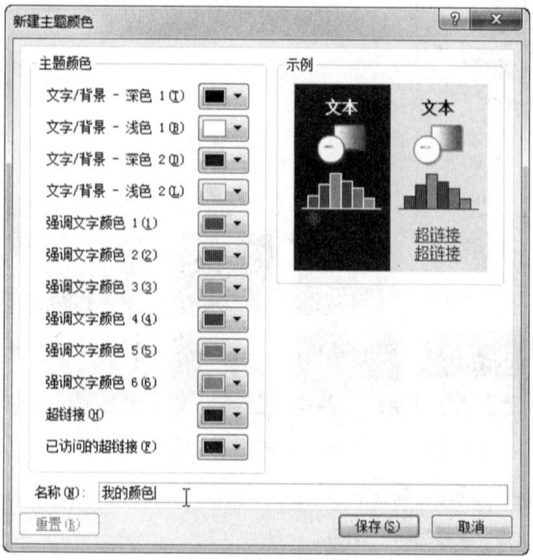

图15-28

提示：与修改主题字体的方法类似，还可以在主题颜色列表中右击【自定义】组内的自定义主题颜色，然后在弹出的快捷菜单中选择【编辑】命令，在【编辑主题颜色】对话框中修改自定义的主题颜色。

15.4.3 设计主题的效果

主题效果控制着演示文稿中的线条和填充效果。单击功能区中的【设计】⇨【主题】⇨【效果】按钮，可以在打开的列表中为当前演示文稿选择一种主题效果，如图15-29所示。

提示：这里需要注意的是，只能选择PowerPoint提供的内置主题效果，而无法创建自定义主题效果。

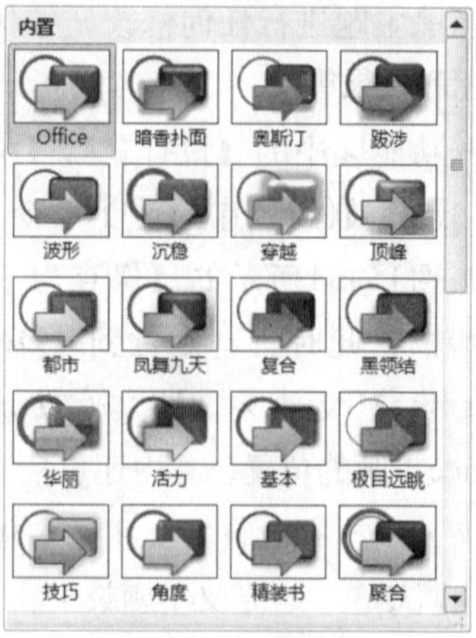

图15-29

15.4.4 保存自定义主题

可以在制作演示文稿时使用PowerPoint提供的内置主题。它位于功能区中的【设计】⇨【主题】下拉列表中，如图15-30所示。

图15-30

只要对当前主题进行了任何改动，经过保存后就可以成为自定义主题，并可被应用到其他演示文稿甚至是Word文档和Excel工作簿中。要创建自定义主题，具体操作如下。

1 对当前主题进行任何修改，包括字体、颜色和效果等。

2 打开功能区中的【设计】⇨【主题】列表，选择【保存当前主题】命令。

3 打开图15-31所示的【保存当前主题】对话框，此时自动定位到【Document Themes】文件夹，该文件夹就是存放Office主题的位置，其中还包括三个子文件夹，用于存放自定义主题字体、自定义主题颜色、自定义主题效果。

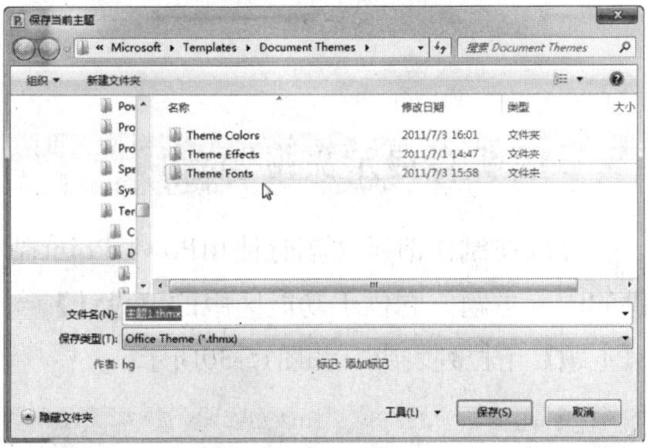

图15-31

4 在【文件名】下拉列表中输入自定义主题的名称，然后单击【保存】按钮，即可创建并保存自定义主题。此时再次打开主题列表，可以在顶部看到新建的自定义主题（位于【自定义】组中），如图15-32所示。

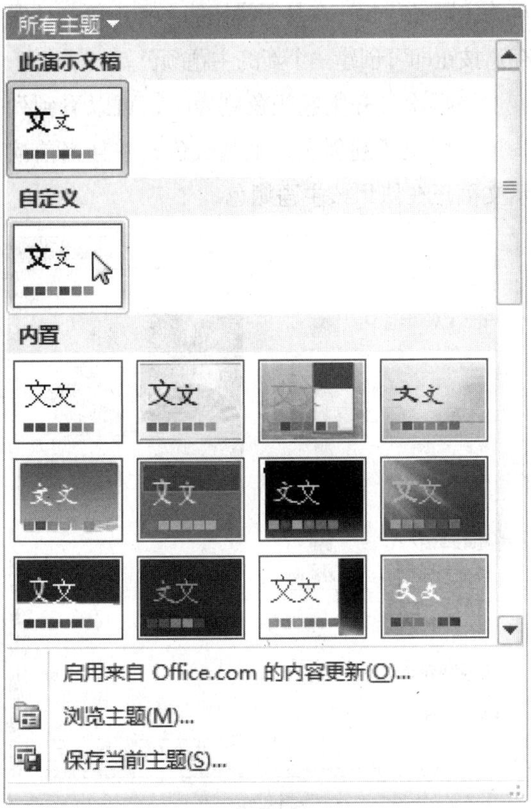

图15-32

提示：右击主题列表中的自定义主题，从弹出的快捷菜单中选择【删除】命令，在打开的对话框中单击【是】按钮，将删除自定义主题。

15.5 创建与使用模板

PowerPoint的母版和演示文稿的模板是完全不同的两个概念。母版只是包含多个幻灯片版式的组合，而模板则是一个演示文稿样板，它包括用户对演示文稿外观上的各种设置和修改。可以通过模板来批量重复创建外观格式一样或极其相似的多个演示文稿，以保证演示文稿格式上的统一。

15.5.1 将当前演示文稿另存为模板

模板包括用户对演示文稿外观上的各种设置和修改。可以以模板为基础来批量重复创建外观格式一样或极其相似的多个演示文稿，这样可以保证演示文稿格式上的统一。

创建模板是在制作好一个作为样板的演示文稿后，单击【文件】按钮，从弹出的面板中右击，并从弹出的快捷菜单中选择【另存为】命令，打开图15-33所示的【另存为】对话框，将【保存类型】设置为【PowerPoint模板】，然后在【文件名】下拉列表框中输入模板的名称，最后单击【保存】按钮。

图15-33

15.5.2 通过模板新建演示文稿

当创建好模板后，在以后新建演示文稿时，可以以模板为基础来创建演示文稿，以便获得一致的外观和格式。

利用模板快速创建风格统一的演示文稿，具体操作如下。

1 单击【文件】按钮，在弹出的面板中选择【新建】命令，在【可用的模板和主题】组中单击【我的模板】按钮。

2 打开图15-34所示的【新建演示文稿】对话框，选择创建好的模板，然后单击【确定】按钮，将以选择的模板为基础新建演示文稿。

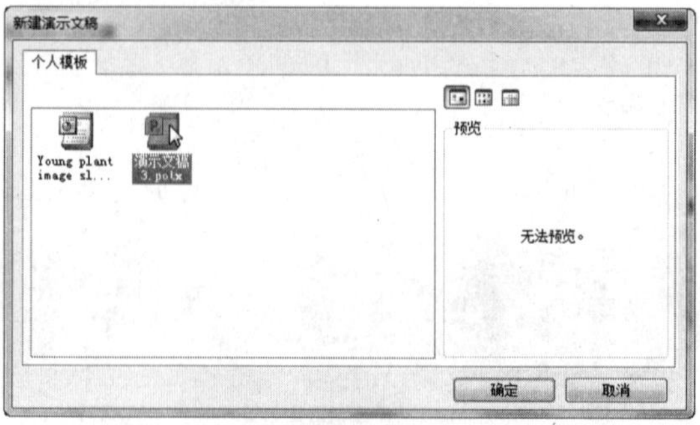

图15-34

第16章

PowerPoint演示文稿的放映与发布

本章内容如下：

- 演示文稿放映前的准备工作
- 放映演示文稿
- 演示文稿打包操作
- 将演示文稿打包成视频文件

16.1 演示文稿放映前的准备工作

在发布或播放PowerPoint演示文稿之前，必须对演示文稿进行一些必要的检查和设置，以免发生错误，例如图像或动画链接失效、幻灯片未按顺序播放等。

16.1.1 检查多媒体和动画效果

通常情况下，演示文稿中都会设置一些动画效果，或添加多媒体资源。如果进行了这类设置，那么在正式放映演示文稿之前，就很有必要对添加的动画和多媒体进行检查，以确保放映时不会出现错误。这里所说的错误通常包括以下几点。

- 动画播放的顺序未按预先设置的进行。
- 动画的时长、速度、方向等因素有误。
- 添加的多媒体资源未能正确播放。例如，在设计阶段可以正确播放的背景音乐当放映演示文稿时并没有播放。或者原本希望在整个放映过程中一直播放的背景音乐在实际放映时当切换幻灯片后音乐就停止了。

在正式放映之前，以上这些问题都应该进行很好的测试，以免在正式放映时出现不必要的麻烦。

16.1.2 使用排练计时

如果希望幻灯片可以根据指定的时间间隔进行自动播放，而且根据幻灯片中的内容，每张幻灯片希望展示的时间也不相同，可以使用PowerPoint提供的排练计时功能。设置排练计时的具体操作如下。

1 打开要放映的演示文稿，然后单击功能区中的【幻灯片放映】⇨【设置】⇨【排练计时】按钮。

2 自动进入幻灯片放映状态，在屏幕左上角会显示图16-1所示的工具栏。其中显示了两个时间，左侧的时间表示当前幻灯片持续放映的时间，右侧的时间表示目前一共所需的放映时间。

图16-1

3 通过单击鼠标，可以切换到下一张幻灯片并继续进行计时。当达到最后一张幻灯片后，再次单击鼠标时将弹出图16-2所示的提示框，询问用户是否保存对所有幻灯片的计时。

图16-2

4 单击【是】按钮，完成排练计时并自动进入图16-3所示的幻灯片浏览视图，可以看到每张幻灯片的放映时间。

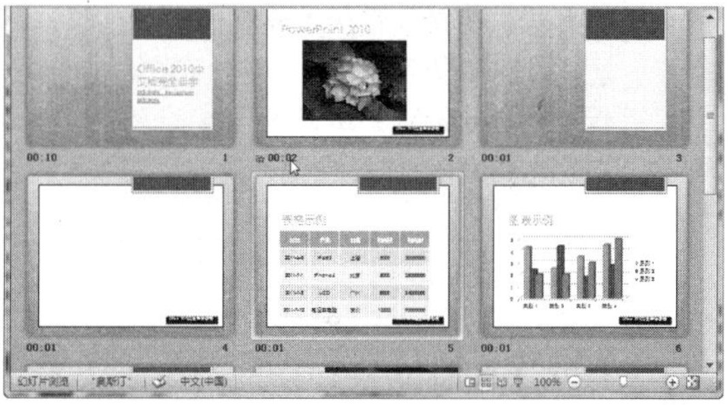

图16-3

> 提示：切换到【切换】选项卡，可以在【计时】组中的【设置自动换片时间】文本框中看到不同幻灯片播放的具体时长，如图16-4所示。

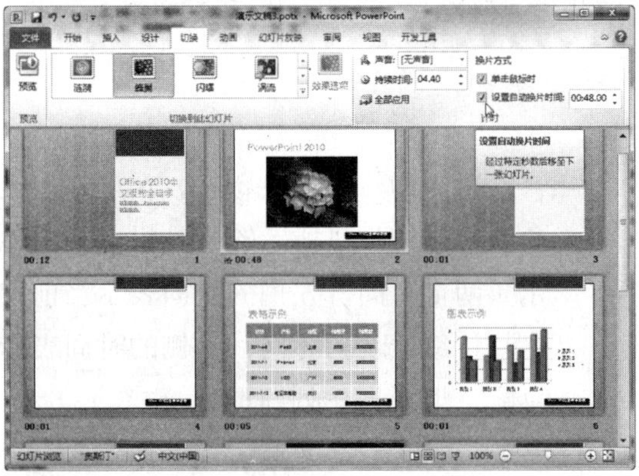

图16-4

16.1.3 录制放映时的旁白

如果希望在放映演示文稿时加入语音解说，可以使用PowerPoint提供的录制旁白功能。录制旁白的必要工具是麦克风，将麦克风正确接入计算机后，就可以开始录制旁白了，具体操作如下。

1. 打开要添加旁白的演示文稿，然后单击功能区中的【幻灯片放映】➪【设置】➪【录制幻灯片演示】按钮，打开图16-5所示的对话框。如果之前已经设置过幻灯片排练计时，此处可以只选中【旁白和激光笔】复选框。

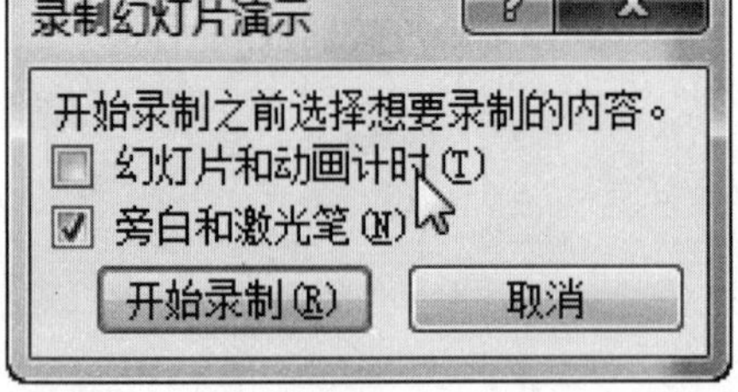

图16-5

2. 单击【开始录制】按钮，开始录制旁白。录制旁白的过程与设置排练计时类似，将自动进入演示文稿的放映状态。当录制好一张幻灯片中的旁白后单击鼠标左键，继续录制下一张幻灯片的旁白。录制完成后，可在图16-6所示的幻灯片中看到每张幻灯片右下角都有一个声音图标，表示该幻灯片包含旁白。

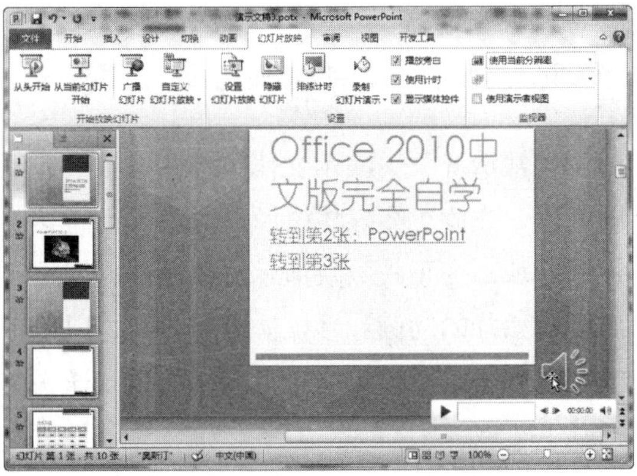

图16-6

如果需要删除演示文稿中所有幻灯片的计时和旁白，可以单击功能区中的【幻灯片放映】➪【设置】➪【录制幻灯片演示】按钮，在弹出的菜单中选择【清除】➪【清除所有幻灯片中的计时】或【清除所有幻灯片中的旁白】命令。

16.1.4 隐藏幻灯片

如果某些幻灯片不希望在正式放映时让观众看到，则可以在放映前将这些幻灯片设置为隐藏状态，这样在放映演示文稿时就会自动跳过这些幻灯片。右击想要隐藏的幻灯片，在弹出的快捷菜单中选择【隐藏幻灯片】命令，在放映演示文稿时该幻灯片将不会被播放出来。在PowerPoint窗口左侧的幻灯片窗格中可以看到被隐藏的幻灯片编号周围会显示一个隐藏标记（如编号为“4”的幻灯片），如图16-7所示。

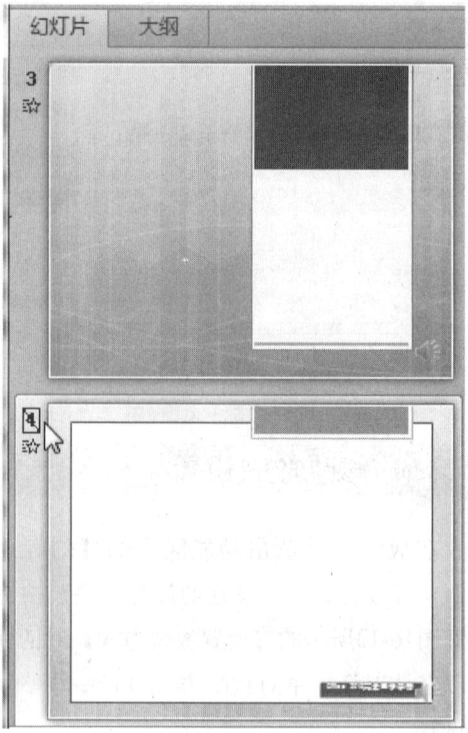

图16-7

右击已隐藏的幻灯片，在弹出的快捷菜单中选择【隐藏幻灯片】命令，即可在放映演示文稿时重新显示该幻灯片。

16.1.5 设置自定义放映方式

可以将幻灯片按组来划分，这样便于为不同的观众播放不同组中的幻灯片。

在实际应用中，可能会遇到这种情况：在一个演示文稿中包含了多种类型的内容，而这些内容根据性质的不同，可能要将其中不同类型的内容放映给不同的人看。一种解决方式是将不同的幻灯片复制到新建的演示文稿中，然后各自保存，再放映给不同的观众。但如果日后需要调整放映的幻灯片范围，则还要重新进行复制、剪切及删除操作，十分不灵活。或者，也可以在一个演示文稿中使用自定义放映功能，该功能允许制作者对放映的幻灯片进行分组，然后在实际放映时选择不同的组别来控制显示的幻灯片内容。下面的示例展示了如何对演示文稿中的幻灯片进行自定义放映设置。示例中的演示文稿包含10张幻灯片，这里将把这些幻灯片分为三组，并将这三组幻灯片分别放映给三组不同的人群。分组方式如下。

- 第一组名为“第一组”，包含演示文稿中的第1、2张幻灯片。
- 第二组名为“第二组”，包含演示文稿中的第3、4、5张幻灯片。
- 第三组名为“第三组”，包含演示文稿中的第6、7、8、9、10张幻灯片。

具体操作如下。

1 单击功能区中的【幻灯片放映】⇨【开始放映幻灯片】⇨【自定义幻灯片放映】按钮，在弹出的菜单中选择【自定义放映】命令。

2 打开图16-8所示的【自定义放映】对话框，单击【新建】按钮。

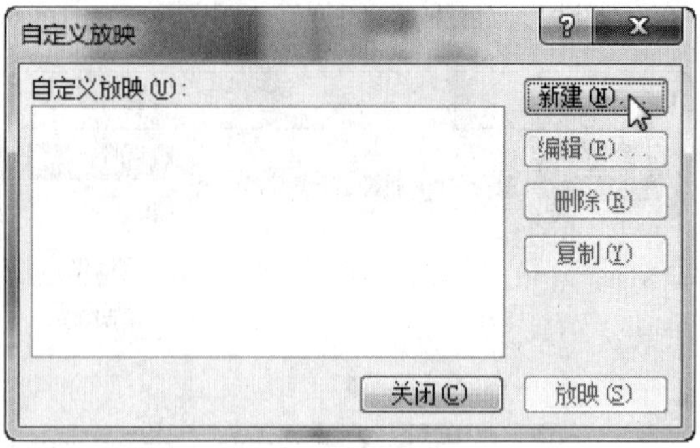

图16-8

3 打开【定义自定义放映】对话框，左侧列表中列出了当前演示文稿中的所有幻灯片，将【幻灯片放映名称】修改为“第一组”；按住Ctrl键单击左侧列表框中的第1张和第2张幻灯片，这样可以同时选择这两张幻灯片；单击【添加】按钮，将它们添加到右侧的列表框中，如图16-9所示。

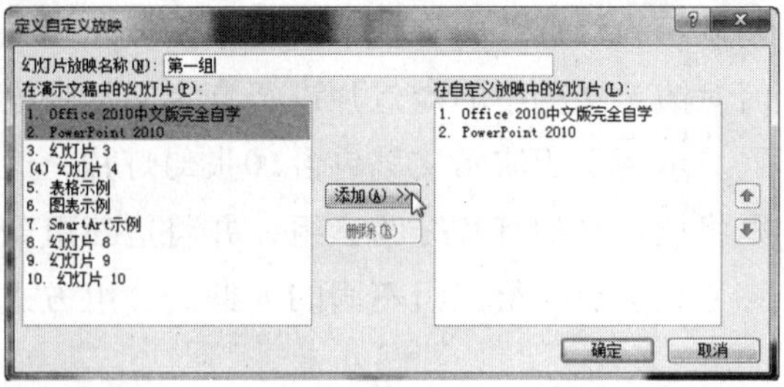

图16-9

提示：如果幻灯片被设置为隐藏状态，则会在左侧列表中显示为带括号的数字，如图16-10所示。

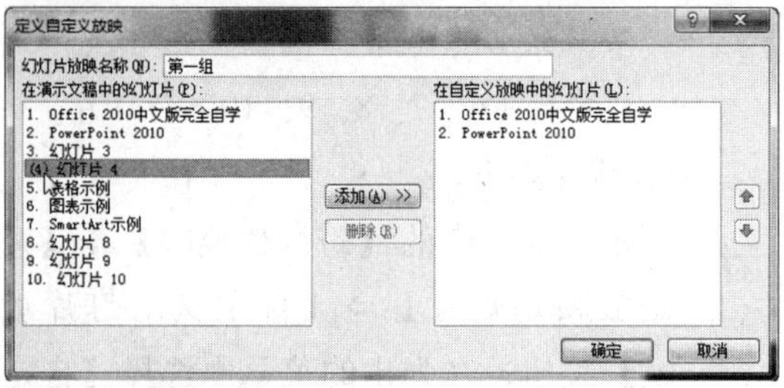

图16-10

4 单击【确定】按钮，返回【自定义放映】对话框，完成第一组幻灯片的放映设置，如图16-11所示。

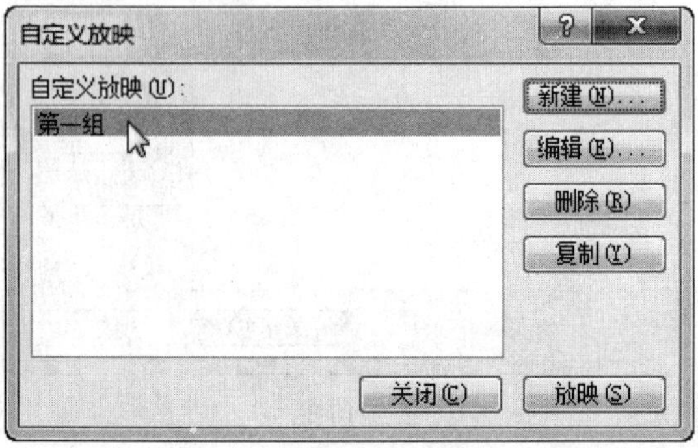

图16-11

5 按照同样的方法，继续创建第二、三组幻灯片放映，最终的【自定义放映】对话框如图16-12所示。

6 单击【关闭】按钮，关闭【自定义放映】对话框，完成对演示文稿自定义放映的设置。

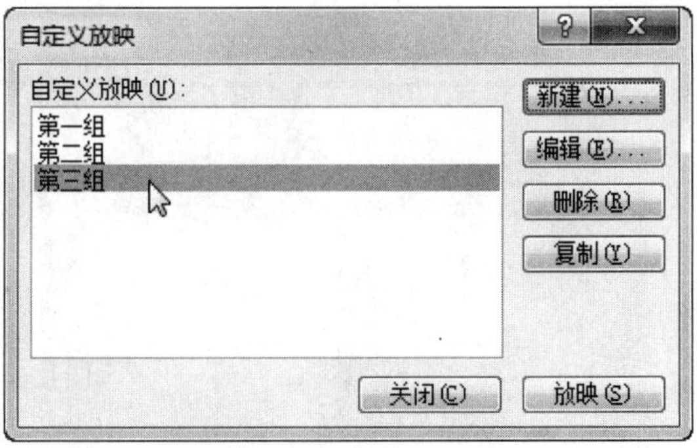

图16-12

16.1.6 修改放映设置

在放映前，单击功能区中的【幻灯片放映】⇨【设置】⇨【设置幻灯片放映】按钮，打开图16-13所示的【设置放映方式】对话框，可以在该对话框中对放映方式进行一些整体性的设置。

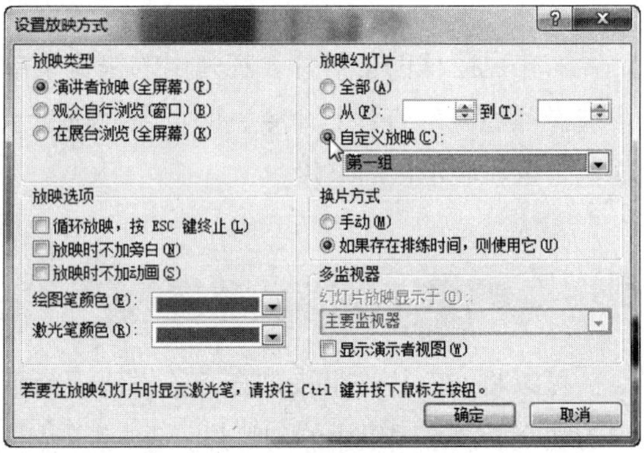

图16-13

- 【放映类型】：可以在此选项组中指定演示文稿的放映方式。【演讲者放映（全屏幕）】主要用于可运行全屏显示的演示文稿，也是默认的放映方式；【观众自行浏览（窗口）】会在一个固定大小的窗口中放映，在该方式中不能单击鼠标切换幻灯片，但可以拖动垂直滚动条或按PageDown/PageUp键进行控制；【在展台浏览（全屏幕）】用于自动放映演示文稿，而不需要人工干涉。

- 【放映选项】：可以在此选项组中指定放映时的选项，包括循环放映时是否允许使用Esc键停止放映、放映时是否播放旁白和动画等。
- 【放映幻灯片】：可以在此选项组中设置要放映的幻灯片范围。如果已经设置了自定义放映，可以通过选中【自定义放映】单选按钮，从弹出的下拉列表中选择已经创建好的自定义放映。
- 【换片方式】：可以使用手动单击的方式切换幻灯片，也可以使用预先设置好的排练计时来自动放映幻灯片。

16.2 放映演示文稿

做好充分的准备后，就可以正式放映演示文稿了。在放映的过程中，有一些基本的放映技术和技巧是有必要掌握的，本节将详细介绍这些内容。

16.2.1 进入放映环境

所谓的“进入放映环境”，就是由演示文稿编辑窗口进入播放界面。通常进入演示文稿放映状态的方法有以下两种。

- 按F5键或单击功能区中的【幻灯片放映】⇨【开始放映幻灯片】⇨【从头开始】按钮，将从第一张幻灯片开始播放。
- 按Shift+F5组合键或单击功能区中的【幻灯片放映】⇨【开始放映幻灯片】⇨【从当前幻灯片开始】按钮，将从当前正在编辑的幻灯片开始播放。

16.2.2 在播放时切换幻灯片

在放映幻灯片时，可以按顺序一张一张连续播放，也可以通过跳转的方式从当前幻灯片直接切换到一张不连续的幻灯片中进行播放。

在开始放映演示文稿后，可以通过单击鼠标以顺序的方式一张一张地播放幻灯片，也可以使用屏幕底部的⬅和➡按钮切换上一张或下一张幻灯片，有时还可能会希望直接切换到一个不连续的幻灯片中进行播放。例如，如果当前正在放映第一张幻灯片，接下来希望直接播放第三张幻灯片，那么可以使用下面的方法来实现：在放映状态下右击，在弹出的快捷菜单中选择【定位至幻灯片】命令，然后选择要切换到的幻灯片编号，如图16-14所示。

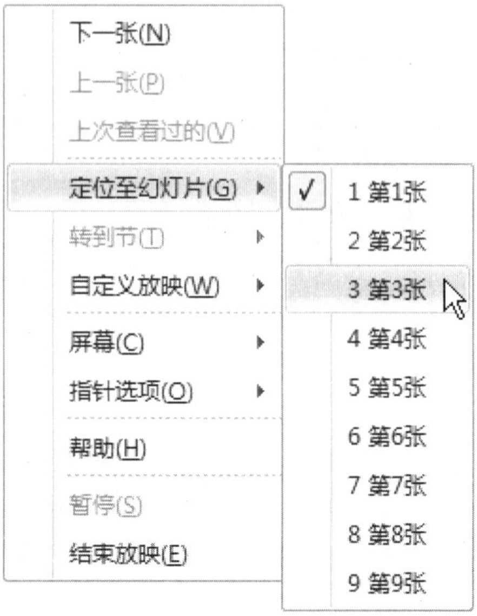

图16-14

16.2.3 添加标注

如果在放映演示文稿时需要对重点内容进行标注，可以使用PowerPoint提供的注释功能。进入放映状态后，单击屏幕底部的笔形按钮，在弹出的菜单中选择要使用的笔形和颜色，然后在放映的幻灯片上随意书写和绘画，效果如图16-15所示。

图16-15

如果发现在标注时书写有误，可以右击，在弹出的快捷菜单中选择【指针选项】⇨【橡皮擦】命令，然后单击错误标注即可去除该标注。如果在放映过程中添加了标注，那么在退出放映状态时会弹出图16-16所示的提示框，由用户决定是否保留已添加的标注。

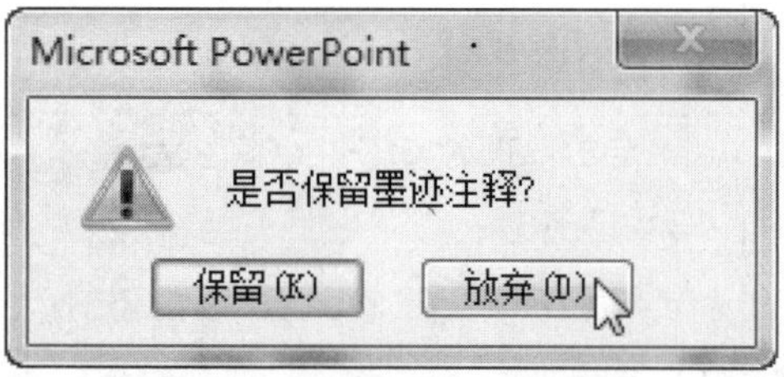

图16-16

提示：添加标注的操作也可以使用右键快捷菜单来完成。在放映时右击鼠标，然后在弹出的快捷菜单中选择【指针选项】命令，即可选择添加标注。

16.2.4 模拟激光笔

当需要在幻灯片中强调某些重要内容时，可以将鼠标指针变为激光笔，以便以显式来指出重要内容在幻灯片中的位置。使用方法是按住Ctrl键然后单击，即可将鼠标变为激光笔。图16-17所示的幻灯片标题下方的圆点就是激光笔。

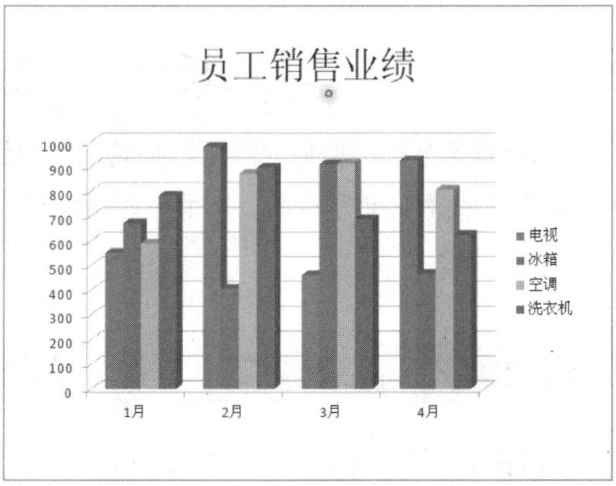

图16-17

另外，还可以根据需要设置激光笔的颜色，即红、绿、蓝。可以在【设置放映方式】对话框中的【激光笔颜色】下拉列表中选择。

16.2.5 设置黑屏或白屏

可以通过在放映时设置黑屏或白屏，给演讲者留有一段足够的时间来介绍暂时还未演示的内容。为什么要使用黑屏或白屏呢？道理很简单，如果在介绍接下来的内容时仍将画面停留在之前的内容上，那么听众的注意力很有可能仍被吸引在之前的内容上，而未关注当前正在介绍的内容。因此，最好的做法是将屏幕转为黑色或白色以使听众的注意力集中。在放映状态下右击，在弹出的快捷菜单中选择【屏幕】⇨【黑屏】（或【白屏】）命令，如图16-18所示。

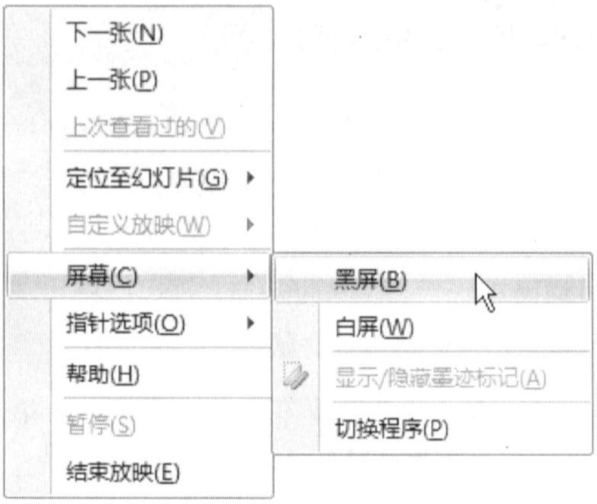

图16-18

还有一种简便的方法可以启用黑屏或白屏，即直接按W或B键切换到黑屏或白屏；再次按W或B键则退出黑屏或白屏并返回之前的画面。

16.2.6 播放时隐藏鼠标指针

如果在放映过程中不使用鼠标进行操作，可以将鼠标隐藏起来，以免妨碍整体的放映效果。在放映状态下右击，在弹出的快捷菜单中选择【指针选项】⇨【箭头选项】⇨【永远隐藏】命令，如图16-19所示。

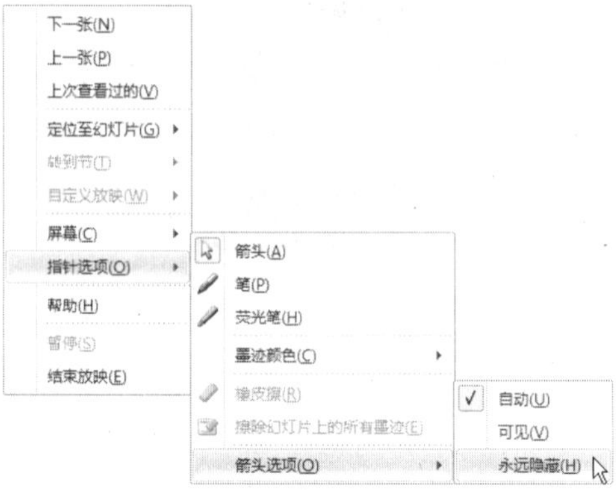

图16-19

16.2.7 在播放时启动其他程序

通常在放映演示文稿时都是以全屏幕进行播放的。如果希望在演讲时使用其他程序，那么在全屏幕方式下启动其他应用程序就显得不便。这时可以右击，在弹出的快捷菜单中选择【屏幕】⇨【切换程序】命令，在屏幕的下方会显示出【开始】菜单和任务栏。单击任务栏中的任务按钮可以切换至应用程序窗口；也可以单击【开始】按钮，从【开始】菜单中启动新的应用程序。图16-20所示为在播放演示文稿的状态下启动了“画图”程序。

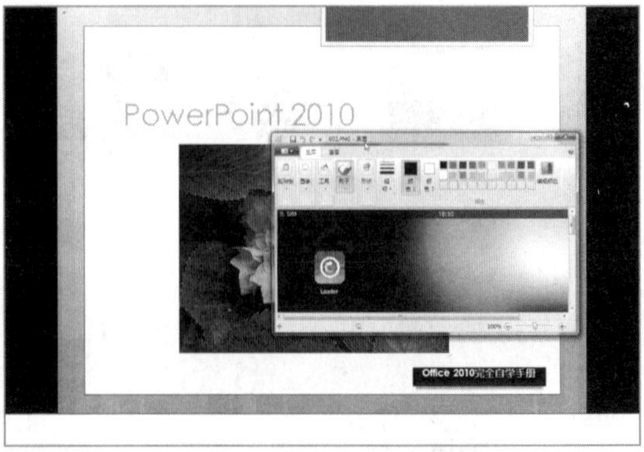

图16-20

16.2.8 选择自定义放映方式

如果在放映之前已经设置好自定义放映，那么在进入放映状态后就可以按照预先的设置放映不同组中的幻灯片，以实现针对不同观众播放不同内容的效果。

如果当前正处于放映状态下，可以右击，在弹出的快捷菜单中选择【自定义放映】命令，然后在其子菜单中选择要播放的自定义组，如图16-21所示。

图16-21

如果还未开始放映，可以单击功能区中的【幻灯片放映】➪【开始放映幻灯片】➪【自定义幻灯片放映】按钮，在弹出的菜单中选择要放映的幻灯片组，如图16-22所示，这样可以在一进入放映状态时就直接播放指定组中的幻灯片。

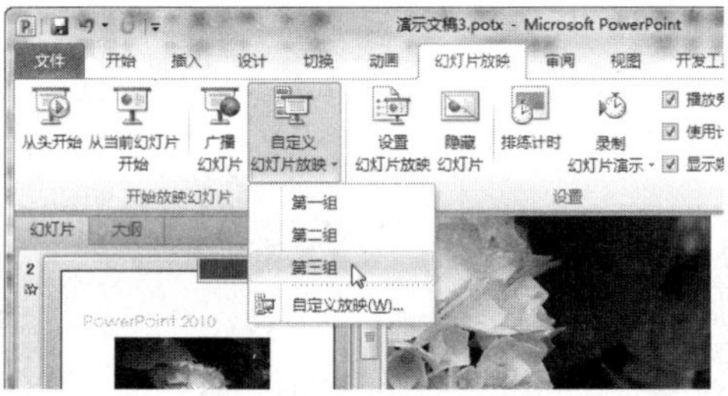

图16-22

16.2.9 退出放映状态

当播放到最后一张幻灯片时，如果继续单击鼠标，则默认情况下会出现黑屏并显示“放映结束，单击鼠标退出”。此时单击鼠标，即可退出放映状态。除此之外，还可以使用以下三种方法随时退出放映状态。

- 在放映状态下右击，在弹出的快捷菜单中选择【结束放映】命令。
- 单击放映屏幕左下角的▤按钮，在弹出的菜单中选择【结束放映】命令。
- 按Esc键。

16.3 演示文稿打包操作

如果需要将制作好的演示文稿在其他计算机中正常播放，最好的方法是将演示文稿打包，这样可以将与演示文稿相关的内容都集中到一起，便于移动和播放。

对于未将媒体文件嵌入到演示文稿而是链接到演示文稿的情况，打包功能将变得更加方便实用。将演示文稿打包的具体操作如下。

1 打开要打包的演示文稿，单击【文件】按钮，从弹出的面板中选择【保存并发送】命令，然后双击【将演示文稿打包成CD】按钮，如图16-23所示。

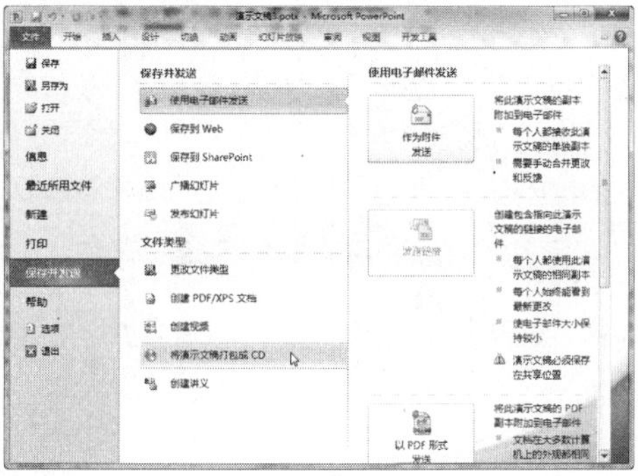

图16-23

2 打开图16-24所示的【打包成CD】对话框。如果希望直接将演示文稿打包到CD光盘中，可以修改【将CD命名为】文本框中的名称，然后单击【复制到CD】按钮，即可将演示文稿打包到CD光盘中。

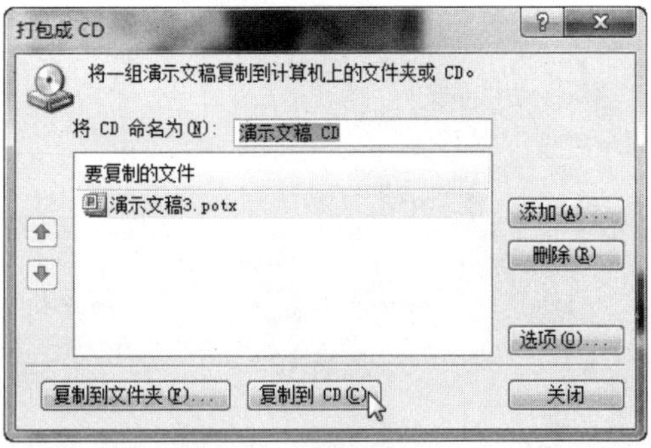

图16-24

3 在【打包成CD】对话框中可以执行以下不同的操作（主要根据要打包文件的具

体情况而定）。

- 【添加】按钮：将额外的演示文稿添加到当前的打包环境中，这样可以将多个相关的演示文稿打包在一起。
- 【删除】按钮：将已经添加到打包队列中的无用文件删除。
- 【选项】按钮：单击该按钮，可在打开的对话框中设置与打包相关的一些选项，如图16-25所示。

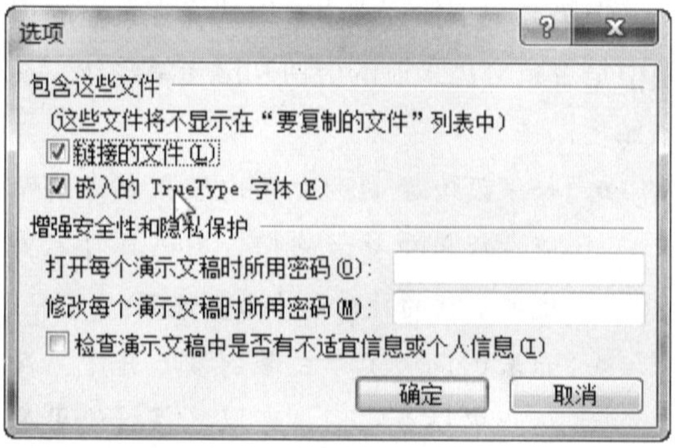

图16-25

提示：如果演示文稿中插入了外部的音频或视频文件，那么必须选中【链接的文件】复选框，否则在打包后将无法正常播放演示文稿中的音频或视频文件。另外，还可以设置打开和修改演示文稿的密码以及检查演示文稿中是否包含隐私数据。

- 【复制到文件夹】按钮：单击该按钮，打开图16-26所示的【复制到文件夹】对话框，在这里可以将演示文稿打包到计算机硬盘中，单击【浏览】按钮可以选择打包后的具体位置。

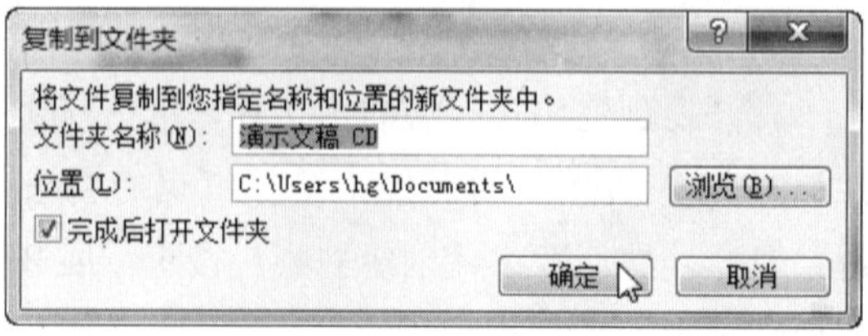

图16-26

4 单击【确定】按钮，弹出一个链接复制的提示信息，单击【是】按钮即可开始对演示文稿打包，如图16-27所示，最后单击【关闭】按钮关闭【打包成CD】对话框。

图16-27

16.4 将演示文稿打包成视频文件

PowerPoint 2010提供了一种新式的分发演示文稿的方法——创建视频演示文稿。

演示文稿制作者可以直接将制作好的演示文稿保存为视频文件，并可以控制视频的大小和质量，这样可以给用户提供一个高保真的演示文稿。可以在PowerPoint 2010中将演示文稿保存为wmv格式的视频文件，这样只要其他计算机中安装了Windows Media Player或等同的视频播放器，都可以正常观看演示文稿，即使用户的计算机中没有安装PowerPoint应用程序也没有关系，这是将演示文稿保存为视频的一个优势所在。

在将演示文稿创建为视频之前，需要注意以下几点。

- 可以在视频中播放录制的语音旁白和激光笔运动轨迹。
- 可以在视频中播放动画和幻灯片切换效果。

- 可以在视频中播放演示文稿中嵌入的视频。
- 创建视频所需的时间长短根据演示文稿的体积及其复杂程度而定。演示文稿越大，包含的内容及动画效果越多，那么创建视频的时间就越长。
- 以下几种类型的内容无法在视频中正常播放：早期版本PowerPoint中的插入媒体、QuickTime媒体、宏以及OLE/ActiveX控件。

打开要创建为视频的演示文稿，单击【文件】按钮，从弹出的面板中选择【保存并发送】命令，然后双击【创建视频】按钮，展开图16-28右侧所示的面板。

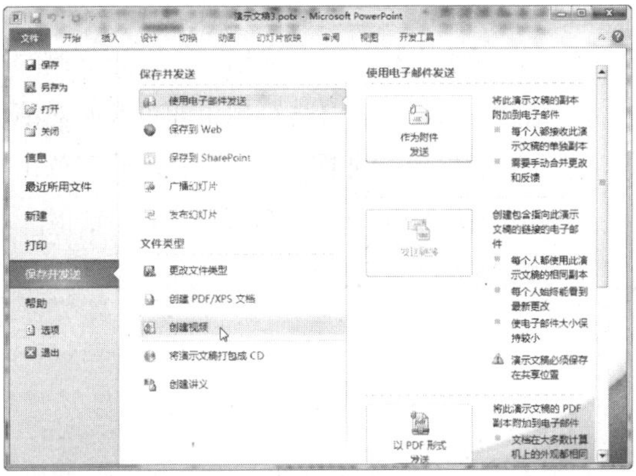

图16-28

在面板右侧包含三个选项，在第一个下拉列表中可以选择创建的视频质量，具体如下。

- 选择【计算机和HD显示】选项，将创建高质量的视频，这种视频文件最大。
- 选择【Internet和DVD】选项，将创建中等质量的视频。
- 选择【便携式设备】选项，将创建低质量的视频，这种视频文件最小。

在第二个下拉列表中可以选择在创建的视频中是否包含已录制的旁白和激光笔动作，具体如下。

- 如果没有录制旁白等内容，或者不希望在视频中播放它们，则选择【不要使用录制的计时和旁白】选项。
- 如果已录制了旁白等内容，并希望在视频中播放它们，可以选择【使用录制的计时和旁白】选项。

最后，在【放映每张幻灯片的秒数】文本框中可以设定在视频中自动放映每张幻灯片的时间长度。全部设置好后，单击面板下方的【创建视频】按钮，在【另存为】对话框中输入视频名称并选择保存位置，单击【保存】按钮，即可将当前演示文稿创建为视频文件。

第17章

Access数据库基础知识

本章内容如下：

- 有关数据库的术语
- 关系型数据库的概念
- Access数据库对象
- 创建Access数据库及其对象

17.1 有关数据库的术语

在开始学习Access数据库设计之前，先来了解一下其中涉及的一些基本术语是非常有必要的，因为在使用Access的整个过程中都会用到这些术语。Access 2010使用的是传统的数据库术语，层次由高到低分别是：数据库、表、记录、字段、值。

17.1.1 数据库

数据库是一个计算机术语，表示某类相关信息的集合。数据库中的数据以符合逻辑的形式组织到一起，从而便于用户使用其中的数据。Access数据库使用精心设计好的结构存储信息，而且可以存储各种不同类型的数据，包括文本、图片、声音、视频等。

由于Access是关系型数据库，因此可以在一个数据库中保存很多表，各个表之间通过一种关系联系在一起，然后用户才能根据多个表的信息从中提取有用信息。

在Access中，数据主要存储到表内，用户可以使用查询、窗体、报表等工具从表中提取数据。此外，有经验的开发人员还会在数据库中添加宏和VBA，这样可以使Access应用程序自动完成大量工作。

很多大型的Access数据库都包含大量的表、查询、窗体、报表、宏和模块，这些都是数据库中的对象，这些对象都包含在一个文件中，文件扩展名通常为accdb。

17.1.2 表

表是Access数据库中存储基本数据的对象，所有底层数据都保存在表中。Access数据库中的每个表都包含一个实体信息，表中的数据以行和列的形式分布，如图17-1就是Access数据库中的一个表。如果使用过Excel，那么会发现Access表与Excel工作表的结构类似，每一行表示一条完整的信息，而每一列表示一条记录中的一个数据类别。行与列的交叉点是一个具体的值，表示某个数据项。

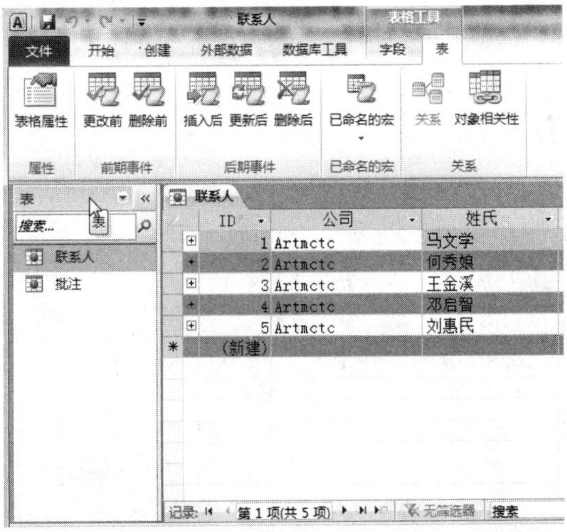

图17-1

17.1.3 记录、字段和值

在Access表中，第一行包含表的字段名称，即标题行，也就是每一列的最上方的单元格，每一行是一条记录，包含与该记录有关的字段，行（记录）与列（字段）的相交处是一个具体的值。例如，在图17-1中的编号1所在的行就是表中的一条记录，“公司”、“姓氏”、“职务”等列是字段，“马文学”则是表中的一个具体的值，因为它是由第一行与字段“姓氏”列相交而得到的。

17.2 关系型数据库的概念

Microsoft Access是一个关系型数据库开发系统，数据库中的数据存储在相互关联的多个表中，每个表中的数据都与另一个表中的数据存在某种关系，从而使整个数据库交织成一张大网，这样便于从多个表中提取所需的数据。

很多用户为了图一时方便，通常将所有数据都输入到一张表中。表面看起来只有一张表很省事，而且也不用额外考虑多个表之间的关系问题，但是随着时间的积累，就会发现表中的数据很快膨胀，而且变得越来越难以管理，而且表中存在大量的冗余数据，使Access数据库文件的容量成倍增长。

例如，可能创建了一个客户表，其中不但包含客户的基本信息，如姓名、年龄、地址，还包括了客户购买商品的所有细节信息，包括商品名称、价格、折扣、金额等。如果一个客户在不同的时间段购买了相同或不同的商品，那么每条记录都会包含该客户的姓名、年龄、地址等信息。显然，对于同一个客户来说这些信息是重复的，这样的结果就是产生大量冗余数据，久而久之使表变得非常庞大，而且也不易于管理。

由此可见，如何设计表并组织表之间的结构，对日后的数据使用和维护起着至关重要的作用。如果只创建一个表，那么以后将会很难维护它，这样极大地降低了工作效率。为了改善这种状况，最好的做法就是将所有数据分散到多个表中，每个表只包含必要的最少量信息，即使每个表只包含与主要内容有关的字段。最后将多个表连接起来，让它们成为一个有机的整体，为以后使用这些表中的数据做好准备。从一个表创建多个表的过程称为规范化。

使用多个表最明显的优势是简化数据操作、杜绝冗余数据、提高使用数据的效率，同时也可以控制Access数据库文件的体积。

例如，可以为客户购买商品情况创建两张表，一张表用于存储客户的个人信息，包括姓名、年龄、地址；另一张表则保存客户购买商品的情况。这样在每次打印商品订单时，就不用重复输入客户的姓名和地址等信息，只需从客户个人信息表中提取对应的客户资料即可。

要实现类似上述的功能，在创建多个表后，需要为这些表创建关联。例如，在上面提到的客户个人信息和购买商品情况两张表中，只有将它们建立关系（为两个表中的客户ID建立联系），才能看到某个客户的所有购买记录。这样做的好处是如果客户更改了地址，那么只需更改客户个人信息表中的相关信息，就可以在购买商品情况表中看到与该客户有关的所有销售记录中正确的客户地址，而不需要一个个地修改。

17.3 Access数据库对象

Access比Word和Excel等应用程序要更复杂一些，因为它包含了很多对象。为了更好地使用Access，在最开始有必要对Access数据库对象进行一些简单的了解。Access中主要包含以下几个对象：表、查询、窗体、报表、页、宏、模块。

1. 表

表是Access中保存最底层数据的位置，用户输入的所有基本数据都存储在表中。正如本章前面17.1.2节介绍的那样，数据表是表对象的视图之一，它的外观与Excel工作表非常类似，也是由行和列组成的，行和列的交叉处表示一个具体的值。在表中可以输入任何数据，还可以查看或修改表中的内容。如果切换到设计视图，则可以对表的结构进行细致的设计。

2. 查询

Access数据库中包含了多个表，而这些表之间都存在一定的关系。查询则可以从多个相关联的表中提取出所需的数据。例如，有一个保存客户姓名和地址的表，以及一个保存客户订单详细信息的表。每天可能需要从这两个表中提取出客户订购商品的订单表，其中包含客户的姓名、订购商品的名称、价格以及给客户发货的地址。用户通过设置一定的条件来控制通过查询提取数据的范围，不同的查询会返回不同的结果，极大提高了查询的灵活性，而且可以通过查询提取出各种各样的数据。

3. 窗体

窗体可以提供给用户输入数据的界面，同时也可以用于在屏幕上输出信息。在窗体中定制用户输入界面，可以非常灵活地限制用户可访问的输入选项，这样可以强制用户输入某些内容，同时也禁止输入某些内容。

除了用于输入数据外，窗体也可以提供一个信息显示界面。通过在窗体中指定要显示的信息，可以很好地控制数据的隐私情况，因为可以将一些敏感数据屏蔽起来，而只显示许可的内容。

4. 报表

报表可以认为是数据的输出结果。在使用查询从数据库中提取出符合指定条件的数据后，可以利用报表功能设计数据的输入方式，然后打印输出。最常见的一个报表的例子就是产品订购的订单。报表还可以在汇总数据的同时对数据进行计算，例如求和。

5. 页

页可以让Access与Internet联系得更紧密。用户可以利用网页设计工具创建页，然后将数据库中的数据作为文件存放在网页发布程序指定的文件夹中，或复制到网页服务器中，然后在Internet上发布信息。

6. 宏

宏是指一系列操作命令的有序集合，可以像录像一样对用户的操作进行录制，然后通过播放所录制的操作，来批量完成重复的工作，由此可提高工作效率。通过用户录制操作而生成的可播放动作，就是此处提到的“宏”。使用宏的一个原因，前面已经提到，就是可以提高工作效率。其他原因还包括希望将多个操作组合到一起，即将一个复杂操作通过宏一步完成；实现办公的自动化操作；降低Office软件的操作难度；通过宏简化复杂操作，轻松完成各种任务。

7．模块

用户所编写的VBA代码都被保存在模块中。模块中包含了一个或多个过程，利用模块可以提高代码的重用性，并便于对代码进行组织与管理。

17.4 创建Access数据库及其对象

Access中操作的主体是数据库中的各个对象，包括表、查询、窗体、报表等，熟练掌握这些对象的使用方法是必要的，本节将介绍这些数据库对象的基本操作方法。

17.4.1 创建数据库

在使用Access开发数据库之前，需要先创建数据库，一个数据库中包含了表、查询、窗体、报表等任何可以用到的对象。这种组织结构与Excel中的工作簿包含多个工作表一样，只不过Access要更复杂一些。

在Access 2010中可以使用两种方法创建数据库，一种是如果希望快速创建数据库，那么可以使用Access模板，这些模板都是Access预置的数据库，就像创建Word文档或Excel工作簿使用的模板一样；另一种方法是从头创建一个空白的数据库，然后根据需要重新开始设计表、创建查询、添加窗体、设计报表等工作。启动Access 2010后将会看到如图17-2所示的启动界面，它其实就是Access 2010的【文件】面板在选择【新建】命令后显示的界面。

在如图17-2所示的界面中，可以看到中间区域列出了可供用户选择的模板，上半部分是本地计算机中的模板，下半部分是微软官方网站Office.com上可供下载的模板。这些模板分类丰富，是学习Access的良好助手。

图17-2

要使用现有模板，可以选择上半部分中的【样本模板】选项，然后选择一种详细的模板，以此为基础来创建新的数据库，如图17-3所示。

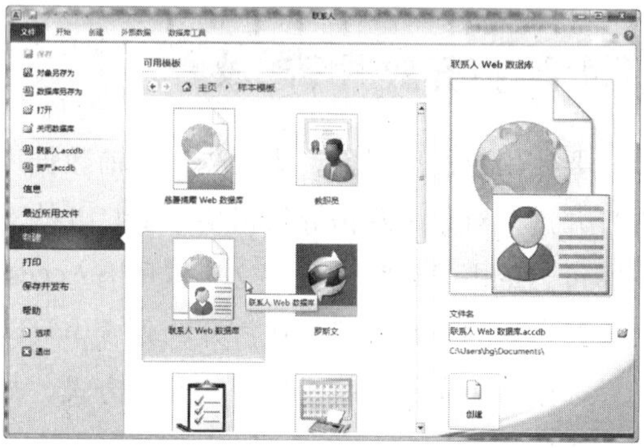

图17-3

在界面右侧会提供一个默认的数据库名称，用户可以修改这个名称。数据库的默认保存路径位于【我的文档】文件夹中，用户可以单击右侧的按钮重新选择其他位置。如果需要从【样本模板】类别导航到其他模板类别，可以单击中间区域顶部的文字【主页】，这个文字是可以单击的类似超链接的导航内容。

如果希望从头开始创建空白数据库，那么可以选择模板主页中的【空数据库】选项，然后在右侧输入数据库的名称并选择保存位置，单击【创建】按钮即可创建一个空白数据库，此时Access会自动打开这个数据库，同时新建一个空白表并在数据表视图中打开它，如图17-4所示。当在数据库中添加多个对象后，会在Access窗口左侧的导航窗格中看到其他对象。在右侧窗口中打开的多个对象以选项卡的方式进行显示，通过单击不同对象的选项卡名称可以切换对象。

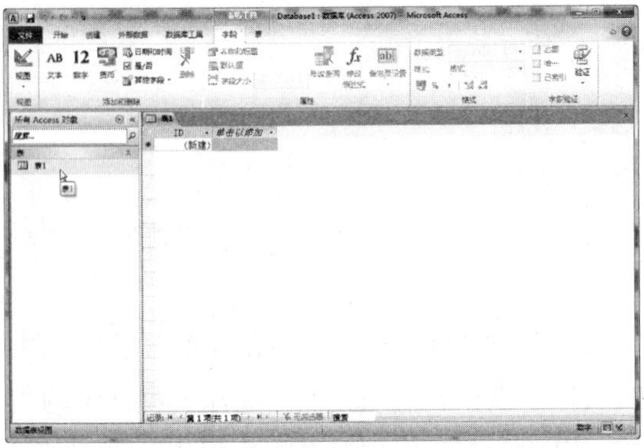

图17-4

17.4.2 打开数据库对象

要使用数据库对象，需要先在当前数据库中打开这个对象，双击导航窗格中要打开的对象即可。单击导航窗格顶部文字【所有Access对象】右侧的三角按钮，在打开的列表中可以选择数据库对象在导航窗格中的显示方式，如图17-5所示。

默认情况是按对象类型显示数据库中的所有对象，如图17-6所示就是这种显示方式的效果，当前数据库中包含表、窗体、报表三类对象，不同类型的对象显示在各自的分类中。如果只想显示数据库中的所有表，那么可以在【按组筛选】中选择【表】；如果希望将数据库中的所有对象按创建日期的顺序进行排列，那么可以选择【对象类型】中的【创建日期】。

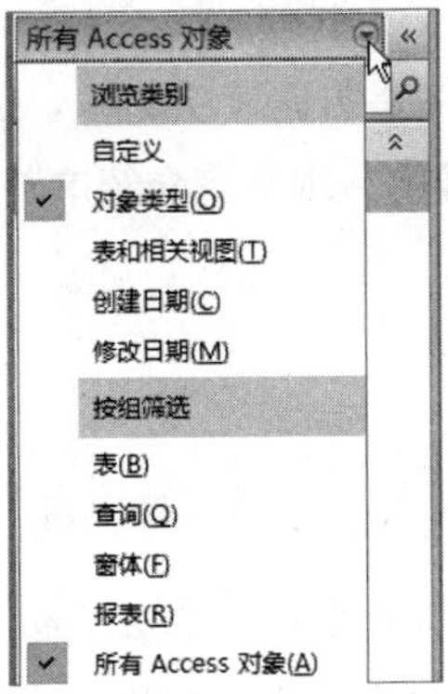

图17-5

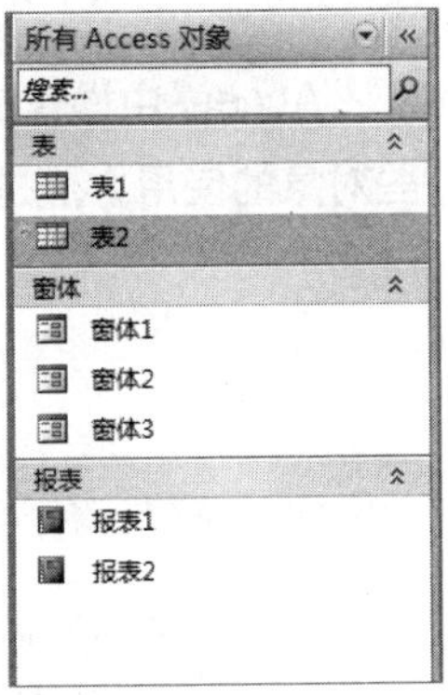

图17-6

17.4.3 保存数据库对象

为了让数据库对象存在于数据库中，需要在添加数据库对象后对其保存。例如，在数据库中添加一个表后，当关闭数据库时，会弹出提示信息询问用户是否要保存该表。还可以右击数据库对象的选项卡标签，在弹出的快捷菜单中选择【保存】命令，打开如图17-7所示的【另存为】对话框，在文本框中输入对象的名称并单击【确定】按钮保存该对象。

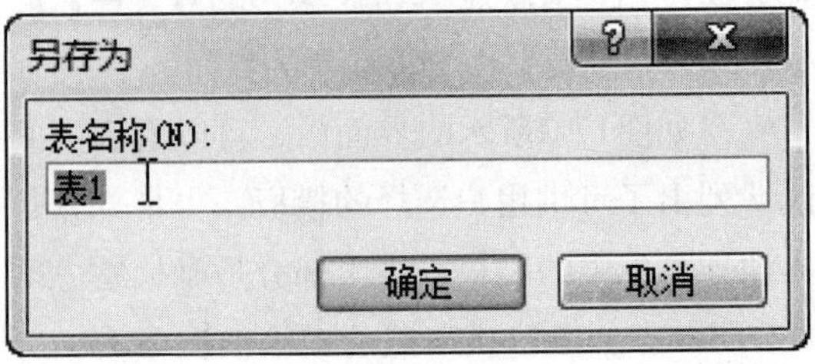

图17-7

也可以单击【文件】按钮并选择【保存】命令保存当前数据库对象。如果选择【对象另存为】命令，则可以将当前对象以其他名称作为副本进行保存。

17.4.4 关闭数据库对象

如果暂时不打算编辑某些数据库对象，那么可以先将其关闭。右击数据库对象的选项卡标签，在弹出的快捷菜单中选择【关闭】命令即可关闭该对象。如果要关闭所有打开的对象，则可以选择【全部关闭】命令。

17.4.5 插入数据库对象

在默认创建的空白数据库中只包含一张表，通常都需要在数据库中添加很多对象，尤其大型数据库更是如此。使用功能区【创建】选项卡中的命令可以向数据库中添加所需的对象。例如，可以单击【表格】组中的【表】按钮添加一个新表，也可以单击【窗体】组中的【窗体】按钮添加一个窗体。

17.4.6 复制数据库对象

如果希望创建一个与当前表结构和内容十分类似的表，那么可以通过复制这个表而快速得到新表，新表与原表完全相同。在导航窗格中右击要复制的表，从弹出的快捷菜单中选择【复制】命令，然后右击导航窗格中的任意位置，从弹出的快捷菜单中选择【粘贴】命令，打开如图17-8所示的对话框，在【表名称】文本框中输入表副本的名称，然后选择复制方式，如果只希望复制表结构，那么可以选中【仅结构】单选按钮；如果希望同时复制表的结构和其中的数据，则需要选中【结构和数据】单选按钮；否则可以将复制的表中的数据添加到已有的表中，但必须在【表名称】文本框中正确输入表的名称。单击【确定】按钮，即可将表按指定的方式进行复制。复制其他数据库对象的方法与复制表类似。

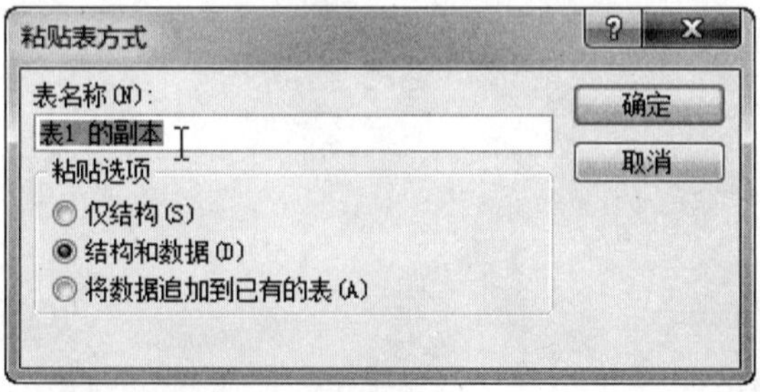

图17-8

17.4.7 重命名数据库对象

如果在起初没有为数据库对象起一个易于辨识的名称，那么也可以在以后修改这个名称。首先关闭要重命名的数据库对象，然后在导航窗格中右击该对象，从弹出的快捷菜单中选择【重命名】命令，输入新名称后按Enter键确认即可。

17.4.8 删除数据库对象

与重命名数据库对象类似，要删除一个数据库对象，需要在其关闭的状态下才能完成。关闭要删除的数据库对象后，在导航窗格中右击该对象，从弹出的快捷菜单中选择【删除】命令即可。

第18章

创建Access表

本章内容如下：

- Access表的创建流程和方法
- 设计Access表的结构
- 设置字段为主键
- 设置索引字段
- 设置多个表之间的关系
- 处理Access表中的数据

18.1 Access表的创建流程和方法

本节介绍了一些创建Access表的预备知识，包括表的整体设计流程、在数据库中添加新表的方法以及表的两种视图等。

18.1.1 Access表的设计流程

创建表并不是一个简单的过程，需要多个步骤才能完成，具体设计流程如下。

1 在数据库中创建新表。

2 在表设计视图中输入所需的所有字段的名称，设置字段的数据类型以及描述信息。

3 设置每个字段的属性。

4 设置表的主键，用以唯一区分表中的每一条记录。

5 设置表索引，从而加快数据排序等操作的速度。

6 保存整个表的设计结果。

18.1.2 添加新表

添加新表实际上就是在数据库中插入对象，其方法如下。

- 创建新数据库时会自动添加一张新的空白表。
- 启动Access后，单击功能区中的【创建】⇨【模板】⇨【应用程序部件】按钮，在弹出的菜单中选择一种表模板。
- 单击功能区中的【创建】⇨【表格】⇨【表】或【表设计】按钮。
- 将外部数据导入到数据库中创建表。

18.1.3 使用数据表视图和设计视图

默认情况下，Access在数据表视图中显示表中的数据，该视图与Excel工作表界面十分相似，只不过不显示行号和列字母。数据表视图便于查看表中的每一条记录，而且可以很方便地对记录进行各种编辑操作。在完成表的结构定义之后，输入数据的工作通常也是在数据表视图中进行的。表设计视图主要用于设计表的结构。当需要定义表结构以及设置字段数据类型和属性时，需要在表设计视图中进行。

双击导航窗格中的表，将自动在数据表视图中打开该表。如果希望在设计视图中打开表，那么可以在导航窗格中右击该表，从弹出的快捷菜单中选择【设计视图】命令。也可以使用Access窗口底部状态栏右侧的按钮切换表视图。

18.2 设计Access表的结构

在数据库中添加一个新表后，接下来就需要开始设计表的结构了。一个表结构的好坏直接影响到以后整个数据库的性能以及使用的便利性，甚至会关系到数据的安全问题。

18.2.1 在表中添加新字段

设计表结构的核心问题就是对字段的定义，字段是表中每一列顶部的标题，有其数据类型，包括可以设置的很多属性，这些属性决定了字段具有的特性。进入表设计视图后，可以看到窗口分为上、下两部分，如图18-1所示，上半部分用于输入表中包含的每一个字段的名称、数据类型和说明信息，下半部分用于设置字段的属性，包括字段大小、格式、输入掩码、默认值、有效性规则等。在上半部分的【字段名称】列中依次输入表中将要包含的所有字段的名称，然后设置每个字段的数据类型和说明（可选）。如果对字段有特殊要求，还可以在窗口的下半部分设置字段的属性。

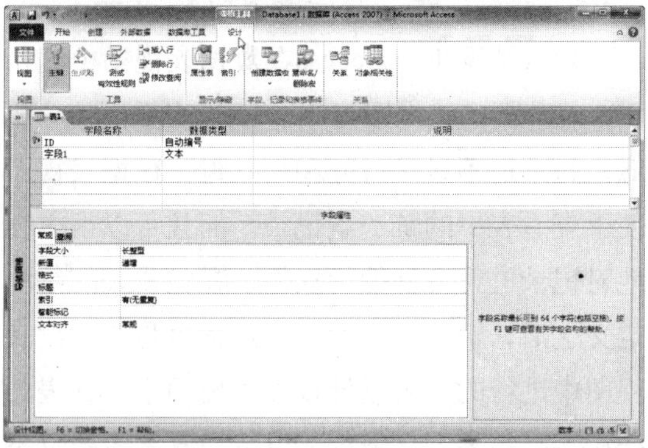

图18-1

如果希望在已有字段的上方添加新字段，可以单击这个已有字段，然后单击功能区中的【设计】⇨【工具】⇨【插入行】按钮，在已有字段上方添加一个空行，然后输入新字段的名称和数据类型。

提示：Access会自动在空白表中添加名为“ID”的字段，该字段的数据类型被自动设置为“自动编号”，而且Access自动将该字段设置为表的主键。

18.2.2 指定字段的数据类型

单击表设计视图【数据类型】列中的单元格，在单元格右侧会出现一个下拉按钮，单击该按钮，可以弹出如图18-2所示的列表，从中选择所需的数据类型。

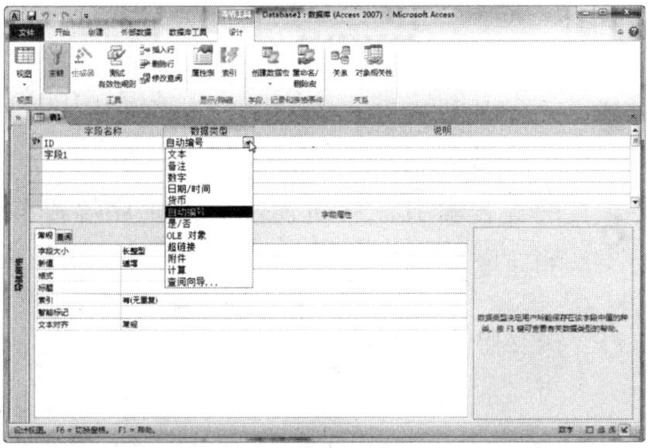

图18-2

表18-1列出了字段的数据类型及其简要说明。

表18–1 字段数据类型

数 据 类 型	存储的数据类型
文本	字母数字字符
备注	字母数字字符
数字	数字
日期/时间	日期和时间数据
货币	货币数据
自动编号	自动递增的数字
是/否	逻辑值，比如是/否或真/假
OLE对象	图形对象、音频、视频
超链接	连接到Internet

续表

数据类型	存储的数据类型
附件	附加到数据库的外部文件
计算	用于计算的字段
查阅向导	显示另一个表的数据

18.2.3 修改字段名称

如果字段名称输入有误，或对之前设置的字段名称不满意，那么可以随时修改字段名称。在表设计视图中单击要修改名称的字段，然后输入新名称，Access会自动更新表设计。

提示：在开始将字段名称用于数据库之前，最好确定字段名称不会再做更改。因为一旦将字段名称用于其他对象或位置，当修改字段名称时，也要在所有使用该字段的位置修改其名称，这将是一件极其烦琐的事情，而且很有可能会出现错误，导致不必要的麻烦。

18.2.4 更改字段的位置和大小

在表设计视图中输入的字段顺序，决定了在数据表视图中从左到右各字段的排列顺序。可以使用下面的方法调整字段的位置。

- *在表设计视图中单击字段名称左侧的行选择器。选择整行后，拖动行选择器向上或向下移动字段的位置。*
- *在数据表视图中单击字段名称以便选择字段所在的列，然后向左或向右拖动该列，从而移动字段的位置。*

如果需要，可以更改字段的大小，只有文本或数字类型的字段才能设置大小。对于文本字段而言，字段大小决定了可输入的文本字数；对于数字类型的字段而言，字段大小决定了可输入的最大数值。

提示：在表中已输入数据的情况下更改字段大小时应该尤其注意，确保表中的数据不会大于新字段的宽度，否则会截取现有的数据。

18.2.5 设置字段的数字格式

对于数据类型为【数字】的字段，可以在字段的【格式】属性中为字段选择一种数字格式，如图18-3所示。

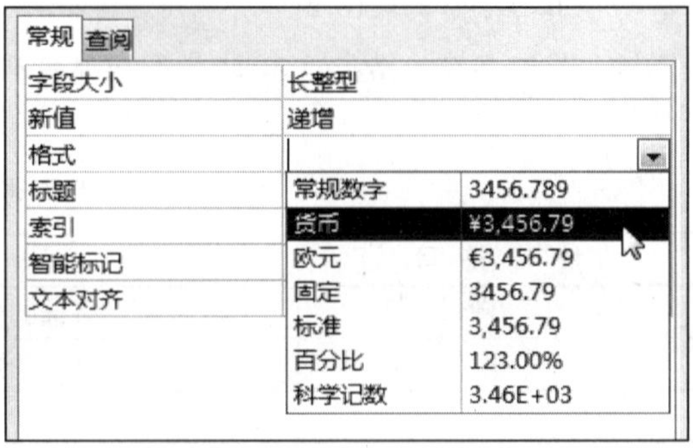

图18-3

在本书前面的章节中，曾经介绍过Excel中的数字格式，用户可以使用特定的数字格式代码自定义数字在单元格中的显示方式。例如，可以对表示金额的数字进行缩放，或者隐藏单元格中的零值。在Access中，用户也可以自定义设置字段的数字格式，其中的大部分格式代码与Excel类似，而且数字格式也分为四个部分，前三部分与Excel相同，最后一个部分则不同，即：正数;负数;零值;空值。

例如，下面的自定义格式代码可以让数字“1234”在Access中显示为“1,234”。

```
0,000
```

提示：无论数据的数字格式如何设置，都只改变数据的显示外观，而数据本身具有的值并未改变。

18.2.6 设置掩码

掩码用于预定义格式的数据，输入它可以限制用户输入数据的格式。例如，可以将邮政编码字段的掩码设置为6个0，这样将限定用户在邮政编码字段中只能输入连续的6个数字，而不能输入非数字字符。掩码最多由三个部分组成。

- 第一部分：包含掩码本身，掩码中常用的符号见表18-2。
- 第二部分：告知Access是否存储掩码中包括的字面字符以及其余数据。例如，掩码可能包含横线来分隔电话区号和实际号码的各个部分。使用0告诉Access将字母字符存储为部分数据，使用1告诉Access只存储数据本身。
- 第三部分：指定用户输入区域中可以有多少字符的占位符字符。大部分情况都使用井号或星号作为占位符。

表18-2 掩码中常用的符号

掩 码 符 号	说　　明
0	必选的数字
9	可选的数字
#	可选的数字或空格
L	必须使用从A到Z的字母
?	可选使用从A到Z的字母
A	必须使用字符或数字
a	可选使用字符或数字
&	必须使用任何字符或空格
C	可选使用任何字符或空格
!	从右到左显示输入掩码
\	按字面字符显示下一个字符

如果对掩码符号并不熟悉，那么还可以借助掩码设置向导来输入掩码。单击字段属性窗格中的【输入掩码】右侧的 按钮，打开如图18-4所示的【输入掩码向导】对话框。从列表框中选择一个与预期值接近的掩码类型，可以在【尝试】文本框中输入一个测试值查看效果。如果列表中包含想要的掩码，那么在选择后可以直接单击【完成】按钮，否则单击【下一步】按钮，在进入的界面中设置掩码的符号以及占位符类型，如图18-5所示。

单击【下一步】按钮后选择是否将特殊字符与数据一起存储。完成向导后，Access会在【输入掩码】文本框中自动输入设置的掩码符号。

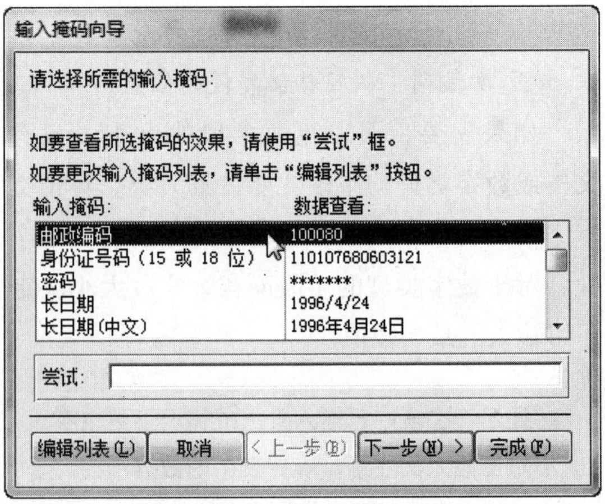

图18-4

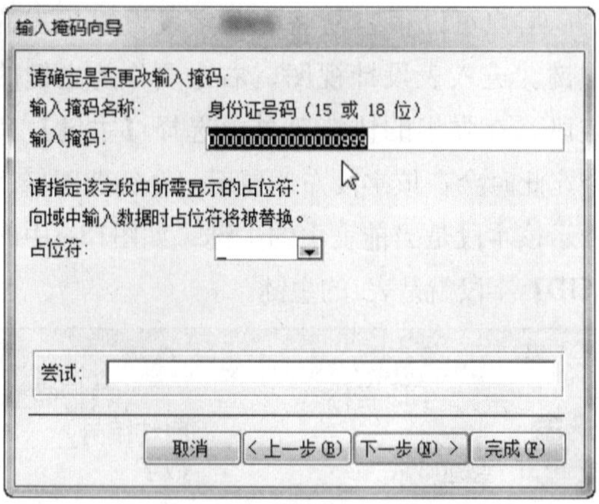

图18-5

18.2.7 设置数据的有效性规则

Excel中包含了一个十分有用的功能——数据有效性，使用这个功能可以限制用户在工作表单元格中输入的内容。同样，Access中也提供了类似的功能，使用此功能也可以限制字段中数据输入的可能值。例如，对于年龄字段而言，可能只希望输入一个两位数，而不希望用户随意输入任意位数的数字，而且这个两位数只能位于20~50之间，则可以在字段属性窗格的【有效性规则】中设置如图18-6所示的数据有效性规则。

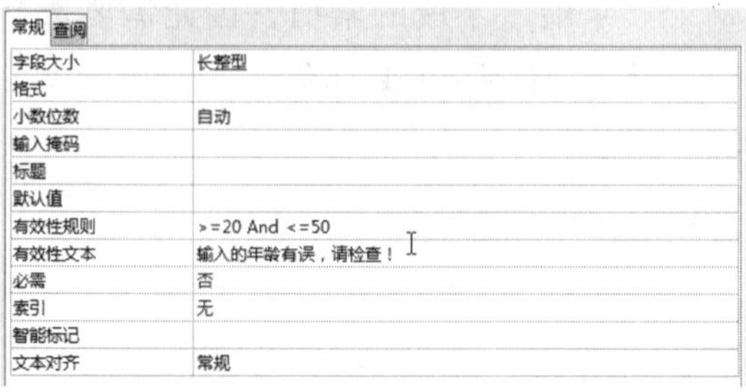

图18-6

就本例而言，当输入的年龄不到20岁或大于50岁时，会收到如图18-7所示的提示信息。这个信息是用户在【有效性文本】中输入的提示内容，当用户输入不符合条件的数值时，Access会用【有效性文本】中的内容提醒用户。

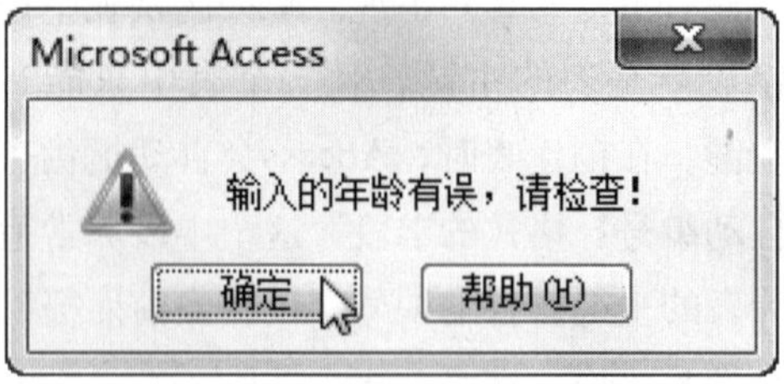

图18-7

18.2.8 删除字段

在表设计视图中，可以使用以下几种方法删除字段。

- 单击字段名称左侧的空白处，这个位置也可以称为行选择器。单击此处可以选择一整行，然后按Delete键即可删除该行。
- 右击字段所在行的任一单元格，在弹出的快捷菜单中选择【删除行】命令。
- 单击字段，然后单击功能区中的【设计】⇨【工具】⇨【删除行】按钮。

如果要删除的字段中包含了实际的数据，那么在删除时会显示提示信息以提醒用户。可以使用【撤销】命令恢复刚删除的字段，但是如果已经保存了表设计，那么将无法撤销字段的删除操作。

18.3 设置字段为主键

Access表通常会包含很多数据，为了避免其中存在重复数据，必须使用一种方法确保可以唯一区别表中的每一条记录，这个方法就是使用主键。

例如，在一个包含客户信息的表中，可能希望通过客户姓名来区分每一个客户。这个方法看上去好像是可行的，但很快就会发现存在一定的问题，因为客户中很可能有同名的情况。为了解决这个问题，更好的方法是为每一个客户分配一个不重复的编号，这样可以确保表中没有重复的客户出现。唯一区别表中记录的字段就是表的主键，且一个表中只能有一个主键。在创建表时，Access会自动提供一个【自动编号】格式的字段，这个字段非常适合作为表的主键。自动编号字段就像前面提到的客户编号一样，在整个表中是唯一的。Access将对自动编号字段自动维护，每添加一条新记录，自动编号字段中的数字都会自动加1，从而确保不会出现重复编号的情况。

用户可以很容易将一个字段设置为表的主键。进入表设计视图，右击要作为主键的字段，在弹出的快捷菜单中选择【主键】命令，此时会在该字段左侧显示一个钥匙图标，表示该字段是当前表中的主键，如图18-8中的【ID】字段就是表1的主键。

图18-8

要删除主键，可以右击主键字段，然后在弹出的快捷菜单中选择【主键】命令。设置或删除主键也可以单击功能区中的【设计】⇨【工具】⇨【主键】按钮。

18.4 设置索引字段

在编辑表中的数据时，经常需要对数据进行排序、筛选或执行查询操作。如果表中包含很多数据，那么在对某一列数据进行排序时可能就会比较慢。解决这个问题的方法是为该字段设置索引。

虽然为字段设置索引可以加快操作字段中数据的速度，但是并不建议将表中的所有字段都设置为索引，因为这样可能会适得其反。由于存在大量毫无意义的索引而影响在表中添加、删除或更新记录的速度，Access会自动为表中的主键字段设置索引。除了主键字段外，用户也可以为其他任何字段设置索引，具体操作如下。

1 切换到表设计视图，单击要设置索引的字段。

2 在字段属性窗格中将【索引】设置为【有（有重复）】或【有（无重复）】，如图18-9所示，图中设置的是“年龄”字段的索引，因此需要选择【有（有重复）】选项。

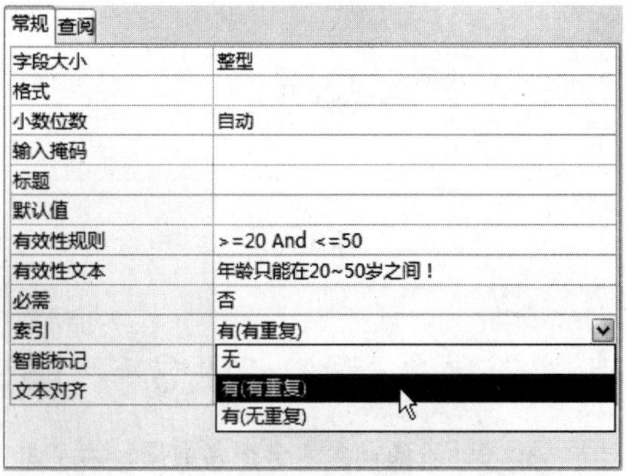

图18-9

3 单击功能区中的【设计】⇨【显示/隐藏】⇨【索引】按钮，打开【索引】对话框，如图18-10所示。

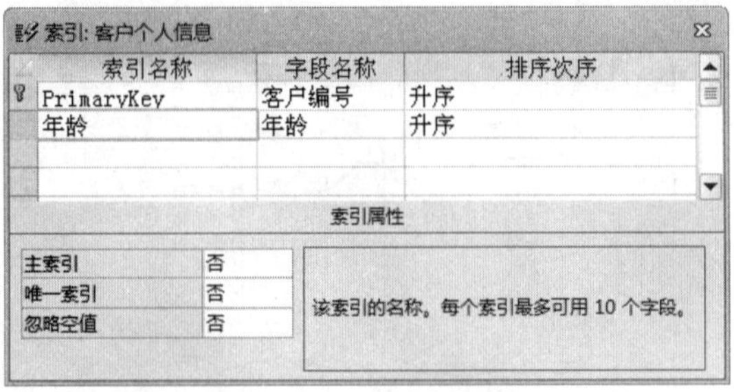

图18-10

列表中显示了当前表中的所有索引，在【排序次序】列中为索引设置数据的排序方式，包括【升序】和【降序】两项。【索引属性】中还包括以下三个选项。

- 【主索引】：设置为【是】时表示Access使用该索引所在字段作为主键。
- 【唯一索引】：如果将该选项设置为【是】，那么该索引字段中的每一项数据都必须是唯一的，不能有重复值。
- 【忽略空值】：该值决定索引中是否可以包含空值。

4 单击【索引】对话框右上角的关闭按钮，返回表设计视图，然后单击快速访问工具栏中的【保存】按钮保存对表的更改。

18.5 设置多个表之间的关系

通常情况下，一个数据库中不会只有一张表，而是至少包含两张或更多的表。为了让多个表中的数据形成一个有机整体，就需要在各个表之间建立一种关系，这种关系是通过表的主键和外键建立的。

主键在本章前面已经介绍过，而外键其实只是相对不同表而言的。例如，假设客户编号是表一中的主键，而表二中也有一个与表一中相同的客户编号字段，两个表通过该字段建立了关系，那么表二中的客户编号字段就是表一中的外键。当表之间建立关系以后，就可以使用查询从多个相关表中提取符合条件的记录。

下面通过建立客户个人信息表与商品订购信息之间的关系，演示了建立表关系的一般方法。具体操作如下。

1 打开要创建表关系的数据库，单击功能区中的【数据库工具】⇨【关系】⇨【关系】按钮。

2 单击【关系】按钮，打开【显示表】对话框，其中显示了当前数据库中的所有表，通过拖动鼠标或配合Ctrl键选择【客户个人信息】和【商品订购信息】两个表，如图18-11所示。

图18-11

3 单击【添加】和【关闭】按钮，将所选择的表添加到【关系】窗口中，如图18-12所示。

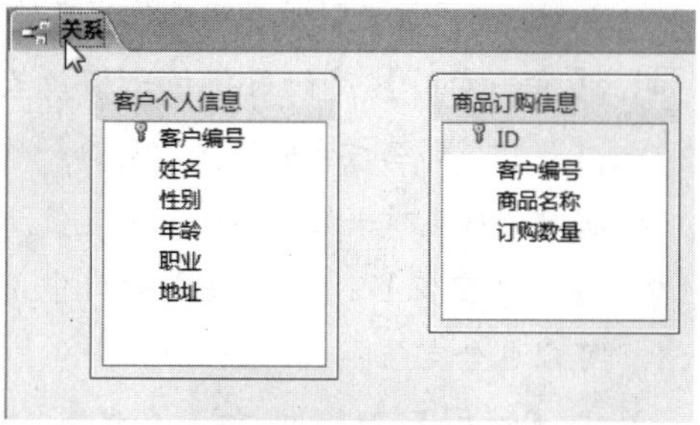

图18-12

4 将【客户个人信息】表中的【客户编号】字段拖动到【商品订购信息】表中的【客户编号】字段上，弹出如图18-13所示的对话框，选中【实施参照完整性】和【级联删除相关记录】复选框。

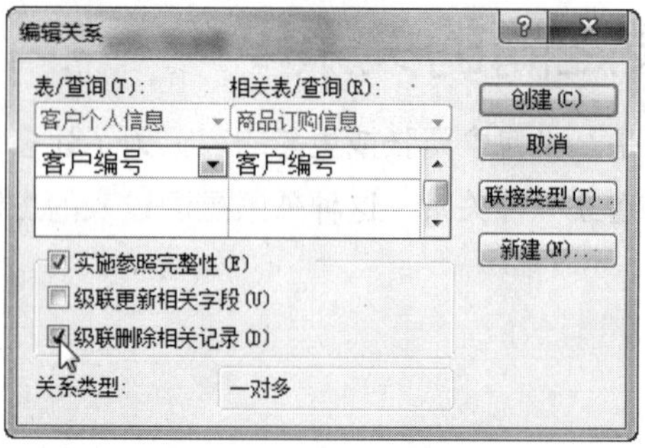

图18-13

5 单击【创建】按钮，建立【客户个人信息】表和【商品订购信息】表之间的一对多关系，如图18-14所示。

提示：【关系】窗口中表之间的连线是表与表之间的关系连接线，数字1表示“一”端表，无穷符号表示“多”端表。图18-14中创建的关系是一对多的关系，即一个表中的一条记录对应于另一个表中的多条记录。

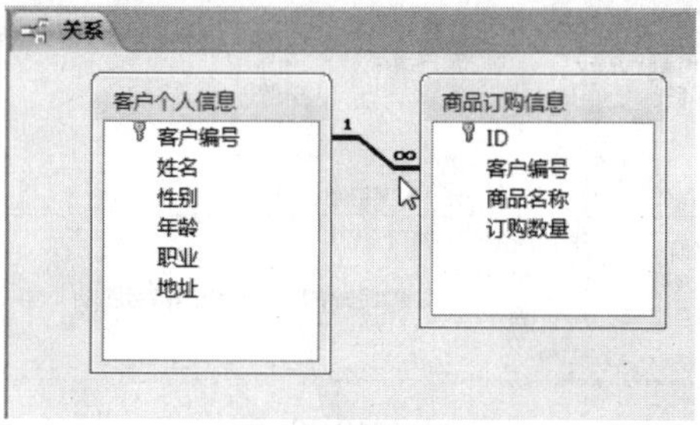

图18-14

6 单击【保存】按钮保存已建立的关系。如果以后需要修改表之间的关系，可以双击【关系】窗口中的关系连接线，在打开的【编辑关系】对话框中修改表间的关系。单击要删除的关系连接线，按Delete键可删除该关系。

创建好表间的关系后，在Access中打开一对多关系中的主表，即“一”端表【客户个人信息】。单击记录前的【+】符号，可以查看每个客户订购的商品详情，如图18-15所示。

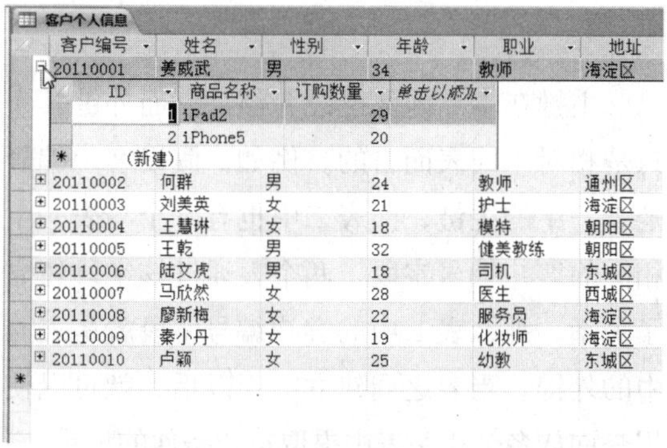

客户编号	姓名	性别	年龄	职业	地址
20110001	姜威武	男	34	教师	海淀区
ID	商品名称	订购数量	单击以添加		
1	iPad2	29			
2	iPhone5	20			
(新建)					
20110002	何群	男	24	教师	通州区
20110003	刘美英	女	21	护士	海淀区
20110004	王慧琳	女	18	模特	朝阳区
20110005	王乾	男	32	健美教练	朝阳区
20110006	陆文虎	男	18	司机	东城区
20110007	马欣然	女	28	医生	西城区
20110008	廖新梅	女	22	服务员	海淀区
20110009	秦小丹	女	19	化妆师	海淀区
20110010	卢颖	女	25	幼教	东城区

图18-15

18.6 处理Access表中的数据

设计好表结构后，接下来需要在表中输入数据，也就是添加记录。添加记录时需要注意设置数据有效性规则的字段，防止用户输入不符合规则的数据。

18.6.1 在数据表中定位和移动

直接手工修改是随时修改表中数据其中的一种方法，如果要修改的数据太多，那么可以使用查找替换的方式进行批量修改。此外，还可以对表中的数据进行排序和筛选，从而便于查看和分析表中的数据。如果要在数据表中移动位置，可以使用鼠标单击要移动到的记录；或者拖动Access窗口右侧的垂直滚动条；也可以使用窗口底部的导航按钮定位到上一条/下一条记录、第一个/最后一个记录或输入要定位到的记录编号；还可以使用快捷键进行定位导航，表18-3列出了常用快捷键的功能。

表18-3 可用的快捷键

按　键	功　能
Shift+Tab	上一个字段
Tab	下一个字段
Home	当前记录的第一个字段
End	当前记录的最后一个字段
上箭头	上一条记录
下箭头	下一条记录
Ctrl+Home	第一条记录的第一个字段
Ctrl+End	最后一条记录的最后一个字段
PgUp	向上滚动一页
PgDn	向下滚动一页

18.6.2 添加新记录

在完成表设计后，返回数据表视图，可以看到表中是不包含任何数据的，但是表顶部会显示每一列的字段名称。当数据表为空时，第一行的记录选择器会包含一个星号，表示这是一个新记录，如图18-16所示。

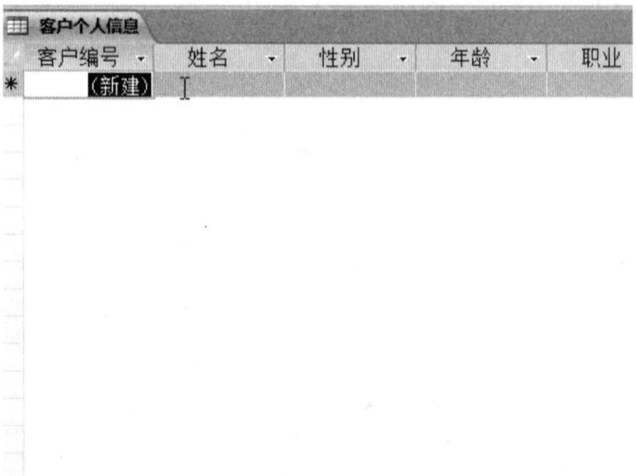

图18-16

当表中已经包含数据后，新记录会出现在表的底部，如图18-17所示。单击功能区中的【开始】⇨【记录】⇨【新建】按钮，可以将鼠标指针移动到表底部最后一行的新记录中，然后输入新的记录数据。

图18-17

提示：如果表中包含自动编号类型的字段，那么会在字段中显示“（新建）”，在这种字段中无法输入任何内容。可直接按Tab键将鼠标指针移动到下一个字段中继续输入数据。Access会自动在编号字段中添加编号。

18.6.3 保存记录

将鼠标指针移动到不同的记录上，即可保存已编辑好的记录。还可以使用以下方法保存编辑好的记录。

- 使用Tab键切换到其他字段。
- 单击导航按钮。
- 单击功能区中的【开始】⇨【记录】⇨【保存】按钮。

提示：如果既想保存记录，但是又不想离开当前字段位置，那么可以按Shift+Enter组合键。

18.6.4 修改数据

当表中已经包含数据时，可以随时修改这些数据。方法是单击单元格后按BackSpace或Delete键逐一删除字符并输入新的内容，或者直接选择单元格中的内容，然后输入新内容替换原有内容。使用以下方法可以直接选中单元格中的内容。

- 使用Tab键或方向键。
- 在鼠标变为一个大加号时单击值的左侧。
- 双击值的左侧。
- 单击单元格并按F2键。

18.6.5 查找和替换数据

经常遇到需要在一个包含大量数据的表中修改某一类信息的情况。例如，可能希望将“职业”字段中的“健美教练”全部改为“健身教练”，一个个手工修改相当麻烦，此时可以使用查找和替换功能。单击表中“职业”字段中的任意一个单元格，然后单击功能区中的【开始】⇨【查找】⇨【替换】按钮或按Ctrl+H组合键，打开【查找和替换】对话框，在【查找内容】下拉列表框中输入“健美教练”，在【替换为】下拉列表框中输入“健身教练”，如图18-18所示。

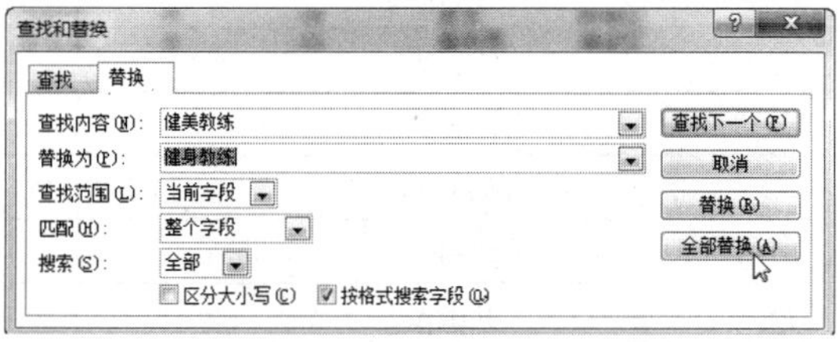

图18-18

提示：由于只修改“职业”字段中的值，因此确保【查找范围】下拉列表中选择的是【当前字段】选项，这样可以防止将其他字段中的“健美”二字替换掉。

设置好替换选项后，单击【全部替换】按钮，可以将“职业”字段中的所有“健美教练”修改为“健身教练”。

第19章

建立并使用查询、窗体和报表

本章内容如下：

- 通过查询获取数据
- 创建和使用Access窗体
- 通过报表输出数据

19.1 通过查询获取数据

在构建好数据库中包含底层数据的表后，就可以根据需要使用查询功能从不同的表中提取符合条件的数据，就像是一个向数据库提出问题并得到解答的过程。用户可以将从查询得到的结果在窗体中显示或是通过报表打印输出。也就是说，查询是一个可以将数据库中的数据转变为有用信息的工具或过程。

19.1.1 数据库查询的概念

查询的英文单词是query，意思是提问或者询问。所以可以将查询理解为是向数据库提出问题的过程。在Access中使用查询从数据库中提取数据，然后再将得到的结果保存为一个对象。可以只从一个表中提取数据，也可以同时从多个表中提取数据，使用哪种方式要看问题的复杂性以及数据的组织情况。在创建并运行一个查询后，Access会检索相关表中的数据并返回一个记录集，可以将这个记录集看作是表数据的一个子集，因为记录集中只包含了符合条件的一条或多条记录。

19.1.2 查询的类型

Access支持以下很多不同类型的查询。

- 选择：通常创建的查询都是选择查询，该类型的查询是从一个或多个表中提取符合条件的数据，从而创建一个记录集。
- 汇总：是选择查询的一个特殊类型，它可以对查询返回的记录进行求和或其他运算。
- 操作：允许创建一个新表或者更改查询涉及的表中的数据，包括追加、更新或删除等操作。
- 交叉表：可以用类似电子表格的交叉表形式显示总结数据，其中包含了表中字段的行、列标题。
- SQL：用于高级数据库操作，通过编写SQL语句可以创建SQL查询。
- Top(n)：可以指定从任何类型查询返回的记录数量或者记录百分比。

19.1.3 记录集的概念

Access将从查询中得到的结果称为“记录集”，其外观就像一个表，但事实上记录集是动态数据集合：查询返回的记录集并不保存在数据库中，在关闭查询时，记录集就会消失。虽然记录集本身并不存在，但是被查询提取出来的组成记录集的数据仍然存在于底层表中。在保存查询时，Access只保存查询的结构，而不保存查询返回的记录，这样做的优势很明显，可以减少磁盘占用空间，而且查询返回的结果总是最新的。

19.1.4 创建简单查询

在Access中创建好底层的表并输入好原始数据后，就为查询做好了准备。用户可以使用查询向导或自定义的方式来创建查询，这里介绍自定义方式创建查询的方法。单击功能区中的【创建】⇨【查询】⇨【查询设计】按钮，打开【显示表】对话框，选择要从中提取数据的表，如图19-1所示。

图19-1

单击【添加】和【关闭】按钮，关闭【显示表】对话框，并将所选择的表添加到一个新建的查询中，如图19-2所示。查询设计窗口包含上下两部分，上半部分显示了查询来源的表，下半部分则用于设置查询的条件。

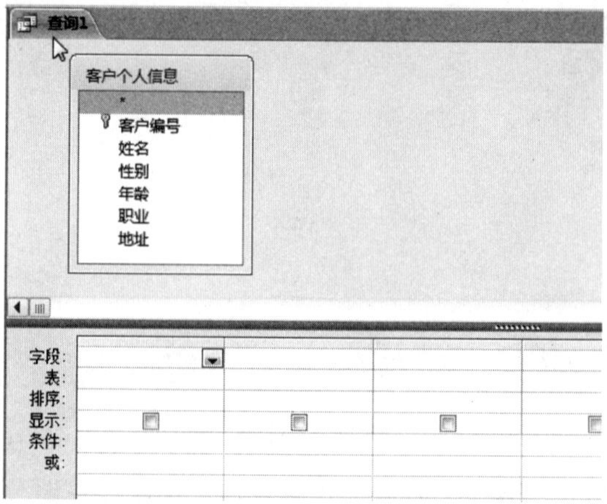

图19-2

提示：右击查询中的表，从弹出的快捷菜单中选择【删除表】命令，可以将该表从查询中删除。

下半部分用于设置查询条件的窗口包含以下六项。

- 字段：输入或添加字段名称。
- 表：显示字段的来源表，用于多表查询。
- 排序：为查询设置排序选项。
- 显示：确定是否显示返回记录集中的字段。
- 条件：筛选返回记录的条件。
- 或：添加多重查询条件的数行中的第一行。

本例添加到查询中的是“客户个人信息”表，假设希望查看年龄在20岁以上的所有客户信息，并将所有客户按年龄从大到小排列。创建查询的具体操作如下。

1 单击查询设计窗口下半部分的字段单元格右侧的下拉按钮，从下拉列表中选择【姓名】选项，然后在同行右侧的两个单元格中依次选择【年龄】和【职业】选项。

2 在【年龄】列中，将【排序】行对应的单元格设置为【降序】；在【条件】行对应的单元格输入“> = 20”，如图19-3所示。

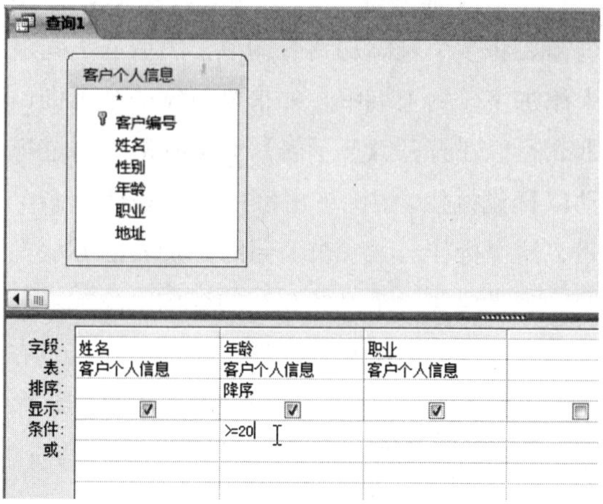

图19-3

3 单击功能区中的【设计】⇨【结果】⇨【运行】按钮，将得到查询结果，如

图19-4所示。如果要返回之前的查询设计窗口，可以单击状态栏中的【设计视图】按钮。

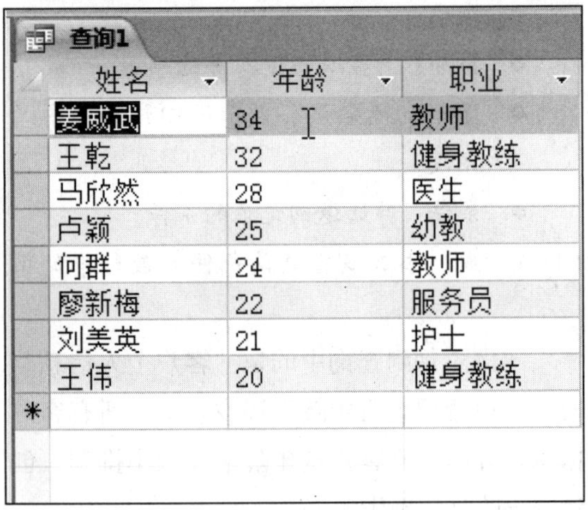

姓名	年龄	职业
姜威武	34	教师
王乾	32	健身教练
马欣然	28	医生
卢颖	25	幼教
何群	24	教师
廖新梅	22	服务员
刘美英	21	护士
王伟	20	健身教练

图19-4

19.1.5 创建多表查询

只从一个表中提取数据的情况并不是最常见的，更普遍的是从数据库的多个表中提取数据。这是因为在设计表结构时，通常都会将数据分散到多个表中，所以在提取数据时也需要从多个相关表中进行操作。

多表查询的操作方法与单表类似，只不过需要将多个表添加到查询中，然后从不同表中添加字段到查询中。如果要新建一个查询，那么可以在打开【显示表】对话框后，通过拖动鼠标或按住Ctrl键单击每一个表来选择多个表，这个操作与设置表关系时添加表的方法类似。如果要在一个已经存在的查询中添加表，那么可以打开这个查询，然后在查询窗口中右击，在弹出的快捷菜单中选择【显示表】命令，之后的操作与前面所述相同。

单击【添加】和【关闭】按钮后，将选择的多个表添加到查询中。与设置单表查询类似，依次在【字段】行中添加所需的字段。由于添加了多个表，因此在打开的字段列表中会以“表名+字段名”的形式显示字段名称，这样便于用户区别字段所属的表。设置好查询条件后，单击功能区中的【设计】⇨【结果】⇨【运行】按钮得到查询结果，如图19-5所示的结果表示从【客户个人信息】和【商品订购信息】表中提取出年龄在20岁以上，购买商品数量不少于5件的所有客户信息。

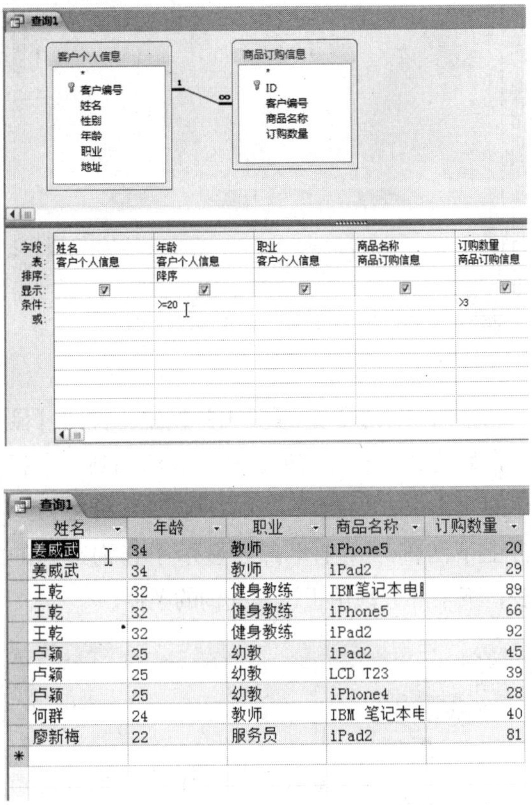

姓名	年龄	职业	商品名称	订购数量
姜威武	34	教师	iPhone5	20
姜威武	34	教师	iPad2	29
王乾	32	健身教练	IBM笔记本电	89
王乾	32	健身教练	iPhone5	66
王乾	32	健身教练	iPad2	92
卢颖	25	幼教	iPad2	45
卢颖	25	幼教	LCD T23	39
卢颖	25	幼教	iPhone4	28
何群	24	教师	IBM 笔记本电	40
廖新梅	22	服务员	iPad2	81

图19-5

19.1.6 保存查询

右击查询选项卡，从弹出的快捷菜单中选择【保存】命令，如果是第一次保存查询，那么会要求提供查询的名称。输入一个名称并单击【确定】按钮，即可将查询保存到数据库中。不过保存的不是查询提取出的记录，而是查询中设置的条件。

19.2 创建和使用Access窗体

为了更加灵活地输入和显示数据，可以使用窗体对输入和显示界面进行自定义。为了使窗体便于操作，可以在窗体中添加不同类型不同用途的控件，如文本框、标签、按钮、列表框等。本节将介绍如何创建窗体并在窗体中添加控件。

19.2.1 创建窗体

在功能区的【创建】⇨【窗体】组中列出了创建窗体的多种方法。

- 窗体：创建一个每次只能输入一条记录的窗体。
- 窗体设计：创建一个空白窗体并自动进入窗体设计视图，由用户对窗体进行完全自定义设计。
- 空白窗体：创建一个不带控件的窗体。
- 窗体向导：按照向导一步步地操作创建出可自定义的简单窗体。
- 导航：创建用于浏览其他表单或报表的窗体。
- 其他窗体：可以创建更多类型的窗体，包括多个项目、数据表、分割窗体、模式对话框等。

可根据需求和用途选择创建的窗体类型。例如，可以基于【导航窗格】中当前所选择的表或查询创建窗体，具体操作如下。

1 单击【导航窗格】中要创建窗体的表，例如【客户个人信息】表。

2 单击功能区中的【创建】⇨【窗体】⇨【窗体】按钮，Access将创建一个新窗体，其中包含【客户个人信息】表中的所有字段及数据，如图19-6所示。

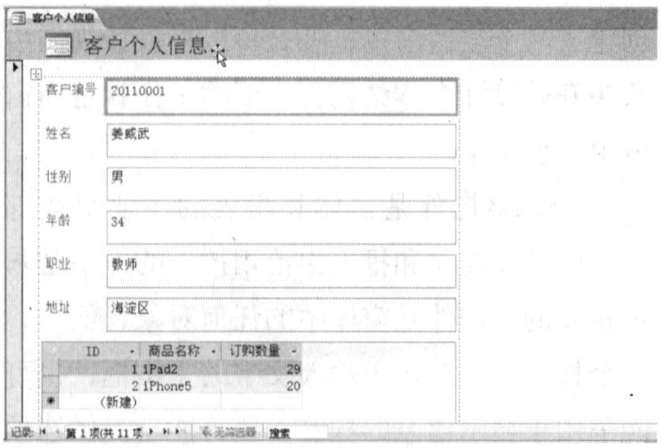

图19-6

创建窗体的另一个快捷方法是使用窗体向导。单击功能区中的【创建】⇨【窗体】⇨【窗体向导】按钮，打开【窗体向导】对话框。在【表/查询】下拉列表中选择要创建窗体的来源表或查询，单击中间的【>】按钮可以将字段从左侧【可用字段】列表框添加到右侧【选定字段】列表框中，如图19-7所示。

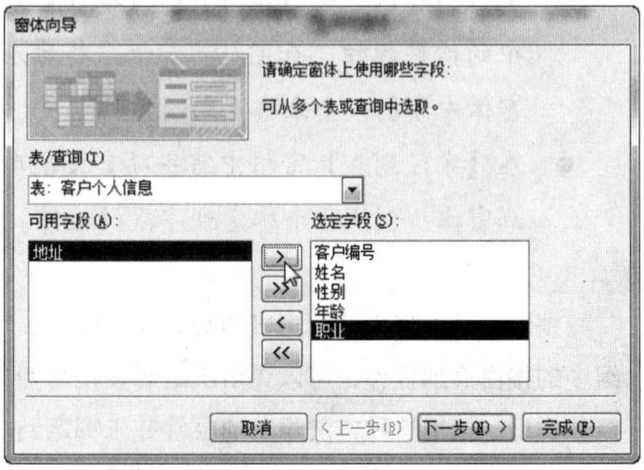

图19-7

单击【下一步】按钮选择窗体的布局结

构，继续单击【下一步】按钮，为窗体指定一个名称，然后单击【完成】按钮即可创建窗体，其中包含了由用户自己指定的字段。

19.2.2 添加窗体控件

在Access 2010中，如果已经创建了窗体，那么可以单击状态栏中的【设计视图】按钮进入窗体设计视图，以更改窗体的结构。如果创建了一个空白窗体，那么可以在设计视图中从头开始设计窗体结构，主要的工作就是向窗体中添加控件。

Access控件是窗体和报表的主要组成部分，而且在窗体和报表中使用控件的方法是基本相同的。控件是窗体中的任何对象，例如，一个按钮，一个用于输入文字的文本框，也可能是用于显示信息的标签，还可能是提供选项的下拉列表。

Access中的控件既可以接收用户输入的数据，也可以用于将数据显示到屏幕中。控件可以绑定到表中的一个字段上，这样在控件中输入数据时会自动将该数据输入到表中绑定的字段上，从而改变底层数据。首先进入窗体的设计视图，然后可以使用下面两种方法在窗体中添加控件。

- 单击功能区中的【设计】⇨【控件】组中的控件按钮，如图19-8所示，然后在窗体中绘制一个未绑定的新控件。
- 在【字段列表】窗格中将字段直接拖动到窗体，创建一个绑定到字段的控件。

提示：通过使用功能区【设计】⇨【控件】组中的按钮添加控件，可以灵活决定想要使用的控件类型。使用这种方法添加的控件并未绑定到表字段中，如果需要可以在创建控件后手动设置绑定状态。

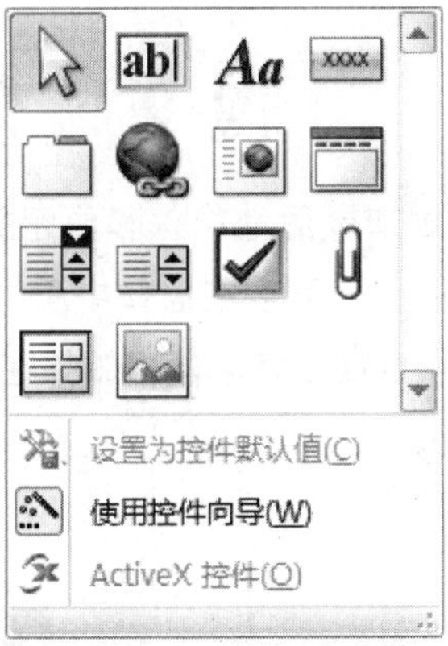

图19-8

在窗体中添加控件的具体操作如下。

1 单击功能区中的【创建】⇨【窗体】⇨【窗体设计】按钮，在设计视图中新建一个空白窗体，如图19-9所示。

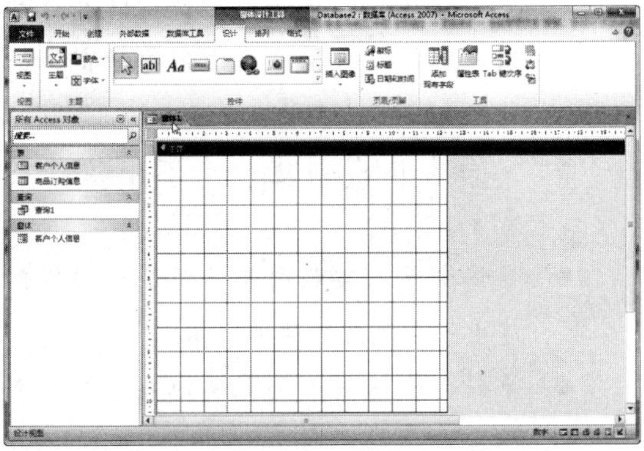

图19-9

2 单击【设计】⇨【控件】组中的控件类型按钮，然后在窗体中拖动鼠标绘制所选类型的控件，图19-10所示是在窗体中绘制了一个文本框控件、一个选项按钮和一个复选框。

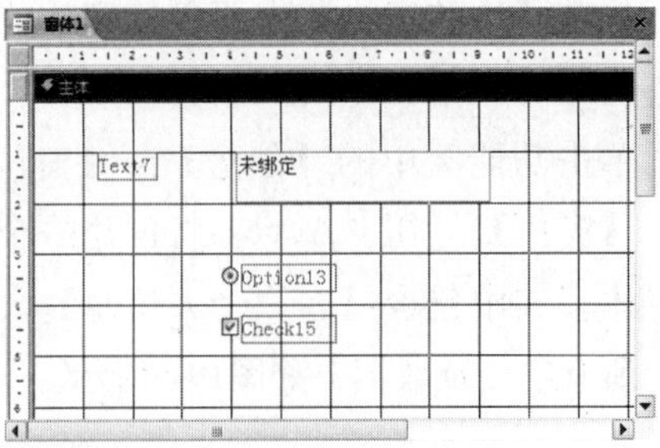

图19-10

在窗体设计视图时会在Access窗口右侧自动打开【字段列表】窗格，其中显示了窗体所基于的一系列来自表或查询所包含的字段。可以直接从【字段列表】窗格中将字段拖动到窗体中，这样可以添加绑定到字段的控件。双击字段也可以将其添加到窗体中。

提示：如果当前没有显示【字段列表】窗格，可以单击功能区中的【设计】⇨【工具】⇨【添加现有字段】按钮进行显示。

通常情况下，当从字段列表中拖动一个字段到窗体时，则会添加一个绑定的文本框；如果拖动的是"是/否"类型的字段，则会添加一个复选框；如果拖动的是一个具有"查找"属性的字段，则会添加一个列表框或组合框控件。

提示：在添加文本框控件时，Access会自动将一个标签控件和一个文本框控件关联。如果只想处理调整文本框控件而不调整标签，那么需要对它们进行单独处理。

可以很容易地发现添加到窗体中的未绑定控件和绑定控件之间的区别：绑定到字段的控件标签会显示字段的名称，而没有绑定的控件则不会显示，如图19-11所示。

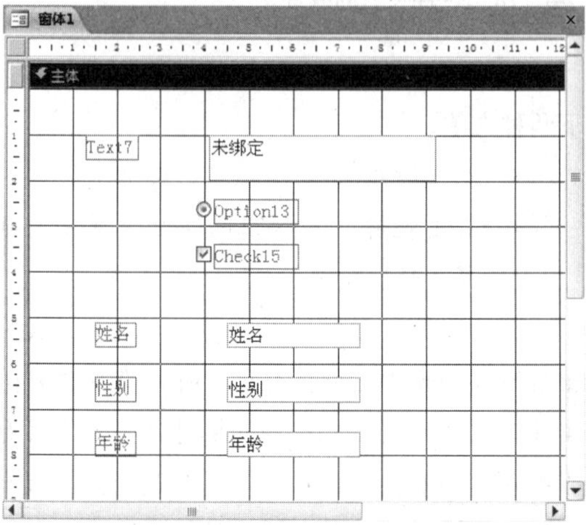

图19-11

19.2.3 调整控件的位置和大小

在将控件添加到窗体后，可能需要对控件的格式进行一些调整，包括位置、大小等。但是首先要掌握控件的选择方法，因为它是对控件进行各种操作的基础。一个选定的控件其四周可能会显示4~8个控制柄（控件边框上的小方块），这些控制柄可用于调整控件的大小，左上角的控制柄较大一些，用于移动控件。如图19-12所示显示了一些选定的控件。

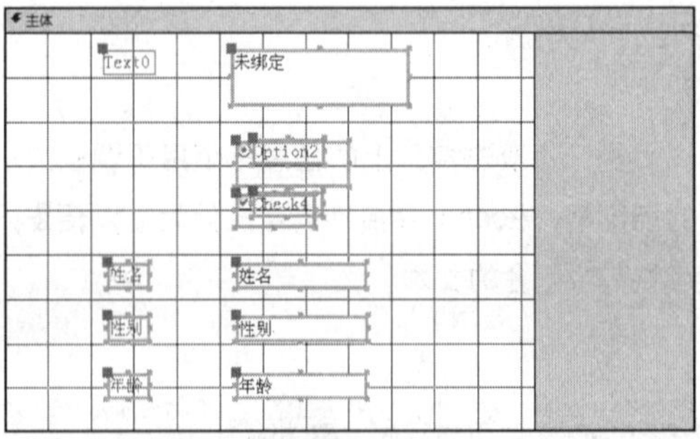

图19-12

单击某个控件即可将其选中，选定控件后就会显示四周的控制柄。如果控件具有关联标签，那么标签的移动控制柄也会出现。可以使用下面几种方法选择多个控件。

- 通过拖动鼠标划过想要选择的所有控件。
- 将鼠标移动到水平标尺或垂直标尺上，当鼠标变为下箭头或右箭头时拖动标尺。
- 按住Shift键的同时单击要选择的每一个控件。
- 在窗体的设计视图中按Ctrl+A组合键，选择窗体中的所有控件。

提示：如果发现鼠标拖动过的矩形区域所包含的控件没有被选中，那么可能是因为当前设置的【选中行为】是【全部包含】。解决方法如下：单击【文件】按钮并选择【选项】命令，打开【Access选项】对话框，选择【对象设计器】选项卡，然后选中【部分包含】单选按钮。

如果要取消选择控件，可以单击窗体中的空白处，这样将取消选择所有控件。按住Shift键的同时单击已选择的控件，可以只取消该控件的选择。

使用鼠标拖动控件四个边中间上的控制柄（鼠标变为水平或垂直方向的箭头），可以在一个方向扩大或缩小控件；如果拖动控件角上的控制柄可同时调整控件的宽度和高度（鼠标变为对角线方向的箭头）。可以在按住Shift键的同时按方向键，这样可以按每次1像素来调整控件大小。

提示：双击控件上的任意一个用于调整大小的控制柄，Access会自动调整控件大小以便正好容纳其中包含的文本。

19.2.4 改变控件的类型

如果发现最开始创建的控件并不是自己想要的，那么可以更改窗体中控件的类型。右击控件，在弹出的快捷菜单中选择【更改为】命令，然后在子菜单中选择要更改为的控件类型。需要注意的是，并不是可以将控件更改为任何其他控件类型，例如，可以将文本框控件更改为标签、列表框和组合框，而不能改为复选框或选项按钮。

19.2.5 设置控件的属性

控件属性决定了控件的各种特性，例如，控件的名称、控件上显示的文字及其字体和字号、边框颜色、背景颜色、控件的尺寸以及在窗体中的位置等。前面介绍的调整控件大小的操作其实就是在设置控件的属性。如果希望更系统、更全面地设置控件的属性，那么可以使用Access专门为控件提供的【属性表】。

进入窗体设计视图，然后单击功能区中的【设计】⇨【工具】⇨【属性表】按钮，打开【属性表】窗格。如果当前没有选择任何控件，那么【属性表】中显示的是窗体的各项属性。单击窗体中的控件，此时【属性表】中会显示当前选中的控件的属性，其中包含五个选项卡，最后一个选项卡包含了前四个选项卡中的所有属性。图19-13所示为文本框的【属性表】。

图19-13

提示：如果在同时选择多个控件的情况下打开了【属性表】窗格，那么其中显示的属性则是当前所选控件共有的属性。

打开控件的【属性表】窗格还可以使用以下两种方法。

- 双击控件。
- 右击控件，在弹出的快捷菜单中选择【属性】命令。

要为控件设置属性，只需单击【属性表】窗格属性列表中的属性名称，然后选择预置的属性值或输入新值。不同的属性其设置方式有所不同，例如，在设置控件的【宽度】、【高度】等属性时需要手工输入具体的值；而设置控件的【可见】属性时则可以从列表中选择值，如图19-14所示。

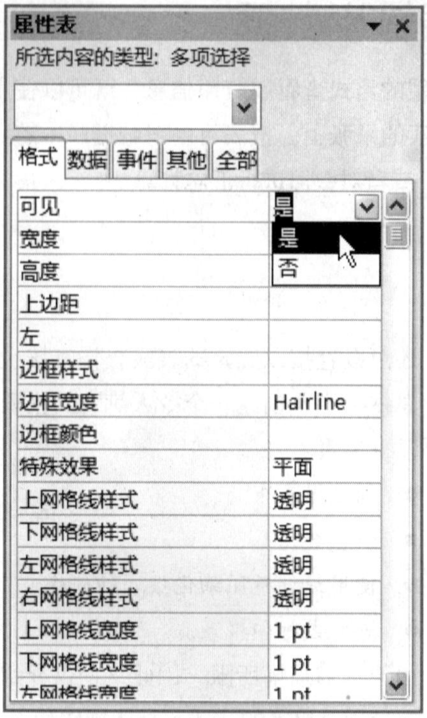

图19-14

可以很容易发现，每个绑定到字段上的对象都有一个标签控件和一个文本框控件。标签的【标题】属性与文本框的【名称】属性相同，文本框的【名称】属性与其绑定到的表字段的名称相同，这个字段名称显示在【控件来源】属性中。可以更改标签控件的【标题】属性，使其与文本框控件的【名称】属性不同。

19.2.6 删除控件

在Access窗体的设计视图中选中控件并按Delete键，即可删除控件。如果同时选择了多个控件，那么在按Delete键后可以一次性删除它们。如果选中关联控件的标签并按Delete键，则可以只删除该标签而不会删除与其关联的控件。还可以使用以下两种方法删除选中的控件。

- 单击功能区中的【开始】⇨【记录】⇨【删除】按钮。
- 右击控件，在弹出的快捷菜单中选择【剪切】命令。

19.2.7 打印窗体

可以将窗体中的一条或多条记录打印输出。最快速的打印方法是单击快速访问工具栏中的【打印】按钮，Access会使用Windows默认打印机打印当前窗体。如果希望在打印前进行一些设置，那么可以单击【文件】按钮并选择【打印】⇨【打印】命令，打开如图19-15所示的【打印】对话框。从【名称】下拉列表中选择要使用的打印机，如果只想打印选择的记录，那么需要选中【选中的记录】单选按钮，还可以在【打印份数】中设置要打印的份数。此外，可以单击【设置】按钮在打开的对话框中设置边距和列的尺寸。

图19-15

可以在最终打印之前，预览一下整体的打印效果，最主要的是可以确定所有内容需要占用多少个页面。单击【文件】按钮并选择【打印】⇨【打印预览】命令，在打印预览窗口中可以看到窗体真实打印的效果。在功能区的【打印预览】选项卡中还可以对打印进行设置或缩放预览显示比例。单击功能区中的【打印预览】⇨【关闭预览】⇨【关闭打印预览】按钮可返回窗体视图。

19.3 通过报表输出数据

报表提供了自定义的数据视图，能够以任何所希望的格式查看或打印信息，既可以使用报表将数据输出到屏幕上查看，也可以将报表打印到真实的纸张上。报表可以对数据库中的数据进行任意分组和总结，而且可以按任何顺序进行排列，或者对数值进行汇总计算。

19.3.1 报表的类型

根据报表中包含的内容以及布局的不同，报表可以分为以下几种。

- 列表式报表：这类报表以分组和汇总的行与列打印数据。
- 纵栏式报表：这类报表以表单形式打印数据，还可以包含汇总和图表。
- 邮件合并报表：这类报表可以创建表单信函。
- 邮件标签：这类报表可以创建多列标签或长列报表。
- 图表：创建图表布局的直观报表。

19.3.2 报表和窗体的区别

报表和窗体十分类似，但是它们之间也存在着差异，主要是输出的目的不同。窗体主要用于数据的输入与用户交互，而报表则用于以不同的组合方式查看数据。报表可以完成窗体所能完成的任何工作，而且可以将窗体转换为报表，然后在报表设计视图中自定义窗体控件。

19.3.3 创建报表

创建报表的方式与窗体较为类似，也有多种方法。例如，可以使用报表向导创建报表，也可以创建一个空白报表后从头对其进行设计，还可以直接以选定的表或查询直接生成报表。总体来说，创建一个令人满意的报表大致需要以下步骤。

- 构建报表布局。
- 组合数据。
- 使用设计视图细化报表的创建。
- 查看或打印报表。

由于本书篇幅所限，因此这里仅介绍使用报表向导创建报表的方法，具体操作如下。

1 打开要创建报表的数据库，然后单击功能区中的【创建】⇨【报表】⇨【报表向导】按钮，打开【报表向导】对话框，在【表/查询】中列出了当前数据库中包含的表和查询。

2 选择要使用的表【表：商品订购信息】，下面左侧列表框中会显示出该表中包含的字段，选择要添加到报表中的字段，如图19-16所示。

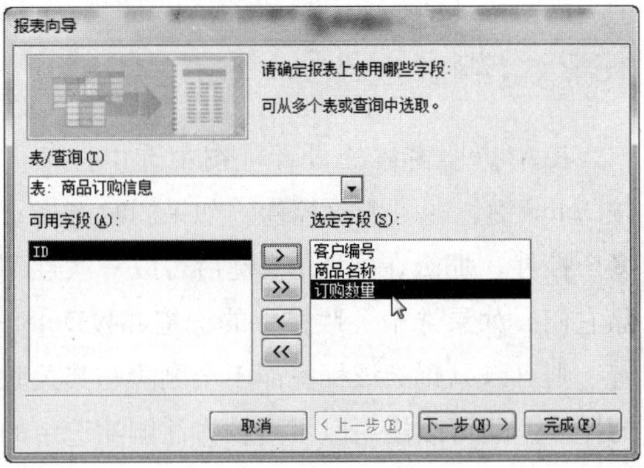

图19-16

3 如果还需要添加其他表中的字段，那么可以重复上面的步骤，在【表/查询】下拉列表中选择其他的表，接着将左侧列表框中新表的字段添加到右侧，如图19-17所示。添加好全部所需的字段后，单击【下一步】按钮。

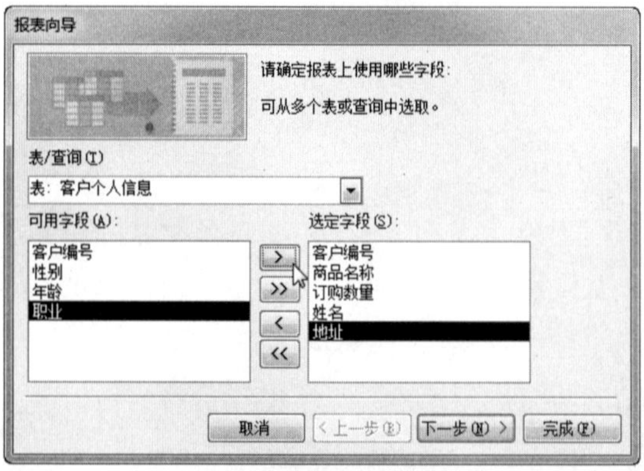

图19-17

4 进入如图19-18所示的【请确定查看数据的方式】界面，选择要查看数据的方式。此时可保持默认不变，直接单击【下一步】按钮。

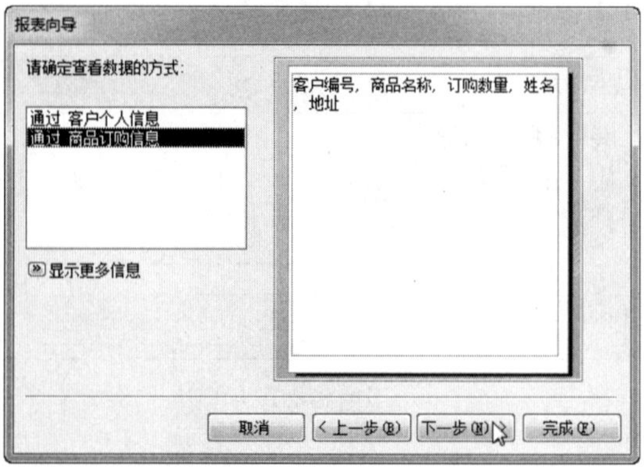

图19-18

5 进入如图19-19所示的界面，选择是否为报表数据进行分组。如果要进行分组，则可以选择【客户编号】并单击 > 按钮，这样可以将同一个客户的商品订购信息显示在同一个组中。完成之后单击【下一步】按钮。

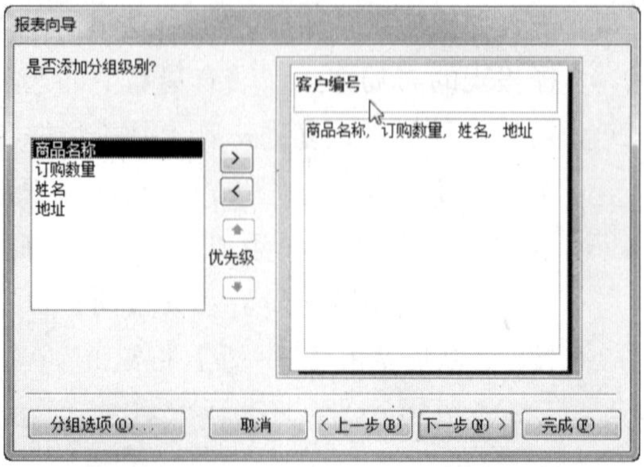

图19-19

提示：如果设置了分组级别，那么可以单击【分组选项】按钮，在打开的如图19-20所示的【分组间隔】对话框中进行详细设置。【分组间隔】下拉列表中的选项会根据用于分组的字段的数据类型而不同。

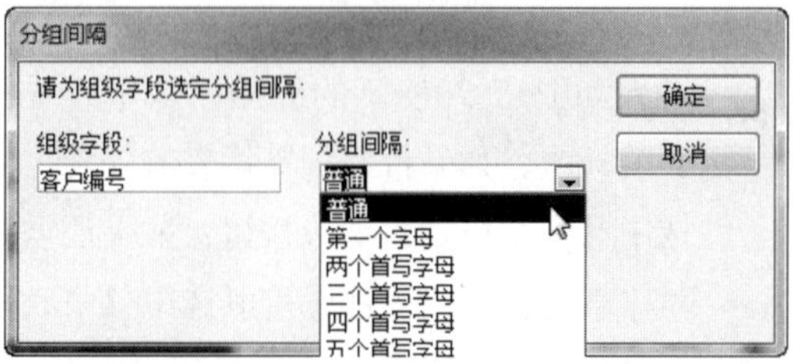

图19-20

6 进入如图19-21所示的界面，选择报表中的数据以哪个字段进行排序，这里设置以“订购数量”对数据进行降序排列，然后单击【下一步】按钮。

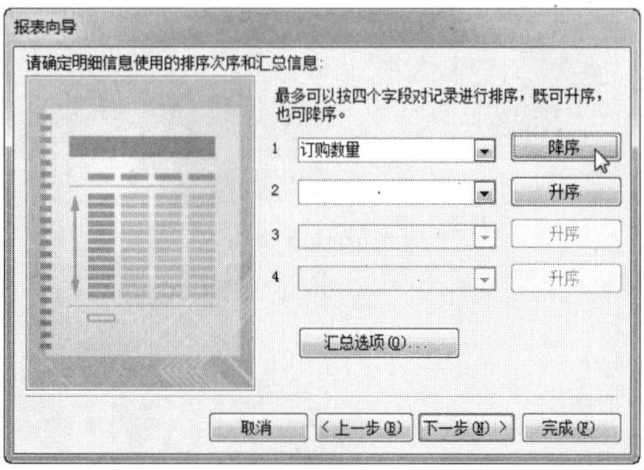

图19-21

7 进入如图19-22所示的界面，这里用于选择报表的布局方式。【布局】中的选项用于设置是否重复列标题、是否缩进每个组以及在各行之间是否添加边框线；【方向】中的选项用于确定报表的方向，这里选中【递阶】和【横向】单选按钮，然后单击【下一步】按钮。

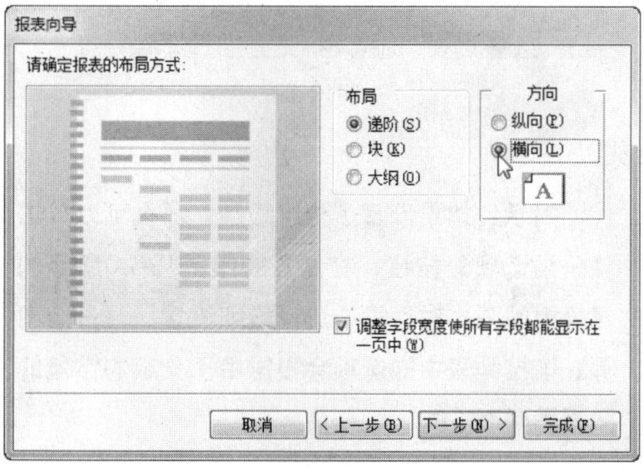

图19-22

8 进入如图19-23所示的界面，从中设置报表的标题。如果希望预览报表的外观，则选中【预览报表】单选按钮；如果还需要对报表进行修改，那么可以选中【修改报表设计】单选按钮。

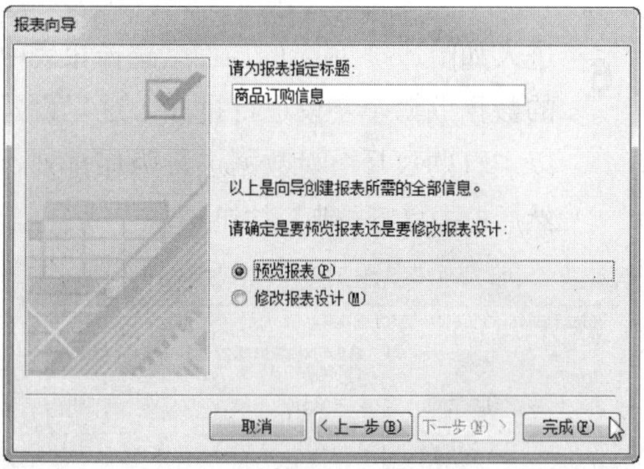

图19-23

9 单击【完成】按钮，在打开的窗口中显示了创建的报表，如图19-24所示。以后可以单击状态栏中的【设计视图】按钮进入报表设计视图修改报表。

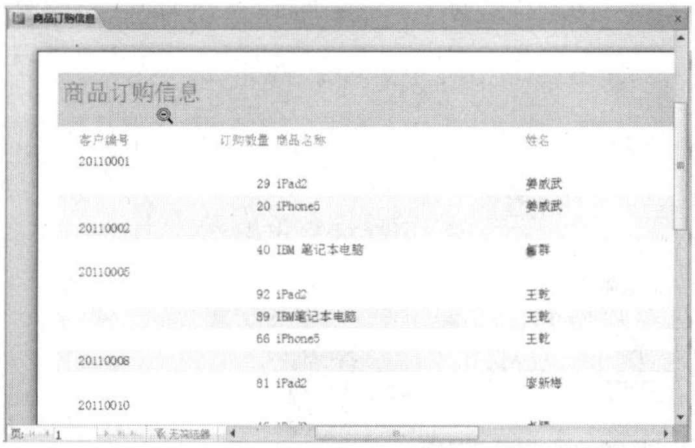

图19-24

19.3.4 将窗体转换为报表

在窗体设计视图中打开要转换为报表的窗体，然后单击【文件】按钮并选择【对象另存为】命令，在打开的对话框中将【保存类型】设置为【报表】，如图19-25所示。单击【确定】按钮即可将窗体转换为报表。

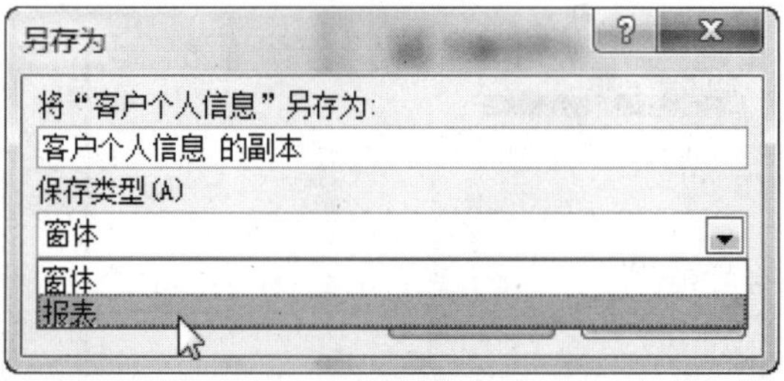

图19-25

第20章

使用Outlook收发和管理电子邮件

本章内容如下：

- Outlook电子邮件账户配置
- 在Outlook中收发电子邮件
- 管理电子邮件
- 通过日历管理约会和任务

20.1 Outlook电子邮件账户配置

在使用Outlook 2010之前，需要先在Outlook中正确设置账户信息。该过程为Outlook提供了相关信息，包括电子邮件地址和密码等。只有设置了账户，Outlook才能使用这些信息连接到电子邮件服务器，从而按顺序进行收发电子邮件的任务。本节将介绍在Outlook中设置电子邮件账户的内容。

20.1.1 快速添加新的电子邮件账户

现在很多网站（例如新浪网、网易、搜狐、QQ等）都提供免费的电子邮箱，使用IE浏览器就可以登录和访问这些电子邮箱，收发自己的邮件。但是，这种登录方式是通过Web进行的，邮件都保存在网络上。如果想要在本机上保存和管理邮件，则可以使用Outlook 2010软件，它能给邮件收发和管理带来极大的方便。在使用它之前，需要在Outlook 2010中创建电子邮件账户，具体操作如下。

1 从【开始】菜单中启动Outlook 2010应用程序，如果是第一次使用Outlook 2010，那么启动界面如图20-1所示，单击【下一步】按钮。

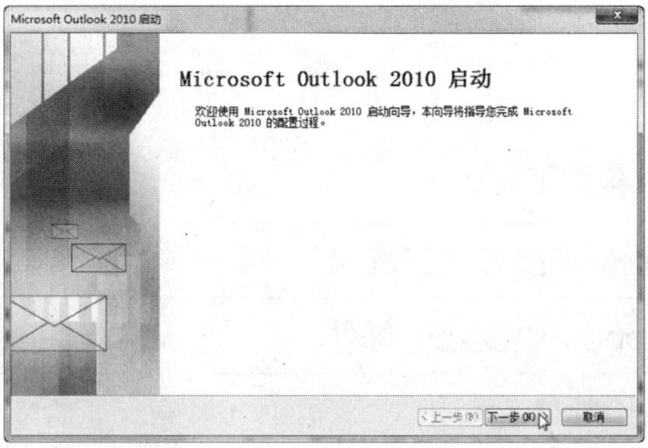

图20-1

2 进入如图20-2所示的界面，选中【是】单选按钮，然后单击【下一步】按钮。

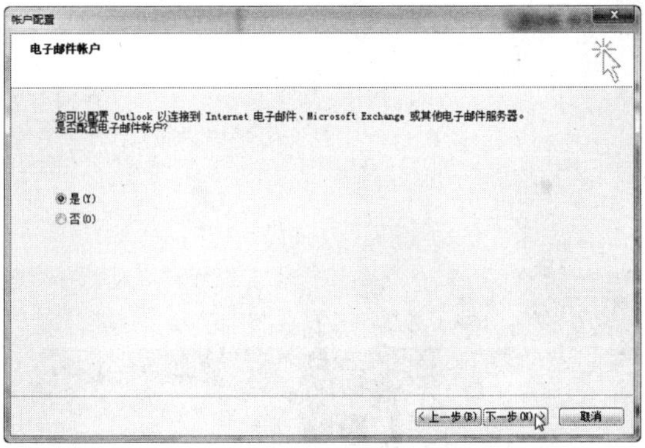

图20-2

3 进入如图20-3所示的界面，选中【电子邮件账户】单选按钮，然后填写电子邮件账户信息，包括电子邮件地址和密码等。接着单击【下一步】按钮。

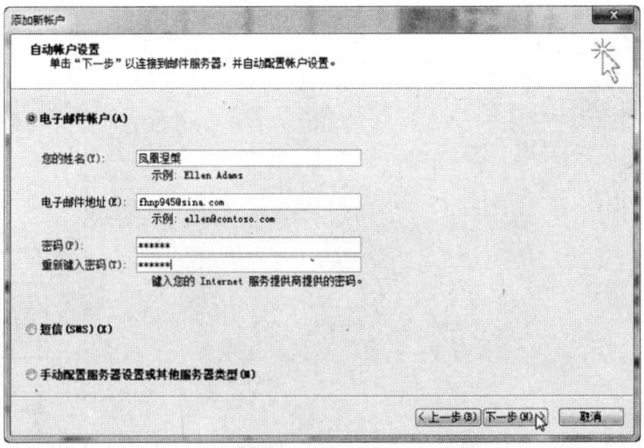

图 20-3

4 Outlook根据上一步输入的电子邮件账户信息开始配置电子邮件服务器，稍后将完成电子邮件账户的设置，单击【完成】按钮即可。如果到服务器的加密连接无法使用，那么稍后会收到此类信息的提示，询问用户是否尝试使用未加密连接，此时只需单击【下一步】按钮即可。

5 账户设置成功后单击【完成】按钮，进入如图20-4所示的Outlook主界面，在左侧导航栏中显示了新设置的电子邮件账户。Outlook开始自动使用新建的电子邮件账户接收邮件服务器中的所有邮件。

图20-4

20.1.2 手动设置电子邮件账户

设置电子邮件账户并非是一帆风顺，有时可能会遇到设置失败的情况。如果使用加密连接和非加密连接都不能成功设置，那么可以手动配置电子邮件账户，具体操作如下。

1 在【添加新帐户】对话框中选择【手动配置服务器设置或其他服务器类型】单选按钮，然后单击【下一步】按钮，在如图20-5所示的界面中选择【电子邮件账户】单选按钮并单击【下一步】按钮。

2 在如图20-6所示的界面中设置电子邮件账户的相关信息。在设置电子邮件账户的服务器信息时，需要选择邮件服务器的类型：POP3或IMAP。无论选择哪个，发送邮件服务器都将设置为类似smtp.sina.com的形式。对于POP3来说的接收邮件服务器设置为pop3.sina.com，而IMAP的接收邮件服务器则设置为imap.sina.com。这里以新浪邮箱为例，如果是网易邮箱，则将此处的sina替换为163即可。

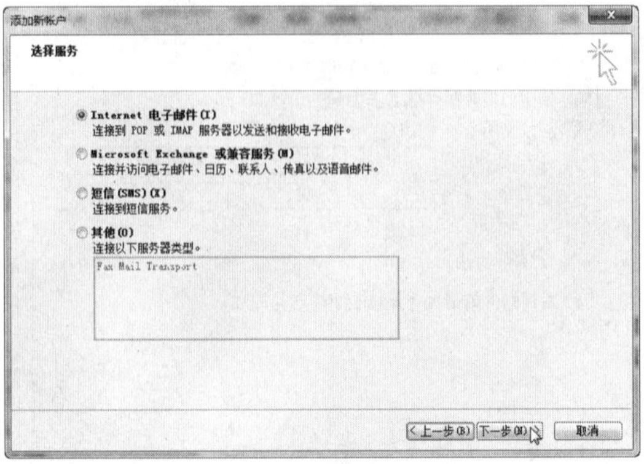

图20-5

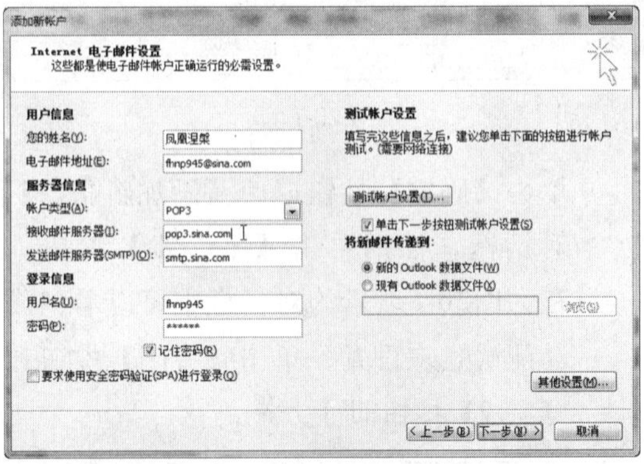

图20-6

> 提示：IMAP协议属于在线操作，邮件客户端使用IMAP方式打开邮箱，看到的都是邮件快照，所有对邮件的操作相当于在邮件服务器上进行一样；而使用POP协议的邮件客户端则是直接将邮件下载到本地计算机的硬盘中，操作的邮件并不直接作用于邮件服务器中的邮件。

3 可以单击【测试账户设置】按钮测试所设置的账户是否可用。通常情况下会显示失败信息，单击【关闭】按钮关闭弹出的提示对话框，然后在【添加新账户】对话框中单击【其他设置】按钮，打开【Internet电子邮件设置】对话框，在【发送服务器】选项卡中选中【我的发送服务器（SMTP）要求验证】复选框，如图20-7所示。

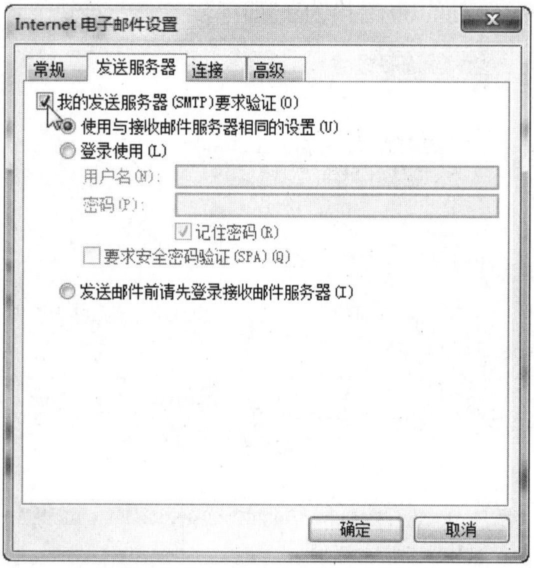

图20-7

4 单击【确定】按钮返回【添加新账户】对话框，然后单击【下一步】按钮，在如图20-8所示的对话框中可以看到成功测试账户设置，单击【关闭】按钮和【完成】按钮即可。

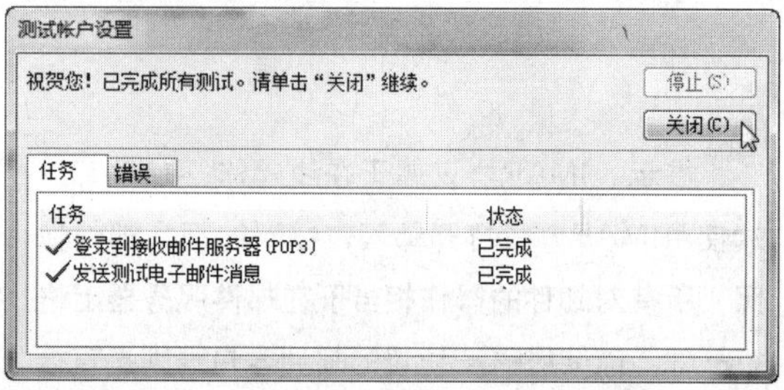

图20-8

20.1.3 升级电子邮件账户

如果一直在使用Outlook Express或Windows Mail，那么可以直接升级到Outlook 2010，这样就不用在Outlook 2010中重新创建账户而直接使用原来设置好的账户信息。升级电子邮件账户的具体操作如下。

1 启动Outlook 2010后单击【下一步】按钮，进入【电子邮件升级选项】界面，选择【升级自】并选择列表框中的【Outlook Express或Windows Mail】选项，然后单击【下一步】按钮。

2 根据向导配置电子邮件账户信息，如果每一步的默认信息正确无误，则可以直接单击【下一步】按钮进入下一步设置。如果全部保持默认设置，那么Outlook 2010将使用原来的Outlook Express或Windows Mail中的电子邮件账户信息进行配置。

20.1.4 修改电子邮件账户设置

在Outlook中设置好电子邮件账户后，可以根据需要随时更改账户设置。单击【文件】按钮并选择【信息】命令，然后单击右侧的【账户设置】按钮，在弹出菜单中选择【账户设置】命令，打开【账户设置】对话框。【电子邮件】选项卡中列出了当前已经添加到Outlook中的电子邮件账户，如图20-9所示。

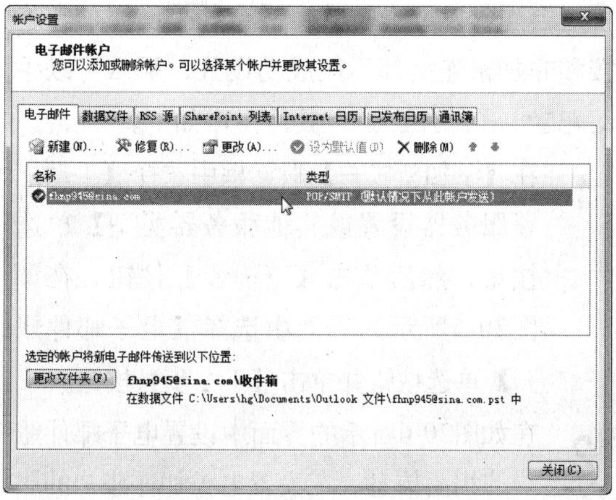

图20-9

选择要更改的账户会自动激活上方的一排工具按钮，单击其中的【更改】按钮可以打开

【更改账户】对话框。该对话框中的设置与新建账户时类似，在前面的内容中已经作了详细说明。在【账户设置】对话框中还可以对电子邮件账户进行以下几项设置。

- 【新建】：添加新的电子邮件账户。
- 【修复】：这是电子邮件账户无法正常工作时的首选操作，使用【修复】功能可以让Outlook尝试连接到电子邮件服务提供商并刷新账户设置。
- 【设为默认值】：当Outlook中包含多个账户时，可以将指定账户设置为默认值。当新建一封电子邮件时，默认账户自动作为该封邮件的发件人。
- 【删除】：删除指定的账户。

20.1.5 修改Outlook配置文件

Outlook配置文件存储了关于电子邮件账户及其配置信息，每个账户都有一个配置文件。通常一个配置就可以满足使用要求，但在下面几种情况下可能需要使用多个配置文件。

- 多人使用同一台计算机时，为了保护个人隐私，每个人需要使用自己的配置文件。
- 将常规的POP、IMAP账户与Exchange账户分离。
- 为了分离不同类型的信息，需要为每类信息创建一个配置文件。

如果需要，可以随时创建新的Outlook配置文件。该操作需要在Windows控制面板中完成，具体操作如下。

1 选择Windows【开始】菜单中的【控制面板】命令，打开【控制面板】窗口。

2 单击【用户账户和家庭安全】，找到并双击【邮件】图标，打开【邮件设置——Outlook】对话框，单击【显示配置文件】按钮，如图20-10所示。

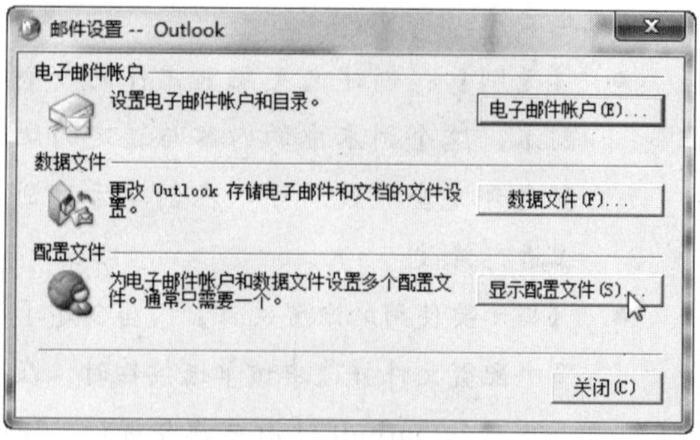

图20-10

3 打开如图20-11所示的【邮件】对话框，该对话框【常规】选项卡的列表框中列出了已经存在的Outlook配置文件（如果有的话）。单击【添加】按钮，在弹出的【新建配置文件】对话框中输入配置文件的名称并单击【确定】按钮，即可创建新的配置文件。

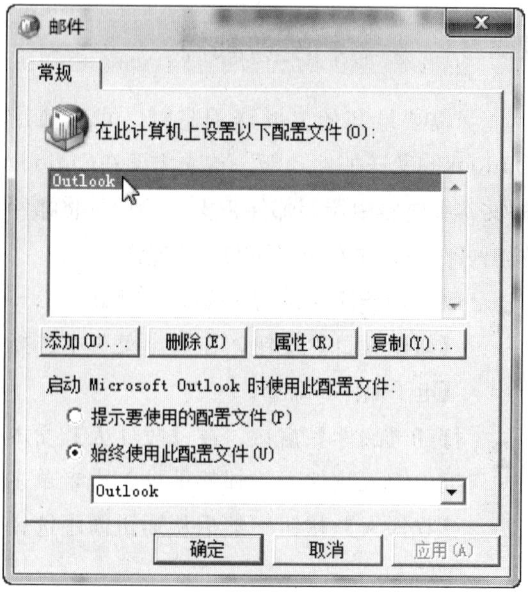

图20-11

在【邮件】对话框中还可以执行以下几项操作。

- 【删除】：删除列表框中选定的配置文件。
- 【属性】：查看和编辑指定的配置文

件，包括选定电子邮件账户配置和数据文件。

- 【复制】：创建选定配置文件的一个副本，这个副本中的内容与选定的配置文件完全一致。可以在创建后对副本进行修改。
- 【提示要使用的配置文件】：当创建了多个配置文件并选中该单选按钮时，在每次启动Outlook时用户都会被询问使用哪个配置文件，如图20-12所示。

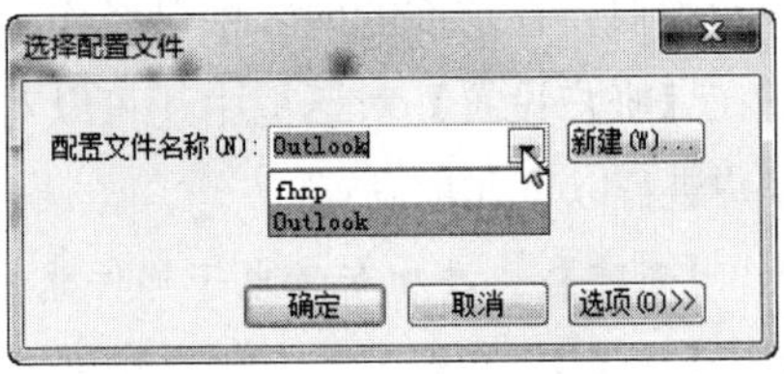

图20-12

- 【始终使用此配置文件】：每次启动Outlook时都使用选定的配置文件。

20.2 在Outlook中收发电子邮件

在Outlook 2010中创建好电子邮件账户后，就可以开始收发邮件了。收发邮件的主要工作包括邮件的撰写、发送、保存、接收、阅读、回复和转发等操作。

20.2.1 撰写和发送邮件

当需要给其他人发送消息时，可以使用Outlook的发送邮件功能。首先需要在Outlook的文本编辑器中撰写邮件正文，然后再将邮件发出去。撰写并发送邮件的具体操作如下。

1. 单击功能区中的【开始】⇨【新建】⇨【新建项目】按钮，在弹出菜单中选择【电子邮件】命令。
2. 打开【邮件】窗口，在【收件人】文本框中输入收件人的邮件地址，或者单击【收件人】按钮，然后从通讯簿中选择收件人。
3. 在【主题】文本框中输入邮件的主题，如图20-13所示。
4. 在下方的邮件正文区域中输入邮件的内容，然后单击【发送】按钮，将邮件发送给收件人。发送后的邮件位于【已发送邮件】中。

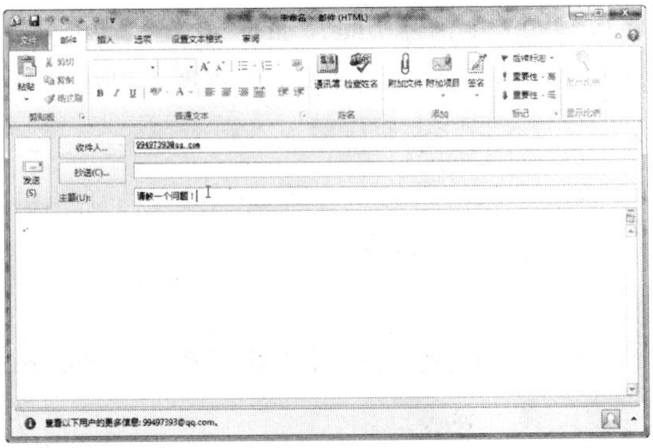

图20-13

提示：还可以使用下面的方法发送邮件，即单击功能区中的【开始】⇨【新建】⇨【新建项目】按钮，在弹出的菜单中选择【使用电子邮件】命令，然后在子菜单中选择发送邮件的方式，其中的【HTML】就是创建邮件的默认格式。

20.2.2 在邮件中添加附件

邮件的附件是跟随邮件一起发送的额外文

件，当收件人接收邮件后，可以将连带的附件保存到本地计算机中，然后打开这个文件查看其中包含的内容。很多情况都需要在邮件中发送附件，比如将公司简介文档作为附件发送，或者将一个数据表以Excel工作簿的形式添加到附件中。

在【邮件】窗口中单击功能区中的【邮件】➪【添加】➪【附加文件】按钮，然后在打开的对话框中选择要作为附件的文件。单击【插入】按钮即可将所选文件添加到当前正在编写的邮件中，如图20-14所示。

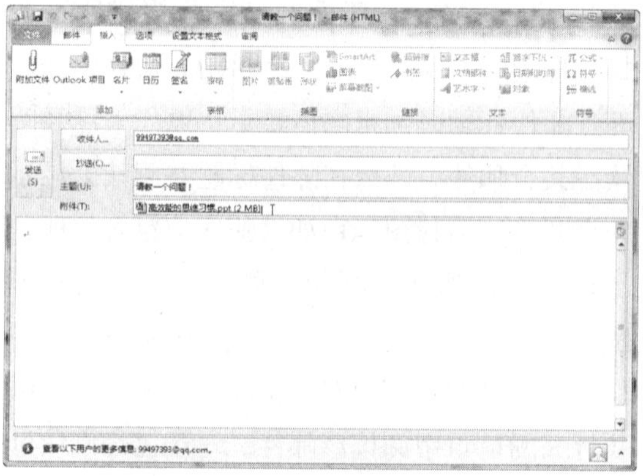

图20-14

提示：不同的邮件服务提供商对附件的大小都有一定的限制，所以在向邮件添加附件之前，需要确切了解自己和收件人所使用的电子邮箱对附件的限制情况，否则可能会出现附件的发送和接收失败。

用户可以随时将添加的附件删除，只需右击【附件】文本框中要删除的附件，在弹出的快捷菜单中选择【删除】命令即可。

20.2.3 保存未完成的邮件草稿

如果正在编写一封包含很多内容的邮件，或者是手头突然有一个急事需要提前处理，那么可以将邮件存为草稿，这样可在以后任何时候继续编辑未完成的邮件。在打开【邮件】窗口后单击快速访问工具栏中的【保存】按钮，即可将当前邮件保存到【草稿】中。以后可以单击【草稿】打开【草稿】文件夹，然后双击未完成的邮件将其打开，接着继续编写邮件即可。

20.2.4 接收邮件

Outlook将从网络服务器中收到的邮件保存到【收件箱】中。默认情况下，Outlook会每隔30分钟从设定好的电子邮件服务器中接收新邮件（如果有的话）。如果邮件往来十分频繁，希望增加自动接收邮件的频率，那么可以单击功能区中的【发送/接收】➪【发送和接收】➪【发送/接收组】按钮，在弹出菜单中选择【定义发送/接收组】命令，在打开的对话框中修改【安排自动发送/接收的时间间隔为】文本框中的时间，如图20-15所示。

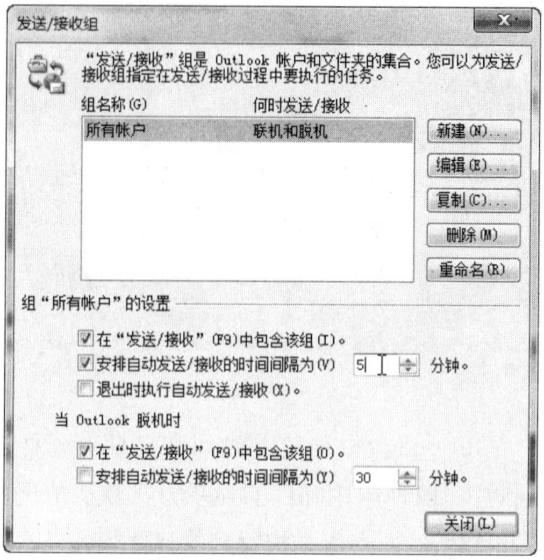

图20-15

要接收邮件，可以单击功能区中的【开始】➪【发送/接收】➪【发送/接收所有文件夹】按钮，或者单击功能区中的【发送/接收】➪【发送和接收】➪【发送/接收所有文件夹】按钮。如果在Outlook中添加了多个电子邮件账户，而只想接收某个账户的新邮件，那么可以单击功能区中的【发送/接收】➪【发送和接收】➪【发送/接收组】按钮，在弹出菜单中选择要接收邮件的邮箱名称，然后在子菜单中选择【收件箱】命令，如图20-16所示。

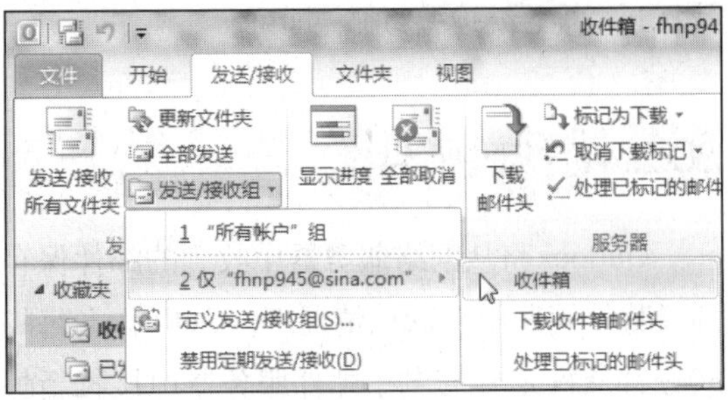

图20-16

接收邮件时会显示如图20-17所示的对话框，可以看到邮件接收的进度情况。如果要接收的邮件太多而短时内接收不完，那么可以单击【全部取消】按钮暂时取消接收操作，等以后有时间再继续接收邮件。

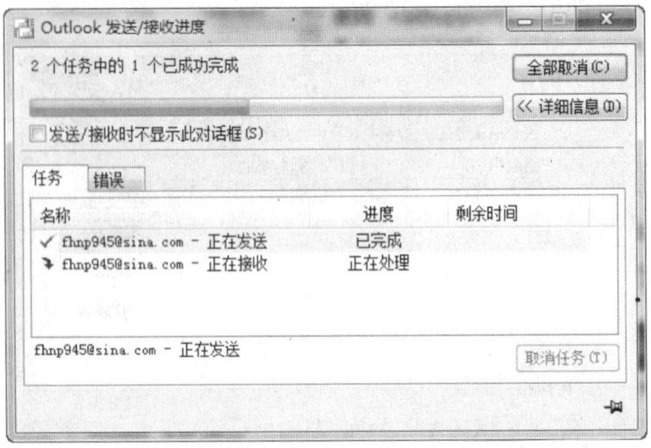

图20-17

Outlook会根据接收时间和日期对邮件进行排序，收件箱中邮件的显示方式默认情况如图20-18所示，左侧为接收到的邮件列表，右侧显示了左侧当前选定邮件的具体内容。

> 提示：如果不习惯这种显示方式，可以单击功能区中的【视图】⇨【当前视图】⇨【更改视图】按钮，然后在弹出的菜单中选择其他视图。还可以单击功能区中的【视图】⇨【当前视图】⇨【视图设置】按钮，在打开的对话框中定义视图中邮件的显示方式包括列标题、按什么条件对邮件分组和排序等。

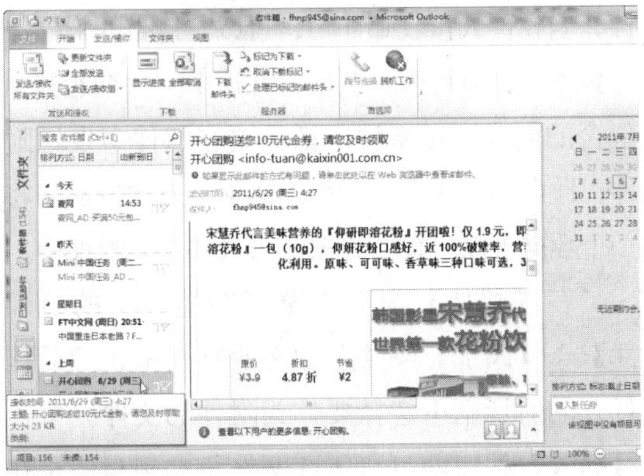

图20-18

对于新接收且还没有读取过的邮件，在邮件标题的左侧会显示一个封闭的信封图标，而且邮件标题以加粗字体显示；但如果已经阅读了某个邮件，那么在邮件标题左侧就会显示一个开启的信封图标；如果邮件中包含附件，那么还会在邮件标题的左侧包含一个曲别针图标。

在【收件箱】中双击接收到的邮件，可以在打开的窗口中阅读该邮件。对于已经阅读过的邮件，其标题不会再显示加粗字体，但是对于未读过的邮件，Outlook会以粗体显示。用户可以自己为邮件标记，从而强制邮件成为未读或已读状态。可以使用下面的方法对一封邮件进行标记。

- 在邮件读取窗口中，单击功能区中的【邮件】⇨【标记】⇨【标记为未读】按钮。
- 在【收件箱】列表中，如果右击的是未读的邮件，那么可以在弹出的菜单中选择【标记为已读】命令将其标记为【已读】；相反，如果右击的是已读的邮件，那么可以在弹出的快捷菜单中选择【标记为未读】命令将其标记为【未读】。
- 在【收件箱】中选择一个或多个邮件标题，然后单击功能区中的【开始】⇨

【标记】⇨【未读/已读】按钮，该方法与上一个方法类似。

- 进入【收件箱】，然后单击功能区中的【文件夹】⇨【清理】⇨【全部标为已读】按钮，将所有邮件标记为【已读】。

20.2.5 回复或转发邮件

在阅读邮件时，可以随时回复该封邮件，只需在【邮件】窗口中单击功能区中的【邮件】⇨【响应】⇨【答复】按钮，也可以直接在【收件箱】列表中右击要回复的邮件，然后在弹出的快捷菜单中选择【答复】命令。答复邮件会创建一个新邮件，发给发送原邮件的所有人。选择【转发】命令则可以创建新的、无姓名地址的邮件，新邮件中引用了原邮件的整个部分，而且新邮件的主题为“答复：”后面是原邮件的主题。

20.2.6 处理收到的附件

当接收到包含附件的邮件时，在【收件箱】中邮件标题左侧会显示一个小的曲别针图标。用户既可以直接查看附件内容，也可以将附件保存到本地计算机中再打开它。可以使用下面的方法将附件保存到本地计算机中：在【收件箱】中选择包含附件的邮件标题，然后单击【文件】按钮并选择【保存附件】命令，打开如图20-19所示的对话框，选择要保存的附件，然后单击【确定】按钮。接着选择保存附件的位置并单击【保存】按钮，即可将附件保存到计算机的指定位置。

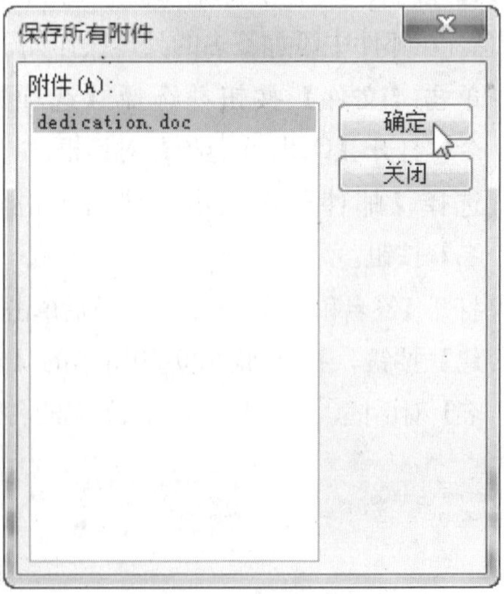

图20-19

用户也可以直接查看附件而不需要将其保存到计算机中。打开一个包含附件的邮件，在【主题】下方列出了每一个附件的名称，最左侧还有一个【邮件】按钮。可以单击每一个附件名称来查看附件内容，如果要返回邮件内容界面，则可以单击【邮件】按钮。如果要打开附件，那么可以右击附件名称并在弹出的快捷菜单中选择【打开】命令，此时会自动启动与附件类型对应的应用程序并打开这个附件。

20.3 管理电子邮件

Outlook提供了很多方法来管理邮件，例如，可以在邮件中添加签名，这样就不用每次自己输入一些固定信息。如果在Outlook中设置了多个账户，那么还可以指定发送邮件的默认账户。此外，Outlook还提供了保护邮件安全的强大功能，用于过滤垃圾邮件。本节将介绍使用Outlook管理电子邮件的各种方法。

20.3.1 设计和使用邮件签名

为了让收件人清楚地知道邮件是谁发来的，可以在邮件中使用签名，以后发送的每一封邮件的底部都会包含签名内容。签名可以是发件人的姓名、联系方式或网址等任何有价值的信息。在邮件中添加签名的具体操作如下。

1 单击【文件】按钮并选择【选项】命令，打开【Outlook选项】对话框。

2 选择【邮件】选项卡，然后单击【签名】按钮。

3 打开【签名和信纸】对话框，然后单击【新建】按钮，打开如图20-20所示的【新签名】对话框，在文本框中输入签名的名称。

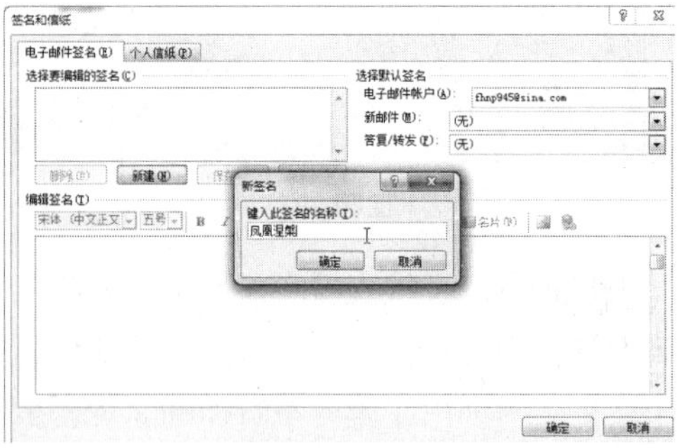

图20-20

4 单击【确定】按钮，然后在下方的【编辑签名】文本框中输入签名的内容，接着在【电子邮件账户】下拉列表中选择要设置签名的账户，然后在【新邮件】和【答复/转发】下拉列表中选择刚设置好的签名名称，如图20-21所示。

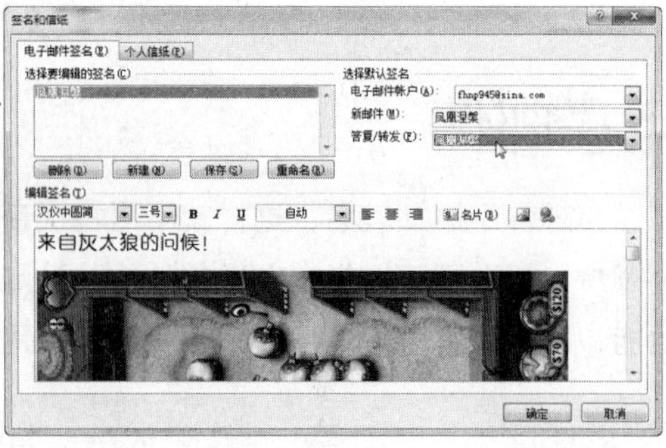

图20-21

5 单击【确定】按钮，完成签名的创建与设置。以后使用图20-21中的电子邮件账户给别人发送邮件时，就会自动在邮件底部显示签名的内容。

20.3.2 选择电子邮件账户

当Outlook中拥有多个账户时，每次新建邮件时将使用默认账户进行发送。用户可以随时更改默认账户，单击【文件】按钮并选择【信息】命令，然后在【账户信息】下方的列表中选择要指定为默认账户的电子邮件账户，如图20-22所示。

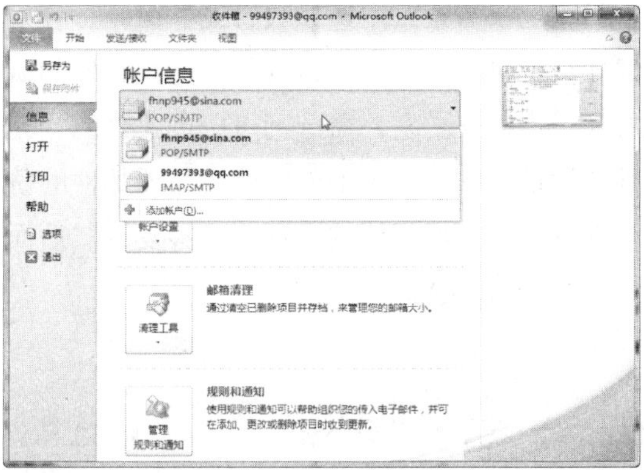

图20-22

还可以使用下面的方法设置默认账户。

1 单击【文件】按钮并选择左侧列表中的【信息】命令。

2 单击【账户设置】按钮并选择【账户设置】命令。

3 打开【账户设置】对话框，在【电子邮件】选项卡中带有黑色对勾标记的账户就是当前的默认账户，如图20-23所示。如果系统上已经配置了多个电子邮件账户（例如新浪邮箱、QQ邮箱等），则可以在该对话框中选择其他账户，然后单击【设为默认值】按钮来更改默认账户。

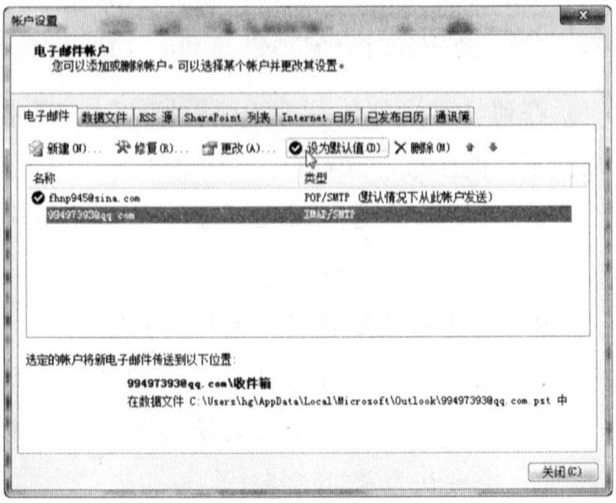

图20-23

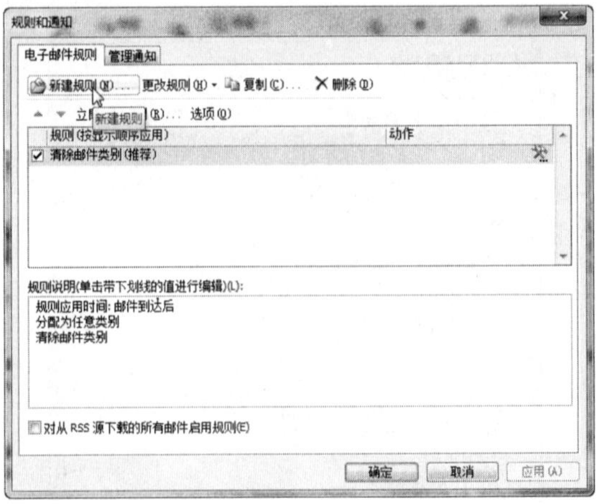

图20-24

20.3.3 设置邮件管理规则

用户可以通过设置邮件规则让Outlook自动对邮件执行特定的操作。例如，可能希望将特定发件人的邮件自动移动到指定文件夹中，或者自动删除主题中包含某些特定词语（例如“广告”）的邮件。设置规则的目的主要是为了节省时间，让Outlook自动对符合条件的邮件执行预先安排好的操作。

创建规则最简单的方法就是使用规则向导，具体操作如下。

1 单击功能区中的【开始】⇨【移动】⇨【规则】按钮，在弹出菜单中选择【管理规则和通知】命令。

2 打开如图20-24所示的【规则和通知】对话框，在【电子邮件规则】选项卡中显示了已经定义的规则。如果要创建新规则，可单击【新建规则】按钮。

3 打开如图20-25所示的【规则向导】对话框，【选择模板】部分包含3个区域，每个区域中都包含了多个模板，可以根据需要进行选择。当单击某个具体规则时，对话框下方的【编辑规则说明】区域会显示规则的定义以及示例。

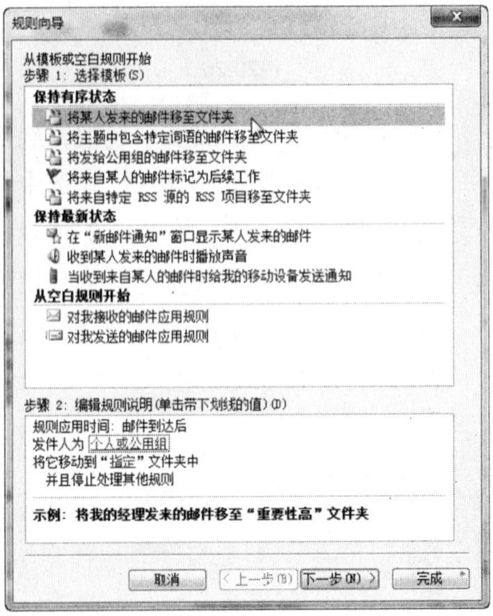

图20-25

4 根据选择的规则不同，可以单击【编辑规则说明】区域中蓝色的文字来指定规则的具体内容。例如，如果在【选择模板】中选择【将主题中包含特定词语的邮件移至文件夹】，那么可以在【编辑规则说明】区域中通过单击【特定词语】和【指定】链接来指定主题中包含的词语以及要将该类邮件移动到的文件夹。图20-26显示了将主题中包含“厦门”的邮件移动到收件箱的“旅游”文件夹中。

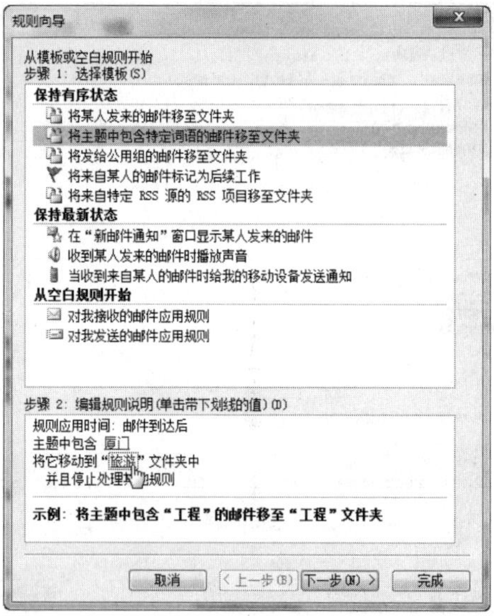

图20-26

5 按照类似的方法设置多个规则，然后单击【下一步】按钮，此时已经选中的项目表示启用的规则，如图20-27所示。可以通过选中其他项目复选框来启用更多规则，而且可以使用下方的【编辑规则说明】部分来修改规则。

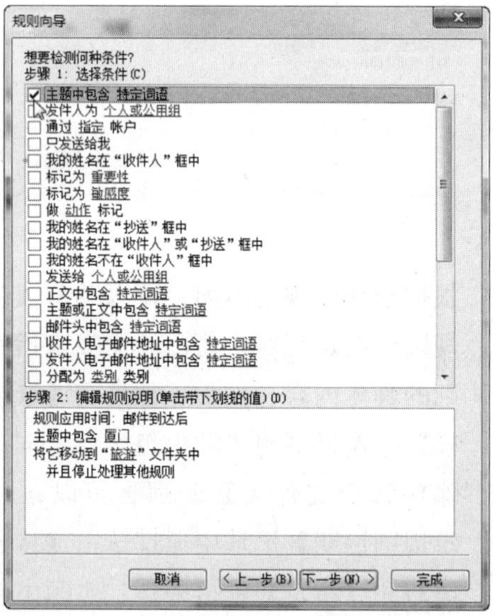

图20-27

6 单击【完成】按钮，即可创建并保存新规则。返回【规则和通知】对话框可以看到新建的规则。

20.3.4 删除垃圾邮件

在确认某个邮件是否为垃圾邮件时，通常根据下面两个条件来判断。

- 邮件中包含的某些关键词或短语会被认为是垃圾邮件。
- 发件人已经被定义为阻止的发件人。这样只要发件人位于阻止的发件人列表中，那么这个人发来的所有邮件都会被认为是垃圾邮件。

需要注意的是，Outlook在判断基于内容的垃圾邮件时并非准确无误，因此垃圾邮件并未被Outlook直接删除，而是暂存到【垃圾邮件】文件夹中，这样可以给人对邮件是否为垃圾邮件进行最后的确认。设置垃圾邮件的具体操作如下。

1 单击功能区中的【开始】⇨【删除】⇨【垃圾邮件】按钮，在弹出菜单中选择【垃圾邮件选项】命令。

2 打开【垃圾邮件选项】对话框，选择【选项】选项卡，在此处选择垃圾邮件的过滤级别，如图20-28所示。

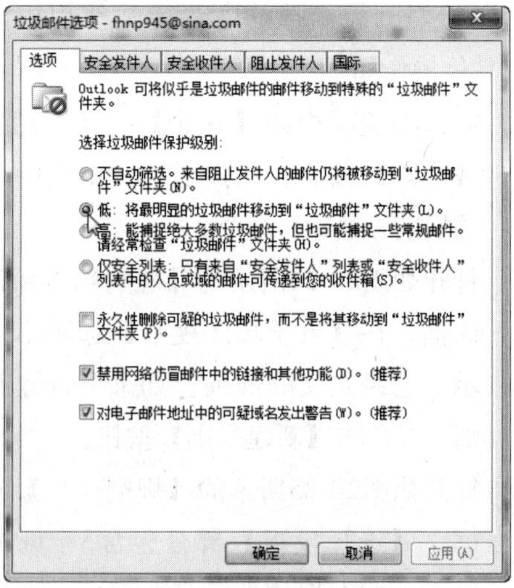

图20-28

3 单击【确定】按钮，完成垃圾邮件选项的设置。

提示：如果已经定义了安全的发件人，那么可以选中【仅安全列表】单选按钮来过滤发件人发来的垃圾邮件。

20.3.5 定义安全发件人

为了批量管理垃圾邮件，可以直接将某些发件人定义为安全发件人，这样无论这些人发来的邮件包含什么内容，Outlook都不会认为是垃圾邮件。用户还可以定义阻止的发件人，这样只要邮件的发件人位于阻止的发件人列表中，这些邮件就被认定为垃圾邮件。

定义安全发件人的具体操作如下。

1. 单击功能区中的【开始】⇨【删除】⇨【垃圾邮件】按钮，在弹出菜单中选择【垃圾邮件选项】命令。

2. 打开【垃圾邮件选项】对话框，选择【安全发件人】选项卡，单击【添加】按钮，然后在弹出的对话框中输入安全发件人的邮件地址或域名，如图20-29所示。

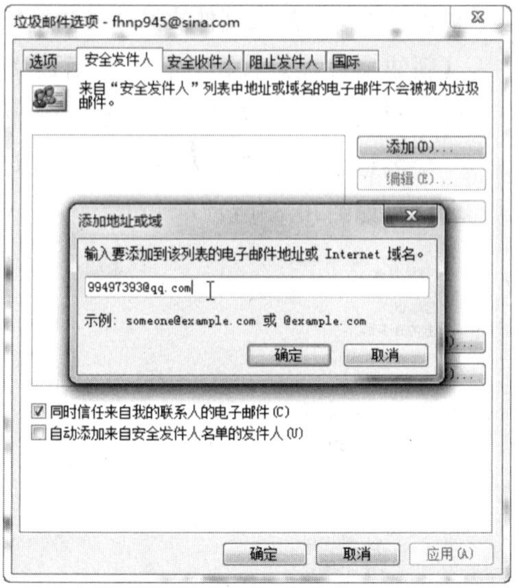

图20-29

3. 单击【确定】按钮将上一步输入的邮件地址或域名添加到安全列表，如图20-30所示。也可以在列表中选择一个邮件地址或域名，然后单击【编辑】按钮修改其内容或单击【删除】按钮删除该项目。

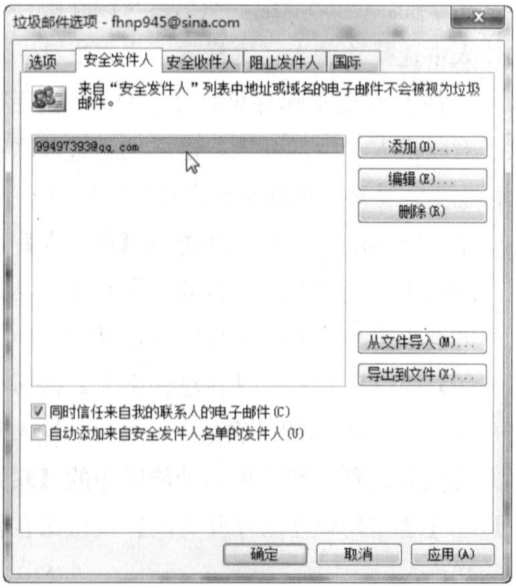

图20-30

提示：如果希望Outlook中已创建的联系人都是安全的，那么可以选中【同时信任来自我的联系人的电子邮件】复选框。

20.3.6 阻止垃圾邮件发件人

垃圾邮件发件人让人懊恼，因为他们并不仅仅是发送大量的广告。阻止垃圾邮件发件人的方法与定义安全发件人类似，只需单击【阻止发件人】选项卡，然后单击【添加】按钮添加垃圾邮件发件人地址即可。

上面的方法通常用于统一定义一批安全或不安全的地址，如果在接收到某个未被过滤掉的垃圾邮件时，那么在收件箱中就可以就地处理这类邮件。进入收件箱，右击垃圾邮件并在弹出的快捷菜单中选择【垃圾邮件】命令，在子菜单中选择【阻止发件人】命令，即可将该垃圾邮件的发件人添加到阻止列表中。

20.3.7 添加联系人

联系人就像手机电话簿中的联系人，可以将平时经常联系的同事、客户、朋友、家人的信息都添加到Outlook中，然后就可以在邮件的收件人中选择这些人，这样就不用每次都手动输入收件人的电子邮件地址了。Outlook还提供了对联系人分组的功能，这样便于管理联系人，也更容易对一组联系人进行批量操作。

单击Outlook主窗口左下方的【联系人】按钮，此时Outlook会切换到联系人界面下，功能区中的选项也相应发生改变。单击功能区中的【开始】➪【新建】➪【新建联系人】按钮，打开如图20-31所示的【联系人】窗口，输入联系人的相关信息，然后单击功能区中的【联系人】➪【动作】➪【保存并关闭】按钮保存新建的联系人。

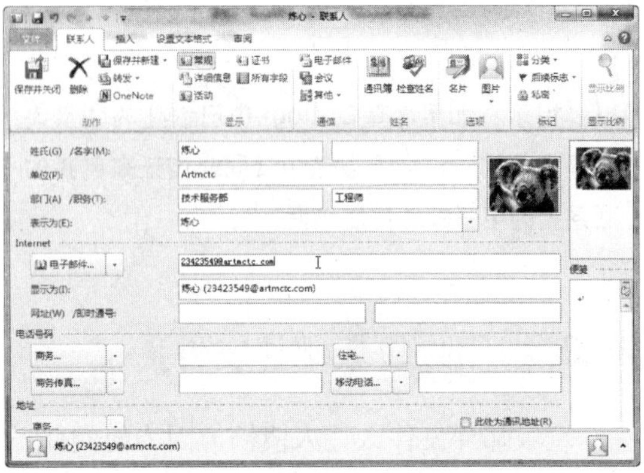

图20-31

如果想向当前邮件中的电子邮箱地址添加联系人，那么可以右击发件人的电子邮件地址，在弹出的快捷菜单中选择【添加到Outlook联系人】命令，然后就会像第一种方法一样，输入并完善联系人的资料。

创建好联系人后，可以在联系人窗口中看到已经创建好的联系人的卡片，如图20-32所示。如果要删除联系人，可以右击联系人卡片并在弹出的快捷菜单中选择【删除】命令。

图20-32

当Outlook中包含大量联系人时，可以将他们按类别分组，例如同事、客户、朋友、亲人等类别，这样可以使管理联系人更加简单和方便。为联系人分组的具体操作如下。

1 单击Outlook主窗口左下角的【联系人】按钮切换到联系人界面。单击【我的联系人】，在其中存在一个默认的【联系人】类别。

2 单击功能区中的【文件夹】➪【新建】➪【新建文件夹】按钮，打开【新建文件夹】对话框，在【名称】文本框中输入一个名称，这个名称就是联系人的类别名称，如图20-33所示。

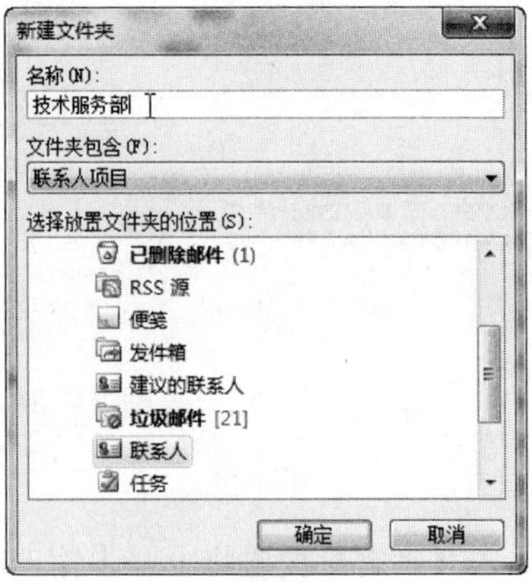

图20-33

3 单击【确定】按钮，将在【我的联系人】列表框内创建一个新的类别。现在可以将其他联系人移动到新建的类别下。右击联系人卡片并在弹出的快捷菜单中选择【移动】命令，然后在子菜单中选择想要移动到的类别即可，如图20-34所示。

提示：在联系人卡片列表中按Ctrl+A组合键，这样可以选择当前类别下的所有联系人，然后将其移动。

图20-34

20.4 通过日历管理约会和任务

除了收发电子邮件外，使用Outlook还可以处理很多事情，包括日历、约会和任务，这样方便安排各种不同的事宜。

20.4.1 显示日历

用户可以使用日历查看日期，也可以了解到每一天都安排了哪些事情。单击Outlook主窗口左下方的【日历】按钮，切换到如图20-35所示的日历界面。

图20-35

该界面左侧上方显示了当前所在月份的小日历，该区域称为“日期选择区”，在该区域中选择一个日期，右侧会显示该日期细化到小时的详细列表，如果当天创建了约会，那么就会显示在指定的时间段内。

可以使用功能区【视图】⇨【排列】组中的选项改变右侧窗口显示的日期范围，例如可以按周来显示日期。如果单击日期选择区顶部的左、右箭头，可以查看其他月份或其他年份。

20.4.2 添加约会

约会是在日历中计划的活动，不涉及邀请他人或保留资源，可以安排普通的约会或安排定期约会。安排约会的具体操作如下。

1 单击Outlook主窗口左下角的【日历】按钮，切换到日历界面。单击功能区中的【开始】⇨【新建】⇨【新建约会】按钮，打开【约会】窗口。

提示：在日历视图中将鼠标指针放在日历网格上的任何空白区域，当出现如图20-36所示的【单击可添加约会】提示信息时单击鼠标左键，即可添加新约会。

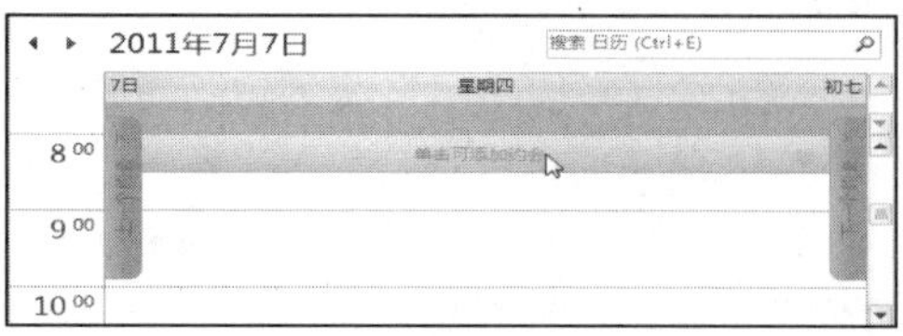

图20-36

2 在【主题】文本框中输入约会的标题，在【地点】文本框中输入约会的地点，然后选择约会的开始时间和结束时间，如图20-37所示。

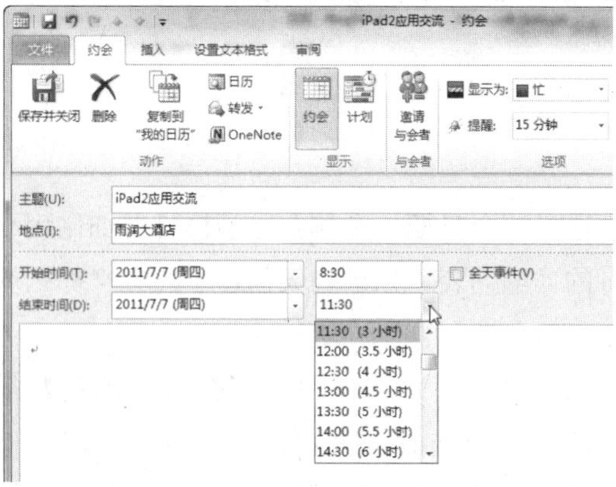

图20-37

3 在【约会】窗口底部的文本框中输入有关约会的详细内容。单击【约会】➪【动作】➪【保存并关闭】按钮，创建新约会。返回Outlook主窗口后，可以单击功能区【开始】➪【排列】组中的按钮以不同的时间范围来查看约会。图20-38所示为按周来查看约会情况。

提示：如果以后需要修改约会的时间或内容，那么可以在日历视图中双击该约会。要删除一个约会，可以在日历视图中单击将其选中，然后按Delete键。

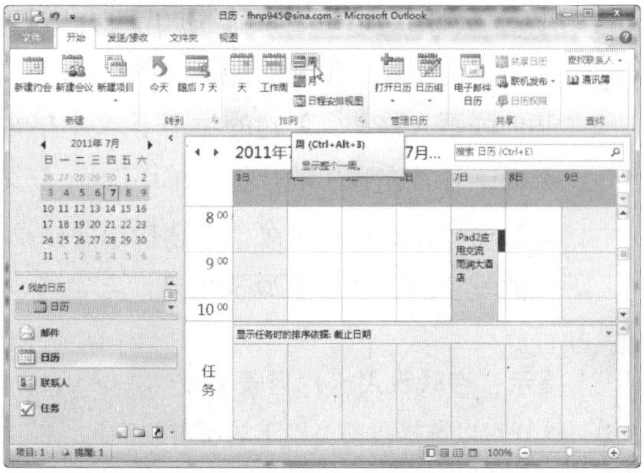

图20-38

20.4.3 分配任务

任务类似于约会，但是又不像约会那样有明确的时间和日期，多用于随时记录一些待办事项的清单。可以在指定的时间对任务发出提醒；也可以根据任务的重要性为任务指定不同的优先级；还可以为某人分配任务并向其发送关于任务的信息。

要创建任务，需要单击Outlook主窗口左下方的【任务】按钮，切换到任务界面，然后单击功能区中的【开始】➪【新建】➪【新建任务】按钮，打开如图20-39所示的【任务】窗口。

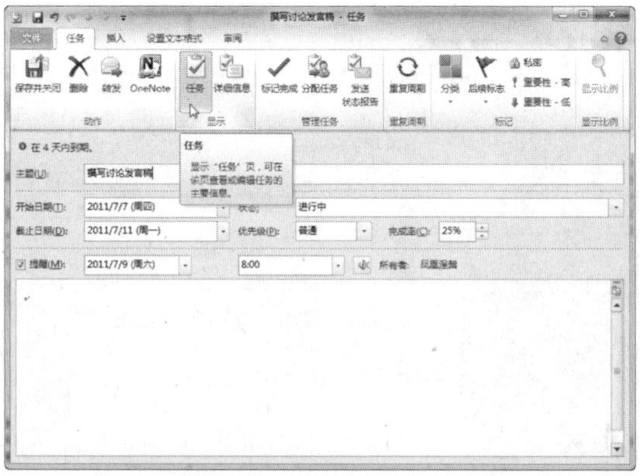

图20-39

与创建约会需要填写的内容有些类似，输入任务标题以及开始和截止日期；可以为任务设置一个状态，这样可以了解到任务当前执行情况；还可以设置任务的优先级和完成率，完成率表明了任务当前完成的进度；如果担心会忘记任务的执行，那么可以选中【提醒】复选框，然后设置提醒的日期和时间，单击音量图标还可以设置用声音提醒。

在下面的区域中输入任务的具体内容，然后单击功能区中的【任务】⇨【动作】⇨【保存并关闭】按钮保存该任务。

创建好任务后，可以将不同的任务分配给其他人，这样可以跟踪每个人执行任务的进度。分配任务的具体操作如下。

1 右击任务列表中要分配的任务，在弹出的快捷菜单中选择【分配任务】命令。

2 打开【任务】窗口，在【收件人】文本框中输入要将任务分配给哪些人，也可以单击【收件人】按钮从通讯簿中选择收件人，如图20-40所示。分配任务的同时还包含以下两个选项。

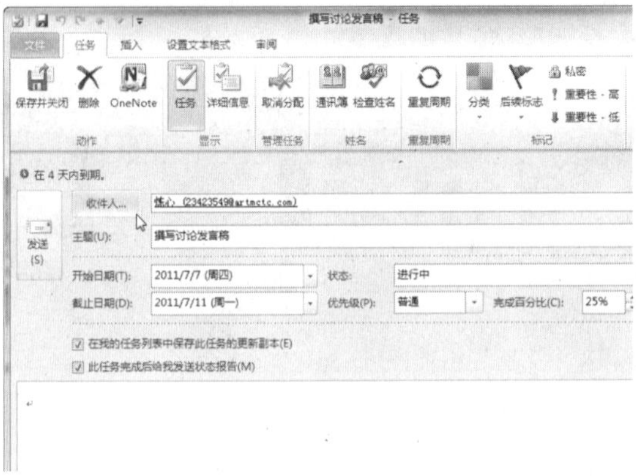

图20-40

- 【在我的任务列表中保存此任务的更新副本】：选中该复选框可以在任务接收人更新其状态时收到自动更新提醒。
- 【此任务完成后给我发送状态报告】：选中该复选框之后，可以在任务接收人将任务标记为完成时收到自动通知。

3 单击【发送】按钮，即可将任务发送给指定的收件人。

20.4.4 设置周期性重复执行任务

可以让任务按指定的周期重复执行，例如，可能在每个月底的时候都需要对这个月的销售而进行统计分析，像这类需要定期重复执行的任务，就可以将其设置为周期性任务。要设置周期性重复的任务，可以像平常一样创建这个任务，然后单击功能区中的【任务】⇨【重复周期】⇨【重复周期】按钮，打开如图20-41所示的【任务周期】对话框。

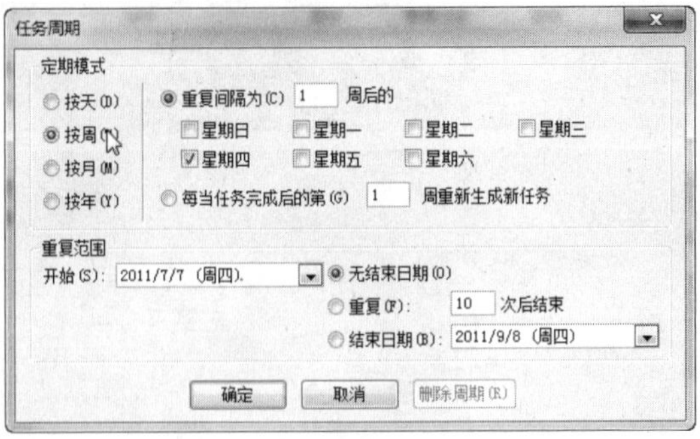

图20-41

重复周期的四个模式为【按天】、【按周】、【按月】、【按年】，根据所选模式的不同，Outlook会提供不同的选项，可以根据需要设置任务重复的周期。在重复发生的任务结束后，还需指定其开始日期。

第21章

使用OneNote组织信息

本章内容如下：

- OneNote软件功能介绍
- 新建OneNote笔记本
- 创建OneNote笔记本的分区
- 在分区中创建新页
- 在页中添加笔记
- 插入其他类型的内容
- 组织和共享笔记信息

21.1 OneNote软件功能介绍

OneNote包括了跟踪各种数字信息的功能，可以将信息添加到OneNote笔记本中，信息的类型包括文本笔记、图片、文件、屏幕剪辑、音频、视频以及Outlook任务等。最主要的是可以在OneNote中同时浏览并使用所有信息，而无须打开多个文件以致布满整个桌面。使用OneNote可以管理特定的客户、项目、调查和研究主题以及任何觉得有意义的信息。

OneNote非常适合以下用途。

- 记录会议要点或项目信息。
- 处理多渠道来源的信息。
- 随时记录新的想法，收集信息，使用音频提高信息输入速度。
- 将大量笔记共享给其他用户。

OneNote使用笔记本、分区和页来组织信息，启动OneNote后的界面如图21-1所示。

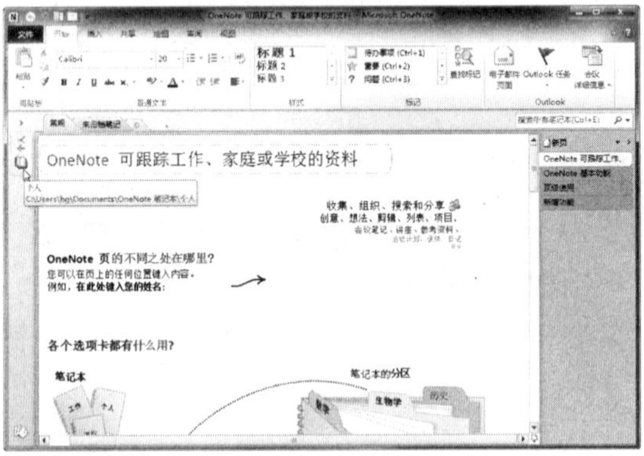

图21-1

界面顶部是标题栏，标题栏下方的矩形区域是功能区。功能区下方的大面积区域是OneNote的工作区域，左侧包含纵向文字的每一个标签代表一个笔记本，笔记本并不是一个文件，而是一个文件夹；中间区域包含文字的每一个标签代表一个分区，每个笔记本由多个分区组成，每个分区是该笔记本所在文件夹中的一个文件；右侧可切换的每一个文字标签代表一个页，每个分区可以包含多个页。单击左侧的笔记本选项卡，可以切换到该笔记本并显示其中的分区；单击上方的分区选项卡，可以切换到该分区并显示其中包含的页，单击右侧的页选项卡可以切换到该页并显示其中的笔记内容。

默认情况下OneNote 2010包含一个名为“个人”的笔记本，其中包含针对入门用户使用OneNote的一些基础知识。如果要关闭默认的笔记本，可以右击笔记本选项卡，在弹出的快捷菜单中选择【关闭此笔记本】命令。可以随时打开现有的笔记本，单击【文件】按钮并选择【打开】命令，然后选择历史记录中要打开的笔记本。

21.2 新建OneNote笔记本

用户可以为任何内容创建笔记本，因为每个笔记本在Windows中就是一个文件夹，可以通过笔记本文件夹为分区文件分类。

创建笔记本的具体操作如下。

1 单击【文件】按钮并选择【新建】命令，在展开的界面中选择希望将笔记本存储在哪个位置上，这个位置指的是存储环境，包括Web、网络或我的电脑。

2 在【名称】文本框中输入笔记本的名称，然后单击下方的【浏览】按钮，选择一个具体的位置，如图21-2所示。

图21-2

3 完成上述设置后，单击【创建笔记本】按钮，将创建指定名称的笔记本，如图21-3所示。默认创建的笔记本会包含一个名为“新分区1”的分区，该分区包含一个名为“无标题页”的页。

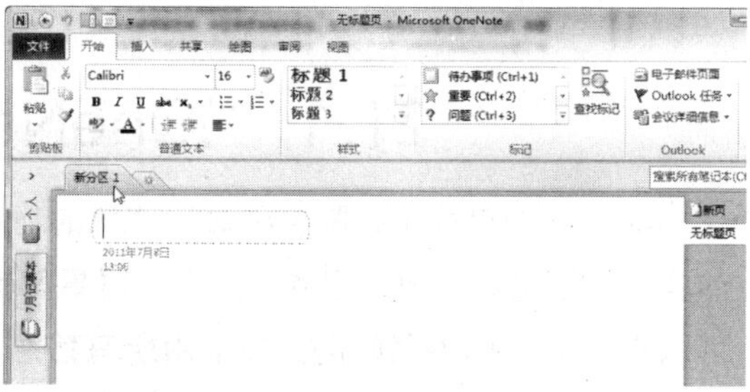

图21-3

提示：右击笔记本选项卡并在弹出的快捷菜单中选择【重命名】命令，可以对笔记本重新命名，而且可以选择笔记本选项卡标签的颜色，如图21-4所示。

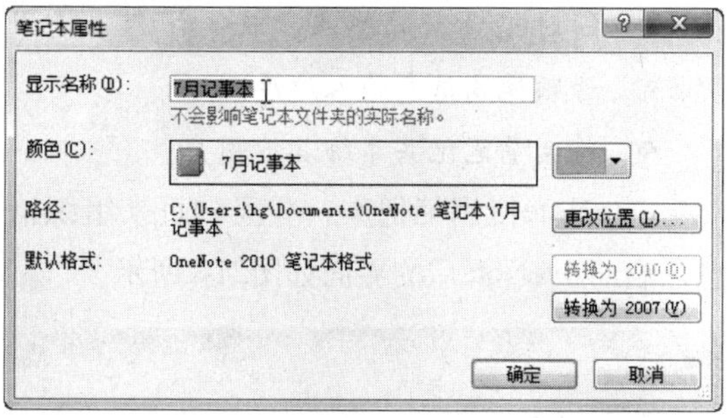

图21-4

提示：笔记本中名为“未归档笔记”的分区是存储便笺的位置。

21.3 创建OneNote笔记本的分区

笔记本中包含一个或多个分区，每个分区中可以包含页。有时可以将笔记本理解为一本书，分区就像每一章的开始，是区分各章的标志。而每章中的每一页内容就像OneNote中的每一页。如果笔记本用于记录公司的项目信息，那么可以将分区用于划分公司的每个部门。

创建分区的具体操作如下。

1 选择要创建分区所属的笔记本选项卡。

2 单击分区选项卡右侧的【创建新分区】按钮，如图21-5所示。

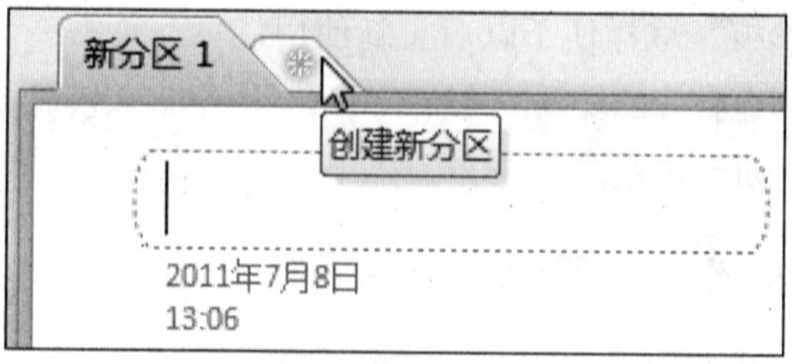

图21-5

3 添加一个新的分区选项卡，其名称将高亮显示，输入一个合适的名称并按Enter键确认即可。

提示：如果要修改分区名称，可以右击分区选项卡并在弹出的选择快捷菜单中选择【重命名】命令，然后输入新的名称。

21.4 在分区中创建新页

OneNote创建的每个分区在默认情况下都包含一个名为“无标题页”的空白页，可以根据需要随时添加新的页。例如，在工程部的分区中，可以为每一个工程的相关事项添加页；对于财务部来说，可以为每周甚至每一天添加一页。通过单击页选项卡可以非常快速地切换到指定的页，因此将信息分门别类地分配到多个页中，实际上是提高效率的一种非常好的方法。

21.4.1 添加和命名新页

添加新页的具体操作如下。

1 单击要添加页的笔记本选项卡，然后单击笔记本顶部要添加页的分区选项卡。

2 单击笔记本右侧页选项卡顶部的【新页】按钮，此时会自动添加一个新的页选项卡，输入一个名称并按Enter键，这样就创建了一个新页，如图21-6所示。

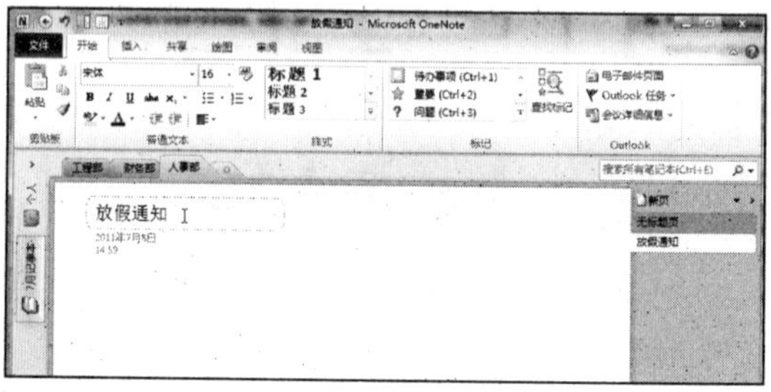

图21-6

提示：页的名称由笔记本中该页顶部的标题框中的文字决定。因此，如果要重命名页名称，那么需要修改页顶部标题框中的文本。

21.4.2 应用页面模板

如果希望添加一些拥有预置结构和外观的页，则可以使用页面模板。单击页选项卡顶部的【新页】按钮右侧的下三角按钮，在弹出菜单中选择【页面模板】命令，打开如图21-7所示的【模板】窗格，列表中显示了可用的模板类型，单击某个类型可以展开其中包含的详细模板，单击模板即可添加以该模板为基础的页。

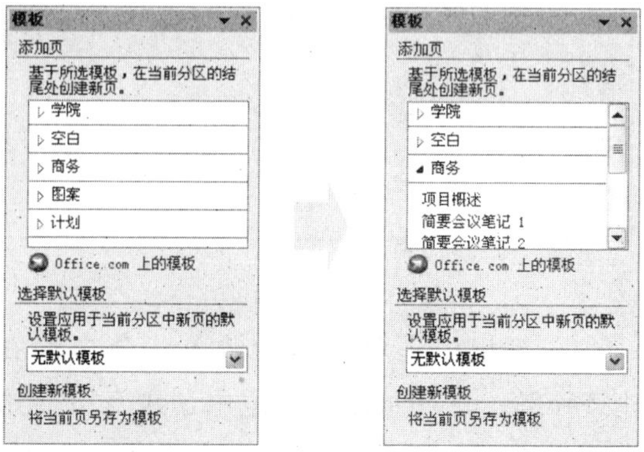

图21-7

也可以在设置好当前页后，将其保存为页面模板，这样便于以后重复使用该页。单击【模板】窗格底部的【将当前页另存为模板】链接，在打开的如图21-8所示的对话框中输入模板名称，然后单击【保存】按钮即可将当前页保存为页面模板。

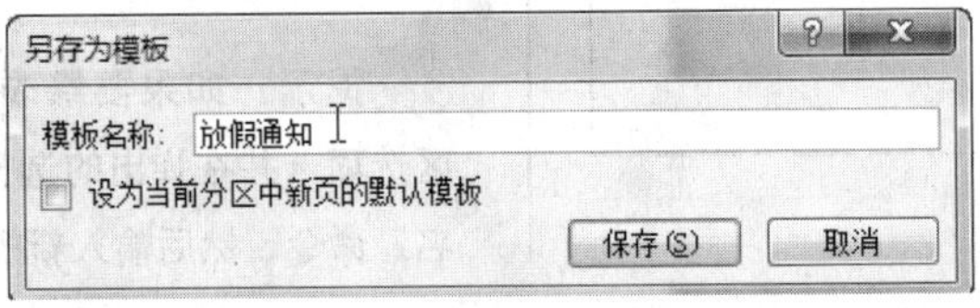

图21-8

21.5 在页中添加笔记

在笔记本的分区中添加页面后，接下来的工作就是在页中输入内容，也就是添加详细的笔记。

21.5.1 添加普通的文字笔记内容

只要分区中包含页，就可以在页的任何位置添加笔记，不受诸如Word程序默认从顶部开始向下输入内容的传统限制。只需单击页中的任何位置，然后输入笔记文本并在完成后单击笔记的外部即可，如图21-9所示。

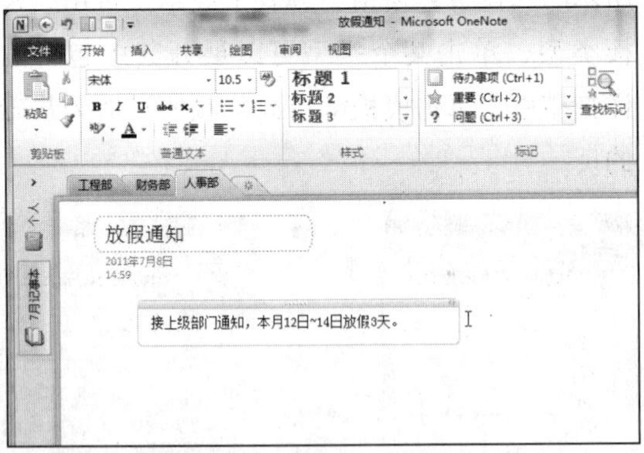

图21-9

在笔记中还可以至少输入一个文本后按Tab健，这样可以在笔记中创建表格，如图21-10所示。还可以在笔记中单击来决定插入点的位置，这样，在任何时候都可以对笔记进行修改。

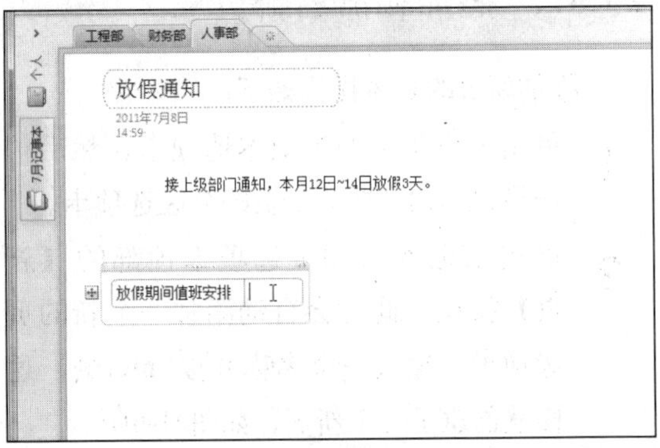

图21-10

21.5.2 给笔记内容添加标记

对笔记内容进行标记可以将类别和图标分配给笔记，如“待办事项”标记、“重要”标记、“电话号码”标记、“家庭住址”标记等。标记图标显示在笔记的旁边，这样只需浏览页面就可以确定笔记包含哪类信息。

右击笔记，在弹出的快捷菜单中选择【标记】命令，然后可以从子菜单预置的标记中选择所需的标记类型。图21-11所示为将笔记标记为“重要”后的效果，在笔记开头有一个星星图标。

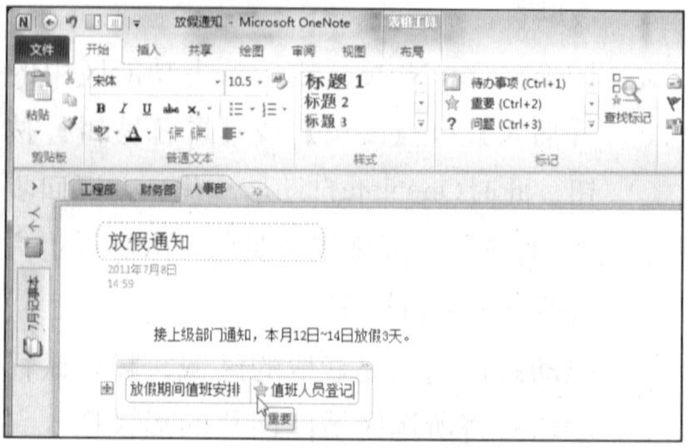

图21-11

21.5.3 扩展书写空间

除了可以在分区中创建新的页来添加更多的信息空间外，还可以使用页面中提供的扩展空间选项，使之容纳更多的笔记或更大的项目。要添加更多的书写空间，可以单击功能区中的【插入】⇨【插入】⇨【插入空间】按钮，在笔记本中移动鼠标，当变为上下箭头时按住鼠标左键拖动，此时会看到如图21-12所示的一个较大的蓝色箭头，该箭头的高度表示要添加的空间高度，释放鼠标后可添加指定高度的空间。如果在不向新空间添加任何内容的情况下向上回滚，则可以删除额外的空间。

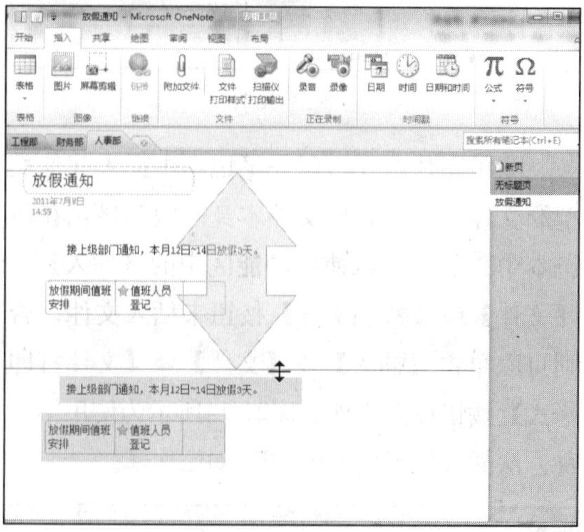

图21-12

21.6 插入其他类型的内容

除了添加文本笔记外，在OneNote中还可以添加其他内容，包括图片、文件以及屏幕剪辑，这样可以使笔记内容更丰富，也便于及时插入所需的重要信息。

21.6.1 插入图片或附加文件

如果要添加到笔记本中的内容存在于外部文件中，那么可以尝试将这些文件直接插入到笔记本中。最常见的情况之一就是插入图片文件，具体操作如下。

1 单击笔记本中要放置图片的位置。

2 单击功能区中的【插入】⇨【图像】⇨【图片】按钮，在打开的对话框中双击要插入的图片，即可将所选图片插入到笔记本的指定位置，如图21-13所示。

提示：在插入图片后，如果单击图片，则在图片周围会显示虚线边框，通过拖动边框上的控制点可调整图片大小。直接拖动图片可以移动图片。单击图片并按Delete键可以将图片从笔记本中删除。右击图片并在弹出的快捷菜单中选择【将图片设置为背景】命令，可以将图片设置为笔记本的背景。

图21-13

除了图片，还可以在笔记本中插入其他类型的文件。如果希望文件本身的内容显示在笔记本中，那么可以使用功能区中的【插入】⇨【文件】⇨【附加文件】按钮来插入文件，否则可以单击【插入】⇨【文件】⇨【文件打印样式】按钮插入文件。图21-14所示为使用第一种方法插入到笔记本中的Excel工作簿。

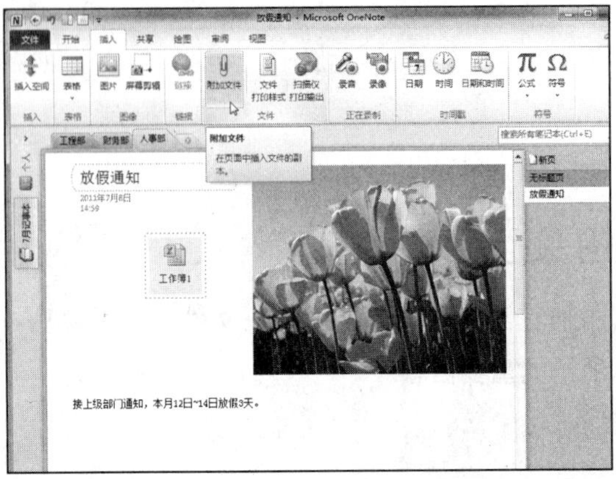

图21-14

21.6.2 插入抓屏图片

利用OneNote“屏幕剪辑”功能可以将用户捕捉到的窗口信息或网页中的内容插入到笔记本中，这样做的好处是可以立刻记住看到的信息。当利用网页上的屏幕剪辑时，OneNote也会插入指向网页的超链接。插入屏幕剪辑的具体操作如下。

1. 在OneNote笔记本中单击要插入屏幕剪辑的位置。
2. 切换到要进行屏幕剪辑的位置，如桌面或网页。
3. 切换回OneNote，然后单击功能区中的【插入】⇨【图像】⇨【屏幕剪辑】按钮，此时OneNote自动最小化，并返回步骤2的环境。屏幕变为灰色，以等待用户进行屏幕剪辑操作。
4. 拖动鼠标选择要截取的区域，释放鼠标后即可将所选区域以图片的形式插入到笔记本中，如图21-15所示。

图21-15

提示：也可以在笔记本中插入任意超链接。单击功能区中的【插入】⇨【链接】⇨【链接】按钮，在【链接】对话框中输入链接标题和URL地址，如图21-16所示。单击【确定】按钮即可创建一个超链接。

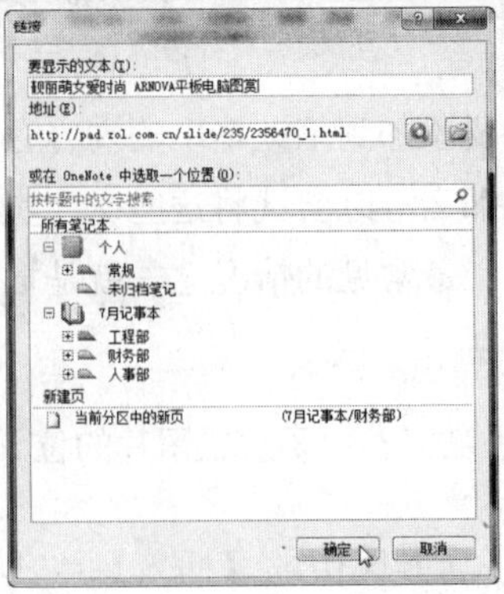

图21-16

21.7 组织和共享笔记信息

OneNote 2010提供了非常灵活的组织和共享信息的方法，包括更改、重排、更新以及发布等功能。

21.7.1 重新组织笔记本中的信息

用户可以在笔记本之间、分区之间以及页中重新组织和排列信息，这样可以确保笔记本中的信息经常处于最新状态。

1．在多个笔记本之间移动分区

右击页并在弹出的快捷菜单中选择【移动或复制】命令，打开【移动或复制分区】对话框，从中选择要移动或复制到的目标笔记本，如图21-17所示。单击【移动】或【复制】按钮完成移动或复制操作。

图21-17

2．在笔记本中移动分区

向左或向右拖动分区选项卡，直到三角形标记出现在所需的位置，然后释放鼠标即可。

3．在多个分区之间移动和复制页

右击页并在弹出的快捷菜单中选择【移动或复制】命令，打开【移动或复制页】对话框，选择要移动或复制到的目标页，然后单击【移动】或【复制】按钮完成移动或复制操作。

4．在分区中移动页

拖动页选项卡，其中会看到一个黑色三角形，其位置表示页将要移动到的位置，拖动到适合位置后释放鼠标即可。

5．在页中移动笔记

单击页中的笔记，此时会显示笔记周围的边框。将鼠标移动到顶部边框上，当变为四向箭头时拖动鼠标，即可移动笔记。

6．删除分区和页

右击分区选项卡或页选项卡，在弹出的快捷菜单中选择【删除】命令，可以删除指定的分区和页。

21.7.2 查看带标记的信息

如果以后需要查看重要笔记的信息，那么在编辑笔记时为其添加标记是非常值得的。OneNote可以显示所有打开的笔记本中带有标记的笔记，这样就可以快速筛选出所有标记笔记，而无需一个一个去查找。单击功能区中的【开始】⇨【标记】⇨【查找标记】按钮，打开【标记摘要】窗格，在【搜索】下拉列表中选择要查看带有标记的笔记所在的范围，然后单击【刷新结果】按钮，即可显示所选范围内所有带标记的笔记，如图21-18所示。

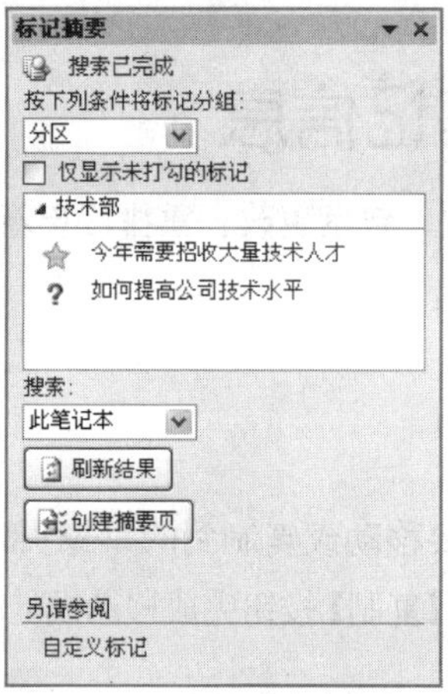

图21-18

上方的【按下列条件将标记分组】下拉列表中的选项可以对搜索到的笔记进行分类，还可以单击窗格底部的【创建摘要页】按钮来添加新页，从而列出当前笔记本中带有标记的笔记。

21.7.3 搜索笔记内容

经过一段时间后，笔记本会包含大量的信息。当需要从笔记本中查找所需的信息时，可以使用搜索功能快速找到目标信息。在笔记本顶部分区选项卡右侧的文本框中直接输入要查找的内容并单击【搜索】按钮 或按Enter键，即可搜索到匹配的内容并突出显示，如图21-19所示。单击 × 按钮可关闭搜索。

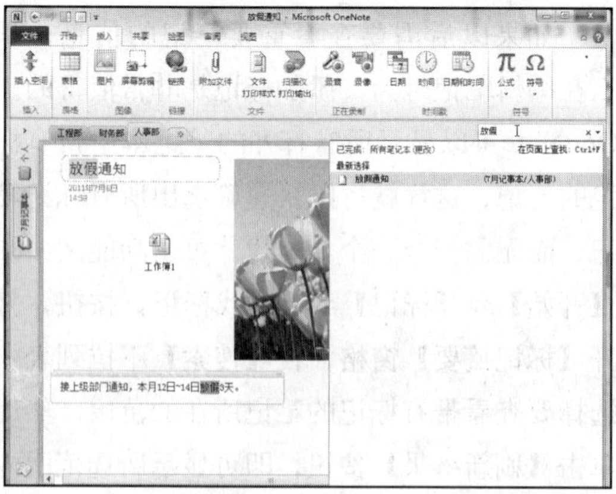

图21-19

21.7.4 发布OneNote页

用户可以将笔记本中的一个或多个页发布给其他用户，以实现共享笔记内容的目标。所谓“发布”其实就是将页面信息转换为另一种格式的信息，可使用的格式包括：

- 单个文件网页；
- OneNote分区/OneNote 2007分区；
- OneNote单文件包；
- PDF或XPS文档；
- Microsoft Word文档。

发布页的具体操作如下。

1 单击要发布页的笔记本选项卡，然后单击页所在的分区选项卡，接着单击要发布的页选项卡。如果要发布多个页，则可以使用Ctrl键或Shift键配合鼠标单击进行选择。

2 单击【文件】按钮并选择【另存为】命令，然后在右侧选择发布页的文件类型。也可以直接单击【另存为】按钮，打开如图21-20所示的【另存为】对话框，在【文件名】下拉列表框中输入文件名并从【保存类型】下拉列表中选择文件类型。

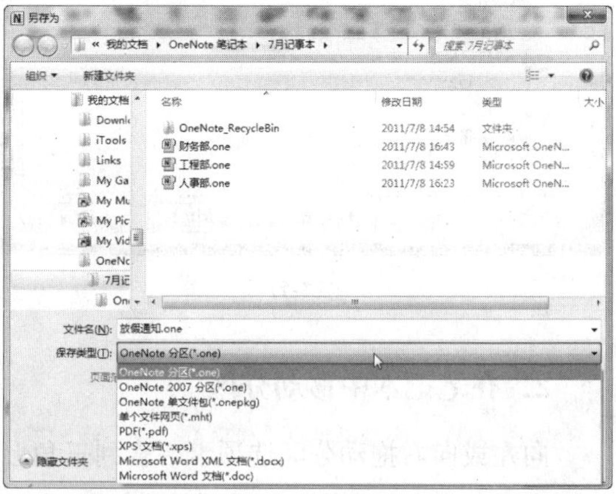

图21-20

3 单击【保存】按钮，OneNote将创建文件，然后可以通过电子邮件将发布后的文件发送给其他用户。

第22章

使用Publisher设计出版物

本章内容如下：

- 使用Publisher新建出版物
- 添加和设计出版物内容
- 设计内容版式和外观
- 打印和分发出版物

22.1 使用Publisher新建出版物

Publisher是Office组件中的桌面出版应用软件。它能提供比Microsoft Word更强大的页面元素控制功能，并且面向低端用户，操作简单，是学习创建出版物的良好入门工具。它不但可以帮助创建、设计和发布专业的销售和通信材料，而且可以使用与其他 Microsoft Office程序相似的用户界面来创建用于印刷品、电子邮件和 Web 发布的材料。

22.1.1 Publisher操作界面简介

无论是否是初次启动Publisher，在每次启动Publisher后，都需要选择模板界面，从而创建新的出版物。

Publisher是Office组件中一款优秀的出版物设计、打印和分发软件。在启动Publisher后，单击【文件】按钮，关闭模板界面，即可进入如图22-1所示的设计界面。

图22-1

可能会发现Publisher的界面结构有些类似于PowerPoint，中间的大区域是页面设计窗口，这是设计Publisher出版物的主要工作区域；四周的区域是草稿区，该区域用于存放从一个页面拖出并需要在其他页面重复使用的任何对象；草稿区域的上方和左侧是水平和垂直标尺，用于在页面中精确对齐对象；左侧的列表则显示了Publisher中包含的所有页面缩略图，单击某个页面可以切换到该页中，而且每一页底部都有一个自动编号，用于区分每一页并表示各页面之间的顺序。

22.1.2 创建出版物

当大致了解了Publisher工作区的布局结构后，接下来就可以开始创建并设计出版物了。在启动Publisher时，会自动进入模板选择界面，如图22-2所示。

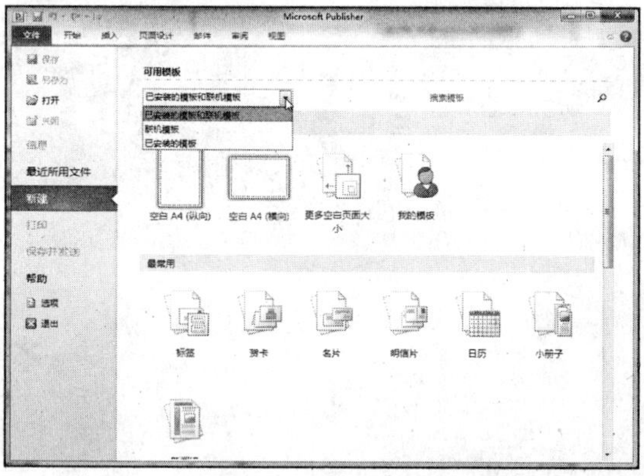

图22-2

在其他任何时候也可以通过单击【文件】按钮并选择【新建】命令进入模板选择界面。可以从【可用模板】下拉列表中选择要显示的模板来源类型，它分为【已安装的模板和联机模板】、【联机模板】或【已安装的模板】。

下方按类别显示了不同模板，可以选择空白模板或带有内容和结构的模板。用户也可以使用下拉列表右侧的搜索框查找所需的模板。

单击一种模板类型后，会进入该类型的模板选择界面，右侧会显示当前选择模板的预览效果，如图22-3所示。单击【下载】按钮，即可下载并以当前所选模板创建出版物。

图22-3

提示：如果要从模板类型界面返回之前的模板主界面，可以单击【主页】按钮 。

图22-4所示为选择【媒体】类别下的【CD/DVD标签（房地产设计）】模板创建的初始出版物，其中已经显示了一个设计好的CD/DVD标签，用户只需根据自身需要对其中的内容或布局进行修改或调整即可，这样可以快速完成一个出版物的设计。

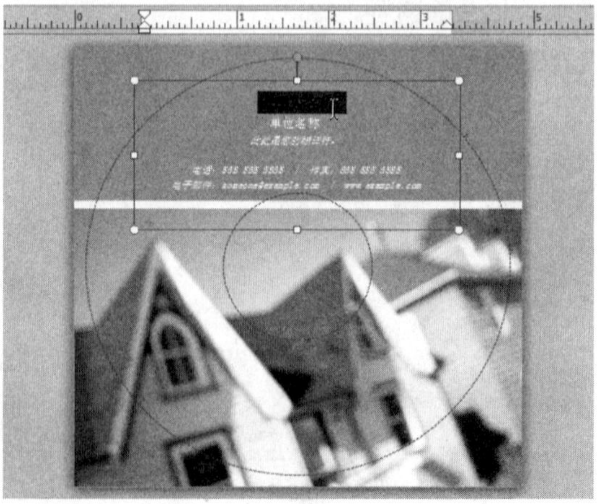

图22-4

22.2 添加和设计出版物内容

无论创建的出版物是否已经包含内容，都可以在创建后对出版物中的内容及其布局结构进行简单调整或重新设计。本节将详细介绍如何设计出版物的内容。

22.2.1 插入文本

与Word 2010不同，在Publisher 2010中需要使用文本框来添加文本。单击功能区中的【插入】⇨【文本】⇨【绘制文本框】按钮，在页面中拖动鼠标绘制出一个文本框，然后在其中输入所需的文字，如图22-5所示。最后在文本框外部的空白区域单击，完成文本的添加。要删除文本框，可以单击其边框，然后按Delete键。

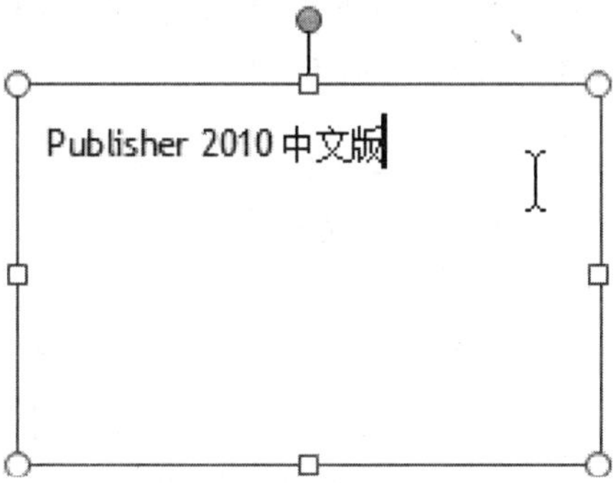

图22-5

Publisher提供了业务信息这一功能，可以单击功能区中的【插入】⇨【文本】⇨【业务信息】按钮，然后从列表中选择要插入到页面中的业务信息类型。右击列表中的业务信息，从弹出的快捷菜单中选择【编辑业务信息】命令，可以在弹出的如图22-6所示的对话框中修改业务信息的内容。

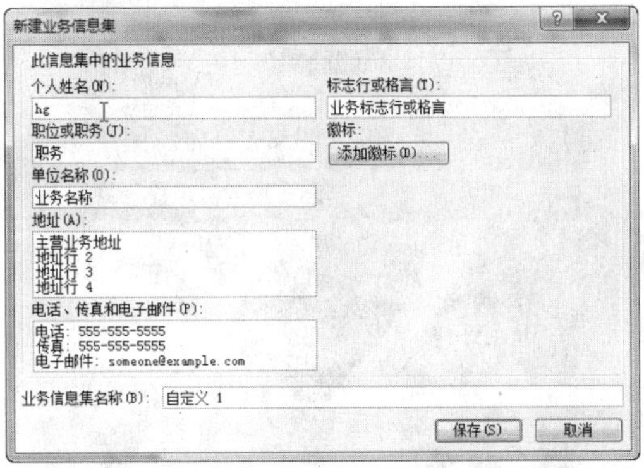

图22-6

也可以将页面中手动插入的文本框中的内容添加到业务信息库中，其实这个操作类似于Word中的添加构建基块。只需单击所需的文本框，再单击功能区中的【插入】⇨【文本】⇨【业务信息】按钮，在打开的列表中选择【将所选内容添加到业务信息库】命令，接着在打开的对话框中编辑业务信息，最后单击【确定】按钮即可。

提示：还有一种比较快速的方法是将所选文本框添加到业务信息库中。右击文本框，从弹出的快捷菜单中选择【另存为构建基块】命令，在打开的对话框中将【库】设置为【业务信息】，其他设置与前一种添加方法一样。

除了在Publisher中使用文本框来添加文本外，还可以插入文本文件。单击Publisher中要插入文件的文本框，然后单击功能区中的【插入】⇨【文本】⇨【插入文件】按钮，打开如图22-7所示的【插入文字】对话框，双击要插入的文件，即可将所选文件中的内容导入到所选择的文本框中。

图22-7

根据插入文件的文件格式以及文件中文本是否应用了样式和格式，可能需要在插入文件后对文本的格式进行调整。

22.2.2 设置文本格式或应用样式

在Publisher 2010中设置文本格式的相关内容与前面介绍的Word 2010和PowerPoint 2010等十分类似，它包括字体、字号、对齐方式等。在文本框中选择要设置格式的文字，然后在功能区的【开始】⇨【字体】组中可以对所选内容设置字体格式。如果要设置段落格式，那么只需单击文本框中某一段落内部，而不用选择整段内容。

与Word类似，也可以在Publisher中使用样式来设置文本段落的复杂格式。单击要设置的文本框中的文本段落内部，然后单击功能区中的【开始】⇨【样式】⇨【样式】按钮，在打开的列表中选择一种合适的样式。

可以将其他文件中包含的样式导入到Publisher 2010中，最常见的情况就是将其他版本的Publisher文件或Word文档中的样式导入到当前Publisher文件中。单击功能区中的【开始】⇨【样式】⇨【样式】按钮，在弹出的菜单中选择【导入样式】命令，在打开的【导入样式】对话框中选择包含样式的文件。单击【确定】按钮，即可将所选文件中的样式导入到当前Publisher文件中。

提示：如果正在导入的文件中包含了与当前Publisher文件相同的样式，那么会收到如图22-8所示的提示信息，单击【是】按钮则不会覆盖当前Publisher文件中的同名样式。

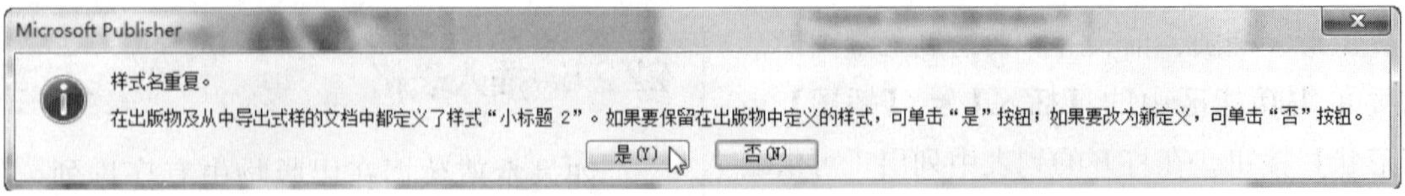

图22-8

22.2.3 在出版物中添加图片

为了让出版物图文并茂，可以在其中插入图片。单击功能区中的【插入】⇨【插图】⇨【图片】按钮，在打开的对话框中选择要插入的图片。单击【插入】按钮，即可将所选图片插入到当前Publisher出版物中。

如果暂时无法确定具体插入哪张图片，但是又需要将图片放入页面中参与版式的编排，那么可以先在指定位置插入图片占位符，在以后只需单击图片占位符来插入真正的图片。图片占位符的外观与PowerPoint中的同名对象类似。单击功能区中的【插入】⇨【插图】⇨【图片占位符】按钮，在当前页面中插入一个图片占位符，将它拖动到所需的位置，如图22-9所示。以后单击图片占位符中的 按钮插入所需的图片即可。

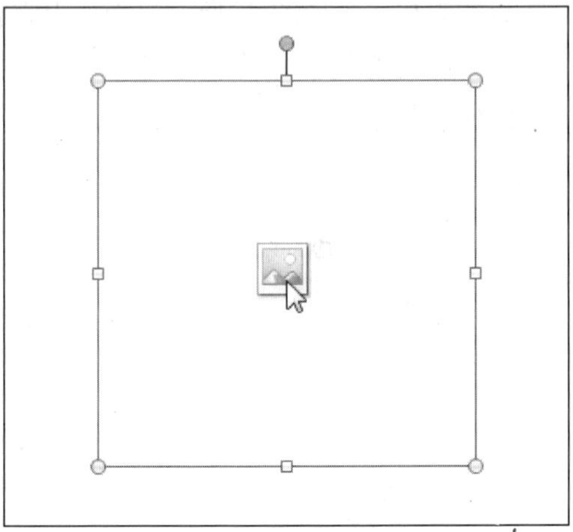

图22-9

22.2.4 设置图片格式

插入图片后，将会立刻激活功能区中的【格式】选项卡，其中包含了大量用于设置图片格式的选项，这些选项与本书前面介绍的Word类似。例如，可以右击Publisher中的图片，在弹出的快捷菜单中选择【设置图片格式】命令，打开如图22-10所示的【设置图片格式】对话框，该对话框的外观与Word中的【设置图片格式】对话框基本相同，可以设置包括图片尺寸、版式、颜色和明亮度以及边框在内的格式。

图22-10

提示：Publisher 2010支持多种格式的图片文件，包括JPEG、GIF、PNG、BMP、TIFF、EPS、EMF以及苹果系统的PICT等。

22.2.5 绘制矢量图形

为了增加出版物的图形化功能，除了插入图片外，还可以手工绘制一些形状，例如直线、矩形、椭圆、箭头等。要绘制矢量图形，需要单击功能区中的【插入】⇨【插图】⇨【形状】按钮，在打开的列表中列出了可供绘制的各种形状，并进行了分组，如图22-11所示。单击要绘制的形状，然后在页面中拖动鼠标进行绘制即可。

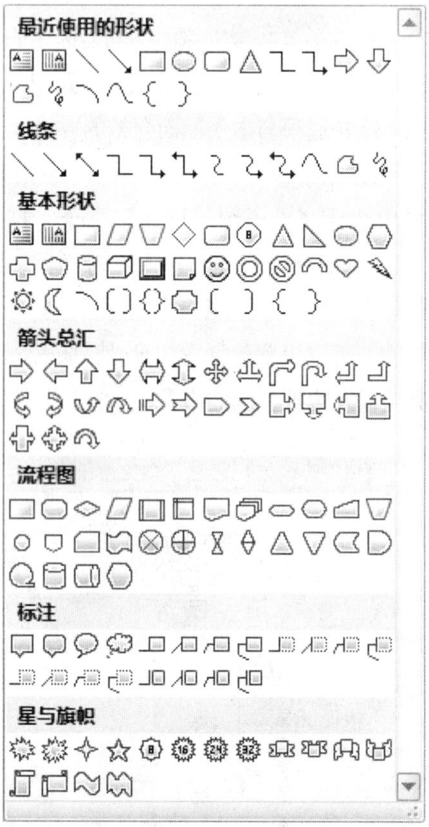

图22-11

提示：如果需要绘制水平或垂直的直线或箭头，那么可以在绘制的同时按住Shift键。如果要绘制正方形或圆形，在绘制的同时也需要按住Shift键。

与图片类似，也可以对绘制好的形状设置格式，对于直线类形状来说，一般只需要设置线形和线条颜色等格式，而对于矩形、椭圆等类型的形状来说，还包括填充颜色的设置。

22.2.6 插入表格

如果希望数据在出版物中有序排列，例如，按行或按列来组织信息，使得信息看上去非常清晰醒目，那么可以使用表格，具体操作如下。

1 选择要插入表格的页面，然后依次找到并单击功能区中的【插入】⇨【表格】⇨【表格】按钮，在弹出的菜单中选择【插入表格】命令。

2 打开如图22-12所示的【创建表格】对话框，输入将要创建的表格的行数和列数，然后单击【确定】按钮。

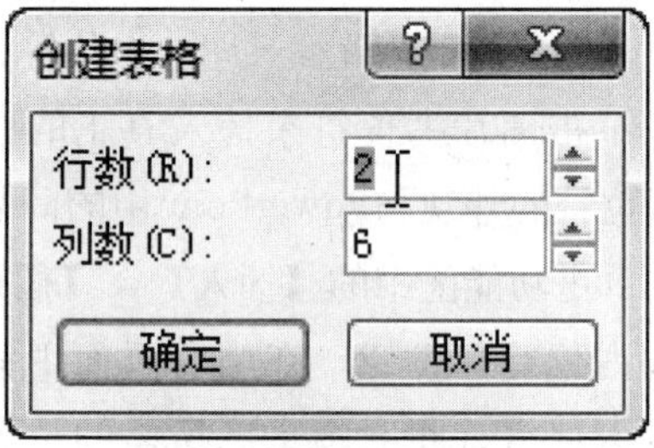

图22-12

3 Publisher将在当前页面中创建指定行、列数的表格，如图22-13所示。表格上方有一个绿色标记，拖动该标记可以让表格以任意角度旋转。

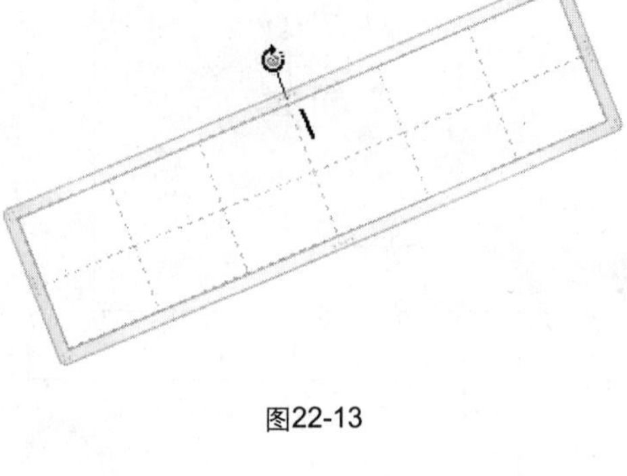

图22-13

创建表格后，可以使用【设计】选项卡对表格外观进行设置。如果希望从整体改变表格外观，可以使用【表格格式】组中的表格列表。如果希望改变表格的结构，可添加或删除行或列，或者设置文字在表格中的对齐方式。以上这些功能与在Word表格中的操作方法极为类似，具体操作可参考本书前面的Word部分。

在表格中输入数据只需单击要输入文字的表格内的单元格，然后输入所需内容，按Tab键移动到水平方向上的下一个单元格。当到达一行最后一个单元格时，再次按Tab键会自动转到下一行的第一个单元格中。

22.2.7 添加特殊效果

除了前面介绍的添加出版物包含的基本内容外，还可以在出版物中添加一些特殊效果，包括艺术字、设置段落的首字下沉以及设置页面的艺术型边框。

1. 艺术字

单击功能区中的【插入】⇨【文本】⇨【艺术字】按钮，在艺术字列表中选择一种艺术字类型，如图22-14所示。

图22-14

在弹出的对话框中可以输入艺术字内容，同时还可以对字体和字号进行调整，单击【确定】按钮，将在当前页面中插入艺术字，如图22-15所示。

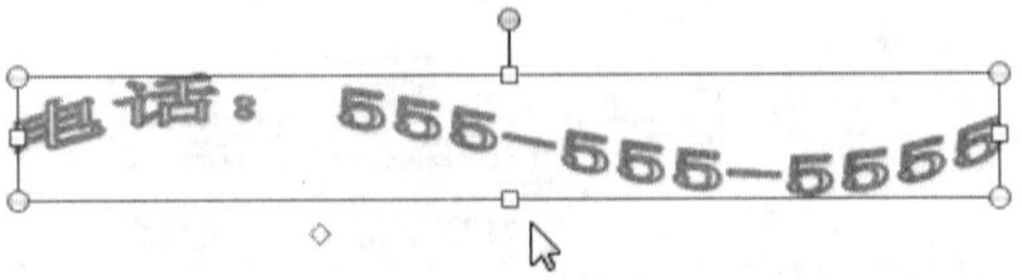

图22-15

双击艺术字，激活功能区中的【格式】选项卡，即可对艺术字进行设置，包括重新修改艺术字内容，或者选择其他的艺术字类型。

2. 首字下沉

在出版物中，将段落的第一个文字设置为首字下沉，通常可以有效地引起读者的注意。首字下沉效果主要是增加文字的尺寸，使其高于文本第一行的行高，这样可以让段落的第一个字非常醒目。如图22-16所示就是首字下沉的效果。

设置首字下沉效果的具体操作如下。

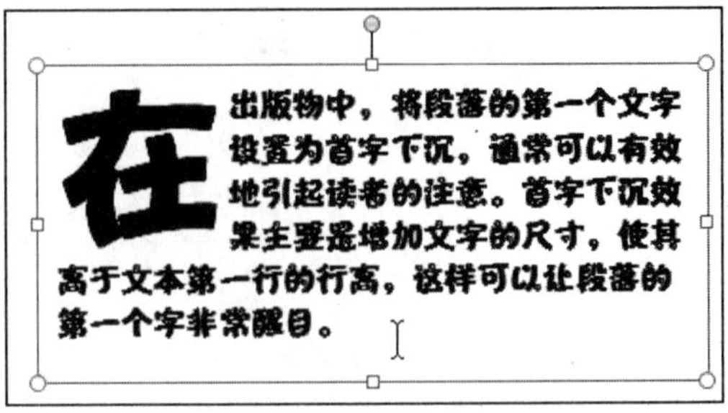

图22-16

1 单击文本框中要设置首字下沉的段落，然后单击功能区中的【格式】⇨【版式】⇨【首字下沉】按钮，在打开的列表中列出了可用的首字下沉选项，每个选项以缩略图效果呈现，如图22-17所示。

2 在将鼠标指向首字下沉选项时，会在文本框中看到设置后的预览效果。如果对效果满意，可单击该选项将首字下沉效果应用到当前段落中。如果要取消首字下沉，只需选择列表中的【无首字下沉】选项，即第一行第一列的选项。

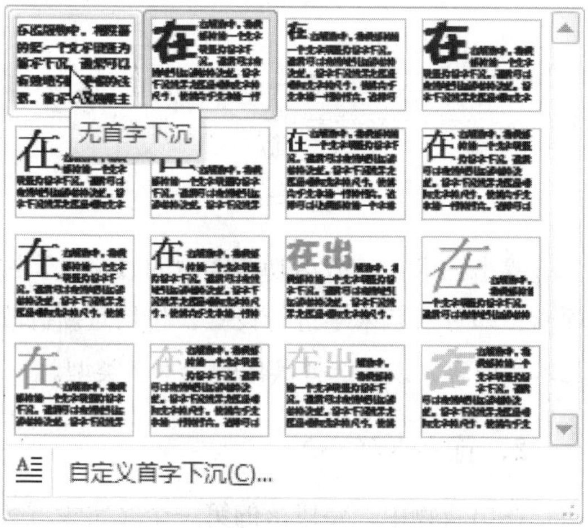

图22-17

提示：如果选择列表中的【自定义首字下沉】选项，那么将打开如图22-18所示的对话框，用户可以自定义首字下沉的效果。

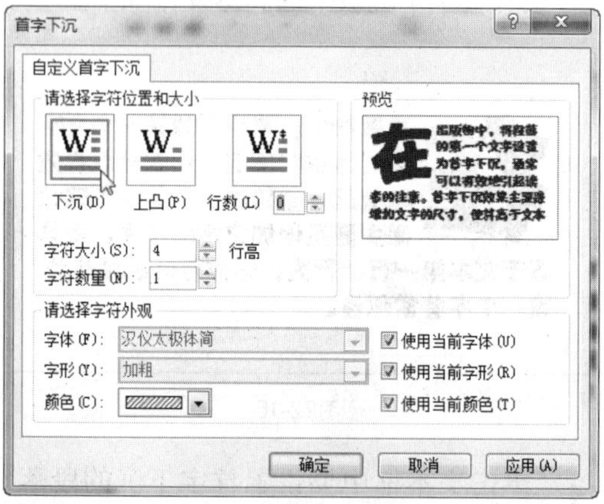

图22-18

3. 艺术型边框

为了让出版物更美观，可以为页面中的文本框添加艺术型边框。艺术型边框与普通的线形边框不同，因为它是由小图形组成的，而不只是简单的线条。设置艺术型边框的具体操作如下。

1 右击要设置艺术型边框的文本框，在弹出的快捷菜单中选择【设置文本框格式】命令，打开【设置文本框格式】对话框。

2 在【颜色和线条】选项卡中单击【艺术型边框】按钮，打开【艺术型边框】对话框，从列表框中选择一种边框样式，右侧显示了当前所选边框的预览效果，如图22-19所示。

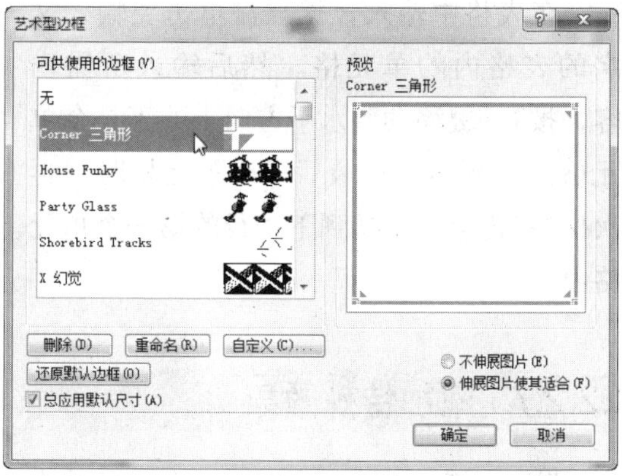

图22-19

提示：默认选中【伸展图片使其适合】单选按钮，这样Publisher可以较完全地填充边框区域。如果不想使用该功能，那么可以选中【不伸展图片】单选按钮。

3 选择好边框样式后，单击【确定】按钮，返回【设置文本框格式】对话框，可以在此处修改边框的粗细。完成后单击【确定】按钮，Publisher将自动使用选择的边框填充文本框的四周，如图22-20所示。

提示：用户可以使用自己收藏的图片作为边框的填充样式。首先打开【艺术型边框】对话框，然后单击【自定义】按钮，打开【创建自定义边框】对话框，取消选中【使用“剪辑管理器”选择图片】复选框，然后单击【选择图片】按钮。在【插入图片】对话框中双击一张合适的图片，随后弹出【命名自定义边框】对话框，输入一个名称或直接单击【确定】按钮使用默认名称。新的边框会显示在【艺术型边框】对话框的【可供使用的边框】列表框中，接下来就可以使用新的边框了。

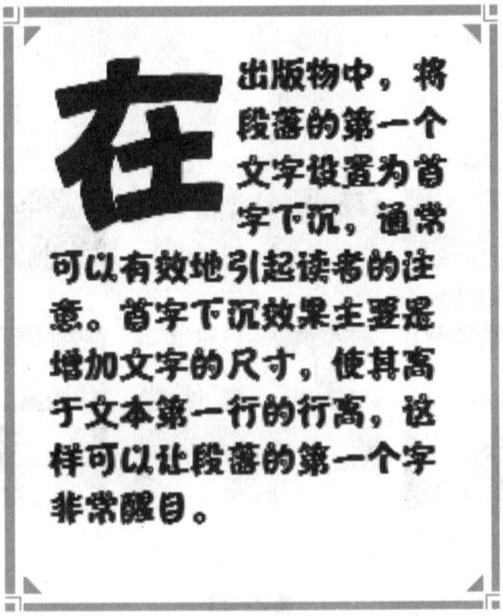

图22-20

22.2.8 使用构建基块

出版物通常包含一些在普通文档中很难找到的特殊元素。例如，新的产品手册可能包括赠券；新闻稿可能带有志愿者登记表。通过使用图形、文本框和边框创建这些内容虽然可行，但是会耗费很多时间。为了提高设计效率，可以使用Publisher提供的“设计方案库”。选择要插入“设计方案库”对象的页面，然后单击功能区中的【插入】⇨【构建基块】⇨【广告】按钮，在打开的列表中选择所需的选项，Publisher将在当前页面中插入所选择的设计方案库中的对象，如图22-21所示。

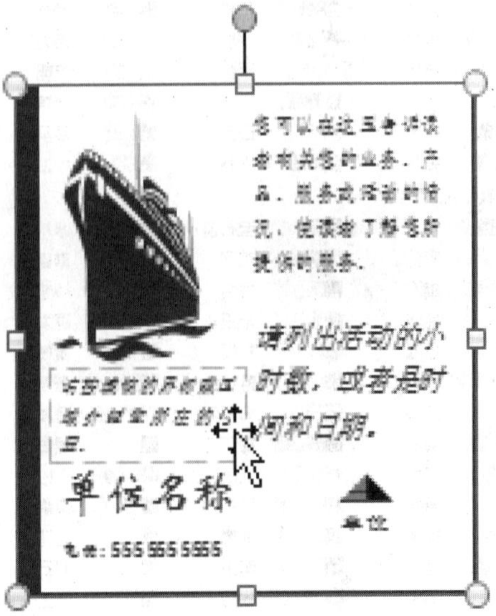

图22-21

22.3 设计内容版式和外观

除了需要添加出版物的内容外，还有很多工作要做，这包括设计出版物的版式和外观，因为只有这样才能设计出版式结构美观、令人满意的出版物。

22.3.1 选择字体方案

Word、Excel和PowerPoint共享主题字体、主题颜色和主题。Publisher也与它们共享同样的主题内容，这样就为Publisher设置不同的字体格式和颜色提供了大量选项。单击功能区中的【页面设计】⇨【方案】⇨【字体】按钮，打开字体方案列表，从中选择一种合适的字体。Publisher将使用选择的字体方案更新整个出版物每个页面中文本的字体。

22.3.2 选择配色方案

与字体方案类似，Publisher也提供了配色方案，使用配色方案可以整体改变出版物中的颜色配置，这样可以使整个出版物中不同内容的颜色保持一致。在功能区的【页面设计】⇨【方案】组包含了大量的配色方案可供选择，如图22-22所示。

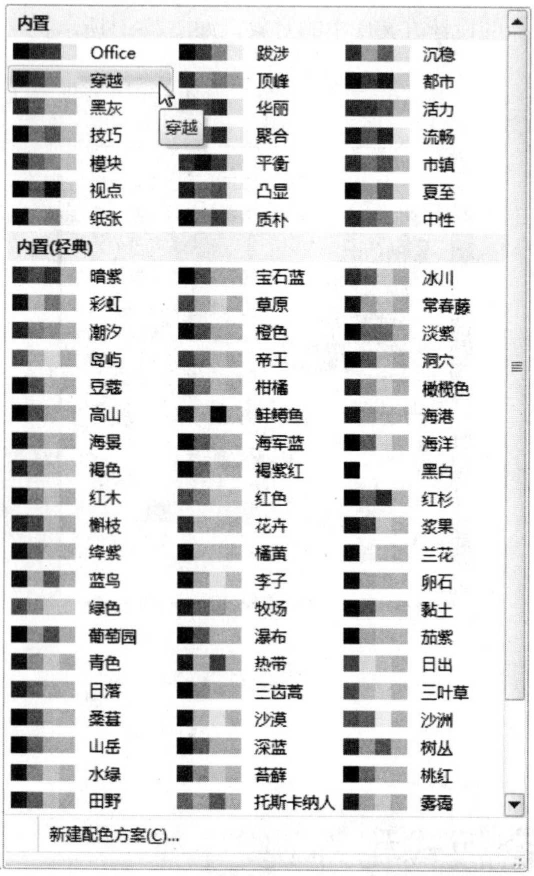

图22-22

22.3.3 设置页面背景

如果觉得白色背景太过乏味，那么可以为出版物设置背景。单击功能区中的【页面设计】⇨【页面背景】⇨【背景】按钮，在打开的列表中选择一种背景效果，如图22-23所示。如果要删除背景则可以选择列表中的【无背景】选项。

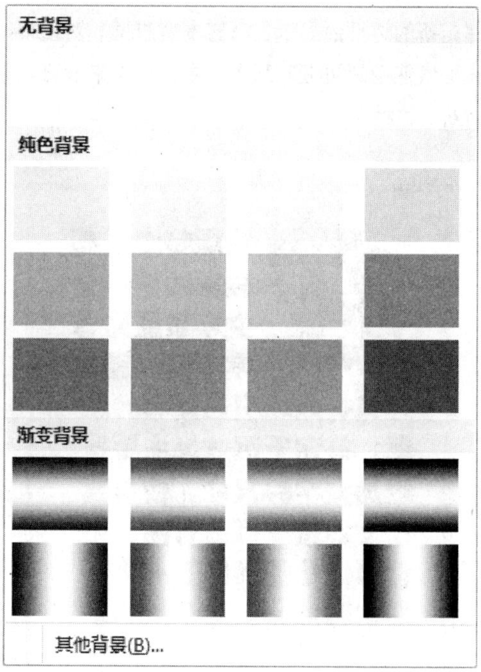

图22-23

提示：如果列表中没有满意的背景，那么可以选择【其他背景】选项，打开【填充效果】对话框，在该对话框中可以设置更多类型的背景，包括渐变填充、纹理、图案或图片。

22.3.4 插入新页面

大多数出版物都包含多个页面，而不会只有一个页面，可以根据需要随时添加新的页面。Publisher窗口的左侧列表中显示了当前出版物包含的所有页面缩略图，单击缩略图可以切换到该页面中。如果要添加新的页面，可以单击功能区中的【插入】⇨【页】⇨【页面】按钮，在弹出的菜单中可以选择以下3个选项之一。

- 选择【插入空白网页】将直接在当前页下方添加一个新的空白页。
- 选择【插入重复页】将在当前页下方添

加一个与当前页完全相同的新页，其中包含了当前页中的所有内容。

- 选择【插入页】将打开如图22-24所示的【插入页面】对话框，指定要插入的页面数量、插入的目标位置以及其他选项，单击【确定】按钮即可添加指定的页面。

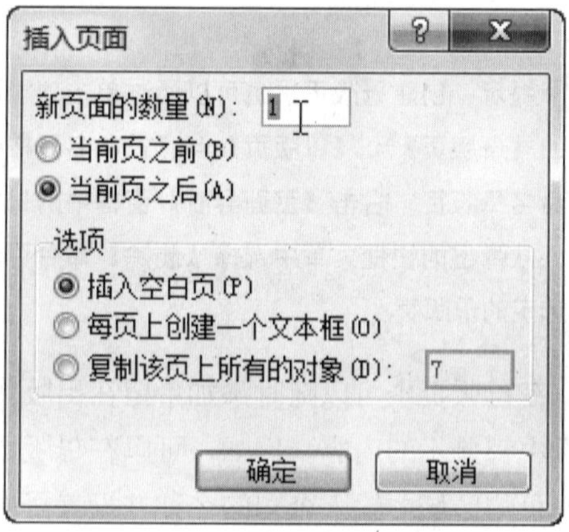

图22-24

提示：也可以右击Publisher窗口左侧列表中的页面，在弹出的快捷菜单中选择【插入页】或【插入重复页】命令以添加新的页面。

在Publisher左侧列表中右击要删除的页面，在弹出的快捷菜单中选择【删除】命令，即可将所选页面删除。

当出版物不止一页时，为了便于定位并了解页面之间的顺序，最好的做法就是为每一个页面添加页码。页码是添加到页面的页眉和页脚区域的。单击功能区中的【插入】⇨【页眉和页脚】⇨【页码】按钮，在打开的列表中选择添加页码的位置，如图22-25所示。选择后即可在每个页面的指定位置添加页码。

如果对页码格式有特殊要求，那么可以选择【设置页码格式】命令，打开如图22-26所示的【页码格式】对话框，可以在此处设置页码的数字格式以及页码的起始编号。

提示：如果出版物的第一页不想显示页码，那么可以取消选中【首页显示页码】复选框。

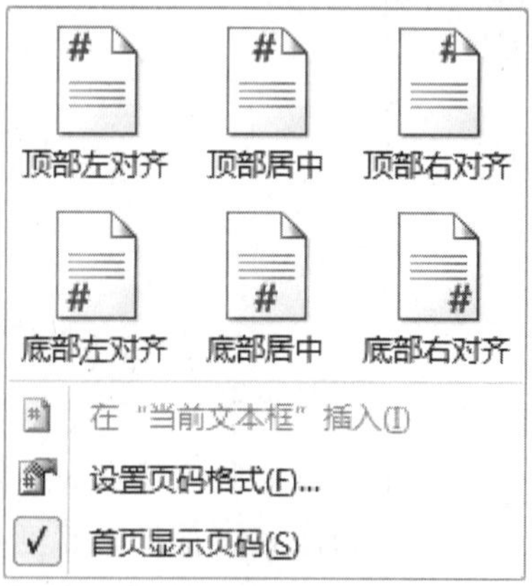

图22-25

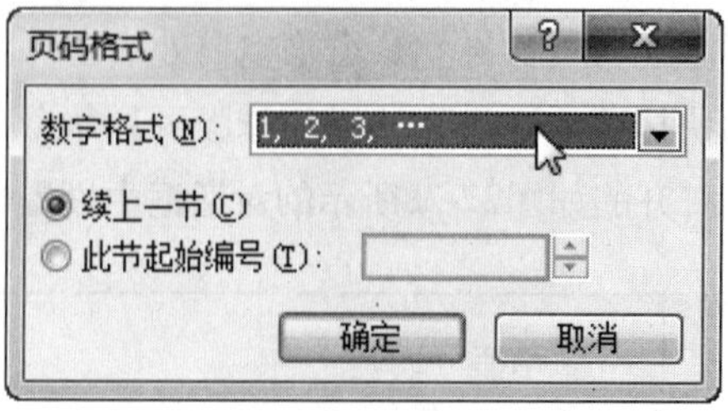

图22-26

22.3.5 设计母版页

在前面介绍PowerPoint部分的内容时，曾经介绍过幻灯片母版。在PowerPoint母版中添加的内容会同时出现在每一张幻灯片中，因此，可以将一些公用内容设计到幻灯片母版中。Publisher中的母版与PowerPoint母版类似，如果希望某些内容出现在出版物的每一个页面中，那么就需要将这些内容添加到母版页中。

单击功能区中的【页面设计】⇨【页面背景】⇨【母版页】按钮，在弹出的菜单中选择【编辑母版页】命令，或单击功能区中的【视图】⇨【视图】⇨【母版页】按钮，进入图22-27所示的母版页视图，并自动切换到功能区中的【母版页】选项卡。

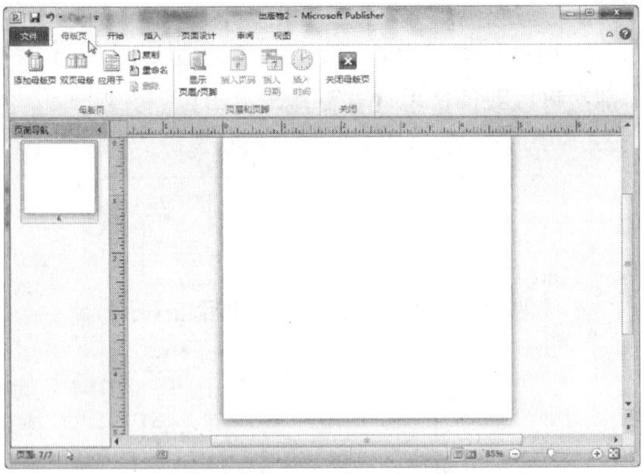

图22-27

默认情况下窗口左侧的【页面导航】窗格中会显示一个母版页。如果需要更多的母版页，那么可以单击功能区中的【母版页】⇨【母版页】⇨【添加母版页】按钮进行添加。也可以在【页面导航】窗格空白处右击，在弹出的快捷菜单中选择【添加母版页】命令，然后在打开的如图22-28所示的对话框中设置母版页的标识字母以及说明，单击【确定】按钮即可添加新的母版页。

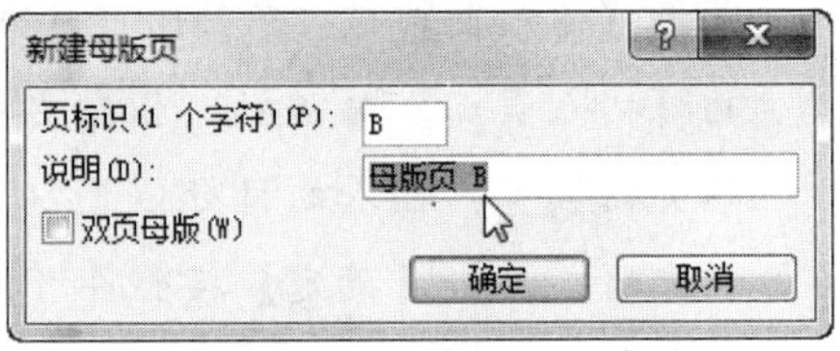

图22-28

提示：创建母版页后也可以通过单击功能区中的【母版页】⇨【母版页】⇨【重命名】按钮重命名母版页。右击【页面导航】窗格中的母版页，从弹出的快捷菜单中选择【删除】命令可删除选定的母版页。

在母版页中可以随时添加希望在出版物每一页中都显示的内容。例如，可以在母版页顶部的页眉区域中输入公司的名称并设置居中对齐，如图22-29所示。

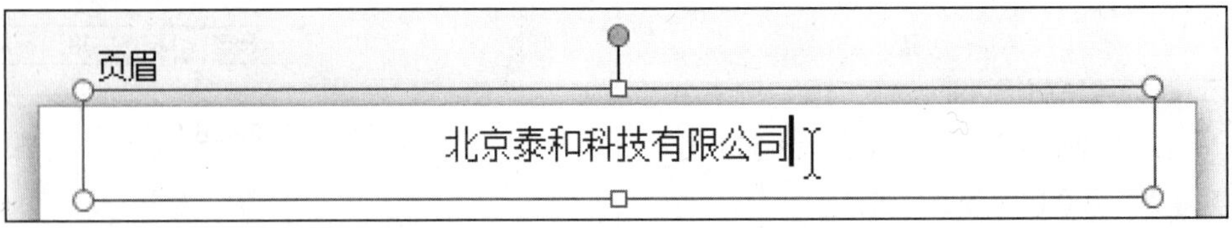

图22-29

单击功能区中的【母版页】⇨【关闭】⇨【关闭母版页】按钮关闭母版页视图，此时会看到当前出版物的每一页顶部都出现了之前在母版页中输入的公司名称。

22.4 打印和分发出版物

设计出版物的最终目的是将其打印输出或者通过网络分发给其他用户。本节将介绍打印出版物之前的准备工作以及打印和发送出版物的方法。

22.4.1 检查错误

为了确保出版物包含了预期的所有内容，并且尽可能地减少错误，最好能在打印之前对出版物进行检查。使用Publisher提供的“检查设计方案”功能可以完成这个任务。“检查设计方案”可以从出版物中检查出以下可能存在的问题。

- 溢出区域的文本。
- 空图文框。
- 隐藏的对象。
- 位于页面外的对象。
- 不在打印区域中的对象。
- 页面顶端的空白区域。
- 无效的超链接。

单击【文件】按钮并选择【信息】命令，然后单击【运行检查设计方案】按钮，检查结果显示在了自动打开的【检查设计方案】窗格中，如图22-30所示。如果要修复错误，则单击列表框中的错误，Publisher会自动显示错误发生的位置。

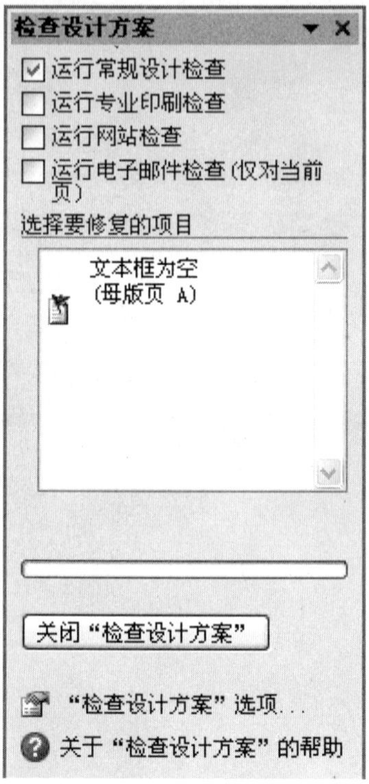

图22-30

如果想要专业印刷文档，那么可以选中【运行专业印刷检查】复选框，Publisher会立刻显示可能导致专业打印机出现问题的错误。将鼠标移动到错误上，然后单击错误右侧出现的下拉按钮，接着在弹出的菜单中修复错误或了解与错误有关的更多信息，如图22-31所示。

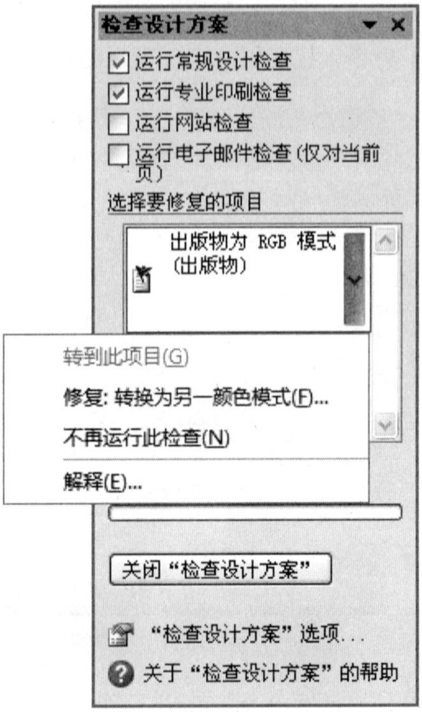

图22-31

22.4.2 打印出版物

当对出版物的各方面都感到满意时，就可以将其打印输出了。单击【文件】按钮并选择【打印】命令，展开如图22-32所示的面板。与Word等应用程序的打印界面类似，左侧提供了可以对打印进行设置的选项，右侧为当前出版物的预览效果。

图22-32

选择【打印机】下拉列表中的【高级输出设置】命令，打开如图22-33所示的对话框。

图22-33

在该对话框中可以完成以下设置。

- 在专业打印机上印刷时，可以将出版物转换为彩色打印所需的分色，可以选择【复合RGB】、【复合灰度】、【复合CMYK】等。
- 可以设置打印时是否允许出血。
- 可以设置是否允许打印机使用自己的字体取代出版物中的字体，以及打印图片时使用的分辨率。

完成设置后单击【确定】按钮，然后在打印面板中单击【打印】按钮，即可将出版物打印到纸张上。

22.4.3 通过电子邮件发送出版物

如果希望将出版物分发给其他用户，可以利用电子邮件以网络的形式传送给他们。单击【文件】按钮并选择【保存并发送】命令，然后选择【使用电子邮件发送】选项，在最右侧可以选择电子邮件的发送方式，如图22-34所示。例如，可以将当前出版物作为新邮件的附件进行发送。

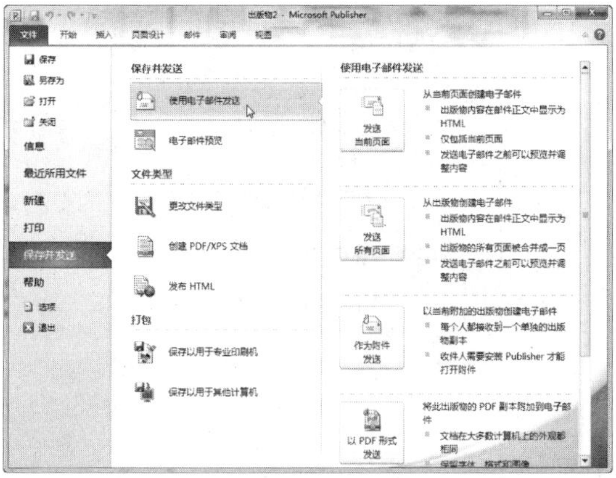

图22-34

第23章

Word高级应用技巧

本章内容如下：

- Word文本编辑技巧
- Word格式设置技巧
- Word表格处理技巧
- Word文档打印技巧

23.1 Word文本编辑技巧

Word 2010在文档编辑方面的整体易用性是非常高的，但是也有一些功能隐藏在注意不到的地方，掌握本节所提供的文本编辑技巧，能使Word操作水平如鱼得水，更上一层楼。

23.1.1 选取文本块

可以在Word中通过使用Alt键选择垂直区域的内容，具体操作如下。

1. 单击要选择区域的起始处，按住Alt键。
2. 拖动光标到选择区域的结尾处，即可选择垂直区域中的内容，如图23-1所示。

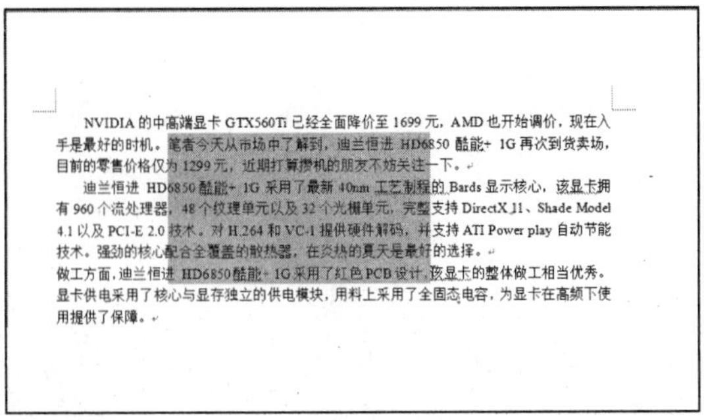

图23-1

23.1.2 随系统启动Word

如果每次开机后都要直接使用Word，则可以将Word设置为启动系统后自动启动，具体操作如下。

1. 单击桌面左下角的【开始】⇨【所有程序】⇨【Microsoft Office】命令，将光标移动到弹出的子菜单中的【Microsoft Word 2010】上。
2. 按住鼠标左键不放，将【Microsoft Word 2010】命令拖动到【开始】⇨【所有程序】菜单中的【启动】项中即可。

23.1.3 定位到上次编辑位置

每次打开Word文档继续上次的编辑时，都需要通过鼠标定位到文档上次未完成的编辑位置。其实只要在打开Word文档后按Shift+F5组合键，即可自动定位到文档最后一次编辑过的位置。

23.1.4 修改Word度量单位设置

在设置段落行距、间距或缩进位置时，经常遇到单位不统一的情况，可以通过改变Word度量单位解决这一问题。打开【Word选项】对话框，选择左侧列表中的【高级】选项，然后在右侧的【度量单位】下拉列表中选择合适的度量单位，如图23-2所示。

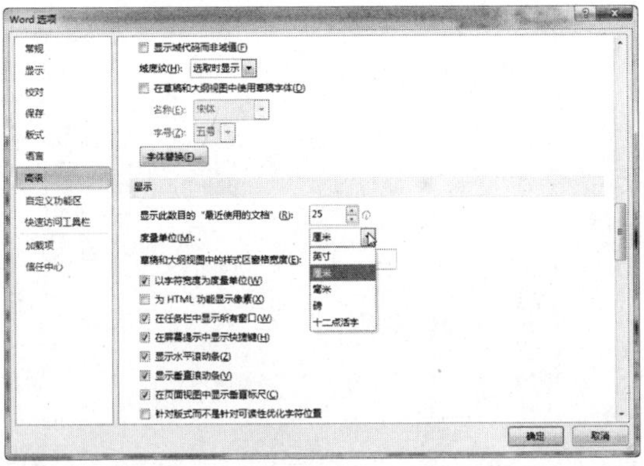

图23-2

提示：在中文Word中，对字体的大小同时采用了两种不同的度量单位，一种是中国人所熟悉的“字号”；另外一种则是以“磅”为度量单位。

在英文Word里，是不存在“字号”这个概念的，完全是为了照顾中国人对字号的偏爱，才在汉化Word时增加了“字号”这个度量字大小的单位。这两种度量字大小的单位之间的换算关系为：初号字=42磅，小初=36磅，一号字=26磅，小一号字=24磅，二号字=22磅，小二号字=18磅，三号字=16磅，小三号字=15磅，四号字=14磅，小四号字=12磅，五号字=10.5磅，小五号字=9磅，六号字=7.5磅，小六号字=6.5磅，七号字=5.5磅，八号字=5磅。磅和字号之间的对应关系不像和长度单位的度量关系那样直接，因为字号毕竟不是一个长度单位。

那么磅和厘米或毫米之间是什么样的对应关系呢？1磅等于0.35mm，1mm等于2.84磅。“磅”既是一个长度单位，又代表字的大小，当它代表字的大小时，磅值所对应的是字的宽度。

字间距及字的提升或降低单位均为磅，但字间距的磅值可以带一位小数，而字的提升或降低都必须以整数磅为单位。

当用“字号”作为字的度量单位时，“字号”越大字越小。最大字的字号为“初号”，最小字的字号为“八号”；当用“磅”作为字的度量单位时，“磅”值越大字越大。最大字的磅值为“72磅”，最小字的磅值为“5磅”。也就是说，用户所能使用的字的大小范围只能在5～72磅之间选择。这样一来，对于一些有特殊需求的用户，如广告制作、宣传、标语等，“72磅”的最大值显然不能满足需要。如果想获得足够大的文字，则可以考虑使用艺术字，然后对文字进行伸缩处理。

23.2 Word格式设置技巧

Word格式设置功能复杂多样，能帮助创建具有丰富外观的文档，或者处理一些烦人的错误，前提条件是需要熟悉这些功能的位置或应用方法。

23.2.1 显示完整公式

在文档中插入公式编辑器并输入公式之后，可能会遇到公式无法完全显示的现象，出现这个问题的原因主要是由于公式所在的段落不是默认的单倍行距。将公式所在段落的行距调整为单倍行距即可，具体操作如下。

1 右击公式所属段落的任意位置，在弹出的快捷菜单中选择【段落】命令，打开【段落】对话框。

2 切换到【缩进和间距】选项卡，在【行距】下拉列表中选择【单倍行距】选项，如图23-3所示。

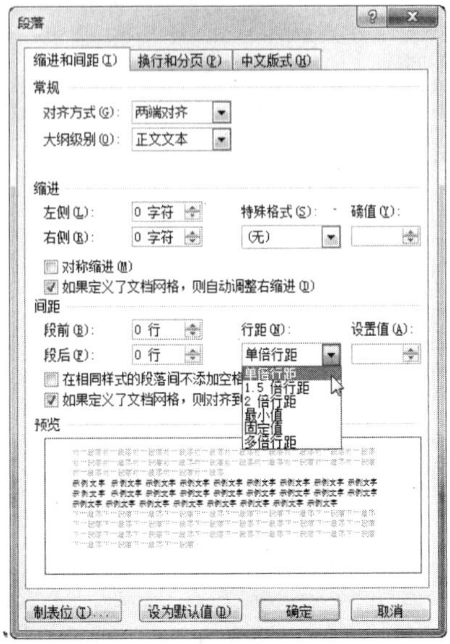

图23-3

23.2.2 禁止自动转换超链接地址

有时从网上复制了一些带有超链接的文字，粘贴到Word文档中后，这些文字仍然带有超链接，不但不美观而且还会造成使用上的麻烦。虽然可以通过右击链接，从弹出的快捷菜单中选择【取消超链接】命令将其去除，但是如果超链接数量很多则操作会相当烦琐。此时可以通过设置Word自动更正功能来解决。

要禁止Word自动将输入的URL文本转换为超链接地址，具体操作如下。

1. 启动Word 2010应用程序，打开【Word选项】对话框。
2. 选择左侧列表中的【校对】选项，然后单击右侧的【自动更正选项】按钮，打开【自动更正】对话框。
3. 切换到【键入时自动套用格式】选项卡，取消选中【Internet及网络路径替换为超链接】复选框，如图23-4所示。

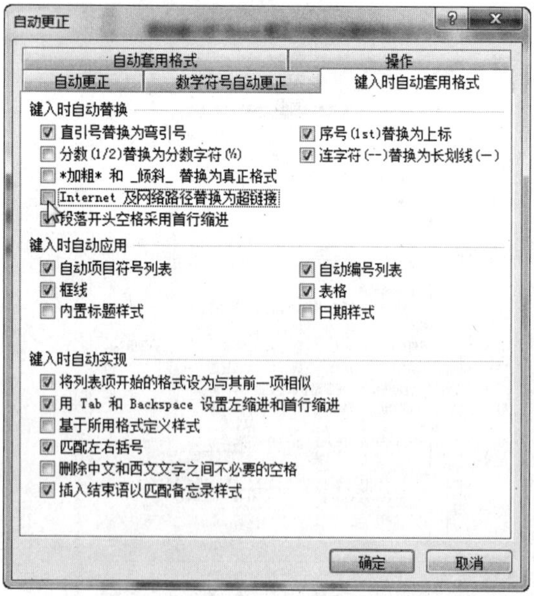

图23-4

23.2.3 自动创建项目符号和编号

如果经常需要在文档中输入项目符号或编号，可以使用Word 2010的自动项目符号和编号功能，具体操作如下。

1. 启动Word 2010应用程序，打开【Word选项】对话框。
2. 选择左侧列表中的【校对】选项，然后单击右侧的【自动更正选项】按钮，打开【自动更正】对话框。
3. 切换到【键入时自动套用格式】选项卡，选中【自动项目符号列表】和【自动编号列表】复选框。

23.2.4 删除页眉上的横线

在Word文档中插入页眉时，通常会自动在页眉中插入一条横线。如果不需要这条横线，可以通过以下操作去除。

1. 进入页眉编辑状态，然后打开【边框和底纹】对话框。
2. 在【边框】选项卡中选择【应用于】下拉列表中的【段落】选项。
3. 选择【设置】列表中的【无】选项，如图23-5所示，最后单击【确定】按钮。

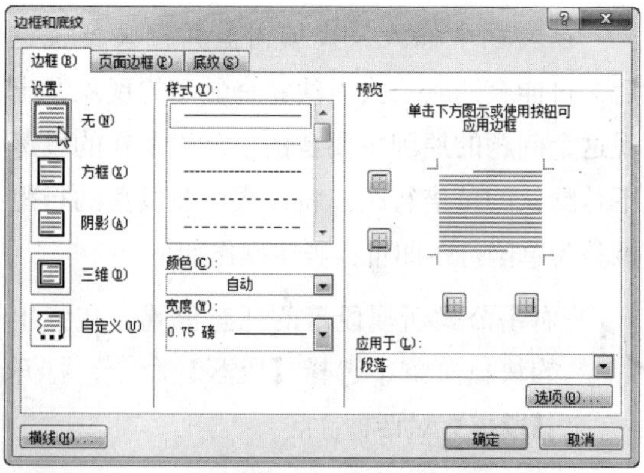

图23-5

提示：这种方法不会影响页眉中已输入文字的格式，是非常可靠的操作方式。

23.2.5 添加带圈字符

可以在Word中输入带圈的文字，具体操作如下。

1 在文档中先输入普通文字，然后选择要带圈的文字。单击功能区中的【开始】⇨【字体】⇨【带圈字符】按钮，打开【带圈字符】对话框。从中选择带圈字符的样式和圈号，如图23-6所示。

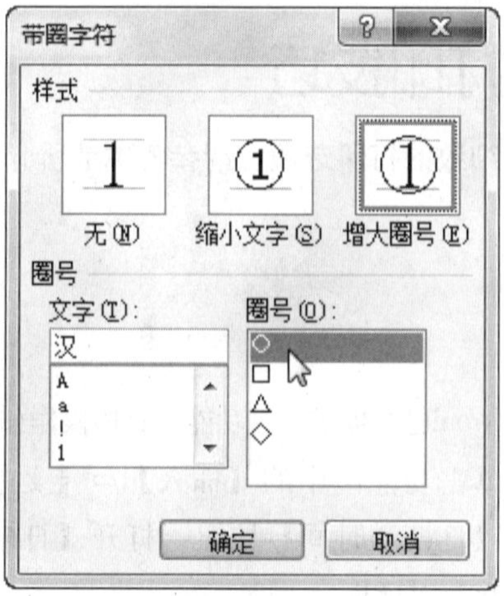

图23-6

2 单击【确定】按钮，即可为选择的文字加上圆圈，结果如图23-7所示。

图23-7

23.2.6 快速重复操作

经常使用Word的用户都知道如果要重复上一步操作，可以按Ctrl+Y组合键。其实在Word中还有一种更便捷的方法可实现重复操作，只要按F4键即可，这样可以很方便地多次重复执行上一次的操作。

23.3 Word表格处理技巧

在大多数时候，Word中的表格都是作为一个排版工具而存在的，它可以使文本、图片等内容更加规范和整齐。本节介绍了两个常见的和Word表格相关的技巧。

23.3.1 在顶部表格之前输入文字

有些对Word操作不太熟悉的朋友可能在使用表格的时候，都会遇到这样一个问题：当在文档顶部创建一个表格后，如何在表格上方输入文字呢？其实解决这个问题的方法很简单，单击表格左上角单元格的内部区域，然后按Enter键即可。

23.3.2 快速缩放表格

通过设置表格属性，可以精确地调整表格的大小。如果对表格尺寸没有具体要求，只是希望快速放大或缩小，可以将鼠标移动到表格右下角的方框控制点上，当鼠标变为双向箭头时，按住鼠标左键进行拖动即可对表格进行缩放，如图23-8所示。

1			
2			
3			
4			

图23-8

23.4　Word文档打印技巧

Word文档打印是相对简单的操作。如果想设置更加细致的打印选项，请参考本节所介绍的两项技巧。

23.4.1 禁止打印不需要的内容

如果在文档中添加了批注、域代码等附加内容，可以在打印时不打印这些内容。打开【Word选项】对话框，选择左侧列表中的【显示】选项，然后在右侧取消选中不想打印的内容的复选框，如图23-9所示。

图23-9

23.4.2 打印日期和时间

在编辑Word文档时，通常都希望在文档的结尾注明文档制作的日期和时间，其实无须手工输入，Word已经提供了该功能，具体操作如下。

1. 单击功能区中的【插入】⇨【文本】⇨【日期和时间】按钮，打开【日期和时间】对话框。
2. 选择所需的日期和时间格式并选中【自动更新】复选框，如图23-10所示。

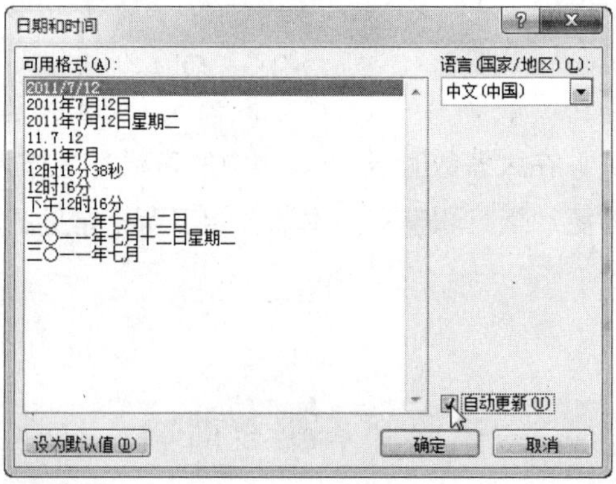

图23-10

3. 单击【确定】按钮，即可在文档指定位置上插入当前日期和时间。

> 提示：选中【自动更新】复选框之后，按F9键更新域，可以获得最新时间和日期。

第24章

Excel高级应用技巧

本章内容如下：

24.1 Excel数据输入技巧

在Excel 2010中输入数据时，如果能掌握本节介绍的操作技巧，则不但可以提高输入效率，还可以解决在实际输入过程中可能遇到的问题。

24.1.1 选择大范围单元格区域

如果要选择的单元格区域超过一屏时，使用拖动鼠标的方式来进行选择就显得比较麻烦了，这时通常可以使用下面几种方法来快速选择大面积区域。

- 单击公式栏左侧的单元格地址栏，然后输入要选择的区域地址（如单元格区域“A1:F300”），按Enter键即可选择与输入的区域地址对应的区域，如图24-1所示。

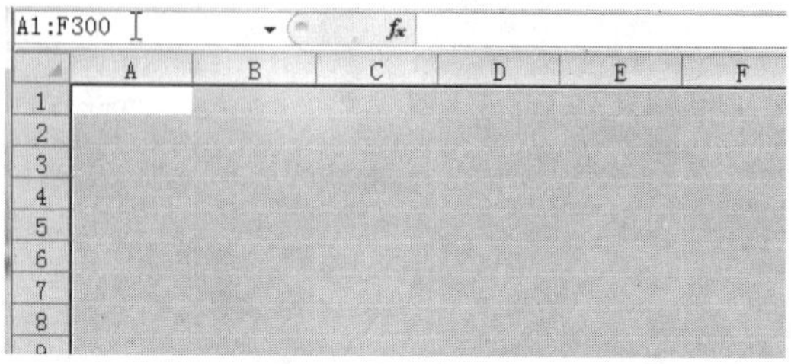

图24-1

- 选择待选择区域左上角的单元格，按F5键打开【定位】对话框，在【引用位置】文本框中输入待选择区域右下角的单元格f300（字母不区分大小写），如图24-2所示，然后按住Shift键并单击【确定】按钮，即可选择由左上角到右下角单元格指定的区域。
- 如果已经为特定的区域定义了一个名称，那么可以直接在单元格地址栏中输入名称并按Enter键来选择相应的区域。

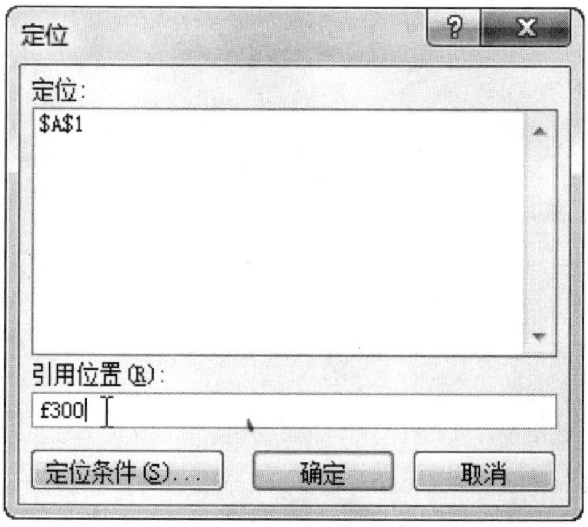

图24-2

24.1.2 输入分数

在Excel 2010的工作表中，如果输入“1/6”，按Enter键后将变为1月6日，如图24-3所示。

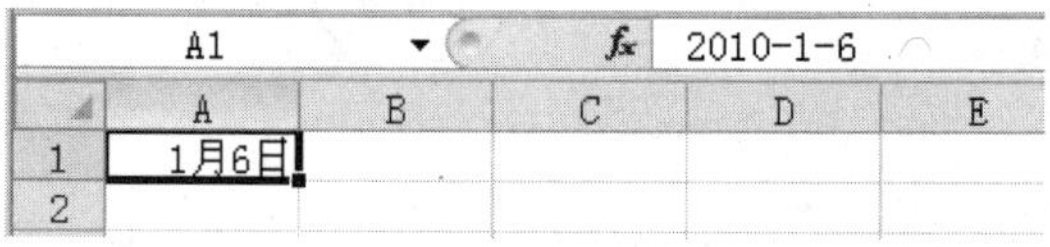

图24-3

如果想要保留原来的分数形式，则需要在输入分数前先输入一个“0”，然后输入一个空格，再输入需要的分数即可，如图24-4所示。

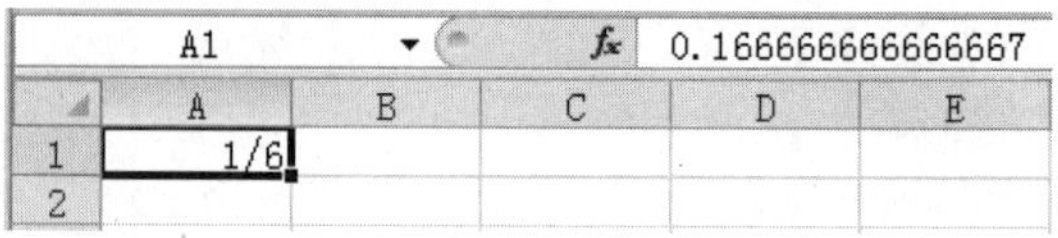

图24-4

24.1.3 批量输入数据

如果要同时对相邻的单元格输入相同的内容，则可以通过复制或填充的方式来完成。如果要在不相邻的多个单元格中输入相同的数据，那么使用复制的方法可能就不是很方便了，这时可以先按Ctrl键单击选中这些单元格，然后在编辑栏中输入所需的内容，最后按Ctrl+Enter组合键即可，如图24-5所示。

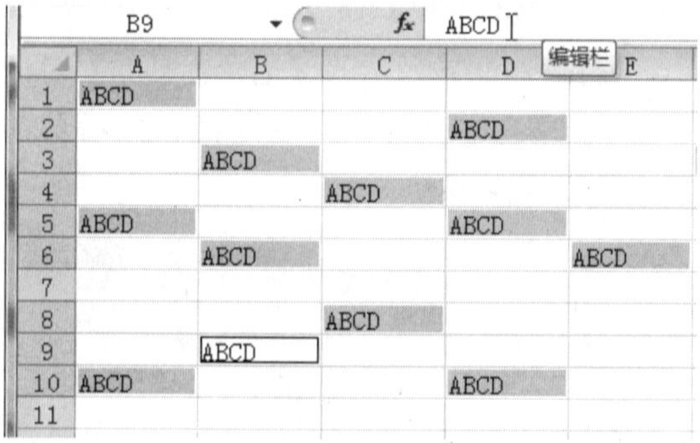

图24-5

24.1.4 自动调整字体大小

在工作表中输入数据时，有时需要固定某一列的宽度。由于该列各单元格中内容的长度不同，因此可能会出现有些内容无法完全显示的现象。对于这种情况，可以通过手动调整列宽来解决，但是显得比较麻烦。此时，可以通过设置自动调整字体大小来解决这类问题，具体操作如下。

1 选择要自动调整字体大小的单元格或单元格区域，然后单击功能区中的【开始】⇨【单元格】⇨【格式】按钮，在弹出的菜单中选择【设置单元格格式】命令。

2 打开【设置单元格格式】对话框，切换到【对齐】选项卡，选中【缩小字体填充】复选框，如图24-6所示，然后单击【确定】按钮。

图24-6

提示：如果单元格中包含很多内容，则不建议采用该方法，因为它可能导致内容显示模糊。

24.1.5 输入以0开头的数字

在正常的输入状态下，在单元格中输入以0开头的数字时，当按Enter键后，Excel会自动舍去数字前面的0，直到遇到第一个非0的数字。如果需要输入类似于快递订单这种可能以0开头的编号时，就必须使用以下两种方法来处理这种问题。

- 选择要输入以0开头的数字的单元格或单元格区域，然后打开【设置单元格格式】对话框，切换到【数字】选项卡，在【分类】列表框中选择【文本】，如图24-7所示，单击【确定】按钮后，即可在单元格中输入从0开头的数字。

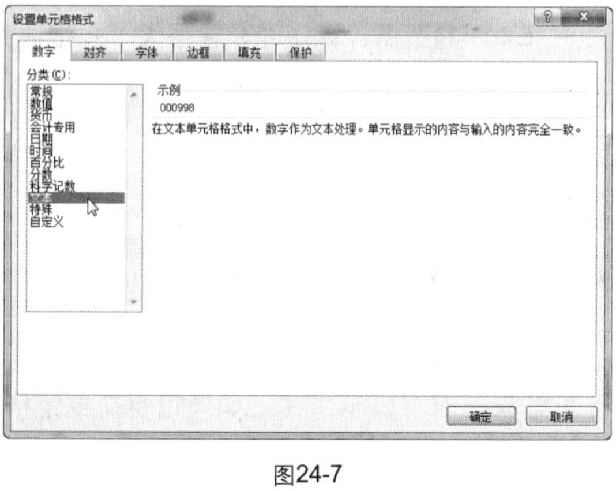

图24-7

- 先输入英文单引号（'）符号，然后再输入以0开头的数字。

24.1.6 改变Enter键的功能

默认情况下，当在单元格中输入好数据并按Enter键后，光标会自动定位到同列中的下一个单元格。如果希望按Enter键后可以向其他方向移动，可以对此进行设置，具体操作如下。

1 单击【文件】按钮，在弹出的面板中选择【选项】命令，打开【Excel选项】对话框。

2 选择左侧列表框中的【高级】选项，然后在右侧的【方向】下拉列表中选择一个希望移动的方向，如图24-8所示。

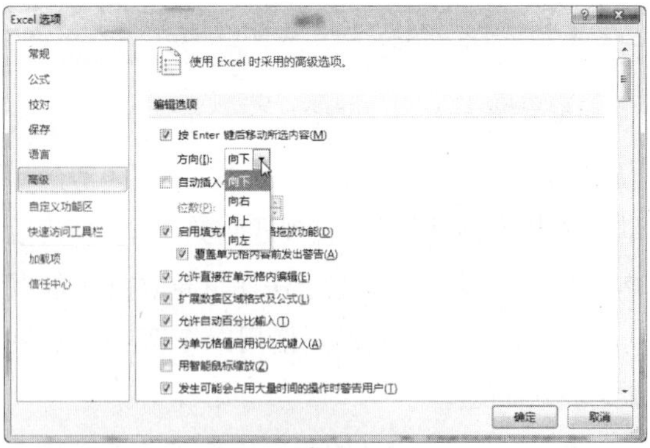

图24-8

24.1.7 交换行列数据

如果要将工作表中的行数据与列数据的位置进行交换，则可以通过选择性粘贴功能来实现，具体操作如下。

1 选择行或列中的所有数据，按Ctrl+C组合键复制所选数据。

2 右击数据要放置到的列或行中的任意一个单元格，在弹出的快捷菜单中选择【选择性粘贴】命令。

3 打开图24-9所示的【选择性粘贴】对话框，选中【转置】复选框，然后单击【确定】按钮。

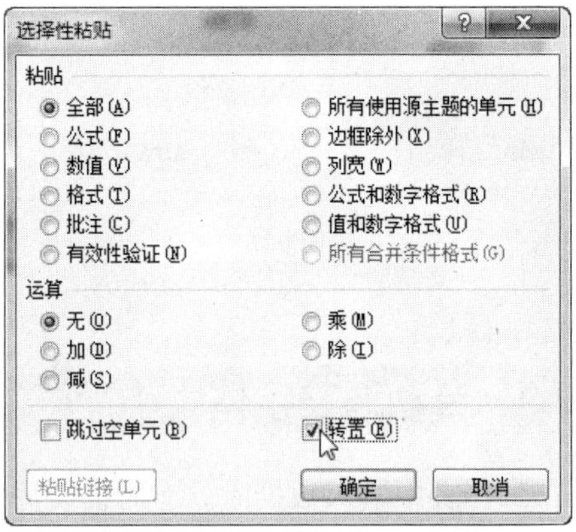

图24-9

24.2 Excel 数据计算技巧

Excel的数据计算功能非常强大，也很复杂，掌握以下技巧可以解决很多实际问题。

24.2.1 显示公式

在默认状态下，包含公式的单元格只显示计算结果，而不显示公式。如果想要在单元格中显示公式，具体操作如下。

1 单击【文件】按钮，在弹出的面板中选择【选项】命令，打开【Excel选项】对话框。

2 选择左侧列表框中的【高级】选项，然后在右侧选中【在单元格中显示公式而非其计算结果】复选框，如图24-10所示。

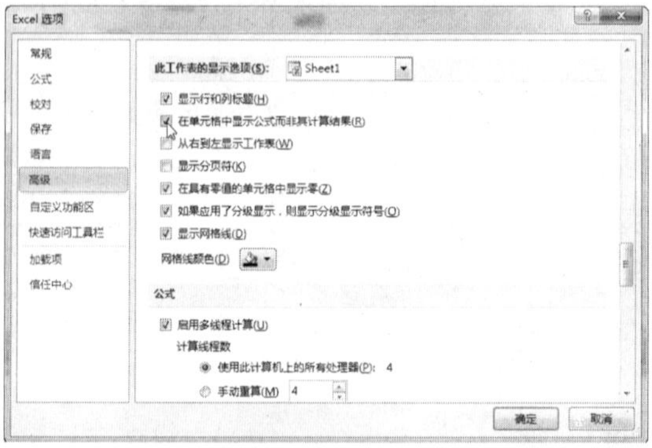

图24-10

3 单击【确定】按钮后，即可显示工作表单元格中包含的公式，如图24-11所示。

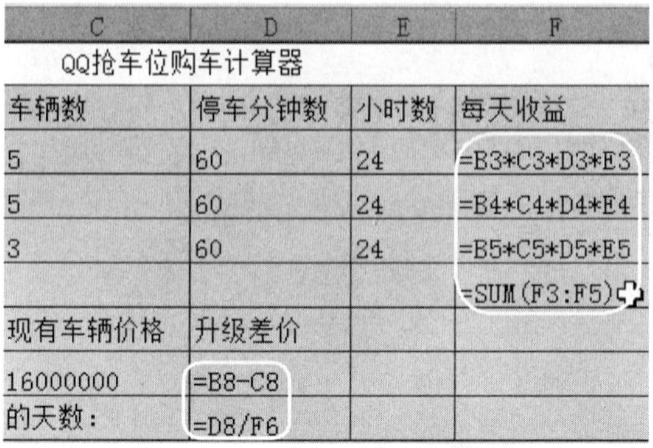

C	D	E	F
QQ抢车位购车计算器			
车辆数	停车分钟数	小时数	每天收益
5	60	24	=B3*C3*D3*E3
5	60	24	=B4*C4*D4*E4
3	60	24	=B5*C5*D5*E5
			=SUM(F3:F5)
现有车辆价格	升级差价		
16000000	=B8-C8		
的天数：	=D8/F6		

图24-11

提示：也可以直接按Ctrl+'组合键将公式结果显示为公式。

24.2.2 快速输入函数参数

在输入公式时，如果对Excel函数的参数不是很熟悉，可以使用【函数参数】对话框来输入函数的参数。首先在单元格中输入一个等号和函数的名称，此时按Ctrl+A组合键，会打开【函数参数】对话框，然后在每个参数对应的文本框中输入参数值即可。这样输入的好处是对话框中会有每个参数含义的具体说明，对于不熟悉函数的用户来说比较方便。

24.2.3 双击快速移动数据

这里介绍的方法可以实现快速将光标定位到同行或同列数据区域的边界单元格上，具体操作如下。

- 双击数据区域某一个单元格的左边框，可快速将光标移动到数据区域的最左侧。
- 双击数据区域某一个单元格的右边框，可快速将光标移动到数据区域的最右侧。
- 双击数据区域某一个单元格的上边框，可快速将光标移动到数据区域的最上侧。
- 双击数据区域某一个单元格的下边框，可快速将光标移动到数据区域的最下侧。

例如，当前未合并的数据区域为B2:F6，如图24-12所示。如果当前选择的是单元格C5，那么当执行下列操作时，可以将光标快速移动到不同位置上。

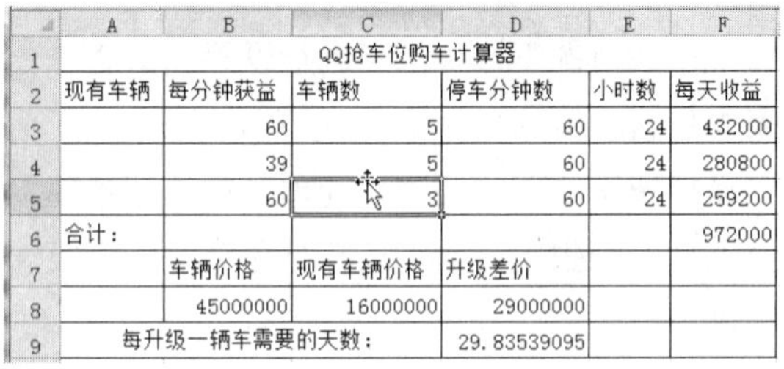

	A	B	C	D	E	F
1	QQ抢车位购车计算器					
2	现有车辆	每分钟获益	车辆数	停车分钟数	小时数	每天收益
3		60	5	60	24	432000
4		39	5	60	24	280800
5		60	3	60	24	259200
6	合计：					972000
7		车辆价格	现有车辆价格	升级差价		
8		45000000	16000000	29000000		
9	每升级一辆车需要的天数：			29.83539095		

图24-12

- 双击单元格C5的左边框，将自动选中单元格B5。
- 双击单元格C5的右边框，将自动选中单元格F5。
- 双击单元格C5的上边框，将自动选中单元格C2。
- 双击单元格C5的下边框，将自动选中单元格C6。

24.2.4 将公式转换为计算结果

如果不希望公式的计算过程让其他人知道（换句话说，希望隐藏组成公式的数据来源），或者已确定公式结构不会再变化，那么可以将公式直接转换为数值，这样当修改公式中参与计算的单元格中的内容时，公式将不会再发生任何变化，具体操作如下。

1 选择包含公式的单元格区域，按Ctrl+C组合键复制数据。

2 右击当前选区的第一个单元格，在弹出的快捷菜单中选择【选择性粘贴】命令。

3 打开图24-13所示的对话框，选中【数值】单选按钮，然后单击【确定】按钮。

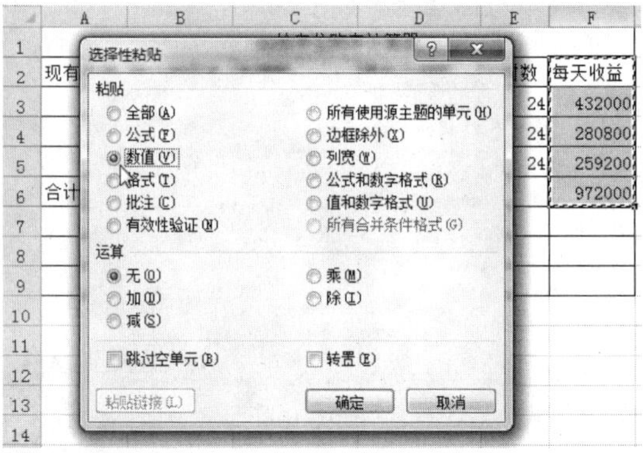

图24-13

24.3 Excel表格打印技巧

在打印Excel表格时，可以通过以下技巧精确指定打印内容。

24.3.1 不打印包含零值的单元格

一般情况下，如果不进行设置，会将工作表中包含零值的单元格也打印到纸张上，而在很多情况下并不需要这样处理。如果不希望零值出现在纸张上，就需要在打印前进行高级选项设置。

要在打印时以空白显示零值单元格，请按以下步骤进行设置。

1 打开包含零值的工作表，单击【文件】按钮，在弹出的面板中选择【选项】命令。

2 打开【Excel选项】对话框，选择左侧列表框中的【高级】选项，然后在右侧取消选中【在具有零值的单元格中显示零】复选框，如图24-14所示。

3 单击【确定】按钮，在打印该工作表时将不打印单元格中的零值。

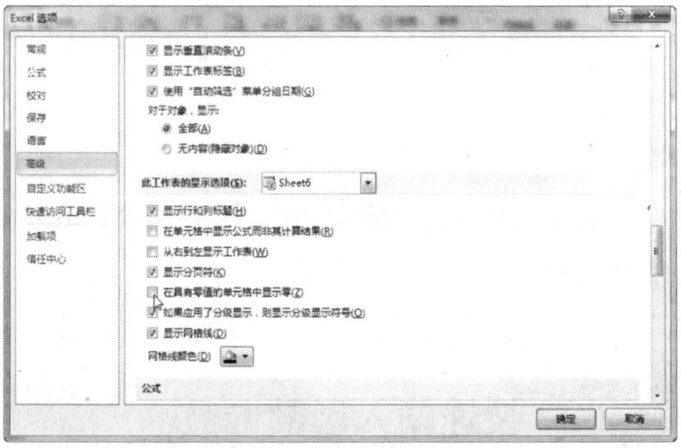

图24-14

24.3.2 只打印图表

如果工作表中包含内嵌的图表，而打印时只希望打印其中的图表并忽略数据时，可以通过以下操作来实现。

选择工作表中要打印的图表，然后单击

【文件】按钮，在弹出的面板中选择【打印】命令，在图24-15所示的打印面板中选择【打印选定图表】选项，单击【打印】按钮即可将选中的图表打印输出。

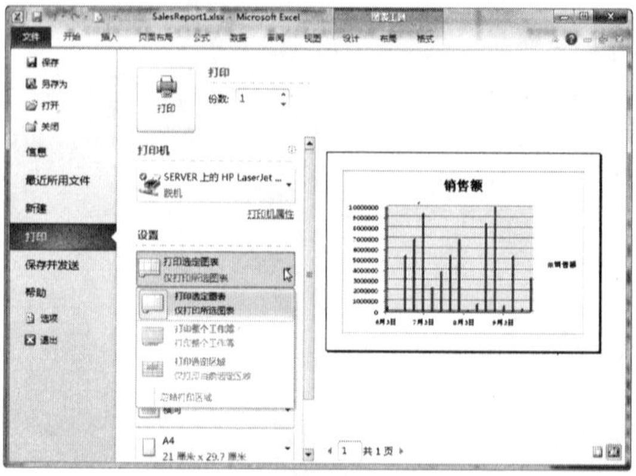

图24-15

24.3.3 禁止打印单元格颜色和底纹

如果在工作表中设置了单元格的颜色和底纹，则可以在黑白打印时将其去除，即不打印这些颜色和底纹。具体操作如下。

1 打开包含有颜色和底纹的工作表，单击功能区中的【页面布局】⇨【页面设置】组中的对话框启动器，打开【页面设置】对话框。

2 切换到【工作表】选项卡，选中【单色打印】复选框，如图24-16所示。

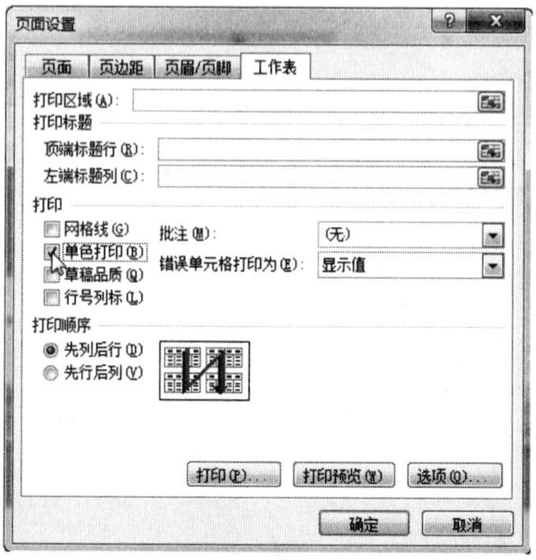

图24-16

24.3.4 重复打印行列标题

当要打印的工作表包含行标题和列标题，且数据有很多页时，为了使每页表格的内容含义明确，最好的做法是将行标题和列标题打印到每一页上。要实现这种效果，需要进行一些设置，具体操作如下。

1 单击功能区中的【页面布局】⇨【页面设置】⇨【打印标题】按钮，打开【页面设置】对话框。

2 在【工作表】选项卡中根据需要指定【顶端标题行】或【左端标题列】的引用位置，如图24-17所示。

图24-17

3 当进入打印预览视图时，就可以看到除第一页以外的其他页也都被自动加上了行标题和列标题。

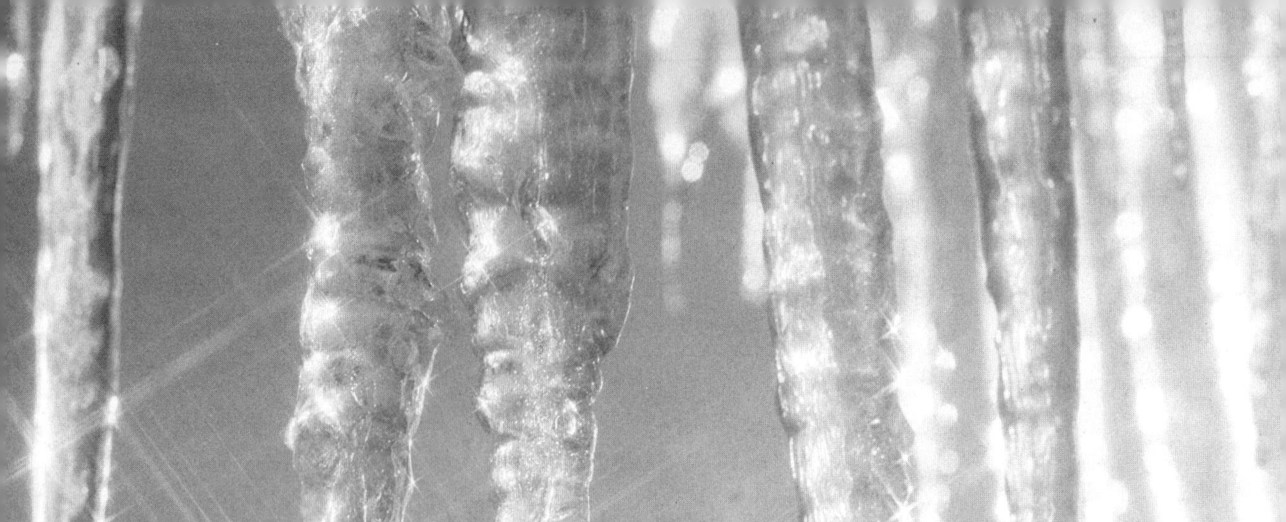

第25章

PowerPoint高级应用技巧

本章内容如下：

- 演示文稿编辑技巧
- 图片处理技巧
- 动画设置技巧
- 播放与打包输出技巧

25.1 演示文稿编辑技巧

在编辑PowerPoint演示文稿时，可以设置撤销操作的次数、默认视图或添加批注等。

25.1.1 设置可撤销操作的次数

在制作演示文稿时，可能经常会因为误操作而进行撤销操作。在PowerPoint 2010中，默认的撤销次数只有20次。对于频繁的撤销操作，可能这个可用的撤消次数就不够用了，此时可以通过设置增加撤销的次数来解决问题，具体操作如下。

1 启动PowerPoint 2010，单击【文件】按钮，在弹出的面板中选择【选项】命令。

2 打开图25-1所示的【PowerPoint选项】对话框，选择左侧列表框中的【高级】选项，在右侧修改【最多可取消操作数】微调框中的值。该值就是可进行撤销操作的最大次数，取值范围为3~150。

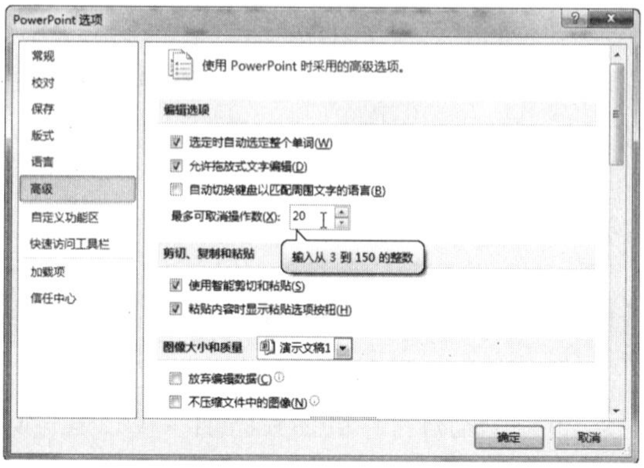

图25-1

提示：如果计算机性能良好，那么可以将撤销次数设置得比较大，否则就按默认值即可，因为可撤销次数越多，则消耗内存越大。

25.1.2 设置默认视图

每次打开PowerPoint时默认的都是普通视图。如果希望在打开演示文稿时自动进入幻灯片浏览视图，以便纵观所有幻灯片的缩略图，则可以改变默认的视图，具体操作如下。

1 启动PowerPoint 2010，单击【文件】按钮，在弹出的面板中选择【选项】命令。

2 打开【PowerPoint选项】对话框，选择左侧列表框中的【高级】选项，在右侧的【用此视图打开全部文档】下拉列表中选择所需的视图即可，如图25-2所示。

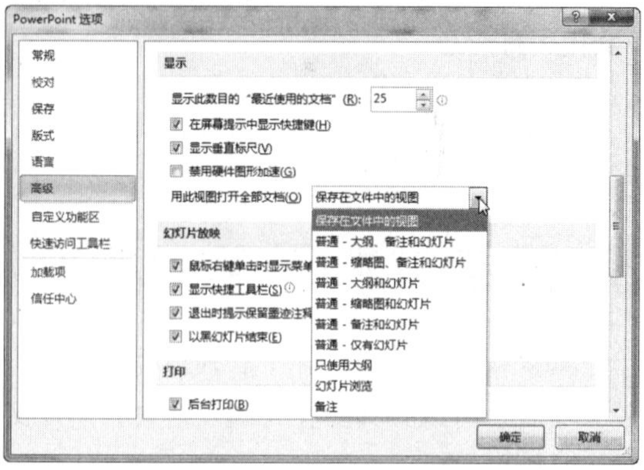

图25-2

25.1.3 添加批注

如果希望别人在浏览演示文稿时可以看到自己提出的意见或说明信息，则可以在幻灯片中为对象添加批注，具体操作如下。

1 选择要添加批注的幻灯片中的对象，然后单击功能区中的【审阅】⇨【批注】⇨

【新建批注】按钮。

2 弹出一个黄色小窗格，在其中输入批注内容，如图25-3所示。

图25-3

3 要查看批注内容，可以将鼠标移动到批注标记上，此时将自动显示批注内容，如图25-4所示。

图25-4

25.2 图片处理技巧

图片是演示文稿中的重要元素，熟练掌握图片处理技巧对于制作具有丰富视觉效果的演示文稿大有帮助。

25.2.1 将幻灯片素材另存为图片

如果在他人的幻灯片中看到自己喜爱的图片或素材，可以将其另存为图片格式的图片文件，具体操作如下。

1 在打开的演示文稿中定位到包含要另存为图片的幻灯片，右击其中要转存的图片或图形，在弹出的快捷菜单中选择【另存为图片】命令。

2 在打开的【另存为图片】对话框中设置保存位置、名称及图片格式。

3 单击【保存】按钮，即可将该对象保存为图片文件。

对于幻灯片背景，也可以将其轻松提取出来，只需右击幻灯片的空白处，在弹出的快捷菜单中选择【保存背景】命令，即可将背景保存为图片文件。

25.2.2 添加图片说明

可以为幻灯片中的图片添加一些必要的说明信息，具体操作如下。

1 选择要添加图片说明的幻灯片，单击功能区中的【插入】⇨【插图】⇨【形状】按钮，在打开的列表中选择【标注】中的形状。

2 在图片周围的适当区域拖动鼠标，即可绘制一个图形标注。右击绘制的图形，在弹出的快捷菜单中选择【编辑文字】命令，输入所需的文字即可，如图25-5所示。

图25-5

25.2.3 将幻灯片另存为图片

有时希望在其他幻灯片或演示文稿中插入带有自己标注的图片，这时可以将对图片标注过的幻灯片进行保存，在以后使用时就可以像插入图片那么方便了，具体操作如下。

1 在幻灯片中为图片添加好文字说明信息，然后单击【文件】按钮，在弹出的面板中选择【另存为】命令。

2 打开【另存为】对话框，在【保存类型】下拉列表中选择【JPEG文件交换格式】选项，然后输入要保存的图片名称。

3 单击【保存】按钮，弹出图25-6所示的对话框，选择保存所有幻灯片还是当前幻灯片，然后即可将幻灯片保存为图片文件，这样在以后使用时就可以在幻灯片中方便地插入保存的幻灯片了。

图25-6

25.3 动画设置技巧

PowerPoint幻灯片的动画演示效果是它富有魅力的元素之一，善用动画设置技巧能使演讲更加生动活泼，吸引观众。

25.3.1 小图和大图切换浏览

在浏览网页时，也许经常会遇到单击一幅预览的小图，显示出精美大图的情况。在PowerPoint中也可以轻松实现这种效果，具体操作如下。

1 选择一张空白幻灯片，单击功能区中的【插入】⇨【文本】⇨【对象】按钮，打开【插入对象】对话框。在【对象类型】列表框中选择【Microsoft PowerPoint演示文稿】选项，如图25-7所示。

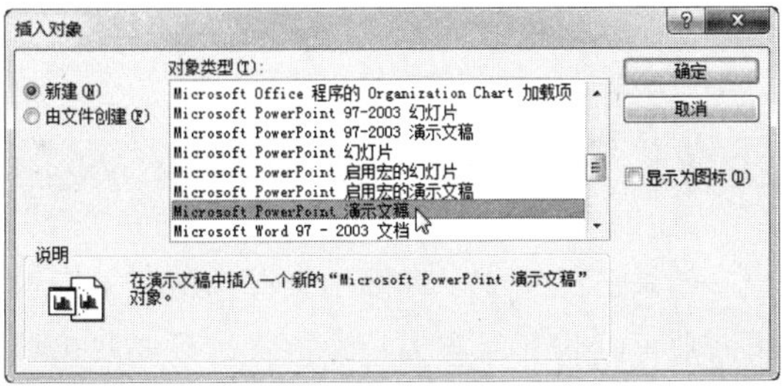

图25-7

2 单击【确定】按钮，在幻灯片中插入演示文稿对象。双击插入的对象，进入其编辑状态，在其中插入所需的图片。

3 单击该对象外的幻灯片的空白处，退出对象的编辑状态。

4 在同一张幻灯片中复制多个这样的对象，然后修改其中的图片，如图25-8所示。

图25-8

5 当播放演示文稿时，单击其中的小图，将会放大显示该图片，再次单击将恢复原状。

25.3.2 播放动画后隐藏对象

可以在PowerPoint 2010中设置当播放完动画后将对象隐藏起来，具体操作如下。

1 在演示文稿中单击功能区中的【动画】⇨【高级动画】⇨【动画窗格】按钮，打开动画窗格。

2 双击动画窗格中的动画名称，弹出【百叶窗】对话框，切换到【效果】选项卡，在【动画播放后】下拉列表中选择【播放动画后隐藏】选项即可，如图25-9所示。

图25-9

25.4 播放与打包输出技巧

PowerPoint演示文稿的播放与打包输出是一项很重要的操作，掌握该技巧可以帮助在演讲时获得良好的效果。

25.4.1 打包PPSX放映文件

如果已经完成了对演示文稿的所有编辑操作，则可以将其保存为放映格式。只要双击该格式的文件，即可直接开始播放其中的内容，而不会进入编辑窗口，具体操作如下。

1 打开演示文稿，单击【文件】按钮，在弹出的面板中选择【保存并发送】⇨【更改文件类型】命令，然后双击

【PowerPoint放映】命令，如图25-10所示。

图25-10

2 输入一个名称并单击【保存】按钮。以后双击该演示文稿时，将直接播放演示文稿。

25.4.2 通过控件播放视频文件

如果要在幻灯片中播放视频文件，可以通过插入控件的方法来实现。具体操作如下。

1 启动PowerPoint 2010，单击功能区中的【开发工具】⇨【控件】⇨【其他控件】按钮，打开【其他控件】对话框，选择【Windows Media Player】选项，如图25-11所示。

图25-11

2 单击【确定】按钮，在幻灯片中拖动鼠标绘制适当大小的控件。

3 右击插入的控件，在弹出的快捷菜单中选择【属性】命令，打开【属性】窗格，如图25-12所示，单击【自定义】右侧的按钮。

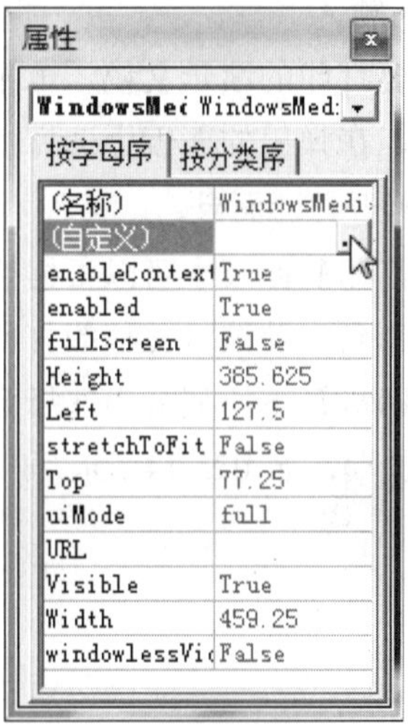

图25-12

4 打开图25-13所示的【Windows Media Player属性】对话框，在【常规】选项卡中单击【浏览】按钮，在弹出的对话框中选择要播放的视频文件即可。

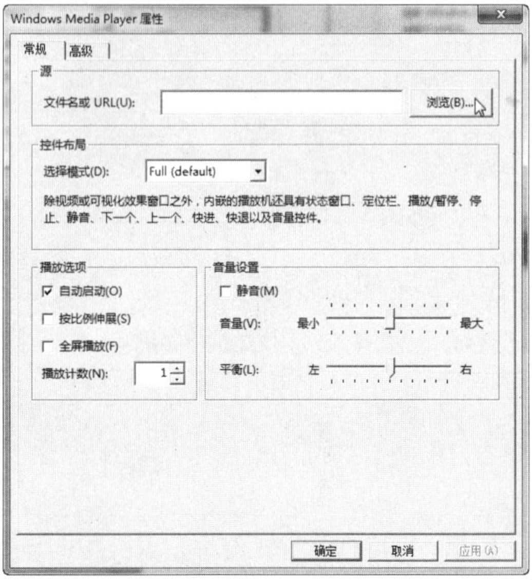

图25-13

25.4.3 巧妙打印演示文稿

如果需要打印制作好的PowerPoint演示文稿，自己的计算机中又未安装打印机，需要在其他计算机中进行打印，而其他计算机又未安装PowerPoint，则可以通过以下操作解决此问题。

1 打开要打印的演示文稿，单击【文件】按钮，在弹出的面板中选择【打印】命令，展开打印面板。

2 在【打印】面板中可以根据选定的打印机查看到当前演示文稿的打印预览。在【打印机】下拉列表中选择【打印的文件】选项，如图25-14所示。

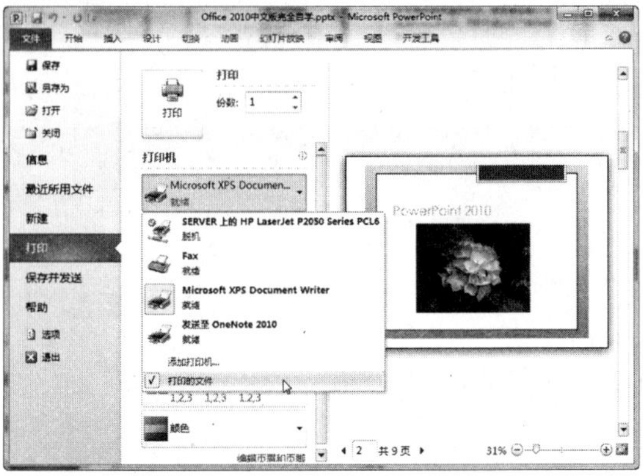

图25-14

3 单击【打印】按钮，即可将演示文稿保存为打印机文件类型（.prn），然后将该文件复制到其他安装有打印机的计算机中进行打印即可。

第26章

在Office组件之间共享数据

本章内容如下：

- Word与Excel之间的数据通信
- Word与PowerPoint之间的协作
- Excel与Access之间的协作
- 使用Outlook与OneNote协作
- 使用Office Web Apps在线协作

26.1 Word与Excel之间的数据通信

Word与Excel是最常通信的Office组件，不但可以在Word中使用Excel数据，也可以使用类似的方法在Excel中使用Word数据，而且还可以让Word与Excel进行联动。所谓联动，就是指在一个应用程序中修改数据后，修改的结果也会作用于另一个应用程序中。

26.1.1 在Word中插入Excel工作表

由于在Excel工作表中输入和计算数据非常方便，因此，可以在Word文档中插入已经制作好的Excel工作表。最简单的方法就是将Excel工作表复制到Word中，也可以将整个Excel工作簿嵌入到Word中。

如果希望在Word中使用Excel中的某些数据，还可以使用复制、粘贴的方式将数据导入到Word文档中。在Excel工作表中选择要导入到Word中的单元格区域，然后按Ctrl+C组合键将所选数据复制到剪贴板中。切换到Word文档，将插入点定位到要放置数据的位置，然后按Ctrl+V组合键将Excel中的数据以文本形式复制到Word文档中，得到如图26-1所示的效果。

使用这种方式导入的数据是静态数据，也就是说，无论如何修改Excel源文件中的数据，粘贴到Word中的数据都不会同步更新。

如果要想对数据进行一些复杂的计算和分析，Word可能无法胜任。此时就可以在Excel中完成这些工作，然后将整个Excel工作簿嵌入到Word中，这样就可以在Word中使用Excel提供的功能，来弥补Word对数据处理方面的不足。嵌入数据与普通的复制数据不同，嵌入数据是将整个Excel工作簿添加到Word文档中，成为文档的一部分，并且可以在文档中直接对Excel数据进行修改，而复制、粘贴数据得到的只是一个静态数据。

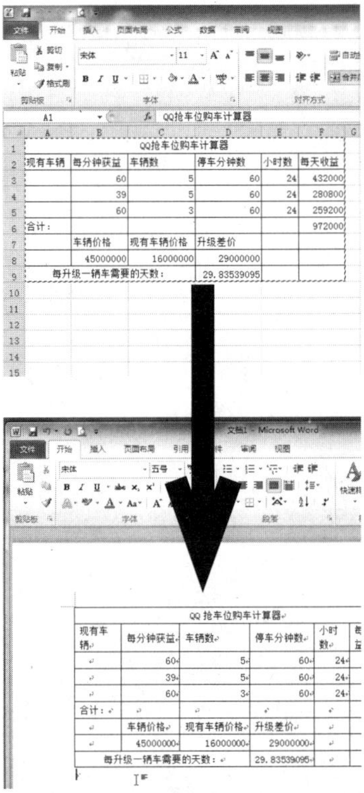

图26-1

如果目前已经有一个制作好的Excel工作簿，那么可以按照以下操作步骤将这个工作簿嵌入到Word中。

1. 新建或打开一个Word文档，将插入点定位到要放置Excel数据的位置。
2. 单击功能区中的【插入】⇨【文本】⇨【对象】按钮，打开【对象】对话框。在【由文件创建】选项卡中单击【浏览】按钮，如图26-2所示。

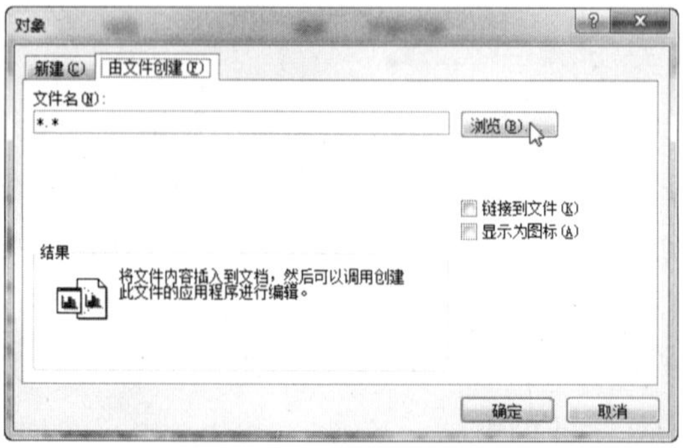

图26-2

3 打开【浏览】对话框，选择要导入到Word中的Excel工作簿。单击【插入】按钮，将所选工作簿添加到【对象】对话框中，如图26-3所示，其中显示了Excel工作簿的路径。

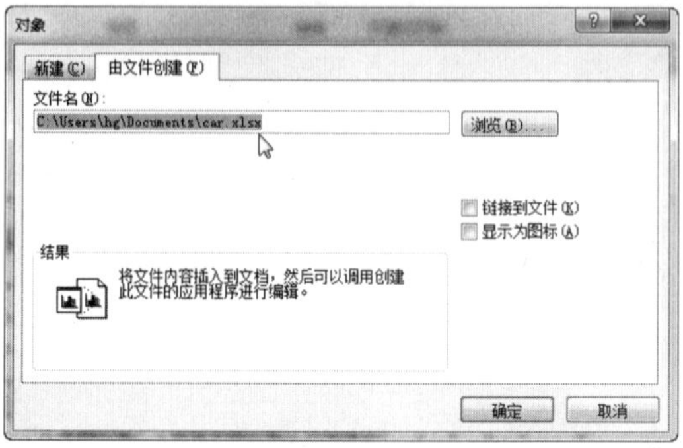

图26-3

4 单击【确定】按钮，即可将指定的工作簿嵌入到Word文档中，如图26-4所示。

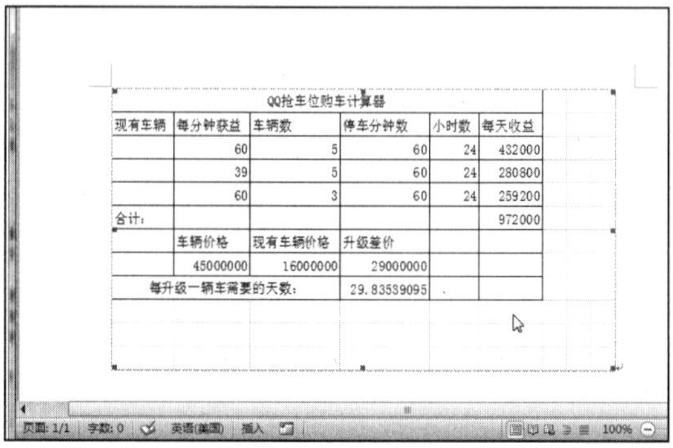

图26-4

单击文档中嵌入的工作簿可以将其选中，选择后的嵌入工作簿的四周会显示蓝色虚线边框。右击嵌入工作簿，从弹出的快捷菜单中选择【设置对象格式】命令，可以像设置图片和图形那样设置工作簿的格式，例如，大小、文字环绕方式等格式。如果要编辑工作簿中的数据，就可以直接双击嵌入工作簿，此时会使用Excel功能区代替Word功能区，如图26-5所示。这就是嵌入Excel工作簿的好处，因为可以在Word中使用Excel提供的各种功能。单击Word文档空白区域退出Excel编辑环境并返回Word环境。

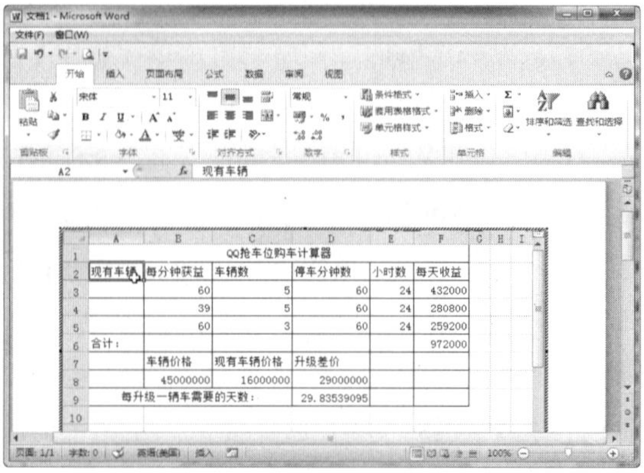

图26-5

还可以在Word文档中嵌入新工作簿，方法与嵌入已有的工作簿类似，将插入点定位到Word文档中要放置工作簿的位置，然后打开【对象】对话框，在【新建】选项卡中选择【Microsoft Excel工作表】选项，如图26-6所示。单击【确定】按钮即可在Word文档内嵌入一个新的Excel工作簿。

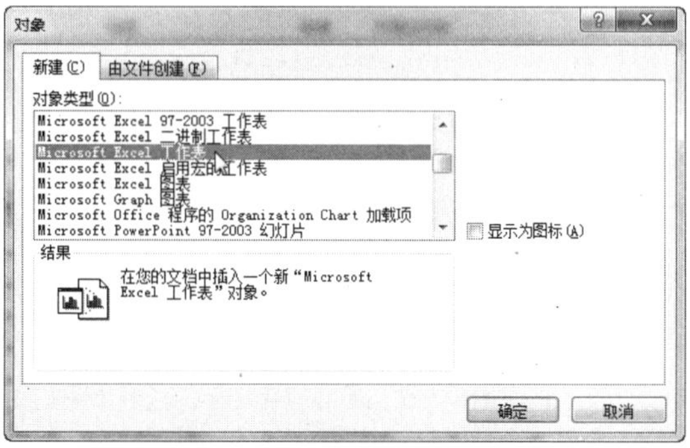

图26-6

提示：如果希望双击嵌入工作簿后可以在独立的Excel程序窗口中编辑Excel数据，那么可以在【对象】对话框中选中【链接到文件】复选框。

26.1.2 在Excel中编辑Word文档

与在Word中使用Excel数据类似，也可以将Word文档内容添加到Excel工作表中。可以在Word文档中选择并复制一些内容，然后在Excel中选择一个单元格，再按Ctrl+V组合键将复制到剪贴板中的内容粘贴到所选单元格中。

如果希望保留Word文档格式，并且希望在Excel中使用Word的排版功能，那么可以在Excel中嵌入Word文档。与在Word中嵌入Excel工作簿的操作类似，单击Excel功能区中的【插入】➪【文本】➪【对象】按钮，然后在【对象】对话框中选择【由文件创建】选项卡并单击【浏览】按钮，接着选择要嵌入的Word文档。单击【插入】和【确定】按钮后，即可将指定文档插入到Excel工作簿中，如图26-7所示。双击嵌入文档即可使用Word功能区替代Excel功能区，然后就可以使用Word提供的排版功能编辑文档内容了。

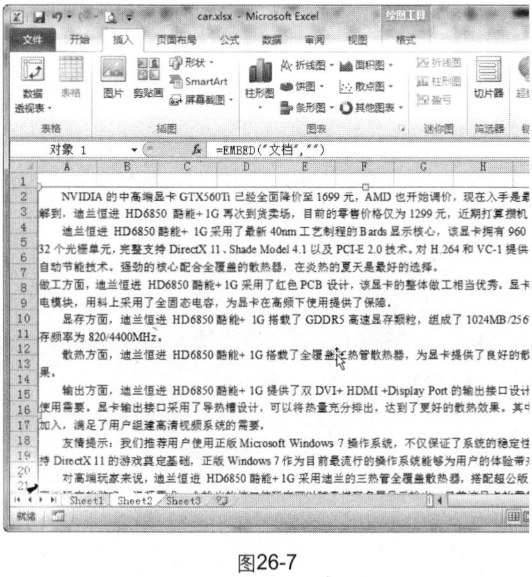

图26-7

26.1.3 同步更新Word和Excel数据

如果希望Word和Excel中的数据可以同步更新，那么在粘贴复制的数据时需要使用动态链接的方式。例如，可以在Word中使用链接到Excel中的数据，这样每当修改Excel数据时，Word文档中的数据也会自动更新。实现这种功能可按如下操作。

1. 打开包含要使用数据所在的工作表，然后复制所需的数据。切换到Word文档，将插入点定位到要放置数据的位置。

2. 单击功能区中的【开始】➪【剪贴板】➪【粘贴】按钮，在打开的列表中选择【选择性粘贴】命令，如图26-8所示。

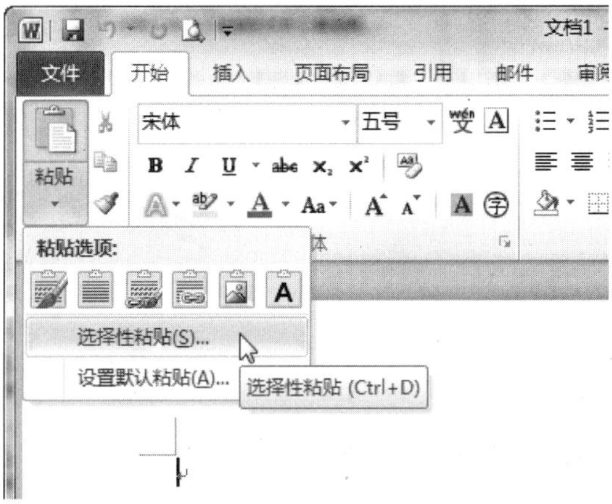

图26-8

3. 打开如图26-9所示的对话框，选中【粘贴链接】单选按钮，然后在列表框中选择一种格式。

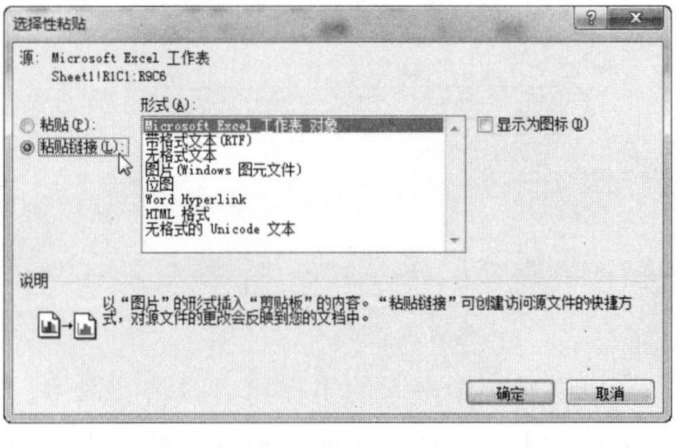

图26-9

4 单击【确定】按钮，按所选格式将复制的内容粘贴到Word文档中。粘贴为工作表对象时即可链接动态数据。

如果同时打开了Excel工作簿和粘贴了链接数据的Word文档，那么当修改工作簿中的数据时，Word文档中的数据会自动更新。如果修改Excel数据时没有打开包含链接数据的Word文档，那么在以后打开该文档时，由于其中的链接数据有所改动，会弹出如图26-10所示的提示，单击【是】按钮即可将新内容更新到Word文档中。

提示：如果希望将Word文档中的动态数据转为静态数据，那么可以右击文档中的链接数据，在弹出的快捷菜单中选择【链接的工作表对象】⇨【链接】命令，在打开的对话框中单击【断开链接】按钮，即可切断Word文档数据与Excel工作簿之间的关系。

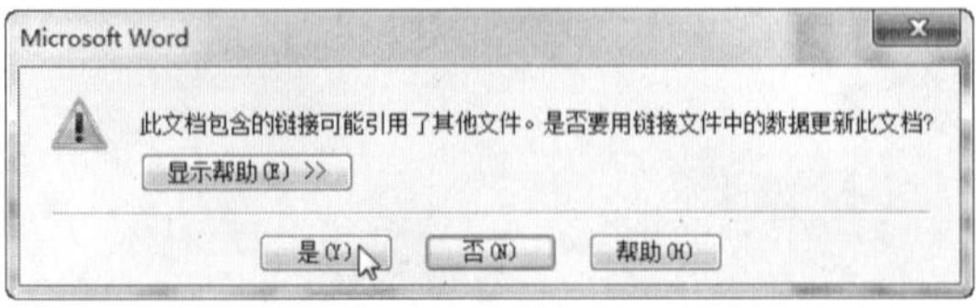

图26-10

26.2 Word与PowerPoint之间的协作

与Excel类似，Word也可以与PowerPoint协作，本节介绍了Word与PowerPoint之间共享数据的方法。

26.2.1 将PowerPoint演示文稿转换为Word文档

在PowerPoint中单击【文件】按钮并选择【另存为】命令，在【另存为】对话框的【保存类型】下拉列表中选择【大纲/RTF文件】选项，输入一个文件名并单击【保存】按钮，然后在Word应用程序中打开刚刚转换的RTF文件，这样就实现了将PowerPoint演示文稿转换为Word文档的要求。

26.2.2 将PowerPoint讲义导出到Word中

用户可以将PowerPoint讲义导出到Word文档中，在PowerPoint中单击【文件】按钮并选择【保存并发送】命令，然后双击【创建讲义】选项，打开如图26-11所示的对话框。选择合适的选项并单击【确定】按钮，将在Word中打开转换后的PowerPoint讲义。

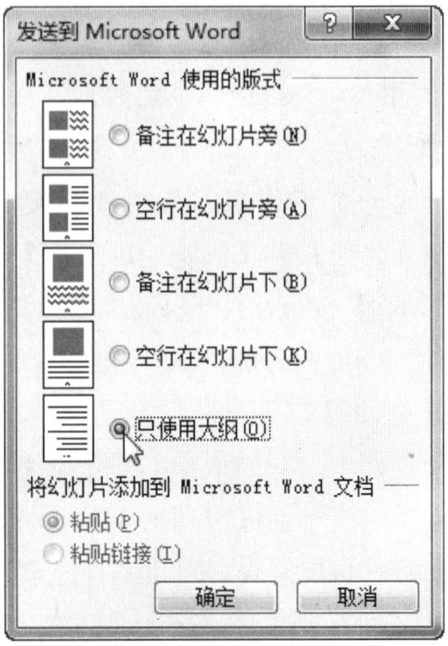

图26-11

26.2.3 将Word文档转换为PowerPoint演示文稿

如果Word文档中的标题使用了标题样式，就可以将这些标题转换到PowerPoint中。需要注意的是，在这类Word文档中不应该包含任何其他文本，而只包含应用了样式的标题。准备好Word文档后，单击PowerPoint功能区中的【开始】⇨【幻灯片】⇨【新建幻灯片】按钮，在打开的列表中选择【幻灯片（从大纲）】选项，并在打开的对话框中双击已准备好的Word文档，即可将所选文档中的标题导入到PowerPoint幻灯片中。

26.3 Excel与Access之间的协作

虽然Excel与Access是不同的应用程序，但是在Access中切换到数据表视图时，其界面和操作方式与Excel工作表非常相似。经常遇到的情况是，制作好的Excel工作表包含了大量的原始数据，而这些数据正准备用作Access数据库中的底层数据。如果重新在Accss中输入这些数据，势必浪费时间，因此可能希望采用一种方法快速将Excel中的数据导入到Access中。此外，Access数据库还可以作为Excel数据透视表的数据源来创建数据透视表。

26.3.1 在Excel中使用Access数据源创建数据透视表

如果需要对海量数据进行分析，那么可以先在Access中制作数据库，然后使用Excel以Access数据库中的数据为数据源来创建数据透视表。使用Access数据库创建数据透视表的具体操作如下。

1 新建一个工作簿，然后单击功能区中的【数据】⇨【获取外部数据】⇨【自Access】按钮，打开【选取数据源】对话框，选择要连接的Access数据库文件，单击【打开】按钮。

2 打开如图26-12所示的【选择表格】对话框，该对话框中列出了Access数据库中所有的数据表，可以从中选择要使用的数据所在的Access表（例如“报废资产”），然后单击【确定】按钮。

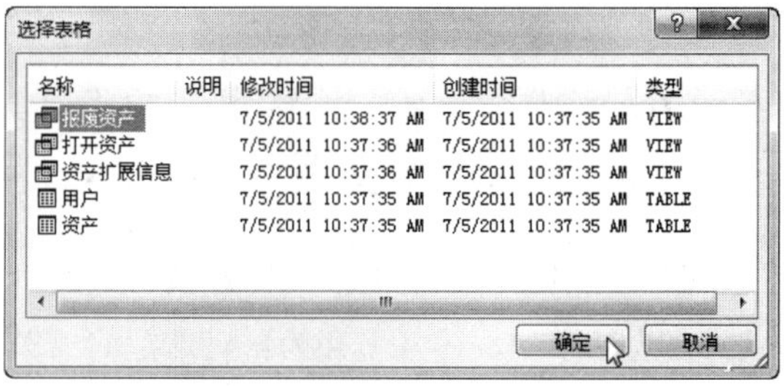

图26-12

3 打开如图26-13所示的【导入数据】对话框，选中【数据透视表】单选按钮，然后选择创建数据透视表的位置。

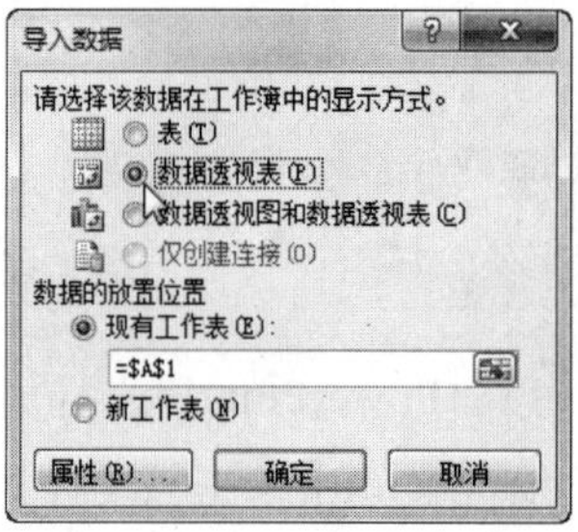

图26-13

4 单击【确定】按钮，在Excel中创建一个空白的数据透视表，然后对数据透视表中的字段进行布局即可。

26.3.2 在Access中导入Excel数据

使用Access中的导入功能可以将Excel中的数据导入到Access中。单击Access功能区中的【外部数据】⇨【导入并链接】⇨【Excel】按钮，打开【获取外部数据-Excel电子表格】对话框。通过单击【浏览】按钮选择要导入的Excel工作表，如图26-14所示。然后单击【确定】按钮，根据向导提示将Excel数据导入Access中。

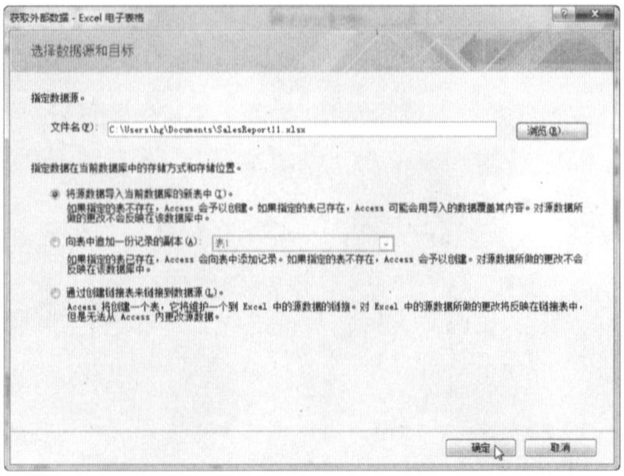

图26-14

26.4 使用Outlook与OneNote协作

在OneNote页中添加的任何Outlook任务自动出现在Outlook中的【待办事项】列表中。如果和许多人一样曾有过跟踪操作项失败的经历（因为没有将操作项从会议笔记复制到日历），则此功能可以带来更高的效率。

将Outlook任务添加到OneNote笔记本的具体操作如下。

1 在OneNote中需要插入任务的位置单击，再单击功能区中的【开始】⇨【Outlook】⇨【Outlook任务】按钮，在弹出的菜单中列出了用于安排任务（如今天、明天或本周）的标记子菜单或列表，如图26-15所示。

提示：如果选择【自定义】选项，将会打开Outlook的任务窗口，可以自定义【开始日期】和【结束日期】，从而安排Outlook任务。

2 单击所需的标记，显示带有特定标记的笔记容器，输入笔记文本。当选择Outlook任务时，Outlook会将其识别为链接到OneNote的任务，如图26-16所示，两个应用程序将同步任务信息。

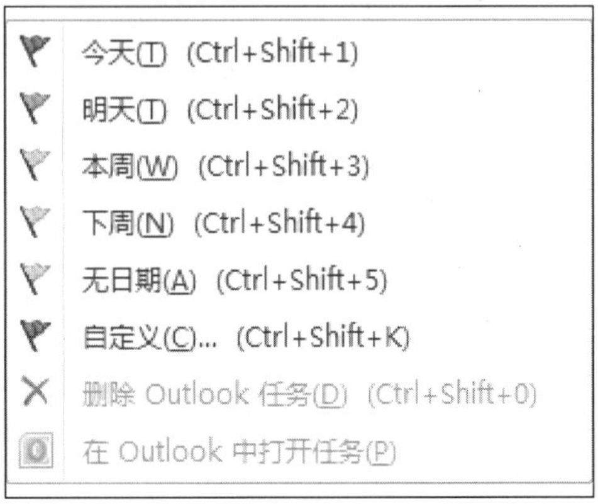

图26-15

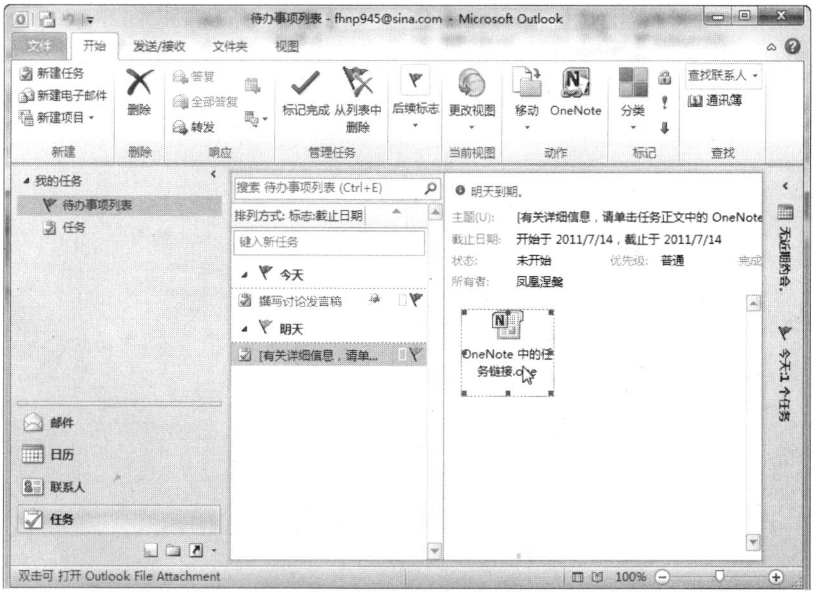

图26-16

26.5　使用Office Web Apps在线协作

可以使用Office Web Apps功能将文档保存到网络中，然后可以在网上查看和编辑文档。对于个人用户来说，如果已经拥有了Windows Live ID，则可以将文档保存到与Windows Live ID对应的SkyDrive网络存储空间中。本节将以个人用户的Windows Live ID为例介绍如何使用Office Web Apps功能在线处理文档。

26.5.1　使用Office上载中心上传Office文档

个人用户使用Office Web Apps功能非常简单，这里以Word 2010为例具体讲解，具体操作如下。

1 在编辑好文档后，单击顶部功能区中的【文件】选项卡，然后依次选择【保存并发送】⇨【保存到Web】命令，将在右侧面板中出现如图26-17所示的【保存到Windows Live】界面。

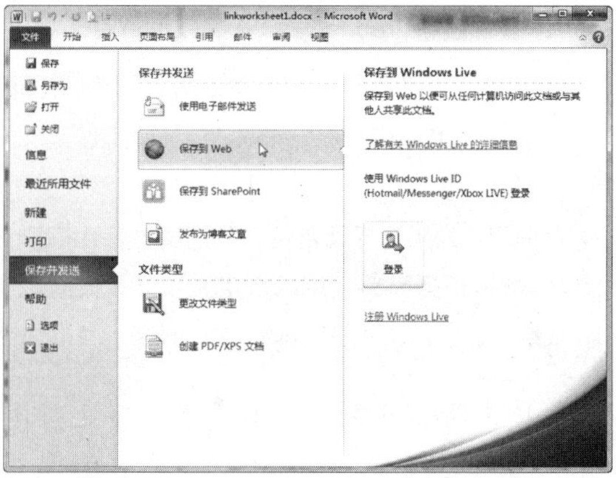

图26-17

2 单击【登录】按钮，弹出如图26-18所示的对话框，输入已经注册好的Windows Live ID账号及其密码。

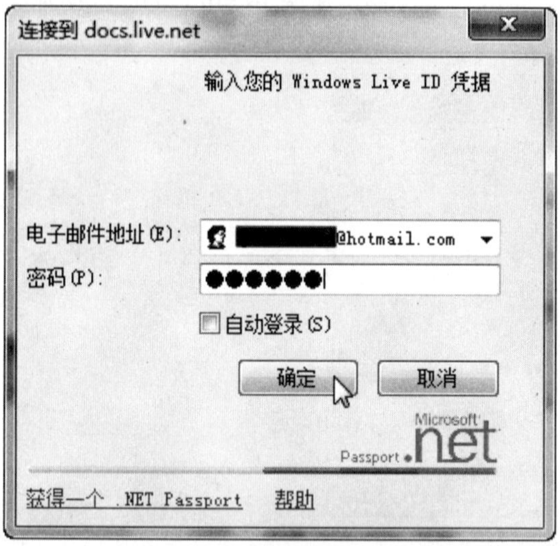

图26-18

3 单击【确定】按钮，出现如图26-19所示的界面，选择要将文档保存到的网络位置中的文件夹，然后单击【另存为】按钮。

图26-19

4 打开【另存为】对话框，输入保存的文档名称及文件类型。单击【保存】按钮，即可将指定文档保存到SkyDrive中。在启用Office Web Apps后，会在任务栏右侧看到 ■ 图标，双击 ■ 该图标，可以打开【Microsoft Office上载中心】窗口，其中显示了当前正在保存文档的进度，如图26-20所示。

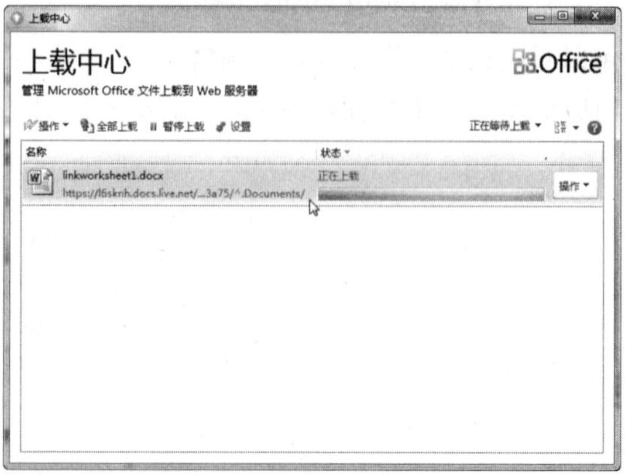

图26-20

26.5.2 在线处理Office文档

在SkyDrive上保存好文档后，当进入SkyDrive时，可以看到指定文件夹中的文档，如图26-21所示。

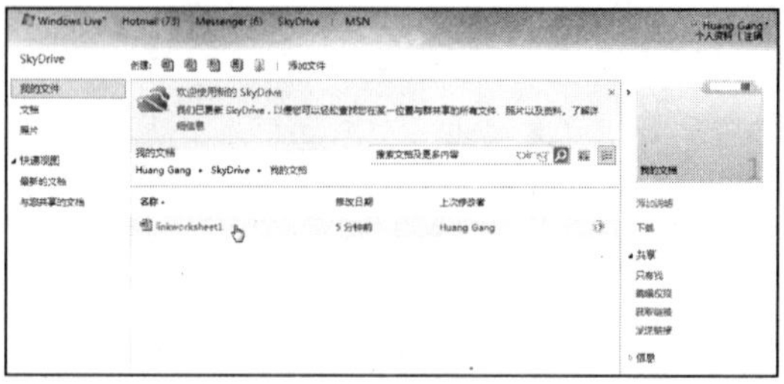

26-21

单击要操作的文档，进入如图26-22所示的界面，选择要查看或编辑的文档，然后单击上方的【在Word中打开】按钮就可以进行编辑。

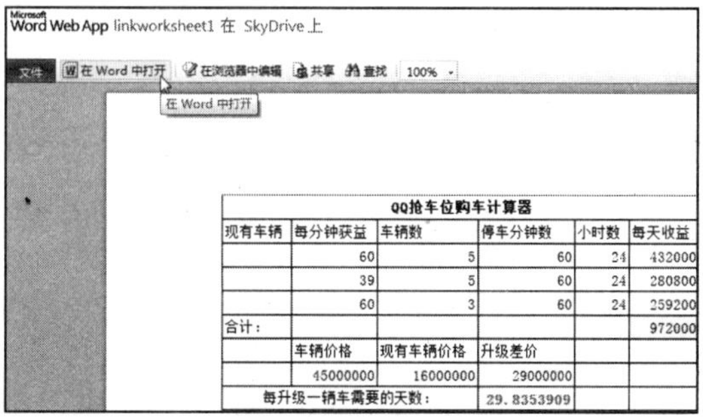

图26-22

26.5.3 设置Office上载中心

打开【Microsoft Office上载中心】窗口，单击【设置】按钮，打开如图26-23所示的对话框，可以对上载进行详细设置。例如，如果不想在任务栏上的通知区域中显示上载中心的图标，那么可以取消选中【通知区域中的“显示”图标】复选框。

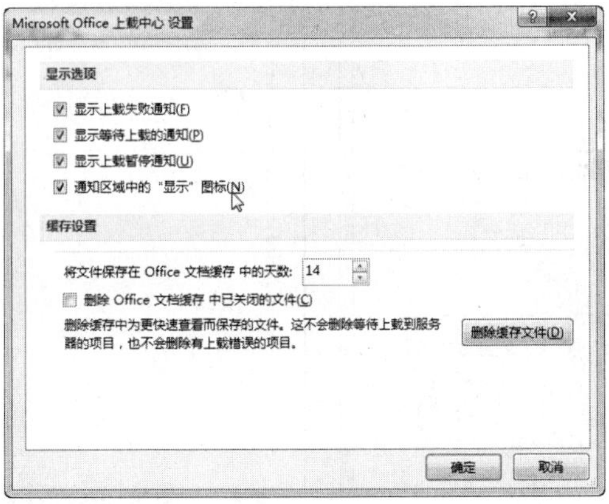

图26-23

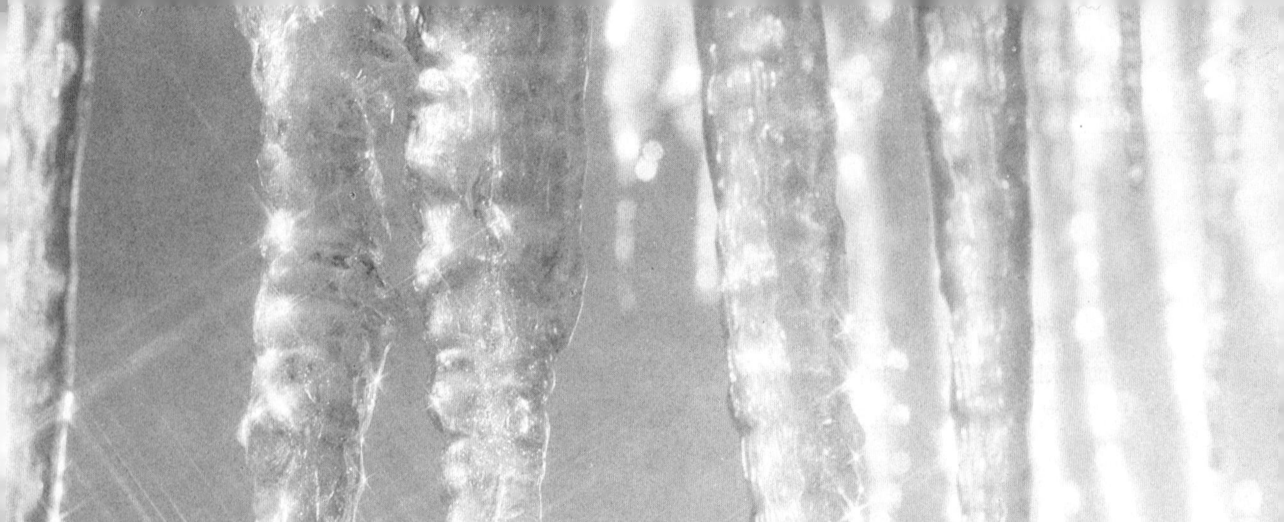

第27章

从零开始学习VBA

本章内容如下：

Office 中的宏

VBA中的对象和对象模型

VBA语法规则

27.1 Office 中的宏

学习VBA的相关内容之前，有必要先来了解一下宏。其中一个原因是大多数用户都接触过宏，而宏是学习VBA的一个助手，可以通过录制宏来了解对象模型。本节将介绍与宏密切相关的内容，其中还包括一些在使用宏时可能遇到的问题。

27.1.1 宏的定义

宏是指一系列操作命令的有序集合。在Office中，可以像录像一样对用户的操作进行录制，然后通过播放所录制的操作来批量完成重复的工作，由此可提高工作效率。通过用户录制操作而生成的可播放动作就是此处提到的“宏”。使用宏的原因之一就是可以提高工作效率，其他原因还包括希望将多个操作组合到一起（即将一个复杂操作通过宏一步完成），实现办公的自动化操作，降低Office软件的操作难度，通过宏简化复杂操作，轻松完成各种Office任务。

27.1.2 宏的缺陷

VBA（即“Visual Basic for Application”的英文缩写）是为弥补应用程序现有功能的不足而对应用程序进行的二次开发，从而强化了应用程序的功能。VBA是由不同模块以及其中的过程组成的，而过程又是由一行行代码组成的。宏其实就是VBA中的一个个过程，只不过宏是人为录制的，因此相对手工编写的VBA代码而言，宏有以下几点缺陷。

- 宏只能单纯地录制机械化操作，通常会使代码执行效率很低。
- 对于Excel而言，录制的宏不能在工作表中作为自定义函数使用。
- 录制的宏是不包括任何参数的，因此使用极不灵活。
- 录制的宏只能通过人为执行，而无法作为事件自动触发并执行。

相对于宏而言，VBA具有以下几点优势。

- VBA代码由人工编写，因此，可以使用最简单的代码来完成录制宏所实现的同样操作，以有效提高程序的运行效率。
- 对Excel而言，可以使用VBA编写自定义函数，有效简化复杂的公式，甚至可以实现Excel内置函数无法实现的功能。
- 可以编写包含参数的VBA过程，然后在执行VBA代码时为过程提供参数，使程序执行更灵活。
- 可以编写Word文档、Excel工作簿和工作表等对象的事件代码，这样可以在用户触发指定事件时自动运行代码，使程序运行更智能、更自动。

27.1.3 录制和使用宏

如果用户从未使用过宏，那么现在最关心的问题可能就是想知道宏该如何使用。首先简单介绍一下使用一个宏的大致流程，稍后会进行详细介绍。整体流程如下：

整理好要进行的操作⇨开始录制宏⇨播放宏检测录制结果⇨将宏用于类似的重复工作

使用宏的第一步是先在脑海中构思要完成的工作都包括哪些任务，实现这些任务的具体操作步骤是什么。这些内容都应该在开始录制宏之前整理好，以免开始录制后发生多次误操作，极大地影响宏运行时的效率。因为在录制过程中的大多数操作都会被记录下来。

构思好操作步骤后，就可以将这些操作录制下来了。需要注意的是，PowerPoint 2010取消了录制宏的功能。而Word 2010和Excel 2010录制宏时打开的对话框的名称有所不同。Word 2010打开的对话框名为【录制宏】；而Excel 2010打开的对话框名为【录制新宏】。为了便于介绍，这里以Excel 2010为例，打开【录制新宏】对话框的方法有以下三种。

- 单击Excel 2010窗口底部状态栏左侧的按钮。
- 单击功能区中的【开发工具】⇨【代码】⇨【录制宏】按钮。
- 单击功能区中的【视图】⇨【宏】⇨【宏】按钮，在弹出的菜单中选择【录制宏】命令。

默认情况下，【开发工具】选项卡是不显示在功能区中的，可以右击功能区，从弹出的快捷菜单中选择【自定义功能区】命令，在打开的对话框中选中右侧列表框中的【开发工具】复选框，单击【确定】按钮，即可将【开发工具】选项卡添加到功能区中，如图27-1所示。

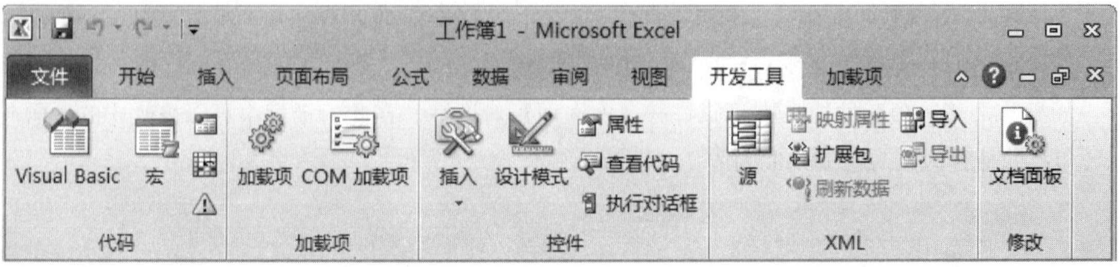

图27-1

打开的【录制新宏】对话框如图27-2所示。在【宏名】文本框中为待录制的宏起一个名字，最好可以表现出宏的功能或作用。如果希望使用快捷键来运行宏，可以在【快捷键】文本框中输入一个字母，然后通过按Ctrl键加字母键来运行宏。

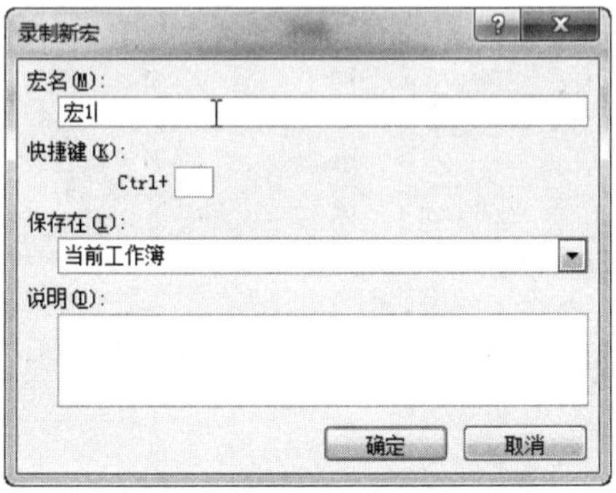

图27-2

在【保存在】下拉列表中选择将录制的宏存储在什么位置，可以使用以下三个选项。

- 【个人宏工作簿（Personal.xlsm）】：如果将宏保存到该工作簿中，那么在启动Excel程序后，所有打开的工作簿都可以使用【个人宏工作簿】中的宏。换句话说，如果希望每个打开的工作簿都可以使用录制的宏，就需要将宏保存到个人宏工作簿中。

- 【新工作簿】：将宏保存到新建的工作簿中。
- 【当前工作簿】：将宏保存到当前正在录制宏的工作簿中。

提示：【个人宏工作簿】默认保存在以下路径中，即C:\Documents and Settings\当前登录用户名\Application Data\Microsoft\Excel\XLSTART。在将宏保存到【个人宏工作簿】之前，无法在该路径下看到个人宏工作簿（Personal.xlsm）。

如果除了自己，宏还可能会提供给他人使用，那么最好的做法是在【说明】文本框中输入对宏的说明信息。设置好各个选项（有些选项不是必需的）后，单击【确定】按钮，Excel将开始录制所进行的每一步操作，无论操作正确与否，Excel都会将其录制下来。单击Excel窗口状态栏左侧的【停止录制】按钮，完成宏的录制工作。

录制好宏后，可以使用以下几种方法测试宏的运行效果。

- 单击功能区中的【视图】⇨【宏】⇨【宏】按钮，在弹出的菜单中选择【查看宏】命令。
- 单击功能区中的【开发工具】⇨【代码】⇨【宏】按钮。

无论使用上面哪种方法，都将打开图27-3所示的对话框，列表中显示了当前可以运行的所有宏。选择所需的宏并单击【执行】按钮，即可运行所选择的宏。

如果单击【选项】按钮，则可以打开【宏选项】对话框。在此对话框中可以修改宏的配置信息，包括快捷键以及对宏的说明内容，如图27-4所示。

图27-3

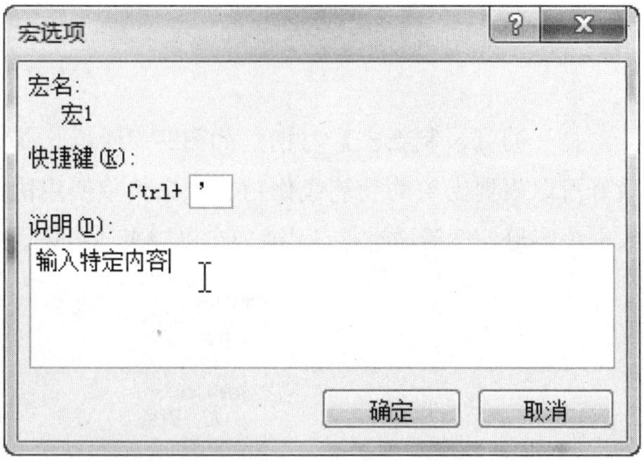

图27-4

另外，如果录制前设置了快捷键，也可以使用快捷键来运行宏。

提示：默认情况下使用绝对引用方式来录制，但是也可以根据需要使用相对引用方式录制宏。这里所说的“绝对引用”和“相对引用”与Excel单元格引用的含义是类似的。如果要使用相对引用录制宏，那么需要在开始录制前单击功能区中的【开发工具】⇨【代码】⇨【使用相对引用】按钮。

27.1.4 保存宏

如果在录制宏之前选择将宏保存在当前工作簿中，那么在录制好宏后，需要保存当前工作簿，而且需要以一种特殊格式进行保存，否则在下次打开工作簿时将无法使用宏。录制好宏后按Ctrl+S组合键，打开【另存为】对话框，在【保存类型】下拉列表中选择图27-5所示的工作簿类型，这是Excel 2010中可以带有宏的工作簿类型。

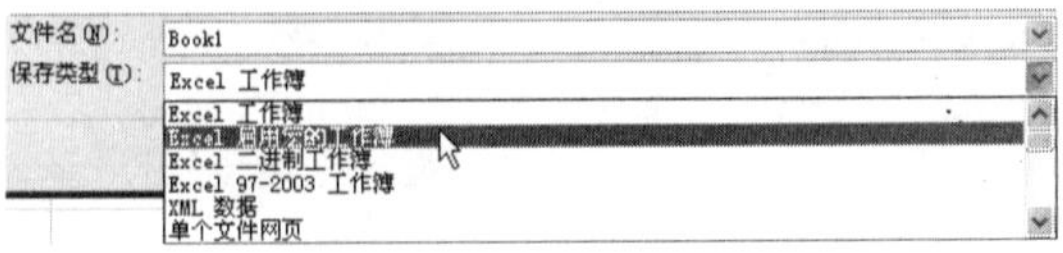

图27-5

如果是将宏录制到了已经保存过的普通工作簿中，那么当录制好宏后，按Ctrl+S组合键时会打开图27-6所示的提示框，提示用户如果不保存到启用宏的工作簿中，那么宏将会丢失。如果单击【是】按钮强行保存，那么在下次打开此工作簿时，将会发现宏并未被保留下来，因此，这里应该单击【否】按钮，然后按照前面介绍的方法选择【Excel 97-2003工作簿】或【Excel启用宏的工作簿】中的一种。

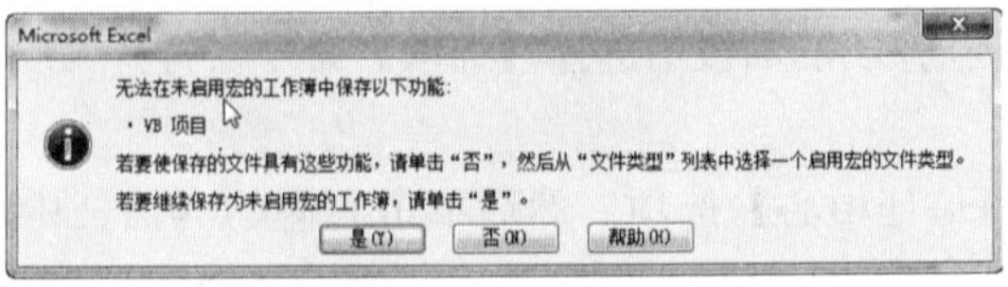

图27-6

提示：也可以选择【Excel 97-2003工作簿】文件类型。因为在Excel 2010和Excel 2007之前的版本中，工作簿中不管是否包含宏所使用的文件都是同一种类型，但是选择【Excel 97-2003工作簿】文件类型将无法使用Excel 2010中提供的新功能。在Excel 2010中按工作簿中是否包含宏这一标准将工作簿分为两种，即普通工作簿和启用宏的工作簿。如果用户的计算机中显示了文件的后缀名，那么对于Excel 2010工作簿来说，后缀名为“xlsm”的工作簿可以包含宏，而后缀名为“xlsx”的工作簿不能包含宏。

27.1.5 启用宏

采用正确的方法录制了宏，也使用了正确的文件格式保存了宏，保存后测试一切正常，但当以后再次打开此工作簿时，发现宏竟然无法正常运转，并可能会看到图27-7所示的界面，即在功能区的下方显示一个消息栏。如果确认宏是安全的，则可以单击【启用内容】按钮，然后就可以使用前面介绍的方法来运行宏了。

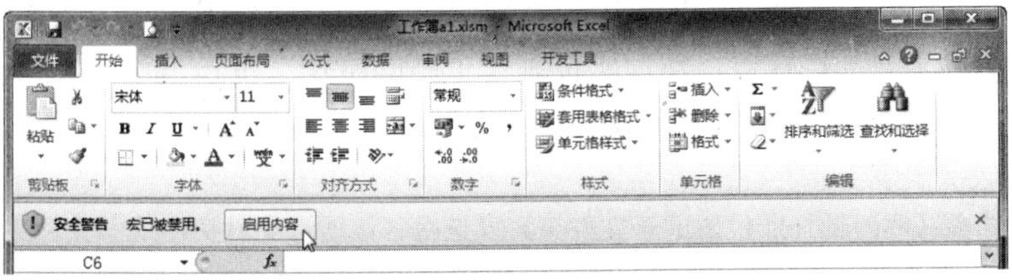

图 27-7

提示：如果在打开包含宏的工作簿之前已经打开了其他工作簿窗口，并打开了VBE（Visual Basic编辑器）窗口，那么在打开包含宏的工作簿时会打开图27-8所示的对话框，单击【启用宏】或【禁用宏】按钮可启用或禁用宏。

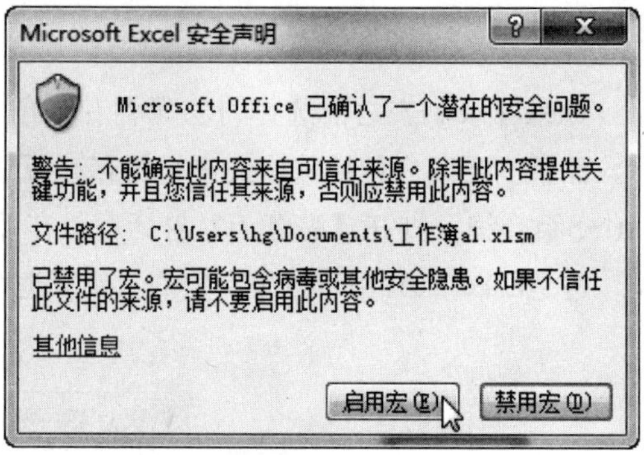

图27-8

为了简化每次打开包含宏的工作簿时在操作上的麻烦，可以采取以下两种方法。

1．只运行指定位置上的宏

如果确定某个位置中存放的工作簿都是来源可靠的，可以将这个位置添加到Excel被认为受信任的位置中，以后只要是打开这个位置中的任何工作簿，都会自动启用宏，而无须再做任何设置。设置受信任位置的具体操作如下（这里仍以Excel 2010为例）。

1 单击【文件】按钮，在弹出的面板中选择【选项】命令，打开【Excel选项】对话框。

2 选择左侧列表中的【信任中心】选项，然后单击右侧的【信任中心设置】按钮，如图27-9所示。

3 打开【信任中心】对话框，选择左侧列表中的【受信任位置】选项，在右侧可以看到所有默认的信任位置，如图27-10所示。

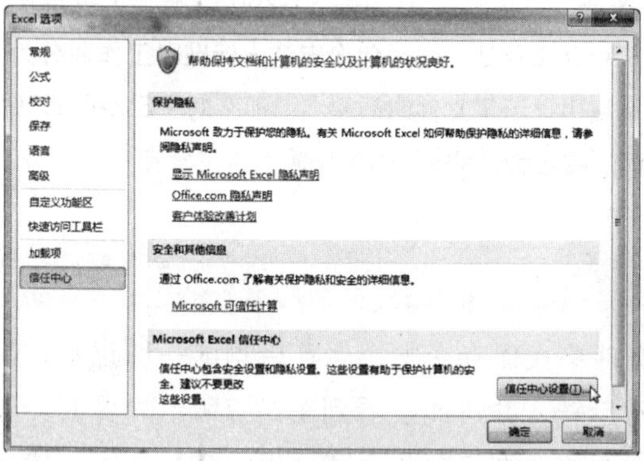

图 27-9

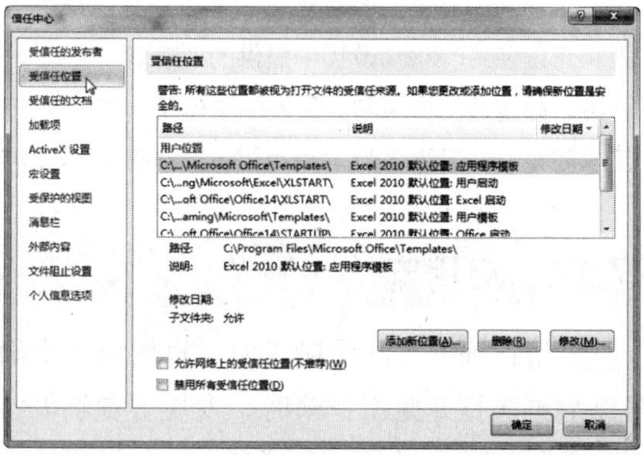

图27-10

4 除了默认的受信任位置外，也可以添加新的信任位置。单击【添加新位置】按钮，在打开的对话框中单击【浏览】按钮，然后定位到一个新的路径，单击【确定】按钮后即可看到在【路径】文本框中显示出刚选择的文件夹，如图27-11所示。

提示：可以选中【同时信任此位置的子文件夹】复选框，让所选文件夹中的子文件夹也自动成为受信任位置。

5 单击【确定】按钮，将在【信任中心】对话框中看到新添加的信任位置，如图27-12所示。

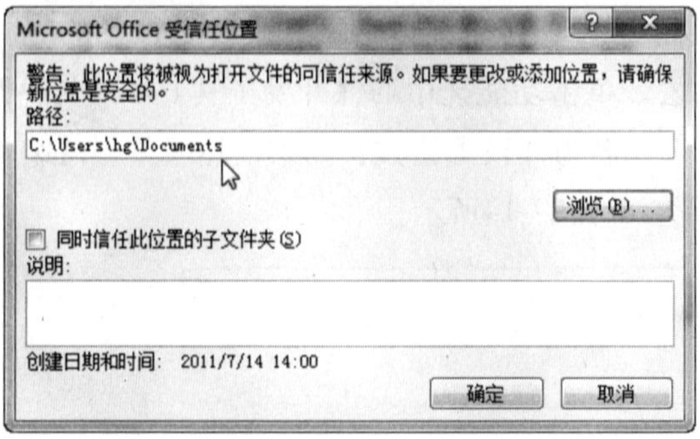

图 27-11

图27-12

6 依次单击【确定】按钮，关闭所有打开的对话框，完成受信任位置的设置。

提示：选择列表中的受信任位置，然后单击【修改】按钮，可以对所选择的受信任位置进行变更。单击【删除】按钮可删除所选择的受信任位置。

2．永远运行所有宏

上一种方法仅限于特定位置的工作簿中的宏在运行时无须进行额外设置。如果平时需要频繁使用包含宏的工作簿，而又不希望总是将这些工作簿复制到指定的受信任位置中，或是手工开启宏运行的设置，那么此时可以使用一种相对来说不是很安全的做法，具体操作如下。

1 打开【Excel选项】对话框，选择左侧列表中的【信任中心】选项，然后单击右侧的【信任中心设置】按钮。

2 打开【信任中心】对话框，选择左侧列表中的【宏设置】选项，然后选中右侧的【启用所有宏（不推荐：可能会运行有潜在危险的代码）】单选按钮，如图27-13所示，单击【确定】按钮，以后再打开任何包含宏的工作簿时，无须再进行额外设置，即可运行其中包含的宏。

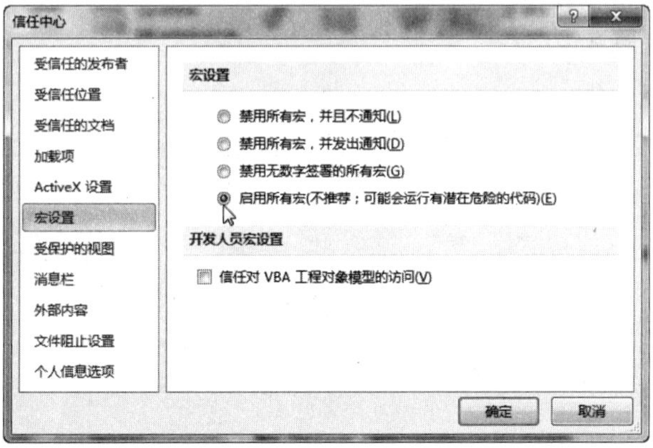

图27-13

27.1.6 宏的本质解析

看到这里，读者对宏的使用已经有了很多了解，那么宏的内部到底是什么样子的呢？如果在工作簿中已包含一个名为“设置格式”的宏，单击功能区中的【开发工具】⇨【代码】⇨【宏】按钮，打开【宏】对话框，在列表框中选择名为【设置格式】的宏，然后单击【编辑】按钮，将在VBE窗口中看到与宏对应的VBA代码，如图27-14所示。

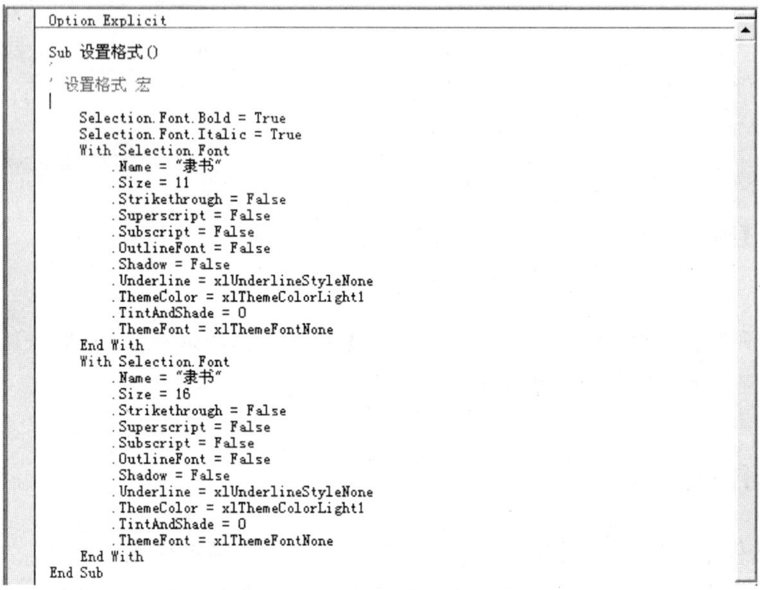

```
Option Explicit

Sub 设置格式()
'
' 设置格式 宏
'
    Selection.Font.Bold = True
    Selection.Font.Italic = True
    With Selection.Font
        .Name = "隶书"
        .Size = 11
        .Strikethrough = False
        .Superscript = False
        .Subscript = False
        .OutlineFont = False
        .Shadow = False
        .Underline = xlUnderlineStyleNone
        .ThemeColor = xlThemeColorLight1
        .TintAndShade = 0
        .ThemeFont = xlThemeFontNone
    End With
    With Selection.Font
        .Name = "隶书"
        .Size = 16
        .Strikethrough = False
        .Superscript = False
        .Subscript = False
        .OutlineFont = False
        .Shadow = False
        .Underline = xlUnderlineStyleNone
        .ThemeColor = xlThemeColorLight1
        .TintAndShade = 0
        .ThemeFont = xlThemeFontNone
    End With
End Sub
```

图27-14

从图27-14中可以发现，宏的本质就是VBA代码。录制好的一个宏所对应的VBA代码由“Sub”和“End Sub”包围起来，“Sub”右侧的文字就是宏的名称，后跟一对圆括号；在名称下方的两行内容都以单引号“'”开始，表示这两行是注释性内容，对程序起到说明的作用，程序在运行时会忽略它们；下方的大段内容就是宏要实现的操作所对应的VBA代码了。

在本例中，“设置格式”宏要实现的功能包括以下四个。

- 对当前选区设置字体为隶书。
- 对当前选区设置字号为16。
- 对当前选区设置粗体。
- 对当前选区设置斜体。

在录制的代码中，完成上述四个功能的代码只有以下几句。

```
Sub 设置格式()
    Selection.Font.Bold = True
    Selection.Font.Italic = True
    With Selection.Font
        .Name = "隶书"
    End With
    With Selection.Font
```

```
        .Size = 16
    End With
End Sub
```

如果有一定的VBA代码编写经验，可以将上述代码简化为以下形式。

```
Sub 设置格式()
    With Selection.Font
        .Bold = True
        .Italic = True
        .Name = "隶书"
        .Size = 16
    End With
End Sub
```

提示：可以使用“With…End With”结构简化对同一个对象进行的多个操作。正如上面的代码所示，在“With”语句后面是要引用的对象名称，在“With”结构内部以点分隔符开头的语句都是引用该对象的部分。在完成对引用对象的所有操作后，使用“End With”语句结束对该对象的引用。

27.1.7 VBA编辑器简介

VBA代码的编写工作都是在Visual Basic编辑器（VBE）窗口中进行的。为了提高代码编写效率，有必要掌握VBE窗口的结构和使用方法。可以使用以下几种方法打开VBE窗口。

- 单击功能区中的【开发工具】⇨【代码】⇨【Visual Basic】按钮。
- 按Alt+F11组合键。

除此之外，还可以使用以下三种方法打开指定内容（宏或工作表模块）的代码窗口。

- 打开指定宏的代码窗口：单击功能区中的【开发工具】⇨【代码】⇨【宏】按钮，或单击功能区中的【视图】⇨【宏】⇨【宏】按钮，从弹出的菜单中选择【查看宏】命令，打开【宏】对话框，选择宏后单击【编辑】按钮。
- 打开工作表模块的代码窗口：右击工作表标签，在弹出的快捷菜单中选择【查看代码】命令。
- 选择【开发工具】⇨【控件】⇨【查看代码】命令。

VBE窗口主要由菜单栏、工具栏、工程资源管理器、属性窗口和代码窗口组成。使用VBE窗口中【视图】菜单中的命令可以显示或隐藏这些组件。编写代码时的各种操作都可以通过VBE菜单栏中的命令来完成。为了加快操作速度，也可以使用内置提供的工具栏来完成同样的操作，如图27-15所示。

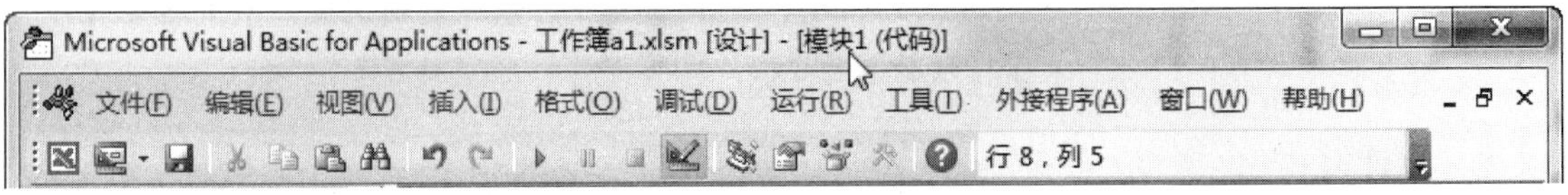

图27-15

1．工程资源管理器

工程资源管理器布局与Windows资源管理器类似，如图27-16所示。

VBA工程资源管理器显示了当前所有打开的工作簿（VBAProject）、工作簿中包含的工作表（Sheet1、Sheet2等）、包含代码的工作簿模块（ThisWorkbook）。如果在工作簿中录制并保存了宏，那么还会包含模块；如果创建了用户窗体，还会包含窗体模块；如果具有一定的VBA编程经验，可能还会包含类模块（类模块主要用于创建自定义对象以及触发应用程序级的事件）。

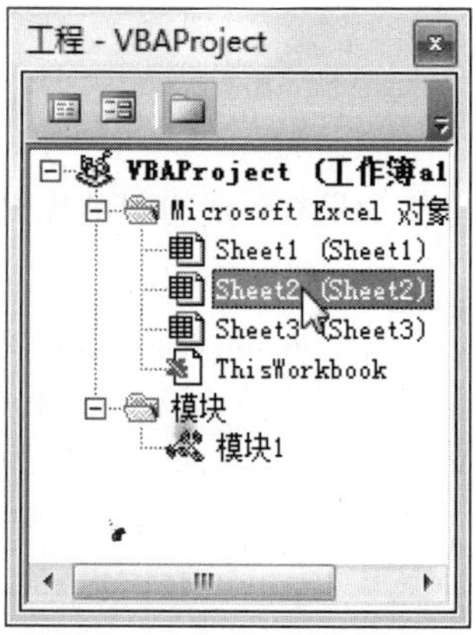

图27-16

在VBA工程资源管理器中主要可以进行以下操作。

- 查看每个工程的组成情况：简而言之，模块就是一些代码片段的集合，每个模块包含了很多代码片段，每个代码片段都可以完成一个或多个功能。使用模块可以对不同类型的代码片段进行分组。
- 插入新模块：右击工程内的任意一个模块，在弹出的快捷菜单中可以选择要添加的模块类型，如图27-17所示。
- 导出模块：为了节省日后编写一些功能重复的代码的时间，可以将目前已经编写完成的一些代码模块导出并进行备份，然后在其他工程中使用时直接导入即可。右击要导出的模块，从弹出的快捷菜单中选择【导出文件】命令，然后选择文件保存位置并输入一个名称，如图27-18所示。

图27-17

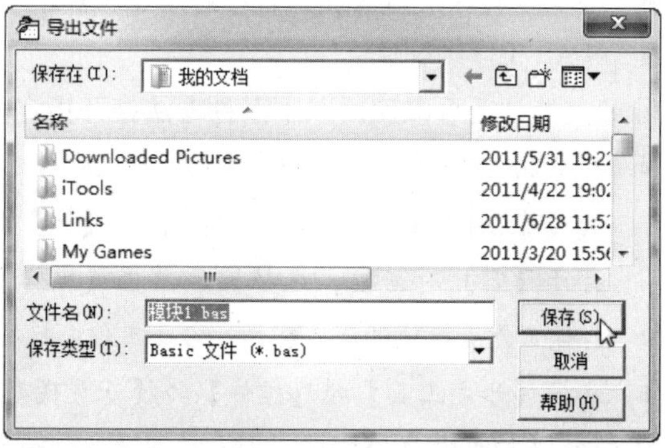

图27-18

- 导入模块：右击工程内的任意一个模块，在弹出的快捷菜单中选择【导入文件】命令，然后选择要导入的模块文件，这样通常是高效编程的一种方法。
- 删除无用的模块：对于不再需要的模块，右击该模块，从弹出的快捷菜单中选择【移除xx】命令即可（“xx”表示模块的名称）。

2．属性窗口

在属性窗口中可以定制VBA对象的属性。例如，单击工程资源管理器中的包含代码的工作簿模块（ThisWorkbook）模块，然后打开【属性】窗口（选择【视图】⇨【属性窗口】命令或按F4键）。在

【属性】窗口中显示了当前包含代码的工作簿的一些属性，这些属性通常都是可以设置的，从而可以改变工作簿的外观或特性，如图27-19所示。要设置属性值，只需单击【属性】窗口中的属性名，然后输入或选择属性值即可。可以通过【属性】窗口顶部的下拉列表切换要设置的对象。

3. 代码窗口

双击工程资源管理器中的任意一个模块，即可打开与该模块对应的代码窗口。在代码窗口中编写代码就像在记事本中输入与编辑文本内容一样，可以进行删除、移动和复制等常用编辑操作。

在代码窗口的顶部有两个下拉列表，左侧的列表用于选择当前模块中包含的对象，而右侧的列表用于选择Sub过程、Function过程或对象特有的事件过程，如图27-20所示。选择好这两部分内容后，即可为指定的Sub过程、Function过程或事件过程编写代码。

图 27-19

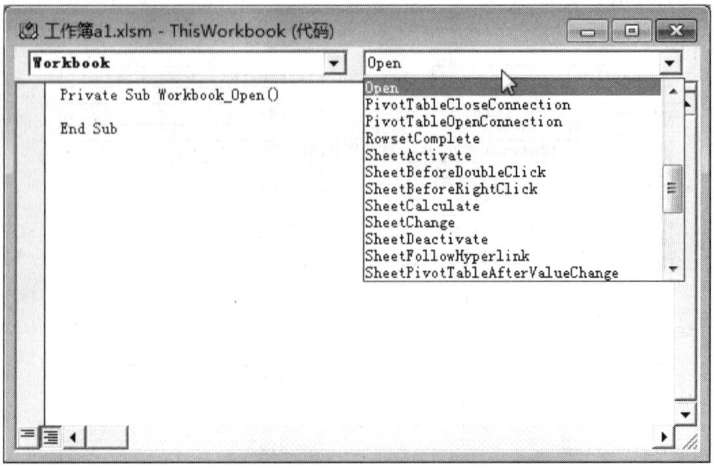

图27-20

默认情况下，在同一个模块中的各代码片段都会被全部显示出来，每个代码片段会用一条灰色线条分隔开。在VBA中，每一个代码片段都是一个过程，这个过程可能是Sub过程、Function过程或事件过程；对于类模块来说，还可能是Property过程。如果某个代码片段过长，那么可以单击代码窗口底部的【过程视图】按钮，这样将只显示出光标所在的代码片段的具体内容，再单击【全模块视图】按钮则可以再次显示模块内的所有代码片段。

27.2 VBA中的对象和对象模型

Office VBA程序开发的主体是Office组件中的各种对象，这与在Office界面中进行操作类似，只不过在VBA中是使用代码来操作不同对象的。为了帮助开发者系统、快速地掌握复杂的Office应用程序中的繁杂对象，微软提供了对象模型参考功能。

27.2.1 VBA对象和对象模型

对象是Office VBA程序开发的主体，这是因为整个Office应用程序几乎都是由对象构成的。例如，Word 2010应用程序本身就是一个对象，在VBA中对应于Application对象；Word 2010应用程序由多个文档组成，每一个文档也是一个对象，对应于VBA中的Document对象；文档中由字、词、句、段等组成，这里面的字、词、句、段等都是对象，对应于VBA中的Characters、Words、Sentences和Paragraph对象。

为了让开发者更系统、快速地掌握Office组件中大量繁杂的对象及各对象之间的关系，微软在帮助系统中提供了对象模型，图27-21所示即为Word 2003局部列出的对象模型。

图27-21

27.2.2 集合的概念

在VBA编程中有一个很重要的概念——集合，它由一组类型相同的对象构成。通常情况下，使用集合可以批量处理一系列对象，也可以通过集合来引用其中某个位置或顺序上的特定对象。在Office VBA中，集合通常和对象的名称相同，唯一的区别是在对象名称后多加了一个字母“s”。

例如，当前打开了五个Word文档，这五个打开的文档构成了Documents集合，而每一个文档都属于这个集合中的一员。可以使用索引号或对象名称来引用集合中的特定对象，例如，要引用所有打开文档中的第二个文档，那么可以使用下面的形式。

```
Documents(2)
```

如果知道要引用的文档名称为“宣传海报”，那么可以使用下面的形式来引用该文档。

```
Documents("宣传海报")
```

而下面的代码则在一个对话框（Msgbox函数）中显示了当前打开的文档的总数，它使用了Documents集合的Count属性。

```
MsgBox Documents.Count
```

类似于下面的代码会经常在VBA中用到，它通过定义一个对象变量，然后使用该变量遍历集合，如果发现符合指定条件的对象（本例中是判断单元格的值是否大于50），就执行特定操作（本例中是将单元格字体加粗）。

```
Dim cell As Range
For Each cell In Range("A1:B10")
    If cell.Value > 50 Then
        cell.Font.Bold = True
    End If
Next cell
```

正如在上面代码中看到的那样，如果要操作一个集合中的多个对象，通常使用For Each Next结构是最好的选择。该结构的具体用法为：For Each 对象变量 In 集合。通常先定义一个对象变量，然后使用For Each Next结构让对象变量遍历指定的集合，最后根据设定的条件返回需要的结果。

27.2.3 对象的属性、方法和事件

如何区分不同的对象？这应该是一个不难回答的问题。可以这样问：人和人之间有什么区别？首先想到的是人名不同；其次，人的性别、年龄、身高、血型、籍贯、学历等各种资料都不同。在VBA中，如果把人看成是一种普通的对象，那么人的上述资料就是对象的不同属性，由各种属性确定了对象的具体外观和特征。例如，在Excel中，工作表（Worksheet）对象拥有Cells（单元格）、Name（名称）、Range（区域）等属性；而区域（Range）对象则拥有Value（值）、Height（高）、Width（宽）等属性。通过对象的属性可以轻易改变对象的外观。

可以在属性窗口中进行设置以改变对象的属性值，也可以在程序运行时自动改变。通过编写VBA代码改变属性值很容易，唯一需要注意的是对象与属性之间是通过点分隔符“.”连接的，并且在输入对象和点分隔符后，可以使用VBA内置的自动列表功能来选择要设置的对象的属性或方法，如图27-22所示。

设置对象的属性其实就相当于赋值操作，即使用一个等号连接对象的属性名称和属性值，属性的名称在等号左侧，而属性值则在等号右侧。

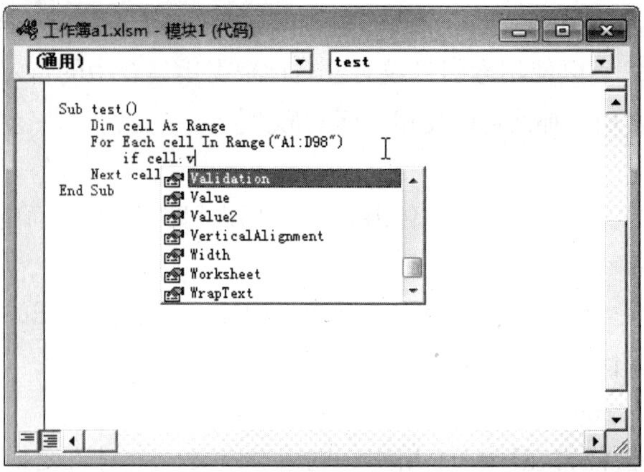

图27-22

例如，下面的代码将当前工作表中的单元格A1的值设置为“100”，换句话说，就是在单元格A1中输入数字“100”，假设当前工作表为“Sheet1”，它将位于第一个工作表标签。

```
Worksheets(“Sheet1”).Range(“A1”).Value = 100
```

由于这里假设名为“Sheet1”的工作表是工作簿中的第一个工作表，因此，还可以使用下面的形式。

```
Worksheets(1).Range("A1").Value = 100
```

由于名为“Sheet1”的工作表是正在编辑的活动工作表，因此，还可以使用ActiveSheet对象来代替Worksheets集合引用，形式如下。

```
ActiveSheet.Range("A1").Value = 100
```

由于是在当前活动工作表的单元格A1中输入数字，因此，可以省略对工作表对象的引用，而直接使用Range对象，形式如下。

```
Range("A1").Value = 100
```

如果当前选择的是单元格A1，即A1是活动单元格，那么也可以使用下面的形式。

```
ActiveCell.Value = 100
```

由于Value属性是Range对象的默认属性，因此，可以省略Value属性，形式如下。

```
Range("A1") = 100
```

在Excel中还可以使用一种更简单的方式来引用单元格和区域，即在单元格或区域两侧使用一对方括号，因此，可以将上述代码改为下面的形式。

```
[A1] = 100
```

提示：“[A1]”其实是Application对象Evaluate方法的简写形式。

方法是对象拥有的动作。例如，在Excel中，Range对象包含一个SpecialCells方法，它可以选择区域中满足特定条件的单元格。

下面的代码将选择区域A1:B10中包含数字常量的单元格，最后使用Select方法选择满足条件的所有单元格。

```
Range("A1:B10").SpecialCells(xlCellTypeConstants, xlNumbers).Select
```

方法通常都包含数量不等的参数，参数可提供给方法执行动作的具体方式。

例如，上面的代码就为SpecialCells方法提供了两个参数，即：xlCellTypeConstants和xlNumbers。第一个参数表示要查找的单元格类型为常量，第二个参数表示要查找的常量类型为数字。

提示：这里需要重点说明的是，在Excel操作界面中，通常需要先选择区域，然后再进行相关的操作；而在VBA中通常不需要执行选择操作，而直接执行下一步操作。

事件提供了响应用户操作的自动化处理方式。例如，在Word VBA中有一个打开文档的事件（Document_Open），如果在该事件中编写了VBA代码，那么在打开具有该代码的文档时，将会执行其中的代码。例如，下面的代码可以实现在每次打开包含该代码的文档时会弹出一个消息框，其中会显示欢迎信息，如图27-23所示。

```
Private Sub Document_Open()
    MsgBox "欢迎你，" & Application.UserName
End Sub
```

该实例表明事件可以自动处理用户的行为，实现与用户操作之间的交互。

图27-23

1．有的属性会返回对象

在学习VBA程序开发时，有一个现象很令人困惑，如下面示例中的代码。该代码设置单元格A1中的字体为“隶书”。

```
Range("A1").Font.Name = "隶书"
```

按照前面介绍的内容来看，在“Range("A1").Font”部分中，“Range("A1")”是一个区域对象，而“Font”则是Range对象的一个属性，这是没错的。但是在“Font”后面还有一个“.Name”，这不得不让人感到困惑：此处的“Font”到底是属性，还是对象呢？

其实在VBA中，很多属性和对象是不可分割的。换句话说，一个对象其本身可能就是一个对象，而同时它又可以作为另一个对象的属性。正如前面示例中的“Font”，对于Range对象来说，“Font”作为其属性出现，但同时它又是Name属性的对象。所以，关于属性与对象的划分和鉴别，是学习VBA中的一个难点。

这里再介绍一下对象的父子关系。在前面列举的示例中，Range对象是Font对象的父对象，而

Font对象是Range对象的子对象。在VBA中，有很多对象都不止一个父对象。仍以Font对象为例，它除了有一个Range父对象外，还有Characters、CellFormat、Style、FormatCondition等多个父对象。换句话说，这些对象都包含Font属性，即可以设置这些对象的字体格式。

2．在方法中使用命名参数

前面曾经列举了一个使用Range对象的SpecialCells方法来选择满足特定条件的单元格的示例，代码如下。

```
Range("A1:B10").SpecialCells(xlCellTypeConstants, xlNumbers).Select
```

该代码将选择区域A1:B10中数字常量的单元格。如果从未使用过SpecialCells方法，或者对该方法根本不熟悉，那么在看到上面的代码时，可能并不知道代码要实现什么功能，尤其不了解xlCellTypeConstants和xlNumbers是如何工作的。

为了增加代码的可读性，最好的方法是使用命名参数。命名参数就是在VBA帮助系统中语法部分中的斜体字，图27-24所示的“Type”和“Value”就是SpecialCells方法的命名参数。请记住这样一条规则：在给属性赋值时使用一个等号，而在给方法的参数赋值时最好是使用命名参数以及一个冒号外加一个等号（即“:=”）的形式。

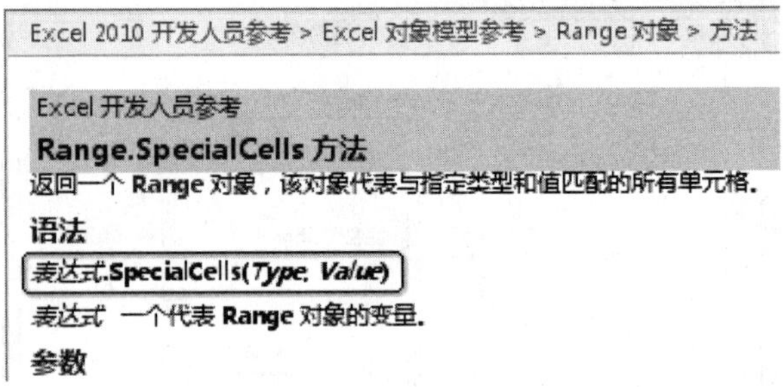

图27-24

例如，可以将前面示例中的代码改为以下形式，这样更便于对代码的理解。

```
Range("A1:B10").SpecialCells(Type:=xlCellTypeConstants, Value:=xlNumbers).Select
```

27.2.4 获得对象的信息

如何获得各类不同对象的信息，最直接的方法就是在录制好一个宏后，进入VBE窗口，然后打开宏所在的代码窗口，单击想要了解的对象，然后按F1键，此时将打开VBA帮助窗口（以Excel为例），并自动显示与鼠标所在位置处的对象对应的帮助内容，类似于图27-25所示。

提示：在图27-25左侧有一个列表，类似目录的结构，可以在该列表中全面浏览Excel对象模型中的不同对象以及它们各自的属性、方法和事件。要显示该目录列表，可单击帮助窗口顶部工具栏中的按钮。

如果从图27-25中的帮助窗口中了解了当前显示的Range对象的其他属性或方法，则可以单击窗口底部的【请参阅】中的链接，如图27-26所示，打开该对象的属性和方法列表，其中有属性和方法的名称以及说明信息。

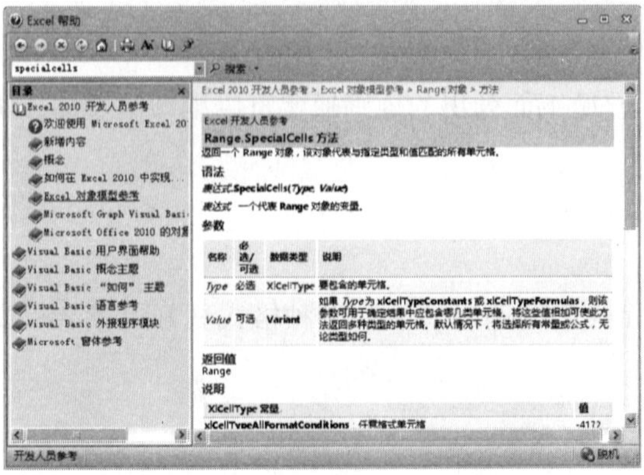

图 27-25

图27-26

另一个可以全面了解VBA对象的途径是在VBE窗口中单击工具栏中的【对象浏览器】按钮（也可以按F2键），打开图27-27所示的对象浏览器。在这个浏览器中可以非常方便地查询各种对象、集合、属性、方法和事件等内容。

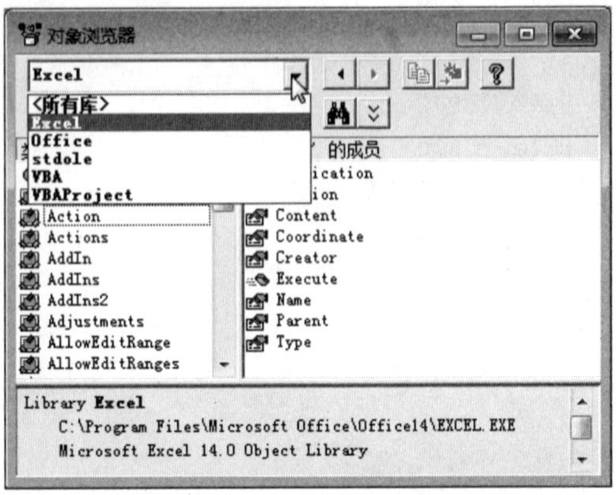

图27-27

在【类】列表框中选择某个类，可在右侧列表框中看到该类所拥有的属性、方法和事件，如图27-27所示。其中，表示某个对象的属性，表示某个对象的方法，表示某个对象的事件，而则表示某个对象所属的类。

提示：可以在【所有库】下拉列表中选择不同的对象库，这样可以按类别查看不同库中所包含的对象。

27.3 VBA语法规则

本节将概览VBA中的主要语法规则，由于篇幅所限，不可能面面俱到，但是会尽可能对最为重要的内容进行详细介绍。本节所介绍的VBA编程规则在Office不同组件中都适用，并非针对某个Office组件的规则，因此具有一定的通用性。

27.3.1 编写结构良好的代码

这里总结了几条比较有用的代码输入规则。遵循下面列出的规则通常可以编写出整体、美观、易读的代码。

1. 让代码体现层次感

VBA代码具有鲜明的层次结构，试比较下面代码的两种写法，哪种格式更好，读者一目了然。

结构很糟糕的代码如下。

```
Sub 计算税率()
Dim rate, pay As Single
rate = InputBox("请输入税率：")
If rate = "" Then Exit Sub
Select Case rate
Case Is < 0.2: pay = rate * 200
Case Is < 0.4: pay = rate * 400
Case Is < 0.6: pay = rate * 600
Case Is < 0.8: pay = rate * 800
Case Else: pay = rate * 1000
End Select
MsgBox pay
End Sub
```

结构很鲜明的代码如下。

```
Sub 计算税率()
    Dim rate, pay As Single
    rate = InputBox("请输入税率：")
    If rate = "" Then Exit Sub
    Select Case rate
        Case Is < 0.2: pay = rate * 200
        Case Is < 0.4: pay = rate * 400
        Case Is < 0.6: pay = rate * 600
        Case Is < 0.8: pay = rate * 800
        Case Else: pay = rate * 1000
    End Select
    MsgBox pay
End Sub
```

为了呈现层次结构良好的代码，可以在输入代码的起始处按Tab键对代码进行手工缩进。默认情况下，每按一次Tab键，字符自动向右缩进四个字符的长度。如果要使代码的位置向外突出，则可以按Backspace键。另外，也可以一次性设置多行代码的缩进，使用鼠标同时选择多行代码，然后单击【编辑】工具栏中的【缩进】按钮或者按Tab键，效果如图27-28所示。

2．为代码添加注释

在编写代码时，可以在重要代码开始前添加注释性内容。为什么要给代码添加注释呢？很多人都有过这样的经历：一个月前亲手编写了一段功能完善的代码，但是当客户在一个月甚至更长时间后提出需要添加新功能时，此时面对以前开发的代码感觉很陌生。这是因为在当时编写代码时没有对重要语句进行注释，而由于时间流逝，早已忘记当时编写代码时的思路。在将自己编写的代码交给他人维护时，注释也会显得格外重要，良好的注释会帮助别人更好地理解代码。因此，对代码进行注释是非常有价值的。

注释以单引号“′”开始，在单引号之后是注释的内容并显示为绿色，如图27-29所示。VBA会自动识别哪些内容是注释，哪些内容是要执行的代码。

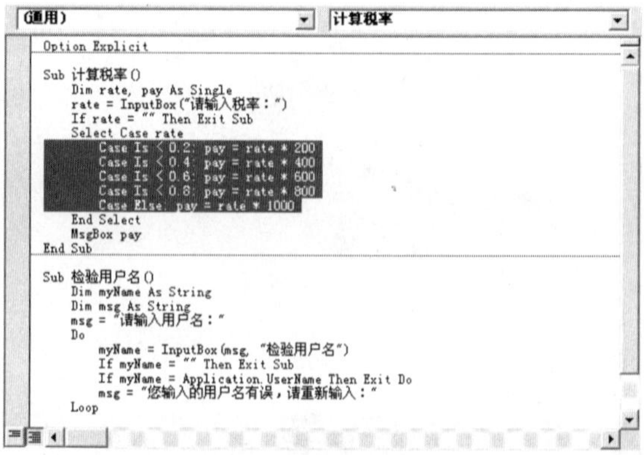

图27-28

图27-29

3．将长语句分行输入

如果一行的代码过长而超过一个屏幕，那么在查看屏幕外未显示的代码时，需要拖动滚动条或移动方向键。为了避免这种麻烦，可以将长代码行通过续行符分到多个代码行中进行显示。拆分的方法很简单，在要断开的位置后面输入一个空格外加一条下画线即可，如图27-30所示。

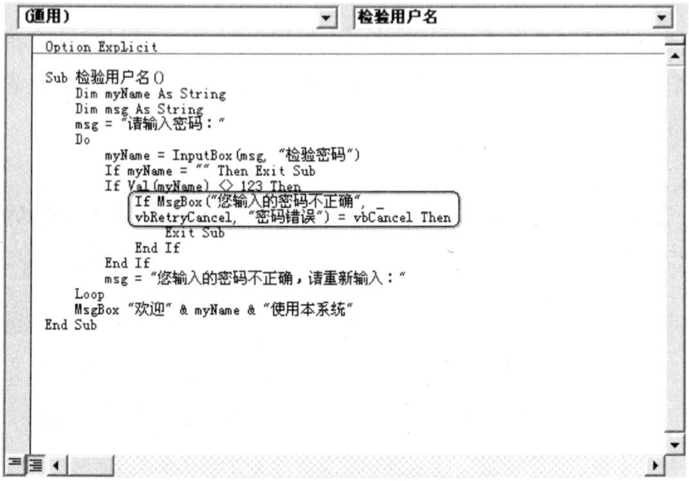

图27-30

4．同行输入多条语句

一般情况下不建议在一行中输入多条语句，但有时如果每一行语句都特别短，为了使程序更加紧凑，可以考虑将多条相关语句放置到一行中，这样可以有效地缩短整个代码的长度。例如，下面的代码就是应用了这一规则，通过比较输入的税率值来计算不同的表达式。代码使用冒号来分隔一行中两条不同的语句，这样使整个程序看起来更紧凑。

```
Sub 计算税率()
    Dim rate, pay As Single
    rate = InputBox("请输入税率：")
    If rate = "" Then Exit Sub
    Select Case rate
        Case Is < 0.2: pay = rate * 200
        Case Is < 0.4: pay = rate * 400
        Case Is < 0.6: pay = rate * 600
        Case Is < 0.8: pay = rate * 800
        Case Else: pay = rate * 1000
    End Select
    MsgBox pay
End Sub
```

27.3.2 变量

在一个程序中总会使用一些不确定或经常需要改变的值，这些值可能是数字类型的，也可能是文本类型的。为了在程序中灵活使用这些可变的因素，出现了“变量”这个概念。例如，在一个计算支付额的程序中，可以使用“rate”这个词来表示程序中要参加计算的税率，而使用“pay”来表示最终需要计算的支付额，然后使用运算符构建“rate”和“pay”之间的数学运算关系。这里所说的“rate”和“pay”就是两个变量，它们代表着不同的内容，而这些内容在程序中都是不确定的。

在VBA中使用变量之前，可以不声明变量而直接进行使用。声明的目的就是在使用变量前为其指定一种数据类型，然后为其分配内存地址。当然，不声明而直接使用也是可以的，但是通常情况下会降低程序的运行效率。

提示：不声明变量而直接使用变量的最大缺点是当代码日益增多时，如果在调试程序时出现错误，大多数都是因为变量名不同而导致程序未按照预期计划执行。

请看下面的代码，由于在程序中将变量“myrate”误写为“myrata”，本该返回“50”的计算结果，由于错误则返回“0”。这是因为程序认为包含了myrate和myrata两个变量。如果是在一个包含大量代码的程序中，这种错误通常很难发现，往往会给开发者带来不必要的麻烦。

```
Sub 未声明变量()
    myrate = 0.5
    pay = myrata * 100
```

```
    MsgBox pay
End Sub
```

如果在程序中强制声明了变量，将不会出现上述错误。可以在模块内所有过程之前输入语句“Option Explicit”。当运行程序时，如果发现有未声明的变量，则会出现编译错误提示信息，并自动选中未声明的变量，如图27-31所示，这样就可以借助VBA来监视变量输入方面的错误，为用户节省了很多时间。

提示：在每个模块中手工输入“Option Explicit”有点麻烦，可以让VBA自动为每个模块添加该语句。方法是：打开VBE窗口，选择菜单【工具】⇨【选项】命令，打开【选项】对话框，在【编辑器】选项卡中选中【要求变量声明】复选框，如图27-32所示。

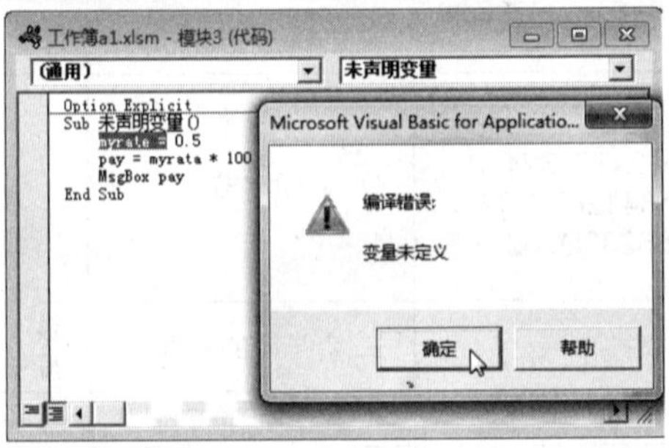

图27-31

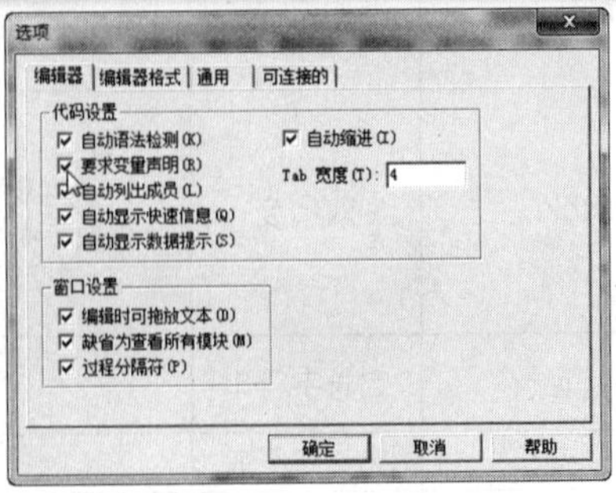

图27-32

如果使用Dim语句声明了一个变量，但是并未指定变量的具体类型，在这种情况下实际上是使用了VBA中的默认数据类型Variant。然而，在一般情况下，使用Variant数据类型通常是低效的。表27-1列出了在VBA中可以使用的数据类型。

在声明变量时，应该根据变量的用途和可能的数据范围，从表27-1中合理地选择数据类型。在数据范围允许的情况下，选择存储空间越小的数据类型，越会提高代码的运行效率。例如，如果变量pay的最大值不超过30 000，那么将该变量声明为“Integer”要比“Long”好得多，因为Long类型数据要占用四个字节，而Integer类型数据只占用两个字节，内存用量越少必然越有利于提高程序的运行效率。

声明变量的一般结构为：声明语句 变量名As 数据类型

例如，下面的代码声明了一个Long类型的变量mySum。

```
Dim mySum As Long
```

下面的代码声明了两个变量，它们的类型都为Integer。

```
Dim i As Integer, j As Integer
```

注意，下面的代码和上面的代码的结果不同，它将第一个变量声明为Variant类型，而将第二个变量声明为Integer。

```
Dim i, j As Integer
```

除了使用Dim语句声明变量外，还可以使用Private、Public和Static语句声明变量。它们的区别在于变量的作用域和生存期不同。

在声明变量后，通常都会在程序中对变量赋值，因为如果不赋值，变量几乎没有价值。

表27-1 VBA中的数据类型

变量类型	中文名称	取值范围	存储空间	默认值
Boolean	布尔	True或False	2字节	False
Byte	字节	0~255	1字节	0
Currency	货币	-922 337 203 685 477.5808~ 922 337 203 685 477.5807	8字节	0
Date	日期	100年1月1日~9999年12月31日	8字节	00:00:00
Integer	整型	-32 768~32 767	2字节	0
Long	长整型	-2 147 483 648~2 147 483 647	4字节	0
Single	单精度	负数：-3.402823E38~-1.401298E-45 正数：1.401298E-45~3.402823E38	4字节	0
Double	双精度	负数：-1.79769313486232D308~ -4.49065645841247D-324 正数：4.49065645841247D-324 ~1.79769313486232D308	8字节	0
String（定长）	定长字符串	1~65 400个字符	字符串的长度	该字符串长度的空格数
String（变长）	变长字符串	0~20亿个字符	10字节+字符串长度	零长度字符
Object	对象	任何对象的引用	4字节	Nothing
Variant（字符型）	变体	同变长字符串的范围	22字节+字符串长度	Empty
Variant（数字型）	变体	同Double的范围	16字节	Empty
用户自定义类型	用户自定义	各组成部分的取值范围	各组成部分的空间总和	各组成部分的默认值

在声明变量后赋值之前，变量有其默认值，不同类型的变量其默认值是不同的。例如，下面的代码首先声明了一个Integer类型的变量，然后为变量赋一个初始值，再使用一个数学计算将该变量乘以50，最后使用MsgBox函数输出结果。

```
Sub 乘法运算()
    Dim mySum As Integer
    mySum = 68
    mySum = mySum * 50
    MsgBox mySum
End Sub
```

除了直接给变量赋一个数字或字符串外，在Office VBA中，经常会将对象变量的某个属性值赋值给声明的变量。例如，下面的代码将Excel中区域A123:F567包含的行数赋值给一个名为“myRows”的变量。

```
myRows = Range("A123:F567").Rows.Count
```

27.3.3 使用对象变量

对于Office VBA编程来说，对象变量是极其常用的一种变量类型，这是因为在Office VBA中，对象无处不在。为了简化对象的引用，出现了对象变量。通常，在使用对象变量时，需要执行以下三步操作，然后才能正确地使用对象变量来进行一系列操作。

第一步：将对象类实例化。

这一步是指声明一个对象变量，且该对象变量是以某个对象类为基础的。例如，在Excel VBA中声明一个工作表对象（Worksheet），代码如下。

```
Dim wks As Worksheet
```

这样，变量wks就表示一个工作表对象。

第二步：将具体的对象赋值给对象变量。

这一步是将具体的对象赋值到对象变量中，赋值时需要使用Set语句。在第一步中声明了一个名为“wks”的工作表对象，但是现在还不知道该对象具体是指哪个工作表，因此，需要将具体的工作表指定给该变量。例如，下面的代码将当前工作簿中名为“公司员工工资表”的工作表赋值给对象变量wks。

```
Set wks = Worksheets("公司员工工资表")
```

执行上述语句之后，就可以在代码中使用变量wks来代表名为“公司员工工资表”的工作表了。可以明显地看出，使用wks要比使用Worksheets("公司员工工资表")简单得多。

第三步：使用完对象变量，释放其占用的内存。

当使用完某个对象变量后，最好使用“Set 对象变量=Nothing”语句释放对象变量所占用的内存。这一步不是必需的，但是如果能进行该步操作，将减少系统资源的占用。

> **提示：为了减少代码体积，在本书后续的VBA示例中都将省略该步操作，但是在实际应用过程中最好能执行该步骤。**

27.3.4 声明常量

如果经常要在程序中使用一种固定的内容，为了避免每次输入相同内容的麻烦，可以在程序的开始将这类内容声明为常量并进行赋值。这样，以后就可以使用声明的常量来代替实际输入的值。这样做的好处至少有两个：

- 节省每次重复输入相同内容的时间；
- 如果需要修改固定的内容，只需修改程序起始处的常量值即可，而无须遍历程序中所有输入该内容的位置。

声明常量需要使用Const语句。例如，下面的代码声明了一个常量“PI”，并将该常量的值设置为“3.14159265”。

```
Const PI As Single = 3.14159265
```

下面的代码声明了一个字符串类型的常量，并将该常量的值设置为“测试”，然后使用该常量的值作为MsgBox函数的参数，用于显示对话框的标题。

```
Sub 字符串常量()
    Const title As String = "测试"
    MsgBox "这是" & title, vbOKOnly, title
End Sub
```

27.3.5 Sub过程与Function过程

在VBA中，主要包括四类过程，即Sub过程、Function过程、事件过程、Property过程。本节主要介绍Sub过程和Function过程，因为它们是四类过程中最常用的两类。首先需要了解两个问题：过程是什么？什么要使用过程？

过程是一个完成相同功能所需代码的组合。最好的做法是在一个过程中只实现一个有针对性的功能。使用过程的最大优点就是可以将复杂代码模块化。这里所说的模块并非是指前面所介绍的标准模块和类模块，而是指将一个复杂的代码按功能划分为多个子部分。这样做的好处有以下几点。

- 便于代码的编写：将复杂代码分别输入到各子过程中，减轻了代码的复杂程度，而且对于查看代码来说也变得更加容易。
- 便于代码的调试：在调试一个复杂代码时，由于代码太多，增加大调试的时间和难度，很难发现出错的位置。将复杂代码分割到多个子过程中，则可以逐一进行调试，然后快速锁定出现问题的过程，最后再对该过程进行详细测试，以提高代码调试的速度。
- 便于代码的重用：编写可以实现某个功能的相对独立的过程，并可以在其他工程中重复使用，这样可以极大地缩短应用程序的开发时间。

Sub过程和Function过程都可以实现指定的功能，它们的唯一区别在于是否能够返回一个值。Sub过程不会返回一个值，而仅仅是完成一个特定的功能，而Function过程则可以返回一个值，该过程就像是在Excel中使用函数一样。无论使用什么函数，都会在工作表中得到一个计算结果，这就是Function过程与Sub过程的最主要区别。

回忆一下之前介绍宏时的内容，当在Word或Excel中录制了一个宏后，打开【宏】对话框，选择录制的宏并单击【编辑】按钮，将打开该宏所属的代码窗口，可以看到宏对应的VBA代码由“Sub”和“End Sub”包围起来，如图27-33所示，这说明宏就是一个Sub过程。

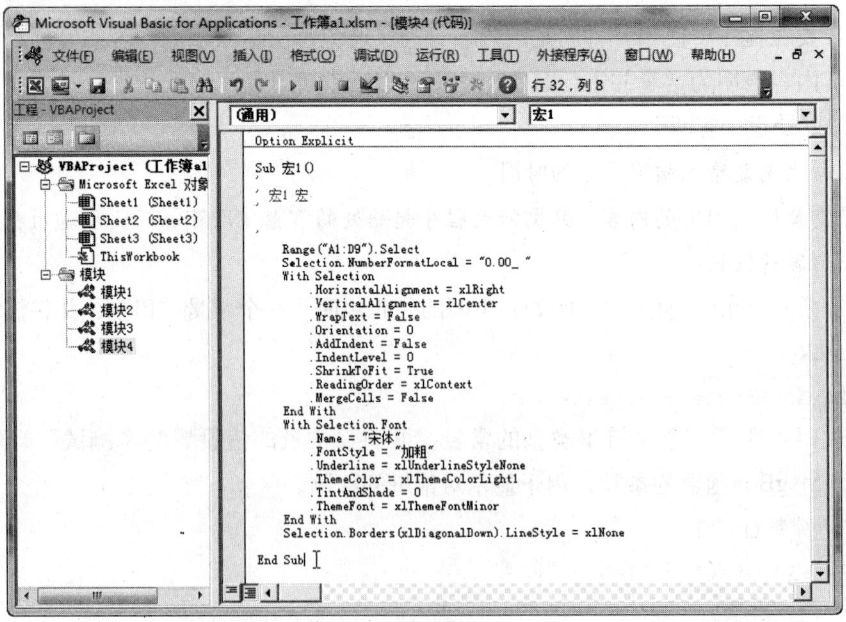

图27-33

请注意，录制的宏过程是由Sub语句开始的，其实它省略了Public关键字。但无论是否在Sub语句前输入“Public”，该Sub过程都是工程级的，即该Sub过程可以被工程内任意一个模块中的过程调用。后面将探讨变量和过程的作用域与生存期，这里暂不进行详细介绍。

在运行一个Sub过程时，可以使用以下三种方法。

- 将光标置于编写的子过程代码段的内部，按F5键或单击VBE窗口工具栏中的【运行子过程/用户窗体】按钮。
- 切换到Excel界面（单击VBE窗口工具栏左侧的第一个按钮），然后选择【开发工具】⇨【代码】⇨【宏】命令，在打开的【宏】对话框中选择子过程的名称，然后单击【执行】按钮。
- 在其他过程中调用该过程。

Function过程是指函数过程，即利用VBA创建的自定义函数。例如，下面的代码创建了一个名为“myProduct”的Function过程。该过程用于将两个参数相乘，并返回最后的乘积。

```
Function myProduct(var1, var2)
    myProduct = var1 * var2
End Function
```

Function过程是由Function关键字开头，后跟函数名，然后可以在函数名后面指定是否包含需要处理的函数的参数，最后以“End Function”结尾。在上面的代码中，myProduct函数包含两个参数var1和var2，它们的类型为Variant类型，这是因为没有以显式指定它们的数据类型，所以使用默认的Variant。可以使用As字句来定义参数的数据类型以及函数的返回值类型，然后在代码中使用函数名“myProduct”作为变量，将两个参数的乘积var1*var2赋值给函数名。

接下来可以在其他过程中使用这个自定义函数。例如，下面的代码中，在一个Sub过程中调用之前创建的函数myProduct，并使用信息框显示给定的两个数字的乘积，如图27-34所示。

```
Sub 求积()
    MsgBox myProduct(9966, 8899), vbOKOnly, "求积"
End Sub
```

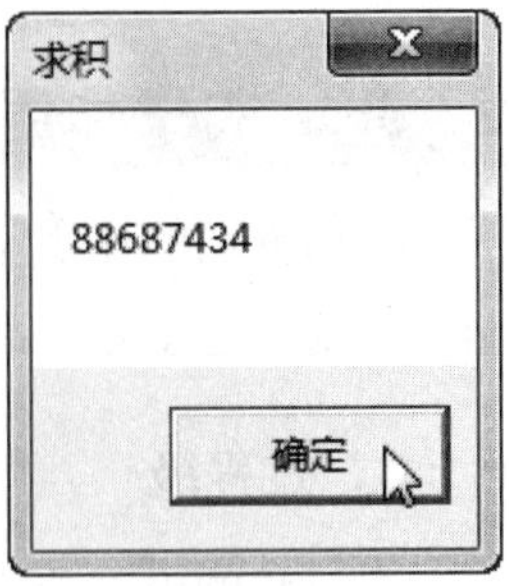

图27-34

由上面的示例可以发现，使用自定义函数与使用VBA内置函数没有什么区别，都是输入函数名，然后输入函数所需的参数即可。如果是在Excel中，那么上面的函数可以在工作表中像其他内置函数一样被使用。单击要放置计算结果的单元格C1，然后输入一个等号并输入函数名“myProduct”，接着输入一个左括号，然后在其中输入两个包含数字的单元格引用A1和B1，最后输入一个右括号并按Enter键，得到计算结果，如图27-35所示。

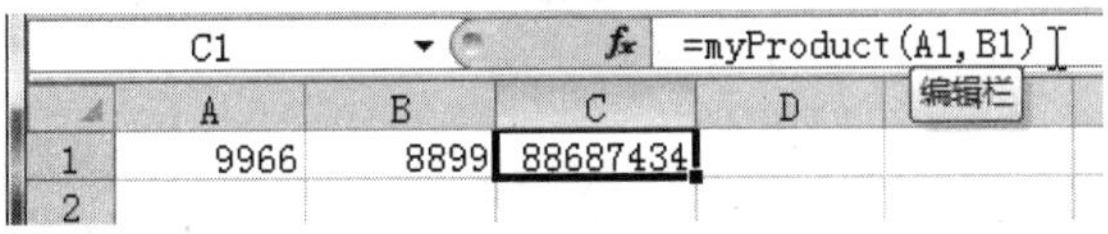

图27-35

与Function过程类似，编写好的Sub过程也可以被其他过程调用。在下面的示例中，MyName

过程定义了根据其参数值的不同来显示不同的消息框，然后在“验证用户名”过程中使用Call语句显示调用MyName过程，根据用户输入的用户名而显示不同的信息，如果输入的用户名是“admin”，则显示“你好”，否则显示“用户名错误”。

```
Sub MyName(uname As String)
    If uname = "admin" Then
        MsgBox "你好"
    Else
        MsgBox "用户名错误"
    End If
End Sub
Sub 验证用户名()
    Dim name As String
    name = InputBox("请输入用户名", "验证用户")
    Call MyName(name)
End Sub
```

在上面的示例中，由于被调用的过程包含一个参数，因此在使用Call语句显示调用包含参数的过程时，必须使用一对括号将参数括起。如果省略Call语句而变为隐式调用，则可以使用下面的形式。

```
MyName name
```

提示：如果调用Function过程，那么Function过程的返回值将被舍弃。

27.3.6 关于作用域和生存期

本节介绍的作用域与生存期对于常量、变量和过程同时有效。使用不同的关键字可以确定常量、变量和过程的作用域，共分为以下几种情况。

1．过程级

在过程的内部使用Dim关键字进行声明，则声明后的常量、变量只能在过程内部使用，这种声明是过程级的。换句话说，在不同的过程中，可以声明名称完全一样的变量，虽然名称相同，但是它们各自工作于不同的过程中，互不影响。另外一点是当过程运行结束后，变量中保存的值将被立刻清空，并自动恢复为初始值。

下面的示例在A和B两个过程中都声明了一个名为“i”的变量，但是两个过程的运行结果不同。第一个过程的结果为“5”，第二个过程的结果为“10”。

```
Sub A()
    Dim i As Integer
    i = i + 5
    MsgBox i
End Sub
```

```
Sub B()
    Dim i As Integer
    i = i + 10
    MsgBox i
End Sub
```

在不关闭当前工作簿的情况下，重复运行上面这两个过程，i的值仍然是“5”和“10”。

如果希望再重复运行同一个过程时，变量的值可以继续使用上一次运行过程时得到的变量的值，那么可以在过程内部使用Static关键字。当使用Static声明变量时，可以在关闭工作簿之前保留变量的当前值。修改上面的代码如下。

```
Sub A()
    Static i As Integer
    i = i + 5
    MsgBox i
End Sub
Sub B()
    Static i As Integer
    i = i + 10
    MsgBox i
End Sub
```

第一次运行上面两个过程时，变量i的值分别为“5”和“10”。当再一次运行这两个过程时，变量i的值分别为“10”和“20”。这是因为第一次运行过程后，变量i的值为“5”和“10”；在第二次重复运行这两个过程时，变量i的初始值为第一次运行过程得到的值。因此，第二次的i=i+5，相当于i=5+5=10，而第二个过程则为i=10+10=20。

2. 模块级

如果在模块的顶部使用Dim、Static或Private声明的常量、变量，则它们可用于模块内的任意一个过程，这种声明是模块级的。例如，下面的示例声明了一个模块级变量，该模块内的过程A和过程B将共享该变量。首先运行过程A，变量i的值变为“5”；再运行过程B，由于变量i是模块级的，因此，过程B继续使用变量i的值，从而返回“15”。

```
Option Explicit
Dim i As Integer

Sub A()
    i = i + 5
    MsgBox i
End Sub
Sub B()
    i = i + 10
    MsgBox i
End Sub
```

> 提示：如果声明了一个模块级变量，但是在该模块内的某个过程中又声明了一个同名的过程级变量，那么模块级变量将不会被该过程使用，而该过程只使用同名的过程级变量。

3．工程级

如果希望常量、变量可以被所有模块中的所有过程使用，那么需要在声明常量或变量时使用Public关键字，并将声明置于模块的顶部。下面的代码声明了一个工程级变量，它的值将存在于工作簿打开期间。也就是说，只要不关闭工作簿，它的值就会被一直保留下来。

```
Public myPay As Single
```

过程分为私有（Private）和公有（Public）两种。平时录制的宏是以“Sub”关键字为开头，它其实是一个公有过程，因为它省略了关键字“Public”。因此，所录制的宏通常都可以被任意一个模块内的任意过程调用。

对于Function过程来说也是如此。如果使用或省略Public关键字创建了一个Function过程，那么该过程也可以被所有模块内的任意过程调用。对于Excel来说，公有的Function过程可以被用于工作表公式中。如果使用Private关键字创建了一个Function过程，那么该过程只能在其所在的模块内被其他过程调用，而无法在工作表公式中使用。

Sub过程同理，如果使用Private关键字创建了一个Sub过程，那么该过程就不能被用户通过【宏】对话框执行，但是可以在其所在的模块内被其他过程调用。

> 提示：如果在不同的模块中存在同名的过程，那么在调用这些过程时，必须前置模块的名称外加一个点分隔符来区分同名的过程。例如，工程中包含名为“模块1”、“模块2”和“模块3”的三个模块，在“模块1”和“模块2”中各有一个名为“MySum”的过程，现在需要在“模块3”中调用“模块1”中的MySum过程，那么需要使用下面的形式。

```
Call 模块1.MySum
```

27.3.7 条件判断

由于VBA中包含判断结构，因此可以自由地在VBA中决定代码的走向。换句话说，可以通过编写判断结构的代码来控制后续代码如何执行，这点很像Excel应用程序中的IF函数。在判断结构中，根据给定条件得到逻辑值True或False，然后编写判断结构为True和False时要执行的不同代码即可。If判断结构主要有以下几种形式。

```
第一种：If 条件 Then 语句
第二种：If 条件 Then 语句 Else 语句
第三种：If 条件 Then
            语句
        End If
第四种：If 条件 Then
            语句
```

```
        Else
            语句
        End If
```

第五种：

```
If 条件1 Then
            语句1
        ElseIf 条件2 Then
            语句2
        ElseIf 条件3 Then
            语句3
        Else
            语句n
        End If
```

第六种：嵌套的If结构

```
        If 条件 Then
            语句
        Else
            If 条件 Then
                语句
            Else
                语句
            End If
        End If
```

下面通过示例来演示上述各种If结构的用法。下面的代码演示第一种If结构的用法，如果价格大于100，那么折扣为0.7，即7折。

```
Sub MyPrice()
    Dim price As Integer
    Dim discount As Single
    price = InputBox("请输入价格")
    If price > 100 Then discount = 0.7
    MsgBox Format(discount, "0.#")
End Sub
```

可以对上一个示例进行修改，使在价格小于等于100时返回另一个折扣。

```
Sub MyPrice()
    Dim price As Integer
    Dim discount As Single
    price = InputBox("请输入价格")
    If price > 100 Then discount = 0.7 Else discount = 0.8
    MsgBox Format(discount, "0.#")
End Sub
```

如果需要在判断条件后执行多条语句，可以使用下面的形式。

```
Sub MyPrice()
```

```
    Dim price As Integer
    Dim discount As Single
    Dim pay As Single
    price = InputBox("请输入价格")
    If price > 100 Then
        discount = 0.7
        pay = price * discount
    End If
    MsgBox pay
End Sub
```

如果需要处理多条语句，则可以使用If块结构。

```
Sub MyPrice()
    Dim price As Integer
    Dim discount As Single
    Dim pay As Single
    price = InputBox("请输入价格")
    If price > 100 Then
        discount = 0.7
        pay = price * discount
    Else
        discount = 0.8
        pay = price * discount + 5
    End If
    MsgBox pay
End Sub
```

当需要判断的条件大于两个时，可以使用第五种或第六种If结构。下面的代码使用的是第五种If结构。

```
Sub MyPrice()
    Dim price As Integer
    Dim discount As Single
    Dim pay As Single
    price = InputBox("请输入价格")
    If price > 100 Then
        discount = 0.7
    ElseIf price > 80 Then
        discount = 0.8
    ElseIf price > 60 Then
        discount = 0.9
    Else
        discount = 0.95
    End If
```

```
    pay = price * discount
    MsgBox pay
End Sub
```

下面的代码使用了第六种If结构完成同样的操作。

```
Sub MyPrice()
    Dim price As Integer
    Dim discount As Single
    Dim pay As Single
    price = InputBox("请输入价格")
    If price > 100 Then
        discount = 0.7
    Else
        If price > 80 Then
            discount = 0.8
        Else
            If price > 60 Then
                discount = 0.9
            Else
                discount = 0.95
            End If
        End If
    End If
    pay = price * discount
    MsgBox pay
End Sub
```

另外，还可以使用VBA提供的IIf函数，该函数的语法如下。

```
IIf(expr, truepart, falsepart)
```

- expr：待测试条件，其返回值为True或False。
- truepart：条件返回True时执行的操作。
- falsepart：条件返回False时执行的操作。

例如，下面的代码在i值大于或等于0时，返回1，否则返回-1。

```
MsgBox IIf(i >= 0, 1, -1)
```

提示：即使IIf函数的第一个参数返回True，IIf函数仍然会处理第三个参数中的表达式。如果IIf函数的第三个参数返回一个错误值，那么IIf函数将出错。例如，在"IIf(i= 0, 0, 1/i)"语句中，如果i等于0，IIf函数的第一个参数返回"True"，那么整个函数的返回值为"0"；与期望相反的是，该语句将显示一个错误消息，这是因为i为0时，1/i产生一个错误，而IIf函数仍然会计算第三个参数的值。

当需要对多重条件进行判断时，使用多层If嵌套是比较麻烦的，此时可以使用VBA提供的Select Case结构。该结构非常适合对一个值进行检测，然后根据检测结果来执行不同的操作或返回不同的值。使用Select Case结构修改前面示例中的代码。

```
Sub MyPrice()
    Dim price As Integer
    Dim discount As Single
    Dim pay As Single
    price = InputBox("请输入价格")
    Select Case price
        Case Is > 100
            discount = 0.7
        Case Is > 80
            discount = 0.8
        Case Is > 60
            discount = 0.9
        Case Else
            discount = 0.95
    End Select
    pay = price * discount
    MsgBox pay
End Sub
```

由于每个Case语句只有一行，因此，使用下面的结构会令代码看起来更紧凑。在同行多条语句中需要使用冒号进行分隔。

```
Sub MyPrice()
    Dim price As Integer
    Dim discount As Single
    Dim pay As Single
    price = InputBox("请输入价格")
    Select Case price
        Case Is > 100: discount = 0.7
        Case Is > 80: discount = 0.8
        Case Is > 60: discount = 0.9
        Case Else: discount = 0.95
    End Select
    pay = price * discount
    MsgBox pay
End Sub
```

27.3.8 循环结构

判断结构用于决定程序的走向，而循环结构则用于重复执行指定的代码块。在VBA中包括以下几种循环结构。

- For Next；
- Do While；

- Do Until；
- While Wend。

1. For-Next循环

For-Next循环用于已知要循环的总次数的情况，语法如下。

```
For counter = start To end [Step step]
    [statements]
    [Exit For]
    [statements]
Next [counter]
```

该结构的关键是为一个计数器变量指定一个初始值和终止值，然后该变量将在初始值和终止值之间循环。只要计数器变量的值不大于终止值，就执行For-Next结构中的代码。可以通过指定Step的值来决定计数器变量每次递增或递减的幅度。例如，下面的示例根据用户输入的数字进行求和。

```
Sub 求和()
    Dim i As Long, j As Long, total As Long
    j = InputBox("请输入一个数字")
    For i = 1 To j
        total = total + i
    Next i
    MsgBox "数字1-" & j & "的总和是：" & total
End Sub
```

运行上述过程，在对话框中输入一个数字（如“9999”），然后单击【确定】按钮，将在弹出的对话框中显示求和结果。

如果希望计算1到用户指定的数字上限之间的奇数求和，可以通过设置For-Next循环中的Step值来实现，代码如下。

```
Sub 求和()
    Dim i As Long, j As Long, total As Long
    j = InputBox("请输入一个数字")
    For i = 1 To j Step 2
        total = total + i
    Next i
    MsgBox "数字1-" & j & "之间的奇数之和是：" & total
End Sub
```

2. Do While循环

如果不知道要循环的具体次数，而知道在什么条件下可以循环，或在什么条件下停止循环，可以使用Do While或Do Until循环结构。Do While结构用于当条件成立时执行循环操作，有以下两种形式。

形式一：

```
Do While 条件
    语句
Loop
```

形式二：

```
Do
    语句
Loop While 条件
```

这两种形式的区别在于在循环开始之前是否先对条件进行了一次判断。下面的示例检测用户输入的用户名是否就是当前登录的用户名，如果不是则重新输入，如果是则显示欢迎信息。

```
Sub 验证用户()
    Dim uname As String
    Do While uname <> Application.UserName
        uname = InputBox("请输入用户名")
    Loop
    MsgBox "欢迎" & uname
End Sub
```

上面的代码也可以改为下面的形式。

```
Sub 验证用户()
    Dim uname As String
    Do
        uname = InputBox("请输入用户名")
    Loop While uname <> Application.UserName
    MsgBox "欢迎" & uname
End Sub
```

3. Do Until循环

Do Until循环结构正好与Do While相反。Do Untile是直到条件成立时停止循环，也包括两种形式。

形式一：

```
Do Until 条件
    语句
Loop
```

形式二：

```
Do
    语句
Loop Until 条件
```

这两种形式的区别在于在循环开始之前，是否先对条件进行一次判断。如果使用Do Until结构，则可以将上面的示例修改为以下两种形式。

形式一：

```
Sub 验证用户()
    Dim uname As String
    Do Until uname = Application.UserName
        uname = InputBox("请输入用户名")
    Loop
    MsgBox "欢迎" & uname
End Sub
```

形式二：

```
Sub 验证用户()
    Dim uname As String
    Do
        uname = InputBox("请输入用户名")
    Loop Until uname = Application.UserName
    MsgBox "欢迎" & uname
End Sub
```

如果希望在特殊条件发生时立刻退出循环，则可以使用Exit Do语句。下面的示例将在用户单击InputBox对话框的【取消】按钮后，或在未输入任何内容的情况下单击【确定】按钮时退出循环。

```
Sub 验证用户()
    Dim uname As String
    Do While uname <> Application.UserName
        uname = InputBox("请输入用户名")
        If uname = "" Then
            MsgBox "没有输入任何内容或单击了【取消】按钮"
            Exit Do
        End If
    Loop
    If uname <> "" Then MsgBox "欢迎" & uname
End Sub
```

4. While Wend循环

这种循环结构现在已很少看到，因为前三种循环已具有足够的功能和灵活度来处理各种循环情况，这里介绍While Wend主要是考虑其兼容性。如果以后遇到While Wend结构的代码，只要知道它是一个循环即可。可以将前面示例中的代码改为While Wend循环结构。

```
Sub 验证用户()
    Dim uname As String
    While uname <> Application.UserName
        uname = InputBox("请输入用户名")
    Wend
    MsgBox "欢迎" & uname
End Sub
```

27.3.9 数组

数组是在程序开发时经常会用到的一种数据结构，也是最有用且最有效率的数据处理方式，用途很广，很多高级功能只能通过数组来实现。因此，对于数组这种特殊的数据结构，用户很有必要熟悉并掌握它。数组可以存放多个数据的变量，数组名称后跟一对圆括号，其中放置的数字决定了数组的维数以及包含元素的个数。可以通过数组名加索引号的方式来引用数组中的特定元素。

1. 声明数组

声明数组时，需要指定一个数组名，然后在其右侧输入一对圆括号，并在括号内输入至少一个数字用于指定数组的元素个数。下面的代码将声明一个名为“3”的数组，其元素个数为四个（这是因为在不指定数组下限的情况下，默认从0开始）。因此，该数组中的索引号为0~4，一共四个数字，该数组一共包含四个元素。

```
Dim MyArray(3) As Integer
```

更好的声明方法是显示指定数组的下限。例如，在下面的代码下，声明了一个包含三个元素的数组，数字下限从1开始。

```
Dim MyArray(1 To 3) As Integer
```

也可以在模块顶部放置Option Base语句，强制所有数组的下限从1开始。使用数组名加索引号，可以引用数组中的单个元素。例如，如果强制声明了数组下限为“1”，则MyArray(1)表示数组MyArray的第一个元素；如果未声明数组的下限为“1”，则MyArray(1)就是数组MyArray的第二个元素，而MyArray(0)是该数组的第一个元素。

2. 多维数组

前面介绍的数组可以被称为“一维数组”，下面的代码声明了一个二维数组，它包含了5×5共25个元素。

```
Dim MyArray(1 To 5, 1 To 5) As Integer
```

如果将一维数组看成是一行或一列的话，那么二维数组就是由行和列组成的表。表中的每一个单元格由行和列的编号组成，而表格中包含的单元格数量（即行数与列数的乘积）就是数组包含的元素总数。

在引用多维数组中的元素时，必须同时使用多个索引号。例如，要引用前面创建的二维MyArray数组中的某个元素，需要使用类似于下面的形式。

```
MyArray(2, 3)
```

3. 数组赋值

声明数组后通常都会为数组赋值，也可能是几个固定的值，也可能像Excel应用那样将一个单元格区域赋值给数组。根据源数据情况的不同，赋值的方法也有所不同。

例如，如果希望将1、2、3、4、5这五个数字赋给一个数组，那么可以使用下面的代码为数组赋值。

```
Sub 数组赋值()
    Dim MyArray As Variant
    MyArray = Array(1, 2, 3, 4, 5)
End Sub
```

上面代码的关键在于：第一，需要先声明一个Variant类型的变量，因为该类型的变量可以存储任何数据类型；第二，使用Array函数为之前声明的Variant类型的变量赋值。

可以通过索引号随意取出数组中的任何一个元素来检测数组是否赋值成功。例如，根据上面的代码，可以使用下面的语句来测试数组的第三个元素的值是否为3。

```
MsgBox MyArray(2)
```

提示：如果未在模块顶部使用Option Base语句，那么数组的默认下限是0。

对于Excel应用程序来说，经常要将某个单元格区域中的数据赋值给一个数组。如果有此需要，可以使用类似于下面的方法。

```
Sub 数组赋值()
    Dim MyArray As Variant
    MyArray = Range("A1:B10")
End Sub
```

也可以使用For-Next循环结构来为数组赋值。下面的示例依次为数组中的每一个元素赋值，且下一个元素总比上一个元素大1。为了验证数组赋值的情况，最后使用MsgBox函数显示MyArray数组中第三个元素的值。

```
Sub 数组赋值()
    Dim MyArray(1 To 5) As Integer
    Dim i As Integer
    For i = 1 To 5
        MyArray(i) = i + 1
    Next i
    MsgBox MyArray(3)
End Sub
```

4. 动态数组

如果在声明数组时无法确定数组中的元素个数，可以使用动态数组技术。也就是说，先声明一个没有上下限的数组，然后在程序运行过程中重新指定数组的上下限。下面的示例将当前工作簿中所有工作表的名称载入名为“SheetName”的数组中。由于只有在程序运行后才能确定工作簿中包含的工作表数量，因此使用了动态数组技术。

```
Sub 动态数组()
    Dim SheetName() As String
    Dim i As Integer, SheetCount As Integer
    SheetCount = Worksheets.Count
    ReDim SheetName(1 To SheetCount)
```

```
    For i = 1 To SheetCount
        SheetName(i) = Worksheets(i).Name
    Next i
End Sub
```

在上面的代码中，首先声明了一个未指定大小的数组，然后将工作簿中所包含的工作表总数赋给一个变量SheetCount，再使用Redim语句以1为下限、SheetCount为上限重新指定数组的大小，最后使用For-Next循环将每个工作表的名称赋值给数组中的每个元素。

如果在程序中需要多次使用Redim语句分配数组的大小，则使用Redim语句将清除数组之前保存的数据，了解这一点很重要。如果需要在重新分配数组的大小时保留数组中的值，可以在Redim后加上Preserve关键字，类似于下面的形式。

```
ReDim Preserve SheetName(1 To SheetCount)
```

27.3.10 使用输入和输出函数

VBA内置InputBox函数和MsgBox函数，可以使用这两个函数构建便捷的对话框系统，实现与用户的简单交互。下面列出了InputBox和MsgBox函数的语法结构，其中只给出了一些必要和常用的参数。

```
InputBox(prompt[, title] [, default])
MsgBox(prompt[, buttons] [, title])
```

- prompt：要显示在对话框中的内容。该参数同时适用于InputBox函数和MsgBox函数。
- title：要显示在对话框标题栏中的内容。该参数同时适用于InputBox函数和MsgBox函数。
- default：要显示在对话框中的默认输入内容，即在用户未进行任何输入的情况下，该参数提供了默认值。该参数只适用于InputBox函数。
- buttons：要在对话框中显示的按钮类型，可以是多个按钮的组合。该参数只适用于Msgbox函数。buttons参数的取值见表27-2所示。表27-3列出了MsgBox函数返回值的情况。

对于InputBox函数来说，通常将它的返回值赋给一个变量。InputBox函数返回一个字符串类型的值，但如果在InputBox对话框中输入一个数字，那么其返回值不加转换也可以参加数学计算。需要注意的是，如果在InputBox对话框中单击了【取消】按钮，那么该函数会返回一个空字符串。通常在代码中都会加入对空字符串的检测，以免用户单击【取消】按钮时程序产生运行错误。

例如，下面的代码提示用户输入自己的姓名，如果输入的姓名与当前系统用户名相同，那么就显示欢迎界面，否则提示用户重新输入姓名，同时提示信息会有所变化。如果用户单击了【取消】按钮，则结束该过程。

```
Sub 检验用户名()
    Dim myName As String
    Dim msg As String
    msg = "请输入用户名："
    Do
        myName = InputBox(msg, "检验用户名")
```

```
        If myName = "" Then Exit Sub
        If myName = Application.UserName Then Exit Do
        msg = "您输入的用户名有误，请重新输入："
    Loop
    MsgBox "欢迎" & myName & "使用本系统"
End Sub
```

表27-2　MsgBox函数buttons参数值

常　量	数　值	说　明
vbOKOnly	0	只显示【确定】按钮
vbOKCancel	1	显示【确定】和【取消】按钮
vbAbortRetryIgnore	2	显示【终止】、【重试】和【忽略】按钮
vbYesNoCancel	3	显示【是】、【否】和【取消】按钮
vbYesNo	4	显示【是】和【否】按钮
vbRetryCancel	5	显示【重试】和【取消】按钮
vbCritical	16	显示“关键信息”图标
vbQuestion	32	显示“询问信息”图标
vbExclamation	48	显示“警告信息”图标
vbInformation	64	显示“通知信息”图标
vbDefaultButton1	0	指定第1个按钮为默认按钮
vbDefaultButton2	256	指定第2个按钮为默认按钮
vbDefaultButton3	512	指定第3个按钮为默认按钮
vbDefaultButton4	768	指定第4个按钮为默认按钮

表27-3　MsgBox函数的返回值

常　量	数　值	说　明
vbOK	1	单击了【确定】按钮
vbCancel	2	单击了【取消】按钮
vbAbort	3	单击了【终止】按钮
vbRetry	4	单击了【重试】按钮
vbIgnore	5	单击了【忽略】按钮
vbYes	6	单击了【是】按钮
vbNo	7	单击了【否】按钮

对于MsgBox函数来说，它既可以有返回值，也可以只显示一个消息而不返回任何值。如果将MsgBox的结果赋值给一个变量，则该函数的返回值表示用户最后单击了对话框中的哪个按钮。例如，在下面的示例中，如果用户输入的密码不是“123”，那么将显示一个提示信息，通过判断用户单击的按钮类型来决定下一步要进行的操作。如果单击【重试】按钮，则继续尝试输入密码；如果单击【取消】按钮，则结束当前过程。

```
Sub 检验密码()
    Dim myName As String
    Dim msg As String
    msg = "请输入密码："
```

```
        Do
            myName = InputBox(msg, "检验密码")
            If myName = "" Then Exit Sub
            If Val(myName) <> 123 Then
                If MsgBox("您输入的密码不正确", vbRetryCancel, "密码错误") = vbCancel
Then
                    Exit Sub
                End If
            End If
            msg = "您输入的密码不正确，请重新输入："
        Loop
        MsgBox "欢迎" & myName & "使用本系统"
    End Sub
```

上面这段代码是在前一个示例的基础上进行的改进，在Do循环中加入了一个嵌套的If判断，其中包含了MsgBox函数的应用。通过判断用户是否单击了【取消】按钮来决定是否终止当前正在进行的操作。

27.3.11 问题调试

大到开发功能完备的应用程序，小到编写实现某一功能的VBA过程，开发者都不可能保证在运行时不会出现问题。最好的做法就是将一个复杂功能分割为多个实现单一功能的过程，然后在编写好每一个过程后进行代码的测试，以便及时发现问题并解决问题，以加快代码的开发及调试速度。

可以单击要运行的过程内部，然后按F5键开始运行过程内的程序。当发现错误时，程序会停止运行，并弹出一个错误消息窗口，其中显示错误编号和简要说明，如图27-36所示。

在出现错误时，系统会以黄色标记出有问题的代码行，如图27-37所示。此时程序处于中断模式，停止代码的继续运行。可以在该模式下修改程序代码，然后单击工具栏中的【重新设置】按钮■，再按F5键重新运行程序，以检查错误是否解决。

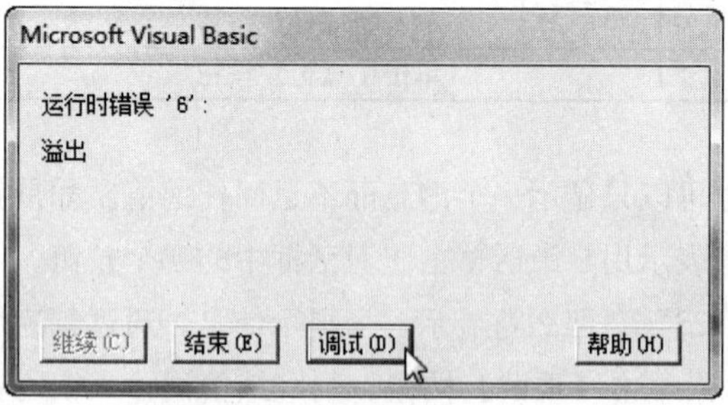

图27-36

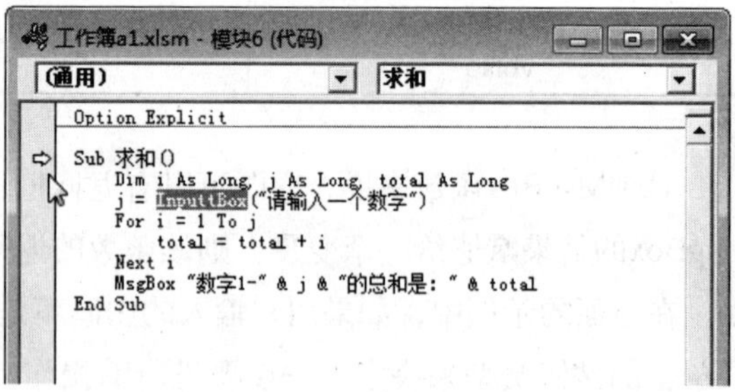

图27-37

如果有多行代码，那么可以按F8键逐行运行过程内的每一条语句，这样可以精确定位出错的位置，因为有时Excel所给出的出错位置可能并不准确。

以上内容是调试代码的相关技术，而本节将重点介绍的是错误处理技术。错误处理技术很重要，为什么这么说呢？因为如果在编写的代码中没有对可能发生的错误采取必要的应对措施，那么当用户使用由开发者提供的应用程序时，一旦发生错误，用户将无法应对。因为发生错误通常都会显示VBA的内置错误消息对话框，而这类对话框通常对于普通用户来说是毫无意义的。用户需要的是在发生意外操作后显示的是开发人员预先安排好的、对用户有价值的指导性内容。因此，开发人员有必要尽可能全面地在一个应用程序中预先设想可能会发生的问题，并编写出适当的错误处理代码。

在Word、Excel乃至其他支持VBA的Office组件中，在代码中处理错误的方式通常都是使用"On Error Goto错误标签"语句，然后在代码的后面添加错误标签及其中包含的错误处理代码。下面总结了创建错误处理程序的通用步骤。

1 在过程中可能导致错误的代码行的前面添加错误处理语句"On Error Goto ErrHandler"，其中的"ErrHandler"为自定义的错误标签名称。

2 在有可能导致错误的代码行后面添加取消错误处理的语句"On Error Goto 0"，这样当遇到错误时，就不会跳转到指定的错误标签处，而是直接显示错误提示窗口，其中包括【调试】、【结束】等按钮。

3 在宏的末尾（正常程序的末尾）添加代码行"Exit Sub"，这样可以避免程序未发生错误时执行错误处理程序。

4 在代码行"Exit Sub"的下一行添加一个错误标签，该标签由名称和冒号组成，如"MyErr:"。

5 在错误标签的下一行编写错误处理代码。如果要返回导致错误的代码行后面的代码行，可以使用Resume Next语句。

提示：可以在过程的末尾添加多个错误处理程序，但必须确保每个错误处理程序都以Resume Next或Exit Sub语句结束，这样可以避免从当前错误程序之后继续执行后面的错误处理程序。

举一个简单的例子，可能会更直观地反映出上面所说的内容。在下面的代码中，当检测到工作簿中没有指定的工作表时，将出现错误并自动执行错误处理代码，显示一个提示信息，告知用户"指定的工作表不存在"。

```
Sub 检测工作表是否存在()
    Dim wksName As String, msg As String
    On Error GoTo MyErr
    wksName = Worksheets("sx").Name
MyErr:
    msg = "指定的工作表不存在"
    MsgBox msg
End Sub
```

提示：无论在导致问题的代码行前面使用"On Error Resume Next"语句还是"On Error Goto 标签"语句，要想让程序重新获取其他错误信息，都必须在导致问题的代码行后面使用"On Error Goto 0"语句恢复正

常的错误捕获状态，否则当前的错误处理程序将对后面的所有错误都起作用。例如，下面的代码由于没有使用“On Error Goto 0”语句，在后面遇到错误时（两次x/y），都会转到标签“MyErr”处执行错误处理程序。

```
Sub ErrTest()
    Dim x As Integer, y As Integer, z As Single
    x = 1
    y = 0
    On Error GoTo MyErr
    MsgBox x / y
    MsgBox x / y
    MsgBox "继续执行错误代码行的下一行代码"
    Exit Sub
MyErr:
    MsgBox "第1次：除数不能为0"
    Resume Next
End Sub
```

而下面的代码由于及时使用了“On Error Goto 0”语句，在第二次错误发生时（即第二个 x/y ），系统将显示内置错误消息，而不是运行“MyErr”标签处的代码。

```
Sub ErrTest()
    Dim x As Integer, y As Integer, z As Single
    x = 1
    y = 0
    On Error GoTo MyErr
    MsgBox x / y
    On Error GoTo 0
    MsgBox x / y
    MsgBox "继续执行错误代码行的下一行代码"
    Exit Sub
MyErr:
    MsgBox "第1次：除数不能为0"
    Resume Next
End Sub
```

下面的代码虽然未使用“On Error Goto 0”语句，但是在第二个错误发生前添加了第二个错误标签，因此，两个错误处理程序分别处理各自的错误。

```
Sub ErrTest()
    Dim x As Integer, y As Integer, z As Single
    x = 1
    y = 0
    On Error GoTo MyErr1
    MsgBox x / y
    On Error GoTo MyErr2
```

```
        MsgBox x / y
        MsgBox "继续执行错误代码行的下一行代码"
        Exit Sub
    MyErr1:
        MsgBox "第1次：除数不能为0"
        Resume Next
    MyErr2:
        MsgBox "第2次：除数不能为0"
        Resume Next
    End Sub
```

以上三段代码在执行完错误处理程序后，都会返回发生错误的代码之后继续执行。对于本例来说，在执行完错误处理程序后，都会继续执行“MsgBox"继续执行错误代码行的下一行代码"”代码行。

虽然不希望在程序运行时出现错误，但是有时也可以利用错误来提高代码的执行效率。例如，用户由于某种原因将工作簿中的某个工作表删除，如果VBA程序中包含操作该工作表的代码，那么当用户运行该程序时将导致错误发生，此时可以利用错误来检测要操作的工作表是否存在于工作簿中，然后将一些有用信息提示给用户，其代码如下。

```
    Sub 检测工作表是否存在()
        Dim wksName As String
        On Error Resume Next
        wksName = Worksheets("sx").Name
        If Err.Number <> 0 Then
            MsgBox prompt:="此工作簿中未找到工作表sx", Title:="错误"
        End If
        On Error GoTo 0
    End Sub
```

第28章

在Office 2010中应用VBA

本章内容如下：

Word VBA对象

Excel VBA对象

Word VBA应用实例

Excel VBA应用实例

28.1 Word VBA对象

本节将介绍Word VBA中使用率较高的几个对象，并通过示例加以说明，以帮助读者更好地理解这些对象的用法。

28.1.1 Application对象

Application对象代表Word应用程序本身，该对象比较特殊，因为它是Word对象模型中的顶级对象，它的很多属性具有全局性。换句话说，Application对象的一些属性可以被直接使用，而在这些属性前不需要添加Application引用。下面介绍Application对象的一些常用属性。

1. ActiveDocument属性

该属性返回当前Word文档。换句话说，该属性将返回一个Document对象，该对象代表当前活动的文档。可以使用ActiveDocument属性来操作当前文档，而不需要知道当前文档的名称。例如，下面的示例显示了当前文档的名称。

```
Sub 测试()
    MsgBox ActiveDocument.Name
End Sub
```

由于ActiveDocument属性返回的是一个Document对象，因此，它具有Document对象的属性和方法，具体内容请参考28.1.2节的内容。

2. Documents属性

该属性返回一个Word文档的集合（即Documents集合），该集合包含了当前打开的每一个文档。例如，下面的示例显示了当前打开的文档数量。

```
Sub 测试()
    MsgBox Documents.Count
End Sub
```

提示：关于Documents集合的具体内容请参考28.1.2节的内容。

3. Name属性

该属性返回Word应用程序的名称。例如，下面的示例返回Word应用程序的名称。

```
Sub 测试()
    MsgBox Application.Name
End Sub
```

4. Options属性

该属性返回Word的各项设置，它对应于选择【文件】⇨【选项】命令所打开的【Word选项】对话框中的设置。例如，下面的代码将文档默认打开位置改为磁盘分区C的根目录下。

```
Sub 测试()
    Options.DefaultFilePath(wdDocumentsPath) = "C:\"
End Sub
```

5. Path属性

该属性返回Word应用程序的安装路径。例如，下面的示例显示了Word应用程序的安装路径。

```
Sub 测试()
    MsgBox Application.Path
End Sub
```

6. PathSeparator属性

该属性返回路径中的分隔符“\”。例如，下面的示例显示了当前文档的完整路径。

```
Sub 测试()
    With ActiveDocument
        MsgBox .Path & Application.PathSeparator & .Name
    End With
End Sub
```

7. ScreenUpdating属性

该属性控制程序运行时，显示器是否进行自动更新以显示变化的内容。当运行一个较大的程序而无须查看程序运行的过程时，应该关闭屏幕刷新，这样可以加快程序的运行速度。将属性的值设置为“False”，即可关闭屏幕刷新；如果将属性的值设置为“True”，则启用屏幕刷新。例如，下面的代码在程序开始运行时关闭了屏幕刷新，到程序运行结束时又重新打开了屏幕刷新。

```
Application.ScreenUpdating = False
代码段
Application.ScreenUpdating = True
```

8. Selection属性

该属性返回Selection对象，用于代表当前所选内容。

9. UserName属性

该属性返回Word应用程序中设置的用户名。下面的示例返回当前计算机中安装的Word应用程序中所设置的用户名。

```
Sub 测试()
    MsgBox Application.UserName
End Sub
```

10. Version属性

该属性返回当前正在使用的Word应用程序的版本，通常可以在程序中通过判断Version属性的值来检测Word应用程序的版本，然后据此来决定在不同Word版本中将要执行的操作。下面的示例通过检测当前启动的Word应用程序的版本来显示不同的提示信息。

```
Sub 测试()
    Dim msg As String
    Select Case Application.Version
        Case "14.0": msg = "Word 2010"
        Case "12.0": msg = "Word 2007"
        Case "11.0": msg = "Word 2003"
    End Select
    MsgBox "您当前使用的Word应用程序版本为：" & msg
End Sub
```

11. Windows属性

该属性返回当前打开的所有Word文档的窗口集合。下面的示例显示了当前打开的Word文档窗口的总数。

```
Sub 测试()
    MsgBox Windows.Count
End Sub
```

下面的示例将激活当前打开的第三个窗口。在激活前首先判断文档窗口总数是否大于或等于3，这是因为如果引用了不存在的文档窗口，将会发生错误。

```
Sub 测试()
    If Windows.Count >= 3 Then
        Windows(3).Activate
    End If
End Sub
```

28.1.2 Document和Documents对象/集合

Document对象表示一个文档，Documents则表示当前打开的所有文档集合。本节将介绍Document对象的常用属性和方法。

1. Characters属性

该属性返回文档中的字符集合。下面的示例显示了当前文档中字符的总数。

```
Sub 测试()
    MsgBox ActiveDocument.Characters.Count
End Sub
```

下面的示例显示了当前文档中的第10个字符。

```
Sub 测试()
```

```
    MsgBox ActiveDocument.Characters(10)
End Sub
```

2. Content属性

该属性返回文档的整体内容。下面的示例显示了当前文档中的正文内容。

```
Sub 测试()
    MsgBox ActiveDocument.Content
End Sub
```

下面的示例将当前文档内容的字体设置为隶书，字号为16，加粗。

```
Sub 测试()
    With ActiveDocument.Content.Font
        .Name = "隶书"
        .Size = "16"
        .Bold = True
    End With
End Sub
```

3. FullName属性

该属性返回文档的完整路径，即文档路径和文档名称。下面的示例显示了当前文档的完整路径。

```
Sub 测试()
    MsgBox ActiveDocument.FullName
End Sub
```

提示：如果在一个还未保存的文档中执行了上面的代码，那么在返回的信息中不会包含路径，这是因为文档还没有保存，所以无法确定路径。

4. Name属性

该属性返回文档的名称而不包含路径。如果文档从未被保存过，那么该属性与FullName属性的返回值相同。下面的示例显示了已保存的当前文档的名称。

```
Sub 测试()
    MsgBox ActiveDocument.Name
End Sub
```

5. Paragraphs属性

该属性返回文档内所有段落的集合。下面的示例将文档内偶数段落的字体加粗。

```
Sub 测试()
    Dim i As Integer
    For i = 1 To ActiveDocument.Paragraphs.Count
        If i Mod 2 = 0 Then
            ActiveDocument.Paragraphs(i).Range.Bold = True
```

```
        End If
    Next i
End Sub
```

6. Parent属性

该属性返回Document对象的父对象，即Application对象。下面的示例显示了Word应用程序的用户名。

```
Sub 测试()
    MsgBox ActiveDocument.Parent.UserName
End Sub
```

7. Path属性

该属性返回文档的路径，不包含文档名称。下面的示例显示了当前文档的路径，如果文档从未被保存过，那么什么也不显示。

```
Sub 测试()
    MsgBox ActiveDocument.Path
End Sub
```

如果当前文档已经被保存过，下面的示例将显示当前文档的路径和名称。

```
Sub 测试()
    With ActiveDocument
        MsgBox .Path & Application.PathSeparator & .Name
    End With
End Sub
```

上面这段代码的结果相当于使用Document对象的FullName属性返回的结果。

8. Saved属性

该属性返回文档在修改后是否保存过，如果保存过则返回“True”，否则返回“False”。下面的示例将忽视文档是否保存过最后修改，而直接将文档关闭，这样在关闭有修改但未保存的文档时，将不会弹出保存对话框。如果没有保存最后的修改，则关闭文档时这些数据将会丢失。

```
Sub 测试()
    With ActiveDocument
        .Saved = True
        .Close
    End With
End Sub
```

9. Sentences属性

该属性返回文档内所有语句的集合。下面的示例显示了当前文档中语句的总数。

```
Sub 测试()
    MsgBox ActiveDocument.Sentences.Count
```

```
End Sub
```

下面的示例显示了当前文档中第五句的内容。如果文档内的语句数小于5，那么该示例会发生错误。

```
Sub 测试()
    MsgBox ActiveDocument.Sentences(5)
End Sub
```

下面的示例将文档中第二段前三句的字体设置为楷体，倾斜。

```
Sub 测试()
    Dim i As Integer
    For i = 1 To 3
        With ActiveDocument.Paragraphs(2).Range.Sentences(i)
            .Font.Name = "楷体"
            .Italic = True
        End With
    Next i
End Sub
```

10．Tables属性

该属性返回文档中所有表格的集合。下面的示例显示了当前文档中的表格总数。

```
Sub 测试()
    MsgBox ActiveDocument.Tables.Count
End Sub
```

下面的示例显示了当前文档中第二个表格的行数和列数。

```
Sub 测试()
    With ActiveDocument.Tables(2)
        MsgBox "行数为：" & .Rows.Count
        MsgBox "行数为：" & .Columns.Count
    End With
End Sub
```

11．Windows属性

该属性返回文档包含的所有窗口的集合。

提示：“Document.Windows”与“Application.Windows”不同，前一个是某个文档包含的所有窗口，而后一个是Word应用程序包含的所有窗口，可以是不同文档的窗口集合。下面的示例显示了当前文档包含的窗口总数。

```
Sub 测试()
    MsgBox ActiveDocument.Windows.Count
End Sub
```

单击功能区中的【视图】⇨【窗口】⇨【新建窗口】按钮，即可为同一文档创建多个窗口。

下面的示例将激活当前文档的第二个窗口，并将该窗口的显示比例设置为120%。

```
Sub 测试()
    With ActiveDocument.Windows(2)
        .Activate
        .View.Zoom.Percentage = 120
    End With
End Sub
```

12. Words属性

该属性返回文档中所有单词的集合。下面的示例显示了当前文档中单词的总数。

```
Sub 测试()
    MsgBox ActiveDocument.Words.Count
End Sub
```

下面的示例显示了当前文档中的第8个单词。

```
Sub 测试()
    MsgBox ActiveDocument.Words(8)
End Sub
```

下面的示例显示了文档第一段中包含“示例”一词的个数。

```
Sub 测试()
    Dim Rng As Range
    Dim i As Integer
    For Each Rng In ActiveDocument.Paragraphs(1).Range.Words
        If Rng = "示例" Then i = i + 1
    Next Rng
    MsgBox "文档第一段包含的"示例"一词共有" & i
End Sub
```

13. Close方法

使用Close方法将关闭指定的文档。下面的代码将关闭名为“招聘启事”的文档。如果未保存文档的最后一次修改，那么在关闭时会打开图28-1所示的对话框，询问用户是否保存文档的修改。在执行Close之前，加了一句错误处理语句，这是为了防止用户单击【取消】按钮而导致错误发生。

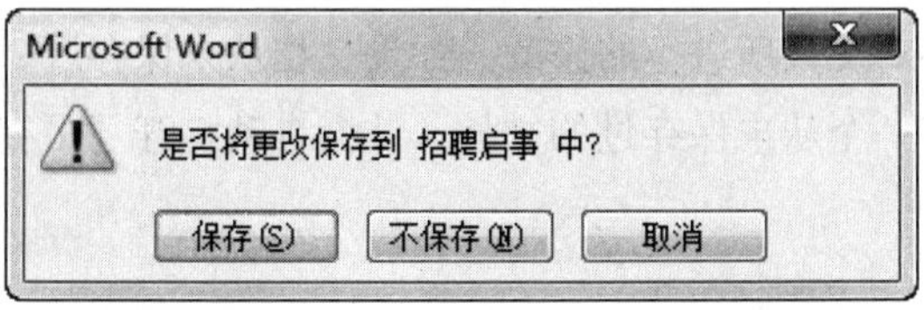

图28-1

```
Sub 测试()
    On Error Resume Next
```

```
    Documents("招聘启事").Close
End Sub
```

如果希望每次关闭Word文档时自动保存所有修改，并不打开保存对话框而直接关闭文档，可以使用下面的代码。

```
Sub 测试()
    Documents("招聘启事").Close savechanges:=wdSaveChanges
End Sub
```

如果希望每次不保存修改而直接关闭文档，则可以使用下面的代码。

```
Sub 测试()
    Documents("招聘启事").Close savechanges:=wdDoNotSaveChanges
End Sub
```

14. Range方法

使用Range方法可以任意指定文档的某个区域，然后对该区域进行所需操作。该方法包含两个参数，第一个参数指定区域的起点，第二个参数指定区域的终点。下面的示例删除了文档内第一段中的第二句至第四句。

```
Sub 测试()
    Dim lStart As Long, lEnd As Long
    With ActiveDocument.Paragraphs(1).Range
        lStart = .Sentences(2).Start
        lEnd = .Sentences(4).End
    End With
    ActiveDocument.Range(lStart, lEnd).Select
End Sub
```

提示：如果省略Range方法的参数，则代表文档的所有内容。例如，下面的代码将选择文档中的所有内容。

```
ActiveDocument.Range.Select
```

上面的代码也可以简化为如下形式。

```
ActiveDocument.Select
```

15. Save方法

使用Save方法将保存对文档所进行的修改。如果文档从未保存过，那么将打开【另存为】对话框。下面的示例将保存一个从未保存过的文档，并会自动打开【另存为】对话框，由用户选择文档保存的位置和名称。

```
Sub 测试()
    On Error Resume Next
    ActiveDocument.Save
End Sub
```

如果希望以指定的路径和文件名自动保存文档，而不需要在打开的【另存为】对话框中手工进行设置，可以使用Document对象的SaveAs方法将文档保存在C盘根目录下，保存名称为“招聘启事”。

```
Sub 测试()
    Dim fname As String
    fname = "C:\招聘启事.docm"
    ActiveDocument.SaveAs FileName:=fname
End Sub
```

16. Select方法

Select方法用于选择文档中的指定内容。请注意，在Word VBA中，通常在执行各种操作之前需要进行选择。下面的示例选择了文档内的第二个至第四个段落，其中使用了Document对象的Range方法来确定选区的起点和终点。

```
Sub 测试()
    Dim lStart As Long, lEnd As Long
    With ActiveDocument
        lStart = .Paragraphs(2).Range.Start
        lEnd = .Paragraphs(4).Range.End
        .Range(lStart, lEnd).Select
    End With
End Sub
```

28.1.3 Selection对象

Selection对象的属性和方法基本与Range对象相同，只不过Selection对象代表选中的区域，在当前Word应用程序中是唯一的，而Range对象所代表的区域的个数没有限制。

1. Information属性

该属性可以判断选区的类型信息，通常会很有用。有关Information属性的具体取值范围请参考Word VBA的帮助文件。下面的代码检测当前选区是否位于表格内，如果是则选中其所在的表格。

```
Sub 测试()
    If Selection.Information(wdWithInTable) Then
        Selection.Tables(1).Select
    End If
End Sub
```

2. Range属性

该属性返回一个Range对象，它是Selection对象所包含的区域范围。有关Range对象的具体用法请参考28.1.4节的内容。

3. Type属性

该属性用于判断选区的类型。下面的示例将根据选区类型的不同而显示不同的提示信息。

```
Sub 测试()
    Dim msg As String
    Select Case Selection.Type
        Case wdSelectionIP
            msg = "插入点位于段落内"
        Case wdSelectionNormal
            msg = "选中了某些内容"
        Case wdSelectionInlineShape
            msg = "选中了嵌入式对象"
        Case wdSelectionShape
            msg = "选中了非嵌入式对象"
    End Select
    MsgBox msg
End Sub
```

4. Expand方法

使用Expand方法，可以从当前选区扩展指定单位的内容。例如，下面的示例首先判断出选区的类型，如果仅为一个插入点，那么就选择插入点所在的整个段落；如果已经选中了某些内容，那么就选择文档的所有内容。

```
Sub 测试()
    Select Case Selection.Type
        Case wdSelectionIP
            Selection.Paragraphs(1).Range.Select
        Case wdSelectionNormal
            Selection.Expand wdStory
    End Select
End Sub
```

5. HomeKey/EndKey方法

可以使用HomeKey和EndKey方法来选择特殊位置处的内容。这两个方法都包含两个参数，Unit参数指定移动或扩展选区的单位，而Extend参数指定是移动还是扩展选区。下面列出了使用HomeKey/EndKey方法的很多示例。

```
Sub 移动光标至当前行首()
    Selection.HomeKey unit:=wdLine
End Sub
Sub 移动光标至当前行尾()
    Selection.EndKey unit:=wdLine
End Sub
```

```
Sub 选择从光标至当前行首的内容()
    Selection.HomeKey unit:=wdLine, Extend:=wdExtend
End Sub

Sub 选择从光标至当前行尾的内容()
    Selection.EndKey unit:=wdLine, Extend:=wdExtend
End Sub

Sub 选择当前行()
    Selection.HomeKey unit:=wdLine
    Selection.EndKey unit:=wdLine, Extend:=wdExtend
End Sub

Sub 移动光标至文档开始()
    Selection.HomeKey unit:=wdStory
End Sub

Sub 移动光标至文档结尾()
    Selection.EndKey unit:=wdStory
End Sub

Sub 选择从光标至文档开始的内容()
    Selection.HomeKey unit:=wdStory, Extend:=wdExtend
End Sub

Sub 选择从光标至文档结尾的内容()
    Selection.EndKey unit:=wdStory, Extend:=wdExtend
End Sub
```

6. InsertBefore/InsertAfter方法

使用InsertBefore和InsertAfter方法，可以在选区开头或结尾插入指定的内容。下面的示例将分别在选区的开头和结尾输入“Word 2010”。

```
Sub 测试()
    Selection.InsertBefore "Word 2010"
    Selection.InsertAfter "Word 2010"
End Sub
```

7. TypeBackspace方法

使用该方法可以删除插入点左侧的内容。

8．TypeParagraph方法

使用该方法可以插入一个段落标记。如果需要快速插入多个段落标记，即插入多个空行，可以使用下面的代码，它将自动插入10个空行。

```
Sub 测试()
    Dim i As Integer
    For i = 1 To 10
        Selection.TypeParagraph
    Next i
End Sub
```

9．TypeText方法

使用该方法可以输入指定的文本内容。

10．WholeStory方法

使用该方法将选择文档的所有内容，该方法不需要参数，如下面的示例所示。

```
Sub 测试()
    Selection.WholeStory
End Sub
```

28.1.4 Range对象

Range对象是Word VBA中最常用且最有用的对象之一。它可以由用户指定一个任意大小的区域，然后使用Range对象的属性和方法对指定区域进行各种操作。这里介绍的是Range对象的一些常用属性和方法。

1．Start/End属性

Start属性定义了Range对象的起点，End属性定义了Range对象的终点。下面的示例定义了一个Range对象，该对象的范围从文档起始处一直到文档第三段的结尾，然后将该区域的字体设置为黑体。

```
Sub 测试()
    Dim myRange As Range
    With ActiveDocument
        Set myRange = .Range(0, .Paragraphs(3).Range.End)
    End With
    myRange.Font.Name = "黑体"
    Set myRange = Nothing
End Sub
```

下面的示例定义了一个区域，该区域的范围从当前文档第二段的第二句开始，一直到第二段的第四句结束，然后选择这个区域。

```
Sub 测试()
    Dim lStart As Long, lEnd As Long
```

```
    With ActiveDocument.Paragraphs(2).Range
        lStart = .Sentences(2).Start
        lEnd = .Sentences(4).End
    End With
    ActiveDocument.Range(lStart, lEnd).Select
End Sub
```

2. Find属性

该属性返回一个Find对象，其中包含了要查找和替换的内容，具体用法请参考28.1.5节的内容。

3. Font属性

该属性返回一个Font对象，用于设置区域内文本的字体格式。下面的示例将设置文档内第一段至第三段文本的字体为隶书，字号为20，加粗，倾斜。

```
Sub 测试()
    Dim lStart As Long, lEnd As Long
    With ActiveDocument
        lStart = .Paragraphs(1).Range.Start
        lEnd = .Paragraphs(3).Range.End
        With .Range(lStart, lEnd).Font
            .Name = "隶书"
            .Size = 20
            .Bold = True
            .Italic = True
        End With
    End With
End Sub
```

4. Text属性

该属性用于返回区域包含的文本内容。下面的示例将当前文档的前三段文字替换为“Word VBA很有意思”。在定义Range对象的结尾位置时减去1，是为了保留第三段结尾的段落标记，以免在替换文字后，替换的文字与第四段连在一起。

```
Sub 测试()
    Dim lStart As Long, lEnd As Long
    Dim myRange As Range
    With ActiveDocument
        lStart = .Paragraphs(1).Range.Start
        lEnd = .Paragraphs(3).Range.End - 1
        Set myRange = .Range(lStart, lEnd)
        myRange.Text = "Word VBA很有意思"
    End With
```

```
    Set myRange = Nothing
End Sub
```

5．Collapse方法

该方法用于对区域进行折叠，这样做的结果是使区域成为一个插入点，然后在区域开头或结尾处输入其他内容，而不会对区域内部的内容造成破坏。Collapse方法有一个Direction参数，用于指定区域折叠的方向，“wdCollapseStart”表示折叠到区域的开头，“wdCollapseEnd”表示折叠到区域的结尾。

下面的示例首先定义了一个区域，该区域包含当前文档的所有内容，然后在文档的结尾处创建一个八行六列的表格。

```
Sub 测试()
    Dim myRange As Range
    Set myRange = ActiveDocument.Content
    myRange.Collapse wdCollapseEnd
    ActiveDocument.Tables.Add Range:=myRange, NumRows:=8, NumColumns:=6
End Sub
```

6．Copy/Paste方法

使用Copy方法可以将指定内容复制到剪贴板中，然后使用Paste方法将剪贴板中的内容粘贴到指定位置。下面的示例将文档中的第一句话复制到文档结尾。

```
Sub 测试()
    With ActiveDocument
        .Sentences(1).Copy
        .Range(.Content.End - 1, .Content.End - 1).Paste
    End With
End Sub
```

7．SetRange方法

使用SetRange方法可以重新定义区域的大小，该方法包含两个参数：Start参数用于定义区域的起点，End参数用于定义区域的终点。注意，该方法用于重新定义已经存在的Range对象的范围，而不是创建一个新的Range对象。下面的示例首先创建了一个Range对象，该对象代表文档中的第一句，然后使用SetRange方法将该Range对象重新定义为文档的前四个段落。

```
Sub 测试()
    Dim myRange As Range
    Set myRange = ActiveDocument.Sentences(1)
    myRange.SetRange 0, ActiveDocument.Paragraphs(3).Range.End
End Sub
```

28.1.5 Find对象

Find对象在Word 中也比较常用，使用该对象可以快捷地完成Word文档内容的查找与替换。

1．Forward属性

该属性控制在文档中进行查找的方向，如果向文档的结尾方向查找，则该属性被设置为"True"，否则被设置为"False"。

2．Found属性

该属性判断是否查找到匹配的内容。如果查找到匹配的内容，则该属性返回"True"，否则返回"False"。

3．MatchByte属性

该属性指定是否区分全角或半角进行查找。如果将其设置为"True"，则在查找时区分全角和半角。

4．MatchCase属性

该属性指定是否区分英文字母大小写进行查找。如果将其设置为"True"，则在查找时区分大小写。

5．MatchWildcards属性

该属性指定是否使用通配符进行查找。如果将其设置为"True"，则在查找时允许使用通配符。

6．Replacement属性

该属性返回Replacement对象，用于设置要替换为的内容。Replacement对象的属性基本和Find对象的属性相同，这里不再赘述。

7．Text属性

该属性指定要查找的内容，对于Replacement对象来说，该属性指定要替换成的内容。

8．Wrap属性

该属性指定在达到文档的开头或结尾后，如果未查找到匹配的内容，后续将要执行操作的方式。该属性有三个值："wdFindStop"表示到达搜索范围的开始或结尾时，停止执行查找操作；"wdFindContinue"表示到达搜索范围的开始或结尾时，继续执行查找操作；"wdFindAsk"表示搜索完所选内容或范围后，Word会显示一条消息，询问是否搜索文档的其他部分。

9．ClearFormatting方法

使用该方法可以清除查找或替换中的任何格式。如果在之前的查找和替换时设置了格式，在下次查找时可以使用该方法清除之前的所有格式。

10．Execute方法

使用该方法将执行查找和替换操作，也可以直接使用该方法中的多个参数来设置查找和替换的具体选项。

例如，下面的代码所实现的功能与在Word界面中执行查找操作是类似的，将依次在文档中查找“Word”一词。如果到达文档末尾，则继续从文档开头进行查找，并且区分大小写。

```
Sub 测试()
    With Selection.Find
        .ClearFormatting
        .Text = "Word"
        .MatchCase = True
        .Wrap = wdFindContinue
        .Execute
    End With
End Sub
```

在运行上述代码后，进入Word窗口，然后按Ctrl+F组合键打开【查找和替换】对话框，在【查找】选项卡中可以看到【查找内容】下拉列表框中已经自动填入查找内容，并且选中了【区分大小写】复选框，如图28-2所示。

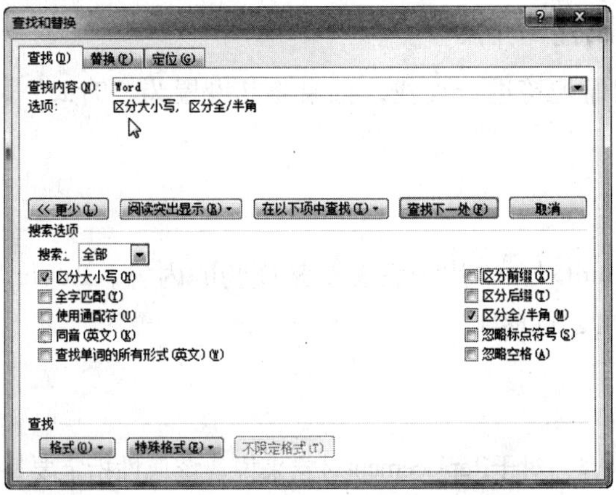

图28-2

下面的示例将完成一个替换操作，将文档中的“Word”替换为“Office”，并且将替换后的“Office”的字体设置为Courier New，字体颜色设置为红色。

```
Sub 测试()
    With Selection.Find
        .ClearFormatting
        .Text = "Word"
        .MatchCase = True
        .Wrap = wdFindContinue
        With .Replacement
            .ClearFormatting
            .Text = "Office"
            .Font.Name = "Courier New"
            .Font.Color = wdColorRed
```

```
        End With
        .Execute Replace:=wdReplaceAll
    End With
End Sub
```

此时再次打开【查找和替换】对话框，切换到【替换】选项卡，可以看到图28-3所示的结果。

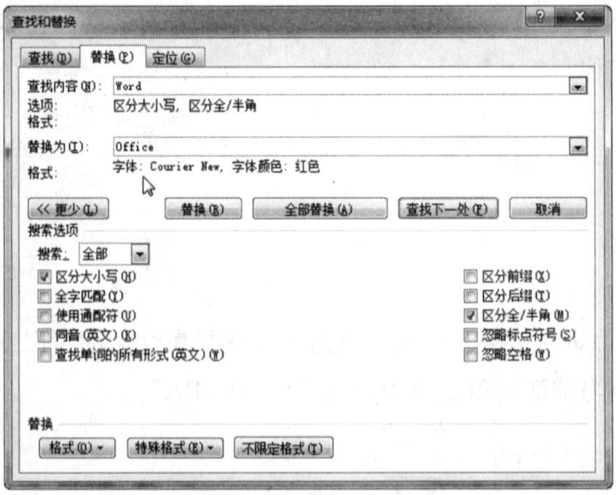

图28-3

28.2 Excel VBA对象

本节将介绍Excel VBA中使用率较高的几个对象，并通过示例加以说明，以帮助读者更好地理解这些对象的用法。

28.2.1 Application对象

Application对象代表Excel应用程序本身，该对象比较特殊，因为它是Excel对象模型中的顶级对象，它的很多属性具有全局性。换句话说，Application对象的一些属性可以被直接使用，而在这些属性前不需要添加Application引用。下面介绍Application对象的一些常用属性。

1. ActiveWorkbook属性

该属性返回当前Excel工作簿，即一个Workbook对象，该对象代表当前活动的工作簿。可以使用ActiveWorkbook属性来操作当前工作簿，而不需要知道当前工作簿的名称，ActiveWorkbook是一个全局属性，因此可以在使用时省略对其父对象的引用。下面的示例显示了当前工作簿的名称。

```
Sub 测试()
    MsgBox ActiveWorkbook.Name
```

```
End Sub
```

2. ActiveSheet属性

该属性返回当前工作簿中活动工作表的引用，它是一个全局属性，即可以在使用时省略对其父对象的引用。换句话说，该属性将返回一个Worksheet对象，该对象代表当前活动的工作表。可以使用ActiveSheet属性来操作当前工作表，而不需要知道当前活动工作表的名称。下面的示例显示了当前活动工作表的名称。

```
Sub 测试()
    MsgBox ActiveSheet.Name
End Sub
```

3. ActiveCell属性

该属性返回Excel中活动单元格的引用，它是一个全局属性，即可以在使用时省略对其父对象的引用。下面的示例将在当前活动单元格中输入“Excel VBA”。

```
Sub 测试()
    ActiveCell.Value = "Excel VBA"
End Sub
```

4. DisplayAlerts属性

当删除工作簿中的某个工作表时，通常都会打开图28-4所示的对话框，在开始删除以前对用户进行警告性提示，此时单击【删除】按钮才会将指定工作表删除。

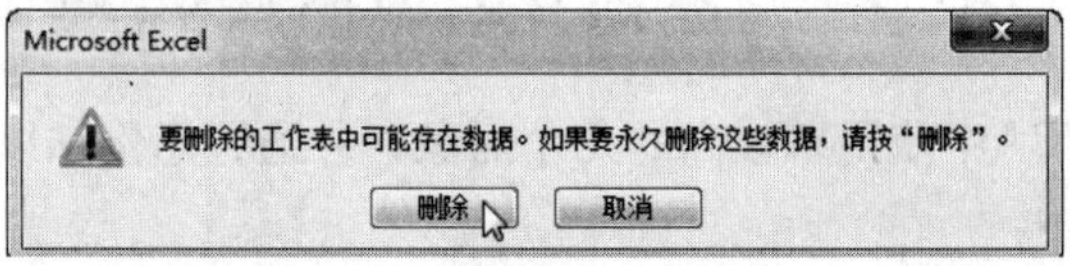

图28-4

在编写VBA代码进行类似的操作时，当程序执行到删除工作表的位置时，也会弹出图28-4所示的对话框，并暂停程序的执行，只有当用户确认操作后才会继续执行。注意，无论单击【删除】还是【取消】按钮，程序都认为用户执行了删除操作而继续执行后面的内容。为了使程序可以自动执行而无须人工干预，可以使用下面的代码关闭大多数Excel消息提示的显示。

```
Application.DisplayAlerts = False
```

当需要重新显示Excel的警告提示时，再使用下面的代码开启该功能。

```
Application.DisplayAlerts = True
```

5. Name属性

该属性返回Excel应用程序的名称。例如，下面的示例返回Excel应用程序的名称。

```
Sub 测试()
    MsgBox Application.Name
End Sub
```

6. Path属性

该属性返回Excel应用程序的安装路径，其用法与Word类似，而且路径与Word应用程序相同。

7. PathSeparator属性

该属性返回路径中的分隔符“\”，与Word VBA用法相同。

8. ScreenUpdating属性

与Word中Application对象的ScreenUpdating属性的功能和用法类似，用于控制程序运行时的屏幕刷新。使用“Application.ScreenUpdating=False”关闭屏幕刷新，使用“Application.ScreenUpdating=True”开启屏幕刷新。

9. Selection属性

该属性返回当前所选择的对象，返回的对象类型由当前选中的内容决定。如果未选择任何内容，则返回“Nothing”。下面的示例将显示当前所选对象的类型。例如，如果选择了单元格或单元格区域，则返回“Range”；如果选择了一个图片，则返回“Picture”。

```
Sub 测试()
    MsgBox TypeName(Selection)
End Sub
```

10. StatusBar属性

该属性用于在Excel窗口底部的状态栏中显示指定的信息。下面的示例在程序的运行过程中显示了能被10 000整除的n的值。在代码的最后需要加上语句“Application.StatusBar=False”，否则在程序运行后状态栏会显示最后一个符合条件的n值。

```
Sub 测试()
    Dim n As Long
    For n = 0 To 1000000
        If n Mod 10000 = 0 Then
            Application.StatusBar = "processing record" & n
        End If
    Next n
    Application.StatusBar = False
End Sub
```

11. ThisWorkbook属性

该属性返回一个Workbook对象，表示其中正在运行当前VBA代码的工作簿。下面的示例显示了当前包含VBA代码的工作簿的路径和名称。

```
Sub 测试()
    MsgBox Application.ThisWorkbook.FullName
End Sub
```

上面的代码还可以简化为下面的形式，即省略对Application对象的引用。

```
Sub 测试()
    MsgBox ThisWorkbook.FullName
End Sub
```

12. UserName属性

该属性返回Excel应用程序中设置的用户名。下面的示例返回当前计算机中安装的Excel应用程序中所设置的用户名。

```
Sub 测试()
    MsgBox Application.UserName
End Sub
```

13. Version属性

该属性返回当前正在使用的Excel应用程序的版本，通常可以在程序中通过判断Version属性的值来检测Excel应用程序的版本，然后据此来决定在不同Excel版本中将要执行的操作。此属性的用法请参考Word VBA中Application对象的Version属性。

14. Windows属性

该属性返回当前打开的所有Excel工作簿的窗口集合。此属性的用法请参考Word VBA中的Application对象的Windows属性。

15. Workbooks属性

该属性返回一个工作簿的集合（即Workbooks集合），该集合包含了当前打开的每一个工作簿。例如，下面的示例显示了当前打开的工作簿数量。

```
Sub 测试()
    MsgBox Workbooks.Count
End Sub
```

提示：关于Workbooks集合的用法请参考28.2.2节的内容。

16. Worksheets属性

该属性返回一个工作表的集合（即Worksheets集合），该集合包含了指定工作簿中的所有工作表。例如，下面的示例显示了当前工作簿中的工作表总数。

```
Sub 测试()
    MsgBox ActiveWorkbook.Worksheets.Count
End Sub
```

提示：关于Worksheets集合的用法请参考28.2.3节的内容。

17. InputBox方法

前面曾经介绍过VBA内置的InputBox函数，该函数用于显示一个输入对话框，允许用户输入一个内容，然后在程序中使用该内容，但是该函数无法对输入的内容类型进行检验。Excel VBA中的Application对象的InputBox方法与VBA的InputBox函数类似，但是功能要比VBA的InputBox函数强大，因为使用Application对象的InpubBox方法可以控制用户输入内容的类型。

InputBox方法包含两个参数，第一个参数用于提供显示在对话框中的提示内容，第二个参数则用于控制用户可输入内容的类型。表28-1列出了InputBox方法第二个参数Type的取值范围。

表28-1 InputBox方法的Type参数的取值

Type 参数值	对应类型
0	公式
1	数字
2	文本（字符串）
4	逻辑值（TRUE或FALSE）
8	单元格引用，即Range对象
16	错误值
64	数值数组

例如，下面的示例提示用户输入或选择一个单元格区域，然后将此区域赋值给一个Range对象变量，最后为用户指定的区域中的每一个单元格输入相同的内容。如果用户未指定单元格区域，则将收到一个提示，然后重新显示输入对话框等待用户指定区域。使用“On Error Resume Next”语句的目的是，如果用户未指定区域，则myRange对象变量将无效，此时会返回一个错误。

```
Sub 测试()
    Dim myRange As Range
    Dim msg As String
    msg = "请输入或选择一个单元格区域"
    Do
        On Error Resume Next
        Set myRange = Application.InputBox(prompt:=msg, Title:=msg, Type:=8)
        If myRange Is Nothing Then
            MsgBox msg
        Else
            myRange.Value = "Excel"
        End If
    Loop While myRange Is Nothing
End Sub
```

18. Intersect方法

该方法返回两个或多个区域的交集，即这些区域的重叠部分。下面的示例将检验指定的两个区域是否重叠，如果重叠则返回一条信息，否则也返回一个关于区域不重叠的信息。

```
Sub 测试()
    Dim myRange As Range, myRange1 As Range, myRange2 As Range
    Dim msg1 As String, msg2 As String
    Set myRange1 = Range("A1:B10")
    Set myRange2 = Range("B6:D10")
    msg1 = "两个区域不重叠": msg2 = "两个区域重叠"
    On Error Resume Next
    Set myRange = Application.Intersect(myRange1, myRange2)
    If myRange Is Nothing Then
        MsgBox msg1
    Else
        MsgBox msg2
    End If
End Sub
```

由于Intersect方法是全局成员，因此可以在使用该方法时省略对Application对象的引用。

19. OnKey方法

该方法用于为指定过程设置组合键，共包含Key和Procedure两个参数。参数Key用于指定快捷键组合，参数Procedure用于设置要指定快捷键的过程。例如，下面的示例将为过程ShowName设置一个Alt+u组合键（注意是小写字母，如果是大写字母，则相当于按Alt+Shift+U组合键）。当运行“显示用户名”过程后按此组合键时，将执行ShowName过程，即可显示当前的用户名。

```
Sub ShowName()
    MsgBox Application.UserName
End Sub
Sub 显示用户名()
    Application.OnKey "%u", "showname"
End Sub
```

如果要恢复某个组合键的默认功能，可以使用类似于下面的代码，即不指定OnKey方法的第二个参数。

```
Sub 恢复按键默认功能()
    Application.OnKey "%u"
End Sub
```

如果要禁用某个组合键的功能，则可以使用类似于下面的代码，即给OnKey方法赋一个空过程。

```
Sub 禁用按键功能()
    Application.OnKey "%u", ""
End Sub
```

“^”符号代表Ctrl键，“+”符号代表Shift键，“%”符号代表Alt键。非字母键则需要用一对大引号括起，例如，Delete键表示为{DELETE}，Home键表示为{HOME}等；而字母键则直接放入双引号中即可。

20. OnTime方法

该方法可以在一个指定的时间内运行指定的程序，以便实现程序的自动运行，但必须确保在到达时间开始运行指定的程序，启动Excel应用程序，使其驻留在内存中。例如，下面的示例首先创建了一个用于显示提示信息的ShowMsg过程，然后创建另一个名为“SetMsg”的过程，在其中使用OnTime方法在30分钟后运行ShowMsg过程。

```
Sub ShowMsg()
    MsgBox "时间已到，开始工作!"
End Sub
Sub SetMsg()
    Application.OnTime Now + TimeValue("00:30:00"), "ShowMsg"
End Sub
```

如果希望在指定的时刻运行指定的程序，则可以去掉“Now”而直接使用“TimeValue”来指定时间，正如下面的代码所示，它将在下午13点30分运行ShowMsg过程，显示“时间已到，开始工作！”的提示信息。

```
Sub ShowMsg()
    MsgBox "时间已到，开始工作!"
End Sub
Sub SetMsg()
    Application.OnTime TimeValue("13:30:00"), "ShowMsg"
End Sub
```

21. Union方法

该方法返回两个或多个区域的并集，即这些区域合并后的区域。下面的示例综合运用了Union方法和前面介绍的Intersect方法来禁止用户选择区域B1:C10和E1:F10。当选择这两个区域中的任何一个单元格时，将弹出一个提示信息，并自动选中单元格A1，程序的运行效果如图28-5所示。

```
Private Sub Worksheet_SelectionChange(ByVal Target As Range)
    Dim myRange As Range, myRange1 As Range, myRange2 As Range
    Set myRange1 = Range("B1:C10")
    Set myRange2 = Range("E1:F10")
    Set myRange = Union(myRange1, myRange2)
    If Not Intersect(Target, myRange) Is Nothing Then
            MsgBox "不能选择区域" & myRange1.Address(0, 0) & "和" & myRange2.
Address(0, 0)
        Range("A1").Select
    End If
End Sub
```

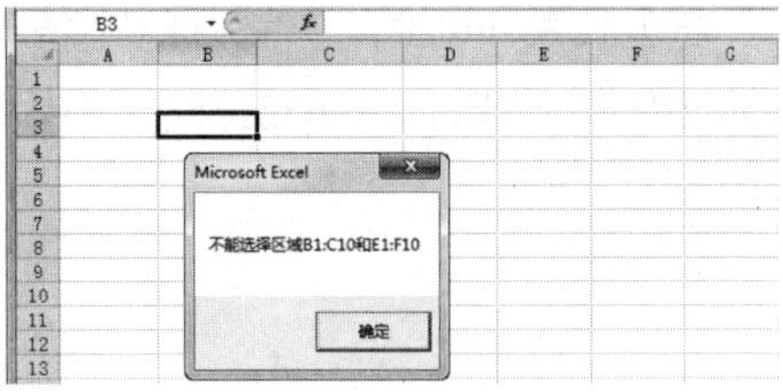

图28-5

提示：由于Union方法是全局成员，因此可以在使用该方法时省略对Application对象的引用。

22．Volatile方法

该方法用于将用户自定义函数标记为易失性函数，这样可以在工作表中按F9键的任何时候或在修改单元格内容时，自动对工作表中的自定义函数进行重新计算。该方法只能用于用户自定义函数，否则无效。例如，下面的代码模拟Excel内置的工作表函数Rand，当在工作表中按F9键，或修改任意一个单元格中的内容时，将重新计算输入的自定义函数所在单元格中的值。

```
Function myFunc()
    Application.Volatile
    myFunc = Rnd()
End Function
```

28.2.2 Workbook/Workbooks对象/集合

Workbook对象表示一个工作簿，Workbooks对象则表示当前打开的所有工作簿集合。本节将介绍Workbook对象的常用属性和方法。

1．FullName属性

该属性返回工作簿的完整路径，即工作簿路径和工作簿名称。下面的示例显示了当前工作簿的完整路径。

```
Sub 测试()
    MsgBox Active Workbook.FullName
End Sub
```

2．Parent属性

该属性返回Workbook对象的父对象，即Application对象。下面的示例显示了Excel应用程序的用户名。

```
Sub 测试()
    MsgBox ActiveWorkbook.Parent.UserName
End Sub
```

3. Path属性

该属性返回工作簿的路径，不包含工作簿名称。下面的示例显示了当前工作簿的路径，如果工作簿从未保存过，那么什么也不显示。

```
Sub 测试()
    MsgBox ActiveWorkbook.Path
End Sub
```

4. Saved属性

该属性返回工作簿在修改后是否保存过，如果保存过则返回“True”，否则返回“False”。下面的示例将忽视工作簿是否保存过最后修改，而直接将工作簿关闭，这样在关闭有修改但未保存的工作簿时，将不会弹出保存对话框。如果没有保存过最后的修改，则关闭工作簿时这些数据将会丢失。

```
Sub 测试()
    With ActiveWorkbook
        .Saved = True
        .Close
    End With
End Sub
```

5. Sheets属性

该属性返回指定工作簿中包含的工作表集合，可以是Worksheet，也可以是Chart图表工作表。例如，如果当前工作簿中包含了三个Worksheet工作表和两个图表工作表，那么下面的代码将返回工作簿中工作表的总数，即“5”。

```
Sub 测试()
    MsgBox ActiveWorkbook.Sheets.Count
End Sub
```

如果使用下面的代码，则只能计算Worksheet工作表的总数，而不包括图表工作表。

```
Sub 测试()
    MsgBox ActiveWorkbook.Worksheets.Count
End Sub
```

也可以使用Sheets集合来返回工作簿中的任何一个工作表，可能返回的是Worksheet，也可能返回的是Chart图表工作表。

6. Windows属性

该属性返回工作簿包含的所有窗口的集合。下面的示例显示了当前工作簿包含的窗口总数。

```
Sub 测试()
    MsgBox ActiveWorkbook.Windows.Count
End Sub
```

7．Worksheets属性

与Sheets属性类似，Worksheets属性返回一个包含工作簿中所有工作表的集合，不过该集合不包含图表工作表。例如，下面的代码将显示一个包含了当前工作簿中每一个工作表名称的列表，类似于图28-6所示。

```
Sub 测试()
    Dim wks As Worksheet
    Dim msg As String
    For Each wks In ActiveWorkbook.Worksheets
        msg = msg & wks.Name & Chr(13)
    Next wks
    MsgBox msg
End Sub
```

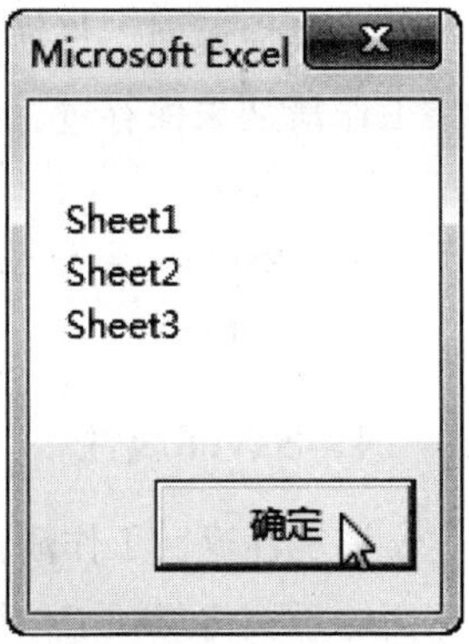

图28-6

8．Close方法

使用Close方法将关闭指定的工作簿。下面的代码将关闭名为“工资表”的工作簿。如果未保存工作簿最后一次修改，那么在关闭时会打开图28-7所示的保存对话框，询问用户是否保存工作簿的修改。在执行Close之前，加了一句错误处理语句，是为了防止用户单击【取消】按钮而导致错误发生。

```
Sub 测试()
    On Error Resume Next
    Workbooks("工资表").Close
End Sub
```

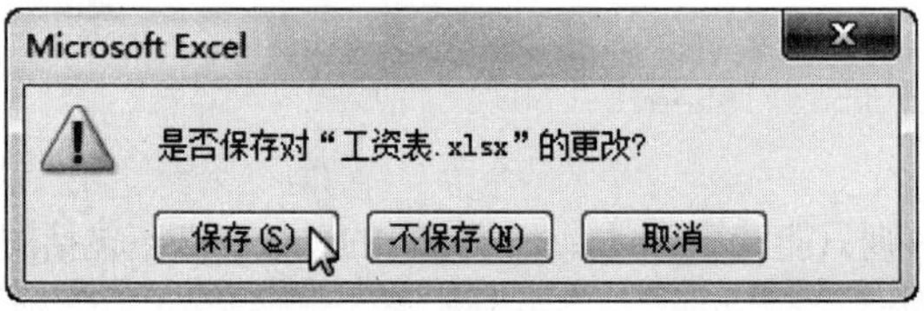

图28-7

如果希望每次关闭工作簿时自动保存所有修改，并不弹出保存对话框而直接关闭工作簿，可以使用下面的代码。

```
Sub 测试()
    Workbooks("工资表").Close savechanges:=True
End Sub
```

如果希望每次不保存修改而直接关闭工作簿，则可以使用下面的代码。

```
Sub 测试()
    Workbooks("工资表").Close savechanges:=False
End Sub
```

9．Save方法

使用Save方法将保存对工作簿所进行的修改。如果工作簿从未被保存过，将打开【另存为】对话框，由用户选择工作簿自动保存位置和名称。如果希望以指定的路径和文件名自动保存工作簿，而不需要在打开的【另存为】对话框中手工进行设置，可以使用Workbook对象的SaveAs方法，将工作簿保存在C盘根目录下，保存名称为“工资表”。

```
Sub 测试()
    Dim fname As String
    On Error Resume Next
    fname = "C:\工资表.xlsx"
    ActiveWorkbook.SaveAs Filename:=fname
End Sub
```

28.2.3 Worksheet/Worksheets对象/集合

Excel VBA中的Worksheet对象表示一个工作表，Worksheets则表示一个工作簿中的所有工作表集合。本节将介绍Worksheet对象的常用属性和方法。

1．Cells属性

该属性返回工作表中的所有单元格，如果指定Cells属性的参数值，则可以返回指定的单元格或区域。可以通过设置Cells属性的两个参数来指定要引用的工作表中的特定单元格。例如，下面的代码引用Sheet1工作表中的单元格A1。

```
Worksheets("Sheet1").Cells(1, 1)
```

下面的代码也可以引用单元格A1，但它只指定了Cells属性的第一个参数。

```
Worksheets("Sheet1").Cells(1)
```

要引用单元格F1，则可以使用下面的任意一种方法。

```
Worksheets("Sheet1").Cells(1, 6)
```

或

```
Worksheets("Sheet1").Cells(6)
```

换句话说，如果在Cells属性中只设置了第一个参数，那么将按如下规律引用单元格，即先从左到右，然后从上到下，引用每一个单元格。要引用单元格A2，则可以使用下面的方法，因为Excel 2010中一行包含16 384列，所以A2应该是第16 385个单元格。

```
Worksheets("Sheet1").Cells(16385)
```

由于Cells属性引用单元格的灵活性，因此，通常可以将表示行号、列号的变量作为Cells的参数使用。例如，下面的示例将数字1~100输入到当前工作表以单元格A1开始的A列中。

```
Sub 测试()
    Dim i As Integer
    For i = 1 To 100
        Cells(i, 1) = i
```

```
    Next i
End Sub
```

2. Columns/Rows属性

Columns/Rows属性引用工作表中的所有行和所有列。例如，下面的示例显示了工作表Sheet1中的总列数和总行数。

```
Sub 测试()
    Dim msg As String
    msg = ActiveSheet.Columns.Count & "列" & Chr(13)
    msg = msg & ActiveSheet.Rows.Count & "行"
    MsgBox msg
End Sub
```

可以在Columns/Rows属性中使用索引号来引用工作表中的特定列或特定行。例如，下面的示例分别将当前工作表中的第一行和第一列的字体设置为加粗。

```
Sub 测试()
    ActiveSheet.Columns(1).Font.Bold = True
    ActiveSheet.Rows(1).Font.Bold = True
End Sub
```

可以省略上述代码中对ActiveSheet对象的引用。

3. Name属性

该属性返回工作表的名称。例如，下面的示例显示了当前工作簿中第二个工作表的名称。

```
Sub 测试()
    MsgBox Worksheets(2).Name
End Sub
```

4. Parent属性

该属性返回工作表对象的父对象，即工作表所属的工作簿。例如，下面的代码显示了工作表Sheet1所属工作簿的名称和路径。

```
Sub 测试()
    MsgBox Worksheets("Sheet1").Parent.FullName
End Sub
```

5. Range属性

该属性返回一个Range对象，用于表示工作表中一个特定的单元格区域。有关Range对象的具体用法请参考28.2.4节的内容。

6. UsedRange属性

该属性返回一个Range对象，表示指定工作表中已使用的区域。例如，下面的示例显示了当前工作表中已使用区域左上角单元格的地址。

```
Sub 测试()
    MsgBox ActiveSheet.UsedRange.Range("A1").Address
End Sub
```

下面的示例显示了当前工作表中已用区域所占用的行数和列数。

```
Sub 测试()
    Dim lRows As Long
    Dim iCols As Integer
    lRows = ActiveSheet.UsedRange.Rows.Count
    iCols = ActiveSheet.UsedRange.Columns.Count
    MsgBox "已用区域占用了" & lRows & "行" & iCols & "列"
End Sub
```

7. Activate/Select方法

Activate/Select方法用于激活指定的工作表（即使用指定的工作表为当前活动工作表），而Select方法用于选择工作表。对于只选择一个工作表来说，Activate和Select方法的效果相同；但如果选择了多个工作表，那么Activate/Select方法将有所不同。Select方法可以选择多个工作表，而Activate方法可以激活所选择的多个工作表中的任意一个工作表，使其成为当前接受用户输入的工作表。

下面的代码将激活名为“工资表”的工作表，代码中加入了防错语句，这是因为如果工作簿中不包含要激活的工作表，会产生一个错误。

```
Sub 测试()
    On Error Resume Next
    Worksheets("工资表").Activate
End Sub
```

下面的示例选择了工作表Sheet1、Sheet3和Sheet5，在选择后激活了工作表Sheet3。换句话说，在激活了工作表Sheet3后，仍然保持之前选中的三个工作表，只是工作表Sheet3成为了当前活动的工作表。

```
Sub 测试()
    On Error Resume Next
    Worksheets(Array("Sheet1", "Sheet3", "Sheet5")).Select
    Worksheets("Sheet3").Activate
End Sub
```

8. Copy/Move方法

使用Copy方法可以将指定的工作表复制到工作簿中的其他位置，而使用Move方法则可以将指定的工作表移动到工作簿中的其他位置。这两种方法都包含两个相同的参数Before和After，第一个参数用于指定将工作表复制或移动到指定工作表之前的位置，第二个参数用于指定将工作表复制或移动到指定工作表之后的位置，两个参数不能同时使用。

下面的示例将当前工作簿中的工作表Sheet1复制到工作表Sheet3之后，将新复制的工作表的名称改为“Sheet4”。

```
Sub 测试()
    Worksheets("Sheet1").Copy after:=Worksheets("Sheet3")
    ActiveSheet.Name = "Sheet4"
End Sub
```

下面的示例将当前工作簿中的第一个工作表移动到最后一个工作表之后。

```
Sub 测试()
    Worksheets(1).Move after:=Worksheets(Sheets.Count)
End Sub
```

28.2.4 Range/Ranges对象/集合

Range对象是Excel VBA中使用率最高的一个对象，该对象用于表示工作表中的一个特定的单元格区域。Ranges集合由多个Range对象组成。

1. Address属性

该属性用于返回单元格或区域的引用地址。例如，下面的示例显示了当前单元格的引用地址。

```
Sub 测试()
    MsgBox "活动单元格的地址是" & ActiveCell.Address
End Sub
```

上面的代码所返回的单元格地址为绝对引用。如果希望返回相对引用形式的单元格地址，可以使用下面的代码。

```
Sub 测试()
    MsgBox "活动单元格的地址是" & ActiveCell.Address(0, 0)
End Sub
```

下面的代码返回活动工作表中已用区域的单元格地址。

```
Sub 测试()
    MsgBox "已用区域的地址是" & ActiveSheet.UsedRange.Address
End Sub
```

2. Areas属性

该属性表示工作表中包含的多个选中区域的集合。下面的示例将显示当前工作表中选区的数量，如果大于1，则分别显示各选区的单元格地址。

```
Sub 测试()
    Dim myRange As Range
    If Selection.Areas.Count > 1 Then
        For Each myRange In Selection.Areas
```

```
            MsgBox myRange.Address(0, 0)
        Next myRange
    End If
End Sub
```

3. Cells属性

该属性返回指定区域中包含的所有单元格，也可以通过设置Cells属性的参数来引用指定区域中特定位置处的单元格。该属性的用法与Worksheet对象的Cells属性相同，这里不再赘述。

4. Column/Row属性

该属性返回单元格或区域的列号和行号。对于单元格区域来说，Column和Row属性将返回区域第一列的列号或第一行的行号。下面的示例首先判断当前选择是否只包含一个区域，如果是，则判断选区第一行的行号是否为6；如果不是，则在选区左上角单元格中输入“检验”二字。

```
Sub 测试()
    If Selection.Areas.Count = 1 Then
        If Selection.Row = 6 Then
            Selection.Range("A1").Value = "检验"
        End If
    End If
End Sub
```

5. Columns/Rows属性

该属性返回单元格区域所包含的列数和行数。用法与Worksheet对象的Columns和Rows属性相同，这里不再赘述。注意，如果该属性被应用于多个选区，将只返回第一个选区的行数。

6. Count/CountLarge属性

Count属性返回Range对象中所包含的单元格的数量，而CountLarge属性则可以返回大于2 147 483 647的单元格数量。换句话说，Count属性用于Excel 2010之前的Excel版本时毫无问题；而在Excel 2010中，当返回的单元格数量大于2 147 483 647时，使用Count属性就会产生一个错误。所以，为了避免发生问题，可以在使用Count/CountLarge属性前，先通过Application对象的Version属性判断当前Excel应用程序的版本，然后再采取相应的措施，正如下面的示例所示。

```
Sub 测试()
    If Application.Version = "14.0" Then
        MsgBox Cells.CountLarge
    Else
        MsgBox Cells.Count
    End If
End Sub
```

7. CurrentRegion属性

该属性将返回一个区域，该区域由至少一个空行和空列将其与周边的数据分开，这样就可以使用该区域内的任意一个单元格的CurrentRegion属性来引用这个区域。使用该属性的效果等同于在Excel界面中按Ctrl+*组合键实现的效果。下面的代码将包含单元格B6在内的数据区域赋值给一个对象变量，然后将该区域的字体设置为楷体，并将该区域所有单元格的底纹设置为黄色。

```
Sub 测试()
    Dim myRange As Range
    Set myRange = Range("B6").CurrentRegion
    With myRange
        .Font.Name = "楷体"
        .Interior.Color = vbYellow
    End With
End Sub
```

8. End属性

End属性用于定位数据区域边界的操作方式，它有四个参数，分别是xlUp、xlDown、xltoLeft和xltoRight。该属性的操作效果类似于在Excel界面中按Ctrl键加四个方向键所得到的效果。下面的代码将从当前工作表最底部开始向上查找A列第一个包含数据的单元格，然后将该单元格对应的行号赋值给一个变量，以便确定工作表最后一个包含数据的行，并显示该行的行号。

```
Sub 测试()
    Dim LastRow As Long
    LastRow = Cells(Rows.Count, 1).End(xlUp).Row
    MsgBox "当前工作表中包含数据的最后一行是第" & LastRow & "行"
End Sub
```

9. EntireColumn/EntireRow属性

EntireColumn/EntireRow属性可以应用指定位置处的整列和整行。例如，下面的示例将检测区域A1:A10中的每一个单元格，如果单元格中的值大于或等于6，那么将对该单元格的所在行设置红色底纹。

```
Sub 测试()
    Dim i As Integer
    For i = 1 To 10
        If Cells(i, 1).Value >= 6 Then
            Cells(i, 1).EntireRow.Interior.Color = vbRed
        End If
    Next i
End Sub
```

10．Offset属性

该属性可对指定单元格或区域进行偏移，而得到一个新的区域。Offset属性包含两个参数，第一个参数是对行的偏移距离，第二个参数是对列的偏移距离。Offset属性在Excel VBA中非常有用，例如，下面的示例将对当前单元格向下偏移两行，向右偏移三列，从而得到一个新的单元格，然后在新单元格中输入“Excel VBA”。

```
Sub 测试()
    ActiveCell.Offset(2, 3).Value = "Excel VBA"
End Sub
```

在执行上述代码之前，如果当前单元格为A1，那么在执行上述代码之后，将在单元格D3中输入“Excel VBA”，结果如图28-8所示。可以看到，使用Offset属性可以在不改变当前选中单元格的情况下在指定单元格中输入内容，这也说明了在Excel VBA中进行各种操作之前，通常不需要进行选择。

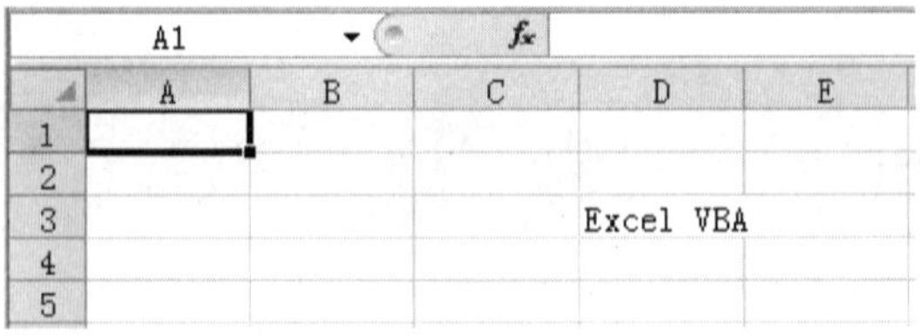

图28-8

Offset属性同样可用于区域，例如，当前选区为A1:C6，下面的代码将在区域的每一个单元格中输入一个随机数，结果如图28-9所示。

```
Sub 测试()
    If TypeName(Selection) = "Range" Then
        Selection.Offset(6, 3).Formula = "=rand()"
    End If
End Sub
```

上面的代码首先判断选区是否是Range对象，如果是，才对选区执行偏移操作并输入公式。如果不对选区类型加以判断，那么当选择的是一个图片或者其他对象时，运行上述程序就会产生一个错误。

Offset属性最常用的功能是自动在单元格区域中输入数据。例如，下面的代码从单元格A1开始，每次向下偏移一行并输入一个由变量i指定的数字，直到变量i的值等于10时停止该操作。

```
Sub 测试()
    Dim i As Integer
    Dim cell As Range
    Set cell = Range("A1")
    i = 0
    Do
        cell.Offset(i, 0).Value = i + 1
        i = i + 1
```

```
    Loop Until i = 10
End Sub
```

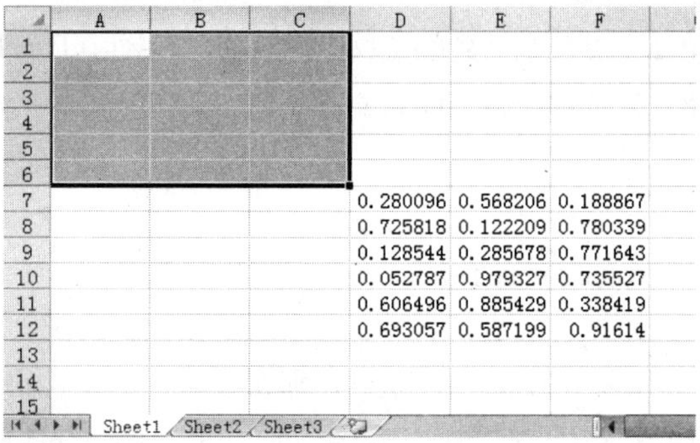

图28-9

当然，以上代码只是为了说明Offset属性的用法，对应于上面代码所实现的功能，还可以使用下面更简洁的形式。

```
Sub 测试()
    Dim i As Integer
    For i = 1 To 10
        Cells(i, 1) = i
    Next i
End Sub
```

11. Parent属性

该属性返回Range对象的父对象，即Range对象所在的工作表。例如，下面的示例显示当前单元格所属工作簿的名称。

```
Sub 测试()
    MsgBox ActiveCell.Parent.Parent.Name
End Sub
```

12. Resize属性

该属性可以扩展单元格区域的大小。它有两个参数，分别代表要扩展后的区域的行数和列数。例如，下面的示例首先将单元格A1赋值给一个对象变量，然后将此变量所代表的区域扩展为区域A1:F6，最后显示扩展后的区域地址。

```
Sub 测试()
    Dim myRange As Range
    Set myRange = Range("A1")
    MsgBox myRange.Resize(6, 6).Address(0, 0)
End Sub
```

13. Text/Value属性

Text和Value属性返回或设置单元格中的内容。Text属性和Value属性的区别是：当单元格中包含数字格式时，Text属性可以同时返回单元格中的值及其数字格式，而Value属性则只返回单元格中的值。

14．Activate/Select方法

Range对象的Activate和Select方法的效果与Worksheet对象的Activate和Select方法类似，前者用于激活单元格，而后者用于选择单元格或单元格区域。

15．AutoFit方法

使用AutoFit方法可以使单元格区域的宽度或高度自动进行缩放以适应其中的内容。下面的示例为在区域A1:C1中输入“Excel VBA”，然后将A:C列的列宽调整为与文字大小匹配的宽度。

```
Sub 测试()
    Cells.Clear
    Range("A1:C1").Value = "Excel VBA"
    Range("A1:C1").EntireColumn.AutoFit
End Sub
```

16．ClearContents方法

使用ClearContents方法将清除单元格或区域中的内容，但保留其中设置的格式。

17．ClearFormats方法

使用ClearFormats方法将清除单元格或区域中设置的格式，但保留其中输入的内容。

18．Copy方法

使用Copy方法可以复制单元格或单元格区域。下面的示例将工作表Sheet1中区域C6:F8中的内容复制到工作表Sheet3中以单元格A1为左上角单元格的区域中。在Copy方法中可以指定要复制到的目标区域的左上角单元格。

```
Sub 测试()
    Worksheets("Sheet1").Range("C6:F8").Copy Worksheets("Sheet3").Range("A1")
End Sub
```

19．SpecialCells方法

使用SpecialCells方法可以定位工作表中满足特定条件的一个或多个单元格，这对于操作具有同一属性的多个单元格来说是最为有效的方法。该方法的使用效果相当于在Excel界面中按F5键，然后单击【定位条件】按钮所打开的【定位条件】对话框，如图28-10所示。

SpecialCells方法包含Type和Value两个参数。Type参数用于确定要包含的指定类型的单元格，Value参数则是针对特定类型来选择具体的子类型。当Type参数为“xlCellTypeConstants”或“xlCellTypeFormulas”时，需要指定Value参数为以上两种类型中的哪些子类型。

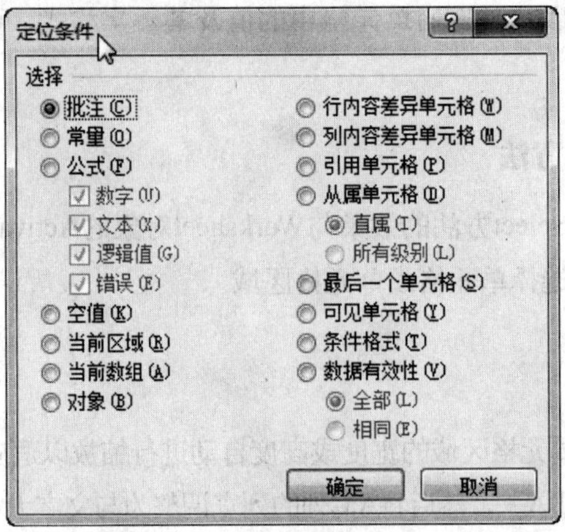

图28-10

表28-2和表28-3列出了Type与Value参数的取值。

表28-2 Type参数的取值

Type参数取值	说　明
xlCellTypeAllFormatConditions	任意格式单元格
xlCellTypeAllValidation	含有验证条件的单元格
xlCellTypeBlanks	空单元格
xlCellTypeComments	含有注释的单元格
xlCellTypeConstants	含有常量的单元格
xlCellTypeFormulas	含有公式的单元格
xlCellTypeLastCell	已用区域中的最后一个单元格
xlCellTypeSameFormatConditions	含有相同格式的单元格
xlCellTypeSameValidation	含有相同验证条件的单元格
xlCellTypeVisible	所有可见单元格

表28-3 Value参数的取值

Value参数取值	说　明
xlErrors	错误值
xlLogical	逻辑值
xlNumbers	数字
xlTextValues	文本

使用SpecialCells方法可以完成【定位条件】对话框中的各种操作。例如，下面的示例将在工作簿最后一个工作表的A列中输入当前工作表中所有包含数字的单元格的地址。

```
Sub 测试()
    Dim myRange As Range
    Dim cell As Range
```

```
    Dim i As Integer
    i = 1
    On Error Resume Next
    Set myRange = Cells.SpecialCells(xlCellTypeConstants, xlNumbers)
    On Error GoTo 0
    For Each cell In myRange
        Worksheets(Worksheets.Count).Cells(i, 1).Value = cell.Address(0, 0)
        i = i + 1
    Next cell
End Sub
```

在上面的代码中，首先使用SpecialCells方法查找并获得对当前工作表中所有包含数字的单元格的引用，将该引用赋值给myRange对象变量，然后使用变量cell遍历所有包含数字的单元格，并在最后一个工作表的A列中依次输入这些单元格的相对引用地址。

下面的示例将在区域A1:F10的所有空白单元格中批量输入"无效"字样。

```
Sub 测试()
    On Error Resume Next
    Range("A1:F10").SpecialCells(xlCellTypeBlanks).Value = "无效"
    On Error GoTo 0
End Sub
```

28.3 Word VBA应用实例

本节给出了一些在实际工作中可能会有用的Word VBA方面的示例，可以根据实际的操作环境对示例中的代码稍作修改，然后将其应用于自己的工作中。下面的每一个示例都是先给出使用环境，然后给出具体实现的代码，最后对代码的思路进行详细说明。

28.3.1 关闭当前打开的所有Word文档

本例将关闭当前打开的所有文档，其中也包括正在运行VBA过程的文档。

```
Sub 关闭所有打开的Word文档()
    Dim doc As Document
    For Each doc In Documents
        If doc.Name <> ThisDocument.Name Then
            doc.Close wdSaveChanges
        End If
    Next doc
    ThisDocument.Close wdSaveChanges
End Sub
```

代码解析：在上面的代码中，定义一个doc文档变量，然后遍历当前打开的每一个文档。如果文档名称不是当前包含代码的文档，那么就直接保存并关闭。完成遍历后，最后再保存并关闭包含代码的文档。

28.3.2 自动提取指定段落到新文档中

本例可以将当前文档中包含“Word”的段落提取到新建的文档中，代码如下。

```
Sub 自动提取指定段落()
    Dim oPara As Paragraph
    Dim msg As String
    For Each oPara In ActiveDocument.Paragraphs
        If InStr(LCase(oPara.Range.Text), "Word") > 0 Then
            msg = msg & oPara.Range.Text & Chr(10) & Chr(10)
        End If
    Next oPara
    Documents.Add
    Selection.Range.Text = msg
End Sub
```

代码解析：本例中的代码主要是定义一个代表段落的变量，然后遍历文档中的每一个段落，使用InStr函数在段落中检索“Word”一词，如果找到则InStr返回一个大于0的数字，然后将段落包含的文本添加到一个字符变量中。当汇总完成所有包含“Word”一词的段落内容后，新建一个文档，并在插入点处输入汇总后的段落内容。读者可以将“Word”一词改为其他需要提取的内容，以延伸本例的实用性。

28.3.3 选择光标所在的当前页

在Word中可以很容易地使用鼠标选择字、词、句、段或整个文档，但如果希望选择光标所在的整页内容，可能只有使用鼠标拖动进行选择才行。本例提供的方法可以快速选择光标所在的页面内容。

```
Sub 快速选择当前页()
    Dim StartRange As Long, EndRange As Long
    Dim i As Integer, j As Integer
    With Selection
        i = .Information(wdActiveEndPageNumber)
        j = .Information(wdNumberOfPagesInDocument)
        If i < j Then
            EndRange = .GoToNext(wdGoToPage).Start
            StartRange = .GoToPrevious(wdGoToPage).Start
        Else
            EndRange = ActiveDocument.Content.End
```

```
            StartRange = .GoToNext(wdGoToPage).Start
        End If
    End With
    ActiveDocument.Range(StartRange, EndRange).Select
End Sub
```

代码解析：本例中主要用到的技术是Selection对象的Information属性、GoToNext方法和GoToPrevious方法。主要的思路如下。首先将插入点所在的页码和文档总页数赋给两个变量；其次判断当前页码是否是最后一页，如果不是，定义一个区域的起点和终点；最后将插入点下移一个页面，再将该页面的起始位置赋值给区域的终点，并上移一个页面将起始位置赋值给区域的起点。如果插入点所在页码是文档的最后一页，则将文档的结尾赋值给区域的终点，而将上移一个页面后的起点赋值给区域的起点，然后使用Document对象的Range方法选择起点和终点所包围的区域。

28.3.4 批量设置嵌入式图片的大小

在Word文档中无法同时选中一张以上的嵌入式图片（以默认方式插入到Word文档中的图片都是嵌入式的）。如果想要对文档中的多个或所有图片设置相同大小，只能手工一个个地进行设置，很费时间。本例将批量设置文档中多个嵌入式图片的尺寸，代码如下。

```
Sub 批量设置图片大小()
    Dim oInShp As InlineShape
    For Each oInShp In ActiveDocument.InlineShapes
        With oInShp
            If .Type = wdInlineShapePicture Then
                .LockAspectRatio = msoFalse
                .Width = MillimetersToPoints(50)
                .Height = MillimetersToPoints(50)
            End If
        End With
    Next oInShp
End Sub
```

代码解析：本例中，使用声明的对象变量遍历文档内的所有嵌入式对象（可能是图片，也可能是OLE对象等），然后判断嵌入式对象的类型，如果是嵌入式图片，那么解除锁定图片的比例，将图片的宽度和高度都设置为50mm，这样就实现了一次性设置文档内所有图片大小的目的。

提示：如果希望以cm（厘米）为单位，则需要将上面代码中的“MillimetersToPoints”改为“CentimetersToPoints”。

28.3.5 删除文档中的公式

本例可以删除文档中的公式，这些公式是通过单击【插入】⇨【文本】⇨【对象】按钮创建的。

```
Sub 删除文档中的公式()
    Dim oInliShp As InlineShape
    For Each oInliShp In ActiveDocument.InlineShapes
        If oInliShp.Type = wdInlineShapeEmbeddedOLEObject Then
            If oInliShp.OLEFormat.ClassType = "Equation.3" Then
                oInliShp.Delete
            End If
        End If
    Next oInliShp
End Sub
```

代码解析：本例与上一示例有些类似，因为它们处理的都是文档内的嵌入式对象，区别在于处理的嵌入式对象的类型不同。本例处理的是文档中的公式，因此在判断嵌入式对象的类型属性时，“wdInlineShapeEmbeddedOLEObject”代表OLE对象。当判断出OLE对象后，还需要判断OLE对象的类型，最后将找到的每一个公式删除。

28.3.6 让文档中的所有表格居中对齐

本例将一次性将文档中的所有表格居于文档中间对齐。用于设置表格在文档中对齐方式的并不是使用Table对象中Range下ParagraphFormat的Aligement属性，而是使用Table对象中Rows属性的Alignment属性来设置。

```
Sub 设置文档中的所有表格居中对齐()
    Dim oTbl As Table
    For Each oTbl In ActiveDocument.Tables
        oTbl.Rows.Alignment = wdAlignRowCenter
    Next oTbl
End Sub
```

代码解析：本例中的代码使用了一个表格对象变量在文档中的所有表格中进行遍历，然后使用表格的Rows属性返回表格的所有行，再使用行对象的Aligment属性来设置每行单元格中的内容居中对齐。

28.3.7 删除表格中的空行

本例将删除文档中插入点所在的表格包含的所有空行。

```
Sub 删除表格中的空行()
    Dim oTbl As Table
    Dim iRow As Integer
    If Selection.Information(wdWithInTable) Then
        Set oTbl = Selection.Tables(1)
        For iRow = oTbl.Rows.Count To 1 Step -1
            If Len(oTbl.Rows(iRow).Range.Text) = (oTbl.Columns.Count + 1) * 2 Then
```

```
            oTbl.Rows(iRow).Delete
        End If
    Next iRow
  Else
    MsgBox "光标附近没有表格"
  End If
End Sub
```

代码解析：本例中的代码首先判断插入点是否位于表格内，如果不在表格内，那么将显示“光标附近没有表格”提示信息；否则，将光标位置处的表格赋值给一个表格对象变量，然后使用一个表示行号的变量从表格最后一行遍历到表格的第一行。判断空行的方法是：一个空白单元格的长度为2（一个段落标记+一个表格边框线），每行最后一个单元格右侧（也就是位于表格外侧）还有一个段落标记，该段落标记的长度也为2。因此，需要检测每行的总长度是否等于（表格列数+1）×2，如果是则说明该行为空行，可删除，否则不是空行。“Len(oTbl.Rows(iRow).Range.Text)”语句表示表格某行包含文本的总长度。

28.3.8 删除表格中的空列

本例将删除文档中插入点所在的表格包含的所有空列，并在删除后自动将表格缩放到与版心同宽。

```
Sub 删除表格中的空列()
    Dim oTbl As Table
    Dim iRow As Long, iCol As Long
    Dim iCountBlk As Integer
    Set oTbl = ActiveDocument.Tables(1)
    For iCol = oTbl.Columns.Count To 1 Step -1
        For iRow = 1 To oTbl.Rows.Count
            If Len(oTbl.Cell(iRow, iCol).Range) = 2 Then
                iCountBlk = iCountBlk + 1
            End If
        Next iRow
        If iCountBlk = oTbl.Rows.Count Then
            oTbl.Columns(iCol).Delete
        End If
        iCountBlk = 0
    Next iCol
    oTbl
    oTbl.AutoFitBehavior wdAutoFitWindow
End Sub
```

代码解析：本例通过检测每一列中每个单元格的长度是否为2，来判断该单元格是否为空，如果该列所有单元格都为空，则删除该列。代码中的iCountBlk变量用于记录一列中空白单元格的数量，如果该数量等于一列的单元格总数，那么即可判定该列为空列。删除表格的空列后，原本占据空间与文档版心同宽的表格将会变窄，因此，使用AutoFitBehavior方法来自动调整表格的宽度与版心相同。

28.3.9 朗读文本内容

在Excel应用程序中有一个Speech对象，可以使用该对象自动朗读数据内容。如果希望在Word应用程序中朗读文档内容，则需要借助于Excel中的Speech对象。当执行下面的过程时，将听到一个语音开始朗读当前文档中的文本内容。

```
Sub 朗读文档内容()
    Dim sp As Object
    Set sp = CreateObject("Excel.Application")
    sp.Speech.Speak ActiveDocument.Content
End Sub
```

代码解析：为了使用Excel应用程序的Speech对象，需要在Word VBA中引用Excel对象库。常用方法是在VBE窗口中选择菜单【工具】⇨【引用】命令，然后在打开的对话框中选中【Microsoft Excel 14.0 Object Library】复选框，如图28-11所示。

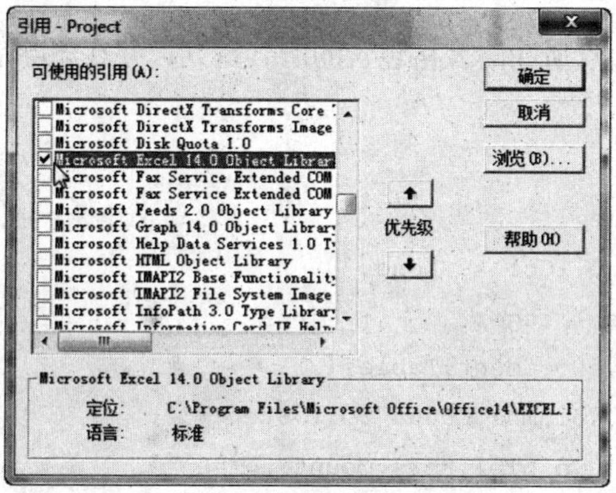

图28-11

提示：“Microsoft Excel 14.0 Object Library”表示“Excel 2010”，通过数字“14.0”来代表Excel的版本号。因此，“Microsoft Excel 12.0 Object Library”表示“Excel 2007”；“Microsoft Excel 11.0 Object Library”表示“Excel 2003”。

这种方法需要用户手工操作，对于不太熟悉程序的用户来说可能会遇到某些问题。因此，本例使用了CreateObject函数来对Excel对象库进行后期绑定，这种方式可以免去手工添加对象库的麻烦，但是在编写代码时则无法通过自动弹出列表功能来方便地选择Excel对象的属性和方法。

28.3.10 自动删除文档中指定页中的内容

如果希望删除文档中的某一页该怎么办？用户立刻想到的可能是使用鼠标滚动到要删除的这

一页，然后拖动鼠标选择这一页的内容，再按Delete键将该页删除。本例中的代码可以省去上述这些麻烦，自动删除与输入数字对应的页码中的整页内容。

```
Sub 删除文档中的指定页()
    Dim n As Integer, PageNum As Integer
    Dim delPageNum As String
    Dim lStart As Long, lEnd As Long
    delPageNum = InputBox("输入要删除的页码")
    If delPageNum = "" Then Exit Sub
    PageNum = Selection.Information(wdNumberOfPagesInDocument)
    Selection.HomeKey wdStory
    Do
        n = n + 1
        If n = Val(delPageNum) Then
            lStart = Selection.Range.Start
            If n = PageNum Then
                lEnd = ActiveDocument.Content.End
            Else
                lEnd = Selection.GoToNext(wdGoToPage).End
                Selection.GoToPrevious wdGoToPage
            End If
            ActiveDocument.Range(lStart, lEnd).Delete
            Exit Sub
        End If
        Selection.GoToNext wdGoToPage
    Loop
End Sub
```

代码解析：本例代码首先将用户在InputBox对话框中输入的数字赋值给一个变量，将当前文档中的总页数赋值给另一个变量；然后将插入点定位到文档的开头，此时进入一个Do循环，该循环的目的是根据用户输入的页码来确定该页的内容范围；通过判断用户输入的数字是否与变量n相等（变量n用于确定插入点所在的页码），进而判断用户输入的页码是否等于文档的总页数以确定待删除页面的终点位置；最后使用Document对象的Range方法通过起点和终点来确定要删除的范围并使用Delete键将其删除。如果用户输入的页码不等于变量n，那么就执行“Selection.GoToNext wdGoToPage”语句让插入点向下一页移动，直到插入点达到与用户输入的数字相等的页面中。

28.4　Excel VBA应用实例

本节给出了一些在实际工作中可能会有用的Excel VBA方面的示例，读者可以根据实际的操作环境对示例中的代码稍作修改，然后将其应用于自己的工作中。

28.4.1 关闭所有打开的工作簿

本例将关闭当前打开的所有工作簿，其中也包括正在运行VBA过程的工作簿。

```
Sub 关闭所有打开的工作簿()
    Dim wkb As Workbook
    For Each wkb In Workbooks
        If wkb.Name <> ThisWorkbook.Name Then
            wkb.Close True
        End If
    Next wkb
    ThisWorkbook.Close True
End Sub
```

代码解析：在上面的代码中，定义一个wkb工作簿变量，然后遍历当前打开的每一个工作簿。如果工作簿名称不是当前包含代码的工作簿，那么就直接保存并关闭。完成遍历后，最后再保存并关闭包含代码的工作簿。

28.4.2 批量重命名工作表

本例将自动对当前工作簿中的所有工作表进行重命名，由用户指定名称，然后对所有工作表以“名称+编号”的形式进行批量重命名。

```
Sub 批量重命名工作表()
    Dim wksName As String
    Dim wks As Worksheet
    Dim i As Integer
    i = 1
    wksName = InputBox("请输入工作表的名称")
    For Each wks In Worksheets
        wks.Name = wksName & i
        i = i + 1
    Next wks
End Sub
```

代码解析：首先通过InputBox函数获得用户指定的新工作表名，然后遍历当前工作簿中的每一个工作表，将用户指定的名称以及一个自动递增的编号赋值给工作表的Name属性，以实现批量重命名工作表的操作。

28.4.3 删除指定工作表以外的其他工作表

本例将允许用户指定一个要保留的工作表名称，然后程序自动删除工作簿中的其他工作表。

```
Sub 批量删除工作表()
    Dim wksName As String
    Dim wks As Worksheet
```

```
    Dim msg As String
    msg = "请输入要保留的工作表名称"
    Do
        wksName = UCase(InputBox(msg))
        If wksName = "" Then Exit Sub
        On Error Resume Next
        Set wks = Worksheets(wksName)
        If wks Is Nothing Then
            msg = "您指定的工作表不存在，请重新输入"
        End If
    Loop Until Err.Number = 0
    Application.DisplayAlerts = False
    For Each wks In Worksheets
        If UCase(wks.Name) <> wksName Then
            wks.Delete
        End If
    Next wks
    Application.DisplayAlerts = True
End Sub
```

代码解析：本例中的代码较为复杂，因为它包含了多个检测程序。首先将要在用户输入工作表名称的对话框中显示的提示信息赋值给一个变量，这样做的目的是为了可以在后面的代码中通过修改变量的值来根据不同的环境改变对话框中显示的提示信息；然后进入一个Do循环，将用户输入的内容赋值给一个变量，如果用户单击了【取消】按钮则退出该Sub过程；之后判断用户输入的工作表名称是否存在于当前工作簿中，如果不在，则改变输入对话框的提示信息，并重新显示输入对话框，否则退出Do循环，最后关闭Excel的消息提示功能，使用一个工作表变量遍历当前工作簿中的每一个工作表，如果工作表名称不同于用户指定的工作表名称，那么就删除这个工作表。为了严格比较工作表名称，使用了Ucase函数来将用户输入的名称和遍历时的每个工作表名称都转化为大写形式。

28.4.4 删除工作表中的所有空行

本例将删除当前工作表数据区域中的所有空行，代码如下。

```
Sub删除工作表中的所有空行()
    Dim lRows As Long
    Dim i As Long
    lRows = ActiveSheet.UsedRange.Rows.Count
    For i = lRows To 1 Step -1
        If Application.WorksheetFunction.CountA(Rows(i).Cells) = 0 Then
            Rows(i).Delete
        End If
    Next i
```

```
End Sub
```

代码解析：首先将当前工作表中已用区域的行数赋值给一个变量，然后从数据区域的最后一行开始向上循环，使用工作表函数CountA来统计每一行中是否全为空，如果都为空，则删除该行。从工作表数据区域最底部开始循环，是为了避免从上向下删除行而导致的行号错乱。

28.4.5 高亮显示活动单元格所在的行和列

可以将当前活动单元格所在的行和列高亮显示，这样将使界面操作更清晰。下面的代码需要输入到希望启用高亮显示的工作表模块中。

```
Private Sub Worksheet_SelectionChange(ByVal Target As Range)
    Cells.Interior.ColorIndex = xlColorIndexNone
    With Target
        .EntireRow.Interior.Color = vbRed
        .EntireColumn.Interior.Color = vbRed
    End With
End Sub
```

代码解析：首先将当前工作表中的所有颜色都设置为无，然后根据所选单元格的位置，将其所属行和所属列的填充色都设置为红色。这个功能会自动执行，因为上述代码是一个Worksheet事件，当工作表内的选区改变时将触发该事件中的程序。

28.4.6 选择工作表中的所有合并单元格

本例将选择当前工作表中的所有合并单元格，代码如下。

```
Sub 选择工作表中的所有合并单元格()
    Dim myUsedRange As Range
    Dim myMergeRange As Range
    Dim cell  As Range
    Set myUsedRange = ActiveSheet.UsedRange
    For Each cell In myUsedRange
        If cell.MergeCells Then
            If myMergeRange Is Nothing Then
                Set myMergeRange = cell
            Else
                Set myMergeRange = Union(myMergeRange, cell)
            End If
        End If
    Next cell
    If Not myMergeRange Is Nothing Then
        myMergeRange.Select
    End If
End Sub
```

代码解析：上述代码的关键是判断当前已用的数据区域中每一个单元格是否为合并单元格，通过Range对象的MergeCells属性来判断。如果返回“True”，则使用Union方法来获得这些合并单元格的并集，最后通过Select方法选择这些合并单元格。在执行上述过程后，将选中当前活动工作表中的所有合并单元格，如图28-12所示。

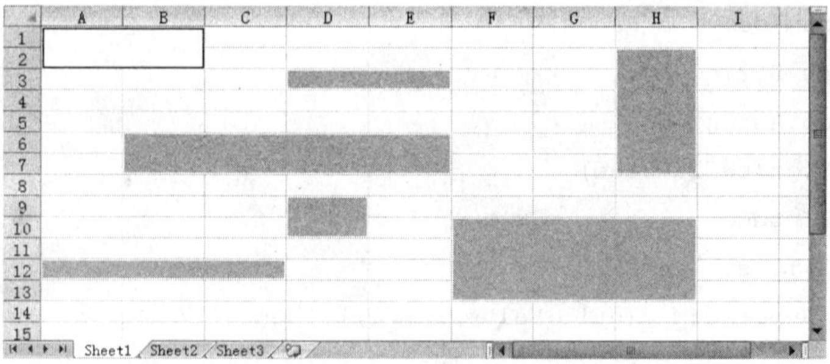

图28-12

28.4.7 禁止用户选择指定区域

本例可以实现禁止他人选择由用户指定的某个单元格区域。在本章的前面曾经介绍过一个类似的示例，本例则是之前那个示例的加强版。

```
'标准模块中的代码
Option Explicit
Public fbRange As Range
Sub 指定禁用区域()
    On Error Resume Next
    Set fbRange = Application.InputBox("请指定禁用区域", Type:=8)
    On Error GoTo 0
End Sub

'某个工作表Worksheet_SelectionChange事件中的代码
Private Sub Worksheet_SelectionChange(ByVal Target As Range)
    If Not fbRange Is Nothing Then
        If Not Intersect(fbRange, Target) Is Nothing Then
            MsgBox "当前选择无效"
            fbRange.Cells(1, fbRange.Columns.Count - fbRange.Column + 2).Select
        End If
    End If
End Sub
```

代码解析：在本例中，首先运行标准模块中的VBA过程，运行该过程的目的是获得用户选择的区域，并将该区域保存到一个工程级变量fbRange中（这个变量可以被所有模块的所有过程使用），然后在某一工作表的Worksheet_SelectionChange事件中编写相应的代码。

28.4.8 提取字符串中的数字

下面这个名为“GetNum”的自定义函数可以提取在单元格中输入的字符串中包含的所有数字，并将结果转换为数值类型。该函数接受一个Range类型的参数，用于指定要提取数字的单元格。

```
Function GetNum(cell As Range)
    Dim Str As String
    Dim strLen As Integer
    strLen = Len(cell.Value)
    Dim i As Integer
    For i = 1 To strLen
        If IsNumeric(Mid(cell.Value, i, 1)) Then
            Str = Str & Mid(cell.Value, i, 1)
        End If
    Next i
    If Str = "" Then GetNum = "字符串中不包含数字": Exit Function
    GetNum = Val(Str)
End Function
```

代码解析：上面的代码主要是遍历指定单元格中的每一个字符，判断每一个字符是否是数字，如果是，则将其添加到变量Str中。遍历完成后，首先判断Str中是否为空。如果为空，则说明不包含数字；否则，使用Val函数将字符串型的数字转换为数值型。

28.4.9 多功能函数

Excel的内置函数通常只能完成一种功能，例如，SUM函数用于求和，Average函数用于计算平均值，Count函数用于统计数量，MAX函数用于统计最大值等。下面的示例创建了一个自定义函数MultiFunc，它包含两个参数，第一个参数用于指定要参与计算的单元格区域，第二个参数用于指定要对区域进行的计算类型。代码如下。

```
Function MultiFunc(myRange As Range, Operate As String)
    With Application.WorksheetFunction
        Select Case UCase(Operate)
            Case "总和"
                MultiFunc = .Sum(myRange)
            Case "计数"
                MultiFunc = .Count(myRange)
            Case "平均值"
                MultiFunc = .Average(myRange)
            Case "最大值"
                MultiFunc = .Max(myRange)
            Case "最小值"
                MultiFunc = .Min(myRange)
```

```
            Case Else
                MultiFunc = CVErr(xlErrNA)
        End Select
    End With
End Function
```

代码解析：上面的代码必须放到VBA的标准模块中，然后可以在Excel工作表中输入函数的名称和参数；在指定该自定义函数的第二个参数时，使用汉字来指定要进行的计算。例如，要对区域进行求和运算，则在函数的第二个参数中输入“总和”二字，并将其用双引号括起，如图28-13所示。

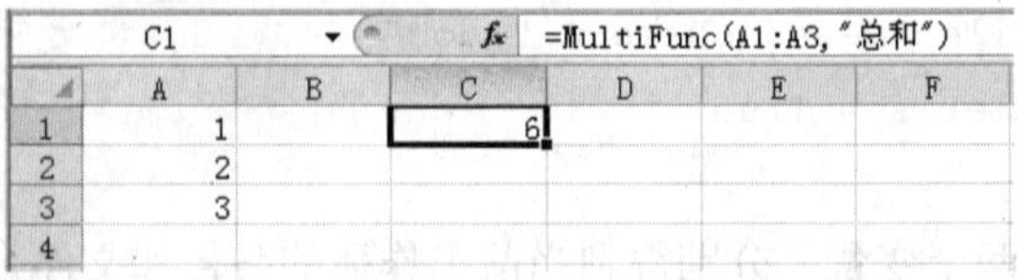

图28-13

提示：如果希望编辑工作表中的任意单元格或按F9键时可以对公式自动重算，则需要在上述代码的开头加上“Application.Volatile”语句。

28.4.10 将Excel数据区域的每一行保存到同名的Word文档中

将一个已保存的工作簿中某个工作表的每一行数据复制到与该工作簿同路径且同名的Word文档中，且将每一行Excel数据输出到文档中的每一行中。

```
Sub 测试()
    '获得当前工作簿的路径和工作簿名
    Dim fPath As String
    Dim fName As String
    fPath = ActiveWorkbook.Path
    fName = ActiveWorkbook.Name

    '获得不带扩展名的工作簿名，然后指定要创建的Word文档的路径和不带扩展名的名称
    Dim i As Integer
    Dim docName As String
    For i = 1 To Len(fName)
        If Mid(fName, i, 1) = "." Then Exit For
    Next i
    docName = fPath & Application.PathSeparator & Left(fName, i - 1)

    '复制当前工作表中的已用区域
    ActiveSheet.UsedRange.Copy
```

```
    '使用晚期绑定创建一个Word应用程序对象
    '然后新建一个Word文档，并以文本格式粘贴，最后以前面的文档名进行保存
    Dim wdApp As Object
    Dim wdDoc As Object
    Set wdApp = CreateObject("word.application")
    wdApp.Visible = True
    Set wdDoc = wdApp.Documents.Add
    wdApp.Selection.PasteSpecial DataType:=2
    wdApp.DisplayAlerts = False
    wdDoc.SaveAs Filename:=docName & ".doc"
    wdApp.DisplayAlerts = True
End Sub
```

代码解析：首先定义两个变量，分别得到当前工作簿的路径和文件名；然后使用Mid函数提取工作簿名称中“.”之前的内容，并将路径和名称组合后的内容赋值给将要作为Word同名文档的名称的变量；复制当前工作表中的已用区域，再使用CreateObject函数引用一个Word应用程序并新建一个Word文档，以文本格式进行选择性粘贴，将工作表中的已用数据粘贴到Word文档中；最后将Word文档保存到当前工作簿所在的路径中。

附录1 Word查找和替换特殊字符表

本部分列出了在【查找和替换】对话框中可以使用的特殊字符，这些特殊字符在查找和替换操作中可以发挥巨大的威力。在选中【使用通配符】或不选中【使用通配符】复选框时，【查找内容】和【替换为】中允许使用的特殊字符是不相同的，具体见下表。

1.【查找内容】中的特殊字符

选中【使用通配符】复选框时		不选中【使用通配符】复选框时	
字符代码	含义	字符代码	含义
?	任意单个字符	^?	任意字符
*	0个或多个字符	^#	任意数字
@	重复前一字符至少一次	^$	任意字母
{m,n}	重复前一个字符m~n次	^e	尾注标记
()	创建表达式	^f	脚注标记
[-]	指定包含的字符或数字	^d	域
!	非，即取反、不包含	^w	空白区域
<	单词开头	^b	分节符
>	单词结尾	^v	段落符号
^13	段落标记	^p	段落标记
^t	制表符	^t	制表符
^n	分栏符	^n	分栏符
^m	分页符/分节符	^%	分节符
^i	省略号	^i	省略号
^j	全角省略号	^j	全角省略号
^g	图形	^g	图形
^l	手动换行符	^l	手动换行符
^s	不间断空格	^s	不间断空格
^~	不间断连字符	^~	不间断连字符
^-	可选连字符	^-	可选连字符
^^	脱字号	^^	脱字号
^+	长画线	^+	长画线
^q	1/4长画线	^q	1/4长画线
^=	短画线	^=	短画线
^x	无宽可选分隔符	^x	无宽可选分隔符
^z	无宽非分隔符	^z	无宽非分隔符
		^m	手动分页符

2. 【替换为】中的特殊字符

选中【使用通配符】复选框时		不选中【使用通配符】复选框时	
字 符 代 码	含 义	字 符 代 码	含 义
^p	段落标记	^p	段落标记
\n，n表示表达式的序号	要查找的表达式	^c	剪贴板中的内容
^c	剪贴板中的内容	^&	【查找内容】中的内容
^&	【查找内容】中的内容	^t	制表符
^t	制表符	^%	分节符
^%	分节符	^v	段落符号
^v	段落符号	^n	分栏符
^n	分栏符	^i	省略号
^i	省略号	^j	全角省略号
^j	全角省略号	^l	手动换行符
^l	手动换行符	^m	手动分页符
^m	手动分页符	^s	不间断空格
^s	不间断空格	^~	不间断连字符
^~	不间断连字符	^-	可选连字符
^-	可选连字符	^^	脱字号
^^	脱字号	^+	长画线
^+	长画线	^q	1/4长画线
^q	1/4长画线	^=	短画线
^=	短画线	^x	无宽可选分隔符
^x	无宽可选分隔符	^z	无宽非分隔符
^z	无宽非分隔符		

附录2 Excel函数功能速查表

本部分列出了Excel 2010所有函数的完整列表，包括新增函数与兼容性函数。

1. 逻辑函数

函 数	功 能
AND	判断多个条件是否同时成立
FALSE	返回逻辑值“False”
IF	根据条件判断而获取不同结果
IFERROR	如果公式的计算结果错误，则返回指定的值；否则返回公式的结果
NOT	对逻辑值求反
OR	判断多个条件中是否至少有一个条件成立
TRUE	返回逻辑值“True”

2. 信息函数

函 数	功 能
CELL	获取有关单元格格式、位置或内容的信息
ERROR.TYPE	获取对应于错误类型的数字
INFO	获取有关当前操作环境的信息
ISBLANK	如果值为空，则返回“True”
ISERR	如果值为除“#N/A”以外的任何错误值，则返回“True”
ISERROR	如果值为任何错误值，则返回“True”
ISEVEN	如果数字为偶数，则返回“True”
ISLOGICAL	如果值为逻辑值，则返回“True”
ISNA	如果值为错误值“#N/A”，则返回“True”
ISNONTEXT	如果值不是文本，则返回“True”
ISNUMBER	如果值为数字，则返回“True”
ISODD	如果值为奇数，则返回“True”
ISREF	如果值为一个引用，则返回“True”
ISTEXT	如果值为文本，则返回“True”
N	获取转换为数字的值
NA	获取错误值“#N/A”
TYPE	获取表示值的数据类型的数字

3. 文本函数

函　数	功　能
ASC	将全角（双字节）字符转换为半角（单字节）字符
BAHTTEXT	将数字转换为泰语文本
CHAR	获取与数值序号对应的字符
CLEAN	删除文本中所有非打印字符
CODE	获取与字符对应的数值序号
CONCATENATE	将多个文本合并到一处
DOLLAR	将数字转换为美元文本
EXACT	比较两个文本是否相同
FIND和FINDB	以区分大小写的方式精确查找
FIXED	将数字按指定的小数位数取整
JIS	将半角（单字节）字符转换为全角（双字节）字符
LEFT和LEFTB	从文本最左侧开始提取字符
LEN和LENB	获取文本中的字符个数
LOWER	将文本转换为小写
MID和MIDB	从文本指定位置开始提取字符
PHONETIC	获取文本中的拼音（汉字注音）字符
PROPER	将文本中每个单词的首字母转换为大写
REPLACE和REPLACEB	以指定位置替换
REPT	生成重复的字符
RIGHT和RIGHTB	从文本最右侧开始提取字符
SEARCH和SEARCHB	以不区分大小写的方式进行查找
SUBSTITUTE	以指定文本替换
T	将参数转换为文本
TEXT	以多样化格式设置函数
TRIM	删除文本中的空格
UPPER	将文本转换为大写
VALUE	将文本转换为数字
WIDECHAR	将半角字符转换为全角字符

4. 数学和三角函数

函　数	功　能
ABS	计算数字的绝对值
ACOS	计算数字的反余弦值
ACOSH	计算数字的反双曲余弦值
AGGREGATE	获取列表或数据库中的聚合
ASIN	计算数字的反正弦值
ASINH	计算数字的反双曲正弦值
ATAN	计算数字的反正切值
ATAN2	计算给定坐标的反正切值

（续表）

函　数	功　能
ATANH	计算数字的反双曲正切值
CEILING	以远离0的指定倍数舍入
CEILING.PRECISE	将数字向上舍入为最接近的整数或最接近的指定基数的倍数。无论该数字的符号如何，该数字都向上舍入
COMBIN	计算给定数目对象的组合数
COS	计算数字的余弦值
COSH	计算数字的双曲余弦值
DEGREES	将弧度转换为角度
EVEN	沿绝对值增大的方向舍入到最接近的偶数
EXP	计算e的n次方
FACT	计算数字的阶乘
FACTDOUBLE	计算数字的双倍阶乘
FLOOR	以接近0的指定倍数舍入
FLOOR.PRECISE	将数字向下舍入为最接近的整数或最接近的指定基数的倍数。无论该数字的符号如何，该数字都向下舍入
GCD	计算最大公约数
INT	计算永远小于原数字的最接近的整数
LCM	计算最小公倍数
LN	计算自然对数
LOG	计算以指定底为底的对数
LOG10	计算以10为底的对数
MDETERM	计算数组的矩阵行列式的值
MINVERSE	计算数组的逆矩阵
MMULT	计算两个数组的矩阵乘积
MOD	求商的余数
MROUND	计算一个舍入到所需倍数的数字
MULTINOMIAL	计算一组数字的多项式
ODD	沿绝对值增大的方向舍入到最接近的奇数
PI	获取pi的值
POWER	计算数字的乘幂
PRODUCT	计算数字的乘积
QUOTIENT	获取商的整数部分
RADIANS	将度转换为弧度
RAND	获取0和1之间的一个随机数
RANDBETWEEN	获取介于两个指定数字之间的一个随机数
ROMAN	将阿拉伯数字转换为文本格式的罗马数字
ROUND	将数字按指定位数舍入
ROUNDDOWN	舍入到接近0的数字
ROUNDUP	舍入到远离0的数字
SERIESSUM	计算基于公式的幂级数的和
SIGN	获取数字的符号
SIN	计算给定角度的正弦值

（续表）

函　数	功　能
SINH	计算数字的双曲正弦值
SQRT	计算正平方根
SQRTPI	计算某数与pi的乘积的平方根
SUBTOTAL	获取指定区域的分类汇总结果
SUM	对指定单元格求和
SUMIF	按给定条件对指定单元格求和
SUMIFS	按给定的多个条件对指定单元格求和
SUMPRODUCT	计算对应数组元素的乘积和
SUMSQ	计算参数的平方和
SUMX2MY2	计算两个数组中对应值平方差之和
SUMX2PY2	计算两个数组中对应值平方和之和
SUMXMY2	计算两个数组中对应值差的平方和
TAN	计算数字的正切值
TANH	计算数字的双曲正切值
TRUNC	获取数字的整数部分

5. 统计函数

函　数	功　能
AVEDEV	计算数据点与其平均值的绝对偏差的平均值
AVERAGE	计算参数的平均值
AVERAGEA	计算参数的平均值，包括数字、文本和逻辑值
AVERAGEIF	计算满足给定条件的所有单元格的平均值
AVERAGEIFS	计算满足多个给定条件的所有单元格的平均值
BETA.DIST	获取Beta累积分布函数
BETA.INV	获取指定Beta分布的累积分布函数的反函数
BINOM.DIST	计算一元二项式分布的概率值
BINOM.INV	计算使累积二项式分布小于或等于临界值的最小值
CHISQ.DIST	获取累积Beta概率密度函数
CHISQ.DIST.RT	获取 χ^2分布的单尾概率
CHISQ.INV	获取累积Beta概率密度函数
CHISQ.INV.RT	获取 γ^2分布的单尾概率的反函数
CHISQ.TEST	获取独立性检验值
CONFIDENCE.NORM	获取总体平均值的置信区间
CONFIDENCE.T	获取总体平均值的置信区间（使用学生的t分布）
CORREL	获取两个数据集之间的相关系数
COUNT	计算参数列表中数字的个数
COUNTA	计算参数列表中值的个数
COUNTBLANK	计算空白单元格的数量
COUNTIF	计算满足给定条件的单元格的数量
COUNTIFS	计算满足多个给定条件的单元格的数量

（续表）

函　数	功　能
COVARIANCE.P	计算协方差，即成对偏差乘积的平均值
COVARIANCE.S	计算样本协方差，即两个数据集中每对数据点的偏差乘积的平均值
DEVSQ	计算偏差的平方和
EXPON.DIST	获取指数分布
F.DIST	获取F概率分布
F.DIST.RT	获取F概率分布
F.INV	获取F概率分布的反函数值
F.INV.RT	获取F概率分布的反函数值
FISHER	获取Fisher变换值
FISHERINV	获取Fisher变换的反函数值
FORECAST	获取沿线性趋势的值
FREQUENCY	以垂直数组的形式获取频率分布
F.TEST	获取F检验的结果
GAMMA.DIST	获取γ分布
GAMMA.INV	获取γ累积分布函数的反函数
GAMMALN	获取γ函数的自然对数
GAMMALN.PRECISE	获取γ函数的自然对数
GEOMEAN	计算几何平均值
GROWTH	计算沿指数趋势的值
HARMEAN	计算调和平均值
HYPGEOM.DIST	获取超几何分布
INTERCEPT	获取线性回归线的截距
KURT	获取数据集的峰值
LARGE	获取数据集中第k个最大值
LINEST	获取线性趋势的参数
LOGEST	获取指数趋势的参数
LOGNORM.INV	获取对数累积分布的反函数
LOGNORM.DIST	获取对数累积分布函数
MAX	获取参数列表中的最大值，忽略文本和逻辑值
MAXA	获取参数列表中的最大值，包括文本和逻辑值
MEDIAN	获取给定数值集合的中值
MIN	获取参数列表中的最小值，忽略文本和逻辑值
MINA	获取参数列表中的最小值，包括文本和逻辑值
MODE.NULT	获取一组数据或数据区域中出现频率最高或重复出现的数值的垂直数组
MODE.SNGL	获取数据集内出现次数最多的值
NEGBINOM.DIST	获取负二项式分布
NORM.DIST	获取正态累积分布
NORM.INV	获取标准正态累积分布的反函数
NORM.S.DIST	获取标准正态累积分布
NORM.S.INV	获取标准正态累积分布函数的反函数
PEARSON	获取Pearson乘积矩相关系数
PERCENTILE.EXC	获取区域中数值的第k个百分点的值（k取值在0和1之间，但不包含0和1）

（续表）

函数	功能
PERCENTILE.INC	获取区域中数值的第k个百分点的值
PERCENTRANK.EXC	获取数据集中值的百分比排位，此处的百分点值的范围在0和1之间，但不包含0和1
PERCENTRANK.INC	获取数据集中值的百分比排位
PERMUT	获取给定数目对象的排列数
POISSON.DIST	获取泊松分布
PROB	获取区域中的数值落在指定区间内的概率
QUARTILE.EXC	获取数据集的四分位数，此处的百分点值的范围在0和1之间，但不包含0和1
QUARTILE.INC	获取数据集的四分位数
RANK.AVG	获取一个数字在数字列表中的排位
RANK.EQ	获取一个数字在数字列表中的排位
RSQ	获取Pearson乘积矩相关系数的平方
SKEW	获取分布的不对称度
SLOPE	获取线性回归线的斜率
SMALL	获取数据集中的第k个最小值
STANDARDIZE	获取正态化数值
STDEVA	估算基于样本的标准偏差，包括文本和逻辑值
STDEVPA	估算基于整个样本总体的标准偏差，包括文本和逻辑值
STDEV.P	估算基于整个样本总体的标准偏差，忽略文本和逻辑值
STDEV.S	估算基于样本的标准偏差，忽略文本和逻辑值
STEYX	获取通过线性回归法预测每个x的y值时所产生的标准误差
T.DIST	获取学生的t分布的百分点
T.DIST.2T	获取学生的t分布的百分点
T.DIST.RT	获取学生的t分布
T.INV	获取作为概率和自由度函数的学生t分布的t值
T.INV.2T	获取学生的t分布的反函数
TREND	获取沿线性趋势的值
TRIMMEAN	获取数据集的内部平均值
T.TEST	获取与学生的t检验相关的概率
VARA	计算基于给定样本的方差，包括文本和逻辑值
VARPA	计算基于整个样本总体的方差，包括文本和逻辑值
VAR.P	计算基于整个样本总体的方差，忽略文本和逻辑值
VAR.S	计算基于给定样本的方差，忽略文本和逻辑值
WEIBULL.DIST	获取韦伯分布
Z.TEST	获取z检验的单尾概率值

6. 查找和引用函数

函　数	功　能
ADDRESS	获取与给定的行号和列号对应的单元格地址
AREAS	获取引用中包含的区域数量
CHOOSE	根据给定序号从列表中选择对应的内容
COLUMN	获取单元格或单元格区域首列的列号
COLUMNS	获取数据区域的列数
GETPIVOTDATA	获取数据透视表中的数据
HLOOKUP	在数据区域的行中查找数据
HYPERLINK	为指定内容创建超链接
INDEX	获取指定位置中的内容
INDIRECT	获取由文本值指定的引用
LOOKUP	仅在单行单列中查找
MATCH	获取指定内容所在的位置
OFFSET	根据给定的偏移量获取新的引用区域
ROW	获取单元格或单元格区域首行的行号
ROWS	获取数据区域的行数
RTD	获取支持COM自动化程序的实时数据
TRANSPOSE	转置数据区域的行列位置
VLOOKUP	在数据区域的列中查找数据

7. 日期和时间函数

函　数	功　能
DATE	获取指定日期的数值序号
DATEVALUE	将常规的日期形式转换为数值序号
DAY	获取日期中具体的某一天
DAYS360	以一年360天为基准计算两个日期间的天数
EDATE	计算从起始日前几个月或后几个月的日期的数值序号
EOMONTH	计算从起始日期前几个月或后几个月的月份最后一天的数值序号
HOUR	获取小时数
MINUTE	获取分钟数
MONTH	获取月份
NETWORKDAYS	计算两个日期间的所有工作日天数
NETWORKDAYS.INTL	计算两个日期间的所有工作日天数（使用参数指明周末有几天并指明是哪几天）
NOW	获取当前日期和时间
SECOND	获取秒数
TIME	将指定内容显示为一个时间
TIMEVALUE	将文本格式的时间转换为数值序号
TODAY	获取当前日期
WEEKDAY	获取当前日期是星期几

（续表）

函　　数	功　　能
WEEKNUM	获取某个日期位于一年中的第几周
WORKDAY	计算与指定日期相隔数个工作日的日期
WORKDAY.INTL	计算与指定日期相隔数个工作日的日期（使用参数指明周末有几天并指明是哪几天）
YEAR	获取年份
YEARFRAC	计算从起始日期到终止日期所经历的天数占全年天数的百分比

8. 财务函数

函　　数	功　　能
ACCRINT	计算定期支付利息的有价证券的应计利息
ACCRINTM	计算在到期日支付利息的有价证券的应计利息
AMORDEGRC	计算每个结算期间的折旧值（折旧系数取决于资产的寿命）
AMORLINC	计算每个结算期间的折旧值
COUPDAYBS	计算当前付息期内截止到结算日的天数
COUPDAYS	计算结算日所在的付息期的天数
COUPDAYSNC	计算从结算日到下一付息日之间的天数
COUPNCD	计算成交日之后的下一个付息日
COUPNUM	计算成交日和到期日之间的应付利息次数
COUPPCD	计算成交日之前的上一付息日
CUMIPMT	计算两个付款期之间累积支付的利息
CUMPRINC	计算两个付款期之间为贷款累积支付的本金
DB	使用固定余额递减法计算一笔资产在给定期间内的折旧值
DDB	使用双倍余额递减法或其他方法计算一笔资产在给定期间内的折旧值
DISC	计算有价证券的贴现率
DOLLARDE	将以分数表示的美元价格转换为以小数表示的美元价格
DOLLARFR	将以小数表示的美元价格转换为以分数表示的美元价格
DURATION	计算定期支付利息的有价证券的年度期限
EFFECT	计算有效年利率
FV	计算一笔投资的未来值
FVSCHEDULE	应用一系列复利率计算初始本金的未来值
INTRATE	计算一次性付息证券的利率
IPMT	计算一笔投资在给定期间内支付的利息
IRR	计算一系列现金流的内部收益率
ISPMT	计算特定投资期内要支付的利息
MDURATION	计算假设面值为￥100的有价证券的Macauley修正期限
MIRR	计算正负现金流在不同利率下支付的内部收益率
NOMINAL	计算名义年利率
NPER	计算投资的期数
NPV	基于一系列定期的现金流和贴现率计算投资的净现值
ODDFPRICE	计算首期付息日不固定的面值￥100的有价证券价格

（续表）

函　　数	功　　能
ODDFYIELD	计算首期付息日不固定的有价证券的收益率
ODDLPRICE	计算末期付息日不固定的面值￥100的有价证券的价格
ODDLYIELD	计算末期付息日不固定的有价证券的收益率
PMT	计算年金的定期支付金额
PPMT	计算一笔投资在给定期间内偿还的本金
PRICE	计算定期付息的面值￥100的有价证券的价格
PRICEDISC	计算折价发行的面值￥100的有价证券的价格
PRICEMAT	计算到期付息的面值￥100的有价证券的价格
PV	计算投资的现值
RATE	计算年金的各期利率
RECEIVED	计算一次性付息的有价证券到期收回的金额
SLN	计算某项资产在一个期间中的线性折旧值
SYD	计算某项资产按年限总和折旧法计算的指定期间的折旧值
TBILLEQ	计算国库券的等价债券收益
TBILLPRICE	计算面值￥100的国库券的价格
TBILLYIELD	计算国库券的收益率
VDB	使用余额递减法计算一笔资产在给定期间或部分期间内的折旧值
XIRR	计算一组未必定期发生的现金流的内部收益率
XNPV	计算一组未必定期发生的现金流的净现值
YIELD	计算定期支付利息的有价证券的收益率
YIELDDISC	计算折价发行的有价证券的年收益率
YIELDMAT	计算到期付息的有价证券的年收益率

9. 工程函数

函　　数	功　　能
BESSELI	获取修正的贝赛耳函数In(x)
BESSELJ	获取贝赛耳函数Jn(x)
BESSELK	获取修正的贝赛耳函数Kn(x)
BESSELY	获取贝赛耳函数Yn(x)
BIN2DEC	将二进制数转换为十进制数
BIN2HEX	将二进制数转换为十六进制数
BIN2OCT	将二进制数转换为八进制数
COMPLEX	将实系数和虚系数转换为复数
CONVERT	将数字从一种度量系统转换为另一种度量系统
DEC2BIN	将十进制数转换为二进制数
DEC2HEX	将十进制数转换为十六进制数
DEC2OCT	将十进制数转换为八进制数
DELTA	测试两个值是否相等
ERF	获取误差函数
ERF.PRECISE	获取误差函数

（续表）

函　数	功　能
ERFC	获取余误差函数
ERFC.PRECISE	获取从x到无穷大积分的互补ERF函数
GESTEP	测试某值是否大于阈值
HEX2BIN	将十六进制数转换为二进制数
HEX2DEC	将十六进制数转换为十进制数
HEX2OCT	将十六进制数转换为八进制数
IMABS	计算复数的绝对值（模数）
IMAGINARY	获取复数的虚系数
IMARGUMENT	获取一个以弧度表示的角度的参数theta
IMCONJUGATE	获取复数的共轭复数
IMCOS	计算复数的余弦
IMDIV	计算两个复数的商
IMEXP	计算复数的指数
IMLN	计算复数的自然对数
IMLOG10	计算复数的以10为底的对数
IMLOG2	计算复数的以2为底的对数
IMPOWER	计算复数的整数幂
IMPRODUCT	计算复数的乘积
IMREAL	获取复数的实系数
IMSIN	计算复数的正弦
IMSQRT	计算复数的平方根
IMSUB	计算两个复数的差
IMSUM	计算多个复数的和
OCT2BIN	将八进制数转换为二进制数
OCT2DEC	将八进制数转换为十进制数
OCT2HEX	将八进制数转换为十六进制数

10. 数据库函数

函　数	功　能
DAVERAGE	计算满足条件的数值的平均值
DCOUNT	计算满足条件的包含数字的单元格个数
DCOUNTA	计算满足条件的非空单元格个数
DGET	获取符合条件的单个值
DMAX	获取满足条件的列表中的最大值
DMIN	获取满足条件的列表中的最小值
DPRODUCT	计算满足条件的数值的乘积
DSTDEV	获取满足条件的数字作为一个样本估算出的样本总体标准偏差
DSTDEVP	获取满足条件的数字作为样本总体计算出的总体标准偏差
DSUM	计算满足条件的数字的和
DVAR	获取满足条件的数字作为一个样本估算出的样本总体方差
DVARP	获取满足条件的数字作为样本总体计算出的样本总体方差

11. 多维数据集函数

函 数	功 能
CUBEKPIMEMBER	获取关键性能指标属性并显示名称
CUBEMEMBER	获取多维数据集中的成员或元组
CUBEMEMBERPROPERTY	获取多维数据集中成员属性的值
CUBERANKEDMEMBER	获取集合中的第n个成员或排名成员
CUBESET	定义成员或元组的计算集
CUBESETCOUNT	获取集合中的项目数
CUBEVALUE	获取多维数据集中的汇总值

12. 加载宏和自动化函数

函 数	功 能
CALL	调用动态链接库或代码源中的程序
EUROCONVERT	欧洲货币间的换算
REGISTER.ID	获取已注册的指定动态链接库或代码源的注册号
SQL.REQUEST	以数组的形式返回外部数据源的查询结果

13. 兼容性函数

函 数	功 能
BETADIST	获取Beta累积分布函数
BETAINV	获取指定Beta分布的累积分布函数的反函数
BINOMDIST	计算一元二项式分布的概率值
CHIDIST	获取χ^2分布的单尾概率
CHIINV	获取γ^2分布的单尾概率的反函数
CHITEST	获取独立性检验值
CONFIDENCE	获取总体平均值的置信区间
COVAR	计算协方差，即成对偏差乘积的平均值
CRITBINOM	计算使累积二项式分布小于或等于临界值的最小值
EXPONDIST	获取指数分布
FDIST	获取F概率分布
FINV	获取F概率分布的反函数值
FTEST	获取F检验的结果
GAMMADIST	获取γ分布
GAMMAINV	获取γ累积分布函数的反函数
HYPGEOMDIST	获取超几何分布
LOGINV	获取对数分布函数的反函数
LOGNORMDIST	获取对数累积分布函数
MODE	获取在数据集中出现次数最多的值
NEGBINOMDIST	获取负二项式分布

（续表）

函　　数	功　　能
NORMDIST	获取正态累积分布
NORMINV	获取标准正态累积分布的反函数
NORMSDIST	获取标准正态累积分布
NORMSINV	获取标准正态累积分布函数的反函数
PERCENTILE	获取区域中数值的第K个百分点的值
PERCENTRANK	获取数据集中值的百分比排位
POISSON	获取泊松分布
QUARTILE	获取数据集的四分位数
RANK	获取一个数字在数字列表中的排位
STDEV	估算基于样本的标准偏差，忽略文本和逻辑值
STDEVP	估算基于整个样本总体的标准偏差，忽略文本和逻辑值
STEYX	获取通过线性回归法预测每个x的y值时所产生的标准误差
TDIST	获取学生的t分布
TINV	获取学生的t分布的反函数
TTEST	获取与学生的t检验相关的概率
VAR	计算基于给定样本的方差，忽略文本和逻辑值
VARP	计算基于整个样本总体的方差，忽略文本和逻辑值
WEIBULL	获取韦伯分布
ZTEST	获取z检验的单尾概率值

附录3 Office常用快捷键详细列表

本部分列出了Word、Excel和PowerPoint中常用的快捷键，当按键不止一个时，各按键之间以“+”（加号）相连。

1. Word常用快捷键

（1）文档基本操作的快捷键

快 捷 键	功 能
F1	显示帮助
Ctrl+F1	隐藏或显示功能区
Ctrl+N	新建文档
Ctrl+O或Ctrl+F12或Ctrl+Alt+F2	打开文档
Ctrl+S或Shift+F12或Alt+Shift+F2	保存文档
F12	另存文档
Ctrl+W	关闭文档
Ctrl+P或Ctrl+Shift+F12	打印文档
Alt+F4	退出Word程序
Alt+Ctrl+P	切换到页面视图
Alt+Ctrl+O	切换到大纲视图
Alt+Ctrl+N	切换到草稿视图
Alt+Ctrl+S	拆分文档窗口
Alt+Shift+C	取消拆分的文档窗口
Esc	关闭当前打开的对话框
Ctrl+*	显示或隐藏编辑标记

（2）定位光标位置的快捷键

快 捷 键	功 能
左箭头键	左移一个字符
右箭头键	右移一个字符
上箭头键	上移一行
下箭头键	下移一行
Ctrl+左箭头键	左移一个单词
Ctrl+右箭头键	右移一个单词
Ctrl+上箭头键	上移一段
Ctrl+下箭头键	下移一段
End	移至行尾
Home	移至行首
Alt+Ctrl+PageUp	移至窗口顶端
Alt+Ctrl+PageDown	移至窗口结尾
PageUp	上移一屏
PageDown	下移一屏
Ctrl+PageDown	移至下页顶端
Ctrl+PageUp	移至上页顶端
Ctrl+End	移至文档结尾
Ctrl+Home	移至文档开头
Shift+F5	移至上一次关闭时进行操作的位置

(3) 选择文本的快捷键

快　捷　键	功　　能
Shift+向右键	将所选内容向右扩展一个字符
Shift+向左键	将所选内容向左扩展一个字符
Shift+向下键	将所选内容向下扩展一行
Shift+向上键	将所选内容向上扩展一行
Ctrl+Shift+向右键	将所选内容扩展到字词的末尾
Ctrl+Shift+向左键	将所选内容扩展到字词的开头
Ctrl+Shift+向下键	将所选内容扩展到段落的末尾
Ctrl+Shift+向上键	将所选内容扩展到段落的开头
Shift+End	将所选内容扩展到一行的末尾
Shift+Home	将所选内容扩展到一行的开头
Shift+PageDown	将所选内容向下扩展一屏
Shift+PageUp	将所选内容向上扩展一屏
Ctrl+Shift+Home	将所选内容扩展到文档的开头
Ctrl+Shift+End	将所选内容扩展到文档的末尾
Alt+Ctrl+Shift+PageDown	将所选内容扩展到窗口的末尾
Alt+Ctrl+Shift+PageUp	将所选内容扩展到窗口的开头
Ctrl+A	选择文档内所有内容
F8	使用扩展模式选择
Esc	关闭扩展模式
按住Alt键拖动鼠标	纵向选择内容

(4) 编辑文本的快捷键

快　捷　键	功　　能
Ctrl+C	复制所选内容
Ctrl+X	剪切所选内容
Ctrl+V	粘贴内容
Ctrl+Alt+V	选择性粘贴
Ctrl+Shift+C	仅复制格式
Ctrl+Shift+V	仅粘贴格式
BackSpace	删除光标左侧的一个字符
Ctrl+BackSpace	删除光标左侧的一个单词
Delete	删除光标右侧的一个字符
Ctrl+Delete	删除光标右侧的一个单词
Ctrl+F	打开【导航】窗格中的【搜索】选项卡
Ctrl+H	打开【查找和替换】对话框的【替换】选项卡
Ctrl+G	打开【查找和替换】对话框的【定位】选项卡
Alt+F3	选中内容后将打开【新建构建基块】对话框
Alt+Ctrl+Y	打开【查找和替换】对话框的【查找】选项卡
Ctrl+Z	撤销上一步操作
Ctrl+Y	恢复或重复上一步操作
F4	重复上一步操作
Shift+F5或Alt+Ctrl+Z	在最后四个已编辑过的位置间切换

（5）设置字体格式的快捷键

快 捷 键	功 能
Ctrl+Shift+>	增大字号
Ctrl+Shift+<	减小字号
Ctrl+]	逐磅增大字号
Ctrl+[	逐磅减小字号
Ctrl+B	使文字加粗
Ctrl+I	使文字倾斜
Ctrl+U	给文字加下画线
Ctrl+Shift+D	给文字加双下画线
Ctrl+等号	应用下标格式
Ctrl+Shift+等号	应用上标格式
Ctrl+D	打开【字体】对话框

（6）设置段落格式的快捷键

快 捷 键	功 能
Ctrl+1	单倍行距
Ctrl+2	双倍行距
Ctrl+5	1.5倍行距
Ctrl+0	在段前添加或删除一行间距
Ctrl+L	左对齐
Ctrl+R	右对齐
Ctrl+E	居中对齐
Ctrl+J	两端对齐
Ctrl+Shift+J	分散对齐
Ctrl+M	左缩进
Ctrl+Shift+M	取消左缩进
Ctrl+T	悬挂缩进
Ctrl+Shift+T	减小悬挂缩进量
Ctrl+Tab	插入制表符
Alt+Ctrl+shift+S	打开【样式】任务窗格
Ctrl+Shift+S	打开【应用样式】任务窗格
Ctrl+Shift+N	应用【正文】样式
Alt+Ctrl+1	应用【标题1】样式
Alt+Ctrl+2	应用【标题2】样式
Alt+Ctrl+3	应用【标题3】样式
Alt+Shift+向左键	提升段落级别
Alt+Shift+向右键	降低段落级别
Alt+Shift+向上键	上移所选段落
Alt+Shift+向下键	下移所选段落
Alt+Shift+加号	展开标题下的文本（仅限大纲视图）
Alt+Shift+减号	折叠标题下的文本（仅限大纲视图）
Alt+Shift+A	展开或折叠所有文本或标题（仅限大纲视图）
Alt+Shift+L	显示首行正文或所有正文（仅限大纲视图）
Alt+Shift+1	显示所有具有【标题1】样式的标题（仅限大纲视图）
Alt+Shift+n	显示从【标题1】到【标题n】的所有标题（仅限大纲视图）

（7）操作表格的快捷键

快　捷　键	功　　能
Tab	定位到一行中的下一个单元格（或选择下一个单元格的内容）
Shift+Tab	定位到一行中的上一个单元格（或选择上一个单元格的内容）
Alt+Home	定位到一行中的第一个单元格
Alt+End	定位到一行中的最后一个单元格
Alt+PageUp	定位到一列中的第一个单元格
Alt+PageDown	定位到一列中的最后一个单元格
向上键	定位到上一行
向下键	定位到下一行
Shift+向上键	向上选择一行
Shift+向下键	向下选择一行
Alt+Shift+PapeDown	从上到下选择光标所在的列
Alt+Shift+PageUp	从下到上选择光标所在的列
Alt+数字键盘上的5（需关闭NumLock）	选定整张表格
Alt+Shift+向上键	将当前内容上移一行
Alt+Shift+向下键	将当前内容下移一行
Ctrl+Tab	在单元格中插入制表符

（8）域和宏的快捷键

快　捷　键	功　　能
Ctrl+F9	插入空白域
F9	更新选定的域
Shift+F9	在当前选择的域代码及域结果间切换
Alt+F9	在文档内所有域代码及域结果间切换
Shift+F11或Alt+Shift+F1	定位到上一个域
F11或Alt+F1	定位到下一个域
Ctrl+F11	锁定域
Ctrl+Shift+F11	解除锁定域
Ctrl+Shift+F9	取消域的链接
Alt+F8	运行宏
Alt+F11	打开代码编辑窗口

2. Excel常用快捷键

(1) 工作簿基本操作

快 捷 键	功 能
F10	打开或关闭功能区命令的按键提示
F12	打开【另存为】对话框
Ctrl+F1	显示或隐藏功能区
Ctrl+F4	关闭选定的工作簿窗口
Ctrl+F5	恢复选定工作簿窗口的窗口大小
Ctrl+F6	切换到下一个工作簿窗口
Ctrl+F7	使用方向键移动工作簿窗口
Ctrl+F8	调整工作簿窗口的大小
Ctrl+F9	最小化工作簿窗口
Ctrl+N	创建一个新的空白工作簿
Ctrl+O	打开【打开】对话框
Ctrl+S	保存工作簿
Ctrl+W	关闭选定的工作簿窗口
Ctrl+F10	最大化或还原选定的工作簿窗口

(2) 在工作表中移动和选择

快 捷 键	功 能
Tab	在工作表中向右移动一个单元格
Enter	默认向下移动单元格，可在【Excel选项】对话框中的【高级】选项卡中设置
Shift+Tab	可移到工作表中的前一个单元格
Shift+Enter	向上移动单元格
方向键	在工作表中向上、下、左、右移动单元格
Ctrl+方向键	移到数据区域的边缘
Ctrl+空格键	可选择工作表中的整列
Shift+方向键	将单元格的选定范围扩大一个单元格
Shift+空格键	可选择工作表中的整行
Ctrl+A	选择整个工作表。如果工作表包含数据，则选择当前区域。当插入点位于公式中某个函数名称的右侧时，将打开【函数参数】对话框
Ctrl+Shift+空格键	选择整个工作表。如果工作表中包含数据，则选择当前区域。当某个对象处于选定状态时，选择工作表中的所有对象
Ctrl+Shift+方向键	将单元格的选定范围扩展到活动单元格所在列或行中的最后一个非空单元格。如果下一个单元格为空，则将选定范围扩展到下一个非空单元格
Home	移到行首
Home	当Scroll Lock处于开启状态时，移到到窗口左上角的单元格
End	当Scroll Lock处于开启状态时，移动到窗口右下角的单元格
PageUp	在工作表中上移一个屏幕
PageDown	在工作表中下移一个屏幕
Alt+PageUp	在工作表中向左移动一个屏幕
Alt+PageDown	在工作表中向右移动一个屏幕

（续表）

快 捷 键	功 能
Ctrl+End	移到工作表中的最后一个单元格
Ctrl+Home	移到工作表的开头
Ctrl+PageUp	移到工作簿中的上一个工作表
Ctrl+PageDown	移到工作簿中的下一个工作表
Ctrl+Shift+*	选择环绕活动单元格的当前区域。在数据透视表中选择整个数据透视表
Ctrl+Shift+End	将单元格选定区域扩展到工作表中所使用的右下角的最后一个单元格
Ctrl+Shift+Home	将单元格的选定范围扩展到工作表的开头
Ctrl+Shift+PageUp	可选择工作簿中的当前和上一个工作表
Ctrl+Shift+PageDown	可选择工作簿中的当前和下一个工作表

（3）在工作表中编辑

快 捷 键	功 能
Esc	取消单元格或编辑栏中的输入
Delete	在公式栏中删除光标右侧的一个字符
Backspace	在公式栏中删除光标左侧的一个字符
F2	进入单元格编辑状态
F3	打开【粘贴名称】对话框
F4	重复上一个命令或操作
F5	打开【定位】对话框
F8	打开或关闭扩展模式
F9	计算所有打开的工作簿中的所有工作表
F11	创建当前范围内数据的图表
Ctrl+'	将公式从活动单元格上方的单元格复制到单元格或编辑栏中
Ctrl+;	输入当前日期
Ctrl+`	在工作表中切换显示单元格值和公式
Ctrl+0	隐藏选定的列
Ctrl+6	在隐藏对象、显示对象和显示对象占位符之间切换
Ctrl+8	显示或隐藏大纲符号
Ctrl+9	隐藏选定的行
Ctrl+C	复制选定的单元格。连续按两次Ctrl+C组合键将打开Office剪贴板
Ctrl+D	使用【向下填充】命令将选定范围内最顶层单元格的内容和格式复制到下面的单元格中
Ctrl+F	打开【查找和替换】对话框的【查找】选项卡
Ctrl+G	打开【查找和替换】对话框的【定位】选项卡
Ctrl+H	打开【查找和替换】对话框的【替换】选项卡
Ctrl+K	打开【插入超链接】对话框或为现有超链接打开【编辑超链接】对话框
Ctrl+R	使用【向右填充】命令将选定范围最左侧单元格的内容和格式复制到右侧的单元格中
Ctrl+T	打开【创建表】对话框
Ctrl+V	粘贴已复制的内容
Ctrl+X	剪切选定的单元格
Ctrl+Y	重复上一个命令或操作
Ctrl+Z	撤销上一个命令或删除最后键入的内容

（续表）

快 捷 键	功 能
Ctrl+F2	打开打印面板
Ctrl+减号	打开用于删除选定单元格的【删除】对话框
Ctrl+Enter	使用当前内容填充选定的单元格区域
Alt+F8	打开【宏】对话框
Alt+F11	打开Visual Basic编辑器
Alt+Enter	在同一单元格中另起一个新行，即在一个单元格中换行输入
Shift+F2	添加或编辑单元格批注
Shift+F4	重复上一次查找操作
Shift+F5	打开【查找和替换】对话框中的【查找】选项卡
Shift+F8	使用方向键将非邻近单元格或区域添加到单元格的选定范围中
Shift+F9	计算活动工作表
Shift+F11	插入一个新工作表
Ctrl+Alt+F9	计算所有打开的工作簿中的所有工作表
Ctrl+Shift+"	将值从活动单元格上方的单元格复制到单元格或编辑栏中
Ctrl+Shift+(	取消隐藏选定范围内所有隐藏的行
Ctrl+Shift+)	取消隐藏选定范围内所有隐藏的列
Ctrl+Shift+A	当插入点位于公式中某个函数名称的右侧时，将会插入参数名称和括号
Ctrl+Shift+U	在展开和折叠编辑栏之间切换
Ctrl+Shift+加号	打开用于插入空白单元格的【插入】对话框
Ctrl+Shift+;	输入当前时间

（4）在工作表中设置格式

快 捷 键	功 能
Ctrl+B	应用或取消加粗格式设置
Ctrl+I	应用或取消倾斜格式设置
Ctrl+U	应用或取消下画线格式设置
Ctrl+1	打开【设置单元格格式】对话框
Ctrl+2	应用或取消加粗格式设置
Ctrl+3	应用或取消倾斜格式设置
Ctrl+4	应用或取消下画线格式设置
Ctrl+5	应用或取消删除线格式设置
Ctrl+Shift+~	应用“常规”数字格式
Ctrl+Shift+!	应用带有两位小数、千位分隔符和减号（用于负值）的“数值”格式
Ctrl+Shift+%	应用不带小数位的“百分比”格式
Ctrl+Shift+^	应用带有两位小数的“指数”格式
Ctrl+Shift+#	应用带有日、月和年的“日期”格式
Ctrl+Shift+@	应用带有小时和分钟以及AM或PM的“时间”格式
Ctrl+Shift+&	对选定单元格设置外边框
Ctrl+Shift+_	删除选定单元格的外边框
Ctrl+Shift+F	打开【设置单元格格式】对话框并切换到【字体】选项卡
Ctrl+Shift+P	打开【设置单元格格式】对话框并切换到【字体】选项卡

3. PowerPoint常用快捷键

(1) 演示文稿和幻灯片的快捷键

快 捷 键	功 能
F1	显示帮助
Ctrl+F1	隐藏或显示功能区
Alt+F4	退出PowerPoint程序
Esc	关闭当前打开的对话框
Ctrl+N	新建演示文稿
Ctrl+O或Ctrl+F12或Ctrl+Alt+F2	打开演示文稿
Ctrl+S或Shift+F12或Alt+Shift+F2	保存演示文稿
F12	另存演示文稿
Ctrl+W	关闭演示文稿
Ctrl+P或Ctrl+Shift+F12	打印演示文稿
Ctrl+M或Ctrl+Shift+M	新建幻灯片
Ctrl+Shift+D	复制幻灯片

(2) 定位光标位置的快捷键

快 捷 键	功 能
向左键	左移一个字符
向右键	右移一个字符
向上键	上移一行
向下键	下移一行
Ctrl+向左键	左移一个单词
Ctrl+向右键	右移一个单词
Ctrl+向上键	上移一段
Ctrl+向下键	下移一段
End	移至行尾
Home	移至行首
PageUp	上一张幻灯片
PageDown	下一张幻灯片
Ctrl+End	移至占位符内的开头或演示文稿中的第一张幻灯片
Ctrl+Home	移至占位符内的结尾或演示文稿中的最后一张幻灯片

(3) 选择文本的快捷键

快 捷 键	功 能
Shift+向右键	将所选内容向右扩展一个字符
Shift+向左键	将所选内容向左扩展一个字符
Shift+向下键	将所选内容向下扩展一行
Shift+向上键	将所选内容向上扩展一行
Ctrl+Shift+向右键	将所选内容扩展到字词的末尾
Ctrl+Shift+向左键	将所选内容扩展到字词的开头
Ctrl+Shift+向下键	将所选内容扩展到段落的末尾

（续表）

快 捷 键	功 能
Ctrl+Shift+向上键	将所选内容扩展到段落的开头
Shift+End	将所选内容扩展到一行的末尾
Shift+Home	将所选内容扩展到一行的开头
Ctrl+Shift+Home	将所选内容扩展到段落的开头
Ctrl+Shift+End	将所选内容扩展到段落的末尾
Ctrl+A	选择占位符内的所有内容，或选择所有幻灯片

（4）编辑文本的快捷键

快 捷 键	功 能
Ctrl+C	复制所选内容
Ctrl+X	剪切所选内容
Ctrl+V	粘贴内容
Ctrl+Alt+V	选择性粘贴
Ctrl+Shift+C	只复制格式
Ctrl+Shift+V	只粘贴格式
BackSpace	删除光标左侧的一个字符
Ctrl+BackSpace	删除光标左侧的一个单词
Delete	删除光标右侧的一个字符
Ctrl+Delete	删除光标右侧的一个单词
Ctrl+F	打开【查找】对话框
Ctrl+H	打开【替换】对话框
Ctrl+K	插入超链接
Ctrl+Z	撤销上一步操作
Ctrl+Y	恢复或重复上一步操作
F4	重复上一步操作
F7	拼写检查
Shift+F7	打开同义词库

（5）设置字体格式的快捷键

快 捷 键	功 能
Ctrl+Shift+>	增大字号
Ctrl+Shift+<	减小字号
Ctrl+]	逐磅增大字号
Ctrl+[	逐磅减小字号
Ctrl+B	使文字加粗
Ctrl+I	使文字倾斜
Ctrl+U	给文字加下画线
Ctrl+等号	应用下标格式
Ctrl+Shift+加号	应用上标格式
Ctrl+T	打开【字体】对话框

(6) 设置段落格式的快捷键

快 捷 键	功 能
Ctrl+L	左对齐
Ctrl+R	右对齐
Ctrl+E	居中对齐
Ctrl+J	两端对齐
Ctrl+Tab	插入制表符
Alt+Shift+向左键	提升段落级别
Alt+Shift+向右键	降低段落级别
Alt+Shift+向上键	上移所选段落
Alt+Shift+向下键	下移所选段落

(7) 操作表格的快捷键

快 捷 键	功 能
Tab	定位到一行中的下一个单元格（或选择下一个单元格的内容）
Shift+Tab	定位到一行中的上一个单元格（或选择上一个单元格的内容）
Alt+Home	定位到一行中的第一个单元格
Alt+End	定位到一行中的最后一个单元格
Alt+PageUp	定位到一列中的第一个单元格
Alt+PageDown	定位到一列中的最后一个单元格
向上键	定位到上一行
向下键	定位到下一行
Shift+向上键	向上选择一行
Shift+向下键	向下选择一行
Alt+Shift+PapeDown	从上到下选择光标所在的列
Alt+Shift+PageUp	从下到上选择光标所在的列
Ctrl+数字键盘上的5	选定整张表格

(8) 放映演示文稿快捷键

快 捷 键	功 能
F5	从第一张幻灯片开始放映
Shift+F5	从当前幻灯片开始放映
Esc	结束放映
数字+Enter	转到第几张幻灯片
Enter键、向右键、向下键或空格键	播放下一个动画或切换到下一张幻灯片
P、向左键、向上键或BackSpace键	播放上一个动画或切换到上一张幻灯片